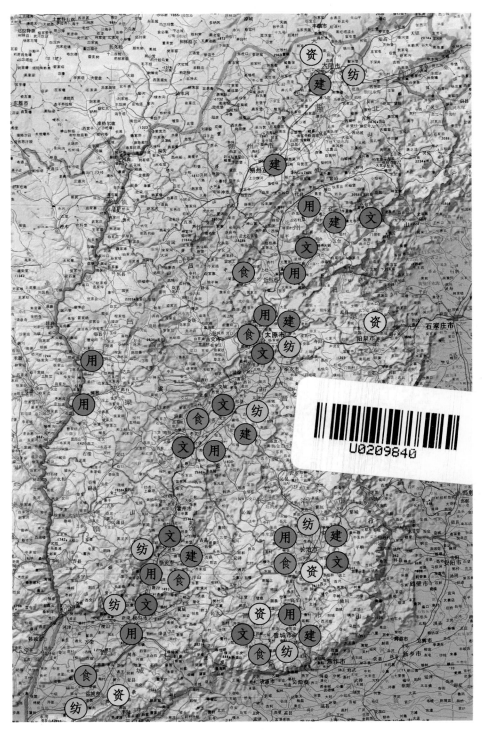

山西传统手工技艺分布示意图（董兵标注）

民国山西造产救国社委员暨全体职员合影(1933年元旦)

晋绥物产竞赛会开幕纪念（1933年10月29日太原鼓楼）

婴孩车

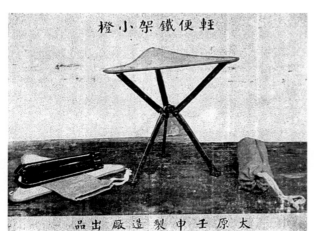

轻便铁架小凳

民国太原壬申制造厂广告与
工艺制品一束（1933年）

本书获得

"山西省重点学科建设专项资金项目——山西传统工艺保护与开发研究"（编号：0705222）

"山西省普通高校特色重点学科建设项目——山西特色科技旅游资源保护与开发研究"（2012）

"山西省软科学研究计划——传统工艺与工业化关系溯源研究"（编号：2013041071-05）

专项支持

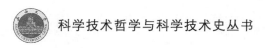

科学技术哲学与科学技术史丛书

山西传统工艺史纲要

山西大学"山西传统工艺史"编写组—编著

科学出版社

北京

图书在版编目(CIP)数据

山西传统工艺史纲要/山西大学"山西传统工艺史"编写组编著 . —北京：
科学出版社，2013
（科学技术哲学与科学技术史丛书）
ISBN 978-7-03-037439-4

Ⅰ.①山… Ⅱ.①山… Ⅲ.①传统工艺-手工艺-技术史-山西省
Ⅳ.①TS95-092

中国版本图书馆 CIP 数据核字（2013）第 096162 号

责任编辑：樊　飞　郭勇斌　王昌凤/责任校对：刘小梅
责任印制：赵　博/封面设计：黄华斌

科 学 出 版 社 出版
北京东黄城根北街 16 号
邮政编码：100717
http://www.sciencep.com

北京科印技术咨询服务有限公司数码印刷分部印刷
科学出版社发行　各地新华书店经销

*

2013 年 6 月第 一 版　开本：720×1000　1/16
2021 年 1 月第三次印刷　印张：33 1/2　插页：2
字数：670 000
定价：148.00 元
（如有印装质量问题，我社负责调换）

"科学技术哲学与科学技术史丛书"

编 委 会

《山西传统工艺史纲要》

编 写 组

主　编　高　策　姚雅欣

成　员　高　策　姚雅欣
　　　　吴文清　冯晓华
　　　　雷志华

前　言

　　2012 年春节刚过，"首届中国非物质文化遗产生产性保护成果大展"新奇而丰富的展品及其吸引的观众，就盈实了北京农业展览馆轩敞的展厅内外。久已沉浸在山西传统手工艺往昔图景中的我们，欣幸此逢时之展，与观展的人们一同走进当代中国传统手工艺首次群贤毕至的殿堂。

　　生产性保护是中国非物质文化遗产整体性保护策略目标的深化与具体化，它直接针对以无形手艺与有形制成品（最具实用价值与审美价值）为特点的普通传统手工艺和专门医药、美术等具有强操作性的门类，与中国古代技术的传统研究领域不谋而合，近年来围绕传统工艺与手艺人的田野调查与史迹钩沉，开中国技术史研究一时风气。技术史中至今鲜活的古老样本来之不易，本次展览精选的正是生机犹健的传统工艺门类，包括绘饰生活、文明天下、抟泥成器、点石化金、锻造辉煌、品味醇美、经纬天地（织造）、锦绣人间、悬壶济世、春色满园十个展区。透过中国民艺大观感受到的山西，既有太原美和居老陈醋的醇香扑鼻，又有黎城黎侯虎布艺制品的灵朴可人，这一动一静凝结的手工艺精神背后，是山西乡土由古而今丰饶的手工艺世界。

　　山西并非一方天赐鱼米的富足之乡，山多地瘠的生存环境却能够从天赋上砥砺晋土之民竭尽全力委身自然谋求生存，不弃希望的果敢尝试与点滴累积的宝贵经验，交替刻入斯土斯民生存演进的年轮。与明末傅山同时代的江南士人吴伟业（1609～1672）对晋地气质颇多赏会，在他看来："吾闻山右风气完密，人才之挺生者坚良廉悍，譬之北山之异材，冀野之上驷，严霜零不易其柯，修坂骋不失其步……抑何其壮也！"[①] 此言属意虽在山右（面向南时靠西一边为右，山西因位于太行山之西，故又称"山右"）人才，半粒蚕茧，一枚钢针，煌煌国器，累累坩埚，诸类晋地工艺造物，与晋地人才同样内秉一种异趣流俗的"挺生"气质。因此，民国时期，山西有"造产救国"、利用土货以振作地方经济与社会的政策谋划；至今，山西仍是传统工艺与技术历史的资源宝库。传统建筑、工艺美术、冶炼铸造、药食酿造、绸丝纺织、雕版刻印，都可以在山西找到历史标本。有关中国古代技术史的多门专题史著作中，时常出现山西的情节或典型案例，或是山西某类历史遗产——

---

① 转引自赵园：《我读傅山》，《文学遗产》，1997 年第 2 期，87～96 页。

i

金属冶铸、古代建筑、壁画等，构成此类技术史重要的物质文化体系。

科技史研究在山西，既然有此得天独厚的实物史料资源和物质文化生态，对于山西科技史工作者来说，发现那些或散落民间、或散见于著述、或湮没何处的山西传统工艺，进而撰写一部能够呈现山西传统工艺全貌的历史著作，就成为一项长期的必修课。近 10 年间非物质文化遗产保护运动的现实需求，使这门功课日益趋于紧迫。于是我们调整了山西传统工艺史的编研进度，本着服务山西传统工艺抢救性保护与探求山西特色工艺文化的目的，首先明门类、探体系、编纲要，其次独立研究重在探寻工艺学缘和揭示传统工艺的近代际遇，最后达到撰写山西传统工艺史这一第三层次的目标。

本书所立足的史料，其一来自晚清民国时期关于山西手工业门类的实地调查研究，其二来自当代学者对部分山西传统工艺的调查研究成果，它们补充了山西传统工艺史研究中多种工艺门类的缺环。对于这些在不同时代完成的山西传统工艺研究成果的作者，特别是本书辑录相关篇目的作者，我们表示真诚的敬意与感谢。

本书在编写过程中，我们与部分作者取得了联系。吕日周先生（太原）、范堆相先生（太原）、柴泽俊先生（太原）、张燕教授（南京）、瞿大风教授（天津）、王秦安先生（新绛）、侯丕烈先生（孝义）、王洪廷先生（临县）、介福平先生（运城）、张新平先生（大同）、韩耀庭先生（定襄）、常亚平研究员（太原）真诚地支持我们，潘妙女士（北京）、王智庆先生（阳泉）还在百忙之中专门为本书增添了新资料。特别是山西省政协文史资料委员会、太原市政协文史资料委员会、定襄县政协文史资料委员会，对于本书从事的山西传统工艺保护与研究工作，给予充分信任和切实支持，很大程度上为本书能够最终出版提供了便利和保障。山西省民俗博物馆年近八旬的裴荃香老师，一直无私地为本研究提供特色展览讯息，并时常引荐山西民间工艺实物资料；一些我们长期难觅的工艺人物线索，还得自展览陈列部主任祝振东先生不辞烦难的真情相助。我们希望借本书出版之机，那些暂时无法取得联系的本书辑录篇目作者能与我们取得联系，以达文谊与谢忱。

手工艺作为一种心与手最默契投入的古老实业，手艺人运用心与手的造就之物，长久默诉着手工艺的正道与详赡。在这一点上，深味人性的作家与手工艺最是息息相通，卡夫卡认为自己真正有过的人生美好的愿望（尽管无法实现）就像这样："以非常正规的手工艺锤打一张桌子，而同时又显得无所事事。……意思是，'锤打对他来说是真正的锤打，但同时是一种虚无'。一经这样解释，这锤打就会进行得更勇猛，更坚决，更真实，假如你愿意，也可以说更疯狂。"[①] 凭着心与手的投

---

① 〔奥〕卡夫卡：《卡夫卡集》，叶廷芳译，上海：上海远东出版社，2004 年。

入，不遗余力的"锤打"，手工艺传承着薪火，人则以最令自己称意的方式——也是唯一可能的方式，证明着自己存在的意义。"一张桌子"需要完成，但是一张实在的桌子对于完成它的制作者来说，已然化为虚无。

结缘山西传统工艺，仿佛不断深入卡夫卡所谓"以非常正规的手工艺锤打一张桌子"的过程。眼下的现实是："一张桌子"未成，"锤打"还在继续。

山西大学"山西传统工艺史"编写组

2013 年 4 月于山西大学

目　录

唤醒三晋乡土"日用不知"的文化记忆

——山西传统手工技艺的常与变

澄泥砚，平水印，赤桥纸

龟龄集，福同惠，八珍汤

并州刀剪，阳城犁镜，大阳制针

黎侯布虎，长治堆锦，新绛云雕

……

提起这些食、用方面的美观的大小物什，今人或早已陌生，或耳熟能详，或依然经见。此时无论如何，曾经，它们是三晋乡土日常生活中物的主角，农耕时代是它们产生与存续不可或缺的沃土，近代工业化则无情斩断了它们的根系，由农耕时代"同族的聚落"骤转为工业时代"异类的飘萍"。老物件及其与生俱来的特质，唯有固著于这样那样的私人记忆之中。历代至今，当它们不经意地出现在后工业时代时，无论何时何地，总能唤醒关于山西乡土的美好记忆；或许只有在记忆唤起的想象中——上元之夜铁花浮空①的独特景致背后，才凝聚着静居乡土时那丝细韧的温柔。

史籍、碑刻留给后世文字记载的历史，博物馆陈列以实物再现着历史，人们习惯将建筑视为"石头写就的史书"，然而，人类生活的丰富性与文明传承的多元性，决定了历史的载体远非这些。转换视角，托马斯·卡莱尔（Thomas Carlyle，

---

① 由于明代以来各类铁器加工铸造业兴盛，山西长治、襄垣、阳城等地成为北方铁器交易的中心。这里的乡村遍布从事冶炼、加工的铁作坊，每年正月十五元宵夜，人们将当地特有的炉中铁水向空中抛洒，营造出热烈美妙的节日气氛，是当地民俗中最隆重的节庆礼仪。

1795～1881），这位英国维多利亚时代的文坛巨擘、历史学家、社会批评家，深刻而不失形象地指出，伟大人物、法律和政治并不是我们的生活，只是我们生活之中的房屋，他说："不，它们只是房屋光秃秃的墙壁，其中所有必需的家具、条件和支持我们生存的文明、传统和日常习惯，都不是德拉克或汉普劳的功劳，而是腓尼基的水手、意大利的泥瓦匠和萨克森的冶金家、哲学家、炼丹者、预言家，以及一切被遗忘已久的艺术家和工匠们的功劳。"①

古往今来，人类的一切日用必需品都离不开各种手工技艺，用手制作、用心构思、实用需求成就了手工技艺的传统。法国启蒙思想家、唯物主义者丹尼斯·狄德罗（Denis Diderot，1713～1784）生活在为理性主义启蒙的 18 世纪，平等独立的思想和刀剪工匠家族的童年经历，使他非常重视实际知识，在主持编纂《百科全书》的事业中，他搜集过去时代的一切发现，阐释人类在科学、技术和工艺方面的知识体系及相互关系的同时，尤其关注被时人"抛入泥污"的手工艺、传播生产技术知识（图 0-1）。他挺身反抗手工艺所受的偏见之苦，为手工艺作为人类知识体系组成部分的存在正名，引导传统生产技术和经验与新兴工业和科学的结合。他说："手艺（craft），是指任何一种需要用手来干的职业，并限于某些为了生产出同样的产品而不断重复的机械性操作。……如果没有这些成为人们冷酷的讽刺对象的手艺人，那么，那些诗人、哲学家、演说家、大臣、战士和英雄们，就会全都赤身露体，也吃不上面包了。"为校正那些贬斥手工艺的偏见和愚昧的眼光，他提出警示与忠告："应当让科学院的一些人到工场、作坊中去，收集有关工艺的各种情况，并在其著作中予以解释，这样的著作要吸引手工艺人来读、哲学家来想，还要吸引当权者来更有效地运用他们的权威和奖赏。"②

仔细观察我们生活世界的周遭，那些源自古老生活、基于本地资源或信仰、创生传统技艺，并嵌入百姓日常生活的各类物什，是民生构成中最充满生机的细胞。它们在日用场合中频繁出现，附著贴近众生的直接而鲜活的历史，物之自我却无时不退蔽于"隐逸"之中，难觅瞩意后世的话语。尽管时代久远，它们中的多数已然失落于无声的岁月长河，或湮没于日用不知的生活隙碎，然而，存留记忆、抢救人类非物质文化遗产、复活乡土生机的迫切性，以及获得本已稀缺的"活"史料日益维艰的可能性，使我们的关注，必须锁定于它们——从散落民间的山西传统手工技艺着手，钩沉古老三晋大地涵养物阜民丰的真实历史，复现关于山西传统手工技艺史的一束文化记忆。

---

① 〔英〕托马斯·卡莱尔：《文明的忧思》，宁小银译，北京：中国档案出版社，1999 年。
② 〔美〕斯·坚吉尔：《狄德罗的〈百科全书〉》，梁从诚译，广州：花城出版社，2007 年，145 页。

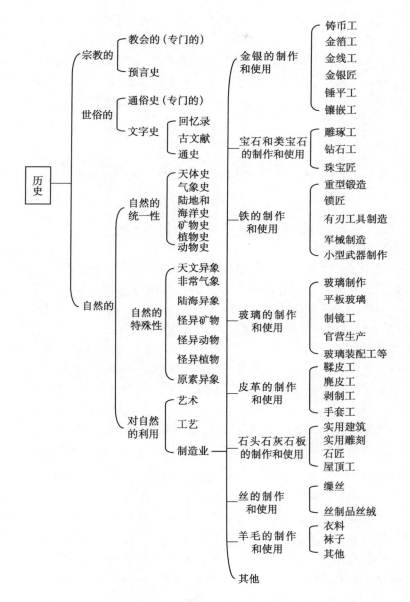

图 0-1 18 世纪法国《百科全书》人类知识体系详解

资料来源：〔美〕斯·坚吉尔：《狄德罗的〈百科全书〉》，梁从诫译，广州：花城出版社，2007 年，115 页。

基于此，本书涵盖的山西传统手工技艺包括两个基本大类：一类是属于中国古代技术史范畴的传统手工技艺，如煤、铁、绸、革、纸、食、药等生产生活用品的加工制造技艺；另一类是传统工艺美术①，涉及文化、审美与精神需求的民间寻常艺术品。本书收录的山西传统工艺美术，是以可究明的工艺为中心，以民间身份、未入博物馆或未得妥善保管而濒危的技艺为标准的。初民时代的器物，先秦时期国之重器、瓷器、玉器等文物专有门类，除非必须作为佐证主题之用，一般不纳入本书的收录范围。追寻草根的"手"语，将是以下文字迟来的使命。

第一节　传统手工技艺的学理关联

一、作为"非物质文化遗产"与"文化记忆"

传统手工技艺，连接起"工匠-技术"与"产品-用途"的两极，有形且可用的产品一旦形成，塑造它的技艺即遁影为无形；在畅行世俗的实用主义价值判断中，多数时候，有形之物权重于成就它的技艺。相应地，对艺术品、遗址、建筑等实体"物"的保护，顺理成章地成为长期以来文物保护的重点。进入 21 世纪，"文化遗产"保护观念的深入，推进了物象背后的技艺、生活中独特经验等"无形文化遗产"的浮出，它们构成传统手工技艺历史的重要来源和组成部分。因此，对传统手工技艺，至少需要从非物质文化遗产的技术属类、标识区域文化的人文价值两个层面来理解。

2003 年 10 月 17 日，联合国教科文组织（UNESCO）首次颁布《保护非物质文化遗产公约》，对"非物质文化遗产"（intangible heritage）概念做出界定：

> 被各群体、团体、有时为个人视为其文化遗产的各种实践、表演、表现形式、知识和技能及其有关的工具、实物、工艺品和文化场所。各个群体和团体随着其所处环境、与自然界的相互关系和历史条件的变化，不断使这种代代相传的非物质文化遗产得到创新，同时使他们自己具有一种认同感和历史感，从而促进了文化多样性和人类的创造力。在本公约中，只考虑符合现有的国际人权文件，各群体、团体和个人之间相互尊重的需要

---

① 1997 年国务院颁布的《传统工艺美术保护条例》规定："传统工艺美术指百年以上，历史悠久，技艺精湛，世代相传，有完整的工艺流程，采用天然原材料制作，具有鲜明的民族风格和地方特色，在国内外享有盛誉的手工艺品种和技艺。"本书着重收录民间可得可考、处境艰危的传统手工技艺与技艺突出的工艺美术，以抢救山西传统手工技艺、为其著录基本档案为宗旨。可以说，书中涉及的山西传统手工技艺，"有录无类"。

和顺应可持续发展的非物质文化遗产。①

　　作为对半个多世纪前（1950 年）日本提出"无形文化财"保护理念的延伸、拓展与规范化，非物质文化遗产涵盖知识类、技术类、技能类等三大类传统文化项目，传统手工技艺构成技术类、技能类项目的核心。在中国国家级非物质文化遗产保护类目中（共 10 项，包括民间文学、民间音乐、民间舞蹈、传统戏剧、曲艺、杂技与竞技、民间美术、传统手工技艺、传统医药、民俗），民间美术、传统手工技艺与传统医药均属于广义的传统手工技艺在不同领域的体现，无论是年画、刺绣、砚台之类的美术作品，医方、药方、制剂之类的医药成就，还是冶炼、营造、陶瓷之类的工艺，其核心都离不开"传统手工技艺"。中国非物质文化遗产保护类目虽然存在类别交叉、部分属类失准等问题，但其保护类目中的三分之一都涉及传统手工技艺。非物质文化遗产的特质，在于创造于过去并以活态形式传承至今，尤其承载着相当的历史、艺术、文化或科学信息。我们对现存相当数量的传统工艺技术进行遴选，进而深入研究有价值的传统工艺技术生成演进的历史、活态传承的状况、传承人与技术嬗递的关系等问题，对这些问题的关注与研究皆以非物质文化遗产的特质为衡量基准。

　　同时，富集多层次社会、生活、历史内涵的传统工艺技术，历经活态传承的历史时空，构成了一种重要的文化记忆。1992 年，德国埃及学学者扬·阿斯曼（Jan Assmann）提出关于"文化记忆"的经典概念：

> 文化记忆是每个社会和每个时代所特有的重新使用的全部文字材料、图片和礼仪形式［……］的总和。通过对它们的"呵护"，每个社会和每个时代巩固和传达着自己的自我形象。它是一种集体使用的，主要（但不仅仅）涉及过去的知识，一个群体的认同性和独特性的意识就依靠这种知识。②

　　一个区域社会群体共同拥有的过去，充满了文化记忆的内容。通过有组织、公共性的集体交流，形成与仪式相关、与文字相关的两种类型的传承方式。个人经验同样告诉我们，关于乡土的记忆和情感体验从来无法远离独属原乡之"物"，源自某地域的传统技艺、物什、仪式等成为标识该地域文化的载体，并且得到当地民众和社会的普遍认同，进而通过代际传承以坚固共识。群体或区域的可识别性与认同感，皆有赖于其所属文化的独特性。简而言之，文化记忆的基因源自乡土，传统手工技艺的造就之物，足以唤醒我们关于乡土的文化记忆。历史地看，文化记忆构成

---

①　中国非物质文化遗产网，http：//www.ihchina.cn/inc/detail.jsp? info_id=50.
②　〔德〕扬·阿斯曼：《集体记忆与文化认同》，转引自〔德〕哈拉尔德·韦尔策编：《社会记忆》，季斌、王立君、白锡堃译，北京：北京大学出版社，2007 年，5～6 页。

一个民族或国家的集体记忆，回答诸如"我们是谁"、"我们从何处来、向何处去"等文化认同问题。任何一种文化，只要它的文化记忆还在发挥作用，就依然可以持续发展；反之，文化记忆的衰颓甚至消逝，意味着文化主体性消亡的命运已经降临。

古代中国物产之殷阜、造物技艺之精妙，不仅引起外来探险家的兴趣，还是一些世界级思想家感知中国与思考中国的缘起，在他们的笔下，一种基于物的中国记忆时有呈现。18世纪的法国启蒙思想家伏尔泰（1694～1778）在对比评介欧洲文明与古老的中国文明之前，曾写道："我们到中国寻找黏土，似乎我们自己没有这种土；到中国寻找布匹，似乎我们缺少布匹；到中国寻找一把泡在水里的草药，似乎我们这里没有药用植物。"① 19世纪的德国哲学家黑格尔（1770～1831）在《历史哲学》中论述中国的科学时，对中国人"非常自然的聪明伶俐"而欧洲人却不能及的事实深为感慨，他说："他们的调制颜色、他们的金属制作，尤其是他们把金属铸成极薄的金箔的艺术，他们的瓷器制造，以及其他许多事情，欧洲人至今还不能擅长。"②

自然物阜、人善巧思，孕育了门类各异的造物技艺，中国民间成为滋养各式传统手工技艺的沃土。当代工艺美术学教授田小杭对他在山西定襄插队八年中所见的民间手工艺记忆犹新，他回忆说："仅我插队的山西定襄就有着著名的季庄石刻、宏道砖雕、蒋村手工麻纸、河边石砚、澄泥砚等，更不用说那些家家户户、遍布乡村的面塑、刺绣、剪纸、编织、纸扎等的工艺创作。凡此都给我以极其深刻的印象与震撼，从中得到真实的、处于原生态的民间艺术的滋养。"③

二、民艺学中的传统手工技艺

非物质文化遗产抢救了不同门类的传统工艺技术，文化记忆拯救了乡土精神并唤醒了主体的文化认同，如果说这些是从不同方位对传统工艺技术的多面形态进行把握的话，那么，20世纪20年代柳宗悦④在日本开创的民艺学理论及其保护实践，则从学理与实践的层面，提供了解析传统工艺技术的依据和审美启示。

---

① 何兆武、柳卸林主编：《中国印象——世界名人论中国文化》（上），桂林：广西师范大学出版社，2001年，62页。

② 〔德〕黑格尔：《历史哲学》，王造时译，北京：生活·读书·新知三联书店，1956年，181页。

③ 田小杭主编：《中国传统工艺全集·民间手工艺》，郑州：大象出版社，2007年，446页。

④ 柳宗悦（1889～1961），日本民艺学理论创始人、宗教哲学家、美学家。1913年毕业于东京帝国大学文科部哲学科，在研究宗教哲学的同时，对日本、朝鲜的民众工艺产生了浓厚兴趣，转而专心收集民艺品并进行研究。1926年联名发表《日本民艺美术馆设立趣旨书》，1936年任日本民艺馆首任馆长，1943年任日本民艺学会首任会长。1957年日本政府授予其"文化功劳者"荣誉称号。

在历史上的工艺制品中,皇家或贵族制品的精湛工艺和非凡身世最被后人接受,即所谓"贵族的工艺美术"。与"贵族的工艺美术"相对立,在与同道对大量朝鲜陶艺、日本乡土用品进行考察的基础上,1925 年 12 月,柳宗悦创造性地提出"民艺"概念,专门指称"民众的工艺",即存在于民俗中的工艺。普通民众日常使用的器具,包括生活用具、生产用具、文化用品等,皆属民艺品之列,它以实用性、寻常性为基本属性,摆脱了作为长期标准与影响的奢侈、昂贵之风。① 由于民艺品必须是完全考虑用途的健康的物品,这就要求深入思考物品的质量,摸索合理的工艺与制作方法。在长期实践中,民艺存在与传承的根基在于传统工艺技术,正是由于工艺技术的改进和提高,民艺品的使用功能和价值内涵才不断提升,传统工艺技术也随之承载了更丰富的农耕时代内容以及手工业者的精神内涵。

根据生产方式的不同,柳宗悦将工艺分为手工艺、机械工艺两种类别,手工艺又细分为三种类型:旨在取悦王侯贵族的贵族工艺、纯粹表现制作者个性追求的个人工艺、日常生活用具中纯朴自然的民众工艺。贵族工艺和个人工艺注重鉴赏性,民众工艺以凭借技术表达的实用性为主。真正的美不可能产生于"为艺术而艺术"的纯艺术中,只有在"为满足生活所用而真挚地进行制作的物品中",真正的美才能够产生。因此,"民艺是美的始源体"。②

柳宗悦将民艺学定位于规范学科和价值学科的哲学范畴,以美的价值为中心,通过具体实物来论述美的性质。其不同于传统美学之处在于,民艺学关注的对象是美术与生活结合的民众工艺,即以工艺部类中具有实用功能的部分为主题,而不是鉴赏个人作家为美而创作的"美术"。为此,民艺学在价值审美的同时,强调塑造民艺品的技术成分。"在制作的问题上,材料、手法、工序、用具、机械等都是必要的,当然也需要物理的和化学的知识。以科学原理为依据得益甚多,而技术在民艺学上也应占有一章。绝不能无视科学的作用。正确认识科学对民艺的发展是极为重要的。"③

在柳宗悦基于价值审美的考量中,传统工艺技术及其造就的民艺品,作为医治资本主义工业技术异化的良方,作为振塑国民精神与实现"美的王国"理想的途径,少有陷于机巧的丑陋出现,"也基本上没有被作为所伤害"。因此,民艺品的技术特质是自然的、无心的,是健康的、自由的,最能反映民众的生存技能与生命活力。柳宗悦领导的日本民艺运动,"首先是发掘、收集在日本产生的众多的古代民艺品的代表性作品;其次是发现当时在全国经营的传统手工艺中美的作品,并复兴其工艺使之得以延续,振兴从传统中汲取营养的新的民艺品的生产;还有为将这个

① 〔日〕柳宗悦:《民艺论》,孙健君等译,南昌:江西美术出版社,2001 年,15 页。
② 〔日〕柳宗悦:《民艺论》,孙健君等译,南昌:江西美术出版社,2001 年,1~2 页。
③ 〔日〕柳宗悦:《民艺论》,孙建君等译,南昌:江西美术出版社,2001 年,47 页。

运动的旨趣与成果逐一公布于世的出版活动"。怀着"我们有责任对美的本源进行保护并使之长存"的信念,在近半个世纪发现与拯救民艺的运动中,"柳宗悦的足迹遍及日本全境,以及朝鲜、中国、北欧、英国等地,搜集到的日用杂器几乎囊括了东西方各民族的各类日常生活器具"。① 1936 年秋,柳宗悦创设的"日本民艺馆"在东京建成开放,这是将民艺之美镌刻于历史的尝试,此后日本民艺传统与现代工艺水准互为增进,开启了现代世界"工艺立国"的日本模式,精工、内敛、人性化,成为"日本创制"的典型特征。

第二节 晋地风物化育的传统手工技艺

传统手工技艺,作为连接自然资源与资源产品及其衍生物的中介,身处农耕时代,必然面临极其有限的资源获取空间和交换流通空间。人类生存的首要选择,就是对生存地自然资源最大可能的发现与利用。在这个过程中,传统工艺的生发改进、工艺传统的形成以及工艺文化塑造渐次展开。因此,传统手工技艺首先具有很强的地域性特征,与当地风土、自然资源、人文传统相互依存,互为塑造。

战国时期成书的中国古代技术典籍《考工记》,在开篇"国有六职"(总论)中罗列了当时 30 个不同的技术门类,并且将其视作一个有机的整体,先行探讨整体技术特征,作为逐项论述的基础,基于此,明确提出了"天有时,地有气,材有美,工有巧,合此四者,然后可以为良"② 的有机整体论的技术观。只有具备"天时、地气、材美、工巧"四个基本要素,并且四个要素互为助动地有机结合,作为一项技术之预期目标的优良工艺与优良产品的实现才会成为可能,对于技术整体抑或具体的工艺过程都是如此。③ 山西传统手工技艺发生发展的历史,就是先人在有意识或潜意识之间,持续探求"天时、地气、材美、工巧"内在关系合理性的朴素实践的漫长历程。

一、概观山西

历史上,山西地理位置的相对独立性,煤、铁、盐、铜等富集的自然资源,以

---

① 〔日〕柳宗悦:《民艺论》,孙建君等译,南昌:江西美术出版社,2001 年,6~7 页。

② 戴吾三编著:《考工记图说》,济南:山东画报出版社,2003 年,17 页。

③ 华觉明、高宣:《"和"的技术观——从〈考工记〉到〈天工开物〉》,见华觉明主编:《中国科技典籍研究》,郑州:大象出版社,1998 年,39 页。

及在尚朴尚俭中谋划生活多样性的晋地风土习俗，孕育了地域特色鲜明的山西传统手工技艺。石器时代的山西已是重要的文化中心，目前山西境内已发现旧石器时代文化遗存 300 余处，居全国之首，新石器时代遗址遍及省境①，大量出土的石器、骨角器、细小石器、彩陶制品，见证了晋地先民手工技艺之高超。

纵观中古时代的中国，历史地理学家谭其骧（1911～1992）在论及山西在中国古代史上的地位时指出，山西区位优势的突显主要在三个时期、因三个主题，特别是北宋以后，即金元及至明清时期，经济和文化优势成为山西经济与社会发展举全国之重的主动力。

首先是在春秋时期，晋国雄踞黄河流域的霸主地位。太原南郊金胜村赵卿墓可为晋国霸业的代表。在这座晋国高级贵族墓中，出土青铜礼器随葬品 1690 余件，虎形灶、鸟尊、编镈（19 件）、石磬（13 件）均为稀世珍宝，晋文化高度发达的青铜文明背后，是炉火纯青的晋地官式手工技艺。

继之在两晋南北朝和唐末五代时期，山西多次成为少数民族割据势力频繁拥踞的重镇，对于建立或巩固统一的中央政权而言，山西位居心腹之地，是必得的政治和军事中心。

而在金元和明清时期，山西作为政治和军事中心的地位已经不再，转而在经济、文化方面显示出举足轻重的地位。金元时期，山西始终是华北地区经济最发达、人口很稠密的地区，即《金史·食货志》所谓"平阳一路，地狭人稠"。金统治北方的文化中心设在平阳（今临汾），印刷业十分兴盛。从衡量一个地区经济社会发展指标的"商税"来看，元代晋南地区（晋宁路）的商税仅次于大都路（元代首都，今北京），远在山东济南，河北真定、大名、保定诸路之上，晋中地区（冀宁路）的商税虽略逊于晋南地区（晋宁路），但与真定、大名相当，而在保定、顺德诸路之上。②

明清时期，山西工商业逐渐在全国广有分布与影响，可谓晋商崛起的先声。据童书业先生研究，从全国范围看，明代各地区商业的发展与分布极不平衡，东南滨海一带、皖南、山西商业的发展最为突出。③ 明初，全国设 13 个冶铁所，其中 5 个在山西，泽州、潞州地区，以长治县荫城镇为中心，形成北方的铁制品集散地。产品诸如犁镜、铁器等生产用具，针、铁丝、铁钉、铁锅等生活用品，潞绸、堆锦等高级消费品，种类多样，工艺考究。明清时期的文人笔记中，常有关于山西富商的记载，从另一角度展现了山西工商业及其产品远播的声誉。明代浙江嘉兴人沈思孝（1542～1611）在《晋录》中称："平阳泽潞，豪商大贾甲天下，非数十万不称富。

---

① 山西省史志研究院编：《山西通志·文物志》，北京：中华书局，2002 年，1～3 页。
② 谭其骧：《山西在中国古代史上的地位》，《晋阳学刊》，1981 年第 5 期，6～8 页。
③ 童书业：《中国手工业商业发展史》，北京：中华书局，2005 年，234 页。

其居室之法善也。其人以行止相高。"① 谢肇淛（1567～1624）在《五杂俎》中的记载略为详细：

> 富室之称雄者，江南则推新安（徽州府），江北则推山右（山西）。新安大贾，渔盐为业，藏镪有至百万者，其他二三十万则中贾耳。山右或盐，或丝，或转贩，或窖粟，其富甚于新安。②

晋商票号业在清代称雄，不仅为山西带回巨额的资产，来自他乡或异域的一些新奇产品，抑或新的生活方式，也随着这些"金融巨子"进入山西，在坚固的传统中，新工艺的火种极有可能获取一丝生存的空间。

二、各地风土孕育的山西传统手工技艺

地域风土是传统工艺生发的土壤。晋地历史可以上溯至唐虞三代之古，唐地之风在《诗经》中有最早的记载："土瘠民贫，勤俭质朴，忧思深远，有尧之遗风焉。"数千年来传袭"耕凿相安，务为勤俭"的风习，很大程度上是"地气使然"。《左传》记载："晋居深山，戎狄与之邻。国险而多马。"从宏观上可见山西的历史地理形势是群山环绕、少数民族强邻压境的险峻状况。至于省境之内，也有平川沃土，如《汉书·地理志》所谓："河东地土平衍，有盐、铁之饶。"东汉元初二年（115），汉安帝颁行大力发展农业、振兴重要经济区旧渠与水道的诏令，其中，中央控制的六块最富裕地区中的四块位于山西境内，河东（山西南部）、上党（山西东南部）、赵国（山西中部与西部，河北中部与东部）、太原（山西中部）构成的汾水流域，与关中的泾水、渭水流域，河南及河北的黄河流域③，成为两汉时期重要的物质财富供应基地，整体上形成一个"基本经济区"④，保障着两汉中央政权的命脉。

知故土者莫如游子，身兼中唐政治家与文学家的"河东之子"柳宗元（773～819）在《晋问》中对山西物产和地理形势做出综合评价："丰厚险固，诚晋之美。"⑤

山西省境之内，各地区资源禀赋、风土习俗各有不同。总体观之，以汾河为

---

① （明）沈思孝：《晋录》，上海：商务印书馆，1936年，3页。

② （明）谢肇淛：《五杂俎》，北京：中华书局，1959年。

③ （南朝宋）范晔：《后汉书·安帝纪》，北京：中华书局，1997年，11页。

④ 冀朝鼎：《中国历史上的基本经济区与水利事业的发展》，朱诗鳌译，北京：中国社会科学出版社，1981年，78页。

⑤ （清）王轩：《山西通志》记六之一，卷九九，第十三册，北京：中华书局，1990年，7029～7033页。

界，汾河以东、自北而南，风习呈现由简入丰的趋势；汾河以西、自北而南，忻州、吕梁、临汾的大部分吕梁山区，风习极简；山西传统手工技艺在地区分布上表现得极不均衡（图0-2）。山西传统手工技艺与代表性手工技艺制品原生地的分布特征，与此趋势吻合。

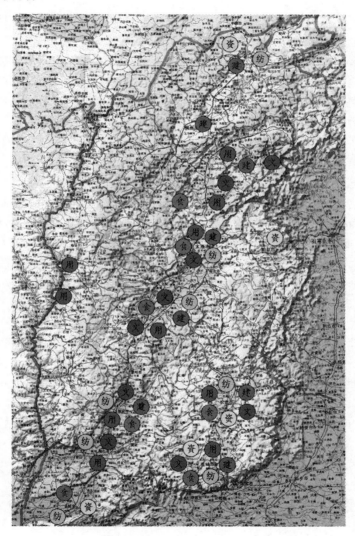

图0-2 山西传统手工技艺分布示意图（董兵标注）

明代后期宦游南北的张瀚（1510～1593）在他的见闻笔记体著作《松窗梦语》中，记下了对山西经济社会状况的感受：

余尝宦游四方，得习闻商机盈缩。……河以北为山西，古冀都邑地，故禹贡不言贡。自昔饶林竹纑絟玉石，今有鱼盐枣柿之利。所辖四郡，以太原为省会，而平阳为富饶。大同、潞安倚边寒薄。地狭人稠，俗尚勤俭，然多玩好事末。独蒲坂一州，富庶尤甚，商贾争趋。①

以下择要通过以太原为中心的晋中地区、以长治为中心的晋东南地区（上党）、以运城为中心的晋南地区（河东），察其孕育传统手工技艺的风土习俗。

太原为晋地都会，古来"并州近狄，俗尚武"，《汉书》记载将军韩信称"太原为天下精兵处"，风俗刚悍而朴直。北宋以降，山西境内战事渐息，"勤农织之事业，寡桑柘而富麻苎。善治生而多藏蓄，其靳啬尤甚"。人民勤于农业耕织，丝业不及苎麻业为盛，擅长经营与谋生，乐于藏蓄财物，民极俭啬。由于长期以来厚于积蓄、勤于耕耘，清代的太原村野流行一句俗谚："欲作千箱主，问取黄金母。"显然，民间欲求生财之道，最好向善于藏蓄的"黄金母"问计。明代的太原"人物殷阜"，"士穷理学，兼习词章，敦厚不华，醇俭好学。工贾务实勤业"。太原周边区县以太谷风物最华，"农力于野，商贾勤贸易。无问城市乡村，无不织纺之家，可谓地无遗利、人无遗力矣。迩来竞尚奢靡，已非'良士蹶蹶'、'好人提提'之旧，而婚娶重财，又有甚焉"。②农商勤业之下，民生富足，风物繁华，"竞尚奢靡"之风有助于商品的消费与流通，一定程度上利于生产和传统手工技艺的改进与提高。

汾阳、平遥、介休、孝义等地旧属汾州，风俗与并州相近。汾州西邻吕梁山麓，"地高气爽，土厚水清。其民醇，且重桑麻之沃、秔稻之富，流衍四境"。汾阳民生富庶，民风强毅质朴，有忠厚之风。这里"农务耕牧，士习弦诵"，"商贾走集，民物浩穰，俗用侈靡"。③作为周边物品流通交易的中心，此地风物尤其繁茂。水旱作物、桑麻纺织，得于水土之利，也造就了品类多样的手工技艺。

晋东南古为泽潞之区、上党之地，自古以区域广袤、地势高亢、地形复杂、风俗多样见长，传统工艺与民俗资源之丰富，居山西之首。《汉书·地理志》记载："土广俗杂。其人大率精急，高气势，轻为奸。""丈夫相聚游戏，悲歌慷慨……女子弹弦跕躧，游媚富贵。"富足的物产、欢愉多样的社会生活，透过衣装华丽、弹弦歌舞、出行游媚的上党女子可见一斑。上党风习得到民间士人耕读勤业的浓郁文风的滋养，乐教礼仪的文治胜过严苛暴厉的武治，正如金元之际文学家元好问（1190~1257）所感："上党之间，士或带经而锄，有不待风厉而乐为之者。"长治

---

① （明）张瀚：《松窗梦语》，卷四商贾纪，上海：上海古籍出版社，1986年，82页。

② （清）王轩：《山西通志》记六之一，卷九九，第十三册，北京：中华书局，1990年，7048~7050页。

③ （清）王轩：《山西通志》，记六之一，卷九九，第十三册，北京：中华书局，1990年，7053~7054页。

人善习机杼，潞绸自明代起成为举国消费的上品，为当地带来很大的收益，民尚俭朴之风有所改变，民众的社会生活取向渐趋华靡，在基本生存需求之外，注重社交、营建、婚姻、厚葬等礼仪活动，与之相伴的是当地传统技艺、手工业制造、民间消费较为活跃。"士敦行务实，农商亦简素朴野，罔敢凌肆自恣，迨其后渐致华靡，俗尚巫觋。凡联姻、缔交、营葬，不无少变于前。"泽州地近太行山麓，水土深厚，人性质朴，气质豪劲，多文人雅士，"衣冠礼让，为诸郡先"。高平、阳城的冶铸业、丝织业发达，明清之际，力克勤俭的风气渐趋侈靡，"竞奇斗巧"之中不断丰富着这里民艺品与民俗的内容。①

晋南地区古称河东，汾水之曲、黄河之滨的优越地理位置，孕育了这里兴盛的文风与富庶的民俗。魏晋以降，河东文教之风日益兴盛。魏丰乐侯杜畿任河东守时，开始在这里设置学官，时常执经书亲自教授，各郡受此影响亦设学官讲学，长此以往河东人民深得教化，儒者文士频出，并以唐代为盛。隋开皇七年（587）冬十月，隋文帝行幸蒲州故地，宴集父老，深感当地文明教化蔚为风气，在诏书中赞许："此间人物，衣服鲜丽，容止闲雅，良由仕宦之乡，陶染成俗也。"②古往今来天然的池盐资源为当地创造了丰厚的盐利，以及与之相伴的制盐技艺。新绛、永济等地集水路与陆路交通枢纽之便利，人民"力田绩纺，多事商贾"，有较好的条件发展手工业。③

不同于晋中、上党、河东地区的地利民阜，北地严苛的自然条件和古代作为边塞御敌前哨的军事地理布局，使得晋北、晋西的大部分地区地瘠民贫，民风朴绌，鲜于技艺。离石、石楼、汾西、乡宁、吉县等吕梁山区，岢岚、岚县、兴县等晋西地区，崇山峻岭，可耕植土地稀缺，农耕所获甚少，又无桑柘麻泉，人民艰于衣食；处地偏僻，交通阻滞，缺乏物产、信息的对外交流。士人闭户自守，工无奇技淫巧，民不远游，甚至未谙纺织为何物，亦乏富商大贾。古属"北秀容"地的宁武、偏关、神池、五寨四县，"人艰于衣食……郡郭列肆无几，货希而价昂，邑居者往往惰而拙于计。执工技者，或作为弓矢马鞍，远之归化、绥远诸城，鬻艺于军营。或无地以耕，亦多出佃塞外"④。恶劣的自然条件使边地人民艰于生存，瘠薄的风土中传统手工技艺更艰于生长。

晋北风物聚集的中心在大同。作为历史上的驻军戍边之地，明代大同依托大批驻军的消费以及与蒙古的边境贸易，城市生活最为繁华。明代设立防边九镇，大同的繁华居"九边"之首。谢肇淛在《五杂俎》中记载："九边如大同，其繁华富庶

---

① （清）王轩：《山西通志》记六之一，卷九九，第十三册，北京：中华书局，1990 年，7053、7055 页。

② （唐）魏征：《隋书》卷一·帝纪第一·高祖上·第一册，北京：中华书局，1973 年，25 页。

③ （清）王轩：《山西通志》记六之一，卷九九，第十三册，北京：中华书局，1990 年，7051 页。

④ （清）王轩：《山西通志》记六之一，卷九九，第十三册，北京：中华书局，1990 年，7058 页。

不下江南，而妇女之美丽，什物之精好，皆边陲所无者。……谚称'蓟镇城墙，宣府教场，大同婆娘'，为'三绝'云。"随着城市经济的繁荣，商品的丰富，大同城中妇女的装束讲究起来，遂成为引人注目的"三绝"之一。[①] 边地驻军的日常生活来源主要由国家保障，来自国家的供给充足，完全不同于民间个体的俭啬耕耘，由此形成大同"尚侈而少质实"的民风。[②] 限于高寒的气候条件，农业、纺织业在大同只在极小范围内、极少数地零星进行，大同的传统工艺因此不同于山西其他地区，它的工艺并不生长于农业、纺织等传统领域，而是在长期的边贸交流与资源产品加工中成长起来的，如著名的大同皮毛加工技艺、地毯编织技艺、铜火锅制造技艺等。

综上所述，在农耕时代，原生地的风土赋予传统手工技艺生发的基因和孕育的血脉，进而塑造了传统工艺鲜明的地域特征与个性色彩。原生地风土的塑造主要源自五个要素：肥沃的土地与自然资源；多样化的农业；以纺织业为代表的手工业，作为农业的必要补充；文教昌明的区域文化氛围；物品流通、商贸活跃的经济环境，带动信息、技术跨地区的交流。以上五个要素在一个地区能够聚集的数量越多，该地区传统工艺的生成环境就越好，传统工艺生成的可能性就越大，传统工艺的数量或质量有可能较高。以上五个要素，构成农耕时代传统工艺生发的基本外部环境。

三、各地方物与山西传统手工技艺门类

如果说地方风土为传统工艺的生发提供了一种不得不被动接受的环境，那么源自地方的自然资源与物产，亦谓"方物"，在人类谋求生存对其开发利用的过程中，则提供了可以施展传统工艺、技术等人类智慧的第一手材料。正是自然物的承载与人类技术理想不息的进步，日常实用的一般工艺经过累积、沉淀不断优化，最终形成一门技法稳定、自成体系的传统工艺。尽管能够流传至今的传统工艺数量极其有限，但是，在农耕时代农业与手工业的汪洋之中，传统手工技艺应不在少数，这也是近代化之前，我们的祖先千余年生产生活多样性与经验性之所在。

仅以春秋时期晋国为例，手工业门类包括冶炼铸造业、纺织染色业、制革业、制陶业、车船制造业、煮盐业、营建业，以及玉、石、骨、蚌、漆器加工业等八种之多。[③] 历史上一个地区呈进国家的"贡品"，往往荟萃了当地最优的天然资源与最优的传统工艺，山西传统工艺技术的基本门类，与历史上山西各地的特色贡品具有

---

① 谭其骧：山西在中国古代史上的地位，《晋阳学刊》，1981年第5期，8页。
② （清）王轩：《山西通志》记六之一，卷九九，第十三册，北京：中华书局，1990年，7056页。
③ 乔志强主编：《山西通史》，北京：中华书局，1997年，80页。

同源性；此外，在近代化力量渐次进入山西的相当长时期内，有些传统手工技艺已经避免不了消亡的命运，但深入民生、生命力最顽强的山西传统手工技艺却得以保存到最后，并且依然发挥实效。编著于 20 世纪初的一些近代山西乡土史料，为我们提供了传统手工技艺的基本门类与技法，这是距离山西传统手工技艺总体退出历史舞台时间最近、内容最全面的一次统计。据石荣暲在 1909 年《山西民情风俗报告书》（1939 年纂集为《山西风土记》）的调查记载：

近日风气开通，工业日进，有就原有而求精者，有新发明而试办者……工业在金工、木工、石工、土工之外，无著名之工业。其行销于本省、邻省之制造品，有如下列：

铁器　平定、长治、阳城、陵川、凤台、高平、孝义，专造农器及日用器具。

铜器　大同、浑源、太谷，专造民间日用器具，行销于本省、直隶、陕西等省。

锡器　曲沃，仿古鼎彝式制造甚精。

毡毯　阳曲、徐沟、临县、宁乡、长治、猗氏、大同、天镇、神池、左云等县，浑源、沁州、绛州等州，归化、萨拉齐、清水河、和林格尔等厅，均有专造绒毡、毛毡，而栽绒毯则归化、宁武为佳，潞安次之。近省城及大同亦仿制矣。

纸　临县、荣河、临晋、襄陵、赵城、洪洞、大同、高平、平定、盂县、徐沟、辽州、浑源、萨拉齐等处，均造麻纸，以平、蒲二属者佳，每年解送各部有定数，部中公文多用之，纸性坚实可经久也。

烟　临汾、曲沃、翼城等县所产，专造水烟、旱烟，行销各处。

酒　汾酒、潞酒最著名，杏花村酒尤为汾酒特色。徐沟、寿阳等处新造葡萄酒，虽不及泰西之制，销场尚旺。

琉璃器　阳曲、凤台、交城、解州有之，惜工未能精细。

陶器　平定州有陶器公司，专造陶器，行销邻境。

竹器　荣河县造桌椅床架各种器具均佳。

草帽辫　潞城、徐沟、临县、归化城厅有之，行销省外。

蚕桑　蚕桑之利，南路各州县有之，惟缫丝之法未精。如解州、安邑、夏县、凤台、高平，岁出丝额约数千斤。本处亦有机户织造绸绸及各种乌丝手帕、覆头等类，行销本省，所潞绸、解绸也。

绣货　绛州、潞城、泽州府有之，均系男工，织绣尚为精美。①

---

① 山西省史志研究院编：《山西旧志二种》，北京：中华书局，2006 年，114～116 页。

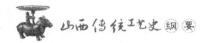

因此，历代贡品与近代乡土手工业资料，分别从起点和终端勾勒出山西传统手工技艺门类的主体。综合上述两种史料，并参照山西省非物质文化遗产实地调查资料，提要得出自然资源利用技艺、纺织皮革衣饰技艺、食品药品制造技艺、日常器用制造技艺、文化民艺品制造技艺、传统建筑营造技艺等六项山西传统手工技艺主要门类。如图 0-3 所示。

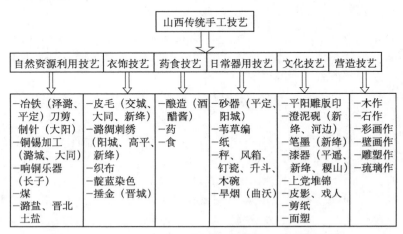

图 0-3　山西传统手工技艺主要门类举例（姚雅欣绘制）

（一）自然资源利用技艺

山西拥有丰富的煤、铁、铜及有色金属、盐、硝、硫黄等矿产资源，先民生存伴随着对天然资源的初步认识与利用，矿产加工工艺通常具有久远的历史。山西省境内煤储量最广最盛，但是在西方近代煤矿机械化开采技术传入中国之前，矿脉识别、矿产开采都在极其简陋的生产条件下进行，手工采集、粗放利用的原始状态持续了千余年。

与煤不同，金属的利用水平通常被作为衡量古代社会经济水平、断定社会形态的重要指标，在从青铜时代发展到铁器时代的早期中华文明历史上，春秋战国时期晋国相继领青铜、铁器冶炼铸造工艺之先端，遂在王权式微、群雄逐鹿时代，执国力国势之牛耳。晋国都新田时期铸造青铜器的手工作坊，1959 年在侯马市牛村镇南郊出土，其中制造青铜器的陶模、陶范出土共 5 万余块。在模范制作阶段，简单器物用单范或合范法，一范多用；礼器、乐器等复杂器物用复合范；外范之间衔接处设楔形榫卯，以增强铸件的整体性。阴干后的陶范入烘范窑烘干定型以利浇铸。在铸造阶段，采用一次成型的浑铸法，或器身与附件分别铸造的分铸法。遗址呈现从塑模、翻范、烘烤、合范到浇铸的完整工艺流程。作坊规模与成熟的陶范制铜工艺，居同期同类遗址之首。① 太原赵卿墓、长治分水岭墓地出土的青铜器显示，战国时期，错金、透雕、镂空、镶嵌技艺使晋式青铜器制作更趋纯熟。春秋战国时期晋国高超的青铜冶铸工艺，以及工艺背后的权力隐喻和审美意向，铸就国家礼器的官式工艺体现出完全不同于民间工艺的技术内涵，开创了山西传统工艺第一个技术文明巅峰。

山西铁矿储量丰富，在开采、冶炼、铸造、制器等各个环节，铁的利用涉及多种传统工艺，形成山西传统铁加工工艺链条。春秋时期（公元前 770～前 476）近 300 年间，铁质工具逐渐应用于生产，战国时期出现冶铁业，魏邑晋城设"乌政观"，署理炼铁事宜。此后，铁器取代青铜器，成为主要的生产工具和生活用具。高品位铁矿是冶铁、铸造工艺精良的基础，唐代并州刀剪以锋利著称，赢得杜甫"焉得并州快剪刀，剪取吴淞半江水"的赞美诗句，并州府城的"巨铁"储藏造就了这里的精良刀剪及其制造技艺。据《名胜志》记载："太原府城内有巨铁，常露其顶，掘之则深入不出，曰'铁母'。"镔铁祠设于府城。"地产铁劲于他处，诸工艺惟此擅良。"由于并州铁多钢的品质，邻近太原的榆次东聂村、西聂村、王胡村也制造剪刀，"四方之人往来过此必市之，或用为饷贻"。河北磁州锻坊使用晋铁最多，锻炼可得优质的"真钢"。②

春秋晚期，淬火、回火的技术发明开始应用于金属铸造的热处理工艺中，形成了对于不同淬火剂的冷却效果的认识和选择。北齐神武馆客綦母怀文在其"宿铁刀"制造中，卓有成效地发明并应用了尿淬和油淬。③ 这项出现在山西的技术发明，是汉代以来中国金属热处理工艺进步的里程碑。

> 齐神武馆客綦母怀文造宿铁刀，其法烧生铁精以重柔铤，数宿则成钢。以柔铁为刀脊，浴以五牲之溺，淬以五牲之脂，斩甲过三十札。后襄国冶家所铸宿柔铤乃其遗法，作刀犹甚快利，但不能顿截三十札也。④

从"烧生铁精"到"成钢"，将生铁盘入柔铁（即熟铁）封泥相炼，令二者相入，即北宋沈括在《梦溪笔谈》中所谓"炼钢"（即"灌钢"）的工艺流程。先得到"伪钢"，进而"取精铁，锻之百余火，每锻称之，一锻一轻，至累锻而斤两不减，则纯钢也，虽百炼不耗矣。此乃铁之精纯者，其色明莹，磨之黯然，青而且黑，与常铁迥异"。"精钢"遂炼成。宿铁刀以熟铁为刀脊，精钢（宿铁）用做刀刃。淬火剂的改进是锻造精钢的关键，宿铁刀以牲畜便溺（尿）、油脂作为淬火剂，由于尿

---

① 山西省史志研究院编：《山西通志·文物志》，北京：中华书局，2002 年，106 页。
② （清）王轩：《山西通志》记六之一，卷九九，第十三册，北京：中华书局，1990 年，7118 页。
③ 陆敬严、华觉明：《中国科学技术史·机械卷》，北京：科学出版社，2000 年，184 页。
④ （唐）李百药：《北齐书》，卷四九，北京：中华书局，1997 年。

中含盐，首次淬火的冷却效果优于水；继之以油脂淬火，油脂具有遇高温冷却快、遇低温冷却慢的特点，新的淬火方式降低了钢的变形和脆性①，因此成就了能够"斩甲过三十札"的宿铁刀，即后世所谓的"灌钢刀"。

相对于太原的镔铁矿藏所制刀剪精良的时代而言，"全晋产铁之区，南利铸生，北利打熟"②的判断或许不误。但是，随着太原优质铁矿的减少，明代以来上党地区冶铁可及生铁、熟铁、炼钢的全品位，形成质地精良钢铁的主产区。山西南部产铁之区，已经不仅利于"铸生"，随着冶铸工艺水平的提高，而且完全可以"打熟"、制钢了。

明清时期，上党地区出产的"潞铁"（当地称潞州产铁为"北铁"，泽州产铁为"南铁"），阳泉、平定出产的"平铁"③，已成为全国名品，尤以上党地区储藏的煤质高热、铁质精良，集山西冶铁、铸造工艺之大成，生铁用于铸造炮、钟、鼎、锅、犁铧，熟铁铸造刀、锄、镢、锹、镰、钉。明王朝为克扰靖边，多次向潞州寻求铁制武器支持。景泰元年（1450），因北房骚扰，山西大同府、直隶保定府战事吃紧，攻防靖边的武器何处筹措？大理寺卿孔文英上奏："闻山西潞州出铁，宜令于秋粮内折办铁蒺藜一百万，遣人送至雁门关，俟官军自运备用。"④ 军令所至，当年潞州应缴秋粮被折算为制造 100 万只铁蒺藜，可见明代潞州已经形成稳定的冶铁业规模和过硬的制造水平。明代后期，为应对北部、东南沿海以至京师频发的战事危机，在采用西方火器的过程中，徐光启（1562～1633）向崇祯皇帝上《西洋神器既见其益宜尽其用疏》，提出北在潞安、南在扬州"各开一局"制造先进武器的救

---

① 江琳才：《中国古代化学史话》，广州：广东人民出版社，1978 年，82 页。

② （清）王轩：《山西通志》记六之一，卷九九，第十三册，北京：中华书局，1990 年，7118 页。

③ 1912 年，地质学家丁文江（1887～1936）以工商部矿政司地质科科长的身份，赴山西调查铁矿，以太行山以西阳泉、平定、盂县一带的铁矿为调查重点。他从近代科学、工业化、新矿业的视角，看到平定铁业的特殊之处：其一，"平定一带的铁矿是零星的，是不规则的，是很薄的，是要开洞子的"，与新式铁矿必须要"成大片的、有规则的、开采极其容易"的标准样样相反；其二，平定一带炼铁方法独特，将铁矿打碎，掺和煤末，装入 1 米长、0.1 米口径的泥罐中，把 200～300 个泥罐堆在无烟煤上，再用已经用过的废罐子四面砌起，成为一座炉子，铁矿堆在无烟煤炉内焖出来。这与古今中外炼铁所用高的风炉、以木炭或焦炭作为燃料完全不同。他推断，平定一带既缺乏木炭，又没有可以炼焦炭的烟煤，这种"焖炉"的发明，"大概是不得不利用无烟煤的结果"。他进而指出山西土法炼铁的几个基本缺点：第一，浪费铁矿。平定一带铁矿平均100 斤铁矿石含铁 40 多斤，用土法炼制，提取不纯，渣多，可得 30 多斤生铁，炼成熟铁只得 20 多斤，1/3以上的铁质流失在废渣中。第二，这样炼成的铁，品质很坏。炼成生铁除废渣外，还含磷 2 斤多，含硫黄0.35 斤。平定铁熔点很低，质地很脆，只能以制锅作为大宗销路，较少能够用于炼制熟铁，完全不适于炼钢。山西土法炼铁的唯一好处是价钱便宜、人工便宜。丁文江：《有名无实的山西铁矿》，见欧阳哲生主编：《丁文江文集》，第 7 卷，长沙：湖南教育出版社，2008 年，36、37 页。

④ 见《明英宗实录》卷一八七。铁蒺藜是一种古代兵器，置于道路中，以阻挡骑兵行进。俗称铁菱角，也称冷尖，铁制三角物，尖刺如蒺藜。五个铁三角，用铁杆串起来，芒高 4 寸，广 8 寸，长 6 尺。转引自黄鉴晖：《晋商兴盛与境内商品经济的关系》，《山西文史资料》，1996 年第 2 辑，总第 104 辑，29 页。

国之策。尽管崇祯帝做出只在京城制造火器以应付眼前危机的选择，徐光启设局造器的建议未被采纳①，不过显然可见，潞安已成为明代后期制造先进火器的首选地，并且由最具前瞻意识与战略眼光的明末重臣徐光启上疏提出，潞铁的产地优势、优良品质及其广阔的市场，是支持徐光启建议的关键因素。

上党工匠娴熟运用的坩埚炼铁法、失蜡铸造法，构成中国钢铁技术发展史的重要内容，1958 年，李约瑟博士在《中国钢铁技术的发展》的演讲中对这些工艺给予高度评价。19 世纪初，仅晋城一县，就有生铁冶炼炉 1000 余座，熟铁炉 100 余座，铸锅炉 400 余座。② 以长治县荫城镇为中心，形成全国重要的铁制品集散地，前来采购的各地客商云集，以阳城犁镜为代表的各式农具，供应河南、陕西、河北等周边地区，潞铁制作的铁钉为南方省份造船所必需，在近代化工业到来之前，阳城大阳制针拥有绝大多数中国家庭用户市场。锯条是长子县的特产，虽然所需钢材非山西当地能够生产，凭汉口、芜湖等地远道供应，但是加工技艺非长子县莫属。长子县加工的锯条发挥了钢材的弹性、柔韧与锋利特性，汇集到荫城，由元兴、泉兴、王兴、恒泰等几家商号专营，不兼营销售其他铁器。③ 可见荫城铁器、长子锯条营销已具有较高的专门化程度，其后则有赖于相关产品较大的生产规模与广泛的销路的保障。在晋东南地区，拥有手工业时代从煤铁资源到生产、加工、销售这一完整的供产销链条，铁业传统在民间亦深植民生、民俗与民意之中。

侯马出土的春秋时期晋国都城的四座镕铜炉，用于维系蒲津渡浮桥的唐开元年间铸造铁山、铁牛、铁人等大型铸铁器物。北宋绍圣年间文水县匠师铸造的太原晋祠铁人立像④，五台山显通寺明万历年间铸造的铜殿、铜塔，以及山西寺庙中的各式铁钟，是见证山西冶铸技术发展与历史成就的珍贵文物。

此外，池盐也是山西较大宗的自然资源，运城盐池在长期的利用过程中，提取加工方法不断演进，从春秋战国时期完全依赖自然"天然结晶，集工捞采"的"漫生"法，到人工干预、唐代成型的"垦畦浇晒"法，进而发明桔槔汲卤水灌畦的"濩沱取卤"法，直至清乾隆年间创制"打井浇晒法"，彻底解决了卤水来源与如何在一年四季皆可生产的问题，由此形成系列的池盐制造工艺演进史，及其背后的盐业文化。雁北地区在利用盐碱土地提取土盐方面，同样创造了独特的技法。

---

① （明）徐光启：《西洋神器既见其益宜尽其用疏》，见徐光启：《徐光启集》，王重民辑校，上海：上海古籍出版社，1984 年，289 页。

② 乔志强：《山西制铁史》，太原：山西人民出版社，1978 年，26 页。

③ 山西省史志研究院编：《山西旧志二种》，北京：中华书局，2006 年，671 页。

④ 位于晋祠金人台西南隅，铁铸武士立像四尊，通高 1.7 米，盔甲武装，英姿威勇，气势庄严。据铁人腿部铭文记载，北宋绍圣四年（1097）由山西文水县工匠主持铸造，得到太原、文水、武宿等地个人与善社团体的多方助缘。

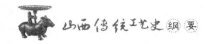

（二）纺织皮革衣饰技艺

纺织品、皮革制品是人类的日常生活资料和基本消费品，其加工工艺属于民间手工业的基础门类。山西中部、南部、东南部地区气候相对温湿，适于植麻或种桑养蚕，民间纺织业与手工技艺较为普遍。春秋时期，养蚕业和丝织品已在晋国经济生活中占有一席之地，侯马上马村东周墓出土的玉蚕两枚、侯马盟书遗址坑包护玉环的丝织物遗迹可以为证。①

麻葛织品供给一般的民生日用，有绦（细布）、绤（粗布）之分，麻料产地的妇女们通常掌握着葛麻布加工工艺，多以中小型家庭手工业的形式进行。麻布用途的广泛性以及简便易行、普及面广的加工工艺，使其成为一种重要的赋税来源，唐代中央政府向河东道下辖十八州征调麻布赋税，并根据麻布质量将产地分为九等：晋州（领临汾等五县）为二等产地，绛州（领新绛等七县）为三等产地，泽（领晋城等六县）、潞（领上党等五县）、沁（领沁源等三县）为四等产地，太原、汾州（领汾阳等五县）为五等产地，慈州（领吉县等五县）为七等产地。② 可见唐代山西各地麻布加工业的普及程度。用龙须草（又名缙云草）编织的龙须席，西晋时已为贡品，唐代西河郡、石州、阳城均以龙须席入贡，晋《东宫故事》有"太子有独坐龙须席，唐西河诸郡贡之"的记载。绛州以龙须草纺线，粗线编织毛毯，细线纺织袍衫，旧作毡帽，妇女们分工而为，后世失传。③

丝织品为主要供应统治阶级的生活必需品，有绢、帛、锦、罗之别。山西并无长江中下游地区盛产桑蚕之地利，唐代的蒲州、绛州，明代的潞州④，却能够加工出工艺精美的丝织品，并成为贡品。绛州白丝、河东绫绢扇、蒲州麦绢扇和竹扇为唐代名贡，后世失传。"潞安贡绸"代表了明代山西丝织业发展的最高水平。明代和清前期中央政府委托山西地方采办物资，在铁、硫黄、纸等产自山西的传统生产资料之外，潞绸、绢（农桑绢、生素绢）是仅有的两种生活资料，分别解交工部和户部。

明太祖朱元璋第二十一子沈王受藩地潞安府后，从地方征集数千机户织绸，故名"潞绸"。潞绸机户多在长治、高平、潞州三地，不必赴府当班，而是居家分造，再由地方政府统一收纳，并派员解送赴京，交纳工部。因而潞绸机户不同于当时手

———————————

① 乔志强主编：《山西通史》，北京：中华书局，1997 年，82 页。

② 李仁溥：《中国古代纺织史稿》，长沙：岳麓书社，1983 年。

③ （清）王轩：《山西通志》记六之一，卷九九，第十三册，北京：中华书局，1990 年，7115 页。

④ 唐代以来，蚕桑养殖在沁水流域的泽州发展起来。明初潞州六县植桑 8 万株，清初襄垣一县种桑 4 万株，清初长子县令唐甄在长子县推广种桑养蚕法，全县 10 个月植桑 80 万株，长子县蚕业得到发展。尽管如此，明代生产潞绸的原料，"丝线取给山东、河南、北直等处"，甚至"远走江浙买办湖丝"。

工业制造通行的轮班匠和住坐匠，在完成上贡任务之后，有较多的自由从事家庭纺织，潞绸随之从贡品扩展到一般的商品生产，因其优质入时，嘉靖年间发展为广受认可的商品，并超过上缴贡品的数量。

万历以来，中央政府将潞绸定为常贡，机户被拉回织造贡品的繁重任务上来。明末最盛时，潞州有绸机 3000 余张，可堪清前期官府丝织业全盛时江南主产地的织机规模。据《大清会典事例》记载，乾隆十年奏准：江宁设机 600 张，机匠 1800 名；苏州设机 663 张，机匠 1932 人；杭州设机 600 张，机匠 1800 名。明代潞绸"上供官府之用，下资小民之生"，织造规模由此可见一斑。织造技艺在潞州民间十分普及，"络丝、练线、染色、抛梭，为工颇细，获得最微"①。郭子章《蚕论》谓："西北之机潞最工。"② 绸幅规格多样，色彩有红、绿、黄、黑、天青、石青、沙兰、月白、酱色、油绿、真紫、艾子等 20 余种，美轮美奂。③ 一方面潞绸供给国家日益繁重的实物贡和税赋④，另一方面潞绸在民间颇有销路，出现在《说唐》、《金瓶梅》等当时流行的城市文学作品中，可见潞绸华贵富丽、声名远播的盛况。⑤

潞绸盛行于农耕时代手工业经济与资本主义经济因素萌芽交错之际，历史积累而自发的潞绸织造工艺不可避免地受制于种种非技术的矛盾冲击，传统工艺的自然传承因而被迫中断。原料本地供给有限而仰给山东、河南、直隶甚至江浙等远地，造成供给与市场需求扩大之间的矛盾，政府无度盘剥与手工业产能有限之间也存在矛盾，机户被盘剥得"支价赔累，荡产破家"。历经明末的社会大动荡，长治、高平仅存织绸机 1800 余张，又经顺治六年战事摧毁，仅存 300 余张，不及盛时规模的 1/10。然而清政府需求不减反增，顺治四年后，每年向两县派造皇绸 3000 匹，唯有 300 台织机抵 3000 台织机之役，"每岁织造令一至，比户惊慌。本地无丝可买，远走江浙买办湖丝"，湖丝应声涨价数倍于前，潞绸生产陷入进退维谷的境地。

---

① （清）张淑渠、姚学瑛等修：乾隆三十五年《潞安府志》，卷 34，国家图书馆缩微本。

② （明）徐光启撰，石声汉校注：《农政全书校注》卷之三十一，中册，上海：上海古籍出版社，1979 年，831 页。

③ 据《晋政辑要》记载，以明代中央政府一次委托山西采办之物为例，其中包括大潞绸三十匹，每匹长八丈，宽二尺四寸。内石青、大红、玄青、绿色、明黄、月白各五匹；小潞绸五十匹，每匹长三丈，宽一尺七寸。内明黄、绿色、月白、石青、各十匹，大红、玄青各五匹。由此可见明代潞绸规格与色彩。

④ 潞安贡绸"自明万历中始，后坐派至八千余匹。顺治初，长治、高平二县岁织止三千匹。八年，酌定价银，统由有司购办一千四百七十九匹二丈。十五年，减至三百匹。康熙六年减去大潞绸一百匹，改织小绸四百匹。十四年，大小绸又各减一百匹。乾隆十五年，只解大绸一百匹，小绸三百匹。嘉庆十一年停解。十五年，定岁解如今额。自归官办，民间几不知潞绸为何物矣"。（清）王轩：《山西通志》记六之一，卷九九，第十三册，北京：中华书局，1990 年，7077～7088 页。

⑤ 《说唐》中秦琼到潞州后，"想起母亲要买潞绸做寿衣"，潞州二贤庄好汉单雄信以银子、潞绸作为馈赠秦琼的礼品。《金瓶梅》中有多处关于潞绸的详细描述，如西门大姐的"纱绿潞绸鞋面"，来旺媳妇宋蕙莲的"红潞绸裤儿"。

如此状态持续十余年，最终导致顺治年间焚毁绸机、织户奔逃、潞绸工艺彻底毁灭的惨剧发生。泽潞籍京官或曾在泽潞任职的官员为此上疏皇帝，陈告减负，明末吕坤上《请停止砂锅潞绸疏》，清初王蕰上《请抚恤机户疏》，只是请求的理想对特产、技艺的保存都于事无补。

> 窃惟臣乡山西织造潞绸……明末绸机三千余张，皆因抱牌当行，支价赔累，荡产破家。（顺治）元年至今，仅存者不过二三百张。……独苦本省衙门之取用，以有别省差官、差役织造者，一岁之中，殆无虚日，虽各请发价，而催绸有费，验绸有费，所得些许，尽入狡役积书之腹，化为乌有矣。机户终岁勤苦，夜以继日，妇子供作，俱置勿论。若线若色，尽取囊中，日赔月累，其何能继？今年（顺治）四月，臣乡人来言，各机户焚烧绸机，辞行碎牌，痛哭奔逃，携其赔累簿籍，欲赴京陈告。[①]

明末潞绸产销繁荣的背后，蕴涵着晋东南地区自发零散的小农经济首先在纺织业中发生转变的可能性，以及潞绸业持续发展对自由市场的本能诉求。但是封建政权对小农经济特殊产品的专制化所有与无度攫取，与商品的内在属性、传统工艺的供给能力、劳动者的承受能力等之间存在实质性矛盾，最终导致新经济形式失去萌芽的可能，以潞绸加工为代表的传统技艺历经民间盛行、存续困境直至骤然毁灭，成为扼杀新经济之社会体制根源的必然的牺牲品。基于此，有幸传承至今的泽潞传统纺织布艺制品与手工技艺，如长治堆锦、高平丝绣（乌绫帕）、黎侯虎系列工艺品，无不凝聚着绝大多数早已消逝的传统手工技艺的苦乐与价值。

山西北部、西北部的山区，气候严寒、土地薄瘠，农耕、纺织从业为艰，但是位于边地、与少数民族杂居的地理条件，使这些地区宜于畜牧，饲牧牛羊成为主业，其中一些临近河流、水源便利，尤为水质多卤的地区，则发展起皮革加工业。春秋时期，晋国利用牛皮制甲的工艺，是军事装备水平决定战争成败的关键的例证。《元史》记载，元代官方在各地设立管理皮革毛织业的毛子局，设在朔州的毛子局下设"大使"，专门执掌利用毛线造织花毯。明清之际，零散、局部、满足特殊需求供给的皮革加工，以硝皮业的形式在山西发展起来，硝皮业集中在适宜地区，具有一定规模，从原料采购到成品销售形成一般的商品链条，作为生产环节的皮革加工技艺集民间皮业经验而形成稳定的加工体系。据《中国实业志》记载，"山西以牧羊著称，硝皮亦随之发达。全省硝皮业之始，以大同、交城两地最早。在明末清初之季，已有硝皮场之经营"。清修《晋政辑要》记载，明代以降，皮张作为山西地方特产，每至年节入贡两次已成常例。通常每年呈天马皮 1000 张、青白朕 1000 张，绛州承办珍珠皮毛 1000 张，交城承办羊羔皮（俗称滩羊皮）1000

---

① （清）张淑渠、姚学瑛等修：乾隆三十五年《潞安府志》，卷34，国家图书馆缩微本。

张，朔州承办黑白朔鼠皮 1000 张。经过鞣制加工的熊鞹、豹尾，为岚州、忻州、蔚州的土贡。① 明代以来的晋北工商业重镇大同，以及交城、绛州、晋城等地，皮革加工业兴盛，北路州县加工之皮来自张家口，滩羊皮、珍珠毛皮均采自陕西，在交城、绛州加工制作，工艺纯熟，并且形成硝皮业、熬胶业、毛口袋业等一系列皮革加工辅业。交城加工的滩羊皮，"皮工水色甲于中国，轻暖愈于常皮，每袭佳者价值三四十金"②。自清代迄民国，"交字毛"、交城滩羊皮一直驰名中国。交城、绛州也发展为皮革萃集制造之处，"不仅为本省，而且为西北部数省著名的毛皮集散地"③，"洋行商人常驻收买，输于天津、上海，而转至外洋。所收以黑白羊皮为大宗，而狐皮等次之"④。

（三）食品药品制造技艺

民以食为天，饮食习俗最直接地体现着地域特征，又因其融入全民生活的不可或缺性，食的技艺较其他类别的传统技艺相对易于传承而得以长期保存。晋地物产决定了晋地基本的饮食习俗，形成以面食、酿酒、酿醋为中心的食品加工与酿造技艺。随着明代以来商品经济的发展以及与外界交流的频繁，一方面，山西本土饮食趋于精致，平遥牛肉、闻喜煮饼、太原双合成糕点及各式面点种类丰富，尤其注重药食同源的保健功能，如傅山为老母养生创制的八珍汤（头脑）；另一方面，异地可取的药食技艺被引入山西，进而植根改进，形成外源型的山西特色药食加工技艺，如驰名中外的太谷广誉远龟龄集、定坤丹制造技艺，运城福同慧南式糕点加工技艺。

酒、醋酿制在山西有悠久的历史，作为原料的粮食、果物通常在各地都有出产，因此酒、醋酿制工艺的适用范围很广，省境自北而南形成各具特色的山西酒、醋产品。太原陈醋、晋南米醋为工艺和口味各有差异的酿制品。

山西的酒品佳酿种类丰富，宋代《酒谱》（窦苹著）和《酒名记》（张能臣著）、元代《酒小史》（宋伯仁著）、明代《酒品》（王世贞著）以及历代地方志多有记载。葡萄酒是唐代太原郡的贡品；柿酒俗名花酒，晋南的蒲州、绛州、解州人喜饮；汾清（汾州）、玉液（太原）、乾和（河东、并州、汾州）、桃博（蒲东）、羊羔（孝义）、玉露（洪洞）、金波（代州）、琼浆（隰县）、珍珠红（潞州）、堡子酒（榆次）、豆酒（汾州）、火酒（汾州、潞州）、襄陵，皆系美酒佳酿。

北魏时期，河东人刘白堕是迄今见诸记载的山西酿酒业先驱，他亲制的桑落酒

---

① （清）王轩：《山西通志》记六之一，卷九九，第十三册，北京：中华书局，1990 年，7086 页。
② 山西省史志研究院编：《山西旧志二种》，北京：中华书局，2006 年，104 页。
③ 山西省地方志编纂委员会编：《山西外贸志》，内部发行，1984 年，131 页。
④ 山西省史志研究院编：《山西旧志二种》，北京：中华书局，2006 年，104 页。

（传习农历九月九日桑落时作），亦名"鹤觞"，意指酒香过千里仍怡人，如同鹤一飞千里；又称"骑驴酒"，描述当时以驴载之而行的盛况。他将河东的酿酒技艺带到洛阳，在洛阳城西市的退酤里、治觞里以酿酒销售为业，以他名字命名的"白堕酒"，名震当时。[①] 据《洛阳伽蓝记》记载："河东刘白堕善酿。六月，以罂盛酒，暴于日中，经一旬，其酒不动。饮之香美，醉而经日不醒。朝贵相饷，踰于千里。以其远至，号曰鹤觞。"[②]《水经注·河水》记载："河东郡多流离，谓之徙民。民有姓刘名白堕者，宿擅工酿，采邑河流，酝成芳酎，悬食同枯枝之年，排于桑落之辰，故酒得其名矣。然香醑之色清白若滫浆焉，别调氛氲，不与它同，兰薰麝越，自成馨逸。方土之贡选，最佳酌矣。自王公庶友，牵拂相招者，每云索郎有顾，思同旅语，索郎反语为桑落也。"[③] 北魏山西民间酿酒业兴盛，山西的酿酒技艺传至洛阳甚至可资当地人谋生，成熟的桑落酒酿制法被贾思勰写入《齐民要术》。

北齐定都晋阳，此时汾酒已深得帝王赞赏，北齐武成帝手敕同年挚交河南王孝瑜："吾饮汾清三杯，劝汝于邺酌两杯。"汾酒为谷物发酵的米酒，经过制曲、投料、发酵、取酒、加热等基本工序[④]，可以酿成浊酒、清酒两种清澄度不同的酒。浊酒所需酿造时间短，成品快，酒精含量低，甜度高，米滓上浮致酒液比较浑浊，形同浮蚁，故唐代多用"蚁"来形容浊酒，酿造工艺较清酒为简。清酒所需酿造时间长，酒精含量高，甜度低，酒液明澈，工艺繁复。因此，清酒常被称为"圣人"，浊酒只是"贤人"。随着酿酒基本技艺的成熟，以葡萄、柿子等果实酿酒的做法也发展起来，果叶加入酿酒的成分，则显酒之清雅醇香，丰富了酒的类型。竹叶酒在唐代流行起来，成为汾酒族的衍生品。以汾清作底酒，蘸以竹叶等中草药酿制，色泽青绿，口感清爽。武则天"酒中浮竹叶，杯上写芙蓉"的诗句，描述出竹叶青酒清新雅逸的气质。唐晚期太和八年（834）至会昌六年（846）间，山西酿酒业的成熟与兴盛，使河东道成为敕封官办的五处"榷曲"之一。

葡萄是解州安邑县的历史名产，金末安邑葡萄良酒因一次偶成而得众识。元好问（1190—1257）在"蒲桃酒赋并序"中述及友人刘光甫讲给他的亲历见闻。光甫的故乡安邑盛产葡萄，当地人却不知葡萄酿酒之法。光甫年少时曾与故人许仲祥"摘其实并米炊之"，结果是味失甘美而弃置，即序中所记："酿虽成，而古人所谓'甘而不饴、冷而不寒者'，固已失之矣！"安邑葡萄成酒却是光甫邻家的一次纯然偶得。金贞祐年间（1214—1216），"邻里一民家，避寇自山中归，见竹器所贮蒲桃

---

① （清）王轩：《山西通志》记六之一，卷九九，第十三册，北京：中华书局，1990 年，7110 页。
② 范祥雍校注：《洛阳伽蓝记校注》，上海：上海古籍出版社，1978 年，203～204 页。
③ 谢鸿喜：《〈水经注〉山西资料辑释》，太原：山西人民出版社，1990 年，22 页。
④ 王赛时：唐代酿酒业初探，《中国史研究》，1995 年第 1 期，21～32 页。

在空盏上者，枝蒂已干，而汁流盏中，熏然有酒气，饮之，良酒也！盖久而腐败，自然成酒耳。不传之秘，一朝而发之。"① 这条关于金末安邑葡萄化酒的重要史证，即"此安邑葡萄金末著名之证"，② 与西域大食人绞葡萄浆封埋成酒之说相合，尽管安邑与西域相距时远地遥，但二者内在呼应契合之史事情理，激发古来佳士对此多为文述怀，一如元好问之"蒲桃酒赋"，以葡萄酒之清香和谐出自物化之深功，寄托"纯白之士，与此美酿同味"之哀时心志。

元初中统二年（1216）六月，敕令安邑葡萄酒自今毋贡。元贞二年（1296）三月，"罢平阳路进葡萄酒，其葡萄园，民恃为业者还之。"蒙古国时期成为御用果木的安邑葡萄，元朝则主要制成葡萄干（乾圆）进贡皇家。③ 葡萄酒仍主要仰赖盛产葡萄的太原、汾州和平阳地区进贡。④

随着城乡民间酿造业日益普及，当经由官府品味升华的各种佳酿重返民间时，酿造技艺更趋精致，以酒、醋为代表的山西酿造技艺随之不断改进。久藏晋省"深闺"的汾酒，于 1915 年 2 月首次走出"深闺"，走向世界，代表山西省作为中华特产参加在美国旧金山举办的"巴拿马-太平洋万国博览会"（图 0-4）。赛会规模宏大，荟萃各国著名特产，参展酒类达数十种。一年展期结束后，美国政府聘请本国与外国专家，将各国选送特产分类审查，对于原料优质或制造精良的产品，分级授予奖牌奖状，以彰荣誉。面对酒类的世界评价标准，汾酒因其品质纯粹、香味郁馥、酒精含量高却不伤人，"外国人饮过，不但适口，而且精神上最为快愉"⑤，荣获一等金质奖牌与奖状的最高奖，从众多世界名酒中胜出，山西本土千年酿造技艺的水准，首次正式得到异邦文化的高度认同。

---

① （金）元好问：《蒲桃酒赋并序》，姚奠中主编：《元好问全集》上册，卷一古赋，太原：山西古籍出版社，2004 年，2～3 页。

② 《葡萄园宣谕》，（清）胡聘之撰：《山右石刻丛编》卷二十四，第 4 册，太原：山西人民出版社，1988 年。

③ 大蒙古国时期元宪宗壬子年（1252）《葡萄园宣谕》述：壬寅年（1242），安邑县长春观道士宁志荣、马志全向蒙古国皇帝进献葡萄园七十亩，充作御用果木。蒙古国对此葡萄园特别在意，两次特颁圣旨严令长春观看守护育："仰本观李志玉等，将前葡萄园子，务要在意看守，精勤起架，勿令分毫怠堕荒废，唯恐有俟御用果木，利害非轻。如至熟日，须官尽数制造乾圆，秤盘数目，前去平阳府计□道录院起发前来长春宫送纳，准备进献。"长春观籍此得免观内一切赋役，官民以至大小差发、地税、商税、铺马诸环节，皆须严格照旨施行，"如有违犯之人，其姓名申来，以依故违圣旨治罪施行，不得违滞。"此碑亦名《安邑长春观札付》，收录陈垣编纂：《道家金石略》，陈智超、曾庆瑛校补，北京：文物出版社，1988 年，512～513 页。

④ 详可阅览瞿大风：《元朝时期的山西地区 政治·军事·经济篇》，第八章"官营专销的手工诸业"之酿酒业，沈阳：辽宁民族出版社，2005 年，311～314 页。

⑤ 见《训令汾阳县知事晓谕商民改良汾酒办法文》，1918 年 2 月 6 日，《令文辑要》第六类实业，12～13 页。

图 0-4 "巴拿马-太平洋万国博览会"当日门票
（1915 年 11 月 2 日，汾酒博物馆藏）

（四）日常器用制造技艺与文化民艺品制造技艺

日用器物与工艺品首先源自地方资源，但是不同于前述冶金、衣、食、药类完全基于实用性的强调流程与技法的——"工艺"，日常器物与工艺品在实用功能的基础上，更加注重生活之美的传达，或与器物用途相称的文化品格的塑造。在日用器物频繁的生产与使用中，"工艺"实用与审美的本质，通过长期忠实于物的手工制造表现出来。踏实而仔细的制作不仅赋予器物出自手工的个性，制作者岁月累积的宁静与审美体验也无声地融入了制作过程中。传统技艺塑造的日用器物和工艺品，正是柳宗悦所谓"民艺之美"之所在。

体现山西传统技艺的日用器物与工艺品，主要有砚、墨、纸等文房用品，青铜、铁、陶、瓷、砂、琉璃、漆等各类材质的器物。剪纸、面塑、炕围画、皮影制作等生活中广泛存在的乡土艺术，通过基于审美、想象与情感寄托的传统技艺，成就了艺术的生活化表达。这类古老的艺术形式根植于生活，易于表现和传达人类共通的情感与审美体验，超越时空区隔的认同感，铺就了剪纸、面塑、炕围画、皮影制作等关于中国乡土记忆的底色。

山西的制砚工艺自北而南分布于五台、泽州、绛州三地，其中陶砚之首绛州澄泥砚与端砚、歙砚、洮砚齐名，并称中国"四大名砚"。绛州澄泥砚在唐代已是文具珍品和代表性物产，书法家柳公权在《论砚》中评价："蓄砚以青州为第一，绛州次之，后始重端、歙、临洮。"尽管凡有河流之地，随处皆可澄泥烧砚，宋代澄泥砚制作已广及山东、河南、河北、湖南、淞江等地，然而绛州澄泥的非凡之处在于：其一，汾河丰富的矿物质经长途奔流精华积淀于绛州；其二，绛州可得铅化合物黄丹，是烧制过程中的优质加固剂，为其他地域所缺乏。因此，绛州澄泥烧制的砚台，"质地细而不滑，坚而不燥，抚之如童肤，叩之若金声，研之以发油，观之犹墨玉，呵气可润，隔宿可研，冬不结冰，夏不干涸"。澄泥砚制工繁复巧妙，经过采泥澄细、淘沙去杂、制模成型、雕刻装饰、添料烧制、定型加工等数十道工序，逾年方成，非俗工所能为，故宫博物院藏"宋代东坡澄泥鹅式砚"，天津博物院藏"明代荷鱼朱砂澄泥砚"，均为澄泥砚之极上品。此外，据欧阳修记载，"绛州角石者，其色如白牛角，其纹有花浪，与牛角无异"。宋代绛州出产的角石砚亦闻名。

北宋米芾在《砚史》中述及"吕道人陶砚"，系泽州特产。"其理坚重，与凡石等。以沥青火油之，坚响渗入三分许，磨墨不泛其理，与方城石等。"砚首纯作"吕"字，以区别于色泥，故名。清代山西民间和附近省市蒙学馆多用段亩石砚，位于五台县滹沱河南岸的段亩山，出产砚石，有青、紫、绿三色，紫石为多。"质粗且受墨，价廉而工省。凡附近各省市井蒙馆所用之砚，皆此山之石也。"[①]

传统制墨业以绛州、上党为盛，《通典》记载，唐代绛郡一次入贡 1470 梃。《九域志》记载，北宋上党郡一次入贡 100 定。清初，潞安出松心墨，陵川宗侯制龙墨，色味俱良。金代太原设造墨场。

手工造纸通常出现在无论城乡的滨水之地，传统的纸用于书写、记账、装裱、生活之需，分为麻纸、桑皮纸、杂纸三种基本类型，品级最低的杂纸又包括草纸、黑毛纸、烧纸三种。蒲州出产的细薄白纸，出现在唐天宝二年（743）长安望春楼漕船特产展览会上。[②]唐代全国有 15 个州出产纸，蒲州居其一，蒲州经纸为宋代土贡。宋金时期，平阳麻纸、稷山竹纸名闻京师。平阳麻纸出自临汾、襄陵二县，以麻皮为原料，具有质地坚韧、奈沤、久不变色、天然防蛀的特点，是雕版印刷的最佳材料。此后，平阳雕版印刷业得到发展，金代"平水印"兴盛，平阳成为金代国家印刷与文化传播中心，平阳麻纸可谓物质与技术方面的起点。清代平阳贡纸有尺样、双钞诸型。明清时期，定襄蒋村开始制造麻纸。阳城、晋城、陵川、沁水、高平等泽州诸县宜于种植桑树，也是桑皮纸产区。晋水、汾水流域多出产草纸，太原上兰村、晋祠赤桥村以稻草为原料，洪洞县以破布为原料生产黑毛纸，祭祀烧纸，定襄、浑源等地星散的纸坊出产草纸，供应民间日用。

对山西传统瓷器、砂器的总体状况，《山西通志》给出"处处有之，并粗恶，适用而已"的评价。[③]瓷器、砂器制造，绝大多数用以满足民间日用之需，明洪武二十六年（1393）颁布的各阶层器用制度，严格规定了瓷器民用的方向："凡器皿，公侯一品，酒注、酒盏用金，余用银；三品至五品，酒注用银，酒盏用金；六品至九品，酒注、酒盏用银，余皆用瓷、漆、木器，并不许用朱红及抹金、描金、雕琢

---

① （清）王轩：《山西通志》记六之一，卷九九，第十三册，北京：中华书局，1990年，7116页。

② 范文澜：《中国通史》第三册，北京：人民出版社，1978年。

③ （清）王轩：《山西通志》记六之一，卷九九，第十三册，北京：中华书局，1990年，7116页。

龙凤文；庶民酒注用锡，酒盏用银，余瓷、漆。"① 六品以下的官员、城乡各业居民，日常器皿皆为瓷器，可见需求之盛。山西多山地且矿产丰富，制造瓷器的土石原料较易获取，省境内自北而南皆有瓷窑分布。

山西瓷器主要有"黑、白二种，府州胥出。主盘、盂器用极朴素，有唐魏遗风"②。北齐时期出现的白瓷，是山西制瓷工艺的一次飞跃。瓷器先以高岭土制胎，再敷釉料，含铁釉料经过高温焰烧的氧化还原，呈现深浅不一的色调，因此早期瓷器多为青釉系。山西匠师在长期实践中掌握了青釉的呈色机理，探索出有效控制胎釉含铁量的技术，通过充分排除铁的呈色干扰，制成白瓷；加重铁釉着色，制成黑瓷。唐代流行的三彩陶器，在山西交城窑能够烧制，釉料中高含量的铅经过高温氧化，降低了釉料的熔融温度，经过充分燃烧的各种着色金属氧化物熔于铅釉，并向四处自然流动扩散，形成色彩斑斓的"花瓷"。③

宋代的山西瓷窑已分布于 11 个县，太原设官窑场，1936 年在坝陵桥一带发现"大宋河东路官窑场"遗址。太原的制瓷家陈格创制"木理纹瓷"，灰白相间，纹理细折，形同老树年轮，又名"交釉瓷"、"陈格瓷"。太原南郊马庄、东郊孟家井烧制精良，有"北方宋窑"之谓。④ 平定窑、盂县窑、阳城窑、介休窑以烧制白釉瓷为主，兼烧黑釉器物。黑釉剔刻线条流畅，是宋代民间瓷窑的流行装饰。黑釉剔刻纹饰以浑源窑为精，大同窑、怀仁窑、乡宁窑也有烧制；油滴釉独出自临汾窑；黑釉印花以太原孟家井窑、介休洪山窑、平定窑为多。元代霍窑烧制白瓷、白地黑花器，彭君宝在此仿制定窑器，亦名"彭窑"，效法古定窑的折腰器，制作规整，还能烧制元代最流行的高足杯，只是霍窑器质极脆，存世不易。明代晋王府置窑烧造，充当府用。其中白瓷类似土定窑品，俗称"晋瓷"。

明代中期以后，随着山西琉璃烧制工艺的成熟，山西南部兴起珐华器制作工艺，生产具有强装饰效果的日用器皿。平阳、绛州、霍州器物，多为山水人物纹饰；泽潞地区器物，多为花卉纹饰。珐华器为陶胎，以牙硝为助熔剂，借鉴彩画绘制中的沥粉技术，用特制带管的泥浆袋，在陶胎表面勾勒出凸起的图案轮廓，继以各色釉料填充底色与花纹后入窑烧制。器形多为花瓶、香炉、动物之类。珐华器以紫、孔雀绿为主色，缀以黄、白、孔雀蓝纹饰，相较于多为黄、绿二色的琉璃器，珐华器更具装饰性与艺术效果。山西省博物馆藏三彩珐华镂空罐（图0-5），为山西明代珐华器的代表作。明嘉靖前后，景德镇以瓷胎仿制珐华器。

---

① 衡翼汤编：《山西轻工业志》上册，山西省地方志编纂委员会办公室出版，34 页。
② （清）王轩：《山西通志》记六之一，卷九九，第十三册，北京：中华书局，1990 年，7116 页。
③ 衡翼汤编：《山西轻工业志》上册，山西省地方志编纂委员会办公室出版，17 页。
④ 衡翼汤编：《山西轻工业志》上册，山西省地方志编纂委员会办公室出版，19～20 页。

图 0-5　三彩珐华镂空罐
（山西省博物馆藏）

陶瓷工艺的另一门类——琉璃①，其烧制工艺在山西历史最久、品质最精，并在明代向京师传播。琉璃以铅硝为基本助熔剂，经过 800～900℃炉温烧制，形成低温陶胎铅釉制品；相较于烧制瓷器所需的 1200℃，显系低温。考古出土的春秋战国时期玻璃器，系与琉璃同源同类的前身。早期的山西琉璃为汉代绿釉明器，多出自运城、闻喜、平陆、河津、稷山、芮城等地，以绿釉陶楼居多。元代山西琉璃业开始兴盛，作坊与作品遍及北部的五台，中部的介休、平遥、汾阳，南部的洪洞、芮城、翼城，东南部的潞城、阳城等地，元代官式建筑芮城永乐宫的殿顶琉璃脊饰，制作技艺精湛。明代山西琉璃业达到鼎盛，小到簪环饰品、供器，大到建筑构件，甚至牌坊、影壁、宝塔，皆可制作，形成阳城乔姓、河津吕姓、平遥侯姓、文水张姓等多个匠师家族谱系。

自元代起，国家大规模的营建业都离不开琉璃装饰，山西琉璃匠师的高超技艺随之流向京师。元大都营建过程中，建成专事琉璃烧制的官窑和西窑，均由迁京的山西赵姓匠师主持经营。元大都的琉璃官窑最初建在海王村，即今天位于北京市宣武门外的琉璃厂，周边的陶然亭公园内有窑台遗址，还有窑台胡同、黑窑厂胡同、山西街等老地名街巷；此后窑址扩建，在西山门头沟琉璃渠村建成"西窑"，可以想见元代以来迁入北京的山西琉璃匠师凭借技艺不断拓展的空间，直至承建明清皇家宫殿、坛庙、陵寝等高等级建筑的琉璃作品，其技艺进入京师后兴盛与传承持续 700 余年。图 0-6 为元代元始天尊琉璃造像。

图 0-6　元始天尊琉璃造像（元代山西匠师烧造，首都博物馆藏）

砂器介于陶器、瓷器之间，以黏土、砂、煤渣为原料，制成锅、壶、盆、火锅等日用器皿，价廉实用。潞安砂器、平定砂器皆闻名。砂器色泽黝亮，质轻薄，易加热，节省燃料。潞安府砂器在明代成为土贡，嘉靖四十年（1561）、万历十六年（1588），"均坐派潞安府砂器一万五千并备余，共一万九千五百，价值一百十余

---

① 琉璃进入中国民间的"身世"，通常有以下说法，据《山西通志》记载："魏世祖时，大月氏国人商贩京师，自云能铸石为五色琉璃，于是采矿山中，于京师铸之。既而光泽美于西方来者。乃诏为行殿，容百余人，光色映彻，观者莫不惊叹，以为神明所作。自此中国琉璃遂贱，人不复珍之。"

两"。吕坤在《请停止砂锅潞绸疏》中称为"山西砂器"。

利用太原储藏的高品质镔铁矿，唐代制造的铜镜、铁镜，是名重一时的贡品，惜制镜工艺久已失传。清代民国盛行的晋城飞金、皮金工艺，随着物产与习俗的近代化，盛景不再。山西传统髹漆工艺以平遥推光漆器、新绛云雕为代表性技艺，传承至今。

（五）整合多种手工技艺的传统建筑营造技艺

在人类社会的不同发展阶段，最能体现社会生产与社会关系综合发展水平的实体，非一个时代的建筑莫属。中国古代不仅有《考工记》、《营造法式》、《清式营造则例》等官方营造专书严格规范的标准等级建筑，更多的则是古代匠师实践经验累积而成的民间建筑。山西作为保存中国古代建筑艺术最丰富的宝库，对于木构、砖石、生土等各种传统建筑类型，通常的关注重点在于对建筑本体的分析与鉴赏，对于建筑的营造技艺，则在于匠师心手融会的

图 0-7　阳城县砥洎城用坩埚砌墙

建造与巧思，匠师与自然环境的天然友好，在营建中对当地物产的信手拈来，以及匠师们口传心授的民间营造秘籍。这些塑造乡土建筑的远非共识的乡土经验，正是

图 0-8　临县招贤镇小塔则村用陶瓷砌墙铺路

资料来源：王洪廷：《临县招贤镇的陶瓷业》，《晋商史料全览·吕梁卷》，太原：山西人民出版社，2006年，164页。

地方特色文化的核心价值所在，在乡土建筑渐受关注之时，这些驻根乡土的隐形经验型知识及其启迪后人的价值，常被忽略而濒临消失。

阳城县明代古村砥洎城用坩埚砌墙（图0-7），临县招贤镇小塔则村用陶瓷砌墙铺路（图0-8），体现了百姓朴素的生态智慧。他们将当地手工业废料（坩埚）或次品（陶瓷），作为周边村落的建筑材料，用于砌院墙、铺道路、筑烟囱，不拘一格，变废为宝，营造出独具手工业特色的乡村人居环境。19世纪70年代，到晋东南考察的德国地质学家李希霍芬，对"那些庞大的、废弃不用的、破碎了的坩埚堆"留下深刻印象。砥洎城位于阳城县东13公里润城镇的西北隅，冶铁业为这里积累了财富，也成为离乱匪帮的掳掠目标，明代修建城池筑起高10米的城墙；冶铁业带给这里的另一笔"财富"——钢铁

冶炼后废弃的大量坩埚，成为当地修筑城墙和民居最重要的建筑材料。坩埚与条石混砌的特殊结构，极大增强了墙体的坚固性和耐久性，只在城墙外面包砌青砖，以利观瞻。这样，冶炼废料堆积与建筑营造成本控制的问题迎刃而解，坩埚墙在阳城周边村落明代建筑遗存中十分普遍。今天看来，古老的村落蕴涵着关于当代绿色建筑、循环经济、生态和谐理念的质朴灵感。

传统建筑的营造技艺就是要挖掘山西古代匠师在建造过程中的巧思、创造性技艺以及整体技术策略。诸如维修木构建筑采用的"偷梁换柱"技艺、整体梁架加固的"打牮拨正"技艺、瓦顶铺设技艺，正是这些不同类型的技艺，经过严密的营造组织，才原汁原味地塑造出传统建筑的形象。建筑彩绘、壁画、彩塑进一步赋予传统建筑艺术精神与人文气息。彩画绘制技艺、壁画绘制技艺、壁画揭取修复技艺、彩塑塑造技艺，都是与传统建筑密切相关又各自相对独立的专门技艺。在中国古代建筑史上，山西传统营造技艺可谓独树一帜。

四、内塑民俗与外向传播

源于地方资源的传统工艺，在物质财富方面，成为地方农耕经济的补充，明清时期山西形成以煤、铁、盐、瓷、丝为主的手工业经济，大同、太原、介休、晋城、运城发展为重要的工商业城市。在精神文化层面，物质繁荣、民生所系的传统工艺，对于从中受益的地方官民以至帝王来说，还要尽可能从信仰上塑造传统工艺有赖敬重的神明。盛产池盐的运城，唐大历年间在盐池北岸卧云岗上敕建池神庙，历代屡享褒封。冶铁业兴盛的晋东南地区，自明代起在一些村庄建"针翁庙"。皮革业建皮神庙，营造业建鲁班庙，不一而足。

在专门手工业长期主导的一些地方，传统工艺或手工劳动成为丰富并塑形当地民俗的要素，通常传统手工业兴盛的地区，民间商贸繁荣，与手工业相关的民俗内容明显地较为丰富。以晋南经济枢纽新绛县为例，新绛县手工业发达，有"七十二行城"之称，20世纪30年代工商业发展到2000多户。新绛县的行业庙会中，传统行业门类几乎无所不涉。正月有商会组织的火神庙会，理发行组织的罗真庙会，茶社组织的三官庙会，火柴业和花店组织的火神庙会；二月有五金行组织的老君庙会；三月有医药行组织的药王庙会，缝纫业组织的轩辕庙会；四月初一有钱行（指票号、典当行等）组织的财神庙会；五月有泥木匠行组织的鲁班庙会；六月有皮行组织的皮神庙会，颜料行组织的葛梅仙翁会，饮食业组织的雷祖庙会；八九月间银匠组织在东岳庙献戏一台，酿酒业组织的杜康庙会，机织业组织的嫘祖庙会，造纸行组织的蔡爷庙会。其中最热闹的是六月初六估衣皮货业组织的东岳庙会，历时一月之久。在各种演会的同时，本省及外省客商云集，或以皮毛等土特产交易新绛的棉织品或小手工业品，湖南、湖北、江西等南方客商以瓷器、夏布、药材交易新绛的皮革制品，形成新绛县每年规模最大的商贸物资交流会。①

由于煤炭与山西的"亲缘"关系，"旺火"习俗随之风行山西，北部尤盛。据《大同府志》记载："元旦，家家伐薪凿炭，磊磊高起，状若小浮图。及时发之，名曰'旺火'。"② 太原等地用砖垒成塔形，内盛炭块，称"塔塔火"，寓示驱邪化吉、兴旺发达之意，有的商号则称之为"接财神"。③

"燃铁花"则是冶铁业集中的晋东南地区的民俗，在元宵节（上元日）和清明、中元等祭祀节日燃放。据《泽州志》记载："上元夜，以洪炉镕铁汁，向空高洒，烂若星点，名曰'铁花'。又范土为人，洞其中以纳火，曰'人火'。"④ 康熙年间文渊阁大学士兼吏部尚书陈廷敬（1639～1712），以"熔炉镕铁盈洪炉，绝技之巧天下无。火树银花幻莫测，凌虚掷地纷骊珠"的诗句，赞誉"燃铁花"的胜景。

图 0-9 绚丽多彩的上党铁花
资料来源：史耀清主编：《上党民俗寻根》，北京：北京燕山出版社，2005 年，249 页。

"打树花"也是河北省蔚县暖泉镇（元代建制的古镇）流传 300 余年的古老民俗。每年正月十五上元节前后，暖泉镇上的炼铁师傅准备好熔炉、废铁、熔化的铁水，随着一声"开祭喽"的吆喝，表演者用手中经过三天浸泡的古柳木勺，舀起铁水，向空中用力扬起，顿时火花流光溢彩，劈啪作响，映红夜空，寄托着人们祈盼来年红火生活的美好心愿（图 0-9）。近年，蔚县与暖泉镇政府共同建成打树花广场，可容纳观众一万人，广场的观看角度、场景效果与安全性良好，已成为蔚县春节民俗活动的重头戏。⑤

同样以铁业著称的四川达州，"打铁花"的民俗至今流行，每年农历正月十五到二月初二期间，古城街巷的居民无不投入这最为炽烈粗犷的激情时刻，重温手工业时代劳动生产迸发的豪情。

明清时期，长治县荫城、西火一带的制铁手工业十分发达，在二三人一组的打铁生产活动中，铁匠们有节奏的劳动号子，逐渐编成动作、配以故事，形成无乐器伴奏的干板秧歌，又称"地滑连秧歌"、"西火秧歌"，后经地方化的创作，形成舞

---

① 政协新绛县委员会编：《新绛文史资料》第 6 期，年份不详，229～231 页。
② （清）王轩：《山西通志》记六之一，卷九九，第十三册，北京：中华书局，1990 年，7065 页。
③ 山西教育出版社主编：《山西风物志》，太原：山西教育出版社，1985 年，333 页。
④ （清）王轩：《山西通志》记六之一，卷九九，第十三册，北京：中华书局，1990 年，7067 页。
⑤ 陈商：《春节到河北蔚县看打树花》，《北京青年报》，2011 年 1 月 28 日 D6 版。

台上风格高亢劲健、风趣活泼的襄垣、武乡、壶关秧歌。2009 年，"襄垣武乡秧歌"入选第三批国家级非物质文化遗产名录（传统戏剧类）。

传统技艺塑造的独特文娱形式，为地方聚讼纷争化解、公共规约认同颁行提供了一种可行的公共仪式。清同治九年（1870），孝义县下栅村白沟河五村与上游筑堰绝水的坛果村发生水利纠纷，坛果村被"同人理处罚唱影戏"，以一场孝义皮影戏为标志，罚过错与塑新规的解决之道在乡土艺术的共享中波澜不惊地实现了。

通过庙会、节庆、秧歌等多种娱悦形态的表达，诉说天赋资源与辛勤劳作的快乐，祈求传统技艺护佑民生、二者共存共荣的永恒，难逃消失命运的传统技艺，在它所融入的民俗中，保存了民艺的持久生机。

商品经济与市民社会的发展，同地方特色产品的跨地域流通互为推进，明代以来，历史上主要向国家交纳土贡、供给地方日用的山西传统手工制品，诸如池盐、铁及铁制品、潞绸、瓷器等手工产品、酿酒技艺、琉璃制造技艺，逐渐自原产地走得更远，更多地出现在北京、洛阳、包头乃至南北各地。清代北方的最大都市北京，大商业都市天津、济南、开封、太原等，边地城市宣化府，这些城市鳞次栉比的商业街市中都有山西特色手工艺品的身影。"市中贾店鳞比，各有名称，如南京罗缎铺，苏杭罗缎铺，潞州绸铺，泽州帕铺，临清布帛铺，绒线铺，杂货铺，各行交易铺沿长四五里许，贾皆争居之。"①

在全国分布较广的山西会馆、手工业行帮，成为明清时期最盛的会馆、行帮的主角。北京前门至宣南一带密集分布着多家山西会馆，如河东会馆、蒲城会馆、三晋会馆、太原会馆、解梁会馆、盂县会馆、灵石会馆等，北京的琉璃业、颜料业、棚业、营造业等手工行业，山西商人或山西匠人是经营与从事的主角。雍正五年（1727），在广安门大街建起"河东烟行会馆"，乾隆三十五年（1770）设在京城的河东烟行字号有 532 家，嘉庆七年（1802）仍有 415 家。②

在外从事手艺或商贸的山西各业行帮聚于会馆，各行业分别设置行业公所；或规模较大的行业，独立设置行业会馆，如山西人独占京城颜料业，设立颜料会馆。为抵制封建统治者对工商业的榨取与权利侵害，会馆、行帮以共同的乡谊保护同行或同乡的利益，维护地方手工业的艰难生存。

洛阳老城清一色的砖瓦民居中坐落着潞泽会馆，潞泽晋商实力雄厚，并以地利之便与洛阳商贸频繁。《皇朝经世文编》卷四《请设商社疏》记载："商业往来，以盐、面、米、木、花布、药材六行最大，而各省会馆亦多。"泽潞商人常驻河南府从事贸易，据《关帝庙潞泽众商布施碑记》："其中棉布商四十八家，扣布坊四十六

---

① 转引自童书业：《中国手工业商业发展史》，北京：中华书局，2005 年，302 页。

② 李华编：《明清以来北京工商会馆碑刻选编》，北京：文物出版社，1980 年。转引自黄鉴晖：《晋商兴盛与境内商品经济的关系》，《山西文史资料》，总 104 期，1996 年第 2 期，35 页。

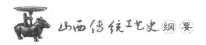

家，油坊五十七家。"① 获得广泛流通的地方产品，经过商业供需空间的扩散、放大，为支撑其后的地方传统工艺注入了持续发展的动力。

五、内在矛盾与关系紧张的一面

有学者曾指出，"手工工业"是一个不适合进行科学研究的概念，由于"这个概念通常包括了从家庭手工业和工艺开始，到很大的手工工场的雇佣劳动为止的所有一切工业形式"②。无论是有组织、供给生产与消费的手工行业，还是家户自为自足的手工艺行为，传统手工技艺究其实质，是一个基本的经济事实，并程度不同地参与到当地各种形式的经济过程中，表现出丰富而复杂的经济与社会特征。明末清初山西乡土手工业开始遭遇的生存境况，已日益显现出工业化时代山西资源产业突出的资源利用矛盾、生态危机与社会道德的紧张状况。传统手工技艺与生俱来的内在矛盾，以及苛税勒索、供求关系等外部因素对手工业生存空间的挤压，最终导致传统手工技艺与手工业在农业文明中从生成到衰落的必然命运。

（一）落地税挤压乡镇远地的手工业

苛税、重捐、加派土贡，以及匠籍对手工业者人身自由的限制，构成封建时代手工业主体持续发展的羁绊。清初各省地方在日常农业税、关税、杂税之外，还向手工业品开征"落地税"，远乡边地零散分布的农户自足式手工制品——此前尚有免除捐税的生存空间，被无一例外地纳入落地税的征收范围，原以维系底线生存的民间手工技艺，陷于衰退或消亡的晦暗前景。

雍正十三年（1735），饬令整顿落地税，针对落地税广及远乡僻壤和艰难乡民的挫伤民生之力的情况，颁行政策时明确规定：乡镇村落全部禁收落地税，不得假借名目而巧取，从地方有司到督抚需严加落实与监管，否则有司将被从重治罪，督抚将被问责，务必使远地乡民尽知这项政策：

> 凡市集落地税，其在府州县城内，人烟凑集，贸易众多，且官员易于稽查者，照旧征收，但不许额外苛索，亦不许重复征收。若在乡镇村落，

---

① 洛阳市文物管理局、洛阳市博物馆：《潞泽会馆与洛阳的民俗文化》，《洛阳文史资料》，内部出版物。
② 转引自彭南生：《半工业化：近代中国乡村手工业的发展与社会变迁》，北京：中华书局，2007年，126、162页。列宁根据俄国农村社会经济情况，准确区分了手工业与乡村手艺两种不同的工业形式，指出："毫无疑问，应该将为市场工作的商品生产者与为消费者工作的手艺人严格加以区分，按其社会经济意义说来，是两种完全不同的类型。"前者是乡村中自做自卖的独立手工业者，乡村手艺按照消费者的订货来制造产品，则是"脱离了宗法式农业的第一种工业形式"，但它仍然是农民经济的补充，它缺乏与市场的联系，其劳动产品不在市场上出现，几乎不超出农民的自然经济的领域。

则全行禁革，不许贪官污吏假借名色，巧取一文。倘奉旨之后仍有不实心奉行，贿藏弊窦者，朕必将有司从重治罪，该督抚并加严谴。此旨可令各省刊刻颁布，务令远乡僻壤之民共知之。①

在落地税整饬政策施行前，山西各地多已巧立名目强征落地税，手工业较盛的泽州府、潞州府尤甚，私收累民，弊窦丛生。据雍正七年（1729）巡查山西的户部官员宋筠奏报：

> 臣闻潞安等处，落地税物甚多，系知府委人收管，细察历来相沿旧规：当店每店一年税银十两五钱，生铁百斤税银一分，熟铁粗者百斤三分，细者六分，麻籽每石二分，麻油百斤八分，干粉百斤一强二分，故衣绸帛每件八厘，布衣四厘，白布每个税钱三文，麻一斤一文，橡子一根一文，每起一票六文，此其大概也。余有税之物尚多，一府如此，他府可知，恐有私收累民者。②

偏瘠山乡陵川，百姓挖山采石，炼打钉头，有铁钉铺户十二家，此前不征税，被加征落地税。位于垣曲与绛县交界处的横岭关，为晋豫通衢，贸易者往来络绎，稽查逃盗及私贩硝磺等事务的巡检员私设税额，每遇一驮，勒索征银十文、十二文不等，民多怨言。③

税吏舞弊，奸商偷逃，成为山西各地税收与官场的积弊。道光四年（1824），山西巡抚丘棠奏报：

> 近闻各关奸丁蠹吏，勒征卖放，及以正作罚，上下分肥，加之奸商偷漏绕越，粮船包揽夹带，百弊丛生，亏短日深，转借口年岁歉薄，商货短少。试思商民贸通有无，往来络绎，断不致逐年大相径庭，总由经征各员任听丁胥人等，例外横征，通同舞弊，以致商人裹足不前。④

地方设卡巧取、例外横征的结果，是对"穷民之脂膏"的榨取与匠人超出手工极限的劳作，是商民贸易交往的阻滞，最终导致工匠弃业、技艺荒废，尤其是商贸往来带动的区域间物品、技术以及信息交流的断绝，手工业的持续发展与升级无以维系。西方近代工业的到来，更加剧了山西传统手工业困窘的命运。

---

① 彭泽益编：《中国近代手工业史资料（1840～1949）》，第一卷，北京：中华书局，1962年，452页。
② 彭泽益编：《中国近代手工业史资料（1840～1949）》，第一卷，北京：中华书局，1962年，459页。
③ 彭泽益编：《中国近代手工业史资料（1840～1949）》，第一卷，北京：中华书局，1962年，459～460页。
④ 彭泽益编：《中国近代手工业史资料（1840～1949）》，第一卷，北京：中华书局，1962年，452页。

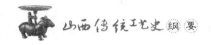

（二）开矿谋利引发的社会问题

传统农业社会中的矿产业，之于国家与地方，可谓天赋的便捷财源，因而也是经济命脉所系。明万历年间，山西连年干旱，地震频发，矿业所在之地，"小民嗜利而不惮为盗"；太监张忠、孙朝以"矿税使"身份到山西横征暴敛，加剧了矿业与民生的困境。万历二十一年（1593），魏允贞（1542～1606）以右金都御史迁任山西巡抚，他素以清正、直言闻名，鉴于山西矿业争利、"矿税使"非为、民气奸利的乱象，上奏朝廷《奏止开矿疏》，直指开矿谋利无度引发的社会问题：

> 部臣、科臣谓其（开矿）无利而有害，利少而害多。今所言开矿者皆利臣也，无甚廉节远识；所用以开矿者皆矿徒也，习于作奸亡命。以如是之臣，率如是之民，安保无生事在异日？万一套虏报怨于关中，山西之永宁州、汾州府河津县、隰州、蒲州，滨河所在，皆可虑也。①

魏允贞巡抚建议停止在山西开矿，减轻苛捐杂税，以正赋正贡满足国家常用。尽管不免是书生之论，难以实行，但是矿业显利背后潜伏的社会问题，已经足堪陷于没落的封建朝廷应付。煤、铁矿业集中的上党地区，时至清初，淳朴民风已经难再，唯利是图浸染下的社会习气令士绅扼腕。乾隆版《潞安府志》记录当地世风日下之变："人见半两五铢神通足恃，故日夜惟利是营，而不知礼义廉耻为何物。甚者子不顺父，亲在而别籍分财，弟不从兄，同室而藏怒蓄怨……此又时势之大可扼腕大可寒心者。"②

（三）手工业引发环境与公共资源争端

明清之际，剧增的人口与有限的资源、环境之间的关系日趋紧张，在山西水资源十分匮乏的干旱、半干旱地区，围绕水资源利用引发的地方纷争频现。有赖河流水源的皮革加工业、手工造纸业，时而卷入对当地水源的污染或纷争之中。

交城县的硝皮业领明清之际山西全省之先，皮匠们洗皮浸革之地紧邻县城，就在县城东南隅的一条文峪河小支流上，洗皮浸革散发秽杂气味并严重污染河水。康熙年间，交城县令赵吉士（1628～1706）意识到这个问题，非常反感"暮春初夏，秽气满城"；更为严重的是，交城作为山西省和西北几省皮革业的集散地，各地商贩云集县城，"乃有一种贩皮之人，不列保甲，莫查户籍，自称京客，声言旗下伙计，怀万千之重资，合三五以成群，始犹借寓假店于关内，今则比屋杂于城中，人

---

① （明）关廷访：《太原府志》，太原：山西人民出版社，1991年，338页。
② （清）张淑渠、姚学瑛修：《潞安府志》，上函第二十四册，卷八风俗，七页。

山买皮，骡驮车载而至。……数百游民为之硝洗，腥秽满城，酿成瘟疫"①。皮革业盛况导致当地户籍管理、社会治安、环境污染、公共卫生等一系列问题失序，数度勒令"此后不许擅洗一羊皮，擅浸一牛革"②。尽管如此，传统皮革加工业在"有禁无止"的状态下还是度过了最后的手工业时光。

位于晋水源头的太原晋祠镇赤桥村草纸制造业，在清道光二十四年（1844），遇到来自地方渠甲筑堰断水的阻滞，绝水之期，造纸停业，有碍生计。为将地方有限的公共资源掌控在手，渠甲出于奸滑之心，"最喜兴讼，一有讼端即可按亩摊钱，于中渔利"。赤桥村民以造纸用水历时久远的乡约成规为依据，与渠甲相继对薄县、府公堂，历经三年五个回合，判令春季河渠挑浚筑堤时，可以断水三日，赤桥造纸停业三日；秋季挑浚以五日为期（降雨日不计），届时如果仍不能放水，赤桥村造纸农户可至难老泉金沙滩洗纸（当地称"喘朵儿"）。道光二十七年（1847）暮春时节，赤桥村人将此法定乡约勒石为证，规约利益相关诸方。《遵断赤桥村洗纸定规碑记》刻诸两石，一碑立于唐叔虞祠正殿中，另一碑立于赤桥村兰若寺正殿前阶上。③ 这样，赤桥村草纸制造业才得到手工业时代的最后保障。

即使部分山西手工业的业务已拓展至异地，如掌控清代北京城铜业的潞州铜户，时至清代中后期，类似赤桥造纸纷争性质的事件亦常有发生（详见第一章第十二节"清代京城的潞州铜行"）。显然，如果缺乏手工业经济扩张所需的总体规范的商业环境，缺乏转向近代商业体系重树的制度规范，地方传统手工业的自身局限性已使其发展濒临灭亡。

总体来看，手工生产方式之下传统技术路线无法逾越低效能的弊端；一家一户分散制作而缺乏组织化的规模生产；利润私用私藏或放贷谋利而非用于技术改造或扩大再生产的分配方式；经营与管理脱节，完全受控于管理者的经营者，以工匠与乡帮意识而非企业家精神主导生产，管理者则凭借官势极力逼压、诈取商界；工商业逐利至上与农耕社会敦化至上之间存在着矛盾，在新的生产方式、生产关系进而社会关系萌芽微现而无力突破传统桎梏之际，在近代工业化冲破晚清锁国壁垒到来之前，诉诸地方经济与社会的剧烈矛盾，已是势所必至的呈现（图0-10）。这样的矛盾在手工业发达地区或行业中存在较为普遍，尤其在江南地区。有研究者指出，近代中国乡村手工业的发展与社会变迁部分达到了"半工业化"水平，但是未能独

---

① （清）赵吉士：《一件申请宪禁事》，见赵吉士撰：《牧爱堂编》，卷五，清嘉庆十五年刊本。转引自苏泽龙：《文峪河流域的环境与社会经济变迁》，山西大学硕士学位论文，2005年，19页。
② 彭泽益编：《中国近代手工业史资料（1840～1949）》，第一卷，北京：中华书局，1962年，432页。
③ （清）刘大鹏：《晋祠志》，卷三十河例，太原：山西人民出版社，2003年，572～573页。

立走完农村工业化的道路。[①] 长期繁荣的冶铁业之于晋东南地区近代经济发展与社会变迁，产生了怎样的影响，何以远不及江南地区新经济因素的萌芽程度，仍是留待我们继续深入探讨的课题。

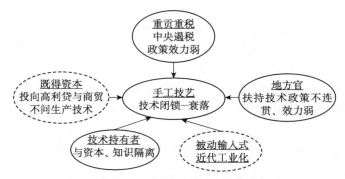

图 0-10　清中叶以来传统手工技艺由盛而衰关联要素图（姚雅欣绘制）

对于环境、地理与人类文化的关系，英国人类学家雷蒙德·弗斯（Raymood Firth，1901～2002）认为应在环境决定论与人类创造性之间找到平衡："环境显然给予人类生活一种极大的限制；任何一种环境，在一定程度上，总要迫使生活在其中的人们接受一种物质生活方式；环境虽然一方面广泛地限制人们的成就，另一方面，却为满足人们的需要提供物质；环境对人们的文化生活起着微妙的作用。"山西传统手工技艺就是在仰赖地方资源的智慧创造与技艺制约的得失累积中自然地前行，呈现出传统技艺足令后人赞叹与铭记的真实形象。[②]

第三节　置身现代化：传统手工技艺价值重生的取向

新的资本主义生产关系在有赖传统工艺支撑的手工业中萌芽，数千年农业经济主导的内陆省份山西，很难具备充分容纳或应对新生产关系的社会基础，最终出现新生产关系的增长，加速了其所在的手工业部门破产与传统技艺消亡的局面。清初

---

① 彭南生在研究中指出："半工业化是一种介于传统手工业与大机器工业之间的中间状态，它已经驶离了传统手工业的经济轨道，无论是在技术进步的程度上，还是与市场的联系，尤其是在与区域外市场的联系上，传统手工业都无法与之同日而语。半工业化进一步向前发展，或者说其内涵性扩张的结果，应该是工业化。但是中国近代若干农村、若干手工业行业中的半工业化并没有完成向工业化转化的历程，而是半途而废。"彭南生：《半工业化：近代中国乡村手工业的发展与社会变迁》，北京：中华书局，2007年，441页。

② 〔英〕雷蒙德·弗斯：《人文类型》，费孝通译，北京：商务印书馆，2009年，43～44页。赤桥造纸内容详见常利兵：《村庄叙事：1937～1957年的赤桥社会》，山西大学硕士学位论文，2005年，9～10页。

以降，上党地区潞绸业倒闭、矿业衰退，皮革加工、造纸、砂货诸业相继陷入发展困境，正是预示传统农业经济社会变革即将到来的征象。

鸦片战争之后，自洋务运动起始的近代工业化，以全新的生产方式撼动中国小农经济的社会基础，生存根基被摇撼的传统手工艺随之坠入现代化的洪流，或急速消逝，或处静以待。资源产业从工业化的高效率中获得了新生，首先在矿冶、纺织、加工等生产资料、劳动力、技术相对集中的领域，机器大工业取代了落后的手工业生产。传统手工艺由于从业分散、工艺独有等特点，工业化冲击使其处于技艺衰落或改进重生的存亡路口。如何使最具中国特色的传统手工艺为国所用，如何拯救传统手工艺实现价值重生，成为晚清和民国近代工业化与国家建设绕不过的问题。有识学者、官员分别从钩沉工艺文脉启蒙技术文化、抢救工艺绝学传承民族文明、发起国货经济振作民生等三种取向上，探求传统手工艺价值重生之路，从中可见传统手工艺与现代化互补共生而非排斥取代的生存关系。

一、传统手工艺未尽湮灭于近代工业化

手工业历经漫长的古代形态阶段，即从依附农业、作为农村副业的家庭手工业到独立于农业的个体手工业的过程。18世纪工业革命发生之际，手工业实现了近代形态——经过资本主义简单协作式手工业作坊，进入以手工技术与劳动分工为基础的工场手工业阶段。欧洲早期现代化的历史经验表明，"工业化的第一阶段还不是以自觉的新发明或科学研究的直接应用为特点，它表现在对现存方法的全面细微的改进上"[①]。在机器取代手工，规模化、高效的机制品取代分散低效的手工制品的趋势下，"对现存方法的全面细微的改进"，从技术演进与工艺价值的角度，留给式微的手工艺存续的空间，而未使其完全陷于自然湮灭之境。

发现手工艺与人同在的价值，出于思想家洞悉机器文明自身之弊及其衍生的人与社会问题。18世纪法国启蒙思想家卢梭（Jean-Jacques Rousseau，1712~1778）、狄德罗，于科学理性时代重申手工艺及其蕴涵的自然、劳动与人的价值。1762年，卢梭针对封建贵族教育的玄奥教条，在《爱弥儿》中大力提倡工艺教育。卢梭认为，工艺的最大功用在于通过手与脑的合力工作，使人的身心得到发展，因而也是人类职业中最古老、最直接、最神圣的教育方法之一。[②] 这里提倡的工艺，并非后世习惯作狭义理解的"工艺美术"，也非徒具美学含义，而是不拘类别但具有专门形式的手工技能。正如英国历史学家柯林伍德（R. G. Collingwood，1889~1943）

---

① Daumas M. A History of Technology and Invention. Progress Through the Ages. Vol. 3. 转引自〔德〕F. 拉普：《技术哲学导论》，刘武等译，沈阳：辽宁科学技术出版社，1986年，74页。

② 〔法〕卢梭：《爱弥儿——论教育》，李平沤译，北京：人民教育出版社，2001年，264~265页。

在《艺术原理》中所指出的：

> "艺术"的美学含义，即我们这里所关心的含义，它的起源是很晚的。中古拉丁语中的 Ars，类似希腊语中的"技艺"，意指完全不同的某些其他东西，诸如木工、铁工、外科手术之类的技艺或专门形式的技能。在希腊人和罗马人那里，没有和技艺不同而我们称之为艺术的那种概念。我们今天称为艺术的东西，他们认为不过是一组技艺而已，例如作诗的技艺。依照他们有时还带有疑虑的看法，艺术基本上就像木工和其他技艺一样；如果说艺术和任何一种技艺有什么区别，那就仅仅像任何一种技艺不同于另一种技艺一样。[①]

19 世纪中期，马克思注意到工人与机器间新生的矛盾，在《资本论》中揭示了从工场手工业进化到工厂的过程中，工人由主而奴的"角色退化"问题。

> 在工场手工业和手工业中，是工人利用工具；在工厂中，是工作服侍机器。在前一种场合，劳动资料的运动从工人出发；在后一种场合，则是工人跟随劳动资料的运动。在工场手工业中，工人是一个活机构的肢体；在工厂中，死机构独立于工人而存在，工人被当作活的附属物并入死机构。

> 变得空虚了的单个机器工人的局部技巧，在科学面前，在巨大的自然力面前，在社会的群众性劳动面前，作为微不足道的附属品而消失了；科学、巨大的自然力、社会的群众性劳动，都体现在机器体系中，并同机器体系一道构成"主人"的权力。[②]

在资本主义现代工业体系中，作为具有心智情感技能的劳动者的活的创造性，臣服于资本家掌控的机器体系，必然产生不可避免的冲突。然而也正是经过资产阶级工业革命，人与机器矛盾的集中显现，宣告了传统工艺失去农业文明土壤而走向衰落的终点，也开启了工业文明时代传统工艺的人文价值被重新唤起的起点。

19 世纪晚期发生在英国的"工艺美术运动"（the Arts & Crafts Movement，1859～1910）中，约翰·拉斯金（J. Ruskin，1819～1900）、威廉·莫里斯（W. Morris，1834～1896）等艺术家秉承中世纪手工艺师法自然、忠于材料与用途、诚实无欺的创作旨趣，投身复兴手工艺的创作活动，为继起诞生的现代主义设

---

① 〔英〕R.G. 柯林伍德：《艺术原理》，王至元、陈华中译，北京：中国社会科学出版社，1985 年，6 页。

② 〔德〕马克思、恩格斯：《马克思恩格斯全集》，第 23 卷，北京：人民出版社，1972 年，464 页。

计风格奠定了基础。① 莫里斯极其坚定地提倡手工艺术，对抗新兴工业化和机器产品对古典艺术的覆压和失敬。他接受工业革命的事实，却极度厌恶工业化对近千年古典艺术产生的影响。基于古典审美的文化视角，他不会轻易接受机器产品。1851年第一届世界博览会在英国举办，位于伦敦海德公园的"水晶宫"展馆开幕，在科技成就与新建筑成就引来各界赞颂与叹服之时，年仅17岁的莫里斯随家人前往参观，走到门口就执意退出，因为他不忍目睹工业文明相对于古典美的乏善可陈。此后，他组织手工艺行会和工作坊，积极倡导"工艺美术运动"，引领19世纪英国的历史建筑保护运动。1889年，第四届巴黎世界博览会开幕之际，莫里斯不无嘲讽地表白，"如果再去巴黎，（我）只愿意待在埃菲尔铁塔底下，以免看见到处可见的高大铁塔"。莫里斯代表了19世纪中期欧洲极少数上层文化人士对古典传统手工艺坚定的保守态度，以及复兴古典艺术规则、谨为遵守的社会文化心理，尽管在现代化洪流面前保护传统的力量十分有限，但正是这股力量的存在，使欧洲工艺文明的中世纪古典传统部分地得以保存赓续。

位于欧洲早期现代化另一端的意大利等工业化后进国家，经济以手工业为依赖，政府通过税收减免政策支持并保护传统手工技艺持续发展。

亚洲近代化历程发生较晚、源自外生的特殊性，使这里传统工艺自然状态的存在时间相对较长，但是被殖民的历史也使这里的传统工艺惨遭殖民者的掳掠与损毁。日本在明治维新之后全面近代化的过程中，自1916年起，"民艺之父"柳宗悦领导的抢救民间工艺品运动发展起来。拯救濒危古代工艺与工艺品的足迹，从日本诸岛遍及朝鲜和中国等地区，他于1925年创立民艺学理论，1932年在东京建成日本民艺馆。由此开辟的民艺运动和民艺精神一直在日本成长，这使得在日本发达的工业文明背后，可以感受到鲜明的民间传统工艺文化，工业文明与民艺之间形成了一种稳定的互补共生策略。

传统工艺没有被现代化强行湮灭的理由以及机器文明时代传统手工艺独具的意义在于：其一，工艺传统与审美体验承载的历史记忆，历时累进却不可再生；其二，手工艺品是心、手、情感合一的创造过程，人的创造性寓于心物合一的自主创作之中。手工时代的传统工艺恰是体味人性与美感、抗拒人被机器异化的物质遗产与精神皈依。

由于缺少循序渐进的近代社会变迁，近代中国手工艺境遇亦较欧洲艰难。一方面，手工业向早期现代化演进的自身技术诉求与必要的社会动力，被没落王朝的捐税重负和列强入侵导致的利权丧失与民生凋敝所中断，手工业内部发生的"半工业

---

① 〔英〕N. 佩夫斯纳：《现代设计的先驱者》，王申祜、王晓京译，北京：中国建筑工业出版社，2004年，18页。

化"现象仅零散出现在少数地区（长江中下游）部分行业（纺织）。^① 另一方面，官方主导输入中国的近代工业文明成果，数量、程度十分有限，与落后手工业仍占多数的经济状况及帝制传统主导的深层社会结构相隔离。农本商末、重道轻艺的中国传统文化，与近代工商业文明之道相去甚远。迫于形势出台的晚清新政，制定了发展资本主义工商业计划，1903 年设立商部（农工商部），劝务实业，鼓励农业改进；各省设"劝业道"，督振地方工商实业。为"振兴实业，开通民智"，1910 年历时半年的"南洋第一次劝业会"在南京举行，十四省设专馆，湖南瓷业、博山玻璃、江宁缎业分设实业馆。"南洋劝业会研究会"由张謇、蒋炳章、李瑞清等有识士绅等发起成立，邀集学者 700 余人研究鉴定南洋劝业会参展的各类产品，研究成果汇集发表，向社会传达传统手工艺是中国近代工商业发展的重要方向且亟待振作的观点。

尽管给予了工商业必要的引导和首次纳入中央行政麾下的统一管理，但是工商业所需的技术、资本、市场等近代要素，无法在自救改良的封建帝国体制中寻到适宜生长的土壤。无论对于发展近代工商业，还是改进传统手工业，清末新政"振兴工商"的初步制度设计历时八载而收效甚微。据统计，直至 20 世纪 20 年代中国从事工业生产的劳动者，工厂工人三四百万人，手工业工人五千五百万至五千六百万人，近代中国经济组织中手工业比重仍 10 倍于新式工业。^② 手工业为国民仰赖却无助生计，机器工业为立国所需尚难拓根基，传统手工艺价值重生取向何方？转入洞察世界形势与民族文化的现代视野，薛福成、刘师培、严复、孙中山、蔡元培、黄炎培、黄宾虹、陈之佛、鲁迅等人士，分别从技术文化、利用厚生、美育实践、职业教育、文明传承、艺术创作等不同方向，揭示了中国传统手工艺的现代价值，探求这门"绝学"的振作之道。

二、钩沉工艺文脉 启蒙技术文化

西方两次工业革命成果自清中叶起输入中国，近代技术首开中国现代化的门径，直至现代技术频现第一次世界大战中，对于国家与经济亟待拯救的中国，新技术不断强化"工艺为一切事物之本"的认识^③，即机器工业代表的现代科学技术是商业贸易与国家富强直接依凭的资本。主张利用现代技术发展资本主义工商业的晚清进步思想家中，出现了溯源中国历史钩沉工艺文脉、以本国工艺传统行新技术文化启蒙的自觉，由洋务转向维新的思想家薛福成（1838～1894），清末民初光耀学

---

① 彭南生：《半工业化——近代中国乡村手工业的发展与社会变迁》，北京：中华书局，2007 年，441 页。

② 周寰轩：《手工艺品出路之检讨》，《实业部月刊》，1937 年第 6 期，97 页。

③ 伧父：《工艺杂志序》，《东方杂志》，1918 年第 15 卷第 4 期，8 页。

界与政坛的刘师培（1884～1919），在清末（1892～1909）相继阐发新技术文化的启蒙思想。历史沉寂而现实凋敝的传统手工艺，作为新技术的文化前缘，作为"考旧知新"的种子，一时由中国历史的边缘进入部分时论的中心。

自传统文化切入的技术启蒙，批判针锋直指千余年支配中国社会人心的"重道轻艺"、"贱工贵士"的儒家主流文化传统。科举制绵延1300余年，固化了中国古代知识阶层与权力阶层之间相通的一致性，取士进身之阶以道德人文价值为权衡，而制器技艺的操作能力与知识阶层（士）绝缘并被斥为粗贱，手艺匠作仅在实践中渐得经验的增益，根本上却乏理性之学。因此，许多"智创巧述之事"湮没民间，无闻史册，薛福成指出：

> 以制器一端而论，惟黄帝周公之指南车，民间尚知造针之法；外此如《考工记》所论，暨公输般之攻具、墨子之守具、张衡之浑天仪、诸葛亮之木牛流马、杜预之河桥，早已尽失其传。

薛福成认为，中国以技术传统论，不能"守旧"的历史缺憾胜过难以引进西方技艺而更新的现实困境。由于制器史事累代边缘化，很难在制器务实层面之上养成一种技术传统，更谈不上尊重技艺蔚成一种社会风气——为士为匠所认同并各依路径切实探求。即使接受全新的西方技术，同样缺乏技术生存必需的本土技术文化传统，尤其是知识阶层的技术取向淡漠，使新技术人才培养难觅根基。薛福成体察中国制器的历史症结"轻于忘旧，所以阻其日新"，深意在此。他综观出使英、法、意、比四国亲历与晚清中国时局，为唤醒传统手工艺潜藏的新技术文化基因，告以"考旧知新"的良言："宜考旧，勿厌旧；宜知新，勿骛新。"[①] 后起的农业国如何进入机器工业时代，输入西方技术如何由被动之形迫转向主动之神随，振兴百工以技术殖财养民、工商立国，必须对本国技术传统的得失进行检讨，在此基础上变易"重道轻艺"的传统、传播"贵真征实"[②] 的近代学风，避免简单"骛新"的盲目。唯有造就激励技术生成的土壤，技术进步才有可能。在此意义上，钩沉传统手工艺以重整技术文化与引进新式技术并无牴牾。

1896～1901年，严复（1854～1921）向国人译介英国古典政治经济学家亚当·斯密的《国富论》时，针对中国近代产业与传统经济青黄不接的非常形势，指出可以发挥中国传统产品的优势供给时需，作为及时可行的富国之策。在严复看来，中国虽然是落后于近代工业化进程的农业国，但传统手工产品中有一些独具优

---

① （清）薛福成：《考旧知新说》（1892），见徐素华选注：《筹洋刍议——薛福成集》，沈阳：辽宁人民出版社，1994年，162～163页。

② 刘师培：《论美术与征实之学不同》，《国粹学报》第33期，上海：国粹学报馆，1907年，美术篇5页。

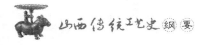

势的土特产：

> 吾国之茶、丝、羊毛，在国家皆为要货。他日所以清偿国债者，此其
> 大物也。而主持度支大臣，与外省之疆吏，茶听其杂，蚕听其疫，毫末不
> 加人力，一任于天事之自为，此则重可叹惋者矣！①

如果能够调动人力，充分重视土特产的生产，提高质量，做到茶叶精选无杂质，育蚕健全无疫病，以中国产品之特色可以在国际市场上保持较强的竞争力，充当中国近代化建设的经济支柱，甚至凭借它们清偿军费与国债。这种扬长避短的经济策略，一方面发挥传统产品的优势，换取生产建设必需的资金；另一方面加强薄弱环节建设，在工业、交通等方面急起直追，实现古老中国的现代化。②

刘师培提出"理财富国"、发展中国资本主义经济的构想，着力于重农、通商、惠工三端，地方物产则居联结三端的中心，以此复活传统手工艺"活"的价值。他围绕传统手工艺构建上古工艺之学、善知善用乡土物产、引导士务实学三个层次，通向他的由本国工艺到现代技术振作经济的富国之道。

首先溯及上古经典揭出中国工艺传统的正统源头，确立技艺传承的理论依据。他采用西方近代学科分类法整理诸子学说，一改以人物、学派、考证为中心的学案体传统，"工艺学史"被列为周末学术史16个门类之一，以《考工记》为代表，这是他推崇的中国第一部手工业理论典籍。③ 在此基础上，刘师培认为，不善利用本邦物产为当下中国贫困的原因之一，"物产为有形地利"，疏浚利源为国富所在，从事调查则是知悉地方风土、物产，进而兴办实业的基础。他建议各省在提学司下设立"物产调查局"，各地学校履行所在地物产调查之责。调查须明确地方产物由来、制作工艺标本，进行科学分类，学校为此专设教科，传授物产工艺以广流传，作为智民富民的"造物之资"。④ 中国根在乡土，《乡土志》则传承乡根，他认为各郡邑亟待编纂《乡土志》，在此"根柢之学"中增列"物产志"，"辨物以明用，审土质，验民风，兴实业"。他终在1909年的条陈中吁请："士有实学，而后农工商有实业；士有独创，而后农工商有新艺。"⑤

无论薛福成、刘师培，还是严复，倡导利用中国传统手工艺者，皆以亲历现代工业文明并深味中国传统利病而立论。从治国士绅的视角，他们察识工业革命促西方勃兴之故，一在国家所重，二在知识阶层与技术的关系。薛福成明确指出："西

---

① 〔英〕亚当·斯密：《原富》下册，严复译，北京：商务印书馆，1981年，364页。
② 俞政：《严复著译研究》，苏州：苏州大学出版社，2003年，171页。
③ 刘师培：《周末学术史序》，见南桂馨、钱玄同编：《刘申叔先生遗书》，第14册，1936年，42页。
④ 汉：《论各省宜设局调查物产》，《申报》，1906年12月11日。
⑤ 陈奇：《刘师培年谱长编》，贵阳：贵州人民出版社，2007年，167、285～286页。

方以工商立国，恃工为体，恃商为用，则工实尚居商之先；士研其理，工致其功，则工又必兼士之事。"① 这样，他们的技术启蒙终将落到转变士风、转变社会文化传统的根基上。立足本国乡土工艺的近代主张，是近代中国在输入西方工业成果的大势之下，以倡行技艺传统来变易"重道轻艺"主流取向，并开辟利源实效的另一个方向的技术启蒙与拯救。其终极仍指向中国进入机器工业的现代轨道，但它从重树中国社会的技术风尚着力，来接纳新技术立足，显然这是出自改造社会文化传统根基的艰难理想，当下践行的可能性之小可想而知。

三、抢救工艺绝学 赓续民族文明

20 世纪初，列强对中国文物的掳掠，以及西方兴起的东方文化研究热，使传统手工艺所受关注的焦点转向其承载独特文化与技艺的内在禀赋，传统手工艺作为民族文化的象征物，在民族文化蒙难之际，特别是 1907 年敦煌石窟藏经洞唐代经卷被发现并遭掳掠后，抢救传统手工艺即成为抢救民族文化可着手的具体内容。深具民族文化自觉与关怀之士，首先从技艺颓废、传承断档的民间工艺中，发起抢救工艺绝学、赓续民族文明的行动，营造、刺绣、漆器等少数典型手工艺的文化内涵由此得到阐扬。

明清时期新安盐商财富造就了安徽歙县务求粹美的器物材用，20 世纪初美术家黄宾虹（1865～1955）敏感于家乡传统技艺之精妙与艺匠将绝的现实，将善铜艺与墨范制作者"蟹钳"（艺名）、善琢砚者汪复庆、善制漆者程以藩及其绝技录以文字，1909 年发表文章《四巧工传》。抱着对优秀匠人境遇由盛而衰的同情，他发出对传统手工艺与地方文化生命的忧虑：

> 时值其盛，不特名臣硕彦，功业非常，光耀当世，即一技一能，具有偏长者，莫不争为第一流人。虽经造物之摧折，支体缺陷，而卒成其巧。若蟹钳者，可谓难矣！汪程诸人，各以其艺，著名于时，往役于公卿之间，而不肯稍贬其节，以终老于牖下……今之视富贵者愈重，其视工艺也愈轻，余惧其轶事之不传，无以为新安述也，因连类而书之，以俟后之有采择焉。②

黄宾虹深知，以富贵为好尚已成为时代风气，非少数人的力量所能扭转，被轻视的传统手工技艺，只有诉诸文字留存传世薪火，才能稍许弥补失传断档之憾，为

---

① （清）薛福成：《振百工说》，见徐素华选注：《筹洋刍议——薛福成集》，沈阳：辽宁人民出版社，1994 年，164 页。

② 予向：《四巧工传》，《国粹学报》，1909 年第 5 卷第 7 期，19～22 页。

来日后继者重振传统技艺的理想提供可参考的档案。这也是一位文士力挽身边古老的手工技艺于既倒，所能付诸实行的莫大善功。

民国时期极少数具有文化前瞻意识的士绅投身抢救民族传统手工艺的事业，为政经商积累的社会声望与资本助力他们的工艺之举更能收到实效。朱启钤（1872～1964）曾任晚清京师巡警厅丞、北洋政府交通部长、内务总长，受西方学者攫取敦煌藏经洞文物事件触发而深感忧愤。反观国内新旧知识分子，新派对西学趋之若鹜，对传统文化摒弃自贱，对于令欧美叹服的中国传统手工艺，匠人只知其然，士人亦未曾研究其所以然，断裂两极的民族文化何以传承？中华文化如果转为本土颓废而异邦繁荣，无异于民族文化危亡与知识分子之耻。他深怀忧愤地写道：

> 欧风东渐，国人趋向西式，弃旧制若土苴。欧美人来游东土者，睹宫阙之轮奂，惊栋宇之翚飞，翻群起研究，以求所谓东方式者，如飞瓦、复檐、科斗、藻井诸制以为其结构，奇丽迥出西法之上，竞相则仿。特苦无专门图籍可资考证，询之工匠亦识其当然，而不知其所以然。夫以数千年之专门绝学，乃至不能为外人道，不惟匠式之羞，抑亦士夫之责也。[①]

1916 年退出政坛的朱启钤，以"士夫之责"聚全力抢救中国传统营造技艺与丝绣文化。1919 年，他在南京江南图书馆发现手抄本《营造法式》，委托陶湘（1871～1940，实业家、藏书家）搜集各家传本译校印行，分赠梁启超等社会名流。1923 年编纂《丝绣录》和《女红传徵略》，1928 年刊印《素存堂丝绣录》，一向专注实行而疏于存史的中国刺绣、缂丝史料得到分类保存。朱启钤寄望中国现代知识分子能够对中国古代营造之学、器物工艺之学进行充分研究，揭示中华物质文明与文化传统之源流，阐扬利用遗泽后世。1925 年他在《重刊营造法式后序》中指出一物一技不同于诗歌图史的形象启智价值，亟待整理研究：

> 居今而稽古，非专有爱于一名一物也，萃古英杰之宫室器服，比类具陈，下至断础颓垣，零缣败绪，一经目击而手触，即可流连感叹。想象其为人，较之图史诗歌兴起尤切，而浚发智巧，抱残守阙，犹其细焉者也。我国历算绵邈，事物繁赜，数典恐贻忘祖之羞，问礼更滋求野之惧。正宜及时理董，刻意搜罗，庶俾文质之源流秩然不紊，而营造之沿革乃能阐扬发挥前民而利用。[②]

1929 年，秉承《营造法式》仪轨的民间学术团体"中国营造学社"在北平成立，朱启钤任会长，广邀社会贤达赞助，留学归国的第一代建筑师梁思成、刘敦桢

---

① 石印《营造法式》序（1919），见朱启钤：《营造论》，天津：天津大学出版社，2009 年，53 页。
② 《重刊营造法式后序》（1925），见朱启钤：《营造论》，天津：天津大学出版社，2009 年，61 页。

主持调查研究，中国数千年建筑历史由此步入系统调查、科学研究与建立现代学术体制的轨道。在民国时期抢救传统手工艺文化的行动中，中国营造学社历经 17 载（1946 年并入清华大学新成立的建筑工程系），其学术实践为不同时期中国现代建筑与民族风格建筑的发展开拓道路。在民国时期为数不多的拯救传统工艺事业中，朱启钤的前瞻意识与注重实效的举措，堪称最具实绩、遗泽后世的一例。

民国士人对民族传统手工艺的自觉意识，类似 19 世纪欧洲崇尚古典主义的流派（如拉斐尔前派），表达了一种不邀时赏的文化主张，或被贴上"保守"的标签。在当时条件下，保存工艺文化的主张仅能在文化、学术等精英层面唤起极少数同情，未能明确地与国货经济运动形成合力；反观则可见国货运动的官方性质与抢救工艺文化的民间努力相隔离，抢救工艺文化不能真正唤起它所根植的民间土壤中的力量，对传统手工艺的文化自觉仍显脆弱。

四、官方组织经营 振兴国货经济

20 世纪上半叶民族工业基础薄弱，加上外洋大量廉价商品对华倾销，国货成为中国经济寻求独立与财源的基石，传统手工艺尤为国货经济仰赖。传统手工艺只有参照现代工商业方式进行技术与组织改进，方能振颓求存，行强国富民实效。研究新条件下传统手工艺发展之路，被纳入从晚清农工商部到民国农商部（1912）、国民政府实业部（1928）及经济建设总委员会（1936）国家自上而下管理的事业。

（一）从"博览"到"劝业"

晚清、民国政府对手工艺管理并无经验可言，一切始于初探。政府组织传统手工艺参加世界博览会、国内举办劝业会，现代展会在产品与技术展示、信息交流、开启民智、公共组织形式方面的全新形式，为封闭自足的传统手工艺打开开阔眼界与对比借鉴的空间。1902 年法国在其属地越南河内举办博览会，中国工艺品占参展大宗，晚清官员首次带着观察中国传统手工艺出路的使命赴会。北京工艺厂参展的铜胎珐琅、绒毯、景泰蓝最具特色，闽楚之茶、苏杭之丝、江西景德镇瓷器、广东雕雅绣货银器紫榆木器、苏杭绣货、宁波木器、福州漆器、九江银器、琼州椰壳银锡诸器、云南铜器与大理石诸类，亦为各国推重。日本陈列品多源于中国而略变形式，其中以水墨山水丝织画最称巧制，尺幅十余丈，点缀甚有生气，乍观似画师濡染淋漓之作，实为丝织而成。中国观者极受触动。[①] 如何不自弃传统，振作中国

---

① 《秦观察赴越南赛会请振厉工艺禀》，见上海新世界学报馆：《经世文潮·工艺部》，1903 年第 2 期，35～38 页。

工艺的内外优势？善于模仿、灵活变通的日本工艺手法，正是中国传统手工艺走出故态、参与国际市场竞争之所需。

民国肇建，1912 年在北京成立"筹备巴拿马博览会事务局"，各省组建"巴拿马博览会出品协会"，为三年后中国参加"巴拿马-太平洋万国博览会"积极筹备。在新发明、新工业制品、国际商贸全新主导的国际展会上，中国传统制品首次集中面世，尽管精美优质极受欢迎并获多项大奖，但是与他国同类新产品竞争，表现在生产效率低、产品标准化程度低、营销无谋方面的明显劣势，预示中国传统手工艺全面改进之迫切。山西汾酒等多种获奖产品，由省政府嘉奖并训令围绕市场需求实施改进方案。①

1937 年 5 月 20 日国民政府经济建设总委员会在南京举办"全国手工艺品展览会"，是继首次南洋劝业会（1910）、天津国货展览会（1923）、上海国货展览会（1928）、西湖博览会（1929.6～1930.1）、北平国货展览会（1933）、沪宁平青铁路沿线产品展览会（1933～1935）后，手工艺品与国货经济规格最高的一次齐集，各省市 23 个单位的 2.7 万件手工艺品参展。国民政府近十年推进手工艺发展的思路，累积中国传统手工艺参加博览会的成效，透过这次展会的整体构画与展陈内容体现出来。全国手工艺展览会被设定为通往现代工业化国际博览会的先声，随着新式工业进展，计划相继举办包括机制品参展的"全国工艺品展览会"、原动力品参展的"全国工业品展览会"、囊括工业与手工业全部出品的"全国博览会"，直至在中国举办"国际博览会"。② 这次手工艺品展览除陈列展品供参观鉴赏外，特别展示陈列品的制造程序模型、产销统计图表，期望观众深入了解手工艺品制造程序与产量情况，或指导生产，或激发新的从业者。着意唤起全社会手工艺实行的展示内容，使这次展会"不仅为一普通展览会场，可视为手工艺品研究院"③。

（二）始于实地调查的政策设计

南京国民政府成立后，正视手工业为重要的农村副业，与新兴工业同为国民经济的重要组成部分，提倡国货与手工艺有赖国家与国民合力建设，而非分散的私力所能为。手工业政策因而相继出台。④ 鉴于缺少管理手工业所赖以存在的实际状况分析与统计数据，当时制定手工业相关政策的一个显著特点，就是注重以科学系统的实地调查为基础。在 20 年代末开展的农村手工业调查中，调查者以经济学、社

---

① 见《训令汾阳县知事晓谕商民改良汾酒办法文》，《山西省长公署令文辑要·实业》，1918 年 2 月 6 日，12、13 页。

② 见《工商通讯》，1937 年 1 卷第 23 期，36 页。

③ 见《国际贸易情报》，1937 年第 21 期，43 页。

④ 章元善：《提倡国货与手工艺全国讲话》，《广播周报》142 期，1937 年 6 月 19 日，30～31 页。

会学、人类学学者为主，对河北、云南、广西等地传统手工业集中地区进行了详尽的调查研究与统计分析。1932～1936 年，实业部实施"全国实业调查计划"，对各省区机械工业、手工业与土特产进行调查，江苏、浙江、山东、湖南、山西等五省编写出版了系统的调查报告《中国实业志》。手工业政策制定从切实处获得依据。当时的资源委员会技正曹立瀛（1906～2007）道出实地调查对手工业的意义："中国手工业的前途的光明与否，不在乎盲目的提倡，而在乎科学的探求。"①

在此基础上，南京国民政府界定小手工业从业标准，明确重点发展方向作为奖励目标。1931 年 5 月实业部颁定《小工业及手工业奖励规则》，将用工 30 名以下者界定为"小工业"；小工业及手工艺重在制品与方法，"或对于各种制造品有特别改良者，或应用外国成法制造物品确属精巧者，或擅长特别技能制品优良者"，合乎其中一条标准，经实业部核定确有价值，即给予奖金、奖章、褒状、匾额中的一种奖励。

对于一向缺乏行业统筹与组织经营的小手工业，成立"中国国货联合营业公司"，各省设"国货联营分公司"，为工厂机器制品与农村手工艺品提供交易平台。通过国货联营公司，沟通掌握农村特产的合作社与城市、国外的贸易，手工艺品与机制品、农村与城市工厂各得其所。国货联营公司还需调查掌握准确的消费需求，整合全国优秀手工艺，在花样、配色等方面指导制造者根据消费者需求改良产品，在产品标准化、产销统筹、组织生产方面引导制造者走向规范。据 1932～1936 年中国手工艺制品输出情况统计，饮料、服饰品、食品、艺术品、杂用品、文化用品等构成的消费品种类与价值，初步形成相对稳定的规模，服饰品、器具的输出价值在后期略有增长，总体高于输出的化学制品、土石制品等工业品。其中不乏扶持并依重手工艺政策的贡献。

（三）山西省地方政府扶持"土货"振兴工商

中国内地缺少新型工业和广阔的市场，以民国时阎锡山主政的山西为例，经济与民生主体仍系于农村和传统手工业。晋省制定"十年建设计划"，厉行"造产救国"运动，振兴工商业。建设"模范省"、"新农村"与乡村复兴计划，也以找到改良传统事业与引进新业新法的途径为要务。图 0-11 为 1934 年悬挂在太原市鼓楼的匾额，显示了山西省府力振工业与"土货"经济的意志。

1932 年 1 月，西北实业公司筹备处在太原成立，参与筹备的技术人员分为 12 个组，特产组居首，对山西各地特产、矿产的生产与销售情况展开资源调查与发展

① 曹立瀛：《中国手工业资料的一个研究》，见实业部统计处编：《农村副业与手工业》，《实业部月刊》，1937 年第 2 卷第 6 期，45 页。

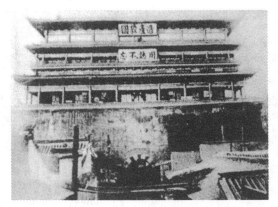

图 0-11　太原市鼓楼悬"造产救国""用志不忘"匾额
资料来源：刘永生编：《太原旧影》，北京：人民美术出版社，2000 年。

计划研究。同年，山西省政府成立村政处，管理农村手工业改良事业。村政处先指定有织布习惯的平遥、祁县、新绛、曲沃、汾城、河津、荣河、猗氏、解县、五台、定襄、忻县等 12 县，筹设各县"模范织布工厂"，一则乡间训练织工，二则唤醒人民的改良兴趣，然后逐渐推及各区村，以期达到"民有正业、布不外求"之目的。1936 年村政处结束，模范织布工厂交由建设厅继续办理。①

1934 年，山西实施"土产改进计划"，对具有悠久历史、仍为手工制造的山西名产交城皮毛业、清源葡萄制品业、汾阳汾酒，分别着手改进。交城皮毛业"从改良制造，检查出品，提倡贩卖合作入手"，清源葡萄业将个体制造改为县公营事业，厚集资本，延揽专门人才，设厂机器制造。对于乡间流行的主要家庭副业，筹设传习所（如毛织、棉纺），推广改良优质的家庭副业。②

为拯救晋省萎缩的工商业，山西经济建设委员会谋求本省产品（即土货）供求平衡、产销合作，建立全省土货交流场所。1934 年 10 月 29 日，位于按司街南端的太原市第一土货商场开业。这座省内唯一的官办商业机构，经营棉织毛织、毛巾五金、缝纫火柴瓷器、食品、毛皮、文具用品等六大类商品，皆为本省产品微利销售，如西北实业公司所属各厂产品、平民工厂之布匹、晋恒纸张、晋华纸烟、晋裕汾酒、五台绸缎、夏县丝绸。此举希望振作晋省工商业，同时吸引省内居民消费以减少财富外流，以聚集资本促进晋省建设。③ 同年，太原土货产销合作商行仿照各国大型商场的商品券，由太原经济建设委员会发行"兑换土货券"30 万元，限制性引导晋省居民的土货消费（图 0-12）。省内产、销、运输环节与土货商行订

① 《山西手工织布业》，《实业部月刊》，1937 年第 6 期，253～255 页。
② 《山西省计划改进土产》，《经济旬刊》，1934 年第 3 卷第 13 期，14～15 页。
③ 《山西第一土货商场开幕》，《银行周报》，1934 年第 18 卷第 44 期，2～3 页。

立合作合同，在原料给运、生产、土货券购物等方面给予土货充分的优惠，通过降低生产成本、开拓销路、优惠消费者，扶持晋省工商业——"山西制造"的进步。①

图 0-12　太原经济建设委员会发行的"兑换土货券"（1934 年）

抗日战争爆发后，晋省手工业改良仍在进行。1939～1940 年发行的《山西农学会刊》（仅有三期合刊），每期专设"农产技艺"专栏，对山西历史上常见的豆类、粉类、酱类、酿醋、青梅酒、土盐制作工艺进行调查整理，同时引介花旗烟叶栽培法等新型农艺，探寻砂土、黏土、碱土等山西不良土质的改良法。

在新旧产业根基矛盾、国势颓危的大环境下，围绕农业手工业的改良、促进、调查等各种措施，很难在短期内收到重振传统技艺、促其工业化的实效。山西手工业改良落得无果而终的命运，正是山西传统手工业发展的积弊使然。问题的实质在于，传统手工技艺在技术自身、管理、利用与工业转化方面故步自封的整体局限性。具有近代世界视野的有识之士早已看到山西手工业存在的积弊。1910 年，近代山西著名教育家冯济川（1859～1928）②在他纂集的《山西乡土志》中指出，晋省各地部分资源优势和技艺特长，停滞于一家一人谋生手段之"艺"，而于向近代工业进步毫无补益。

> 晋无所谓工业也，习艺而已矣。如交城之料石，可以为玻璃而不为，而从事玩物是也；绛人之练漆，蒲人之制纸，潞人之镕铁，交城之皮，宁武人之织绒毡，大同人之造毛毡，近于工业矣，而以不知改良，日即腐

---

① 《发行土货券》，《山西建设》，1935 年第 5 期，13～14 页。
② 冯济川（1859～1928），字秋航，山西孝义县石像村人，自号"石像山人"。清末与民国初期，山西省杰出的教育活动家、藏书家。1904 年就读于日本明治大学分校经纬学堂，次年执教山西师范学堂。1906 年在太原创办全晋公立中学堂、公立女子学堂。1912 年 5 月，被民国政府学部委任中央教育会议员，翌年任山西省议会议员。先生毕生以兴学为己任，被誉为"山西兴新学之先声"。见山西省史志研究院编：《山西旧志二种》，北京：中华书局，2006 年，4 页。

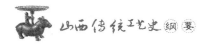

败，其他各府州县类是者不胜枚举，大抵藉以谋一人一家之生活而已。①

山西传统手工业发展到近代还存在一种现象，即原料或初级产品低价输出省外，本省消费反仰外省制造物的高价输入，由此在造成经济收益倒挂的同时，贻误了优势资源、技术与产品的附加值，更贻误传统技术的升级转化。此外，一些很有市场的手工产品，山西拥有充沛的原料和加工技艺，但是"从事工业者，既不研求，又少闻见"②，滞于故态，不图开拓，无法做到变废为宝。清末民初，冯济川就其所见，指出晋北皮毛、交城皮货、晋南麦秆等原料利用的极端落后现象：

> 省北皮毛甚多，而皆出售于外人，良可惜也。交城之皮货，亦一大都会，然只知造粗皮。往年，一山羊皮值钱二百，今售于外人，约银一两，是亦倍于昔矣。然外制造成物，则仍售于我中，何为不自制而必假手于人也。岭南北四府汾、平、蒲、太，四州绛、解、霍、隰，种麦甚多，而麦秆则皆弃于地。使组织一公司制造麦帽，则化无用为有用，其利不可胜用也。③

在资源环境优越的地方，供手工业制造的原料、动力充沛，乡民往往世代依赖沿袭，"国人的守旧性大，进取力小，一种方法，往往是一世二世百世地传下来，一点也不曾改变"。如晋祠镇，当地制作草纸、磨面粉的方法，自古及今一般无二，长此以往形成"利藏于地，而不知用"——资源利用率低下的普遍现象，进入工业化时代后，则更显现出从人的观念到技术手段进而到相关体制的亟待变革的迫切性。1932 年，河津人张庆亨已明确指出这个问题。④

再以民国太原工业为例，清代借晋商之势，太原人在外经商获利尤巨，晋商势颓之后，民国时期太原市民多从事农业与商业，或服务于公私机关，"而操工业者，实属少数。且因墨守旧法，不知改良，加以时局多故，商业衰落，农业不振，小手工业同陷悲境。一部分生活优裕者，养成只知消费、不知生产之习惯，设厂造产之业，极属幼稚。"⑤

1915 年，汾酒首出省域，即在"巴拿马-太平洋万国博览会"获盛誉，晋省官方由此看到振作本省实业、拓宽市场、扩充税源的希望。借此机会，1918 年 2 月 6 日，山西省政府颁布《训令汾阳县知事晓谕商民改良汾酒办法文》，令地方官积极

---

① 山西省史志研究院编：《山西旧志二种》，北京：中华书局，2006 年，61 页。

② 山西省史志研究院编：《山西旧志二种》，北京：中华书局，2006 年，116 页。

③ 山西省史志研究院编：《山西旧志二种》，北京：中华书局，2006 年，62 页。

④ 张庆亨：《晋祠指南》，范华制版印刷厂，1932 年，35 页。

⑤ 山西民社编：《太原指南》，北平：民社出版，1936 年，8 页。

组织督导商民抛弃积习，积极进行汾酒改良，为传统特产开拓一条进入现代商业之路。该文指出：

> 惟商民狃于积习，故多故步自封，对于研究改良之法素未谙悉，现在入手提倡，应由该知事召集地方绅富共同讨论，嗣后酒瓶之装饰必须精美，始能受人欢迎，外运之包装必须坚固，始能输送远地，凡制造汾酒之户，应将此次奖牌定为商标，并于中外新闻纸上广为登录，以资招徕；再为保持永久信用，计须令制酒各户互相联络，设立贩卖总行，将境内零星制出之酒汇集一处，延聘专门技士，随时检查，凡遇大宗输出，概用总行名义交易，一转移间货色整齐，不至挽杂，并可杜奸商假冒之弊。以上办法，在在均关重要，务望该知事实心实力认真劝导。①

对于汾酒而言，传统与声誉拓展的商路时常超出汾酒改良的时效，来自拓宽市场的需求真正推进着汾酒切实的改良。20世纪20年代晋省相继出台"十年造产建设计划"，但是在近代工业尚难树立的情形下，退而"以求土货之供用"，逆势而退，"起衰振颓"的谋划不免落得无果而终的徒劳结局。

（四）社会力量倡行手工艺

清末爆发的"抵制日货"运动，在第一次世界大战结束时澎湃继起，社会各界参与其中。1918年，商务印书馆职工组成"青年励志会"，发行《工艺杂志》月刊，持"工艺为一切事物之本"、工艺左右国家力量之理念，关注工艺与现代国家的关系。《东方杂志》主编杜亚泉（1873～1933）在《工艺杂志》发刊词中，基于保护国货的宗旨，指出中国工艺的发展路径。他认为，倡行手工艺以自给自足为本，运用于纺织、造纸等生活必需品生产，摒弃助长奢侈的工艺品；优先选择手工制作，旨在利用劳力而节约资本，以适应劳力过剩、资本缺乏的国情；不能以廉价输入的洋货代替本国制品，为有效保护本国工艺，中国仍由国际协定的海关税应效仿世界各国实行保护税制；中国手工艺从业者的保护国货之责胜过致富之机，"当常存公德之心，抱义务之念，矢勤俭以轻其成本，薄利息以廉其价值"②，唤起国民使用国货之同情，以维护国家独立与经济安全。

手工技艺也被纳入民国新兴的职业教育计划。1918年，黄炎培（1878～1965）在上海创办中华职业学校，培养方向有大工业管理和小工艺修习，小工艺修习传授纽扣、珐琅、刺绣等传统手工技艺，以实现个人谋生、服务社会、为国家与世界增

---

① 见《训令汾阳县知事晓谕商民改良汾酒办法文》，《山西省长公署令文辑要·实业》1918年2月6日，12～13页。

② 伧父：《工艺杂志序》，《东方杂志》，1918年第15卷第4期，8～9页。

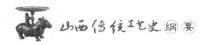

进生产力作准备的目标。

日本侵华战争打断了官方扶持手工艺的进程，抗日战争后期，具有官方背景的民间机构致力于接续手工艺改进事业。1943 年，中国国际救济委员会在四川重庆成立，下设手工艺组，特约设计人员，以改良工具与工艺调查研讨为重点，行社会服务团体与准官方意志的双重职责。该会首次根据法规就手工艺改进成果行使"发明创作专利权与共有权"（简称"产物法益"）。规定每件产品的改进或创作，由该会委员、导师、有关职员参与工作比例在 30％以下，仅收工料费，放弃专利费；参与比例为 31％～55％，该会保留应得专利；在 54％以上，该会行使专利。手工艺改进凡事关国防、阐发中国文化精神、增进国际友谊者，免收专利费。所获专利收益皆用于发展推广手工艺事业。[①] 手工艺组还得到中国国货联营公司补助经费 10 万元、美国援华联合会补助业务费 8 656 300 元，利于抗日战争时推进手工艺事业并取得实绩。

三年间，中国国际救济委员会发布了标准化、有成效、经济型手工工具与制造方法，如三三式竹木组标准业余工具（1944），三四式标准工具 23 种（1945），改进斧、锯、铇、钻、直尺，新增拉丝竹刀、钢凿、螺丝刀，国际式木车床（1945年，成本 10 万元）；设计制作了日期活用戳、无簧木锁、金属制复闩锁、绸灯罩、玩具及日用品；对荣昌等地流行的夏布、纸扇、陶瓷、麻布纺织、麦草利用等技艺进行了调查与谋划改进。

1945 年 7 月 1 日，"手工艺集谈会"在成都华西坝大学区开幕。国民政府社会部、经济部十分重视，四川省建设厅大力支持，广邀政治、实业、金融各界人士及社会学家、艺术家、农业与农村建设研究者和手艺改进者。会议拟定对工业化与手工艺（《中国手工业概论》作者高叔康）、手工艺之社会关系（金陵大学社会学系主任柯象峰）、我国现代之手工艺及其问题（手工改进者杨济川）、手工艺对心理建设之贡献（开明书店编辑叶圣陶）、手工艺与政教之关系（艺术家黄怀英）、发展手工艺的途径（华西大学社会学系教授蒋旨昂）等六项主题进行研讨。[②]该会倡行的手工艺事业，尤其围绕抗日战争后经济社会建设中手工艺出路的探讨，通过 1944 年 7 月创刊的《手工艺》会刊得到传播。

在手工艺事关抗日战争时的经济与战后建设的时势下，1946 年，费孝通、张子毅、张紫群、袁方合著的《人性和机器——中国手工业的前途》（"时代评论小丛书"）出版，指出手工业具有机器工业破坏与缺失的人性精神，分散于广大乡村的手工业构成完整的农村经济的要素，中国建设现代经济必须尊重手工业传统，切实

① 见《中国国际救济委员会处理手工艺事业所关法益通则》（1944 年 7 月）。

② 《手工艺集谈会开会》，见中国国际救济委员会手工艺组编：《手工艺》，1945 年 7 月第 5 期，6～7 页。

改进与利用，不应自我贬低，忽视历史传统，而一味简单趋从美式或苏式现代化。[①]
晚清、民国以来，对于在现代经济起步初期手工艺出路问题的探索，至此在理论上
形成合乎中国国情且公允明确的认识。

五、未完成的重生——三种取向殊途同归

传统手工艺价值重生呈现的三种取向，是中国传统社会向现代转型初期，顺
应现代化与民族危难之时势、重新发现传统资源并重构其现代价值的一次探索，
从提出方略到实践探索历 50 余年，至 1946 年抗日战争胜利后新中国成立探讨告
一段落。在已是现代工业与资本主义经济主导的世界中，传统手工艺价值重生夹
在农业基础与工业目标、零散自发与商品经济、道统文化与技术理性的矛盾中，
即使作为技术启蒙、文明拯救与国货经济的主角，在现代化主题下，它已不可能
维持其独立的主体地位，也难以形成中国经济结构中机器工业进展乏力的补充
角色。

传统手工艺的乡土性与实用性，决定了其价值重生终究需在实践中传承，三种
取向不应尽得博物馆陈列式"死"的归宿。基于文化视角的技术启蒙与抢救工艺绝
学两种取向，出自知识阶层少数有识之士，其理想实现有赖手工艺生命的复苏。在
此意义上，清末至民国为官方主导的国货经济运动，尽管未与上述两种取向自觉关
联，但国货经济有限的实效之于技术启蒙与抢救工艺绝学的文化取向不失其激活作
用。传统手工艺独立的主体地位缺失，关系到国货经济运动的结局，整体上关乎传
统手工艺价值重生取向的实效。

1945 年主持国货经济的国民政府实业部合作司司长章元善（1892～1987）检
讨该运动"苦闷进行"的结局，已接近手工艺价值重生问题的实质。他明确提出手
工艺是一种农村副业的基本定位，与国民经济整体密切相关；手工艺改进是一个牵
涉多方面的问题。此前国货经济运动以调研工艺、改进工具的技术途径为中心，单
一方面即使做得十分充足，但其他有关方面如果得不到均衡发展，手工艺价值重生
依然无望。"振兴工艺之难，不仅在工艺本身的知识、技能，更在其资本、组织方
法与销路。"[②] 自上而下的国货经济运动，缺少发自民众社会的基本同情，还需通过
舆论传播使全社会对手工艺改进形成广泛的认同，才可能拓宽工艺调查、金融投
资、资本运营等支持手工艺重生的社会力量。

传统手工艺所植根社会的变革空缺，使手工艺价值重生从根基上受到制约。在

---

① 费孝通、张子毅等：《人性和机器——中国手工业的前途》，上海：生活书店，1946 年，28 页。

② 章元善：《手工艺的改进是一个牵涉多方面的问题》，《手工艺》，1945 年 7 月 1 日，5 页。

晚清、民国将新仍旧的环境里，手工艺一旦成为经济支撑，即使是补工业经济不振的角色，也仍需深入社会环境并需要相关社会要素的应和。现实是手工艺存续的根基，如农村土地、经济、社会结构的传统形态未发生根本改变；手工艺制品组织经营销售的触角，停留在实行国货经济的个别城市，城乡之间缺少针对手工艺制品产销与消费观念的有效衔接；首尾如此，传统手工艺价值重生的躯干流于技术单一着力的片面与博览会等制度难及深层，是无法真正成为补充工业经济不振的力量的。这里暗含着一个重要问题，即传统农业国工业化的推动力问题。20世纪40年代发展经济学奠基人张培刚（1913～2011）研究指出："关于中国的情形，工业化的激发力量必须在农业以外的来源中寻找。在未来经济大转变的过程中，农业只能扮演一个重要但比较被动的角色，而要使工业化得以开始和实现，还须另找推动力量，特别是社会制度方面。"① 传统手工艺价值重生历史困局的求解与传统农业国工业化的视角一致指向"社会制度方面"。

只有在工业经济作为现代化主体逐步确立过程中，在经济结构与社会制度变革趋向稳定的基础上，传统手工艺价值才有可能实现其现代重生。晚清、民国传统手工艺价值重生的际遇，代表的不只是传统手工艺与工业化、现代化之间矛盾的败局以终，相反，它预示了现代化进程中传统手工艺在振作乡土风物、传承传统工艺文明、丰富现代经济构成方面价值重生的必要性与可能取向，从而在一定程度上指明当代中国重树传统手工艺的历史承继性与可探索的再生新貌（图0-13）。

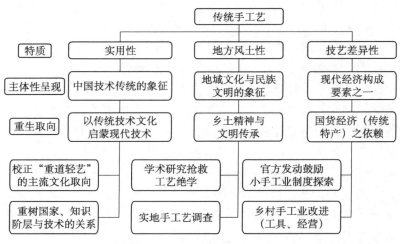

图0-13 现代化初期传统手工艺价值重生取向源流图（姚雅欣绘制）

---

① 张培刚：《农业与工业化》（上卷），武汉：华中科技大学出版社，1999年，226～227页。

第四节 传统手工艺保护与传承的举措

一、国外先行

19 世纪中叶，在资本主义高度发展的英国，如果说复兴已逝的古典手工业文化，是威廉·莫里斯一派社会文化改革家的思想核心的话，那么对于发展迟滞、封建文化依然存活的奥地利，活态尚存但正作为现代化致命威胁的手工业社会，是奥地利应用艺术家们努力保存的目标，并且争取到国家的认同与扶持。[①] 这是 19 世纪欧洲现代化进程中，国家以实质举措明确支持古典手工艺保存与发展的最佳案例，从时间上看，也是最早的。

鲁道夫·冯·埃特尔伯格是维也纳第一位艺术史教授（1852 年受聘），他对古代手工文化怀有执著的追求。他参加了 1862 年伦敦国际工业和艺术博览会，深受英国肯辛顿博物馆启发，回国后说服政府组建促进现代工业与传统艺术融通的博物馆。1863 年奥地利艺术与工业博物馆成立，五年后增设附属应用艺术学院。博物馆、学院教育作为国家扶持传统手工艺的途径，将传统工艺精神注入现代化工业生产以增强实力。[②]

1873 年经济萧条袭击奥地利，新树立的自由主义经济羽翼未丰，已遭取缔的手工艺行会组织余热未息，危机之下的企业、行会、政府皆寄望手工艺行会，将其视为带动奥地利走出经济萧条的救星。振作经济、拯救危机的现实需求，赋予国家扶持传统艺术和手工业的合法性依据。于是，奥地利中央政府从贸易部收回手工艺教育的控制权，并责成教育部开发一个综合性的手工艺教育体系，相应的工艺职业学校开始在各地建立。

1875 年，埃特尔伯格推荐他的学生卡米洛·希特（1843～1903，建筑师）担任萨尔茨堡国立职业学校校长，1883 年同类学校在维也纳成立。希特努力集博学多闻的审美批判与实用的工艺知识于一身，组织起从制陶到木雕的大量工艺课程，撰文介绍书籍装帧、皮革手艺、花饰陶器制作史、喷泉修复、乡村陶艺等各种工艺门类。他还通过新闻界和各类讲坛，围绕艺术和手工业的主题，展开大规模的公众活动。对手工技艺的高度尊崇，以及现代审美想象力的解放，逐渐形成奥地利艺术

---

① 〔美〕卡尔·休斯克：《世纪末的维也纳》，李锋译，南京：江苏人民出版社，2007 年，65 页。
② 〔美〕卡尔·休斯克：《世纪末的维也纳》，李锋译，南京：江苏人民出版社，2007 年，66～67 页。

文化的基本风尚。^①通过国家引导与适度的国家干预，奥地利为传统手工艺创造了与工业时代和谐共生的发展空间。

在亚洲国家现代化进程中，日本保护传统工艺的自觉意识出现最早，保护行动策略随社会变化不断修正完善，目标明确，体系性强，形成传统工艺在日本文化、经济与社会生活、国民意识与国家形象中独一无二的重要地位。日本现代国家保护传统工艺体系的形成历经三个阶段，即明治维新后"帝室技艺员"制度时期、第二次世界大战后无形文化遗产保护时期、《保护传统工艺品产业振兴法》专门立法保护时期，三个时期分别针对日本国家工业化初步实现、高速发展、后工业化三个不同阶段，传统工艺与日本历史文化生存境遇受到的冲击。

据徐艺乙教授《日本的传统工艺保护策略》一文介绍，1890 年，日本政府根据皇室授意，模仿法国的艺术院制度，制定了"帝室技艺员"制度，以保护美术工艺家和奖励艺术品创作。1950 年 5 月 30 日，日本政府颁布《文化遗产保护法》，传统工艺被列入"无形文化遗产"保护类目，1954 年修订《文化遗产保护法》，确立了无形文化遗产指定制度，根据无形文化遗产的自身价值判断，由文化厅组织管理，最终由文部科学大臣终审认定。建立重要无形文化遗产"保持者"与"保持团体"认定保护制度，传统工艺领域采用"各个认定"、"保持团体认定"方式。重要无形文化遗产的传承人实行"人间国宝"保护制度，"人间国宝"有责任开展培训人才、传承技艺、公开展演等促进技艺传承的公共行动，每年得到政府 200 万日元的发展资金。"人间国宝"掌握着陶艺、染织、型纸、漆艺、金工、刀剑、人形、木竹工、诸工艺、和纸等最高水准的传统工艺。

高度工业化与价值观念和生活方式的西化再次危及传统手工艺的生存，1974 年 5 月 25 日，日本颁行《保护传统工艺品产业振兴法》，日本传统工艺保护与产业振兴由此走上有法可依之路。1975 年 7 月，经济产业省的外围团体"日本传统工艺品产业振兴协会"成立，这是贯彻《保护传统工艺品产业振兴法》的中枢机构，其职责包括：依法对传统工艺品产地进行指导，对一般消费者普及传统工艺品知识，举办传统工艺品展示会，向传统工艺品产地派遣专家、调查研究，向传统工艺品企业提供产业和贸易情报，对少年儿童进行传统工艺知识教育等。活动经费由国家、地方公共团体、产地组合团体等单位提供。1998 年 3 月 20 日，颁行《传统工艺士认定事业实施办法》，规定：日本传统工艺品产业振兴协会每年在传统工艺品的生产地举行一次资格考试，凡是直接从事由经济产业大臣指定的传统工艺品制作的，并且在传统工艺品产地区域内居住的、在当年 4 月 1 日前已经具有 12 年以上实际操作经验者，可能通过产地委员会申请参加全国统一的资格考试。考试分实际操作

---

① 〔美〕卡尔·休斯克：《世纪末的维也纳》，李锋译，南京：江苏人民出版社，2007 年，67～68 页。

和知识考试两部分，考试在当年的 12 月公布成绩，合格者由产地委员会向日本传统工艺品产业振兴协会申请资格登记，登记在册者被授予"传统工艺士"称号，并通过不同的组织途径发给传统工艺士认定证、传统工艺士资格登记证、传统工艺士证章。至 2007 年，已认定传统工艺士 4594 人。

对于不具备《保护传统工艺品产业振兴法》规定条件的传统工艺品及其从业人员，日本政府从表彰、资金上给予激励。对于做出贡献的 60 岁以上长期从业者，经济产业省每年奖励 80 人，每人奖金 10 万日元；40 岁以下、传统工艺从业不足 5 年、期望提高技艺者，每年选拔 120 人，分别资助"提高技术奖励金"30 万日元。民间各类传统工艺团体通过专题展览、研讨会、出版物、纪录片、实地考察研习等形式积极传播传统工艺。

通过政府主导、民间广泛参与的传统工艺保护与产业振兴计划，日本从政府到公众对民族传统工艺形成高度一致的价值认同，共同应对现代化条件下传统工艺存续遇到的难题。1991 年，日本政府针对"传统工艺品产业的新的理想状态"问题达成共识，成为指导日本传统工艺持续发展的目标：

> 未来的传统工艺品产业必须是能够对满足国民富足丰裕的生活需求而作出贡献的生活文化产业；是能够面向 21 世纪提供新的发展机遇的产业；是能够通过富有特色的创造对振兴地方经济文化作出贡献的产业；是能够代表日本的国家形象，并在世界上增强日本产业文化影响力的产业。①

20 世纪 50 年代初期，担任苏联国家领导人的格奥尔基·马林科夫（1901～1988）在他具有独立见解的改革计划中，从振兴国家经济的战略高度，特别指出传统工艺之于地方经济发展的重要价值：

> （苏联）应该效仿世界经验：每一个地区应该发展那些自古以来就适合它的自然条件的农业部门。在俄罗斯中部，应该发展多种种植业，以及有着悠久传统的各种民间工艺。在伏尔加河上游地区，应该恢复俄罗斯具有古老传统的制麻业。②

20 世纪 60 年代，进入现代化高速发展阶段的韩国，深感具有悠久历史的民族传统文化正在受到强烈冲击，亟待强有力的保护。1962 年，韩国颁布《文化财保护法》，并正式启动全国性文化遗产大普查，认定"重要无形文化财持有者"。为明确责任、减少中间环节、收到显著的保护成效，韩国文化财保护的最大特点在于，赋予文化财厅长官较大的权力："文化财厅厅长为继承、保存重要无形文化财，可

---

① 徐艺乙：《日本的传统工艺保护策略》，《南京艺术学院学报》，2008 年第 1 期，1～4 页。
② 〔俄〕安德烈·马林科夫：《我的父亲马林科夫》，李惠生译，北京：新华出版社，1997 年，109 页。

命令该重要无形文化财的持有者传授其所持有的技艺。传统教育所需经费，在预算范围内者，应由国家负担。文化财厅厅长对接受传统教育者应发给奖学金。"①

1976年1月2日，美国第九十四届国会通过《民俗保护法案》，该法案对此后将"非物质文化遗产"理念纳入联合国议事领域，产生了显著的影响。1983年制定的《联合国教科文组织第二次中期计划（1984～1989）》，将文化遗产明确地细分为物质文化遗产与非物质文化遗产两部分，并对两种文化遗产的抢救与保护进行同步规划。进入21世纪，联合国教科文组织先后签署《世界文化多样性宣言》（2001）、《伊斯坦布尔宣言》（2002）、《上海宪章》（2002），2003年正式颁布《保护非物质文化遗产公约》，作为全球非物质文化遗产保护的共同准则。

二、当代中国

新中国成立后，传统工艺历经近百年社会动荡与自然的淘洗，硕果所存无多，抢救性保护的任务十分紧迫。1956年，在全国社会主义改造高潮中，开展手工业合作化运动，同年3月4日，毛泽东在《加快手工业的社会主义改造》谈话中，提出利用、保存和恢复中华民族优秀手工业为社会主义建设服务的思想：

> 手工业的各行各业都是做好事的。吃的、穿的、用的都有。还有工艺美术品，什么景泰蓝，什么"葡萄常五处女"的葡萄。还有烤鸭子可以技术出口。有些服务性行业，串街游乡，修修补补，王大娘补缸，这些人跑的地方多，见识很广。北京东晓市有六千多种产品。
>
> 提醒你们，手工业中许多好东西，不要搞掉了。王麻子、张小泉的刀剪一万年也不要搞掉。我们民族好的东西，搞掉了的，一定都要来一个恢复，而且要搞得更好一些。②

新中国成立之初的七八年时间里，传统手工艺定位于服务新中国外交与经济的重要主题。当时，手工业产值占全国工业总产值的四分之一，针对国民经济中手工业占比的可观份额，毛泽东在《加快手工业的社会主义改造》谈话中指出，必须将手工业的供产销纳入国家计划。对此，第一个五年计划（1953～1957）规定，手工业总产值平均每年递增9.9%。但是随着政治风向的转折，传统手工艺被贴上封建主义或资本主义的标签，在20世纪六七十年代中国社会与经济的非常时期，许多传统手工艺和手工业老艺人被搁置荒废，或摧折消亡。

---

① 苑利：《非物质文化遗产学教程》，内部资料，29～34页。
② 毛泽东：《加快手工业的社会主义改造》（1956年3月5日），《毛泽东选集》第五卷，北京：人民出版社，1977年，265页。

1997 年 5 月，国务院颁布实施《传统工艺美术保护条例》（共 21 条），以此为标志，传统手工技艺的保护与振兴开始被逐步纳入各级政府的工作范畴。江苏省、无锡市、浙江省、福建省、山西省也相继出台或修订原有的地方传统工艺美术保护条例，这是目前为止在法律层面给予中国传统工艺美术的基本保护。2004 年 8 月，中国以缔约国身份正式加入联合国《保护非物质文化遗产公约》，中国的非物质文化遗产保护工作由国家统一部署，通过中国民族民间文化保护工程（2003）、全国非物质文化遗产普查（2005），中国非物质文化遗产保护中心（2006）成立，由各级政府组织，自上而下开展起来。2011 年 2 月 25 日，《中华人民共和国非物质文化遗产法》经第十一届全国人大常委会第十九次会议审议通过（2010 年 8 月首次进入全国人大常委会审议程序），2011 年 6 月 1 日施行。

对于古老的中国而言，传统工艺与非物质文化遗产真正得到有效保护，起步为时甚晚，但是，它赓续了从晚清、民国以至新中国成立传统工艺保护与传承的各种理想，特别是 1956 年手工业社会主义改造中毛泽东关于"搞好"而"不要搞掉"中华民族优秀手工业的理想。

三、资源产业地区：作为技术传统的整体保护

在传统工艺代表的物质性社会生活基础上，逐渐累积构筑起植根地方性的中国民间知识体系，手工技艺、历史遗迹不仅是地方性之形神兼备的塑造者和重要体现者，民族自身固有的种种美与质素也在丰富的地方性中孕育。存留至今的传统工艺和历史遗迹，已经成为所在地方最直接的文化资产，如何实现妥善保存与永续利用，是延续地方文化多样性、加强民族文化认同、传承民族精神的时代课题。

鉴于山西传统产业与传统工艺资源历史遗存丰富的特殊性，本书收录的山西传统工艺，以可追溯复原或可传承的传统工艺为主线，主要包括：其一，传统产业的操作工艺史，属于中国古代技术史领域；其二，民间传统工艺美术制作技艺，属于民间工艺美术史或民艺学领域。它们虽然具有传统工艺（可操作、可复制）的共同属性，但是在保护与传承的取向上，不应忽视二者的差别。复原地方传统产业的技术演进史，并非要在现实中复原历史上的工艺，对于其中有价值的生态友好型技术举措，可为当今产业提供必要的启发或借鉴。相反，民间传统工艺美术制作技艺，重在以传承人为核心的技艺传承，形成"传承人—传统技艺—工艺品制作"的传统工艺活态保护序列，走出长期以来传统工艺"人亡艺息"的传承困局。

受地域自然与人文条件影响，传统工艺的产生、分布与所在地域的民俗、信仰、建筑遗迹、生活情态息息相关，表现在山西，可见传统工艺与历史建筑，即非物质文化遗产与物质文化遗产地区分布叠加的特点，在晋东南、晋南、晋中、五台

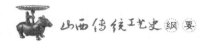

山、大同等地区分布相对集中。

　　相较于各级政府文物保护体制的确立，传统工艺与非物质文化遗产保护起步晚，理应避免重复文物保护长期仅以历史建筑实体为主体的狭隘保护观，兼顾两种文化遗产地区集中分布的特点，沟通传统工艺、历史建筑与地方社会文化的内在联系，实施技艺、实物及其生成环境的整体性保护；因地制宜，探索传统工艺与地方发展的最佳契合点。在中国现代化、城市化高速发展时期，地方特色被"千人一面"的建筑、文化同质化覆盖，已经成为城乡面临的严峻问题。如何应对地方文化的存亡危机、重塑遗失的乡土文化认同？凝聚两种文化遗产为重塑地方文化记忆提供了原生的内容，有助于重塑地方特色，进而加强以地方文化连接的社会网络，唤起认同并参与文化遗产保护的民间力量。当前文化遗产保护尽管仍系自上而下的政策驱动为主，但是文化遗产能够得到持久的真正保护，离不开文化遗产所在地的民间力量，以及具有共识的社会力量，乡土文化的情感共鸣为有效的社会动员提供了媒介与纽带。由此看来，传统工艺保护的整体性，毋宁被"看成是一个系统工程，它不仅是学术的，也是生活的；不仅是经济的，也是文化的；不仅是乡村的，也是城市的；不仅是过去的，也是未来的"①。

　　山西作为自古至今的资源产业地区，传统工艺产生、发展的历史离不开资源产业所决定的地区经济基本环境，山西传统工艺与文化遗产的保护随之也面临一个现实问题，即如何沟通资源产业与物质文化遗产（建筑遗迹）、非物质文化遗产（传统工艺）的历史关联，塑造资源产业地区的文化软实力。无论资源枯竭型地区经济社会文化的振兴，还是资源产业地区优势产业的持续发展，通过盘活当地文化遗产的活态保护路径，前者可能找到地区发展新的方向，后者在经济高速运行中深化产业的文化根系，对于因地方经济长期萧条而凋敝的地方传统文化，或由于地方经济持续高增长而被遮蔽、错位的地方传统文化，文化遗产活态保护与地方价值重生、增进地方文化认同则是内在一致的。认识到山西省文化遗产保护的这一独特处境，各类文化遗产保护就不能再是彼此孤立的，各类文化遗产保护与地方产业发展之间对立或游离的关系也将得到根本改善。

　　以晋东南地区为例，这里是山西省煤铁自然资源、宋元时期文物建筑、传统技艺与非物质文化遗产集中分布的重点地区。2006年启动的"山西南部早期建筑"保护工程，使分布在该地区的全国重点文物保护单位中元代及元以前木构建筑的价值，得到学界与社会的一致认同。已公布的三批国家级非物质文化遗产名录中，该地区的阳城生铁冶铸技艺、长子响铜乐器制作技艺、阳城琉璃烧制技艺、阳城焙面面塑、襄垣炕围画、上党堆锦、高平民间绣活、黎城布老虎等，以传统技艺、民

①　杭间等：《保护传统工艺发展手工文化倡议书》，《装饰》，1997年第2期，5页。

俗、艺术、音乐戏剧等多类别多项目入选。总体而言，晋东南地区存世的物质与非物质文化遗产谱系相对完整、数量可观，可融入民间生活的程度较高。

基于煤铁资源的比较优势，近年晋东南地区着力发展的以煤化工、现代铸造、特色医药、旅游为代表的优势资源产业集群，成为山西省产业结构优化升级、带动区域创新体系建设的重要引擎。据 2006 年统计，山西省县域国内生产总值前十位排名中，晋东南地区有其四（泽州县、襄垣县、高平市、阳城县），晋城市辖四县市位于全省县域经济社会发展排序的 3～6 位。同时，资源型城市资源枯竭问题亦不容忽视，要做到未雨绸缪。2008 年和 2009 年国务院已公布两批国家级资源枯竭城市 44 个，目前仍有 400 多座资源产业城市面临如何化解资源枯竭困境的生死考验。晋东南地区丰厚的历史文化资源，无疑为资源型城市提供了一条面向未来的再生之路。

要通过建立传统产业文化景观（landscape）、传统手工技艺博物馆（技术史与产品陈列）、传统手工技艺传习所（技艺复制与传承），进而挖掘与已有历史建筑、民间文艺形式、生活方式的契合点，最大限度地复原可标识地方历史的立体场景。对于山西传统工艺的保护与价值重生而言，传统产业文化景观、传统手工技艺博物馆与传统手工技艺传习所的建立尤为迫切，在尚未被完全改写的地方文化中，还可以抢救一些地方特色工艺历史演进的史迹。围绕煤铁资源产业的历史，重塑体现当地产业风貌的典型工业遗址，不只限于标志近代工业革命历史的工业遗产保护，还包括丰富的古代手工开采技艺，以及产业融入地方生活的中国式场景，邻近的古老寺庙和村落都构成与主题相关的历史要素。废弃矿井、采石场、人工或半机械设备、民居村落、产业民生遗存连缀而成的工业遗产文化景观，足以诠释山西的资源产业历程。

参考近代工业遗产成功保护的案例，如英国威尔斯地区巴那文矿业遗产地景（世界文化遗产）、德国鲁尔区工业遗产再利用，产业文化景观的勾画在很大程度上决定了资源产业地区文化振兴与可持续发展的方向。欧洲近代工业遗产地复兴的经验证明，结合城乡规划的工业文化景观保存朝文化观光业发展，已成为当前与未来发展的主要目标与趋势。[①] 依托产业遗迹建立产业文化景观的意义，如英国学者指出的那样：

> 产业形成的特性，基本于产业物质的关系，对地景改变的方式与语汇也有所差异，因而呈现出各种产业地景的形态。不同产业影响下生成的地

---

① 林晓薇：《文化景观保存与城乡发展之研究》，《城市与计划》，2008 年第 3 期，223 页。

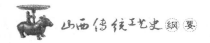

景，其实都反映出地方文化的内涵，极富保存价值。①

依托地方自然资源生发的传统工艺，久历岁月涤荡而存世日稀，作为文化遗产，对其抢救性保护与再利用任务迫切。山西传统工艺的价值重生，是一项整合官、产、学、民多方职能与智慧的系统工程，它需要各级政府保护，扶植传统工艺的制度化举措，沟通传统工艺文化与资源产业、相关行业的政策引导；需要产业界进入传统工艺文明、工艺精神的世界，以敬重之心履行传承实绩，拓展自身产业文化的根脉；需要学界对传统工艺文化史迹的系统研究。归根结底，它需要培育全民认同乡土文化、珍视民族传统的自觉意识，只有这样，来自远古民间的传统工艺才能真正得到当代民众的真心呵护。

当传统工艺早已失去农耕文明土壤，在当代中国新型工业化与现代化进程加速、社会形态与人的精神需求处于变动与重构状态之时，我们需要营造怎样的生存环境，才能保证山西传统工艺面对现代化的最后一次生存之机？1996 年中国工艺美术学界发出《保护传统工艺发展手工文化倡议书》，其中提出中国手工文化及产业生存的理想，它依然是今天地方传统工艺保护与传承所需要的：

> 中国手工文化及产业的理想状态应是：一部分继续以传统方式为人民提供生活用品，是大工业生产的补充和补偿；一部分作为文化遗产保存下来，成为认识历史的凭借；一部分蜕变为审美对象，成为精神产品；一部分则接受了现代生产工艺的改造，成为依然保持着传统文化的温馨的产品；同时，还建立了适应现代生活的新手工文化。②

传统手工技艺一旦与属于人类的实用、历史、审美、心灵相沟通，仅存的传统工艺品与健全的民艺精神，将还给现代人一个曾经几乎完全失去的世界。

---

① Alfery J，Clark C. The Landscape of Industrial：Patterns of Change in the Ironbridge Gorge. London：Routledge Press，1993.

② 朱铭．杜大恺等：《保护传统工艺发展手工文化倡议书》，《装饰》1997 年 2 期，5 页。

第一章

利用自然资源的传统手工技艺

　　源于生存的第一需求，人类会本能地对栖息地所有的自然物进行发现、利用、认识与再加工，在这个实践与认识的漫长过程中，手工技艺经过寂寥先人的指间，由自发到自觉而自然地产生了。从石、骨、玉、陶到青铜、铁器，手工制器工艺缘起进而发达的基点，也是工艺与器物至为关键的成因。栖息地自然资源的存在，以及存在什么类型的可资利用的自然资源，是地方性首先赋予手工技艺的特质，"天然材料与风土气候促进了特殊的乡土工艺的生长"，并由此产生了乡土与民族本身固有的种种美。①

　　人文历史悠久的三晋大地，拥有更为久远的地质时代。复杂多变的地质环境造就了这里独特的山川地貌与丰富的地质储藏，煤、铁、铜、铅、锡、金、银等多种矿产资源广为分布，开启了先民最初的发现以及对技艺不断深化的利用。在西方近代工业化来到中国之前的数千年时间里，即使对于矿产资源的利用，手工业形态也一直在中国延续着，山西因其充沛的矿藏，铜与铁矿的开采、冶炼、铸造及制器历史悠久，工艺高超，脉络完整，从春秋战国时代的晋式青铜器，到汉代以来的潞铁、平铁、荫城铁货，制造技艺与产品皆具有鲜明的地域特征，构成中国古代铸造工艺史的重要内容。

　　矿产资源的分布状况决定了山西矿产利用技艺的地域特征。1917年，日本东亚同文会编写的《山西省志》中，详细记录了根据实地勘察所得的山西矿产资源分布状况（表1-1）。历史上基于矿产资源开采、利用的传统手工业及生产技艺，首先围绕这些资源地区而展开。

---

① 〔日〕柳宗悦：《工艺文化》，徐艺乙译，桂林：广西师范大学出版社，2006年，43页。

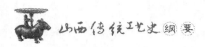

表 1-1　山西省域矿产资源种类及分布状况（1917 年）

矿产种类	山西省主要分布区域
煤 炭	榆次县 太原县 平定州 寿阳县 盂县 凤台县 阳城县 襄垣县 潞城县 怀仁县 五台县 静乐县 神池县 孝义县 灵石县 隰州 乡宁县 临汾县 洪洞县 赵城县 浮山县 太平县 大宁县 临县 广宁县 翼城县 岳阳县 长安县
铁 矿	凤台县（大阳镇）阳城县（微子镇） 长治县（荫城镇）屯留县（小寒山） 平定州（杨树沟）—（江家庄）—（梨林头） 盂县（南流）—（清城镇）—（卢河沟）东平县（东沟） 乡宁县（罗家河）—（北坡底）隰州（上庄）—（盘柳凹） 孝义县（河底）—（忠四）—（沙崖） 怀仁县（五台山）赵城县（百佃儿里）—（内沟里） 太原县 榆次县 临汾县 洪洞县 吉州 武乡县 沁源县 灵石县 安邑县 绛县　曲沃县 翼城县 岳阳县 汾西县 保德州
银 矿	闻喜县（瓦渣沟）—（临崖沟）—（筻子沟） 五台县（五台山）隰州（外沟）安邑县 平陆县
铜 矿	垣曲县（同善镇）—（铜矿谷）—（铜瓦沟）—（三叉河）—（柳庄隘）—（铜峪水崖沟）—（南沟）—（西洋海）—（铜峪窑峒）—（北峪） 闻喜县（磽确沟）—（上卫坡）—（横岭）—（瓦渣岭） 怀仁县（铜铜凹）—（秋八沟）—（小峒沟） 绛县（桑池村）平陆县 曲沃县 长安县 盂县（均才）乡宁县（龙王庙）大同府 定襄县
砂 金	大宁县 阳城县 闻喜县 盂县
金 矿	垣曲县（泽山西）—（金牛寺） 代州（蛇头区）—（代不动山）—（马牙石崖底）
铅 矿	平陆县（锥子山）夏县（艾叶沟）—（桃沟）—（洞沟） 隰州（下合式）—（广灵坞）垣曲县
锡 矿	安邑县 平陆县 阳城县 沁源县
硝 石	永宁县（有硝池）
明 矾	寿阳县 吉州 垣曲县 解州
砷 矿	泽州府
绿 矾	大同府 平定府 解州（有胆矾窑）垣曲县（有胆矾窑）
石 绵	黎城县 壶关县
石 膏	平陆县（石膏窑）永宁州 介休县
玛 瑙	乡宁县（岭那上村）大同府
水 晶	永宁州 泽州府
琥 珀	潞安府
硫 黄	阳曲县（王封山之大片洞、台圪洞）—（王封山之石层沟、矾水沟）孝义县（庄王沟）—（上阳坡）—（乱崖沟）隰州
煤 油	潞安府 陵川县 平定州 平阳府
解玉沙	盂县（马圈村）

资料来源：山西省史志研究院编：《山西旧志二种》，北京：中华书局，2006 年，550～552 页。

第一节　晋式青铜器陶范铸造技艺

晋式青铜器发现的最早记载，可以上溯到汉代。古人常常把出土的铜鼎看做是神瑞之器。武帝元狩元年"得鼎于汾上"，于是更改年号为"元鼎"。唐开元十年（722），在汾阴发现青铜鼎，遂改汾阴县为宝鼎县。自宋、元、明、清直到近代，晋式青铜器屡有发现。20 世纪五六十年代以来，陆续出土许多珍贵的青铜器。如 1965 年长治分水岭大型战国墓出土铜容器、乐器、兵器、车马器等各类随葬品 700 余件。[①] 1988 年发掘的太原晋国赵卿墓，出土礼器、乐器、兵器、手工具、车马具、装饰品、构件、饰件等各类青铜器达 1690 件。[②] 2009 年，侯马新田青铜器制作技艺被列入第二批山西省级非物质文化遗产名录（编号：110 Ⅷ—28）。

图 1-1　铜牺立人擎盘
（战国，山西省博物院藏）

1965 年长治分水岭出土的铜牺立人擎盘（图 1-1），高 14.5 厘米，长 18 厘米，盘径 14 厘米，重 1.38 公斤。牺竖耳，蹄足，短尾，身饰鳞纹，颈饰一道贝纹，腹饰两道绳索纹和云纹，尾饰垂叶纹，肩和臀部各饰卷云纹。牺背站立一女俑，面目清晰，束发垂脊，身穿右衽窄袖长袍，饰麻点纹，腰系带，两臂前伸成合抱形，双手捧一圆形柱，柱顶置镂空盘，圆盘四壁雕空，盘中浮雕小龙。柱底与牺背相接，柱子可以旋转。

图 1-2　匏壶（春秋，
山西省博物院藏）

1988 年太原金胜村出土的匏壶（图 1-2），高 40.8 厘米，最大腹径 18.2 厘米。壶盖作鸟形，鸟目圆睁，引颈张嘴，尖喙大张，呈长鸣状，头顶有冠，目后有耳，面颊满布斑鳞，遍体细羽，双翅羽翎粗壮，短尾，双爪紧抓两条扭曲挣扎的小螭。鸟尾之下引出一铰链与虎形捉手相衔，形成了虎拖鸟尾、鸟爪小螭的生动造型。鸟颈、腹中空，与张开的鸟嘴相通，壶中的液体可从鸟嘴中倒出来。

1988 年太原市金胜村赵卿墓出土的鸟尊（图 1-3），高 25.3 厘米，长 33 厘米。形如鸷鸟，颈前伸，两足匍地，尾下

---

① 边成修：《山西长治分水岭 126 号墓发掘简报》，《文物》，1972 年第 4 期，38～43 页。

② 山西省考古研究所、太原市文物管理委员会：《太原金胜村 251 号春秋大墓及车马坑发掘简报》，《文物》，1989 年第 9 期，59～86 页。

图 1-3　鸟尊（春秋，
山西省博物院藏）

接一小虎，全身羽纹华丽清晰。鸟腹、颈中空，上喙可自由启合，以销钉穿其上，倾倒酒液时自动开启，复位时自动闭合，设计十分巧妙。鸟背之上附一虎形捉手，虎尾之下引一铰链，与鸟背上的尊盖相连，尊盖隐藏于捉手之下。

此外还有晋侯墓地、天马-曲村遗址中小型墓葬、上马墓地、长子的青铜器墓、潞城县潞河村墓地、原平峙峪青铜器墓、浑源李峪村铜器群等出土了一大批制作工艺精湛的青铜器。更为难得的是 20 世纪 60 年代规模庞大的侯马铸铜遗址的发掘揭开了晋国青铜器铸造的神秘面纱。该遗址位于汾、浍两河之间，东起秦村一带，西至台神、虒祁以西，北起汾河南岸台地，南至浍河南岸上马村南，面积近 40 平方公里，是晋国后期都城"新田"所在地。1960～1961 年，考古工作者在这里发掘陶范共 5 万余块，其中有花纹的约 1 万块，能辨识器形的 1000 余块，可以配套又能复原器形的 100 余套。可以辨认器形的有鼎、豆、壶、簋、匜、簠、匜、鉴、舟、敦、匕、匙、铲、镬、斧、锛、环首刀、剑、镞、镈、镜、带钩、车马饰及各种器物的附件。[①]

侯马陶范是晋国青铜文化发展到巅峰的产物。李夏廷指出："侯马陶范是晋国青铜文化的重要组成部分。它在器形的纹饰种类上包括了已知当时晋国铜器的大多数，并以许多前所未见的器形和纹饰大大丰富了人们对晋国青铜文化的认识，还使一些长期不明时代或产地的流散晋国铜器得以认祖归宗。"[②]（图 1-4）这些陶范和其他有关铸铜的遗

图 1-4　错银扁壶
（美国弗利尔美术馆藏品）
资料来源：李夏廷：《流散美国的晋式青铜器（续）：礼器篇（中）》，《文物世界》，2000 年第 6 期，23 页。

物是研究我国东周时期青铜铸造的宝贵资料，也为研究晋式青铜器铸造技术提供了最直接的材料。张颔先生指出，当时铸造青铜器已经采用合范分铸的技法，在浇注系统中，浇冒口的安排以及内范固定等方面都有了一套完整的措施。陶范造型更是别具匠心，可以根据不同的器物和陶范不同的形式而确定不同的块数，措施灵活，运用自如，反映了当时高超的工艺水平。

一、陶范成分和处理技术

化学成分分析表明，侯马陶范、陶模利用当地的马兰黄土作为原料（表 1-2）。

---

① 侯马市考古发掘委员会：《侯马牛村古城南东周遗址发掘简报》，《考古》，1962 年第 2 期，55～62 页。

② 刘泽民主编：《山西通史》（卷一），太原：山西人民出版社，2001 年，484 页。

制造陶范的泥土，要经过仔细的选择和淘洗，然后按需要掺入细砂。根据造型的需要，模、范分别在不同的部位使用面料和背料。面料土质细腻，砂细而颗粒均匀，可以保证型腔光洁、纹饰清晰。背料粗糙，掺有植物质。芯料掺大量植物质，经烘烤后，不仅重量轻而且表面有很多微孔，既有利于排气散热，保证铸件表面的平正，又减轻了铸型的重量。

表 1-2　侯马陶范、陶模、泥料出土地点文化层之下原生土以及山西马兰黄土的化学成分

编号	名称	化学成分											
		SiO_2	Al_2O_3	TiO_2	P_2O_5	K_2O	Na_2O	CaO	MgO	Fe_2O_3	MnO	烧失	总量
01	外范残片（内层）	65.57	11.61	0.82	0.23	2.46	1.70	7.77	1.66	4.09	0.07	4.66	100.64
03	外范残片（内层）	62.08	11.18	0.70	0.16	2.15	1.63	8.07	1.77	4.04	0.07	7.86	99.71
05	外范残片（内层）	64.36	11.53	0.66	0.18	2.37	1.73	6.51	1.83	3.97	0.07	6.37	99.58
06	陶模残片	66.92	12.42	0.77	1.07	2.40	1.99	6.33	1.91	4.15	0.07	2.35	100.38
07	泥料	45.43	15.90	0.68	0.22	2.74	0.65	11.14	2.84	3.42	0.10	15.58	98.70
Q_3	侯马铸造遗址文化层之下的原生土	64.19	11.31	0.69	0.05	2.26	1.50	6.36	1.87	3.75	0.07	7.98	100.03
2-Q_3	同上	56.23	12.16	0.86	0.05	2.34	1.36	9.58	2.16	4.68	0.09	11.00	100.51
22-Q_3	同上	55.73	11.91	0.70	0.05	2.36	1.31	9.82	2.19	4.63	0.09	11.23	100.02
J_1	山西翼城西玉岭马兰黄土	49.23	11.09	0.62		0.20	1.44	12.92	痕	4.74	0.10		
J_2	山西新绛马兰黄土	68.88	10.73			2.44	2.35	9.48	2.28	4.05			100.21

资料来源：谭德睿：《侯马东周陶范的材料及其处理技术的研究》，《考古》，1984 年第 4 期，355～362 页。

从侯马陶范和泥料的粒度级别较集中、泥料为沉积状结构判断制范材料可能经过水流漂洗法进行粒度分级。漂洗是指利用粗细颗粒在水流中沉降速度的不同，使泥浆中粗细颗粒分离，由此获得不同的粒度。漂洗过程中粗颗粒先沉积，细颗粒后沉积，漂流得越远，沉积下来的颗粒越细。从侯马陶范的断面结构均匀、无层状断面、无分层开裂现象还可以推断出侯马范料经过了炼泥、陈腐处理。炼泥操作的作用是使泥料的组成、结构更趋均匀，可塑性和密度得以提高，使范料在不同方向上的物理-机械性能尽量一致。经过炼泥的范料，干强度高，不易变形、分层或开裂。范料经过炼泥后还需在一定的温度和潮湿的环境中放置一段时间，以提高强度，防止焙烧时变形，这一过程称为"陈腐"。

二、陶范花纹和造型工艺

（一）陶范花纹

侯马陶范的花纹非常精致，别具一格，有饕餮纹、窃曲纹、云纹、雷纹、夔龙纹、夔凤纹、蟠虺纹、蟠螭纹、蟠蛇纹、环带纹、垂叶纹、绚纹、具纹、涡纹、柿蒂纹，以及人形、鱼、兽、鸭、鸟纹和金银错的花纹图案等。其中以陶索纹、夔龙、夔凤、蟠虺、蟠螭等纹饰应用最广。夔龙纹饰尤其突出，鳞甲遍体，羽翼生风，爪牙毕露，相互吞噬，可以看出东周时期晋国铸造铜器的特殊风格。[①]

在遗址中曾出土过一大批堆放整齐的陶范，绝大部分是保存完整的模，大部分同一部位、同样花纹的模都只有一块，铜器花纹也毫无例外都是同组花纹的反复。由此可以判断，陶范的纹饰采用了印版花纹技术。[②] 错金银纹饰是在铜器上缀以金银丝，这是战国青铜器上比较常见的一种纹饰。其制作程序是：模半干后，阴刻纹饰，阴干后烘烤，再翻范，此时铸出的铜器为阴文，剔除沟槽内的泥，将金银丝逐段嵌入后锤平、磨光既可。

（二）造型工艺

（1）母范。母范也称模。陶范的造型过程，首先是按照器物的形状制好母范。这种母范不一定就是器物的模本。因为空心铸件的母范，要有支持和固定内范的装置，实心铸件的母范，浇口与外范连在一起；而且母范的尺寸还要比铸件大上一个金属的收缩量，因此母范与铸件是稍有出入的。母范有手制和模制两种[③]：手制是按照器物的形状，做好雏形，再用刮刀进行修整；模制则直接用模子翻制。

（2）外范。外范是由模翻制出来用于铸造的材料。外范质量的好坏，决定了铸件形状的美观、花纹的清晰、表面的光滑平正等。翻范时，把泥糊在母范上，待泥糊好后，自然阴干，然后放到炉内烘烤。黄黏土烘干以后，有一定的收缩量，所以土的成分必须配好，火的温度要控制得合适，否则在浇铸时就会变形或爆裂，影响铸件的质量。大型的铸件，合范后还要在外边涂上一层草泥，以免在浇铸时铜液外流；防止高温使外范爆裂。

（3）内范。内范也称芯，它是与外范配套使用来形成铸件的材料。芯有两种，一种是浇铸后需要取出的芯，称为明芯；另一种浇铸后滞留在铜器内不取出的芯，

① 侯马市考古发掘委员会：《侯马牛村古城南东周遗址发掘简报》，《考古》，1962 年第 2 期，55～62 页。
② 侯马市考古发掘委员会：《侯马牛村古城南东周遗址发掘简报》，《考古》，1962 年第 2 期，55～62 页。
③ 张万钟：《侯马东周陶范的造型工艺》，《文物》，1962 年第 4、5 期，37～42 页。

叫暗芯。

内范要有一定的强度、退让性和透气性。这是因为浇铸时，内范直接受铜液的冲击，要受得住铜液的压力，否则会出现冲砂或破裂。此外，铜液在凝固时有一定的收缩量，这就要求内范要有一定的退让性，使铜液凝固时自由收缩，避免铸件断裂。内范一般做得比较粗糙，掺的植物质较多，烘烤时植物质经过燃烧，留下很多气孔，增加了内范的透气性和退让性，浇铸时可以帮助散发铜液中的气体，避免出现缩孔。内范的制法也可分为手制和模制两种。[①]

(4) 内范的安装和固定。内范在浇铸时必须固定。因为在浇铸时，铜液冲击力很大，如果安装时不设法使它固定，会使内范倾斜，产生偏肉（薄厚不匀）现象，严重的会使部分地方无铜液流入，成为废品。所以内范固定技术的好坏，直接影响铜器的质量。内范的固定，大致有以下两种办法[②]：一是使用内范座使内范固定。这种方法多用于空心铸件，如鼎腹、钟腹、车軎等，钟、鼎的内范固定，大致也采用这种方法。二是使用支钉固定。这种办法多用在小形的铸件或附件上，而且铸好后，不再取出内范。如鼎耳、鼎腿的内范都用这种办法。

三、陶范的烘烤

陶范在浇铸前要用火烘烤，经烘烤之后才能浇铸。这是因为泥范的强度低，含有很多发气的成分，遇到高温金属液体将产生气体，导致泥范爆裂或造成气孔。经过烘烤之后，范的强度增加，发气量减小，对泥芯而言，其所含有机物料燃烧后留下气孔，提高了透气性。分析发现侯马陶范的发气量很少，陶范 X 射线衍射分析也未见 $CaCO_3$ 的特征峰，这也充分说明陶范经过了焙烧。[③] $CaCO_3$ 加热到 $850\sim900℃$ 时会分解，同时放出 CO_2 气体，化学式为 $CaCO_3 \xrightarrow{\triangle} CaO + CO_2 \uparrow$。侯马陶范的焙烧温度介于 $850\sim1050℃$，高于方解石的分解温度，但是并没有达到或超过烧结点，这可以从陶范的表面硬度和收缩变形很小得以证明。经过焙烧的陶范发气量很低，有利于铜液顺畅地充填陶范内腔，防止产生侵入性气孔。陶范焙烧后趁热浇铸，铜液冷却慢，保持液态的时间延长，提高了铜液的充型能力，同时热的陶范腔内气压低，使得铜液充型阻力减小。

大形器物外范合好后，外边还要涂上草泥再经烘烤，以免在浇铸时铜液外流或陶范高温爆裂。烘烤不是在平地，而是在地坑内进行的。这种坑式烘范窑的坑为勺

① 张万钟：《侯马东周陶范的造型工艺》，《文物》，1962 年第 4、5 期，37~42 页。
② 张万钟：《侯马东周陶范的造型工艺》，《文物》，1962 年第 4、5 期，37~42 页。
③ 谭德睿：《侯马东周陶范的材料及其处理技术的研究》，《考古》，1984 年第 4 期，355~362 页。

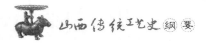

形，坑底是十字形火槽，槽内有火烧和灰烬痕迹，坑内北边有一个台式工作面。铜器范在坑内合好、捆束和糊加固草泥，然后在十字槽及范的周围放好木炭或木材，点火烘烤，烘好后就坑浇注。①

四、浇铸系统

铜液的浇注，一般采用灌注法，浇口设在上边，顶注式的浇口在这一时期仍居主要地位。但比较细长的铸件，则使用中注式，也称侧注式，它的直浇口是在铸型的一侧，这种直浇口可以缩短浇注时间，减少缩孔。在直浇口与型腔结合处，有的做成三角形或半月形的榫，把溶液分成两股引入型腔，这样可使液流平稳，减少对型腔及芯的冲击。冒口的作用是散发范内空隙及铜液中的气体，避免铸件发生气泡。一般小件器物外范结合处的细缝已能起到这种作用。大件器物因外范合好后，外边要涂草泥，所以必须另设冒口。浇口、冒口的形状和安排大致有以下两种②：

（1）浇口杯。多用于较大型的铸件，它的口形有圆形、椭圆形两种，自口沿往下，渐向内收，一壁斜直，一壁稍缓，形成一个稍凹的底，浇铸时与直浇口连在一起。直浇口只是窄长的一条。浇口杯是单独做好的，浇铸时放到合好的外范上，周围用泥糊好，然后进行浇铸。

（2）漏斗式的楔形浇口。这种浇口与外范连在一起，多用于小形铸件，如鼎耳、鼎腿、带钩等。浇口本身呈上宽下窄的楔形，它的下口连直浇口。直浇口也是窄长的一条。在直浇口与型腔的接连处，还有一块三角形或半月形突起的"榫"。它的上面与另一块外范紧密结合在一起，三角形或半月形的底边，与型腔中的内范恰相吻合。它将直浇口分成两个，使铜液分股流入型腔。这样可以防止铜液直接冲击内范，还可以减少杂质流入型腔。③

五、铸铜原料

在遗址的一个窖穴（窖穴为椭圆形，长 1.1 米，宽 0.75 米，深 0.07 米）中发现大批完整的铜锭，是铸铜的原料。铜锭在窖穴内分成南北两堆，纵横相叠，堆放整齐。计大小 110 块，共重 191 公斤。其中最大的长 32 厘米，宽 8 厘米，厚 1.5 厘米，重 4 公斤。表面呈绿色，且较平整，底部夹有炭末及未熔化的孔雀石残渣，个

---

①　李京华：《古代烘范工艺》，《科技史文集》（第 13 集），上海：上海科学技术出版社，1985 年，50 页。
②　张万钟：《侯马东周陶范的造型工艺》，《文物》，1962 年第 4、5 期，37～42 页。
③　张万钟：《侯马东周陶范的造型工艺》，《文物》，1962 年第 4、5 期，37～42 页。

别的还有不规则的划痕。[①] 在遗址的另一个窖穴中（1.1米×0.7米×0.95米），出土了大量铅锭。平叠堆放，共110块，重约190公斤。[②] 根据这些窖藏的铜、铅锭可以推测，当时铸铜的原料包括铜和铅，所用的铜矿是孔雀石，用木炭作为燃料和还原剂。

金属铜矿的原生矿物都是硫化矿物，露出地表的硫化物经过风化氧化而变成了各种次生矿物（如孔雀石、蓝铜矿等），正是这些氧化矿物首先被发现并利用，在高温下冶炼出金属铜来。这些铜矿埋藏在地表浅层，开采容易，还原温度较低，容易加工，是最早的炼铜原料。[③] 山西省的铜矿资源较为丰富。《山海经》中记载的产铜之地有29处，其中有5处在山西：县雍之山在太原西，阳山在平陆县，少山在昔阳县，白马之山在盂县，鼓镫之山在垣曲县。[④] 章鸿钊先生说："古之产铜地最著者，乃在晋南、豫北。西连陕西终南山一带，其范围尤为广大。"[⑤] 虽然章鸿钊主要是依据《魏书》、《唐书》中的记载而言的，但还是颇有参考价值的。青铜合金的主要成分是铜、铅、锡（此外还含有金、银、铝、镁、锰、锌、铬、镍等元素），和红铜相比，青铜具有熔点低[⑥]、硬度高[⑦]、易于铸造[⑧]的优点，这使得它具有更广泛的适应性。

一般认为，青铜器中加入铅是为了在铸造时增加铜溶液的满流率和充型性。由于铅的熔点低，且在青铜溶液中和铜、锡都不固熔，当铜锡合金凝固收缩时，铅仍是液体，可以填充由于铜锡合金凝固时产生的缩孔。太原市金胜村赵卿墓出土的青铜器，据北京科技大学冶金史研究室检测分析结果显示：青铜器的礼器均由铜、锡、铅三元合金组成，含锡量一般为10%～17%，含铅量一般为7%～28%，考虑到青铜腐蚀的作用，合金中最初铅的比例应在15%～30%。[⑨] 山西长治分水岭东周墓地出土的青铜器经分析结果显示，绝大多数属三元高铅锡青铜，仅有几件为二元锡青铜，且铅锡的含量相对都较高。锡含量分布为4.78%～30.7%，铅含量分布为

① 侯马市考古发掘委员会：《侯马牛村古城南东周遗址发掘简报》，《考古》，1962年第2期，55～62页。

② 山西省考古研究所：《侯马铸铜遗址》（上），北京：文物出版社，1993年，58页。

③ 自然铜也是早期炼铜原料之一，但是量少。

④ 史念海：《河山集》，北京：生活·读书·新知三联书店，1963年，86页。

⑤ 章鸿钊：《古矿录》，北京：地质出版社，1954年，5页。

⑥ 红铜熔点为1083℃，含锡10%以上熔点降至1000℃以下，含锡25%以上熔点降至800℃左右。

⑦ 红铜硬度是35度（博林氏硬度），加锡5%～7%，硬度增加到50～60度，加锡7%～9%，硬度增加到65～70度，加锡9%～11%，硬度增加到70～80度，比红铜硬度提高一倍以上。

⑧ 红铜铸造性能不良，容易吸收空气，所铸产品常常带有气眼，表面也很粗糙。相比之下，青铜流动性强，填充性好，所铸成品气孔少。

⑨ 侯毅：《春秋青铜器制作技术研究》，《文物季刊》，1992年第3期，57～66页。

0.35％～37.32％。[①]

六、铜器的铸造

完成了上述一系列的陶范造型及金属原料准备后就能进行浇铸了。这里以大型钟的铸造为例介绍铜器的铸造，其可能的工艺流程如图 1-5 所示。

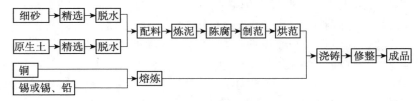

图 1-5　陶范铸造工艺流程

首先按设计要求做一个完整的钟模小样，以便控制整体布局，掌握各部位的比例及形状，也作为铸件的蓝本。再把钟体和甬分成两大部分，按比例放大做成模坯，大体塑成钟体形状后，在外糊泥，刮齐抹平，半阴干后，加刻各部位的轮廓线，同时把芯头和钟体做到一起，模坯干燥后翻制范坯，这是钲、嵌枚、鼓等范的外壳。范坯翻出后，将模坯刮去一层泥成为钟模，半阴干后阴刻好各部位轮廓线，再阴干烘烤，然后按钲、枚、鼓分别翻出范坯阴干烘烤后即可翻制分块模，再在分块模上雕刻纹饰，经过烘烤即可翻范，翻好范的模坯，根据铸件厚度刮去一层泥，就成了芯。刮泥时要修好芯撑及芯头，同时开出浇口，较大的钟开有四个浇口。[②]

大型的钟用鼓范 4 块、衡范 8 块、钲范 2 块、甬范 2 块、舞范 4 块、旋范 2 块、枚（36 个）范 72 块，共 94 块范。将钲、枚、鼓范按设计要求分别镶到范坯内，旋范镶到甬范的内部。合范程序是：先挖大体如倒置钟形的合范坑，坑底放平范托，将事前合好的甬范（有的甬单独浇铸）放入坑内，四周用砂填实，露出与舞范结合的底部，把舞范逐块卡到甬范上，然后将钟体范从两个长边卡紧舞范，外边糊一层草泥，四周同样填实砂土，放入范芯，最后开好浇口，放平浇口杯。[③]

浇铸时要预热铸型，正确掌握浇铸温度（浇铸温度和合金成分有关，纯铜熔点为 1084℃，含锡 10％以上熔点降至 1000℃以下，含锡 25％以上熔点降至 800℃以

————————

①　韩炳华、崔剑锋：《山西长治分水岭东周墓地出土青铜器的科学分析》，《考古》，2009 年第 7 期，80～88 页。

②　张万钟：《从侯马出土陶范试探东周泥型铸造工艺》，《科技史文集》（第 13 集），上海：上海科学技术出版社，1985 年，35～39 页。

③　张万钟：《从侯马出土陶范试探东周泥型铸造工艺》，《科技史文集》（第 13 集），上海：上海科学技术出版社，1985 年，35～39 页。

下）。从钟的底部进行浇铸，待稍冷却后，取下外范，拿出内范，然后将范接合处的披缝进行修正，就铸成了一件钟。钟的铸型装配及其剖视图如图 1-6 所示。

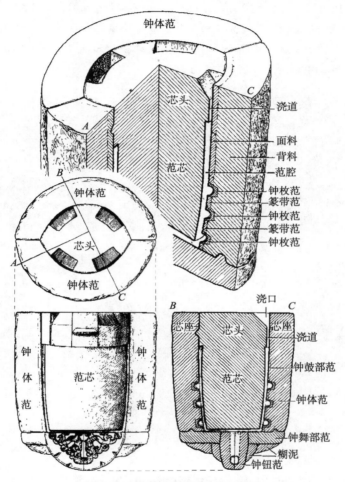

图 1-6　钟的铸型装配及其剖视图

资料来源：山西省考古研究所：《侯马铸铜遗址》（下），北京：文物出版社，1993 年，图版七四～八四。

1961 年，张颔先生所作《侯马出土陶范歌并序》[①]，准确而生动地描述了晋式青铜器的精美与高超技艺（图 1-7）：

　　侯马晋国之新田，而今回首三千年，古城台殿为瓦砾，霸业萧条绝可怜。
　　近来遗址多发掘，陶范万千出坑穴，花纹雕镂夺天工，鬼神奔呼惊欲绝。

①　张颔：《侯马东周遗址铸铜陶范花纹所见》，《文物》，1961 年第 10 期，31～34 页。

雷驰电掣天公怒，爪牙搏噬龙螭斗，盘旋纠缠解不开，解开反觉神丰瘦。
翩翩鸾凤下蓬莱，翎翎缤纷五色开，胁生锦翼飞鼍鼋，项戴金练伏夔魖，
构思变幻欺造化，别开蹊径出心裁。人形体势各殊异，举手鹄立或长跪，
僮竖裋褐无裳裙，下士采中服剑匕。晋家公室总奢靡，庶人工牧供驰驱。
台高雷霍干云汉，宫连汾浍锁虒祁。民逃公命如避寇，空教婴豚相啼嘘。
强使百工穷技艺，藻饰钟镈与鼎彝。

（一）钟钮模	（二）钟甬范	（三）钟舞模
（四）钟枚模	（五）钟鼓模	（六）钟体范

图 1-7　侯马出土钟模和范

资料来源：SXIA. Art of the Houma Foundry. Princeton：Princeton University Press，1996：40.

第二节　阳城生铁冶铸技艺

阳城地处晋东南，东倚太行山，地下煤、铁储量丰富，地上植被茂盛。阳城有
悠久的金属冶炼历史①，历来以发达的冶铁业和精湛的冶铁技术著称于世。2006

---

① 《战国策》、《国语·晋语》记载阳城有名产"阳阿之剑"。北齐时在固隆乡白涧村设冶铁局，为其治
下冶铁七局之一。王化：《阳城铁、矿、丝业》，见阳城县文史资料研究委员会编：《阳城文史资料》，第1辑，
1987年，第145页。

年，阳城生铁冶铸技艺，入选第一批国家级非物质文化遗产名录（编号385 Ⅷ—35），代表性传承人吉抓住。

阳城生铁冶铸采用传统冶炼铸造工艺。现分"阳城坩埚炼铁"和"阳城犁镜铸造"两部分分述于下。

一、阳城坩埚炼铁

坩埚炼铁是中国特有的炼铁方法，在我国具有悠久的历史。坩埚炼铁法是从坩埚熔铜法演变而来的，起源年代还有待进一步考查。北京清河镇汉代冶铁遗址曾出土炼铁坩埚[1]，有学者认为这种炼铁法"在春秋、战国之际就已发明"[2]。清咸丰年间编撰的《青州府志》记述1663年山西炼铁工匠曾到山东传授坩埚炼铁法，这是迄今所知有关坩埚炼铁最早的文献记载。《青州府志》中说：

> 康熙二年，孙廷铨召山西人至此，得熔铁之法。凿取石，其精良为礓石、次为硬石，击而碎之，和以煤，盛以筒，置方炉中，周以礁火。初犹未为铁也，复碎之，易其筒与炉，加大火，每石得铁二斗，为生铁。复取其恶者，置圆炉中，木火攻其下，一人执长钩和搅成团出之，为熟铁，减其生之二焉。[3]

这种炼铁法由于设备简单，成本低[4]，操作方便，直到近代仍在山西、河南、河北、山东、辽宁等地使用，尤以山西太行山地区最为盛行。1870年左右，德国矿师李希霍芬到山西考察矿冶业，在其所著《中国》一书中以专节记述了晋城地区的坩埚（方炉）炼铁，他对这种独特的炼铁法印象颇深。[5] 据其估计，山西每年的生铁、煅铁、铸铁年产量达到16万多吨（表1-3）。[6]

表1-3　李希霍芬统计山西铸铁及熟铁产量　　　　　　（单位：吨）

地区	日产额	年产额
晋城、高平	200	72 000
阳城	50	18 000

[1] 北京钢铁学院《中国古代冶金》编写组：《中国古代冶金》，北京：文物出版社，1978年，58页。

[2] 杨宽：《中国古代冶铁技术发展史》，上海：上海人民出版社，2004年，81页。

[3] 转引自华觉明等：《世界冶金发展史》，北京：科学技术文献出版社，1985年，581页。

[4] 丁格兰所著《中国铁矿志》说："炼铁成本之低，犹为世界所无。"

[5] 李希霍芬在《中国》一书中写到："给人印象最深的是那些庞大的、废弃不用的、破碎了的坩埚堆。至于高炉则一无所见。"

[6] 〔德〕李希霍芬：《中国》（1882），转引自彭泽益：《中国近代手工业史资料》，第二卷，北京：生活·读书·新知三联书店，1957年，144页。

续表

地区	日产额	年产额
平定	150	54 000
太原	50	18 000
合计		162 000

1877～1878 年，山西遭受大旱灾，农业、手工业受到很大损失，大量人口流散、死亡，"旱灾过后山西地区炼铁炉和铁货炉只剩下原来的一半"[1]。据英国人宿克来 1898 年调查估计，山西全省年产铁共 50 248 吨[2]，不到李希霍芬调查时的三分之一（表 1-4）。

表 1-4　宿克来统计山西铁产量

地区	年吨数/吨	附注
盂县	4 500	铁炉 60，每年做工 250 日，每日每炉炼铁 500 斤
平定	18 000	250 炉，每炉 500 斤
长治荫城	6 000	本地报告
高平	4 000	铁户报告
泽州	13 333	大阳等处均在内，县知事调查报告
阳城	2 000	县知事调查报告
沁水	415	县知事调查报告
太原	2 000	炉户报告
合计	50 248	

据 1916 年地质调查统计，当时全国年产土铁 170 850 吨，其中山西产 70 000 吨，占全国总产量的 41.2%，而山西的土铁大都是由坩埚冶炼的。[3] 20 世纪 20 年代末 30 年代初，山西省土法冶炼生铁的产量接近全国土法冶炼生铁产量的 50%（表 1-5）。可见这种坩埚炼铁法在过去生铁生产中发挥了多么大的作用。

表 1-5　山西土法冶炼生铁产量　　　　（单位：吨）

年份	山西	全国合计
1929	65 847	135 368
1930	59 892	122 226
1931	62 330	126 130

资料来源：实业部中国经济年鉴编辑委员会：《中国经济年鉴》（中），1933 年，316～317 页，转引自乔志强：《山西制铁史》，太原：山西人民出版社，1978 年，51 页。

---

① 乔志强：《山西制铁史》，太原：山西人民出版社，1978 年，35 页。

② 丁格兰：《中国铁矿志》，222～224 页，转引自彭泽益：《中国近代手工业史资料》，第二卷，北京：生活·读书·新知三联书店，1957 年，145 页。

③ 北京钢铁学院《中国古代冶金》编写组：《中国古代冶金》，北京：文物出版社，1978 年，58 页。

20 世纪 50 年代，长治钢铁厂范百胜工程师从现代冶金学的角度对坩埚炼铁法作了深入考察，并发表了专题学术论文[1]，北京钢铁学院冶金系孔令坛教授对山西平度坩埚炼铁也进行过调查。[2] 1983 年 5 月，韩汝玢、柯俊、张长生赴阳城考察，得知 1958～1960 年大炼钢铁之后，坩埚炼铁已停止生产，他们只能召开座谈会，请应朝铁厂徐满兴、王兴旺及西河乡峪则村的卫栓柱、郭五明、李随明等参与过坩埚炼铁的老师傅回忆该项技艺。[3]

阳城坩埚炼铁的生产工艺可以分为原料和设备准备、装炉、出铁三部分。[4]

（一）原料及设备

（1）铁矿石：所用铁矿石是褐铁矿和赤铁矿，含铁量高。赤铁矿石呈深红色，夹黄褐脉石，脆而易破碎，容易还原。矿石先要经过破碎，大小在 20～30 毫米，不需焙烧。

（2）燃料：所用燃料是硬煤，另用劣质粉煤作为还原剂，俗称"黑土"。阳城"黑土"的化学成分未作分析，晋城坩埚炼铁所用"黑土"化学成分如表 1-6，可作参考。

表 1-6　粉煤（黑土）的化学成分　　　　　　　　　　（单位：%）

成分	C	SiO_2	CaO	Al_2O_3	P
比例	54.54	12.4	8.3	7.85	16.91

资料来源：范百胜：《山西晋城坩埚炼铁调查报告》，《科技史文集》，上海：上海科学技术出版社，1985 年，143～149 页。

（3）坩埚：坩埚直径 20～25 厘米，高 60～100 厘米，用坩土（铝矾土，含铝 40%～42%）加水和成泥，由手工制成，烘干后即可使用。

（4）方炉：由炉体形状而得名，为长方形。长 3 米，宽 2 米，高 1.2 米，共设 13 个风口，每隔 10 厘米用煤块砌成风道。最好的方炉可工作 40 天，每年工作 7 个月。

（5）风箱：风箱用桐木制成，长 2 米，宽 0.6 米，高 1 米，由 2 人拉动。

（二）装炉

方炉清理完毕后，在底层放置废坩埚片，使空气能够流通。其上竖排一层块煤作为底炭，块煤大小为 10 厘米×20 厘米。底炭上放柴堆 10 堆，共 25 公斤。点燃后再放一筐拳头大小的煤炭于柴上，待煤烧红后，再用 2～3 厘米的煤炭铺平。把坩埚放

---

① 范百胜：《山西晋城坩埚炼铁调查报告》，见中国科学院自然科学史研究所技术史研究室主编：《科技史文集》，第 13 辑，上海：上海科学技术出版社，1985 年，143～149 页。

② 孔令坛：《介绍山西省的两种土法炼铁》，《钢铁》，1957 年第 6 期，85～86 页。

③ 谭德睿、孙淑云：《金属工艺》，郑州：大象出版社，2007 年，57～62 页。

④ 资料来源于范百胜和韩汝玢等人的调查资料。

在烧红的煤炭上,全炉装 10 排,每排 6～8 个。坩埚之间也用煤炭填满,埚上盖一层碎块炉渣。方炉每天冶炼一炉,每炉需 6～8 人。装坩埚约 1 小时,鼓风约 3 小时,通常在下午铺炭,晚上 8～9 时引火,自燃至凌晨 2 时开始鼓风。鼓风宜先慢后快,在时间上要恰当,过早或过晚都会影响出铁率。当火焰由红色变成白色时,说明火候已到,可以停风出炉。我国古代科技著作《天工开物》中记述了这项技术(图 1-8)。

冶 铁 技 术

图 1-8　《天工开物》之生熟炼铁炉

(三) 出铁

出铁时用大钳挟出坩埚,冷却后取出其中的坨铁,每日出铁 400 公斤,出渣 500 公斤。出炉生铁分为三级:

一等铁,成团的坨铁为一等。坨铁最好的重 20 多公斤,一炉中只出一等坨铁 8～10 个,有时可多达 20～30 个,有时一个也没有。

二等铁为漏炉铁,占所出生铁的大多数。

三等铁,渣、铁不分。

二、阳城犁镜铸造

(一) 犁镜的历史

犁镜是铧式犁的主要工作部件,因经常与土壤接触摩擦、表面光亮如镜而得名。犁镜旧称镵土，又称犁壁，此外还有犁碗、犁面、犁盒、挡泥板等多种习惯叫法。犁镜装在犁铧的上边，犁铧坡土，犁镜翻土，组成一种复合装置，是由耒耜发展成耕犁之后的一项重要创造。犁镜究竟创始于何时，学术界曾有过不同的看法。战国时期著作《考工记》记载："车人为耒，庇长尺有一寸。……坚地欲直庇，柔地欲勾庇。直庇则利推，勾庇则利发。倨勾磬折谓之中地。"清华大学刘仙洲教授认为把"庇"理解为犁壁比较合理。宋代林希逸所著《考工记解》上的耒耜图在相当于犁铧部分的上边，又加上了一个上宽下窄的平板"耨"，旁边注着"耨亦名庇"。根据林希逸的耒耜图及对直庇、勾庇的解释，参照《考工记》的成书年代，刘仙洲教授推断："至晚到战国末年，我国的犁已有了原始的犁壁。"[1] 考古出土的犁镜实物最早是汉代的。20 世纪 60 年代在陕西长安、礼泉、西安、咸阳、陇县等地有多件犁镜出土，和犁铧、铧冠配套使用，其年限自汉武帝元狩五年（公元前118）至西汉末或东汉初。[2] 这些犁镜，有向一侧翻土的菱形犁镜、板瓦形犁镜，有向左右两侧翻土的马鞍形犁镜，根据耕地的不同需要而使用，把下面的土翻上来，还可以暴晒，起到松土、杀虫的作用，在农业生产上是个很大的进步。1974 年，在河南渑池出土一批窖藏的汉魏至北朝的铁器，共 60 余种，4000 多件，总重 3500公斤。其中有犁镜 99 件，呈矩形，长 28.5 厘米，宽 28～30 厘米，镜面稍凹。[3] 汉代耕犁"从犁架结构、犁铧和犁镵，到畜力牵引，作为畜力犁来说，是已经基本定型了的"，后世耕犁，都是在这个基础上改进和发展的。[4] 欧洲直到公元 13 世纪才出现犁镜[5]，比中国晚 1000 多年。

　　山西省阳城县生产的犁镜是我国传统手工业的名牌产品，有"利土不沾泥，犁地拉力轻"的特点。它适用于水田、旱地、平原、山区耕作，犁沟深，除草尽，被农民誉为"翻地虎"、"金不换"。阳城犁镜的铸造在明清之际已很兴盛。清光绪《阳城乡土志》载："犁面则远商驻买于本境，每年二十万有奇。"[6] 最盛时全县南部百里山区开炉约 80 座，年产犁镜 50 余万片，除供应国内各省外，还远销日本、朝鲜、越南、尼泊尔、不丹、印度、菲律宾等国（表 1-7）。民国初年，一片阳城犁镜运至苏、皖等地，可卖到 4 枚银元，或可换 5 老斗大米。[7] 1955 年，在山东省召开

---

　　① 刘仙洲：《中国古代在农业机械方面的发明》，《农业机械学报》，1962 年第 1 期，13～14 页。

　　② 陕西省博物馆等：《陕西省发现的汉代铁铧和镵土》，《文物》，1966 年第 1 期，19～24 页。

　　③ 渑池县文化馆、河南省博物馆：《渑池县发现的古代窖藏铁器》，《文物》，1976 年第 8 期，47 页。

　　④ 张振新：《汉代的牛耕》，《文物》，1977 年第 8 期，61 页。

　　⑤ Charles Singer Others：A History of Technology (Oxford, 1956). 转引自王星光：《中国传统耕犁的发生、发展及演变》，《农业考古》，1989 年第 2 期，233 页。

　　⑥ 阳城县志编纂委员会：《阳城县志》，北京：海潮出版社，1994 年，116～117、475 页。

　　⑦ 王化：《阳城铁、磺、丝业》，见政协阳城县文史资料研究委员会编：《阳城文史资料》，第 1 辑，政协阳城县文史资料委员会出版，1987 年，146 页。

了全国中小型农具会议，在对全国各地的犁镜产品进行普遍调查鉴定后，会议宣布：阳城的犁镜是质量最优秀的历史名牌产品。[①] 1955 年和 1962 年，阳城犁镜在山西省也两次获得了优质产品称号，被评定为历史名产。

表 1-7　阳城县犁镜生产情况统计表

年份	炉数/座	工人数/人	年产量/片
1929	80		
1934	3	26	46 390
1936	45		500 000
1946	4		
1948	17		
1949	27	2 350	261925
1950	22	2 380	247 600
1951	20	2 380	204 600
1952	27	1 974	252 000
1953	17	1 409	246 103
1954	17	2 590	313 019
1955	16	2 292	168 301
1956	2	700	66 019
1957	13	1 887	111 806
1958	10		214 395
1959	7		180 000
1960	7		110 000
1961	4		47 743
1962	15	1 839	370 015
1963	21	400（技术人员）	469 000
1965			390 000
1966	8	431（技术人员）	290 400
1970			216 700
1975			170 000
1980			175 000
1985			62 000

资料来源：张和旺：《阳城犁镜》，《文物保护与考古科学》，2003 年第 4 期，92～93 页；刘伯伦主编：《阳城县志》，北京：海潮出版社，1994 年，116～117、475 页。

（二）阳城犁镜的品种和分类

阳城犁镜的品种很多，有 500 多种。据 1963 年调查，在阳城南部山区方圆 500 平方公里内，分布有 7 个犁炉社，开炉 21 座，生产的犁镜分三大类、265 个品种，经常生产的有百余种。各品种之间不仅形制有别，重量也相差很大，最轻的只有 1 公斤左右，而最重的则超过 4 公斤。阳城犁镜因销售地域广阔，而各地区地质及

① 吕日周：《山西名特产》，北京：农业出版社，1982 年，222～223 页。

耕作技术相差很大，故犁镜的规格要求大不一样。例如，山西省的北部、中部、南部、东南部及东山、西山各县对犁镜的规格要求有大元、二元、三元、四元、桃尖、鞋底、大分、三方等不同型号；河北省的张家口一个专区内，就分为大口、小口、正口、斜口、二元、三元、五元等形体、重量完全不同的二十四五个品种。

阳城犁镜种类繁多，按外廓形状可以分为三大类：圆形、长方形和特殊形。每一大类又分为若干品种，如圆形类有 138 种，长方形类有 114 种，特殊形类有 14 种，具体见表 1-8。

表 1-8 阳城犁镜的主要型号及销往地区

种类		数量/种	名称	适用地形、土壤和耕作方式	销往地区
长方类 114 种	和尚	2	大和尚、小和尚	南方水田	江苏、河南等地
	沙帽	5	大沙帽、二沙帽等	南方水田，向右侧翻土	江苏
	古化、古心	7	大古化、古化、古心、小古心、异镇等	向一侧翻土	山东、安徽、江苏等地
	柳	21	大柳、二柳、交柳、莒柳、平口鬼柳等	平原、丘陵地区旱作，向右侧翻土	河北、山东、江苏、山西、吉林等地
	其林、其化	20	保府大其林、大其化、猪嘴其化、五星其化、山东其林等	旱作，右侧有带，向左侧扭曲，与犁铧配合	河北、山东等地
	高角	8	大高角、二高角等	旱作，向右侧翻土	江苏、山东等地
	尖	13	大尖、改尖、顶尖、小枬尖、大寿州尖、小圪瘩尖等	旱作，向右侧翻土	山东、河南、江苏、安徽、云南、湖北、河北等地
	方墒	16	大方、二方、正口大方、二方墒、分墒、洛阳方墒、怀南方墒	旱作，方墒，可向两侧翻土；分墒，碎土性能好	安徽、山东、山西、陕西、河南等地
	铧式犁	22	焦子、异正、六合、方山、小方板、16 号山地犁面、单把犁面、双轮双铧犁面		
圆形类 138 种	大元类	9	高平大元、云彩大元、光面大元、密县大元等	平原松土地区	山西、河南、福建等地
	二元类	16	高平二元、斜口二元、横鼻二元、正口二元等	平原松土地区	山西、江苏、河南、河北、内蒙古等地
	三元类	41	大同三元、阳高三元、晋阳三元、津平三元、尖面三元、深口三元等	土壤黏重地区	山西、内蒙古、河北、陕西等地
	四元类	9	古口四元、昔阳四元、合麻口四元等	土壤黏重地区	山西、内蒙古、河北等地

续表

种类	数量/种	名称	适用地形、土壤和耕作方式	销往地区
圆形类 138 种	五元类 2	五元等		内蒙古、河北等地
	桃尖类 21	西大桃尖、运城桃尖、圪瘩桃尖、化州桃尖、尼泊尔桃尖等	平原旱作	陕西、山西、河南等地及尼泊尔
	圪了 26	颖州大圪了、蒙城二圪了、小方圪了、怀远圪了、谷堆积等	平原旱作,向右侧翻土	安徽、河南、山东等地
	梅角 2	大梅角、小梅角	平原旱作	河南
	拐角 3	大拐角、小拐角	平原旱作,向右侧翻土	河南、河北等地
	踢墒 9	河南踢墒、垣曲踢墒、新疆踢墒、吉林方板	平原、丘陵、山地旱作	河南、山西、陕西、新疆、吉林等地
特殊类 14 种	驴脸 6	驴脸、洛河驴脸、月芽驴脸等	旱作,向两侧翻土	陕西、山西、河南等地
	笏板 2	长笏板、短笏板	向右侧窜堡翻土	江苏
	盆口 2	大盆口、小盆口	平原旱作	山东、河南等地
	琥珀 1	琥珀	平原旱作	山东
	鞋底 1	鞋底	黏重土壤	山西
	马鞍 1	马鞍	向两侧翻土	山西、河南等地
	手枪 1	手枪	向一侧翻土	陕西

资料来源:张和旺:《阳城犁镜》,《文物保护与考古科学》,2003 年第 4 期,92~93 页。

(三)阳城犁镜铸造工艺

阳城犁镜生产的起始年代未见史料记载。据说是在明末由山西晋城犁川（一说由河南禹县）传至新安县白沙镇（阳城犁镜又称白沙犁镜），再迁至济源北部太行山区，因为原料和燃料不足，又迁到阳城，在阳城南部太行山区生产。据太原理工大学李达教授考证，阳城犁镜传自晋城之说较为可信。[①] 据介绍，早期从事阳城犁镜生产与经营的都是河南省济源县人，每年秋收后，济源生产犁镜的人来阳城开炉生产，阳城人则负责矿石、燃料、运输等辅助工作。阳城犁镜成品销售的集散地设在交通方便的河南怀庆，由怀庆府独家经营（阳城犁镜又称怀庆犁镜）。20 世纪 50 年代，阳城本地工匠掌握了犁镜生产技术，由于阳城有江木、千荆木等适合烧炭的广阔山林，品位很高的富铁矿以及耐火材料石英砂、坩子土等得天独厚生产犁镜的条件，阳城成了名副其实的优质犁镜产销地。

---

① 李达:《阳城犁镜冶铸工艺的调查研究》,《文物保护与考古科学》,2003 年第 4 期,57 页。

阳城犁镜的生产过程可分为炉料制备、铁范制作、犁炉修筑、冶炼浇铸等工序。

1. 炉料制备

(1) 燃料。犁炉冶铁用的主要燃料是木炭。用当地山林盛产的木质致密的江木、千荆木烧成。这种木炭硬度好、火力大。炭要烧成"三茬七炭",即一根烧成的木炭,70%是炭,30%是木茬。透炭与茬炭都能用,装料时先下未烧透的,然后下烧透的,因为未烧透的落料快,烧透的质轻落料慢。阳城应朝铁厂和济源潘村炼铁厂都曾试用无烟煤作燃料,但因含硫过高,产品质量不能过关。犁炉所用木炭和无烟煤成分分析见表1-9。

表1-9　横河木炭及无烟煤分析结果

试样	发热值/(卡/克)*	成分/%				
		灰分	挥发物	固定炭	硫	磷
横河木炭	8032	7.93	24.13	67.94	未测	0.004
横河木炭	7842	9.00	31.68	59.32	未测	0.004
阳城无烟煤	7597	12.00	7.05	80.95	3.17	未测

＊1卡＝4.184焦耳。

资料来源:阳城犁镜调查组:《阳城犁镜调查报告》,《技术研究》,1964年第11、12期,1～17页、33～39页。参阅吴坤仪、苗长兴:《山西阳城犁镜传统生产工艺调查》,《文物保护与考古科学》,1994年第1期,第34页。

(2) 矿石。冶炼所用富铁矿石含铁量在55%左右。这种矿石分布面广,矿脉零星,矿藏浮浅,离地表仅1～2米,当地俗称鸡窝子矿。济源矿石含铁量相对较低,不足40%,故济源常常远道自阳城购运矿石。太行山产的鸡窝子矿化学成分分析见表1-10。

表1-10　太行山铁矿石化学成分

矿石名称	化学成分/%									矿石样品采集地点
	Fe	FeO	SiO₂	Al₂O₃	CaO	MgO	MnO	P	S	
青石矿	57.96	0.30	2.30	0.50	0.35	0.09	0.10	0.010	0.072	阳城横河
红土矿	59.58	0.53	3.15	0.23	0.60	0.11	0.10	0.010	0.084	阳城横河
小红矿	54.26	0.19	12.80	0.35	0.95	0.08	0.08	0.014	0.043	阳城横河
矿山矿	56.69	3.68	1.40	0.38	8.05	0.14	0.18	0.009	0.026	阳城山林
铁山矿	37.83	19.20	7.85	0.67	0.95	0.17	0.18	0.010	0.058	济源潘村

资料来源:山西省机械工程学会总结资料,转引自凌业勤等:《中国古代传统铸造技术》,北京:科学技术文献出版社,1987年,503页。

矿石入炉前需经焙烧,焙烧在地坑中敞开进行。地坑直径约3米,深约0.5米。先把木柴平铺在地上,在中心放一捆草,草的周围用木炭架起,木炭周边放较大的矿石,以便草捆燃烧后形成通风火道。在木柴上堆放约1米高的矿石,点燃草捆,使木柴自上而下缓慢燃烧,燃烧过程中冒出大量黑烟。焙烧时间约为30小时,期间不断拍打矿石堆,每次消耗木柴4000公斤,可处理5000公斤矿石。焙烧好的矿石经人工破碎,块度控制在5～15毫米。

（3）耐火材料。筑炉材料主要有红土、坩子土、石英砂岩。①红土，即陶土，是筑炉时用量最大的一种材料。修炉、犁镜穿绳用的鼻孔泥芯，以及涂料成分都要用它。②坩子土，即白黏土，主要用来制作风管和打结炉缸。③石英砂岩，为当地所产。由石匠凿成 270 毫米×270 毫米×70 毫米～230 毫米×230 毫米×70 毫米的方石块，称为"宝石"。"宝石"呈黄白色，不透明，石英含量在 95％以上，耐火度高，热稳定性好（表 1-11）。

表 1-11　耐火材料的化学成分

编号	名称	成分/％					产地
		SiO_2	Al_2O_3	Pb_2O_3	CaO	MgO	
5-1-77	红土	63.00	18.34	4.31	—	—	阳城横河
5-3-76	坩子土	42.60	37.94	2.46	—	—	阳城横河
5-1-71	石英岩	95.84	2.01	1.97	微量	微量	阳城横河

资料来源：李达：《阳城犁镜冶铸工艺的调查研究》，《文物保护与考古科学》，2003 年第 4 期，60 页。

2. 铁范制作

铸造犁镜所用的铁范，俗称"犁面盒"或"铁盒子"。这种铁范过去阳城县只有上芹村制模工匠李生才（1890～1961）能够制作出来。李生才出生于一个四世祖传浇铸犁镜的家庭，只上过四个冬天的学，14 岁便随父学艺，因肯动脑筋，善于揣摩，终于青出于蓝，把刻模、劫铁、铸制 3 道工序都掌握到家。[①] 新中国成立后，李生才研制出 500 多种犁镜模型，满足了全国各地订货者的需求。1954 年，他到开封学习，1955 年到阳城县城关铁业社创制单耕和双轮双铧犁镜，1958 年，入西关联合厂专攻犁镜模型研究，直至病故。

李生才制作的铁范精巧、美观、多型号、多曲面，质量高、韧性大，具有"斧可砍入但砸不烂，烧红猛泼冷水不炸裂"的特点，一副上好的铁范可用几十年，连续浇铸 3 万次以上。李生才的制范技术过去是保密的，他儿子曾得家传，但远不及他。1961 年，济源县克井村来阳城订购犁镜模型 20 种 100 副，因李生才病重（李生才儿子未入厂做工），西关联合厂未敢承担。后因订购方要求迫切，经厂领导多次耐心说服，李生才将技术传授给跟他学艺多年的本家孙、本厂工人李仁锁。1963 年，山西省与太原市机械工程学会联合组织 7 人来阳城调查犁镜生产的全部工艺，对李生才的制模技术倍加赞赏。[②]

铁范由上下两扇范组成，上范形成犁镜的镜面，下范形成犁镜的背面。铁范自带浇口，浇口开设在范的端部。上下范的合型，由上下范左右各一个梯形榫卯来定位。图 1-9 是阳城犁炉场用的一副金属型。[③]

---

① 阳城县志编纂委员会：《阳城县志》，北京：海潮出版社，1994 年，116～117、475 页。
② 阳城县志编纂委员会：《阳城县志》，北京：海潮出版社，1994 年，116～117、475 页。
③ 凌业勤等：《中国古代传统铸造技术》，北京：科学技术文献出版社，1987 年，508～509 页。

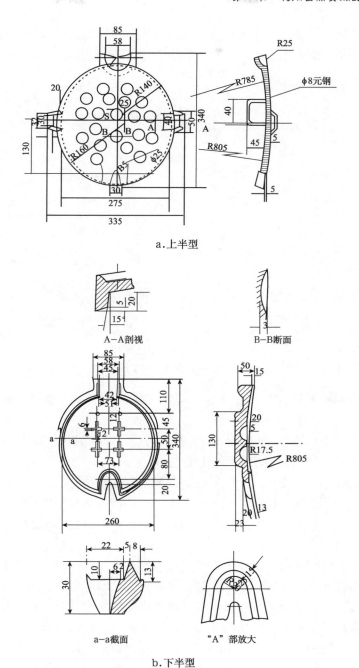

a.上半型

A-A剖视   B-B断面

b.下半型

图1-9 山西阳城犁镜金属型

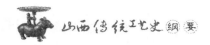

铁范直接以旧犁镜作模翻砂铸造，这种方法简便省力，可以适应各地农耕的需要。阳城犁炉场制造犁镜金属型有以下几道工序（图1-10）。[①]

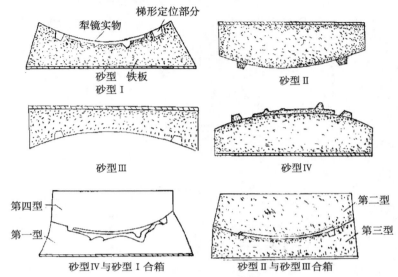

图1-10　金属型制造过程

资料来源：凌业勤等：《中国古代传统铸造技术》，北京：科学技术文献出版社，1987年，511～512页。

（1）按旧犁镜实物翻成砂型Ⅰ。这里作成犁镜的型腔，在砂型两侧挖出定位凹槽。

（2）将砂型Ⅰ作原型（相当于模），刷炭粉后，加砂翻制砂型Ⅱ。

（3）将砂型Ⅱ作原型，加砂翻制砂型Ⅲ。

（4）再以砂型工作原型（先轻轻脱下犁镜实物，并填补崩砂），翻制出砂型Ⅳ。

（5）将砂型Ⅰ削减一层砂，削去的厚度等于犁镜金属型所需的厚度。修整并刷涂料，表面烘干。将砂型Ⅰ与砂型Ⅳ扣合，入窑烘干，浇铸出来的铸件，就是所制的金属型下半型。

（6）砂型Ⅱ削减砂层，厚度等于金属型上半型厚度，修整、上涂料、烘干。将砂型Ⅱ与砂型Ⅲ扣合，入窑烘干，浇铸出来的铸件，即为所制金属型的上半型。

在浇铸过程中，铁范必须直接承受高温铁水的冲刷和激热、激冷所引起的应力变化，以及高温下受到氧化作用的侵蚀。铁范一般用灰口铁铸造，这是因为灰口铁热稳定性较好，凝固收缩小。白口铁虽然有较好的抗氧化性，但在反复高温作用下，渗碳体的分解可引起范体膨胀，它的抗形变能力也差。故铁范都不用浇犁镜的

---

① 凌业勤等：《中国古代传统铸造技术》，北京：科学技术文献出版社，1987年，508～509页。

铁水（白口铁），需另起炉灶，用坩埚熔炼出灰口铁浇铸。方法与坩埚炼铁法大同小异，所用炉料多采用废旧的铁范。用坩埚熔炼浇铸的铁范结实耐用，使用寿命达10年以上。据分析，其原因可能有以下几个方面[①]：

（1）浇铸温度偏低，据实测为 1150～1200℃。

（2）壁薄，通常厚仅 5～10 毫米。

（3）出型快，浇铸后约 5 秒即脱模。

（4）使用后间歇时间长，每次浇铸犁镜后，冷却 40～60 分钟才再使用，其时范温为 40～80℃。

（5）浇铸前，在浇口周围加涂黄泥水，以保护铁范，减少热冲击。

（6）用莞荆木炭粉作涂料，和普通木炭粉相比，灰分挥发物少，固定炭多。

在铸造技术史上，铁范铸造是一项重大发明。与陶范相比，铁范的优势非常明显。铁范可以连续多次使用，而陶范一般只能使用一次，每次浇铸都要使用新范。铁范的使用不仅可以提高生产效率，降低生产成本，而且可以提高铸造铁器的质量。欧洲在 15 世纪才用铸铁金属型铸造生铁炮弹，而我国在战国时代，已经使用铁范铸造铁器。1953 年河北兴隆县寿王坟村的古燕国铸冶遗址中发掘出一大批战国时期的铁范，这些铁范引起了中外学者的注意。这批铁范共 87 件，折合重量 190余公斤。其中有锄范 1 副（3 件），双镰范 2 副（每副 1 件），镢范 25 副（每副 2件，其中 3 副缺外范，一共 47 件），斧范 11 副（每副 3 件，其中 3 副缺内范，一共30 件），双凿范 1 副（2）件，车具范（2 件）。[②] 其中一件内范的化学成分是：含碳4.45%，含硅、锰、硫、磷等元素皆不足 0.5%。这批铁范"不是低温固体还原法获得的，而是在高温下炼出了生铁水浇铸成型的（铁范本身就是一个生铁铸件）"。"在铁器出土的地方附近，兴隆鹰手营子和隆化县各发现铁斧一件，在兴隆封王坟发现残铁锄两件，其形式和前面所说的斧范、锄范基本相同"[③]，证明这批铁范是专门用来铸造铁器的。铁范的使用，对于我国铁生产工具的扩大生产具有重大意义。

3. 犁炉修筑

犁炉的结构可分为下述几个部分。

（1）金盆。金盆是犁炉最下边盛储铁水和支撑炉体的部分。其制作方法是：把一口直径 1 米左右的铁锅放在三足铁质锅架上，三脚架的支承分布是前面两个，后面一个，以利于出铁时倾覆，铁锅内层用耐火材料（石英砂 70%、白干子土 30%）夯筑，搪出 270 毫米×180 毫米×70 毫米的凹槽作为炉缸，能容 15 升左右铁水。

炉底外壳用黄土和麦秸拌匀，紧贴烘干。内衬由 50% 石英砂、50% 红土加水配

---

① 李达：《阳城犁镜冶铸工艺的调查研究》，《文物保护与考古科学》，2003 年第 4 期，61 页。

② 郑绍宗：《河北兴隆发现的战国生产工具铁范》，《考古通讯》，1956 年第 1 期，32～33 页。

③ 杨根：《兴隆铁范的科学考察》，《文物》，1960 年第 2 期，20～21 页。

成。抹在炉体内厚约 100 毫米，烘透，然后刷一层木炭粉。

（2）炉体。炉体分上、下两节。上节是炉身，起预热作用；下节是炉腰，主要冶炼过程都在这里进行。炉体上、下节分别制作，下节在金盆上直接制作，上节在地面上制作好后再安装在下节之上。

下节的制作是，先用干草扎成草芯作为模具，在草芯外围用麦糠泥（黄土和麦糠混合而成）堆塑炉壁，厚约 200 毫米，用木槌夯实。自然干燥后，点燃草芯烘烤，挖出炉腹和炉芯的大体形状，用耐火泥搪抹炉内壁，用文火烘干，涂刷木炭粉。

上节的制作在地面进行。在圆柱形铁筒内用耐火泥搪抹内壁。在上节炉体安装之前，先在炉腹内装满木炭，压紧。在下节炉口沿上放置用于接口的泥层（1/3 石英砂和 2/3 红土混合而成），将上节炉体装在其上，上下对齐后，用铁筋数条箍紧，使两节炉体紧固成一体。

（3）前、后脑。前脑是出铁口部位，位于锅架的两足中间，离炉底约 8 毫米，装"宝石"1 块，称做"分金石"，因铁、矿在此分开而得名。后脑是安装风口的部位，与前脑相对，位于锅架的另一支足的正上方，前脑与后脑相距 270 毫米左右。后脑装有"宝石"7 块，称做"鸡胸石"，因后脑状似鸡胸而得名。

（4）风管。风管是连接犁炉风口和风箱的管道，风管长 800 毫米，位于风箱一端的外径为 160 毫米，位于风口一端的外径为 120 毫米，内径 75 毫米。风管内外均呈锥形，管的外径内小外大，使风管不致滑入炉内，管的内径内大外小，可以控制风速。风管用坩子土制成。做法是：把白坩子粉末与水调匀，反复搅拌成塑性极好的耐火泥，把泥塑成方堆，用一根圆木棍作为芯插入泥堆，在长木板上反复转动墩实，做成风管毛坯，再放到铺着铁皮的平台上滚动拍打，使管壁致密、厚薄均匀。风管干燥后即可使用，不用焙烧。冶炼过程中"风管"和"宝石"会被烧损，应及时推进风管并更换"宝石"，以免影响铁水温度和熔化率。

（5）风箱。早年犁炉鼓风用晋城人做的风箱。这种风箱为长方形，用桐木板制成，内腔尺寸为 1420 毫米×414 毫米×720 毫米，由两人来回拉动，活塞面积为 0.3 平方米，行程约 1300 毫米。风箱接缝处遍插鸡毛，密不漏风。太行山区也有专门制造风箱的手艺人。在没有电力设备的情况下，风箱是效力高的送风设备。20世纪 70 年代起改用鼓风机。

4. 冶炼浇铸

犁炉的冶炼与犁镜的浇铸，由人工控制，全凭经验丰富、技术高超的师傅掌握，大致可以分为以下几个步骤。

（1）装料与点火。先从炉顶放入干草秸，然后在炉膛内放入木炭（约 150 公斤），先放较小块木炭，再放入大块木炭，以保证炉内有良好的通风性。犁炉开炉时由风口点火，待火焰从炉顶冒出时，开始分层装入矿石和木炭（木炭和矿石的比例为 1.5 公斤∶0.5 公斤），同时开始送风。风进入炉内后分为三股，一股向上燃烧木炭，加热和使矿石还原；一股由出铁口吹出，使炉缸内木炭燃烧，提高铁水温度；另一股由"前脑"反射回来，形成环流上升。[①] 送风 5 小时后开始出渣。

（2）"看火色"与"看水色"。犁炉铁水成分的炉前控制称为"看火色"与"看水色"，这一工作由"看火师傅"负责。"看火色"就是依据出铁口火苗的颜色来判断炉温。火苗颜色红黄，表示炉温低了；颜色明亮发白，表示炉温正常。"看水色"就是依据铁水颜色来鉴定铁水质量。方法是，用长柄小铁勺（内涂涂料并烘干）由出铁口伸入炉缸舀取出少量铁水，用嘴吹铁水表面，观察铁水在冷却过程中表面及其颜色的变化。若铁水表面发红黄，水面出现黑泡称"硬水"，表明温度低，气体含量高。这是因为犁镜铁水含硅量很低，铁水降温时，抑制不了碳和氧气反应生成一氧化碳气泡，并聚合成大黑泡。造成铁水温度偏低的原因，与风管的角度或风量有关，可以通过调整风管角度来提高温度。如果风管角度适当，出现"硬水"则可以加强鼓风以提高炉温并增加铁水碳熔量。若铁水起灰，面上有浮渣，不起泡，称为"穰水"，表明有石墨漂浮，含碳量偏高。此时，可将分金石上已还原但增碳尚少的半液态铁挖下，或者在炉缸中添加矿石来调整铁水的含碳量。若铁水发红，有小泡，表明可以出炉。

点火后的头几炉出铁较少，冶炼正常后，约 1 小时出铁 1 次，每次出铁10～15公斤。犁炉可以连续开炉 30～90 天，每昼夜为一火，俗称 30～90 火。

（3）摇炉。使犁炉倾斜，放出铁水，称为"摇炉"。犁炉的上节设有两根木杠，一前一后，两根杠的一端固定在炉的侧面竖立的横木加固的 H 形立柱上。摇炉时，炉工站在土台上，握持杠的另一端，移动木杠，使犁炉倾斜，因为炉缸很浅，倾斜的角度不必太大。

（4）浇铸。浇注前先把犁镜盒刷上莞荆木炭粉调制的涂料并预热。预热时可把犁镜盒放在热渣上烘烤。铁水摇出后，用浇包接住，为防止铁水氧化，需在铁水表面洒黄贝草灰。

浇铸时把犁镜盒斜放在地上，与地面成 30 度角左右，一人用脚踩住犁镜盒，以免移动，一人手端浇包将铁水注入犁镜盒浇口内。整个动作要准确、平稳、紧凑，因为铁水温度 1180～1220℃，从出铁到浇铸所用时间非常短。浇铸后剩余铁水用回铁槽倒入炉内。浇铸后即刻打开犁镜盒，取出犁镜，自然冷却后，打掉浇口毛刺，打上标记。

（四）犁镜的成分、组织分析

阳城犁镜耐磨不耐碰。耐磨是因为犁镜硬度高，一般在 RC50 以上，绝大部分

---

① 李达：《阳城犁镜冶铸工艺的调查研究》，《文物保护与考古科学》，2003 年第 4 期，64 页。

在 RC52～RC53，个别的高达 RC60。不耐碰是因为犁镜很脆，机械性能很低。据测定，阳城犁镜抗弯强度都低于 30 公斤/毫米^2，属于机械性能很低的零号生铁。

犁镜的金相组织（图 1-11）为"共晶、过共晶及初生奥氏体量不多的亚共晶，个别碳硅含量高的还可以看到石墨夹杂"[1]。犁镜的表面有一层厚 0.2～0.5 毫米的细小的共晶莱氏体或共晶莱氏体和渗碳体组织。这层组织是由使用铁范后浇注时犁镜表面快速冷却形成的。

图 1-11　阳城犁镜的金相组织（100×5％硝酸酒精腐蚀）

资料来源：太原工学院阳城犁镜研究组：《阳城犁镜的研究》，《铸工》，1976 年第 3 期，44～50 页。

阳城犁镜的主要化学成分是碳、硅、锰、硫、磷，采用光谱分析得知，它不含其他合金元素和稀有金属。阳城犁镜的化学成分见表 1-12。

表 1-12　犁镜铁化学成分

| 试样编号 | 化学成分/％ | | | | | 金相组织 |
	碳	硅	锰	硫	磷	
马-好	3.97	0.23	0.04	0.36	0.26	莱氏体＋珠光体 15％
51	4.16	0.18	0.02	0.07	0.18	莱氏体
S-5C	4.33	0.11	0.04	0.32	0.27	莱氏体＋渗碳体
Mn-3d	4.20	0.16	1.37	0.03	0.28	莱氏体＋渗碳体
4-1-2		0.42	0.22	0.03		
♯33	4.55	0.20	0.07	0.03	0.31	莱氏体＋渗碳体
♯好 2 云	4.25	0.11	0.04	0.03	0.25	莱氏体
横-54	4.02	0.28	0.05	0.09	0.21	
♯26	4.21	0.30	0.11	0.03	0.12	莱氏体＋珠光体 15％
Si-6	4.14	0.56	0.05	0.04	0.20	莱氏体＋珠光体
石-1	4.07	0.65	0.06	0.16	0.37	莱氏体＋渗碳体
横 25	4.42	0.85	0.04	0.08	0.25	麻口

---

① 太原工学院阳城犁镜研究组：《阳城犁镜的研究》，《铸工》，1976 年第 3 期，44～50 页。

试样编号	化学成分/%					金相组织
	碳	硅	锰	硫	磷	
万重	3.16	0.39	0.02	0.23		莱氏体＋珠光体
Si-2a	3.81	2.20				麻口
使重	3.42	0.85	0.16	0.34	0.28	莱氏体＋珠光体
八甲口	3.32	1.11	0.08	0.42	0.59	莱氏体＋珠光体
Si-1a	3.90	1.50			0.27	麻口
石-2	4.16	0.97	0.03	0.12	0.39	
P-56	4.08	0.42	0.06	0.27		莱氏体＋珠光体
Mn-4C	4.07	0.52	0.65	0.05	0.26	莱氏体＋珠光体
桑-26	4.19	0.54	0.06	0.04	0.41	莱氏体＋5%珠光体
Si-25	3.96	0.85	0.04	0.08	0.25	麻口
S-2C	4.24		0.06	0.57		莱氏体
S-3C	4.00	0.24	0.35	0.20	0.45	莱氏体＋渗碳体
横硬 36	3.58	0.26	0.05	0.09	0.27	莱氏体＋珠光体
桑特 33	4.55	0.20	0.07			过共晶

资料来源：太原工学院阳城犁镜研究组：《阳城犁镜的研究》，《铸工》，1976 年第 3 期，44～50 页。

从表 1-12 可知，阳城犁镜具有"两高三低"，即碳、磷高，硅、锰、硫低的特点。碳高，阳城犁镜的含碳量一般在 4%以上，大部分在 4.3%左右。含碳量低于 3.9%时，称为"硬水"；高于 4.5%时，称为"穰水"，"硬水"和"穰水"都不利土。磷高，含磷量较高，一般在 0.2%～0.3%，也有高达近 0.6%的。硅、锰、硫含量低，硅的含量低，除个别较高外，一般在 0.1%～0.3%。硫含量也很低，一般小于 0.05%。锰的含量在 0.05%左右，一般不超过 0.1%。

阳城犁镜化学成分之所以呈现"两高三低"，与冶炼的原料、燃料及炉温有关。

（1）犁镜冶炼所用矿石原料杂质较少。阳城铁矿石样品的成分化验显示，一氧化锰含量平均为 0.12%，硫含量平均为 0.056%。再加上冶炼工艺特殊，冶炼时不加熔剂，不会带进其他杂质。

（2）犁炉所用燃料为木炭，木材经燃烧成炭后杂质少，燃烧强度大。从木炭成分分析看，主要成分是固定碳和挥发物，硫、磷含量极低。在冶炼过程中，木炭既作为燃料，也是还原剂。木炭燃烧时产生一氧化碳，与铁矿石反应，变成二氧化碳逸出，同时把铁矿石还原成金属铁。在中国传统冶铁方法中，无论是块炼法还是高炉冶炼，最早都使用木炭作为燃料和还原剂。用木炭冶炼出来的铁，铁质纯净。对古代铁器的分析也证明了这一点，几乎是铁、炭二元合金，锰、硅、硫等杂质的含量极少。有人指出，太原晋祠的宋代铁人铸像，历经近千年风雨，至今毫无锈蚀，仍然晶莹乌亮，"与所用的是质纯的木炭生铁有关"[1]。

---

[1]　凌业勤等：《中国古代传统铸造技术》，北京：科学技术文献出版社，1987 年，113 页。

（3）犁炉的炉温不高。铁水温度为 1180～1220℃，增碳能力很强，而硅的还原温度高，不会被还原进入铁水中。

（五）阳城犁镜利土原因分析

阳城犁镜以利土不粘泥闻名于世。新犁镜在田间耕作一天后，工作面即光亮如镜，可照见人影。犁镜脱土性好（利土）能减轻犁耕阻力，有利于提高耕作效率和质量。阳城犁镜因为脱土性突出，一度供不应求，各地纷纷仿制，不少农机科技工作者和科研单位也对阳城犁镜进行了大量的理论研究和科学试验。阳城犁镜之所以利土与以下几个因素有关。

（1）土壤条件。犁镜的脱土性与土壤条件有关。对于含砂量大、湿度低的土壤，犁镜无脱土性问题。普通白口铁犁镜也利土。只有在土质黏、湿度大的地区，利土问题才显得突出。[1]

（2）犁镜化学成分。太原工学院阳城犁镜研究组曾对阳城犁镜进行过田间试验、摩擦试验、电极电位测定和黏附力测定，结果表明犁镜铁与堡土间的黏附力是犁镜利土性能的主要决定因素，阳城犁镜与土壤间具有最小的黏附力，黏附力与犁镜铁的化学成分有关。[2]

碳：碳高，形成共晶或过共晶的金相组织利土。含碳低，电极电位高，不利土，黏附力大。

硅：硅低利土，硅越低越好。高硅犁镜工作面在耕作后与一般阳城犁镜的颜色不同。硅高时摩擦系数大，电极电位随含硅量的增加而增加，黏附力随含硅量增加而增大。

锰：锰对利土性有好的影响。锰高，摩擦系数小，黏附力小。

（3）犁镜形状。犁镜分光面与疙瘩两种。阳城犁镜虽然规格有很多种，但犁面上都铸有凸起的疙瘩。疙瘩的大小和数量因犁面大小而异，大型犁面的疙瘩大而多，小型犁面的疙瘩小而少。图 1-12 是阳城犁镜一种典型的排列方式。

据分析，犁面上铸有疙瘩，土堡沿其滑动时，土堡与凸起后的犁面不能紧密接触，破坏了土堡与犁面接触水膜的连续性，减少了水膜的接触面积，从而减少了黏附力。同时，土壤毛细管中的水分不断被排挤到摩擦表面上来，增加水膜厚度，减少了黏附阻力。[3]

---

① 太原工学院阳城犁镜研究组：《阳城犁镜的研究》，《铸工》，1976 年第 3 期，44～50 页。
② 太原工学院阳城犁镜研究组：《阳城犁镜的研究》，《铸工》，1976 年第 3 期，44～50 页。
③ 王兴南、刘佃忠：《关于铸造疙瘩犁镜的研究》，《粮油加工与食品机械》，1987 年第 5 期，7～8 页。

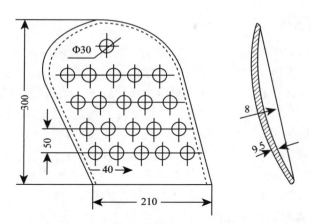

图 1-12　阳城犁镜的疙瘩大小和排列

资料来源：王兴南、刘佃忠：《关于铸造疙瘩犁镜的研究》，《粮油加工与食品机械》，1987 年第 5 期，7～8 页。

（六）犁镜质量鉴别

阳城犁镜质量要求严格，为保证犁镜信誉，除在铁模上刻出产地外，经销单位坚持"十不收"验收标准①：

（1）黑筋。当铁水含硅、碳量高时，可产生石墨漂浮，使镜面有黑筋，耕作时不利土。

（2）麻面。犁镜表面凹凸不平。

（3）豁鼻。镜背穿孔处不完整，无法将犁镜安装在扶犁木上。

（4）冷炸。即冷裂，犁镜在冷却后生成裂纹。

（5）热炸。即热裂，犁镜在浇注、冷却过程中生成裂纹。

（6）边不圆。犁镜外廓形状不规整。

（7）口不齐。犁镜与犁铧相接处不齐整，难以安装。

（8）犁镜敲击时声音不清脆，表明铁质不良。

（9）浇不足。犁镜在浇注时充型不全，形成缺肉。

（10）有孔洞。严重的孔洞性缺陷是不允许的。但存在皮下气孔不算废品。

犁镜不合格，不出厂、不发货，以保证质量。阳城犁镜质量最优的被称为云彩货，因犁镜表面有大量的弯曲线条凸起似云彩而得名。云彩货只有阳城桑林、马甲的犁炉社能生产。

---

① 李达：《阳城犁镜冶铸工艺的调查研究》，《文物保护与考古科学》，2003 年第 4 期，64 页。

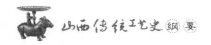

（七）阳城犁镜的保护与传承

在我国，犁铧和犁镜等大型农具在传统上采用铁范铸造。"阳城犁镜是传统铁范铸造存世之唯一实例，且制作技艺富有特色，有自成体系的成套工艺规范，堪称中国式铁范铸造的活化石。""从铁范制作、犁炉修筑、炉料制备到鼓风熔炼、炉前控制、浇注精整，犁镜铸造这一整套工艺是完备、精湛、富有特色和符合现代科学原理的。作为具有悠久历史的传统工艺，其技艺传授、行业习俗、工具设备、作业运行乃至作坊布局，无不具有浓厚的乡土气息，蕴涵着丰富的人文内涵。"① 早在19世纪，国内外学者已经开始关注阳城生铁冶铸工艺，20世纪50年代后，我国不少学者和研究单位对阳城生铁冶铸工艺进行了考察和系统研究。

1. 国内外学者有关阳城生铁冶铸技艺及其保护的论述

1870年左右，德国矿师李希霍芬到山西考察矿冶业，回国后撰著《中国》一书，其中以专节记述了晋城地区的坩埚炼铁技艺并配有多张图片。

著名英国学者李约瑟博士于1958年作了题为"中国钢铁技术的发展"的学术讲演，对坩埚炼铁作了高度评价。

20世纪50年代，长治钢铁厂范百胜工程师从现代冶金学的角度对坩埚炼铁法进行了深入考察，并发表了专题学术论文。

20世纪60年代，太原工学院李达教授多次和学生到阳城实习与考察，作了翔实的记录分析、检测和研究。

20世纪60年代，吕春生、袁柏瑞分别发表了关于阳城犁镜的调查报告。

1963年，山西省机械工程学会与太原市机械工程学会考察组到阳城和济源县实地调查、跟班作业，用现代测试手段分析用料成分与生产工艺。

1982年以来，北京科技大学冶金史研究室曾两次前往阳城犁镜生产现场进行考察，并于1991年10月与日本东京新艺术派株式会社山内登贵夫先生合作，在阳城县横河犁镜厂拍摄了纪录影片《阳城犁镜生产工艺》。

1983年5月，韩汝玢与柯俊、张长生赴阳城考察犁镜生产。

1991年10月，吴坤仪、苗长兴赴阳城犁炉厂考察，抢救濒临失传的犁镜传统工艺。当时只有横河和李疙瘩两家犁炉厂还在进行生产，两厂各设犁炉1座，每年仅冬季生产。

华觉明研究员和他的学生在20世纪80年代实地考察了阳城生铁冶铸技术。华觉明研究员对阳城生铁冶铸技术给予高度关注，多次给各级领导写信说明阳城生铁冶铸技术的价值，并发表相关文章。经他多次呼吁，在文化部和山西省政府的组织

---

① 华觉明：《名满天下的阳城犁镜》，《山西日报》，2005年11月29日C03版。

协调下，这一传统技艺的价值被广泛认知。2006 年经国务院批准，"阳城生铁冶铸技艺"被列入第一批国家级非物质文化遗产名录，编号为第 385 号。为了更好地保护这一传统技艺，在阳城皇城相府建立了山西省第一个非物质文化遗产项目博物馆。华觉明研究员为"阳城生铁冶铸技艺"的保护做出了巨大的贡献，被称为阳城犁镜的"保护神"。①

2. 阳城犁镜代表性传承人

阳城犁镜是我国传统手工业的名牌产品，一度供不应求。然而，犁镜的铸造需要木炭为燃料，冶炼过程中产生的大量废渣对生态环境也不利。阳城犁镜的脆性限制了其在机引犁上的应用，随着社会经济的转型和农业机械的推广普及，社会需求量减少，导致阳城犁镜生产萎缩。此外，各地仿制阳城犁镜工作的成功也是造成这一局面的重要因素之一。② 20 世纪 80 年代，在阳城除横河外，桑林、马甲还有 10 余家犁镜厂，90 年代后期，横河、李疙瘩等地仍有少量生产。1998 年，横河犁镜厂停产，场地至今仍在，但犁炉已损坏，许多工具、装备也随着停产而严重流失。"在横河犁镜厂的仓库内，至今还堆放着 8000 多片型号各异、样式不同的犁镜以及各种铁范、工具。这些当年由于滞销才得以保留下来的犁镜，如今成了横河镇的'镇镇之宝'。"③

据初步统计，阳城境内目前掌握坩埚炼铁和犁炉炼铁的大约有 30 人。冶铸技术的传人年龄大多在 60 岁以上，集中在横河、蟒河，主要以种地为生，生活状况窘迫。④ 阳城犁镜代表性传承人有：

(1) 张原明，桑林村人，1924 年生，是目前仍健在的最年长的师傅之一，17 岁随岳父张文法学艺，是张锁明的妹夫。

(2) 吉抓住，1946 年生，桑林村人。1964 年，18 岁的吉抓住师承其舅父张锁明学艺，同时在犁炉社打杂、看机。1977 年在红炉、马甲等地任炉头，有丰富的修整犁炉、看火色、看水色经验。1978 年、1979 年、1980 年连续获得县级以上劳动模范、先进工作者称号。多次同省工学院李达教授，省社队工业管理局工业处郝建国，工学院学生李卫平、张建全、赵志文等十余人研究、交流和接受采访，研讨犁镜生产工艺、犁炉改进等工作。2007 年由文化部任命为阳城生铁冶铸技艺的国家级传承人。

此外，经验丰富、技艺高超的师傅还有蟒河镇桑林村的张原明、酒虎成，董封乡口河村的上官全贵，润城镇润城村的石明轮，以及横河镇横河村的孔朝德、翟李宽等。

---

① 赵中悦等：《独树一帜的阳城生铁冶铸技艺》，《太原晚报》，2006 年 5 月 19 日 C 30 版。

② 李建桥、任露泉、陈秉聪等：《畜力犁壁及脱土性特性》，《吉林工业大学学报》，1992 年第 3 期，123 页。

③ 李吉毅：《行将消失的铁范铸造技术》，《山西晚报》，2006 年 6 月 6 日 40 版。

④ 赵中悦等：《渐渐远去的阳城生铁冶铸技术》，《太原晚报》，2006 年 5 月 19 日 C 31 版。

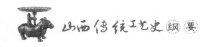

第三节　长治荫城铁货

　　荫城镇位于长治县东南山区，这里煤铁资源丰富，冶铁历史悠久。明清两代，荫城制铁业发展迅速。据《明史》记载，明洪武六年（1373）设置"铁冶所"十三所，"山西吉州二、太原、泽、潞各一"[①]。潞安荫城即为其中之一。清代乾隆、嘉庆年间，荫城铁货发展到鼎盛时期，成为全国最大的铁货贸易和集散中心。据荫城镇桑梓村西庵庙、石炭峪村玉皇庙碑刻记载，清乾隆、嘉庆年间，"荫城铁水奔流全国"。另据《中国实业志》记载："在前清乾嘉年间，长治之荫城镇，为晋南铁货业中心，出品畅销全国，每年交易，达银数一千余万辆之钜。""长治之铁货业，系家庭工业性质，全县业此者二百余家，人数约一千左右，集中市场，为距城六十里之荫城镇，晋南铁货，咸萃于此。"第一次世界大战期间，据《中国实业志》记载，荫城镇每年铁货交易额"约二百余万元"[②]。根据这一数字，乔志强先生推算出荫城镇当时铁货的年产量：

　　　　当时山西生铁铸成器具每斤约二十七文，连运费以三十文计算、熟铁器具以七十文计算，这二百余万元的铁货交易额中生铁货与熟铁货款以6：1计算，按山西当时每大洋一元可换制钱一千四百文，那么可以推算出当时晋东南铁货贸易中心荫城镇，每年成交的生铁货（包括铁锅、铁笼、铁盘等）约八千余万斤（旧秤），即合五万吨左右，熟铁货每年成交约六百万斤（旧秤），约三千六百多吨左右。[③]

　　荫城是铁货集散地，除了荫城本地的铁货外，长治、高平、壶关、陵川、晋城、长子等县的大量铁器也会运至荫城进行销售。所以民间有"高平铁、晋城炭，离了荫城不能干"的说法。荫城铁货品种齐全，各种铁货大到犁铧、小到铁钉，应有尽有。有一位老铁货商曾经积累了一本铁货资料，真实地记载了荫城市场上的3000多个铁货品种。其中分为生铁货、熟铁货两大类，钉、锤、绳、锁、铃、锅、扚、壶、铲、笼、錾、匙、钺、盆、桶、刀、剪、锯、斧、犁、镢、锨、锄以及各种细杂货共几十个项目，每项又按大、小、轻、重、式样和用处具体分为上百个品种，名目繁多复杂，不胜枚举。

①　（清）张廷玉等：《明史》，卷八一，长春：吉林人民出版社，1995 年，1263 页。
②　实业部国际贸易局编：《中国实业志·山西省》，上海：商务印书馆，1937 年，465～476（已）页。
③　乔志强：《山西制铁史》，太原：山西人民出版社，1978 年，41～42 页。

如钉类，按形状分枣籽钉、鱼眼钉、柳尖钉、水泡钉、荷花钉、线钉、双连钉等；按用处分板钉、鞋钉、枞钉、鼓钉、车钉、斗钉、犁钉、耙钉、门钉、柜钉、镰钉等。每类钉中又分为大小、轻重、规格各不相同的若干种，像枣籽钉中就分为身长八寸、六寸、四寸、三寸五、三寸、二寸七、二寸一、二寸、寸八、寸五、八分；重量每斤分别为 5 个、8 个、10 个、15 个、20 个、25 个、35 个、50 个、60 个、75 个、100 个、200 个等许多型号。再如杓类，则按打水、舀油、烧茶、炒菜、盛米面、捞饭、舀汤等各种不同的用项，制成重量、口面、深度、把长、库长、库口等大小不一的铁器品种。[①]

荫城铁货不仅品种齐全，而且品质优良。例如，荫城生产的椽钉，人称"三绝"：上尺绝，长短粗细，分毫不差；上称绝，几个一斤，手落称平；上木绝，入木生锈，牢不可破。用这里的铁钉钉椽建房，即是椽木本身已年长朽烂，两根木头的铁钉连接处依然紧扣如初，宁折不开。[②]

荫城铁货的高品质与严格的检验标准分不开。检验铁货的方法有十余种之多[③]：

（1）以商客要求为检验规格。加京杓、山东大錾、兰州菜刀、禹州沾水、西锹、广府锹等，产品都以客商要求的规格制造、验收。

（2）以形状为检验规格。如鱼肚菜刀、瓦垄刀、三道筋犁镜等，均采取先检形状、后检验厚薄大小尺寸的办法验收。

（3）以重量为检验规格。如一斤煤锹，二斤炒杓，二五开荒镢，八斤犁元等。

（4）以容量为检验规格。如铸铁货，有一至八升米锅，一至五升米锅，必须是锅里加水，下米，做成焖饭为标准，以吃的人数计算。

（5）以尺度为检验规格。如蒸笼、铁火炉（以尺）、木工刨刃（以寸）、凿子（以个）等，先按尺度检验，后按口面大小、深浅、高低度检验。

（6）以各种适度为检验规格。如牲口铃、羊铃、楼铃、门铃、车铃、辘辘虎眼、耙齿等，先验适度，再验响声、大小、高、低、厚、簿。

（7）既验重量，又验数量。如 10 个千钉，每斤必须是 10 个；三五板钉，每斤必须是 35 个。先按此标准检验，然后再检验其长度。

（8）以配套为检验规格。如 1～10 斤，10～50 斤乃至 1000 斤的秤，其秤钩、秤砣、秤杆必须三配套，称物不差两、钱。

（9）以工艺花样为检验规格。如骡马扭缰绳，必须是一条八节，一节一扭；

---

① 吕日周：《山西名特产》，北京：农业出版社，1982 年，218～220 页。

② 吕日周：《山西名特产》，北京：农业出版社，1982 年，218～220 页。

③ 贾东喜、暴志宏：《荫城铁业述略》，见长治市政协文史处：《长治文史资料》第 8 辑，内部出版，1990 年。

荷花钉，必须是钉盖平，有五个花瓣形泡状；水泡钉，钉盖鼓如水泡状。再如毛篮沾缰绳，要求沾水 1 尺长，20 节，每条头部有转心环一个，如同毛篮一般。

（10）以颜色为检验规格。如红钉、黑铁经铁匠炉烧，锤打成全红色为宜；黄饭勺、黄饭铲、黄笊篱等，打成成品后，再用黄铜镀，加锻工而成货。

正是因为有高超的冶铁技术和严格的验收标准，荫城铁货的质量有了保证。只要是打上荫城铁货的牌子，铁器就很畅销（图 1-13～图 1-15）。

图 1-13　荫城镇荫城村铁铺在加热铁料（丁宏拍摄）

图 1-14　锻打（丁宏拍摄）

图 1-15　成品（铁钉）（丁宏拍摄）

荫城铁货除农具、百货生产外，还有各种碎货炉生产的小农具、刀剪等小工具和用具。这种碎货炉规模小，所需资金少，需要的原料也不多，所需人手也少，很多妇女、儿童也可参加，但生产的产品品种却很多，与老百姓的日常生活息息相关。但是，一些大型的器物（如钟）工艺很复杂，各项工序必须有良好的组织和配合，因而需要众多人员的配合协作才能完成。

荫城桑梓村的王先生听上辈老人说："荫城铁货运销中国以外的东南亚各国和印度、尼泊尔等国家，国外寺庙的大铁钟几乎都是上党荫城制造，大的铁钟有口径一米多，重约上千斤以上，当时铸造大铁钟的工艺非常复杂。当时的铸铁工艺师，也叫铁匠，首先在铸造前要经过长时间的铸钟模型准备工作，模型合好后，要在一个固定的位置上，铸钟的外表花纹、造型、铸造单位、匠人名称、年代等要一一显示。并且在上千斤以上的铸造过程中，一次性铸造成功，来不得半点马虎，并且在铸铁中要加不同数量的铜、锡、锌等金属成分，才能保证大铁钟的质量，工艺要求十分复杂，铁钟配比也十分保密。独特的铸铁钟配方，一般都是家传，在浇铸铁钟前，准备工作要做好，在模具成型后，需要在周围将冶炼铁炉八九个大型作坊同时点火，同时用手工鼓风箱加大火力，这样就需要上千斤的铁水，温度、火候一样高，像这样大型的铸造大铁钟一次性需铁上千斤以上。"[1]

从工艺上分析，这种大铁钟的铸造可能用的是传统铸造技术中的失蜡法。山西省传统冶铸业以失蜡法著称于世。20 世纪 60 年代，华觉明先生曾对北京地区传统失蜡法进行了调查。据老艺人樊振铎、门殿普、林普玉说，佛像以五台山所铸质量最好，北京的失蜡工艺多由山西师傅传授，门殿普、林普玉的师傅都是山西潞安府人。[2] 樊振铎的师傅也是山西人氏。据说，北京的失蜡法是从山西牛村传来的。[3]

《天工开物·冶铸篇》有用失蜡法铸造铁或铜钟的记载，详细记载了流程、技术措施、蜡料配比和蜡、铜比例。兹引于下，以供参考。

> 凡铸钟，高者铜质，下者铁质。今北极朝钟，则纯用响铜，每口共费铜四万七千斤、锡四千斤、金五十两、银一百二十两于内。成器亦重二万斤，身高一丈一尺五寸，双龙蒲牢高二尺七寸，口径八尺，则今朝钟之制也。

> 凡造万钧钟与铸鼎法同。掘坑深丈几尺，燥筑其中如房舍，埏泥作模骨。其模骨用石灰三和土筑，不使有丝毫隙坼。干燥之后，以牛油黄蜡附其上数寸。油蜡分两：油居什八，蜡居什二。其上高蔽抵晴雨（夏月不可为，油不冻结）。油蜡墁定，然后雕镂书文、物象，丝发成就。然后舂筛绝细土与炭末为泥，涂墁以渐而加厚至数寸。使其内外透体干坚，外施火力炙化其中油蜡，从口上孔隙熔流净尽。则其中空处，即钟鼎托体之区也。凡油蜡一斤虚位，填铜十斤。塑油时尽油十斤，则备铜百斤以俟之。

> 中既空净，则议熔铜。凡火铜至万钧，非手足所能驱使。四面筑炉，四面泥作槽道，其道上口承接炉中，下口斜低以就钟鼎入铜孔，槽旁一齐红炭炽围。洪炉熔化时，决开槽梗（先泥土为梗塞住），一齐如水横流，从槽道中视注而下，钟鼎成矣。凡万钧铁钟与炉、釜，其法皆同，而塑法

---

① 马志生：《潞商冶制铁业简史》，见长治市政协文史资料委员会：《长治文史资料》第 18 辑，170 页。

② 潞安府，明置，辖今山西长治、平顺、黎城等地。

③ 华觉明：《失蜡法的起源和发展》，见中国科学院自然科学史研究所技术史研究室主编：《科技史文集》，第 13 辑，上海：上海科学技术出版社，1985 年，76 页。

则由人省啬也。①

凡铁钟模不重费油蜡者，先埏土作外模，剖破两边形，或为两截，以子口串合，翻刻书文于其上。内模缩小分寸，空其中体，精算而就。外模刻文后，以牛油滑之，使他日器无粘糯，然后盖上泥合其缝而受铸焉（图1-16）。

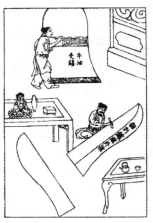

图1-16　《天工开物》
载录之塑钟模
资料来源：（明）宋应星：《天工
开物》，上海：商务印书馆，1933
年，155～169页。

铁货以荫城著称，荫城铁货会以铁货出名（图1-17）。铁货会自农历五月十三开始，历时半个月。②五月十三这一天民间有对关公的祭祀活动，设会建庙，拜神唱戏。铁货贸易和庙会融为一体，商贾云集，热闹非凡。荫城铁货吸引了四面八方的客商。当时常驻荫城的客商来自全国各地，有关东客（东北三省）、京客（北京、天津）、上府客（太原、大同、内蒙古）、西府客（陕西、甘肃、宁夏）、山东客（山东）、河南客（河南、湖南）和西南客（云南、贵州、四川）等。③

图1-17　荫城铁货铺面旧址
资料来源：马书岐、刘晓等：《物产寻宝：名品卷》，
北京：北京燕山出版社，2005年，16～27页。

从光绪末年开始，在洋货倾销和封建官僚苛捐杂税的双重压迫下，荫城铁货逐渐走向衰落。《中国实业志·山西省》说：“光绪晚年，海禁大开，洋货侵入，机制物品，精巧价廉，销场几尽为所占。”抗日战争时期，铁货产量日益下降，濒临绝境。“及东北四省失陷后，销路更塞，每年交易额，降至四十万元左右，兼之交通不便，运费昂贵，捐税重复”，“今后情形，惟有每况愈下。”④

新中国成立后，在政府的大力扶持下，荫城铁货迅速恢复和发展起来。20世纪50年代，荫城铁货的年产量达到5万吨左右，接近历史最高水平。70年代末80年代初，铁货外销持续上升，购销两旺。据

---

① （明）宋应星：《天工开物》，上海：商务印书馆，1933年，155～169页。
② 木兵：《民俗寻根：民俗卷》，北京：北京燕山出版社，2005年，214页。
③ 吕日周：《山西名特产》，北京：农业出版社，1982年，218～220页。
④ 实业部国际贸易局编：《中国实业志·山西省》，上海：商务印书馆，1937年，465、476（巳）页。

有关方面统计，仅晋东南地区二轻局驻荫城批发站的铁货购销额最高年就达 200 多万元，极大地促进了当地经济的发展。[①]

第四节　晋城大阳镇制针工艺

　　针是缝缀衣物的用具，也称"引线"。东汉许慎著作《说文》中写到："针，所以缝也。"人类早期用的针是用动物骨头做的针。世界上已发现的最早的骨针，是 1930 年在北京周口店旧石器时代晚期"山顶洞人"遗址中发现的一枚用动物骨骼磨制的骨针，这根骨针大约已有 18 000 年的历史了。1981 年，辽宁海城小孤山遗址出土 3 支骨针，大小基本相同。陕西西安半坡遗址发现的骨针多达 281 枚，说明骨针已成为生活中不可缺少的工具之一。

　　随着金属冶炼技术的发展，骨针逐渐被金属针所取代。从考古资料看，春秋战国时期山西地区已经开始使用金属针。山西太原晋国赵卿墓出土青铜针一枚，长 7 厘米、重 0.1 克。[②] 1956 年在山西侯马东周时代烧陶窑址发现铁针，证明在公元前 200 多年前，该地区已开始由铜器时代向铁器时代过渡。[③] 我国迄今所见年代最早的钢针是 1987 年湖北荆门包山 2 号楚墓出土的一件战国中期的钢针（图 1-18），钢针鼻部扁平，椭圆形鼻孔，体截面圆形，锋残，直径 0.08 厘米、鼻孔径 0.06 厘米、残长 8.18 厘米。[④]

图 1-18　包山楚墓出土的战国钢针
资料来源：湖北省荆沙铁路考古队：《包山楚墓》（上），北京：文物出版社，1991 年，224 页。

　　1975 年，湖北江陵凤凰山出土西汉初期的缝衣针和针衣（图 1-19）。缝衣针长 5.9 厘米，最大径约 0.05 厘米，针尖稍残，针体粗细均匀，针孔细小，内系黄色丝线。针衣长 11.5 厘米、7.6 厘米不等，以小篾为骨，外罩褐纱，四周有绛色绢缘，出土时叠为三褶，系有绢带。[⑤]

　　早期的金属针在外形上比较粗大，这和当时的金属冶炼技术有关。随着冶铁技术的发展，钢针的质量也得到了很大的提高。宋代时，针铺对钢针的制作从原料到

　　① 吕日周：《山西名特产》，北京：农业出版社，1982 年，218～220 页。
　　② 黄展岳：《考古纪原——万物的来历》，成都：四川教育出版社，1998 年，131 页。
　　③ 山西省文管会侯马工作站：《侯马东周时代烧陶窑址发掘纪要》，《文物》，1959 年第 6 期，44～46 页。
　　④ 湖北省荆沙铁路考古队：《包山楚墓》（上），北京：文物出版社，1991 年，224 页。
　　⑤ 凤凰山一六七号汉墓发掘整理小组：《江陵凤凰山一六七号汉墓发掘简报》，《文物》，1976 年第 10 期，34 页。

工艺都很讲究。中国历史博物馆藏有北宋时期济南刘家功夫针铺印刷广告铜版，版面分为三格，上格刻有阴文"济南刘家功夫针铺"；中格正中为一只白兔持杵捣药的图形，图形左右两侧各刻有 4 字，为"认门前白兔儿为记"；下格刻有"收买上等钢条，造功夫细针，不误宅院使用，客转与贩，别有加饶，请认白"的广告语（图 1-20）。这是迄今为止我国发现的最早商标，从其"收买上等钢条，造功夫细针"的广告语中可以看出，宋代钢针是讲究精工细作的。

图 1-19　湖北江陵凤凰山出土的
西汉缝衣针和针衣
资料来源：凤凰山一六七号汉墓发掘整理小组：
《江陵凤凰山一六七号汉墓发掘简报》，
《文物》，1976 年第 10 期，34 页。

图 1-20　宋代济南刘家功夫针铺印刷广告
资料来源：田自秉、吴淑生编：《中国工艺美术史图录》，上海：上海人民美术出版社，1994 年，829 页。

　　制针的原料来自于冶铁业，因此，制针业的发展必然要以冶铁业的发展为支撑。明清时期，山西省的冶铁业非常繁荣，手工制针业也随之发展起来，以晋城大阳手工制针业为代表。当时，大阳的钢针不仅占据了国内市场，而且远销中亚一带。李希霍芬曾在晋城大阳、高平等地考察冶铁和铁器加工业，对大阳的生铁品质之高和钢针产量之大感到惊叹，在《中国》一书中他写到：

　　　　在欧洲的进口货（洋铁）尚未侵入以前，足有几亿的人是从凤台县（即晋城）取得铁的供应的。……因为凤台县就生产铁来说，在原来潞安府所属各县中是名列前茅的，而在凤台县境内，大阳又是生产铁的主要地点。……在大阳地方的无数人家里也是经营各种小的铁工业部门，特别是铁丝和针。后者是柔软易屈，不经琢磨。在早先时节，几乎全国所需用的缝针是由这里来供应。……大阳的针供应这个大国的每一个家庭，并且远销中亚一带。[①]

_____

　　① 〔德〕李希霍芬：《中国》卷二，1882 年，411～414 页，转引自彭泽益：《中国近代手工业史资料》，第二卷，北京：生活·读书·新知三联书店，1957 年，178 页。

104

大阳手工制针创始于明朝，发展在清朝，在鸦片战争前达到鼎盛。清初西镇针翁爷庙的碑刻记载了大阳手工制针业最初的发展历程。《西大阳针翁庙创建碑记》中说：

> 公中业此者，旧有三二家，而止今，则列肆矣，屈指不能尽。至工一艺而资以养生，比屋而是……辛巳之际，杀人枕籍，而吾乡存活者为多，此业赖耳。迤以兵火之余，南路经商悉废，其北向者，推此货为首务，日打其缺，价且大踊，咸获数倍息，甚有发越于不訾者。顺治十年春季，前直奉大夫今列编氓改黄冠道士七十四翁里人秋水王国士撰。①

明末清初的战争对社会造成巨大的破坏，但同时也给大阳的手工制针业带来了发展机遇，制针艺人因为有制针工艺而在战争中得以存活，而针商因为贩卖钢针获得巨大利润，制针业在大阳如火如荼地发展起来。大阳制针者众，针行云集，据《东大阳针翁庙残碑》记载："（针铺）记有本镇三十九、上村十、中村五、下村九、南庄□、河东三、湾里三、史村一、张庄一、赵庄一。"② 可见大阳手工制针业之兴盛。

一、大阳手工制针工艺

大阳手工制针是山西冶铁技术发展至明清时期的典型。明代以山西生产的铁丝质量最佳。《物理小识》卷7"冶铸"条有方中德注说："青州出铁，而颜神镇穿珠灯，必资山西铁丝。"明代山西地区普遍使用"地下土圆炉炼钢法"（图1-21）为制针业提供原材料，用这种方法炼制的钢材富于延性，能够拔成细钢丝。这种炼钢方法非常简便，不用耐火砖，不用坩埚，方法是：

> 在干燥的红土地里挖一圆土坑搗结实，坑深六尺，口径六尺，腰中细四尺，炉下部分砖砌二道通风口，口外加两个"牛屎摆"（即大炼铁炉使用的牛屎糊的木风板），就成功了（牛屎摆长三尺五寸，上宽二尺，下宽三尺，下部当中有风刀，对准炉之风口）。管理这种炉，顶多用七个人可同时管理四个炉，采用流水作业，每天装一炉，每炉装后四十小时，施风约六小时即可出炉。每炉装炭三千斤，矿石三千斤，炭块大小约三寸，矿石约一寸半至二寸，每炉可出钢一千斤至一千五百斤，每人每日合出钢一百四十斤到二百斤。装炉时先烤干炉，然后在炉下部垒成通风的数层砂

---

① 阎爱英主编：《晋商史料全览·晋城卷》，太原：山西人民出版社，2006年，612页。

② 阎爱英主编：《晋商史料全览·晋城卷》，太原：山西人民出版社，2006年，175～183页。

石，每层约三至五寸，垒到离炉腰五、六寸远为止。中央垒炭块直至炉口，炭的周围，垒矿石直至炉口之上装成一圈。炼成后矿石涌下凝成一块圆圈，用吊出，即成熟铁。①

图 1-21 地下土圆炉结构图

资料来源：《千年古法放光芒 地下圆炉能炼钢》，《山西日报》，1958 年 11 月 10 日 2 版。

这种炼钢法是在明朝由潞安经阳城传到晋城的。在抗日战争以前，这种土炉生产的钢条，经常供给晋城、郑州、开封、西安、吉林、武汉等地的针厂使用。为了供给制针使用，还要经过数次加工。②

钢针的制作在家中即可进行③，全家都可参与其中。一般先由经营钢针的针行送钢丝到家庭手工业者手中，经过 72 道工序完成，最后仍转回针行，由针行包装出售。当时在大阳，几乎所有的居民都参加到了制针的手工业生产中。"每年农历十月初一晚上吃罢'瞪眼食'（粳米干饭），人们就要在麻油灯下通宵彻夜地加工了，到处都能听到隐隐的锤敲钻磨声。"④

李希霍芬在晋城考察期间没有看到钢针制造的方法。宋应星在《天工开物》中记载了明末制造钢针的方法（图 1-22），从中我们可以了解到传统钢针制造的一些工艺。《天工开物》卷 10 "锤锻"说：

> 凡针，先锤铁为细条。用铁尺一根，锥成线眼，抽过条铁成线，逐寸剪断为针。先鎈其末成颖，用小槌敲扁其本，刚锥穿鼻，复鎈其外。然后入釜，慢火炒熬。炒后以土末入松木火矢、豆豉三物罨盖，下用火蒸。留针二三口插于其外，以试火候。其外针入手捻成粉碎，则其下针火候皆足。然后开封，入水健之。凡引线成衣与刺绣者，其质皆刚。惟马尾刺工

---

① ② 唐仁均：《千年古法放光芒 地下圆炉能炼钢》，《山西日报》，1958 年 11 月 10 日 2 版。

③ 李希霍芬说小件铁器的制作是由工人们在自己家中进行的，"许多其他用品的制造也是如此，例如太原所制造的大量铁丝与针就是这样的"。但是，他没有看到制造方法，"要看，我就得进入全家正在进行工作的私人住宅了"。见李希霍芬于 1870 年 6 月致上海总商会主席米琪（A. Michle）的信，转引自彭泽益：《中国近代手工业史资料》，第二卷，北京：生活·读书·新知三联书店，1957 年，143 页。

④ 阎爱英主编：《晋商史料全览·晋城卷》，太原：山西人民出版社，2006 年，175～183 页。

为冠者，则用柳条软针。分别之妙，在于水火健法云。[①]

一针琢线抽　　　　　　　　二针琢线抽

图 1-22　《天工开物》载录明代"抽线琢针"造针法

《天工开物》记载的制针方法包括一道冷加工和两道热处理共三道工序：一是冷拉，"这一段造针的方法，既说明了冷作的利用，更说明了当时中国人已利用了今日拉丝的技巧。早在三百年前我们的祖先们已聪明地利用生铁作模，发明冷拉了"[②]。二是焖钢，把熟铁或低碳钢焖在瓷内，用松木、火矢，豆豉作为渗碳剂，加热到一定温度，使其渗入。用这种方法可以使铁丝全部"焖"透，这样炼出来的针十分坚韧。这种焖钢方法在河南、江苏、湖北、天津等地也很流行，用来制作各种小型机器零件等。三是淬火处理。

二、大阳手工制针业的近代境遇

鸦片战争之后，外国资本和商品像潮水一样涌入中国（表 1-13），传统手工业遭到致命的打击，大阳手工制针业也未能幸免。1867 年中国进口铁 11 万担，针 2 亿根，1891 年增至铁 170 万担，针 30 亿根，25 年间增长了 14 倍。在洋铁洋针倾销的打击下，各地钢坊纷纷倒闭，大阳手工制针业也迅速走向衰落。

表 1-13　外洋进口铁、针量值统计（1867～1894 年）

年份	铁/担	针/千根
1867	113 441	207 294
1868	272 875	517 898

---

① （明）宋应星：《天工开物》，上海：商务印书馆，1933 年，190～196 页。
② 李恒德：《中国历史上的钢铁冶金技术》，《自然科学》，1951 年第 7 期，591～598 页。

续表

年份	铁/担	针/千根
1869	419 394	886 845
1870	368 629	463 473
1871	219 836	557 979
1872	256 417	911 169
1873	205 720	1 395 913
1874	246 761	1 330 675
1875	442 198	823 625
1876	325 038	685 285
1877	462 686	902 837
1878	541 163	608 153
1879	810 686	892 236
1880	864 043	1 933 944
1881	748 557	2 011 601
1882	746 624	1 853 637
1883	817 521	1 547 084
1884	843 582	1 711 858
1885	1 202 881	1 762 904
1886	1 100 842	1 875 825
1887	1 023 060	2 273 356
1888	1 298 408	2 735 230
1889	1 148 729	1 873 873
1890	1 124 341	2 286 748
1891	1 726 056	3 124 258
1892	1 359 343	3 043 539
1893	1 083 415	2 592 104
1894	1 185 411	2 421 724

资料来源：彭泽益：《中国近代手工业史资料》，第二卷，北京：生活·读书·新知三联书店，1957 年，164 页。

李希霍芬在《中国》一书中写道："几年以前，中国人认识到了欧洲的产品，这种光滑而又坚硬的洋针自然是很快地夺得了市场。当我来在此间的时节，世代相传从事此一工业部门的一些家庭正在趋向于没落。尽管是人们极度地辛勤，到底还不能够使价格降低到每九十枚售五十文以下。"[1] 1870 年，李希霍芬在报告中称："像针这件细微的物品，物美价廉的洋货的输入，使得山西制针业几乎已经绝迹了。"[2]

时人写到："近来民间日用，无一不用洋货，只就极贱极繁者言之，洋火柴、

---

[1] 〔德〕李希霍芬：《中国》卷二，1882 年，411～414 页，转引自彭泽益：《中国近代手工业史资料》，第二卷，北京：生活·读书·新知三联书店，1957 年，第 178 页。

[2] 〔德〕李希霍芬：《关于河南省与山西省的报告》（1870 年，上海），转引自彭泽益：《中国近代手工业史资料》，第二卷，北京：生活·读书·新知三联书店，1957 年，第 178 页。

缝衣针、洋皂、洋烛、洋线等，几乎无人不用。一人所用虽微，而合总数亦颇可观。洋火柴、洋烛现在沪上亦有制造，然销路未畅。外洋之货，仍源源而来，可见本国之货，只居十之二三。"[1] "华民生计皆为所夺矣。""呜呼！洋货销流日广，土产运售日艰，有心人能不怃然忧哉？"[2]

晚清赴日留学生高平人祁鲁斋、刘知章（任沁水知县），胸怀"实业救国"的理想，得到时任山西省政府秘书长的沁水人贾景德厚援，于 1915 年组建成立晋城大德制针厂，厂址选在晋城西关五龙河西连庄附近。1928 年更名为大德制针公司，实行股份制，股东由 28 家发展到百余家，遍及泽潞各县和太原。

制针原材料主要是 1、2、3 型号的钢丝，每条长约 1 米，多数为天津购进的进口原料，部分从设在开封的购销站向青岛、上海采购。建厂之初，设备有 12 马力引擎 1 部、切条机 1 部、磨光机 3 部、其他小型机器 20 多部，大多从日本购进。

机械制针操作规程极为严格，从原材料到制成各种型号的成品，需要经过 72 道工序。据老工人回忆，主要制作工序有切条、磨光、切剁、扎眼、磨尖、炭火烧针、杆直、煮针、装小铁桶、装大铁桶、焊口、装大桶、装运等，包装、打包仍用手工，其余大部分为机器生产。该厂兴旺时期，一般日产针 28 万枚，有时达 30 万枚，年产量由 3000 万枚提高到 1 亿多枚。产品名称"飞羊"商标，含"飞越大洋，超过洋货，使中华扬眉"之义。产品分为大号、小号两类，大号针分为双大号、单大号、金刚腿，小号针由大到小分为六个型号，6 号针很少生产。产品包装，除纸包外，还分别装入小铁皮桶、大铁皮桶和大木桶。小铁桶装 500 包 5000 枚，每 50 小桶装一大铁桶，计 25 万枚。两铁桶合装一大木桶，准备外运销售。

大德制针公司的产品除在山西省销售外，经公司设在太原、天津、新乡、开封的四个庄客站（即购销站），销往绥远、察哈尔、河北、河南、山东等北方市场，部分远销国外。1937 年日本侵华战争爆发，大德制针公司毁于大火。[3]

三、卖针歌与针翁爷传说

（一）卖针歌

大阳凭借丰富的煤铁资源，发展手工制针业，被誉为"九州针都"。制针业的兴起又带动了大阳经济和文化的发展，逐步形成了地域性的"针文化"。2006 年，

---

①　转引自彭泽益：《中国近代手工业史资料》，第二卷，北京：生活·读书·新知三联书店，1957 年，第 165 页。

②　（清）郑观应：《盛世危言》，北京：华夏出版社，2002 年，519 页。

③　阎爱英主编：《晋商史料全览·晋城卷》，太原：山西人民出版社，2006 年，339～342 页。

"大阳传统手工制针技艺"被公布为"山西省第一批非物质文化遗产项目"。

在以前，卖针者是流动的，为了吸引顾客、招徕生意，会在卖针时边表演甩钢针边大声唱卖针歌（图1-23）。表演时，卖针者左手拿一块木板，右手捏着5枚钢针，用力一甩，钢针插在木板上，整整齐齐排成一行。卖针歌汲取了戏曲说唱精华，除了宣传钢针质量外，也有描述各地风土人情的内容，加上大量脍炙人口的历史典故，可谓丰富多彩，具有很强的渲染说服力。赵永昌是清末民国时期凤台县（晋城）大阳镇人，世代以卖针为业，开有针店，赵永昌针店卖针歌在流传下来的卖针歌里颇具代表性，其卖针歌兼有唱词与道白。[①]

图1-23　流动的铁匠及其设备

资料来源：S. Wells Williams, *The Middle Kingdom*. 转引自彭泽益编：《中国近代手工业史资料（1840～1949）》，第一卷，北京：中华书局，1962年，图版第6页。

（唱）小小钢针做得精，卖遍天下四大京。东京卖到汴梁地，西京卖到长安城。南京卖遍应天府，北京卖遍顺天城。东京坐下赵匡胤，西京坐下小唐童。南京坐过朱洪武，顺治皇爷坐北京。东京军师苗光义，西京军师徐茂公。南京军师刘伯温，北京军师喇嘛僧。四大军师合一处，不如蜀汉一孔明。南阳诸葛真神算，能比西岐姜太公。小小钢针光油油，卖遍八府并九州。一州三州通走过，郡州沧州小郡州。常销渭州县达县，扬州徐州州达州。山西泽州出铁货，好马出在口外头。喝烧酒到汾州，大尾巴绵羊出潼州。兰州出的好水烟，白铜烟袋出汉口。苏杭二州出绸缎，石家庄马蔺铺里好草帽，锦文州的好裹头。石子峪的好甘草，赵永昌里好香油。钢针光油油。

---

① 阎爱英主编：《晋商史料全览·晋城卷》，太原：山西人民出版社，2006年，612～613页。

（白）一岭树有直有弯，一母子所生九子有恶有善，一街两行卖针有好有赖。常言说，有好货没有真眼窝，不识货的许多。我们织黄素穿黄袄，一年四季卖针为业。趁大会，赶考棚，真是酒店门前挂图样，开坊利市十里香。饭店门前碗摞碗，美味汤水香。天也不早了，人也不少了。你们该买的就买，该代人捎的就捎，不要让我让你们，等我让你们，寒冬腊月种小麦，赶不上吃白面了。

（唱）滴溜当啷两面牌，好似鲤鱼戏莲台。鱼戏莲台台还在，莲戏鲤鱼不再来。东至岱岳西至川，北至鞑靼南至蛮。北方鞑靼说番语，南方蛮儿打乡谈。北方冷，南方热，不冷不热到中原。人人都说中原好，人手无钱到处难。你也难，我也难，你难我难不一般。你难怕我钢针不好使，我难好货卖不了你的钱。壮士勒马去城东，十树桃花九树空。人和花比不一样，花和人比不相同。闲言闲语咱莫讲，话说贤君访英雄。唐王访来薛仁贵，文王访到姜太公。刘备三请诸葛亮，十分好货与明分。壮士勒马去城西，张良扯住韩信衣。关公义重华容道，楚霸王垓下别虞姬。遇见好针你不买，买上赖针难缝衣。十月里，天已寒，曹操领兵下江南。周瑜定下苦肉计，孔明祭风烧战船。针里无钢难取火，有钢取火不费难。

（白）这才是闲着没事，用钢针大火解闷引纸门。我的钢针好有一比，好比孟良的火葫芦，火神爷的钢鞭，招一招一溜火，摸一摸冒狼烟。

（唱）左手捏，右手撇，好似怀中抱明月。打一个满天星，再打个扬州万盏灯。打一个曹操夺中原，再打个刘备取西川。火焰山上走出个牛魔王，郑伦口内冒火光。当家人不在年老少，治家也不在人大小。当家只买当家货，无事人才买吃食多。加针我不加别的针，加上一个针椎针。当中粗，两头细，衲起鞋底省力气。包的紧，裹的牢，装在身上掉不了。这一包钢针买到家，姑娘们说你会当家。大姑娘慌忙拿烟袋，二姑娘慌忙去倒茶。全家老少笑哈哈，这一包钢针买对了。到明年你再把会赶，还把俺赵永昌字号找。泽州城里老针店，大街朝东有门面。油漆柜台金字匾，招牌挂在门外边。要问谁家钢针好，赵永昌针店错不了。哪个钢针不好使，退回一个换一包。老针店，卖真货，来回盘缠我包了。

（白）这个人人所用，家家所要，当今皇上，正宫娘娘，八大朝臣，满汉两教，生员两道，骑马坐轿，穿鞋戴帽，推车担担，㞎炉锅要饭儿，当今皇上披龙袍，正宫娘娘龙凤衣都是钢针做的。

（唱）头号针能衲千层底，二号针能缝万件衣。三号四号老常用，针线活儿不可离。五号钢针虽然小，大家小户离不了。左一包，右一包，三娘教子老薛保。姑娘太太绣楼坐，半夜里来想起我。不是想起我的眉眼好，而是想起我的钢针好。能绣龙，能绣凤，能绣宋朝一营兵。绣个喜鹊叫喳喳，绣个蝈蝈蹦三蹦。日出东，还转东，劝人行善莫逞凶。世人都说忠良好，哪个奸臣有善终。相国寺里老和尚，养生院里王道人。醒世名言人称道，为人处世要厚道。养由基清河桥上比高低，还有荆轲刺秦王。箭穿石，汉李广，岳飞枪挑小梁王。虽然不比前朝事，这一针下去见高低。坏了坏了真坏了，钢针把铜元扎透了。一女贤孝数孟姜，二郎担山赶太阳。三人哭活紫金树，四马投唐小秦王。五虎齐把西川下，六郎三关把名扬。七星七弟数晁盖，八仙过海神通广。九里山前埋韩信，十面埋伏楚霸王。刘金定，高俊保，力杀四门说到今。天波扬府一池水，玲珑宝塔十三节。塔又高，镜子明，角角上边挂铜铃。天刮东风叮咚响，刮了西风差了音。一般都是匠人做，一样货来两样音。为什么一样货来两样音，天下字同音不同。我卖好货与明公，过家做活不费难。包住点，别住点，走到路上好拿点。赵永昌针店城内开，门面大来金字牌。雁南飞，又北来，走府过州有买卖。

（二）针翁爷的传说

在大阳镇流传着"针翁爷"的故事。传说明朝嘉靖年间，大阳裴骞在山东任提刑按察司副使，在裴骞的照顾下，他的本家弟弟裴某也在衙门谋了一份闲差。裴某没读过书，不喜欢衙门里的生活，整日无所事事，喜欢在外游玩。有一次，他来到山东临清，看到有人在制针，非常感兴趣，开始是观摩，后来干脆留下来当起了帮工。裴某聪明好学，终于学会了全套制针技术。裴某在衙门干得不顺心，最后还是回到了家乡。因为有制针的手艺，于是联合朋友，凑钱制起针来。万事开头难，裴某的制针生意并不顺利，钢针质量不佳，卖不出去，几年下来不仅没赚到钱，还负了债。裴某贫病交加，不久就去世了。裴某虽然死了，但是他的制针手艺在大阳居民中已经传播开来，经过不断改进，钢针质量得到提高，销路逐渐打开，针价上涨，供不应求。手工制针业在大阳突飞猛进地发展起来，为了纪念这位大阳制针业的开拓者，人们把他称为"针翁爷"。

第五节　灵丘李家针

2009 年 6 月 11 日，在太原市中国煤炭博物馆"山西省非物质文化遗产传统技艺大展"上，灵丘县落水河乡新庄村李文学的钢针吸引了不少人的目光，大家都对制作精美、造型奇特的李家针赞叹不已。

　　李文学是李家针第三代传人。据李文学介绍，这项技艺传自于他父亲李应（现年82岁）。最初则是由他爷爷李长路从山东济南籍的一位师傅那里学来的。李长路艺成之后，先在北京的一家针铺干了15年，33岁成婚之后，他没有再回北京那家针铺，而是在老家务农之余，专门从事制针，成为灵丘县有史以来的第一位针匠。李长路的妻子王树英，勤劳贤惠，心灵手巧，耳濡目染，也掌握了制针的全部工艺。但还没来得及把制针技艺传授给两个儿子，李长路就不幸去世了，王树英接过传承的事业，把制针的全套工艺传授给长子李应。

　　李应从17岁开始制针，一做就是60多年。现在虽已是耄耋之年，闲暇之余，也会动手制作各类用针（图1-24），图1-25为李家针制作工具。李应不希望凝结着几代人心血的手艺失传，早已把制针的各种技巧悉数告诉了他的四个儿子。不过，他的大儿子、二儿子、三儿子均认为制针繁琐，利润又小，所以很少制作。只有四儿子李文学特别热衷，在农作之余，常常制作，并让妻子像当年他奶奶和母亲那样，常去县城大市场摆摊销售（图1-26）。

图1-24 李应老人在自家宅院内制作钢针

图1-25 李家针制作工具

资料来源：张玉春：《中华制针绝技赞》，大同非物质文化遗产网，http：//www.dtsfy.com/news_show.asp？id=379&wz=地域风情。

（雷志华拍摄）

图1-26 李文学在山西非物质文化遗产展示现场制作钢针，以及李文学制作的几种钢针

李家针分为两大类。一类是缝补刺衲的生活用针，这种针是三棱形的，用它缝皮袄，连扎带割，拽过去也不带毛，要拿圆针扎出来，那毛就带出来了。另一类是针灸用针。针灸用针有两种，一种是给人用的针灸针，这类针比较细长；另一种是给牲畜用的针灸针，这种针短而粗大。针灸用针的长短、大小都是根据医生的要求制作的。新中国成立初期，由于机械制针大量生产，李家不再做缝补用的小针，只做缝制皮革的大针和针灸用针。

制作材料有银丝、铜丝（装饰用）、铁丝等。工具有剪刀、锉刀、锤子等。制作方法是：先把铁丝或银丝打制成型，然后用硝、木炭面、白面和成的泥具将成型的针装好，上火烧，烧到一定的程度，倒在清水内淬火，然后再放到杏干水（弱酸性溶液）盆内去污抛光。最后用铜丝在针尾缠上称为"佛手"或"灯笼头"的饰物即可。

李家针工艺独特，是制针行当里的精品。针灸针（人用），韧度高、弹性大，经久耐用；缝补刺衲针及牲畜针灸针，刚性大，做工精细，不易腐蚀。据灵丘新庄村的村民说，以前有两个外地老侉常不定期来李家买针，每次都要买很多，销往山西、陕西、河南、河北、内蒙古等地。目前用三棱针缝皮袄的人少了，老中医、名医、针灸医生一般都还是用李家针，但是销量已经在减少，李家经常在镇里摆摊销售，销量时多时少。

第六节　阳泉铁锅

图 1-27　陕西省咸阳马泉
西汉墓出土的铁釜

锅是日常生活的必需品。古人的烹饪器具最初是石器、陶器及青铜器。铁被发明和普及后，出现了铁制的烹饪器。与现代的锅类似的器皿，在古代称为釜。考古发现的铁釜最早是西汉时期的，如陕西省咸阳马泉西汉墓出土的铁釜[1]（图 1-27），河南南阳瓦房庄汉代冶铸遗址出土的釜范和铁釜。[2]

铸造大铁锅是我国的一项传统技艺。明代宋应星《天工开物》详细记载了铁釜铸造技术（图 1-28）：

---

[1]　马泉西汉墓发掘整理小组：《陕西省咸阳马泉西汉墓发掘简报》，《考古》，1979 年第 2 期，图版拾。

[2]　北京钢铁学院：《中国冶金简史》，北京：科学出版社，1978 年，117 页。

凡釜储水受火，日用司命系焉。铸用生铁或废铸铁器为质。大小无定式。常用者，径口二尺为率，厚约二分。小者径口半之，厚薄不减。其模内外为两层。先塑其内，俟久日干燥，合釜形分寸于上，然后塑外层盖摸。此塑匠最精，差之毫厘则无用。

模既成就干燥，然后泥捏冶炉，其中如釜，受生铁于中。其炉背透管通风。炉面捏咀出铁。一炉所化约十釜、二十釜之料。铁化如水，以泥固纯铁柄杓从嘴受注。一杓约一釜之料，倾注模底孔内，不俟冷定，即揭开盖模，看视镈绽未周之处。此时釜身尚通红未黑，有不到处，即浇少许于上补完，打湿草片接平，苦无痕迹。凡生铁初铸釜，补绽者甚多，唯废破釜铁熔铸，则无复隙漏。凡釜既成后，试法以轻杖敲之，响声如木者佳，声有差响则铁质未熟之故，他日易为损坏。[1]

图 1-28　《天工开物》
载录之釜铸图

从这段记述可知，铸造铁锅对制作泥模的技术要求很高，"差之毫厘则无用"，浇注铁水也需要有高超的技巧。所铸铁锅"厚约二分"，最大的能够"煮糜受米二石"，达到了很高的技术水平。

铁锅由于其使用寿命长，受热快，易清洗，经久耐用，对人身体有益，价格低廉等特点而大受欢迎。据 20 世纪 80 年代初的不完全统计，我国有铸锅工厂或车间 760 多个，每年生产铸铁锅达 7000 万口，其中部分出口。[2] 江苏、广东、湖南、山东、广西、浙江、陕西、福建和山西等省都以铸锅闻名。山西阳泉生产的铁锅，以"食不变味，锈不脱皮，色泽光洁，边沿整齐，壁厚均匀，不炸不裂"的特点而著称，是山西地方工业的名牌产品之一。山西阳泉任家裕铸锅厂生产的铁锅在 1964 年全国铁锅质量评比中名列第五。1979 年阳泉铁锅被评为"全国轻工业优质产品"。国家轻工部关于铁锅质量的标准规定，铁锅加热骤冷试验一次不崩不炸为合格，而阳泉铁锅在此项试验中三次以上也不会出现崩炸现象。

阳泉铁锅的生产历史悠久。据《中国实业志·山西省》记载："晋省铁货业出品，以锅鼎为大宗，其次为工农器具，又其次为刀剪。锅鼎之属，多按斤计值，每百斤价格自二元至五元。"[3]

① （明）宋应星：《天工开物》，上海：商务印书馆，1933 年，155～169 页。
② 凌业勤：《中国古代传统铸造技术》北京：科学技术文献出版社，1987 年，482～483 页。
③ 实业部国际贸易局编：《中国实业志·山西省》，上海：商务印书馆，1937 年，476～477（巳）页。

阳泉铁锅声名远扬，有着极好的口碑。20 世纪 30 年代，山西阳泉的宋增祥和王希斋在北京西花市路南的街面上经营一个主要销售阳泉铁锅的日杂货栈——上义栈。由于阳泉铁锅质量可靠，再加上经营有方，上义栈销售最盛时，一年进货多达32 个火车皮。到 1956 年公私合营时，上义栈资本积累达 5 万余元，是开业时的 8倍多。①

阳泉铁锅，品种繁多，主要根据各地群众使用习惯而生产。山西的临汾、运城和吕梁一些地方的群众习惯用尖底耳锅；忻县、雁北地区的群众则喜欢使用广印锅；晋中太原一带的群众普遍使用各种甬锅和带足耳锅；新疆、宁夏等少数民族地区更愿意使用四耳锅。②

阳泉的铁锅是根据不同地域用户的需要而生产的。荫营镇以生产"川锅"著称，擅长生产大口径的铁锅。如酿酒用的"大酒锅"、"东海酒"，烧制黑矾、氧化铁、建筑中淋石灰、制作酱醋、染坊用的"平十印"、"改十印"③ 等手工业用锅。民用锅的品种有大八印、三八印、大老五印、小老五印、川七印、川六印、川六盆、川八盆、广盆等。

三泉村生产的"泉小货"，又名"泉托付"，是优质铁锅的代名词。三泉村的铁锅有 20 多个品种、50 多种规格，如甬锅（1～8 甬）、八元锅、十元锅、京锅、三印锅、吊锅、偏三印锅、北锅、矾锅等。

三泉村 20 世纪 50 年代生产的甬锅，都通过"保兴恒"和"信托货栈"，销往华北、西北、东北地区的各省、市。生产地"北锅"经东北营口销往日本、朝鲜等地。④

东村乡的山底、红土岩村生产的"京锅"，深受京、津地区群众的欢迎，主要品种有四至七京锅、合二京锅等。

平定县东沟村生产地"东锅"销往该县的东、西、南乡，主要品种有各种规格的民用甬锅、东六印、东七印、东对口等。

阳泉铁锅的铸造，"先将生铁或废铁入冶炉中，冶成流液，同时将泥模安置妥当，于横腔内壁，涂以烟煤水，俟干，倾熔铁于内，约经五分钟，即成器用。……晋省铁货业出品，以锅鼎为大宗，其次为工农器具，又其次为刀剪。锅鼎之属，多

---

① 张长江：《上义栈及其阳泉铁锅》，见北京市政协文史资料研究委员会、北京市崇文区政协文史资料委员会编：《花市一条街》，内部出版，103～107 页。

② 孟荷：《漫话阳泉铁货》，见政协山西省阳泉市文史资料委员会编：《阳泉市文史资料》，第 5 辑，内部出版，1986 年，80 页。

③ 以"改"字命名的铁锅是根据各地群众要求改进后的产品。

④ 段生田：《传统名牌产品铁锅的历史与发展》，见政协山西省阳泉市郊区文史资料研究委员会编：《阳郊文史资料》，第 4 辑，内部出版，1990 年，80～81 页。

按斤计值，每百斤价格自二元至五元"[①]。

明清时期，阳泉铁锅是用砂模造型，叫做砂模锅。[②] 例如，曾经盛极一时的"玉和成"生产的酒锅，其制作工序如下[③]：

（1）托胎，即在模具锅内盛上沙，捣硬实，然后反扣下来，成为模胎。

（2）汇模，即用炉灰渣过笋的细末掺水和成稀粥样泥，涂于模胎表层，并刷出沿来，而后再用烟炭过笋细末掺水和成稀粥样泥涂第二遍。此层的作用在于，一是使其光滑，二是使成型锅内表发黑，以与铁的颜色相吻合。

（3）上熏，干燥。

（4）盖沙，即把潮湿的过复细沙（用手可握成团即可），用手拍于模胎上，约几分厚。再拍上一层粗沙，约一寸厚。此层起固模作用。此时需留出揭模的缺口。

（5）披麻。用青麻或白麻醮上红土稀泥，密密匝匝披于模上，仍起固模的作用。干燥后将整个模从熏窑抬出放在场上，打上支，并在其边沿打上号码，作为胎模之间衔接的记号。

（6）减模。用特制的木架固定模的一端，将模沿固定旋翻揭起来，放在特制的轮圈上，校正。然后边旋转，边用铁梳刺旋减细沙层，减多少由把头工掌握。然后再将模按记号扣模胎上，再整个抬入壕内，埋住踩实，再由施火工寻出火把（即倒铁水的口），将熔铁水倒入模里。

（7）开壕，揭坯。稍凉后，将成型锅抬出、擦磨。

这样，一口铁锅便制成了。

第七节　永济蒲津渡大型铁件铸造技艺

随着经济社会发展程度的提高，大型铸铁器物自唐代开始较多地出现。以铁牛、铁柱、铁钟最具实用性，铁塔、铁狮、铁人则兼具宗教礼器功能。山西永济蒲津渡的铁牛和铁人、太原晋祠金人台的铁武士立像、五台山显通寺的铜殿与铜塔，分别代表了唐代、北宋、明代三个不同时期山西大型金属器物的铸造工艺水平。其中蒲津渡唐代铁牛、铁人堪称中国出土铸铁文物的巨型佳作。

---

① 实业部国际贸易局编：《中国实业志·山西省》，上海：商务印书馆，1937年，476～477（巳）页。

② 孟荷：《漫话阳郊铁货》，见政协山西省阳泉市郊区文史资料研究委员会编：《阳郊文史资料》，第4辑，内部出版，1990年，55页。

③ 张海堂：《后沟村"玉和成"记"酒锅"》，见政协山西省阳泉市郊区文史资料研究委员会编：《阳郊文史资料》，第4辑，内部出版，1990年，83页。

蒲津渡是古代黄河上的重要渡口，位于永济市西南蒲州镇西门外黄河东岸，自古以来就是秦晋交通的要冲。蒲津桥的历史，最早可上溯到春秋鲁昭公元年（公元前541年），史载秦景公弟后子出奔晋国，造舟于黄河之上，以便联系秦晋交通。以后战国、东魏、西魏、隋代均有在蒲津渡口建造浮桥的记载，为竹索连系固定的连舟浮桥。由于黄河水势汹涌，竹索浮桥经常毁于凌汛的冲击。

唐玄宗开元十二年（724），为加强对中原以及整个北方地区的统治，易竹索为铁链，改木桩为铁牛，建成铁索浮桥，长约300米，宽6米至12米不等，从建筑材料和技术方面大大改进了黄河浮桥。在黄河秦晋两岸对拉起八条巨型铁链，两岸滩头分别铸造四尊铁牛，作为浮桥的重要结构部分——桥锚。铁牛坐东向西，呈伏卧状，体长均在3米以上，高1.9米，重达15吨。铁牛形象如清代周景柱在《开元铁牛铭》中所述："其目似怒，其耳如吾，其处有度，其伏甚固。"牛尾后各铸一铁轴，以拴系铁索，轴身花纹精美，铸工精湛。每牛又配以铁人、铁山，并将铁牛、铁人、铁山全部焊接在一块硕大的铁席（铁板）上，增加了铁牛的整体性和拉拽力。板下焊有六根直径0.4米、长3米以上的铁柱，斜向插入河底，功如地锚，以资固济。这样，两岸的系桥铁牛锚总重量分别达到200吨以上。在铁锚的东北部还有七根铁柱，呈北斗七星状排列，柱旁铸横抓，用以加固铁牛抗衡水流或系船，铁牛与七星铁柱兼有镇河圣物的作用。

1989年出土的20件蒲津渡铸铁器物，包括铁牛4尊，铁人4尊，铁柱8根，铁山与铁桩各2座。根据现代学者对蒲津渡遗址的研究，从铁牛脊梁上留有当年铸造时灌注铁水的缺口看，这些铁牛、铁人、铁山等均为现场铸就，材质为灰口铁，"这主要是因为其（指大型铸铁件，编者注）形体大且壁厚，并且常采用地坑铸造，冷却速度缓慢，因而多凝固成灰口组织"[1]。唐人张说在《蒲津桥赞》中写道："飞廉煽炭，祝融理炉，是炼是烹，亦错亦锻，熔而为铁牛。"《开元铁牛铭》也有"其肤泽晶莹，若灿金英，灿烂初阳之照耀，荡乎银烛之光明"的描述。从经过炼、烹、错、锻等工艺铸造出的光亮的铁牛，可以看出唐代山西冶铸业高超的工艺水准。

唐代在增修蒲津浮桥的同时，还修建护岸堤坝，清除杂物，疏通河道，改变河水浮力以增加舟船吃水深度，从而减少其摆动，实现浮桥平稳。在河中设河心洲，减缓黄河水的冲击力，桥一分为二不仅缩短了桥身的长度，也使桥的重心可以固定于河心洲。此桥为向下游弯曲的舟桥，而非直桥，弯曲的浮梁利于减轻水流的冲击。这些都说明唐代山西工匠已熟练地掌握了力学和水力学原理，建造了我国古代桥梁史上最宏伟的浮桥之一。这座唐代铁索浮桥在北宋大中祥符四年（1011）改称

---

① 田长浒主编：《中国铸造技术史（古代卷）》，北京：航空工业出版社，1995年，123～124页。

大庆桥，后来在金元交战中被毁，铁牛则崩落河中沉埋地下而一直保存下来。1989年8月，经过考古工作者的努力，久被黄河泥沙淤埋的唐代铁牛与策牛铁人得以重见天日。

蒲津桥是中国古代桥梁技术、冶金铸造技术与雕塑造型艺术完美结合的实例，现代桥梁学家茅以升评价说"浮桥铁锚中以蒲津桥的铁牛锚最为著名"，展示了中国古代科学技术发展的综合水平，为《古今图书集成》存录的桥梁。

第八节　并州刀剪与晋城泰山义剪刀[①]

太原古为并州治，太原产的刀剪，称"并州刀剪"。一般认为并州刀剪的创制始于汉晋之时。

并州刀剪，锋口犀利，钢水分明，锻造坚固。刀，切肉不粘刀，砍骨不卷刃；剪，剪布不毛边，剪毛不粘锋。《山西通志》有"刀剪甚利者，古称并州"的记载。唐代诗人杜甫有"焉得并州快剪刀，剪取吴淞半江水"的绝句。南宋诗人陆游写道："诗情也似并刀快，剪得秋光入卷来。"四川《巫溪县志》载："两峰恰似并刀剪，剪开碧空半边天。"可见并州刀剪驰名，自古由然。

并州刀剪犀利和当地铁质优良有关。历史上，太原"并铁"的质量和交城的"云子铁"，平定的"平铁"，大同的"贡铁"，晋东南的"潞铁"、"泽铁"，同称为铁中名品。《山西通志》上说："盖地产铁劲于他处。"唐代，太原首先有了"五金同铸，百炼成钢"的技术，用于制作铁镜，进贡宫廷。到了明代，并州刀剪远销省外。各大商埠、码头、闹市都有挂着"并州刀剪"招牌的专营商号。

制造并州刀剪，有其传统的工艺流程。一把出色的并刀，要经过下料、劈槽、长火（即烘烧）、热锻、绞刀（即成型）、冷锻、粗磨、淬火、回火、粗抛、细抛、开刃、抛光、钉把等22道工序。其中劈槽是一道关键工序，就是把铁料从中间劈开一道槽口，把钢夹进去，这样，钢就用在刀刃上了。因为两面是铁，刃不易磨损，能较长时间地保持锋利度，形成经久耐用的特点。长火工序，就是把夹上钢的铁料，放进烘炉上烧，达到熔点时（发黏状），进行锤打热锻，使钢露出"一韭叶"的宽度。锻打成型后，自然冷却，再进行冷锻，要一锤挨一锤，不能留空白，促使材料组织"细化"，结构严密，形成锋利、切肉不粘刀的特点。其他如淬火，也是

---

① 并州刀剪辑自山西教育出版社主编：《山西风物志》，太原：山西教育出版社，1985年，354～356页。泰山义剪刀辑自阎爱英主编：《晋商史料全览·晋城卷》，太原：山西人民出版社，2006年，269页。

加固刀锋的关键工序，火候大，钢脆易崩；火候小，钢软易卷。有经验的老艺人，善于观察火色，掌握火候恰到好处。

并州刀剪，虽然是传统的工艺名产品，但在新中国成立前夕，竟濒临手艺失传、刀剪绝迹的危险。许多刀剪艺人，身在铁乡，原材料却没有保证。新中国成立后，党和政府十分重视这一名牌传统产品的生产，把制作刀剪的老艺人组织起来，成立了晋府店刀剪社。后来又在太原南郊杨家堡兴建了新厂房，发展为太原刀剪厂。据《太原史话》记载：

> 现在太原市奶生堂与半坡街之间，旧有"镔铁坑"。据说地下发掘，就有铁出现。明朝初年，驸马都尉焦某，从这里取铁，制成刀子，非常快利，这当然是钢刀子。镔铁坑的来源，可能是明以前炼钢的遗迹。也可能是焦驸马设置的炼钢作坊。这里旧有一条"镔铁祠街"，距今六十年前就看不到了。
>
> 清朝柳巷有宋家铁炉，擅长制切菜刀，当时称为"宋扑刀"。同治、光绪年间，宋良佐承继先人事业，还维持"宋扑刀"的声誉。良佐死后，铁炉也就废了。
>
> 太原城区有大铁匠巷、后铁匠巷，这些名称，标记着这地方原是铁业工匠的聚居地。剪子巷原名剪巷，原先一定是剪刀作坊或商店的所在地。我们顾名思义，都可理解到铁工业在太原的渊源。①

晋城的泰山义剪刀，出自长治县西火村丰富的优质煤铁资源与铁器制造技艺。清康熙年间，西火村铁匠靳小二在晋城开设泰山义剪刀铺，声誉日隆，生产规模扩大，由最初的父子2人，发展到工人最多时50余人。泰山义剪刀刃锋锐利，经久耐用。1915年，泰山义剪刀在上海展出，获得好评，远销河北、河南、山东、陕西、甘肃、内蒙古等地。日军侵占晋城后，泰山义剪刀铺停产，1946年恢复生产。1980年之后，随着剪刀用具技术的改进，以及人们消费方式的转变，传统手工制作的泰山义剪刀逐渐淡出市场。

第九节　五台山显通寺铜殿与铜塔

金属是比较贵重又非常坚实耐久的建筑材料，在以木结构体系为主的中国古代建筑中使用较少，而主要用做建筑的辅助构件，如金属质宝顶、塔刹。若一座建筑

---

① 郝树侯：《太原史话》，太原：山西人民出版社，1979年，55~56页。

完全用金属材料制成，显然需要冶金、铸造以及建筑技术达到相当高的水准。明代以来，随着封建经济的发展和传统技术走向成熟，建筑材料趋于多样化，在木、砖、石质传统建材的基础上，金属也用来建造整座建筑，出现了铜质和铁质的塔、亭、殿等建筑形式，通常为名山胜地的人文景观增添点睛之笔。如明代建湖北武当山金殿（永乐十四年）、山东泰山碧霞宫铜殿（万历四十三年）、云南昆明金殿（万历三十二年），清代建北京颐和园铜亭宝云阁、河北承德避暑山庄外八庙金铜殿顶。

显通寺铜殿与铜塔，位于五台山台怀镇显通寺内中轴线后部的千钵殿与藏经殿之间，为青铜建筑。铜殿由妙峰祖师主持铸造于明万历三十七年（1609），面宽4.65米（三间样式），进深4.2米，平面近方形。铜殿完全仿木构建筑，造型小巧，结构比例协调。外观两层，实为一室。檐柱圆形，覆鼓状柱础，柱间铸额枋材连贯。明间均铸隔扇门，外壁铸各种吉祥图案，如祥云、卉草、二龙戏珠、鱼跃龙门、喜鹊登梅、犀牛望月等，形象生动，工艺尤佳，极富民间气息，共计36幅。殿之二层挑出钩栏、平座，栏板铸各式图案，一层挑出屋檐。殿顶重檐歇山式，铸出戗脊、脊兽、筒瓦、勾头、滴水等构件，正脊铸行龙，脊端为仙鹤，脊心为双重宝珠脊刹，悉如木构。殿内奉文殊菩萨铜像，连同隔扇内壁铸重叠细密的小佛像万余，寓意"万佛朝文殊"。

铜殿前分峙两座铜塔，明万历三十四年（1606）铸造，为仿木构楼阁式密檐塔，通高8米。砖雕方形束腰须弥座与覆斗座叠置，边长1.07米。铜质塔身十三级，逐级收回，由覆钵楼阁、亭阁和宝珠塔刹组成。一层覆钵塔身较高，铸出观门，塔身造型优美，翼角飞檐，俏丽挺拔。塔身各部分雕铸万佛小像、力士、三世佛及胁侍像，内容丰富，栩栩如生；外壁皆铸经文。塔顶以重檐亭阁、宝瓶塔刹收束。

由于金属材料造价高、自重大，金属质建筑体量不宜过大，一般作为砖石或木构建筑的较大模型，金属质建筑高度在10～20米。从铸造工艺上分析，"青铜殿亭的大构件，例如立柱、柱基础的莲花座、梁、枋、墙、门、门框等主要构件，因其结构简单且属厚大平面件，铸型多为泥型，即用陶范铸造，少量用砂型铸型铸造。构件多先制造木质模样，然后造铸型。……铸型可能分段制造，然后组合成整体铸型，浇铸后获得整体立柱，也可能采用夯范铸造法铸成。其他大构件例如墙面、门窗等，都为陶范铸型，保证浇铸时铸件不变形，获得光洁而准确的要求"[①]。

由于便于熔铸造型的材料性能，金属较砖石仿木构建筑更为逼真，范型的标致与精美则是前提，通过高超的铸造工艺，复杂的建筑结构、纹饰成为现实。斗栱、勾头、滴水、脊饰、匾额等强装饰性构件，突出造型生动，精致小巧，"这些铸件

---

① 田长浒主编：《中国铸造技术史（古代卷）》，北京：航空工业出版社，1995年，225页。

非失蜡铸造难以成形，其中用量大的构件，例如板瓦、筒瓦以及板瓦的如意形头和筒瓦的圆形头的板瓦和筒瓦用量都大，都必须做出贴蜡模型用贴蜡法制造蜡样，以保证每个构件形状、尺寸基本一致；另一种用量少，甚至单件使用，例如龙、凤、狮等饰件，就由蜡匠以手工捏出蜡样，再进行包砂做成外型，进行失蜡铸造。"[1]

显通寺铜殿和铜塔的精湛工艺，反映出山西明代铸造业与建筑业的发展水平（图1-29、图1-30）。

图1-29　显通寺铜殿及细部　　　　　　图1-30　显通寺铜塔

第十节　长子响铜乐器制作技艺

响铜乐器是一种古老的中国传统民族乐器，在民族音乐与民间文化活动中一直扮演着重要角色。古代响铜乐器的制作，是民间音乐土壤、金属铸造工艺、原材料供应诸要素俱备的"天作之合"，位于山西东南部的长子县南漳镇西南呈村，处在上党地区传统冶铁手工业区[2]，便得上述要素俱备之利，自古及今以响铜乐器制作形成专门的手工业。这里制作的响铜乐器以定音准确、音质纯净、音域宽广、品质

①　田长浒主编：《中国铸造技术史（古代卷）》，北京：航空工业出版社，1995年，225页。

②　长子县矿藏主要有煤炭、泥炭、硫铁矿、铁矿等，除煤炭之外，多为贫矿。西南呈村位于泥炭分布带上，当地的铜、锡储藏之不丰富。据当地业内人士说，历史上制作响铜乐器的原料主要通过市场上的产品交换获得，距离长子县最近的铜矿为晋南中条山铜矿。长子响铜乐器的原料来源，或当地如何提取铜、锡等原料，尚待查考。长子矿藏资料据长子县志办公室编：《长子县志》，北京：海潮出版社，1998年，113页。

耐久而闻名。西南呈村被文化部命名为"中国民间文化艺术之乡"，被誉为"北方铜乐器之乡"。2008 年 6 月，长子响铜乐器制作技艺被列入第二批国家级非物质文化遗产名录（编号 907 Ⅷ—124）。

一、长子响铜乐器的起源

长子县响铜乐器制作始于何时，尚无确切可考的历史。20 世纪 70 年代，长子县城关镇西牛家坡遗址 8 座春秋晚期墓葬出土了铜鼎、铜壶、铜鉴等铜质文物，这是当地铜器制作最早的实物史证。有论者指出，"据《长子县金石志略》记载，唐贞观元年（627），在今长子县西南呈村的手工铜业作坊制作的响铜乐器就已遍及全国各地，享誉天下"①。但是，尚无更多相关史料可资佐证。另据当地老者提供的口头资料，元代末期，长子县西南呈村的崔姓孩童十分喜爱民间音乐，可是由于当地铜乐器皆来自南方，购买不便，于是他历尽艰辛南下汉口，装扮成聋人入厂 10 年学艺，之后回到家乡制作起响铜乐器。② 此为民间口口相传的长子响铜乐器起源之说。

二、《天工开物》记载的响铜

根据响铜乐器制作的工艺技术，可推知其历史脉络之片断。考古资料证明，铜是人类最早认识和利用的金属材料，夏县东下冯遗址出土的铜器可为山西境内利用铜的最早记录，时间可上溯到公元前 1900 至公元前 1500 年左右。先秦时期，编钟、镈、铙等青铜乐器作为一种国之礼器，响铜乐器的制作则较为晚近，其制作工艺在明代博物学著作《天工开物》中已有清晰的记载，可与长子响铜乐器实物相参证。

关于响铜乐器的材料选择与配伍，《天工开物》指出：

> 凡铜供世用，出山与出炉，止有赤铜。以炉甘石或倭铅参和，转色为黄铜；以砒霜等药制炼为白铜；矾、硝等药制炼为青铜；广锡参和为响铜；倭铅和泻为铸铜。初质则一味红铜而已。

> 凡用铜造响器，用出山广锡无铅气者入内。钲（锣）、镯（铜鼓）之类，皆红铜八斤，入广锡二斤；铙、钹，铜与锡更加精炼。③

---

①　潘妙：《长子响铜乐器制作技艺》，《装饰》，2007 年第 8 期，34 页。

②　暴晋宏：《上党铜乐器今昔》，见山西省政协文史资料委员会编：《山西文史资料合编》总第 109 辑，太原：山西人民出版社，1997 年，90 页。

③　（明）宋应星：《天工开物》，钟广言注释，广州：广东人民出版社，1976 年，354、357 页。

"响铜"即铜与锡的合金，锡的加入部分改变了铜的性状，使其质地坚固、音质更加响亮清脆，故名"响铜"。制作响铜要尽量减少锌与铅的含量，如果含铅太多，会使响铜的音调变低或音色变浊。今天的长子响铜乐器的主要原料为电解铜和工业纯锡，分别按77％与23％的比例置入熔器，经过1100～1200℃的高温熔解与混合，成为"响铜"。

响铜乐器的制作选料严格，必须用一块完整的材料加工成所需乐器，而不能以几部分焊接而成，即所谓"圆成无焊"。而其他类型的方形或圆形器物，可以运用走焊或加温黏合，由分体连接而成，即《天工开物》在"锤锻·治铜"一节中所谓：

> 凡响铜入锡参和，成乐器者，必圆成无焊。其余方圆用器，走焊、炙火黏合。[1]

锤炼、定音是响铜乐器制作至为关键的技术环节，决定着乐器的最终品质，而成功的关键完全取决于匠师在长期实践中积累的经验。《天工开物》中规定：

> 凡锤乐器，锤钲（俗名锣）不事先铸，熔团即锤；锤镯（俗名铜鼓）与丁宁（一种小钟），则先铸成圆片，然后受锤。凡锤钟镯，皆铺团于地面，巨者众共挥力，由小阔开，就身起弦声，俱从冷锤点发。其铜鼓中间突起隆泡，而后冷锤开声。声分雌与雄，则在分厘起伏之妙。重数锤者，其声为雄。凡铜经锤之后，色成哑白，受镃复现黄光。经锤折耗，铁损其十者，铜只去其一。气腥而色美，故锤工亦贵重铁工一等云。[2]

这里说明铜乐器锤打加工的技术要诀。"锣不必经过铸造，只是在金属熔成一团之后锤打而成；铜鼓和名为'丁宁'的小钟，则是先铸成圆片，然后锤成。不论是锤锣或锤铜鼓，都要把铜块或铜片铺在地上锤打。大的还要众人合力锤打才行。工件由小逐渐展阔，冷件锤打会从本体发出好像弦乐的声音。在铜鼓中心要打出一个突起的圆泡，然后用冷锤敲定音色。声音分高低两种，关键在于圆泡厚薄与深浅的分厘之差；一般重打数锤的声调较低，而轻打数锤的声调较高。铜质经过锤打以后，表层呈哑白色而无光泽，但锉后又呈现黄色而恢复光泽。铜经锤打的损耗量只是铁器损耗量的十分之一。铜有腥味而色泽美观，因此铜匠要比铁匠高一级。"[3]（图1-31）

---

① （明）宋应星：《天工开物》，钟广言注释，广州：广东人民出版社，1976年，278页。
② （明）宋应星：《天工开物》，钟广言注释，广州：广东人民出版社，1976年，279～280页。
③ （明）宋应星：《天工开物》，钟广言注释，广州：广东人民出版社，1976年，280页。

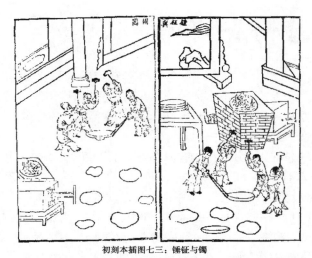

初刻本插图七三：锤钲与镯

图 1-31 《天工开物》载录之铸造响铜乐器锣与铜鼓

三、长子响铜乐器制作技艺

长子响铜乐器制作，主要包括配料铸铜胚、锻打成铜片、压磨成形、热处理、冷整形、抛光、定音等七道工序，其中锻片、定音两个环节至关重要。锻片时需要四人同时抡锤锻打垫在铁砧上的铜锣模型，以确定一件铜乐器的壁面厚薄与平整度。铜锣音的高低，通过小铁锤不断锤击而定，若铜锣质松弛，则音量低沉；若铜锣质紧密，则音量高亢。通过严格控制锤打的轻重缓急、部位与方向，高低音准得到恰当的调节。制成一面合格的铜锣，往往需要经过上万次的锤击。[①] 最后一道工序定音，是响铜乐器制作技艺的制高点，一位善于定音的好把式，需要具备良好的辨音听力和过硬的臂力与腕力，二者缺一不可。"千锤打锣，一锤定音"的技术内涵就在于此。

明清以至民国时期，长子响铜乐器制作一直以手工作坊的形式进行，技术严格保密，主要通过家族传承，传儿不传女。生产时间一要错开白天的田间耕作，二要便于观察熔炉火候，因此常在夜晚进行。20 世纪 40 年代，西南呈村主要由崔氏独家经营的一盘铜炉已经发展为三户三盘铜炉，即崔保玉的"福兴炉"、崔丑孩的"同兴炉"和谢土盛的"太兴炉"，铜锣、铜钗等产品销路也随之拓展。[②]

---

① 暴晋宏：《上党铜乐器今昔》，见山西省政协文史资料委员会编：《山西文史资料合集》，总第 109 辑，太原：山西人民出版社，1997 年，90 页。

② 长子县志办公室：《长子县志》，北京：海潮出版社，1998 年，225 页。

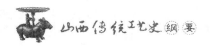

四、长子响铜乐器制作技艺传承人

响铜乐器这项手工制作技艺，完全凭借实践经验与默会知识，在旧有"一盘炉、一个作坊、六个手工艺人"的生产模式下，通过家族传承与师徒传授，培养一个好把式至少需要 3～5 年时间。此后还要在长期实践中摸索领悟，才能掌握"千锤打锣，一锤定音"的纯熟技艺。

闫改好出生于长子县西南呈村响铜乐器制作世家，18 岁进入铜乐器制作行。2005 年，闫改好联合同村 11 家铜乐器个体手工作坊，成立了"宏晟鑫铜乐器有限责任公司"。他将较为先进的锻打、测量和抛光设备、空气锤、百分表和抛光车床，引入铜乐器的制作工艺中，提高了产品精密度与产量，生产能力由过去的 50 多吨发展到 100 多吨。长子响铜乐器产品由原来的 6 大系列 70 多个品种，发展到现在的 10 大系列 130 多个品种（潘妙调查 200 余种）。小到 0.1 米的哈叭锣（又名狗锣），大到直径 1.2 米的开道锣（大抄锣），抄锣、京钗、威风锣等已经形成市场品牌，并独家生产京剧马锣。产品的全国同类市场占有率达到 70%，是全国最大的响铜乐器生产制造企业。①

目前，西南呈村精通响铜乐器制作整套技艺的民间老工匠只有三位，其中一位已年过八旬，另外两位也已经 70 多岁，他们的子女绝大多数未承祖业，西南呈村里精通全套技艺的中青年不超过六七人。② 闫改好现为国家级非物质文化遗产项目长子响铜乐器制作技艺代表性传承人，面临传承技艺、培养后继者的艰巨使命。

长子响铜乐器制作技艺③

山西省长子县手工制造响铜乐器的历史悠久，享有"铜乐器之乡"的美誉，是我国最早生产响铜乐器的地方之一。据《长子县金石志略》记载，唐贞观元年（627 年），在今长子县西南呈村的手工铜业作坊制作的响铜乐器就已遍及全国各地，享誉天下。长子县地处山西省东南部，上党盆地西南侧，尽管在太行山与太岳山之间，但与四面交通，利于响铜乐器的贸易输出。长子地区有古老悠久的传统文化，相传神农尝百草、精卫填海等民间传说和神话故事都发生于此，几千年的时光酝酿了响铜乐器发展

---

① 《闫改好同志先进事迹》，山西省文化厅网站，http：//www.sxwh.gov.cn/zt/news/fycc＿455＿5791.html，2008 年 8 月 29 日。

② 牛晓珉：《长子县响铜乐器》，《太原日报》，2009 年 11 月 30 日 12 版。

③ 本文辑录潘妙：《长子响铜乐器制作技艺》，《装饰》，2007 年第 8 期，34～36 页。

的丰厚文化土壤。

长子响铜乐器制作，是手工作业的典型代表。产品以铜锡为主要原料，经过熔炼制坯，反复锻造等多道工序完成，制作一件精美的响铜乐器需要具备多年的手工经验。

（一）主要工序

1. 化料制坯

响铜乐器原料配比为紫铜 77%，纯锡 23%。铜料来源大部分来自收购的废铜破锣。出料模分成大中小几种型号，为生铁铸模，模盖上留有一个铸料孔。铸入料前先在铁模内壁刷上一层食油，以保证铜料光滑。根据乐器型的大小将配比好的原料用秤称出重量放入合适的坩埚，每个坩埚可使用 7~8 次，大坩埚出料时可以倒十多个小模子。化料炉为地炉，以煤为燃料，用风机鼓风。每一炉放置上下两层坩埚，盖上保温板，加风力，出料时需要看火苗的颜色，火苗发青发黄透亮即可，但要保证加热时间约 45 分钟，出炉时坩埚带白灰越多说明温度越好。

每次出料完再加一层煤，在煤层上摆放两层装有铜料的坩埚，进行下一次化料。

2. 热锻

（1）在土制退火炉中将铜坯升温至 600 度取出进行热锻。钳工 1 人，锻工 4 人，将铜坯打薄延展，约需重复退火锻打 12 次（也称 12 火），方可达到所需厚度。每一火锻打出 2 厘米左右。

退火炉炉膛用耐火砖，外墙用火砖砌成。燃料进口在炉膛后面，为一个狭长深邃的隧道，煤料进入后燃烧形成的热量再进入炉膛。这种结构的炉膛使得火苗不直接对铜坯加温，这是因为响铜的温度在热锻时不能超过 600 多度，淬火温度不能超过 450 度，温度过高或者过低都会使铜坯变脆，不能锻打。

（2）根据不同乐器，将打薄的铜坯继续锻打成乐器粗型。以锻造铜锣为例：①起锣边。锤点打到离边线约 3 厘米的位置，锻打 3~5 次，锣边即可立起。②退火，将锣立起来用板锤打边，使锣边直立。③退火，再将锣立起来，用板锤的方平锤头打边，使其更圆更直立。④退火，将锣平放在铁砧子上，用平锤打锣边，使锣边的高度统一平整。⑤退火，再将锣面打出一些弧度（需要垫起一定的斜度锻打）。⑥剪边，规整外轮廓。

（3）淬火。将乐器粗型入炉升温至 450 度，投入凉水当中。淬火水盆用火砖垒砌，长宽为 160 厘米×160 厘米，高 67 厘米，用泥灰黏合而成，盆内用水泥做防水。水温最高不能超过 50 度，如果水温过高，淬火就达

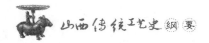

不到要求，会影响到冷锻整型。

（4）冷锻整型、校音。使用各种型号的铁锤和铁砧子加工乐器粗型。由于不同形状、不同大小的乐器各自有固定的音阶，所以要在锻打过程中不断锤打校音，定出乐器的基本音调和音质。锻打不好的铜坯很难定音。

（5）抛光。使用传统刮刀将乐器正反两面铲平刮亮，旨在铲平锻打过程中泛起的铜皮等杂质。如果不刮平，则会直接影响乐器的音响效果。传统刮刀刀口连及刀柄总长为 102 厘米，刀口长宽为 4.5 厘米×5.5 厘米。刀口角度较小，使用时右手握住刀柄往前用力推，实际上有"铲"的功能，当地工匠称这一工艺为"刮明"。传统刮刀在国营厂用到 1965 年，后改用车床，而在村里却是直到 1985 年才改为车床抛光。以刮锣为例：先刮正反两面的锣心（也叫锣镜），呈十字状交叉刮，反复约三至四次。然后放在铁砧子上用圆头锤砸出反面锣镜圆形轮廓。在这个过程中开始第一次定音（当地称之为"黑锣定音"），即使用锤子敲打乐器各个部位，调整材质厚薄程度，在基本统一的厚薄均衡情况下再用铁锤锻打不同部位，使铜分子之间的组织结构被人为地拉紧或放松，使锣产生响亮的音色。锣面各个部位要保持平整，一边锤打一边听音一边用小钢尺比较各个平面。然后将锣放在木砧上呈递时针方向刮锣面和锣边，刮锣面时刀痕不能影响锣镜。先刮正面，再刮反面，刮反面时是从最外的锣立面开始逐渐向内侧呈递时针方向刮。抛光过程中需要经常调整刮刀的锐度。

（6）打孔、系绳。穿绳入孔，便于提携而且不影响音质回声。

（7）第二次定音（当地称之为"明锣定音"）。完全抛光后，继续深入调整音色、音质和音调。做到同类乐器音响效果一致，不同类型乐器音响个性鲜明。响铜乐器的成型过程因锻打的力度不均匀，即有厚薄不均匀，转变成音色时也不均匀，这就需要用收紧和放松的方法来调整音色。定音是响铜乐器制作中最关键、技术含量最高的步骤。能够定音的工匠称为"好把式"，只有对响铜乐器其他制作工序都熟练掌握之后的工匠才有资格学习定音，所以也称为"全把式"。用锤调音时，不管是用直面或圆面锤锣，锣镜的边线处正反面都要有受力点，以保证音色的整体性。锣镜要平，这样音色才正才稳。定音走锤要根据锣的具体情况而定，收紧或放松，随时听随时决定走锤的方向、走锤的多少或轻重。定音时锣镜越大音色越低，锣镜越小音色越高。锣的鼓面高则音色高，鼓面低则音色低。

其整个制作过程如图 1-32 所示。

（二）响铜乐器产品

长子响铜乐器产品主要有平调大锣、蒲剧锣、高调锣、虎音锣、中音

化料制坯过程：
在地炉内熔炼
原料

化料制坯过程：浇铸

热锻过程：钳工1人，锻工4人，
将铜坯打薄延展，约需重复退火
锻打12次，方可达到所需厚度

热锻过程：起锣

技艺传承：老艺人亲自示范
关键步骤

热锻过程：剪边

冷锻整型。使用
各种型号的铁锤
和铁砧子加工乐
器粗型

抛光。使用传统刮刀将乐器正
反两面铲平刮亮，旨在铲平锻
打过程中泛起的铜皮等杂质

定音：完全抛光
后，继续深入调
整音乐，音质和
单调

第二次定音：完全抛光后，
继续深入调整音色，音质和
单调

第二次定音：完全抛光后，
继续深入调整音色，音质和
单调

锣

图 1-32 长子响铜制作技艺的主要工艺流程（潘妙拍摄）

锣、开道锣、云锣、狗娃锣、糖醋锣、武锣、香锣、大手锣、圪塔锣、黑豆锣、晋剧马锣、大头镲、小头镲、小京镲、腰鼓镲、加官镲、水镲、苏镲、铙镲、草帽镲、吊镲、风镲，以及"绛州鼓乐"、"威风锣鼓"、"太原锣鼓"等民间锣鼓中的响铜乐器。

（三）制作技艺传承谱系

长子响铜乐器制作技艺有谱系记载的传承历史可至 1858 年，再往上溯则缺乏史料。如表 1-14 所示。

表 1-14　传承谱系

年份	传承艺人
1858～1880	崔福兴
1880～1902	崔继祖
1902～1926	崔保玉、崔怀成、崔成根、井全则、谢太力等
1926～1945	谢怀义、谢怀礼、谢怀信、崔土云、崔水云、崔发圣、崔圣则、谢土旺、谢土胜等
1945～1959	除第四条列举的艺人之外，还有：崔补元、崔召有等
1959～1979	崔希增、崔元则、崔引保、崔引德、崔世华、崔懋则、谢正其等
1979～1999	闫改好、崔桃明、王起堂、谢培文、崔德俊、崔建词、崔安龙、崔安仁、崔安国等
1999 年至今	李岩峰、崔志红、刘旭龙、王书琴、崔军、谢培青等

（四）主要特征

1. 原料及工艺特征

长子响铜乐器的原料为铜锡合金，加工器形多为手工打制，劳力为人力，整个过程系纯手工制作，几乎不对周边环境造成污染。长子响铜乐器制作主要为家族传承和师徒传承两种形式。从原料加工到成品完成需要多道工序，全部由手工完成，尤其是"千锤打锣，一锤定音"的定音技术更是需要匠人在对其整体工艺流程完全掌握后，才有资格学习的高难度技术。所以真正的响铜乐器制作技艺千余年来仍旧基本依靠师徒、父子之间的言传身教，并且还要凭借学徒自身的悟性和长期的实践才能掌握。这些制作技艺是中国民间匠人在长期劳动中的智慧结晶，是极其珍贵的历史遗产，具有典型的非物质文化遗产特征。

2. 文化特征

地方音乐归属于中国的传统文化范畴，而响铜乐器是地方音乐不可缺少的组成部分，因此它同样也是传统文化的代表符号。长子响铜乐器适用于晋剧、京剧、梆子腔、八音会等地方戏种，也适用于佛教、道教等宗教音乐。新中国成立前，它的品种只有七八十种，新中国成立后由于交通发达及信息交流，品种现已达到 200 余种，但是很多品种并没有改变古制，只是从形状、大小上作了更加细微的调整，使得乐器音阶增多，适用范围增大。在现代商品经济的冲击下，仍旧能够做到基本保持传统形制，保持手工制作的独特性，维护地方戏曲文化，长子响铜乐器确实发挥了不可估量的文化传承作用。

（五）濒危状况

由于响铜乐器的工艺制作习艺周期长，体力劳动强度大，特别是锻打的工种尤其如此，年轻人多不愿学习，因此已经濒临后继无人的惨淡局面。目前在长子县西南呈村精通全套手艺的老一辈民间匠人只有三位，其中一位已经 81 岁高龄，另两位也是 70 余岁。他们的子女中没有几人继承技艺，老人们在谈到现状时十分沮丧。现今西南呈村的中青年一代精通全套手艺的不超过六七人。

（六）结语

如同其他许多传统手工艺一样，长子响铜乐器制作不仅是单纯的制作技艺，也是一种特殊的文化。熟悉整套工序的"全把式"需要对各个型号和调式的音乐了如指掌，这种技艺如果单凭个人摸索是很难见效的，它需要数代工匠的经验积累和长久的音乐熏陶。长子响铜乐器的酝酿发展完全处于地方戏曲文化当中，这些戏曲融于当地的民间文化，所以工匠在制作响铜乐器时，一方面在不断地巩固传统音乐文化，另一方面则在敏锐地捕捉新时代的变化，从而丰富了既有历史性又不乏个性特征的地方音乐。就这个意义而言，长子响铜乐器制作技艺在生产民间响铜乐器这种物质载体的同时，也在创造着内涵丰富的精神文化。

第十一节　大同铜火锅制作技艺

铜器制作在大同历史上是一项重要的手工业门类。从铜锡业最为兴盛的晚清民国时期到 20 世纪 30 年代，大同铜锡器作坊最为集中，居山西省之冠。[①] 特别是大同制作的铜火锅，以古朴典雅、工艺精湛、实用美观的特色，堪称晋省传统手工艺制品之经典。坊间亦流传"五台山上观佛景，大同城里买铜器"之说。

在大同地区丰富的矿产资源中，铜矿属于优势矿产，主要分布在大同东南方向的灵丘县境内，属热液型高品位矿藏，现为山西省第二大铜矿生产基地；大同市煤铁矿储藏中也存在一部分伴生的铜矿。根据大同地区的考古遗存，春秋时期当地的铜器制作技艺已经成形，如大同市博物馆馆藏铜器中有春秋战国时期的铜剑、铜戈、铜箭镞和铜鼎。大同之地，自北魏建都平城以来，创设宫阙，从各地迁来大量能工巧匠。天兴元年（398）正月，拓跋珪攻陷邺（今河北省临漳县北）之后，将太行山以东六州的官吏、百姓、百工等十万余人迁入平城，太平真君七年（446），又将长安城内的能工巧匠 2000 余家迁入平城。平城骤增的人口，更为京城补充了

---

① 据《山西实业志·山西省》调查，20 世纪 30 年代，山西铜锡业以大同为冠，其他产地还有阳曲、新绛、浑源、晋城、左云、安邑、平遥、祁县、河曲、曲沃、猗氏、神池、永济等县。

善于巧思、制作与具有独特技艺的工匠。1970年，大同市城南出土了鎏金镶嵌红宝石高足铜杯和鎏金高雕高足铜杯，装饰富丽，风格粗犷；大同北魏墓葬还出土有"河北太守章"龟纽铜印章、鎏金铜铺首衔环，都是北魏时期精美的青铜制品。中国历史文化名城丛书《大同》据《南齐书·魏虏传》和其他一些史料记载：

> 随着京城的建立与扩大，农业和城市内部不可缺少的"铁作、木作、纺织、酿酒"等手工业也很快发展起来。另外，铸铜、制铜、首饰等手工艺品也很繁盛。特别是铜器工艺，除了一般的铸制外，进而还能冷打、热打、烘打，不但能制造寻常铜器，而且能制造工艺水准相当高的响铜和铜乐。其中铜驼铃便是遐迩闻名的产品，不仅形制精巧，而且音色悦耳宽远，传及数里，因而畅销于内蒙古及西北各地。[1]

辽金时期，大同复置为陪都西京，"民物日繁，规制愈广，屹然为全晋一重镇"。辽代西京军籍匠人制造炮、弩等武器；元代为巩固北边防务，在大同铸造铜火铳，当地冶铜作坊起冶炼炉达760煽。[2] 元至元十四年（1277），意大利旅行家马可·波罗奉元世祖之命出使南洋，途经大同，他在《马可波罗游记》中称大同是"一座宏伟而又美丽的城市"，"这里的商业相当发达，各样的物品都能制造，尤其是武器和其他军需品更加出名"。[3] 1958年10月，位于大同市西北5里宋家庄的元代冯道真、王青墓，经考古发掘，出土了几件质地较好的日用铜器。其中大铜盆，圆形，红铜质，外镀锡皮，径40厘米，高8.4厘米；大铜镜，圆形，径32.8厘米，厚2.2厘米，形体厚重，铜质较好，半圆钮穿铜环，宝相座周围雕饰缠枝牡丹纹图案；小铜镜，圆形，径11厘米，厚0.6厘米，小而厚重，半圆钮，镜中央雕饰海兽葡萄花纹，出土时装在丝面毡底袋内。[4] 由此可以略窥元代大同铜质日用器物的制造技艺。

明清时期，特别是明代，由于大同在北部边防中扼守"屏全晋而拱神京"的战略咽喉地位，得国家防务靖边建设之优先，并带动了当地生产、工商业与边境贸易的繁荣。明代大同能够铸造体量较大的火器铜火铳，现存八仙庆寿铜造像、铜香炉等明代文物（图1-33），工艺审美俱称精湛。八仙庆寿铜像现存大同市博物馆，为双黄铜熔铸合范成型，八仙皆立式，像高在53～55厘米，人物造型生动，比例准确，神态飘逸，包浆醇厚，铁拐李造像座底有"德荣堂王瑞敬"六字铭文。

---

① 葛世民主编：《大同》，北京：中国建筑工业出版社，1988年，27页。
② 大同市地方志编纂委员会：《大同市志》（上），北京：中华书局，2000年，446页。
③ 葛世民主编：《大同》，北京：中国建筑工业出版社，1988年，20页。
④ 大同市文物陈列馆、云冈石窟文物研究所：《山西省大同市元代冯道真、王青墓清理简报》，《文物》，1962年10月期，39～40页。

图 1-33　大同明代铜八仙立像

资料来源：葛世民主编：《大同》，北京：中国建筑工业出版社，1988 年，20、21 页。

作为明代全国的"九边"之一，大同的社会生活与民俗也尽显富庶。清乾隆年间宦游山西担任学政幕僚的李燧（直隶河间人）深有感触："大同虽涉边地，俗尚浮华，妇女好曳绮罗，以妆饰相炫。有明武威将军，数流连其地。"[1] 明清时期，大同制作的铜器广及从军用到民生的多个方面，包含武器、生产工具、日常器物、装饰品等种类，这为铜器制作工艺走向民用与精细化，提供了必要的技术条件。

据《山西实业志》对民国山西铜锡业的调查，原料来自"收买民间之废铜及破碎之铜锡器皿，由本省购办者居多，邻省输入者较少"。"铜锡器皿各种式样不同，故制造方法亦各异。大概铜壶、茶盘、暖锅等类之制造，第一步手续，先将旧铜质放置炉中熔化，制成铜版，继将铜版剪错缀合；水烟筒、铜杓、锡茶壶、锡酒壶、铜锡烛台等之制造，先用砂箱制成模型，乃取熔化之铜汁，倾入模型，隔时取出，则已具有器皿之粗坯，各种铜锡器制成粗坯后，尚有一步整理工作，颇为重要。先用锉刀锉光，若需要刻花者，则再加刻花纹，此后继续抛光。抛光有新旧两法，新法咸用电机抛光，所谓电镀是也；旧法则装上脚踏木制抛车，用刀、砂皮、木炭等以光泽之。"[2]

铜火锅代表了大同铜器加工技艺的精良水平。它适应北地的严寒气候与边塞饮食习俗，是制作佳肴的炊具。大同铜火锅选取优质黄铜、紫铜为原料，构造精当合理，由底盘、火座、锅身、锅盖、火筒、小盖等六部分组成。火筒是火锅加热的核心构件，其中添加木炭燃烧加热，火筒对准下部底盘，接落木炭燃烧的灰烬。火筒上部用较厚、传热性较差的黄铜制成，下部则用传热快的紫铜制成，便于快速加热锅身容纳的食物。

大同火锅明代已有火锅、涮锅的分别，二者区别主要在于火筒。火锅的火筒较

---

[1]　（清）李燧：《晋游日记》，黄鉴晖校注，太原：山西人民出版社，1989 年，40 页。

[2]　实业部国际贸易局编：《中国实业志·山西省》第六编，上海：商务印书馆，1936 年，492（己）页。

短，适于制作什锦类菜肴，当食物沸腾，火筒顶部用小盖覆盖后，木炭燃烧的清烟还能徐徐串到锅内，一可减少肉的膻腥气，二能增加烧炭的清香。涮锅专门用于涮食牛、羊、禽肉，采用较长的火筒以容纳更多木炭，并拔高风力，保持木炭持续燃烧与锅内汤水的持续沸腾。用火锅制作的菜品，既能通过随意地控制燃烧，保持理想的食用温度，又有木炭燃烧带来的独特清香。

传统大同铜火锅均为手工制品，采用"于院中设一烘炉，合家父子参加工作"的家庭作坊形式进行生产，很少再雇用工人，当地称为"铜器工匠"。[1] 制作之前均无设计图纸，工匠凭经验操作。生产全过程包括熔铸、切割、打制成型、精密铸造、焊接、镀锡里、錾花、抛光、组装等九道工序。在电力鼓风机出现前，将一定数量的熟铜料置于烘炉中，以手拉风箱助燃，铜料被加热后立即锤打，产品没有精密的尺寸，由熟练匠师凭经验掌握成型，因此民间有"铜匠没样，越打越像"之说。高温熔铸、锻打成型的工序后来被机械工艺取代。镀锡里是把工件加热到规定温度后，采用锡含量在 99.9% 以上的精锡，用棉花蘸着熔化的锡浆反复擦拭火锅内壁，以加强火锅防蚀、防锈、保持食物原味的功能，同时锡壁还具有避免铅中毒的功效。

錾花工序是大同铜火锅工艺的核心，分为浮雕、平雕两种。作浮雕时，先在铜器背面勾勒出图案线条，接着在铜器表面涂一层特制软胶，用钝头錾子勾出图案的轮廓，并敲击出浮雕感；然后在背面上一层硬胶，选用尖头錾子做细部美化，雕刻爪、毛发、鳞片，都有专用的錾子。[2] 通常心细手巧的技师，一手拿小锤，一手掌小錾，全神贯注，依图样錾刻图案。有的线条粗犷，必须一錾成型，有的纹样纵横交织，又需要反复錾，腕力的把握至关重要。[3] 手法既要有劲，还需使力均匀。通常熟练的技师雕一对龙凤图案，要花费两天时间，运用上百种不同型号的錾子。

基本成型的铜火锅再用简单的旋床抛打磨光，之后打制火锅辅件，最后焊接组装主体与辅体，完成一件完整的火锅。大同铜火锅产品规格主要有大（直径 27 厘米）、中（直径 24 厘米）、小（直径 18 厘米）三种，工艺火锅的规格多样，最大者直径 35 厘米、高 40 厘米；最小者直径 10 厘米，可在手中把玩。燃料有传统的木炭、酒精、煤气等数种（图 1-34）。

壁面艺术装饰是大同铜火锅的重要内容，分为平面实用型、工艺收藏型两种。工艺铜火锅外形精美，以錾花工艺见长，在锅身、火座、底盘、小盖上錾刻装饰纹样。图案设计从云冈石窟、华严寺、九龙壁等经典艺术历史中撷取精华，创作出 20

① 大同市地方志编纂委员会：《大同市志》（上），北京：中华书局，2000 年，445 页。
② 魏薇：《大同铜器千锤百锻錾出精品》，《太原晚报》，2009 年 6 月 11 日 B32 版。
③ 山西教育出版社主编：《山西风物志》，太原：山西教育出版社，1985 年，351～352 页。

鏨刻工具　　　　　绘饰图案　　　　火锅面盖鏨饰初成　　　大同铜火锅成品

图 1-34　大同铜火锅（雷志华拍摄）

多种图案，锅身鏨刻九龙壁、平鱼、海棠、双喜、龙凤呈祥、喜鹊登梅、狮子滚绣球等图案，云冈石窟中来自印度的各式花纹经过进一步艺术加工，如宝相花纹、云纹、卷草纹、曼荼罗花纹，通常鏨刻于底盘上。覆盖火筒的小盖上鏨雕狮子或卧龙，便于提携。配以艺术雕饰的大同铜火锅，金光熠熠，古雅添香，在实用功能之外，工艺铜火锅增强了艺术色彩与文化品位，具有浓郁的地域特色与民族风格，是一件具有欣赏价值与收藏价值的工艺美术作品（图 1-35）。①

图 1-35　大同铜火锅云冈石窟
飞天仿古浮雕
资料来源：大同非物质文化遗产网。

清道光年间编写的《大同县志》称："外间竟传大同出铜器，如火碗（即铜火锅）之类。"清代大同城内四大街八小巷经营铜器的店铺有十几家，清末仍有铜器作坊 70 余家，产品除铜火锅之外，还有铜质锅、壶、盆、瓢、铲、勺等日常器具，年产值 10 余万元。今天的大同市城区院巷街，是当时的铜器加工匠师集中之地，时称"铜匠街"。20 世纪三四十年代，以马德全师傅打制的一般火锅和菊花铜火锅为代表，麻寿人、张发德、沈旺华、白宝山、张生有，都是大同知名的铜器匠人。1940 年以后，火锅取代铜锅畅销市场。据《大同民国志稿·食货志》记载："大宗产品有铜锅、壶等物，以火锅为最，游人旅客皆喜购置。"②

1973 年，周恩来总理陪同法国总统蓬皮杜访问大同，以六尊特制的铜火锅作为代表中华民族特色与地方文化的尊贵礼品相赠。周总理对大同铜火锅给予高度评价："铜火锅不仅是餐具，而且是工艺美术品，是中华民族文化的一个侧面，应该继承和发展下去。"③

1978 年，脱胎于大同铜器厂的大同市金属工艺厂成立，铜火锅传统的手工打

---

①　葛世民主编：《大同》，北京：中国建筑工业出版社，1988 年，238 页。

②　大同市地方志编纂委员会：《大同市志》（上），北京：中华书局，2000 年，446 页。

③　大同市地方志编纂委员会：《大同市志》（上），北京：中华书局，2000 年，446 页。

制改为机械冲压，以铜板压制成型，生产工艺铜火锅、宫廷御锅、文房四宝、铜壶铜勺、宗教供具用品、礼品奖杯纪念品、仿古佛雕装饰配件、酒具茶具等 8 大系列 200 多个品种，产品畅销国内外。其中以《九龙奋月》主题铜火锅为代表作，采取了镶嵌、浮雕与勾线相结合的装饰工艺，锅身九龙腾云吐雾，栩栩如生。

20 世纪 90 年代末，大同铜器制作产业渐趋衰落，工厂停产，工艺技师、传统技艺濒临失传。目前市场上的大同铜火锅多由家庭小作坊生产。2009 年，大同铜器制作技艺被列为第二批山西省级非物质文化遗产项目（编号：84Ⅷ—2），李安民（1940 年出生，原在大同市金属工艺厂工作）为代表性传承人（图 1-36）。

图 1-36 大同铜火锅制作
技艺传承人李安民
资料来源：《大同一绝铜火锅》，《中华手工》，2006 年第 5 期，36 页。

第十二节 清代京城的潞州铜行

山西的铜矿储藏集中在晋南闻喜、垣曲二县，成色最佳，盂县、乡宁、夏县也有所藏，但品位不良。[①] 山西南部的铜器制作却不以铜矿产地为著，而以潞州匠人最为擅长，时至清代初年，他们的技艺已经不局限于本地，甚至走出山西，成为有清一代北京城冶金业铜锡诸行的领袖（图 1-37）。据潞州铜商组织炉神会馆碑刻记载："我铅锡铜行商贩人等，在京交易者不啻千万。"[②] 京城潞州铜业商户人数与交易金额之巨由此可见。潞州铜业诸行在京城的经济实力、从商道义与影响力，由清代京城炉神庙的修建整饬，以及铜业诸行的诉讼与公决，即可见一斑。

京城的潞州铜行诸业，有主营贸易的"商号"、主营冶炼的"炉房"、主营加工的"铜铺"之分。当时的商号名称有永源成、龙海成、丰义公、三顺永、隆和号铜铺、正源号、致顺号、杨德玉洋行、永裕兴、冒裕公（单锡朋），还有元作炉房、泰顺成炉房，共同组成名为"作炉房铅锡铜行"的同业公会（图1-38）。

---

① 〔瑞典〕新常富：《晋矿》，赵奇英、高时臻译，出版社不详，1913 年，117～119 页。

② （清）焦凤翔：《炉圣庵碑》，光绪三年二月，见彭泽益选编：《清代工商行业碑文集粹·北京篇》，郑州：中州古籍出版社，1997 年，4 页。

图1-37 旧京潞州铜铺匠师
资料来源：史耀清主编：《长治物产寻宝》，
北京：北京燕山出版社，2005年，68页。

图1-38 旧京前门"合义号"铜锡铺招幌
资料来源：史耀清主编：《长治物产寻宝》，
北京：北京燕山出版社，2005年，70页。

京城的铜业作坊集中在崇文门外打磨厂、河泊厂一带，炉神庙，又名炉神庵，为铜行诸业手艺人的祖堂，位于崇文门以东三里许的兴隆街。康熙、乾隆、道光、咸丰年间，炉神庙屡事修建，皆由潞州铜行商人主持，斥资集力，实为"潞人祀神之所"[①]。乾隆七年三月至二十年十一月（1742～1755）的维修增建，历时最长，规模最大，"约费三千余金"。当时的炉神庙久经风雨摧剥，墙垣被摧毁，拜谒者为之嗟叹，惜维修工程浩大，无力承担。上党铜行诸君联合发起，各出己囊，勉力捐输，"因其旧制，扩其规模。迄于今庙貌巍然。道君之圣像，赫然而金碧辉煌，焕然改观矣。其后又建如来佛殿五楹，西建关帝君殿五楹，通前山门一座"[②]。京城的铜业祖庙重焕生机。

此后，炉神庙经道光四年（1824）重修，又于咸丰六年（1856）五月至九月再度整修，"自关圣殿前直至戏台大门，一律见新。……共需京钱三千余吊。金碧辉煌，瓦石完固，洵足观瞻而昭诚敬"。这次整饬一新后，潞商同乡请时任翰林院编修、实录馆纂修、上书房行走的殷兆镛（1806～1883）为此事撰写碑文，殷兆镛尤其看重京城潞州商人注重实行与忠诚乡谊的品德：

　　　　潞人在都，向皆敦古处，而尚实行。兹庙之鸠竣事，成于不日，愈见桑梓之谊，克联而均，相与以诚也。信乎潞郡诸人均藉此广厦之庇矣。[③]

①　（清）殷兆镛：《重修炉神庵碑记》，清咸丰六年，见彭泽益选编：《清代工商行业碑文集粹·北京篇》，郑州：中州古籍出版社，1997年，3页。

②　（清）范清沂：《重修炉神庙碑记》，清乾隆廿一年，见彭泽益选编：《清代工商行业碑文集粹·北京篇》，郑州：中州古籍出版社，1997年，2页。

③　（清）殷兆镛：《重修炉神庵碑记》，清咸丰六年，见彭泽益选编：《清代工商行业碑文集粹·北京篇》，郑州：中州古籍出版社，1997年，3页。

清初至咸丰六年的百余年间，炉神庙能够屡事增修，面貌焕然，并且每事修缮皆请孙家淦（1683～1753）、殷兆镛等京官大员撰写碑文，潞人铜业诸商不仅执掌京城冶业之经济命脉，且于上层乡谊社交事务亦游刃有余。

潞州铜业诸商与京城的和谐关系，基于京城向潞商征税保持的规范性。长期以来，潞州铜业诸商只需在崇文门外税务司纳税，"无吏胥扰累，牙税抽用，是以商民得安其业，工匠得谋其生"[①]。但是在潞州乡民为众的从业者中，有不法者恃机谋划巧取之道。宝丰大炉厂单锡朋的胞兄单文升为六品军功，恃兄之势，单锡朋于光绪二年（1876）正月间，骤然"攒买牙帖，冒充经纪，添设重税。……凡铅锡铜觔，无论或买或卖，具按三分抽用"[②]，以此盘剥铜业诸商家敛财，致使京城铜行诸商闭门歇业数月有余。七月，激于公愤的铜铺首牛银林（平顺县大铎村人），将单锡朋等抽收铅锡铜牙用、扰累商民的不法之举诉诸公堂。经都察院责成京内南城察院办理，判令单锡朋将牙帖缴销，京城铜行一律开门，并由都察院出示禁霸晓谕，规范铅锡铜觔商贩行为，使之安心从商。京城"作炉房铅锡铜行"将都察院禁霸晓谕勒石公立于炉神庙内：

> 嗣后买卖铅锡铜觔，务各遵照定例，以安商业。毋许霸开总行抽收牙用，致滋事端。倘有不肖之徒，霸持裒夺，扰累商民，私立行规等弊，或被人首告，或经本院（指都察院）访闻，定行从严惩办，决不宽贷，务谓言之不早也。各宜凛遵，勿违。[③]

潞州铜匠以铜器鎏金技艺，称誉京城。故宫大殿台明上的鎏金铜缸，为潞城铜匠铸造，缸底有"潞城县三井村牛氏铜匠泰德号"款识。[④] 雍和宫铜佛、颐和园铜殿、外国驻华公使馆铜招牌，多出自潞州铜匠之手，铜质暖手炉、脸盆、梳妆镜畅销民间。到民国初年，京城的潞州铜铺最盛时达 130 余家，"打造铜锡银器之小营业者，业铜炉房锡腊铺者，实攫平津之霸权"[⑤]。

据《山西二轻（手）工业志》记载："潞城素有铜匠故乡之称，此地生产的铜器以紫铜精制为主，具有塑性好、不锈蚀、耐用性好的特点。"[⑥] 工艺制品有传统的

① （清）焦凤翔：《炉圣庵碑》，光绪三年二月，见彭泽益选编：《清代工商行业碑文集粹·北京篇》，郑州：中州古籍出版社，1997 年，4 页。

② （清）焦凤翔：《炉圣庵碑》，光绪三年二月，见彭泽益选编：《清代工商行业碑文集粹·北京篇》，郑州：中州古籍出版社，1997 年，5 页。

③ （清）都察院：《炉圣庵碑》，清光绪二年七月，见彭泽益选编：《清代工商行业碑文集粹·北京篇》，郑州：中州古籍出版社，1997 年，3～4 页。

④ 潞城市志编纂委员会：《潞城市志》，北京：中华书局，1999 年，275～276 页。

⑤ 转引自史耀清主编：《长治物产寻宝》，北京：北京燕山出版社，2005 年，71 页。

⑥ 新绛县二轻工业局：《山西二轻（手）工业志》，内部发行，1988 年。

八仙壶、龙凤壶、圆球壶，还开发出大底壶、花梁壶、悬钩壶、龙壶等新产品，以镶嵌、錾花工艺，雕饰民间流传的神话故事、历史传说等图案。1977年，潞城县五金工艺厂开始生产铜火锅，选料精细，选用辅料锡的含铅量不得超过1％。通过工艺革新，设计制造滚床模具，以手工与机械制作相结合替代原来的手工制作，经过下料淬火、造型、对焊、酸洗、挂锡、錾花等20多道工序，每道工序都有了严格的工艺标准。今天的潞城市铜器生产厂家主要以私营形式集中在黄池乡（图1-39、图1-40）。

图1-39　铜锡匠（John Henry Gray, China, 1878)

资料来源：彭泽益编：《中国近代手工业史资料（1840—1949）》，第一卷，北京：中华书局，1962年，图版第6页。

图1-40　晚清沪上坊间手艺人营业写真

资料来源：环球社编辑部：《图画日报》，上海：上海古籍出版社，1999年。

第十三节　潞盐提取与加工技艺[①]

河东解池所产之潞盐，古称鹽[②]盐。它似一颗璀璨的明珠镶嵌在九曲

[①]　本节辑自李竹林《潞盐的制盐工艺》、介福平《三晋宝湖运城盐池》，见山西省政协文史资料委员会编：《山西文史资料》总第70辑，山西人民出版社，1990年，57~63、1~11页。另可参考韩祖康：《潞盐之研究》，《科学》，1919年第4卷第7期，642~645页。

[②]　音"古"，盐池意。——编者注

黄河的转弯之处，成为五千年中华民族文明史的佐证。它独特的晒盐工艺，享誉世界，引来无数的赞赏和垂青。

（一）独特的地质构造

河东解池是古代湖泊的遗迹。远在新生代初期，由于喜马拉雅山麓发生大面积的地层凹陷运动，造成盐湖原始湖泊的雏形。到新生代第四纪初，又受到新的地壳变化作用，中条山发生垂直升降运动，山的北麓造成断裂，形成了狭长的陷落地带，含有大量盐类的洪水汇聚在这里，经过长期沉淀蒸发，逐渐形成了很厚的盐层。

盐池北傍运城市，南靠中条山，东临夏县，西界解州。四周高，中间低，自然形成一个凹陷的中间地带。湖面海拔 320 米，面积约 120 平方公里，其地理位置在东经 $110°50'0''\sim110°7'30''$ 到北纬 $34°54'0''\sim34°4'0''$ 之间。

盐池有两种不同的地层构造：一种为黑沙土、黑泥、龟背石、阴盐、盐根；一种为硝板（学名白钠镁矾）、黄泥、黑泥、黑沙、龟背石、阴盐。这种独特的地质构造才有可能使四方汇聚来的积水，经受自然的蒸发与水的地下渗透，将盐层溶解，当池水受日光风雨的蒸发及地层的毛细管作用，盐分上升到达地面，使得池水发咸，再经过天日自然蒸发到饱和程度时，食盐就会析出。这种独特的硫酸钠型沉积盐湖在我国是绝无仅有的。

（二）独特的气候条件

解池位于晋南盆地中央，属典型的季节性气候带。它北与汾河流域相接，南有中条山相隔，因此气候较山西其他地区暖和，温度也较同。冬季酷寒之际，这里的平均气温也不过零度而已。夏季则酷热天气持续较长，7 月平均气温达 30℃ 左右，且东南风为多，风速为四季之冠。古有歌谣曰：

> 南风之薰兮，
> 可以解吾民之愠兮。
> 南风之时兮，
> 可以阜吾民之财兮。

传说此诗是舜所作，多半是后人托名之作。解池流传"南风一吹，隔宿成盐"的谚语，说的就是这个道理。

根据运城数年来的气象资料，7 月份平均最高温度为 34℃，最高可达 41℃，平均温度为 29℃，最低气温为 20℃ 上下。昼夜温差为 15℃ 左右，多时可达 20℃。这样优良的气候条件，与欧洲各海盐产地、中国辽东半岛和山东半岛的气候条件相比，都是十分优越的。

关于这种独特的气候条件，古人多有记载。宋人沈括在《梦溪笔谈》中写道："解州盐泽之南，秋夏间多大风，谓之盐南风，其势发屋拔木，几欲动地。然东皆不过中条，西不过度张铺，北不过鸣条，解盐不得此风不冰。"（卷廿四）

据现代气象资料记载，这种"发屋拔木，几欲动地"之风，风速在 7 月份可达 12.5 米/秒，10 月份最高达 14.6 米/秒。根据气象资料记载，运城冬季风速不大，春季 3 月风速较大，4～6 月风平水静。夏秋之交，南风骤起，风速最大，气温也跟着升高。这种气象条件对成盐极为有利。运城全年蒸发量为 2312.6 毫米，夏季六月份最高为 441.9 毫米，7 月份因雨量多，蒸发量降低，只有 248 毫米。冬季蒸发量只有 68.5 毫米。这种气候条件对天日晒盐在季节上都是十分有利的。

（三）独特的晒盐载体——白钠镁钒

河东解池的盐田，其结晶池以硝板（即白钠镁钒）为底，这又是解池的一个独特的条件。古今中外利用天日晒盐多是筑地成池，以黏土或砂石为底。唯解池之盐以垦地为畦，养卤硝板之上。

硝板是由芒硝、硫酸镁等结晶物组成的。在冬季气温低之际，氯化钠与硫酸镁起对变作用而生出芒硝，春季气温升高后又起反递作用，以生出硝板，因有硝板生成，就利用硝板产盐，可谓地宝天成。

河东解池利用硝板作为池底，卤水注入硝板之上，一部分硝板与卤水起化学变化而将其溶解，溶解后被日光蒸发，应该析出芒硝，但在运城地区特定的气候条件下，与硫酸镁结合而成硝板，经过这样的化学变化，卤水内硫酸镁减少，氯化钠含量提高，卤水饱和后，结出高纯度的食盐来。这是白钠镁矾的第一个作用，即化学分解作用。

晒盐以硝板为底子，当太阳辐射的时候，阳光通过硝板上的卤水，将热传导入硝板和硝板下面的卤水。由于盐畦四周有黏土筑壁，热量不易分散。当卤水放入硝板上面，上有阳光的照射，下有硝板的蓄热，两面受热，卤水蒸发加快。如遇夜间气温降低，由于硝板有相当的温度，卤水继续蒸发。这是硝板的第二个作用，即吸热保温作用。

在硝板上晒盐，硝板下的卤水日间吸热，夜间环境温度下降之后，卤水尚保持一定温度，使硝板上的卤水不致急速降低，这就使盐的结晶核生成之后，有一个比较从容的孕育过程，逐渐生出洁白的、形体完整的食盐来。这是硝板的第三个作用，即助析结晶作用。

解池卤水中硫酸镁含量很高，比海水浓缩后同等的卤水高几倍。因此浓度一高，析出就很容易了。当氯化钠析出之时，硫酸镁也伴随析出。而在硝板上晒盐之后，卤水与硝板先起作用，溶解硝板后的卤水，经天日蒸晒，一部分芒硝析出，芒硝再与卤水中硫酸镁结成复盐，而又成为硝板，提高了卤水质量，析出雪白的食盐来。

（四）河东解池卤水之来源

河东解池所用卤水，一是滩水，二是井水，其次是潥沱水。东场以卤井水为主，滩水为辅；中场以滩水为主，潥沱水为辅。水的质量以井水为高，潥沱水差些，滩水更差。

河东解池本有黑河一道，俗称产盐之母。由东到西横贯池中，河水经年不涸，含卤极高，为池之大宝。引此河之卤水，晒盐很容易。后因乾隆二十二年（1757），底张村人任日用、曹文山决堤泄洪，造成黑河淤没河东盐池停产十余年。乾隆四十二年（1777），东场商人刘阜和创打井浇晒法，以解决卤源问题，这种卤水含盐量高，故"合场争慕效之"（《续增河东盐法备览》），但因地质条件不同，不适用于西场，东场亦采用不多。

到了嘉庆十九年（1813），人们又发现了一种深度达二三丈或四五丈的井，这种井称为潥沱。"其形口面宽广，有环绕数十丈者，下层则层递缩小，用戽兜水，每阶二人，历数十阶始达畦面，工多费巨，经久可期。"（《续增河东盐法备览》）

到了光绪六七年间（1880～1881），商人李传典又创凿井取水法，这一办法较潥沱省工价廉。其井"表细而圆，里虚而容，其深及泉，其汲以梗。复因土性碱松，势难壁立，竖以木，名曰桩周。护井壁费廉工省"（《续增河东盐法备览》）。

（五）河东解盐的晒制工艺与时期

河东盐池晒盐主要依靠滩水、井水。井水只限于东湾，滩水的来源多依赖天然降雨。主要晒制过程有以下几项工艺。

（1）修滩：其中包括整修结晶畦、蒸发池、过滤设备、走水港道以及其他部分。在整修结晶池时，除排除畦内泥硝等物外，还包括打斗窝、打畦壕、空肚水、换肚子，使畦子硝板平、整、光。将温度高的饱和卤装入畦内硝板孔隙处，提高畦内温度，俗称"换肚子"。打斗窝、打畦子壕、整修畦埝，多在晒盐结束后施工；排队硝泥、换肚子、整畦面，多在初春进行。

（2）积存滩水：要根据盐田需要及设备能力和滩水的浓度进行抽水养卤。

（3）养卤：纳足滩水后，利用各种蒸发池进行浓缩过滤，提高食盐成分，减少硫酸镁的含量，逐步达到饱和。

（4）灌畦子：结晶畦整修换好肚子后，将饱和的卤灌到畦内进行结晶。

（5）加甜水：在气温高的天气，或用过滤到硝板底下的卤水灌畦时，加配甜水，旨在提高盐的质量，保证盐成之后不抓底。

（6）续卤：当结晶畦卤水蒸发到一部分后，为了不使盐渣露出水面，保持结晶畦内一定深度而续。

（7）打盐花：结晶畦飘盐花后，为了加速蒸发结晶，不让盐花结成一片，妨碍蒸发，用打盐花工具将盐花打下。

（8）卤水在结晶畦内，逐步蒸发出水分后，超过它们的饱和点，就结晶成盐。

（9）试验：每当烈日当空、温度很高的时候，为了消除硬盐抓底现象，用铁铲在结晶畦内轻轻试铲。如有抓底现象，立即撤卤铲盐。

（10）活渣：在气温较低、蒸发缓慢的季节里，干食盐落满结晶畦，用铲将盐挥起，继续结晶。因将盐挥起，可增加结晶盐生长的面积，以提高产量。另当下雨后，畦内食盐未被化掉，也需将盐挥起，以便利于铲硝时容易铲盐。

（11）撤卤：当结晶畦内盐渣露出后，准备铲盐前，进行撤卤。

（12）铲盐：畦内水撤净后，进行铲盐。

（13）清理畦子：铲盐后将凸出的硝板打平，将碎硝块、模糊及畦边的泥土清扫干净，以免下一步灌畦晒盐时影响质量。

（14）担盐、归料、盖席、泥料：由畦内铲出的盐，母子水空出后担上盐料（上垛）用席子盖好，泥好，将料泥成拱顶形。

古籍上描写这些工艺为"刺盐、刮盐、上堆、担盐、上料、平畦、丢水"七个环节（清张保华《河东盐池总图》）。文字记述如下："池次为沟，布畦其间。岁以二月一日畦户入池，盖庵户治畦淘沟。侯风至，引水灌种，水深一二寸乃也，经数时，水面盐花浮上，若凝脂皎雪谓之榻花，以其必榻而后成盐……盖池以潴水，下有淤泥，中有盐根，根上有盐板，自生颗粒。"（吕子固：《盐池问对》，《河东盐法备览·艺文篇》）。

（六）盐池产运销的管理

盐池资源最早属于社会公有，居住在盐池周围的部落，共同采取，共同食用。

春秋战国时期，统治盐池的晋国诸侯，对盐池实行征税制度。生产、运销都由商贾所操，统治者只征收盐税。鲁国的穷士猗顿，就是因为经营

盐发了大财的。

赵、韩、魏三家分晋后，盐池归属魏国。秦昭襄王二十一年（公元前275年），魏献安邑，盐池便为秦国所有。这时，仍袭用春秋时期的做法，由商贾役工捞采，运销各地，官府就场征税。

汉武帝元封元年（公元前110年），汉中央政府因军费不足，任用桑弘羊收盐、铁、酒归官营，运城盐就由官府募民开采，官运官销，把产运销和税收完全掌握在中央政府手中，严禁私人涉足。这就是早期的盐业专卖制度。

汉元帝初元五年（公元前44年），盐的产运销又恢复商贾经营，政府就场征税。

从东汉一直到魏晋南北朝时期，曾经几度改革盐制，但是总不外是征税或专卖两种制度的更替。

杨坚建立隋朝政权后，先是实行了短时期的盐业专卖制度，后于开皇三年（583）实行开放政策，允许商民制盐，免税运营。这是中国盐业史上无税制的开始，但是很快影响到国家财政收入，不久又把它收归国有。

唐朝时，运城盐池在国家财政中占十分重要的地位。唐中央政府把盐池收归国家管理，恢复征税制度。由产到销，先后实行过两种方法：一种是民制、官收、官运、官销；另一种是民制、官收、商运、商销。民制，就是把盐池的晒盐畦分为上中下三等，分别租赁给富豪人家经营。这些制盐人家，称为畦户。畦户晒盐所需人力，除用自己的家丁外，还可雇佣盐池附近的农民。畦户晒制出盐后，要全部交售给"榷运使"这个统一的食盐管理机构运销。

安史之乱后，刘晏主持盐政，权衡利弊，做了些改革。官府收购盐后，再卖给商贾，任由他们运销。为了稳定盐价，保证民食，官府在各地建立常平仓，储存大量食盐，其目的一是调剂余缺，保证官用民食，二是防止商人囤积居奇，扰乱市场。

《新唐书·食货志》载，大历年间（766～779）盐池每年税收达到150万缗，约占全国盐利收入的1/4，占全国财政收入的1/8。这除了使盐池在生产技术上有了突破、盐的产量剧增外、稳定的盐务政策，也为制盐生产发展起了促进作用。

柳宗元著《晋问》中说，河东盐的销区是西出秦陇，南达樊邓，北及燕代，东逾周宋。销区遍及今河北、河南、陕西的大部分及甘肃的一部分地区。在当时，没有一处产盐区能与之抗衡。

到了宋代，盐池实行官制。晒盐的人工由官府在盐池所在的解州及附近州县征集。仍沿用唐代的畦户名称，但畦户是由富豪人家转化为服工役的畦夫，每个畦户每年出两名畦夫来盐池晒盐。畦夫每日给米两升，每年由官府支钱四万作为畦户工钱。宋仁宗天圣元年（1023），盐池共有畦户380户，每年下盐池服役的畦夫达700余人。

《宋史·食货志》载，庆历年间（1041～1048）盐池的潞盐产量达37.5万大席，每大席重220斤，合盐8250万斤，达到了空前的水平。

庆历年间，兵部员外郎范祥制定"盐钞法"，又叫"钞引法"。商人在边郡交钱4800文，买一引票，到盐池取盐200斤，任其自卖。这就是著名的"钞引法"的来历。沈括所著《梦溪笔谈》中就有详细的记录。

当时全国绘有行盐图。潞盐的销区比唐代有所扩大，东到今山东省东部、安徽省西北部，西至甘肃东南部、陕西关中地区，北及河北及山西北部，南到河南南部及湖北西北部。

蒙古族建立元朝政权后，由于他们没有农耕和经营工商业的经验，在盐池管理上采取倒退政策。《河东盐法备览》卷二十记载："前代解盐，垦畦沃水种之，今则不烦人力而自成。"生产技术的倒退，严重地破坏了潞盐的生产。元世祖至元二十九年（1292），潞盐的产量仅有2560万斤，比宋代的产量大大降低了（图1-41）。

图1-41 金代平阳张存惠刊印《重修政和经史证类备用本草》中的"解盐制运图"（1204年刊印）

资料来源：钱存训：《中国科学技术史》第五卷第一分册纸和印刷，科学出版社、上海古籍出版社，1990年，152页。原书此图由剑桥东亚科学史图书馆提供。

明初继续采取元代征集民工服役的政策。生产方式采取"集工捞采"与"垦畦浇晒"并重。官府曾于蒲、解等州县编审盐户8585户，定盐20 220名，每20名立料头一人。后因盐丁不堪困苦，大量逃亡，官府就鼓励商人自备工本到盐池晒盐，官七商三分成，商人有利可图，纷至沓来，使潞盐生产有很大发展。

明神宗万历三十二年（1604），潞盐产量达28 300万斤，并对潞盐的运输实行专卖制度。

清朝也采取征集盐丁制度，由晋南各县征集，顺治二年、三年间（1645～1646），强征6000名盐丁下池。顺治六年（1649）晋南农民王小溪揭竿而起，反抗清军占领，起义军曾两次进入运城，盐丁逃散一空，盐池无人经营。顺治帝遂将盐池畦地赐给协助清军入关、并巨资帮助清军的山西太谷、平遥籍商人，每年由这些商人轮流主持。这就是"畦归商种"的开始。

每年捉户期间（推选首户经营畦地为捉户），商人战战兢兢、畏首畏尾者甚多。后因资金困难，只好募请当地富豪入股经营，聘当地人为掌柜，商贾坐收渔利。这就是"坐商"的最早雏形。康熙二十七年（1688），盐池的产销商人分开，产商不管运销，运商不管产盐，运商须在北京备案方可经营。这种生产、运销方式一直延续到辛亥革命以后，乃至新中国诞生之前。

自咸丰年间起，陕西省在山西临晋关设立总岸，河南省在会兴镇（今三门峡市）设立总岸，山西则在蒲州、解州、安邑、运城设立总岸，统管潞盐运销业务。当时主要的运输工具是用马车拉、驴骡驮运。其运销路线是：由运城到平陆县茅津渡摆渡过黄河，再运销至河南省陕县、灵宝等34个县，供给1000多万人食用；由运城到临晋关三河口摆渡过黄河，再运销至陕西省潼关、华阴等36个县，供给361万余人食用；潞盐销往占山西省绝大多数的79个县，供应近900万人食用。

2006年，河东盐池文化被列入第一批山西省级非物质文化遗产名录（编号：93Ⅹ—6，民俗类）。2007年，五步产盐法（即垦畦浇晒法）列入第一批山西省级非物质文化遗产增补名录。

盐池专有名词释义

（1）护池堰：环池修筑，防客水入池，起防洪作用。

（2）隔埝：池内各池间小埝。分为储水池、蓄卤池、结晶池等。

（3）储水池：储存滩水，近池而设。

（4）蒸发池：位于储水池与结晶畦之间，主要为浓缩卤水之用。

（5）罗埝：在过滤池中挖一深井，井周用泥围住，使卤水通过硝板进入井内，起过滤残质作用。

（6）水口：各池进水口，多用木板闸之。

（7）结晶畦：多在蒸发池下部，为晒盐的畦子。

（8）斗窝：垂直于硝板的洞穴，斗状故名，用来撤水。

（9）过水桥：输送卤水之专用渠道。

（10）卤井：卤水井。

（11）潭沱：又称苦楼。

（12）海子：结晶畦房，调剂卤水用。

（13）港道：输送卤水的大渠。

（14）料台：商埠之处储盐之地。

第十四节　潞盐的科学研究[①]

潞盐产于山西运城，系用日光蒸发盐液而得。其盐液取自盐井，用沟渠导至盐池蒸发之。蒸发之时间，在夏季约需四五日，春秋温暖时约需一星期至十日不等，天寒则停工。潞盐之销场为山西、河南、陕西诸省（晋北及河南之东部不用此盐）。

潞盐之色甚白，夏日制者颗粒较大，气候越冷则颗粒越小。味稍苦，此系因其中含有硫酸钠之故（即芒硝，盐池商人名之为盐硝）。

盐池长 60 里，盐井无数，各段所产之盐优劣不等。兹将由不同地点所得盐样之分析开列于次。

甲：氯化钠与氯化钾 78.34%；

硫酸钠 13.79%；

暗赤热时所失去之重量 4.72%；

不溶解物 0.66%；

---

① 本节辑自韩祖康：《潞盐之研究》，《科学》，1919年，第 4 卷第 7 期，642～645 页。

未定量之物质 2.49%。

乙：氯化钠及氯化钾 79.29%；

硫酸钠 13.38%；

氯化镁 4.01%；

暗赤热时所失之重量 3.21%；

不溶解物 0.17%。

每年当冬季盐井皆须洗淘一次，井之底部有大块之结晶食盐，俗名"盐根"，其最大者可作一小几面。此种盐质系无色立方形之透明结晶体，然多有草屑尘土等物杂入其缝隙中，传闻此物有治咳嗽与降火之功用，其成分如次。

氯化钠与氯化钾 93.74%（氯化钾 1.2%）；

硫酸钠 2.21%（三氧化硫之总量 1.65%）；

氯化镁 0.45%；

硫酸钙 1.40%（制造时系用砂滤）；

暗赤热时所失之重量 0.90%；

不溶解物 1.30%。

潞盐之劣点，即其所含硫酸钠之量过多。运城盐务稽核所柏理稳（英人 George Baldwin）曾研究改良制造之法，曾用潞盐试制精盐少许若干，嘱余分析其成分如次：

氯化钠与氯化钾 89.72%；

硫酸钠 4.34%；

不溶解物 0.18%；

暗赤热时所失之重量 3.49%；

未定量之物质 2.27%。

观此分析，可见潞盐中之硫酸钠可由简单方法减除之。柏君有意于运城，发起一完全华商之精盐厂，尝嘱余将精制食盐之方法关于化学者摘要条开，以供研究。兹择数条译成华文如次（原稿系英文）：

制造上等精盐，新发明之真空锅法（vacumn-pan process）极为适宜。此法所用之机械有数种，其中当以毕克氏之连蒸发机（Pick's triple-effect evaporator）为最佳。此机使用可继续不停，系用蒸汽管加热，因其系三连作用，甲器内发生之汽即利用以蒸发乙器内之盐液，而乙器内之汽导入丙器内，以蒸发丙器中之盐液，丙器内之气压小于乙器，乙器之气压复小于甲器，故需燃料甚少，最为俭省。

精制盐时，其盐液中须预先和以碳酸钠，以沉淀其中碳酸钙之大部分。次加以肥皂（或同类物质），以沉淀剩余之钙及镁，因肥皂能与钙及镁化合成为不溶解之物质。如盐中含有铁质，可加入石灰乳以沉淀之。

产潞盐之盐池长约 60 里，东头宽约 15 里，西头宽约 7 里，境内之井水皆含食盐及硫酸钠甚多。池东部之井水，余尝检定，其中氯化钠之量为 626.4％，硫酸钠之量为 7673％。运城之南门离盐池之中禁门仅一里，城中有按西法所掘之深井，供远近居民之饮用。此种井水在运城虽系上等饮用水，然其中之不纯物仍甚多，所含氯化钠之量为 114.17％（氯二百万分之 113.4），硫酸钠之量为 307.29％。美国密歇根州之卫生实验室尝规定有水纯粹之标准（standard of purity，普通饮用水之纯粹，原无一定标准。密歇根省卫生实验室之标准，亦不过为该省化验水质之参考。水中之不纯物，除毒金属及因有机物之腐败与沟渠污染而来之物质外，其余多无大害），谓水中之氯不可过于 12.1％。以此比较，可见该地水质之碱矣。

第十五节　晋北土盐业及工艺调查[①]

（一）绪论

盐之为物，关系于社会民生者甚巨。故各国政府多重视之，甚至有于制造销售转运上，由国家专权者，如意大利、奥地利、日本、瑞士等国。良以盐之功用，除日常烹调外，他如醃菜作酱防腐等，皆为不可缺少之资料。且自科学发明后，盐之用途，更加扩大，其于化学工业上，尤其占重要之地位。本省盐产以运城为最著，其产量之多，盐区之广，早已驰名全国无待赘述。兹所述者，为土盐，而土盐之产出，散见于省内中南北各县，尤以晋北为旺产之区。今将晋北各县盐务概况，分条略述，以供政府暨留心盐务者之参考焉。

（二）土盐之沿革

晋北土盐，发达甚早，夷考志乘，多重课则之损益，极少民情之记

---

① 本节辑自复宿：《晋北土盐之调查》，《新农村》，1933 年 3～4 期合刊，1～22 页。

载。盖以其时交通阻塞，调查艰难，而政府对于人民只遍令其赋税之纳
贡，不眼计及民生之状况；而人民之于政府亦缴应纳之税而已，此外则亦
无于求于官厅也。故关于土盐萌芽何时，发达何时，如何制造，产量若
干，考之古籍，竟付缺如。然晋北一带，地瘠民贫贵重出产甚少，土盐既
为民生必需之品，又可赖以求生。是以当地士人藉以为业，就地熬食，并
可售出临近，以获些微之利，往昔如斯，可断言也。降及民初，以各县锅
产，散漫难稽，管理税收，胥感不便，新税条例颁布时，即取封禁政策，
嗣因民生关系，暂予维持，土盐之命运，因而苟延残喘以至今日也。

（三）各县盐业现况

晋北产区，为应县、山阴、怀仁、大同、天镇、阳高、朔县、浑源、
代县、忻县、崞县、定襄等十二县，就中以应县、山阴、怀仁三县为最旺
之区，余则产微质劣，不足道也。惟近年来，各县盐务极呈衰颓现象。应
山二县，于清末民初之时，年可出产三千万斤，迄今二县统计，年仅产一
千四五百万斤，其他各县，不言可喻。究其原因，约有五端：①经济拮
据，无法维持；②盐商垄断，剥削锅户；③雨水勤落，刮土不易；④苛捐
杂税，提高价值；⑤芦盐蒙盐，竞卖销畅。以是而土盐之销路日蹙。有此
五端，土盐之命运，已入于日暮穷途之境，恐不久即全行消灭矣。今就二
十一年度（1932年），各县之锅数产量以及盐田之面积，列为表1-15。

表1-15　各县锅数、产量及盐田面积

县名	盐田面积/顷	锅数/口	年产量/斤
山阴	3734	419	5 000 000
应县	3616	314	8 750 000
浑源	30	25	680 000
怀仁	393	86	1 600 000
大同	35	30	460 000
朔县	46	42	290 000
天镇	29	晒池34座	43 600
阳高	140	晒池182座	82 800
忻县	70	81	500 000
定襄	63	71	420 000
崞县	50	54	500 000
代县	34	30	480 000
备考	面积因产地散漫，调查颇形困难，各锅所需之盐田亦不一致，上列各数均为约略数 山阴锅数虽为400余口，但内有白烧锅180口，所产白烧盐，纯为供化盐之原料者，故实际能出产食盐者，仅为化红二种盐锅200余口耳		

（四）土盐之种类

各县因土质与制造之不同，有以下种种区别：

（1）化盐。产于山阴、应县、怀仁、忻县、代县六县，而山阴之出产者量多质美。制法系由白盐之溶液，和以碱水熬成。其色微红，大结晶块，质净味美，为土盐之最佳者。

（2）土化。产于山阴、应县、代县、忻县等四县。用白盐溶液和以盐碱兼含之卤水熬成者，色略红，结晶块小于化盐，其质味均亚于化盐，为土盐之次佳者。

（3）红盐。产于雁北各县，用盐碱质混合之卤水一次熬成者。色微红，小结晶块，质味又次于土化。

（4）土白盐。为本区最普通之出产，纯以含盐质之卤水制成，间亦有硝盐并产者，色白粒细，味苦产多，为土盐之下品。

（5）白斗曰烧白润。为土盐最下者，其上述土白盐同，白斗白烧皆产于山阴，白斗质味尚可，与普通土白盐相关无几。白烧为专供化盐原料者，渣硝并含，其质最下，不能食。白润产于应县之刘霍庄、怀仁之高镇一带，产量颇多，最上者每锅日可产四百余斤，色净如白糖，粒甚小，味略苦。

（五）制盐概略

制造土盐，各地因俗而变，亦无定制，兹略述普通情况如次：

1. 制盐之设备

甲．人工之组织

以盐锅一口为单位，所需之人工如下：

熬工一人，司煎熬；池工二人，司淋卤；杂工临时雇佣无定，司刮土、搬动、排水等工作。

乙．场地之建设

盐坊。为建灶熬卤之处，多系土房二三间不等。

晒地。为晒土之场，普通分二种：明滩、沟场。

明滩系土地表面，含有卤质，加以人工培植，即可刮取卤土。沟场，地表无卤质可取，必须掘深地面数尺，始可刮土。

井。为淋卤煎熬人饮之用。

卤池。为淋卤之用，筑于盐坊近旁，每锅一口有筑一池，以至六七池不等。

丙．制盐之器具

盐锅为制盐之主要器具，以形状言，有筒锅、片锅之分，以容量言，

有大锅、小锅之别，其尺度略如次：

筒锅口径自二尺六寸至四尺二寸，深度自一尺至二尺。

片锅口径自三尺六寸至四尺四寸，深度均为八寸。

因尺度之大小，有一二三四等之分。惟应县、山阴、代县普通三四等锅居多。

晾锅为凉卤之用。

制盐之器具除上述外，余为手车、土筐耙锄、水桶盐盘、锅铲、漏勺等。

2. 原料之采取

甲．刮土为制盐之第一层工作，与天时有密切之关系。旱则卤质下沉，涝则卤质稀淡，若遇烈风，地面盐苗亦随尘沙簸扬以去，均足为其阻碍。每年刮土时期，约在春末夏初、秋末冬初雨季。工作法如下：

就普通盐地刮松地面土质，候暴晒干燥，结成块后，再耙翻使松，用含有卤质之井水，洒于土上，候干再翻再晒，视盐质之厚薄而定耙翻次数之多寡，约自三五日以至十余日不等。晒毕，敛集成堆，用以淋卤，此为本区最普通之法。

在耕地沟渠城镇村落污秽之地，零星刮土，就附近卤池淋取卤水，忻代崞各县多用此法。

乙．淋卤为第二层工作。卤池为长方形，纵约五尺，横约四尺，深尺许，周围范以土壁，高出地面约二尺，以黄土粘池底及四周，使勿渗漏。并将池底筑成斜坡，以使卤水之倾注，而于低坡之一墙，装接水瓮以承卤水，此池之形状也。淋卤之法，先取秫稭或高粱秆，密铺池底，稭上继以灰渣，置所刮之土于其上，践踏之令实，然后灌水约十余担，使水土交溶成液，渐从灰渣秫稭渗滤，而倾流于池之一端，以注于瓮。旧土淋净，再易新土，循环灌淋，其法如前。普通熬锅一口，每熬一日，白盐需六池，红盐三池，化盐二池。

3. 制盐之方法

甲．注卤于锅，炽火煎熬，约二时许，将锅中卤水，过滤于盐架布包上，注入晾锅，而弃其包内之渣滓，一面别行注卤于锅续熬，依法续滤于第二晾锅，如是三次，而第一晾锅之水，盐已凝结。于是施以盐铲，汲以漏勺，盛以盐盘，一面复将晾锅内残余之水，重行注入熬锅内，另加新卤水三分之一，依法续熬续晾，循环制造，盐即产出。此就普通红盐白盐而言，若土化必注白盐数斤，于熬锅内内线盐注白盐二十余斤，清水数担，使白盐与水分化合。白烧平常日熬一锅，不过滤，亦无晾锅，仅弃其极粗之渣质。晾锅之数目，各种锅亦不一致；化锅、土化、红锅，熬锅一口，需晾锅三四日不等；白锅需一口至三口，白烧全无。

乙．天镇、阳高盐产，熬锅甚少，向为晒池。池之装置，系掘深地面四尺至五尺不等。普通设有滤土池、养卤池各一，皆为长方形，长约二丈，宽约一丈二尺。滤土池调出于养卤池尺许，以便卤水之倾流，池之底面必须平坦，踩踏令实，周围范以土堤，此池之形状也。制盐法，将所刮之土，倾入滤土池，使卤土与池水交融，盐质上浮，渣滓下沉。然后注放卤水于养卤池，借太阳之势力暴晒，水分渐蒸，盐质凝结，候水将尽时，盐即呈现于池底。用扫帚扫积成堆，淘以残余之卤水，盐即成就。

（六）运销概况

土盐运销，甚属复杂，而包装输运之法，亦无一定。大抵不外麻袋、布袋、肩挑、背驮、车推，或驴骡驮载。其数量如多，则必用牲畜大车，载至行销地域。

产于应县者：一由罗庄以至浑源、广灵、灵丘及河北之蔚县、涞源；一进小石口，以达关内繁峙、五台；一由刘霍庄直销于怀仁、大同。

产于山阴者：则行销于关内，越阳曲以达寿阳；出宁武以达岢岚。

产于怀仁者：则行销于大同。

产于朔县者：则行销于五寨、神池。

其他大同、浑源、天镇、阳高、忻定襄崞代各县，以其产量无多，概销于本县境内。总其销地，约达二十余县，其中以山阴、应县、怀仁三县产量既多，销路亦广。

（七）中央采取之政策

清时，晋北土盐归各县署管理，其法只征引课与盐库加价二种，对土盐之发达与衰颓，不加限制，亦不助长，听其自然而已。民国肇兴，场产则主整理税则，义在平均，而晋北土盐，锅产散漫，既难施以管理；私制遍地，又不足以言均税。是以民国二年（1913），中央颁布新税条例时，即主封禁。第以贫民生计所关，操之过急，未免有所顾虑，于是加重税捐，寓禁于征，取逐渐封禁政策。故当新税则颁布之初，山阴、应县、怀仁等县，每担征税一元，至四年复增至一元五角，其后附税三角，食户捐一元，相继增加。忻代崞各县，初普通锅四十五元，大锅六十元，自十九年起，拟分三期，增税一倍。现在普通锅九十元，大锅一百二十元，其计划可算完全实现。推中央之目的，不在税收之增加，而在土盐之扑灭。因而同时又开放芦蒙各盐，与之竞销。近数年来，正太路每年约输入芦盐一千五六百万斤，蒙盐漫销省北各县，虽无精确统计，每年亦不下数百万

斤。如此双管齐下，晋北土盐宜乎其日形凋敝，一蹶不振矣。

（八）本省当局之态度

本省当局以土盐为三晋重要产物，贫民赖以求生者，约在数十万之谱。遽尔消灭，此数十万民众立陷于生活断绝之境，地方治安亦必随之发生影响，于公于私，均有莫大之损失。故不惜屡与盐务署折冲樽俎，藉资维持。八年（1919）六月承人民之请求，派瞿廷献与洋助理员祝开福会议于本省督署，修改制盐锅户之条例。十一年（1922）以中南路土盐，年税制七十二元过高，几经地方政府与之交涉，始减为四十五元。十五年（1926）中南路硝盐并产之锅，自改定年税后，硝锅因刮土不易，不能常年开熬，多有歇业，再经地方军事领袖力争，遂于该年一月起，复行订定季锅税制，而锅户始得照旧开熬矣。他如加重芦盐之价值，每担收食户捐一元五角，蒙盐每担食户捐一元二角，阻其畅销境内。凡此直接间接设施，要皆为当局维持土盐之真实态度，土盐之所以存在于今日者，实赖此耳。

（九）征税制度

征税制度因各县产量之多寡，品质之高下，极不一致，兹分述如下：

甲．山阴、应县、怀仁为盐产旺盛之区，其税捐之征收奇重。自四年（1915）八月起，逐渐改成按担抽税制，其法如下：

凡制盐锅户，须向该管分局请领锅照。以锅之大小别为四等，一等十元，二等八元，三等六元，四等四元，有效期为一年。无照或逾期不换领而熬盐者，为私锅，均照章处办。其开熬时，须据每日产量，订定比额（此额订定，各地数目不同，均视其平日生产力斟酌而定），送存盐店，由盐店出给收据，不得积存。至起运时，按斤抽税。化盐、土化、红盐，每担（百斤）征正税一元五角，外债附加三角，食户捐一元，合计二元八角。白盐因其成本较轻，品质低劣，每担征正税一元二角五分，附加食户捐同。代县之陆庄、大同之属，以及怀仁高镇等处，其征税法，复同上述。

乙．天镇阳高之熬锅，为常年包税制，熬锅一口，年按百担计算，征正税一百二十元，附加三十元。晒池一座，年按四担计算，征正税六元，附加一元八角。

丙．大同西韩岭、卤蒲二村，亦为包锅制，熬锅一口，年按三十六担计算。每担征正税一元二角五分，附加三角，三十六担合计五十五元八角。

丁．朔县盐锅可称为按月计税之锅税制，依锅之大小，别为二等，大锅月收正附税二十元四角，食户捐一十一元六角。小锅正附税十三元，食户捐六元八角，合计大锅三十二元，小锅一十九元八角。

戊．浑源县产盐无多，征税制度亦为年税制，以锅之大小别为三等，甲等一百二十元，乙等八十元，附加每元加二角。丙等六十元。

己．忻定崞代四县，亦为常年包税制，化锅红锅等，年征正税一百二十元，附加二十四元，白锅正税九十元，附加一十八元。

以上按担征税制，锅户产出之盐，必须放存盐店，特盐店转销运商。不能自由销售。其他各种税制，除将应纳之税分期缴纳外，其行销盐产，完全自由，不受盐店之束缚。

（十）结论

总观以上，各县之土盐情况，可知其近年产销之梗概矣。就其本身言，成本昂贵，产量有限，较之芦蒙诸盐，产量宏富，成本低廉，相差多多矣。今与之抗衡，竞销于国内各市场，岂有不败之理。惟以之供本省食用，期免购盐金钱外溢，并可维持数十万贫民之生活，实亦有开发之必要也。但现在农村经济破产时期，乡间金融，异常涩滞，锅户之破产者十居八九。加以中央对土盐之政策，不惜横加摧残，以达其根本扑灭之目的。今虽省当道有意维持，然非将苛捐重税予以扫除，绝少能继续保持现状之盐。至若更图发展，期增加政府之收入，富裕晋北之民生，更非重新规定计划，投入相当资金，不为功也。爰就管见，草拟开发晋北土盐方策于后，冀求当道或关心盐务、注意本省生产事业者，一教正焉：

作者生长雁北，于以上各节，均为目所及耳所闻并经详细调查之实际状况，际此十年计划施行之期，爰将本人对于发展雁北盐务之意见，披露于左：

窃以晋北一带盐田面积，颇为广袤，盐产埋藏，尚称丰厚。惟因有以下各种阻碍发展之原因，致使货弃于地，不能尽量开发也。

其一，芦蒙盐之竞销。晋北产盐，以山阴、应县、怀仁三县为最，而销路却遍及晋北各县，且远达河北之蔚县、涞源等处。惟近年来因中央积极推销芦蒙盐之结果，遂致销路大减。

其二，苛捐杂税之压迫。现在中央对于土盐，既本加重税捐，以达寓禁于征之目的，于是苛捐杂税累加不已。即以中常之红盐计，每担成本约需二元五角，而应抽之税捐为二元八角，合计为五元三角，平均每斤为五分三厘，然售价仅及六元，平均每斤为六分，每百斤只不过几角钱之利润而已。若遇特殊情况，势非赔累不可。其不崩溃，将何以待。

其三，资本缺乏之影响。应县、山阴、怀仁一带，自民国十五年

（1926）后，两遭兵燹，屡受旱灾，农村经济，已形破产。于是盐锅厂主，均无大量资本以发展，只能作零星之熬制耳。此种办法，自多不经济之处，而锅主亦无可如何耳。即此少数资本，亦多向盐商作高利之借贷，受最苛刻剥削，此盐务衰落之最大原因也。

为今之计，自应大量开取，扩充销路，以利晋北民生，以裕全省经济。兹将应山怀三县未开发之盐田面积产量收入及扩充销路开取办法等等，简述于下，以供留心者之参考焉。

甲．盐田面积与产量。山阴盐田面积共四千三百二十顷，除已开二百顷及耕地村庄道路河流等种种百分之十五不可开发者外，尚有三千五百顷。按每顷最低年可产盐一万二千斤，则三千五百顷，计共产盐四千二百余万斤。应县共有盐田二千七百顷，除已开者三百顷及耕地村庄道路河流之百分之十五不可开者外，尚有二千顷，每顷最低年可出产盐三万斤，则二千顷，年可产盐六千万斤。怀仁共有盐田四百顷，除已开七十顷及耕地道路村庄河流百分之十五不可开者外，尚有二百七十顷，每顷最低年可出盐二万五千斤，则二百七十顷，年可产盐五百七十五万斤。合计以上未开取之盐田产额，如完全开取后，年可增加产盐一万零七百七十五万斤，每斤以最低廉之盐价六分计，年可增加收入六百四十六万五千余元。若能扩充销路提高价值，收益当必更多。诚晋北民众富庶之渊泉也。

乙．开取办法。该三县土盐产量，既如此其丰富，惜因种种阻碍，未能尽量开取，民众既蒙损失，政府亦少收入，憾也如何！今欲完全开取普扩充销路，可分以下两方面进行：

其一，消极的。

甲．抵制芦蒙盐之畅销。芦蒙盐之畅销，为土盐崩溃之致命伤，非用政治力量抵制不可。其抵制之方法，则在增加高度之食户捐，务以达到价值超过土盐而滞涩其销路目的。

乙．免除苛捐杂税。现在每斤盐之税捐，较成本犹多。今后对于盐税，应统一办法，实行减轻。其原则务达发展开取之目的，其方法，则只征收正税及外债附加即足耳，食户捐可以完全豁免。此种办法，似对政府收入减少，而实际则反增加也。兹详计之如下：

统计现在山阴每年可产盐五百万斤，应县可产八百七十余万斤，怀仁可产一百六十万斤，合计为一千三百三十万斤，若减食户捐，每年须减少政府收入十三万余元。但若尽量开取产量每年能增加一万零七百七十五万斤，即以每担征收正税一元五角计，每年可增加政府税收一百六十一万余，减除少收之食户捐，仍可增加收入一百四十八万余。此乃于公于私两有利益之办法也。

其二，积极的。

甲．筹设盐业银行。该三县盐业之所以不能尽量开采，完全由于无大量之资本，而受盐商之剥削。今后急应依照农民银行之办法，在应山怀带，筹设盐业银行，共办法如下：

（1）资本。以三十万元为限，公家投资最为妥善。

（2）利息及期限。年利二分，一年归还，但得续借。年可得纯利六万元。

（3）放款法。以锅为标准，并以锅为抵押，每锅每年最多只准借一百元。

如果办理，资本既足，利息又轻，一般盐厂锅主，自乐借贷开取，三二年内，该三县所有之盐田，必能自动尽量开采也。

乙．设置公营盐店。此店或由公办，或由官办，均无不可。仿效本省推销纸烟之办法，或合作社之办法，集中力量，抵制外货。其目的专管收买转运，推广销路。既免私相竞卖，减低价格之毛病，又收集中力量，向外销售之利益。其地点以山阴之岱岳镇为最相宜。

总之，晋北盐田，若能尽量开采，利润非常丰富。即就应县、山阴、怀仁三县而言，对地方每县可增加收入六百四十六万五千余元，对政府则可增加正税收入一百四十八万余元，若连锅税合计（每锅每年平均产盐一万五千斤，由一万零七百七十五万斤，约需七千一百余口），每锅平均税暂以七元计，每年可增加收入五万元，合共为一百五十三万元，可谓为政府之大量税源。两项合计，每年收入则有八百万元，故不独三县人民有极大之裨益，全省人民亦获利不鲜也。

应县大化盐

应县地处雁门关外，气候严寒干燥，常年风多风大，超过半数的土地为盐碱地。面对薄瘠的土地与严苛的自然条件，因地制宜熬制土盐土碱，成为应县历史上的一项重要副业，民间流传着"应县三件宝，咸盐、苦碱、烟叶子"的说法。明代，应县交纳盐税的人口有10 353人，民国年间，应县年产土盐300余万斤。

应县的土盐产区主要分布在桑干河、黄水河两岸。当地百姓、在长期的熬盐实践中，不断改进工艺，熬制出大化盐，成为

应县独有的特殊盐种。大化盐是在白盐基础上，用黄水河两岸郭家庄、大东庄、小东庄等村的碱水配熬而成。大化盐为大结晶颗粒，色泽红黄，纯度高，氯化钠含量在80％以上。味道咸润，尤其适用于寒冷地区腌制冬菜。大化盐畅销于晋北、冀、内蒙古一带，应县周边的山西繁峙、代县、五台、定襄、原平等县，河北省保定、阜平、灵寿等县，内蒙古包头等地的商行订货络绎不绝，通常携当地特产到应县交易大化盐，盐价最高时，河北省每斤售卖1.5个银元。①

第十六节　阳泉硝磺炼制技艺

山西省磺矿储量丰富，晋北之偏关，晋东之阳泉、盂县，晋东南之阳城、晋城（沁河、土河、追山村）、陵川，晋南之运城等地，自古均有硫磺开采冶炼之事。

一、清代阳城炼磺记载

硫磺性烈，内含剧毒，为古代炼丹术中七十二石之将，药材谓之"将军"，道家谓之"阳侯"。《淮南子·夏至》谓："硫磺泽，盖阳入地遇阴而成者。舶磺似密，磺中有金红色，击开如水晶，有光。"《别录》曰："是山矾石液，烧金有紫焰，八月九月采。其色如鹅子初出壳者，名'昆仑磺'，颗块莹净、不夹石者为良。赤色者名'石亭脂'，青色者名'冬结石'，半白半黑者名'神惊石'，并不堪用。"独狐滔曰："硫能干汞，见五金而黑，得水银而色赤也。"由于硫磺配硝，点燃可释放诸色光焰，古代在军事上用作重要的烽燧烟火。官府对这种军中要物禁管森严，对各省采买程序、矿地平时稽查皆有明确章法，清雍正年间规定：

各省采买，先持本衙门咨文投院行司，司檄到府，差员照验号批，方行县开采。现置串口，文武官员监视。买秤既足，封闭洞口，交给差官，沿途关隘搜查，不许夹带，收禁串口贮库，违者治罪。平时则于产磺地方，山主、窑头互相稽查，不许煎卖，每月具结。窑户不许私烧串口，毁

①　马良主编：《应县志》，太原：山西人民出版社，1992年，353页。

旧禁新，搜刮既尽。其有偷刨者，尽置诸法。^①

然而，由于磺矿多分布于深山，官方的日常管控实所难及，每到深秋农闲时节，磺矿周边的百姓仍难免伺机私自开采，赖以为生。阳城县西南诸山，土瘠地狭，居民无田可耕，时以私刨硫磺为业。当地人称储磺矿的山洞为"铜"，采得磺矿后，贮入阳城坩子土特制的瓮中。当地人称"瓮"为"串口"，瓮高 2 尺，径 1 尺，贮磺之瓮唯有阳城烧制的最为坚固，产于异地之瓮极易开裂。装满磺矿的瓮，"以土封固，中逗小穴，下承瓮口，实者居上，虚者居下。以石炭围，煅火蒸，磺流入下瓮，以一昼夜为度。"^②

对于私采磺矿，清雍正十年（1732）中央颁布严刑制裁：

> 私贩硫磺五十斤以上者，照私盐，律杖一百，徒三年。窝藏之家及知情卖与兴贩之人者，与犯人同罪。乡保邻右知情不首者，杖一百；受赃者计赃，以枉法从重论；不知情者杖八十。如有囤积未曾兴贩者，杖九十，徒二年半；乡保邻右首报者，照价赏给；其文武官失察者，比照失察私盐例处分。^③

湖南界连黔粤、苗族和瑶族聚居的山区，因私磺事发有受重刑者，这些实例被用以警示山西阳城炼磺乡民。嘉庆二年（1797），阳城县背坡磺窑重申禁采，过往所余贮存在大庙的烧磺之瓮，此次皆悉数销毁，烧磺器具被彻底断绝。

山西土法炼磺一直延续到新中国成立初期，透过以下 1951 年记录的阳泉炼磺技术，^④ 可窥传统制法优劣之一斑。

二、阳泉炼磺之制罐

（一）坩土种类

坩分砂坩（又名顶坩、隔坩）、黏坩（又名黄坩、桃花坩）、青坩三种，均生于上层石灰岩（俗名香炉石）下。

---

① 《阳城严禁私采磺矿志》，《泽州府志·杂志》。阎爱英主编：《晋商史料全览·晋城卷》，太原：山西人民出版社，2006 年，590～591 页。

② 《阳城严禁私采磺矿志》，《泽州府志·杂志》。阎爱英主编：《晋商史料全览·晋城卷》，太原：山西人民出版社，2006 年，590 页。

③ 《阳城严禁私采磺矿志》，《泽州府志·杂志》。阎爱英主编：《晋商史料全览·晋城卷》，太原：山西人民出版社，2006 年，591 页。

④ 第二、第三小节辑录阳泉硝磺支局通讯社：阳泉炼磺技术介绍，《山西日报》1951 年 1 月 19 日、1 月 26 日第 2 版。

砂坩：色灰，铁锈色点缀于上，质粗粝，无黏性，含铁质最多。

黏坩：生于砂坩下、青坩上，质软，黏性大，耐火力仅次于青坩，稍含铁质。

青坩：生于黏坩下，质酥，无黏性，耐火最强，与黏坩搅配最宜适用，普通识别坩好坏的方法是，放在嘴中咬嚼，黏而不岑，即为佳品。

（二）碾坩踩坩泥的经过

其一，两手紧握石柱把，两腿叉开左右歪倒，反复碾压坩土，至细成粉（状如白面），过筛即能用。

其二，先将坩面堆聚，掺适量水（热水最好），泡淋两天，赤脚踩和至用手按之不黏（注意不可太轻）。

（三）拍罐及烧罐经过

拍罐：罐之底、邦、节口薄厚要均匀，上往下打，下往上掏，否则易坏。

接罐：在罐坯半干半湿时，先用水稍湿节口，然后上下节对合，里外用坩泥抹光。

燻罐：罐接好后，放置另一房屋内，加高屋内温度，燻透晾干，否则装窑易塌胎。

装窑：插花与规式的装法，其优点是空隙小，装罐多，节省燃料，缺点如不小心易压坏罐坯，不宜观察全面火力；层次分明、间缝对准、规则式的装法，其优点是空隙大，火焰易流通，温度可平衡散发，缺点是装罐少，用燃料多。

（四）罐窑的构造

砖夹坩泥垒砌平顶，设风口五个，罐坯装窑后完全封闭，俟烧成后揭开。其优点是冷却快，缺点是费炭多；就自然地形挖掘一土窑，不设风口，其优点是火力集中，省燃料，缺点是冷却慢。

（五）烧罐

回火烧法：在本日上午八点钟点火，次日上午八点钟揭开，风凉少许时间，装炭封闭，24 小时后熄火开窑。平均每罐用炭 15 斤，其优点是省燃料、省时间。

连续烧法：自点火起封闭窑口，连烧三天三夜，每日装炭三次，平均每罐用炭30 斤。

（六）识别罐之好坏

敲击罐体声音响亮，如铜制音锣为佳品。其颜色因坩的性质多有不同，如坩含铁质少发白色，含铁质多发高粱红色。

（七）罐破的原因及补救法

罐破的原因有以下几种：坩泥踩得不均匀；烧的火力过高或不及；装罐过量；风大热力散发不平衡。其补救办法是在破处用黄白土掺麦糠泥糊封，上盖一条废罐片（水泡），再用泥抹之，装窑时将破处置于火力小处，效力不次于新成品。

三、选择窑址

（一）选址条件

背风地；地基黄白土不含砂渣与潮性；距耕地、居户远；现设磺厂如不合以上条件者，其补救办法为：垒围墙；加高炉邦、缩小风口以立砖堵住，炉底垫黄白土。

（二）设置磺炉

地下瓮底至地平面深四尺五寸至五尺，瓮越大越好，瓮的周围用黄白土垫好，瓮上五花砖，夹缝垫阻黄白土，使之致密不透一点气。炉内容量，罐与罐相距一寸，罐与炉邦相距一寸二分，每炉装炭130斤，即够使用。距离宽，费炭多，火力过大易使磺液消耗或变绿色，甚至着炉出危险。

（三）装磺砸磺、封罐口

其一，硬矿装罐容量八成，因加热后体积膨胀力小；软矿装全容量六成，因加热后体积膨胀力大，碎末装在下层，块颗装在上层，因磺分离后气易下降。装好后将罐倒置，口对炉底火口，用黄泥或炉灰面配黄土泥，黄土掺麦糠泥不干不湿之黄土，糊封或围淤。

其二，软矿皮色黄灰，多猴头状，内外颜色不一，烧后渣色灰明，多角棱状，内外颜色一样，烧后渣的体积膨胀力小。

其三，硬矿砸如核桃大，软矿砸如鸡卵大。

（四）上点炉的作法与效用

将炭装好后，取炽红之燎炭三铁锹置炉之正中心，火即由上向下燃着。其好处是：热度由上往下发展，罐内矿石亦系由上逐渐向下分离，气易下降（因罐内矿石加热后体积膨大，空隙变小，上部即罐之底部）；火力慢慢散发，罐少破裂；热力至炉底之时间迟，减少瓮内磺液耗损。

（五）燃烧时间

装炉时用上等炭，自点火后 12 小时，磺即分离净尽，第 13 小时拔火舀磺。先用眼瞭望，瓮内磺液清亮可以反照自己眉目即为佳品。如带黑皮杂质，即系瓮内温度太热，其补救方法为：先将磺舀出，再用废罐筒抽吸瓮内热气，至筒凉为止，忌用冷水浇。

（六）舀磺

由瓮内将磺液直接舀注模内；由瓮内将磺液舀至小铁锅，倒入大铁锅（加热）澄清，注入模内；注意带入瓮底沉淀之余渣；磺液出瓮后切忌用棒搅，因搅后不惟将杂质凝结磺内，且色淡茬卧，识者弃之，不易推销。

第二章

传统建筑营造技艺

凡物之生存，运动为之始，或始自为居而动，简筑栖身之所，使外得避险、内得休憩以蓄积能量，然后可以为动之用。从先民的结巢、开穴、抟泥盘筑、烧土成屋，到古人的殿堂、庙宇、苑囿、城市、民居，人类因地因时制宜地创制形式各异的建筑，建筑营造不断成就着促进生存发展、社会与文明进步的人工物质世界，而建筑营造技艺正是基于融汇各种手工技艺与审美涵养之上，营造建筑实体、表达建筑意匠的高级手工技艺。

传统建筑营造主要涵盖从建筑材料的制造、建筑工具的发明与改进，到用地选址与建筑设计、施工营造，再到梁架彩绘、壁画、彩塑等内部装饰的全部过程；久历风霜的既存建筑需要不同程度的维修，相应地有了"打槫拨正"、"偷梁换柱"、落架大修等传统建筑维修技艺。北宋、清代分别由官方颁行的《营造法式》和《清式营造则例》，成为总结和规范中国传统建筑营造的两部"文法课本"，今天具有中国民族传统的建筑营造仍需深入其中汲取技艺之道。无论大木与瓦石的沉静，抑或彩绘与琉璃的焕彩，心与手的贯注合一造就了和而不同的传统建筑，以及建筑传统的实用性与美观性。

古代的山西境内群山巍峨、林木繁茂，丰富的木材与石料资源为古代匠师的建筑营造提供了材料。特别是吕梁山、五台山、芦芽山、管涔山林带，适合华北落叶松生长，明成祖朱棣迁都北京营建都城时，于永乐四年（1406）七月委派右佥都御史仲成督工山西，命数十万计的当地军士与百姓深入人迹罕至的原始森林采伐巨木。[1] 山西传统建筑的营造技艺，至今仍在存量丰富的古代建筑遗存中焕发着生机。

---

[1] 山西省史志研究院编：《山西通史》，第 5 卷，太原：山西人民出版社，2001 年，56 页。

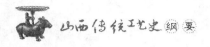

第一节　木结构建筑营造技艺

一、北朝时期

中国古代建筑以木质构架为主要结构体系，但是木材不宜长久保存，早期木结构建筑仅能间接地从石窟或墓葬雕刻中得知概况。1973 年，山西省考古研究所在发掘位于寿阳县贾家庄的北齐库狄回洛墓时，出土了一座小型木结构棺帐，这为我们了解北齐时期木构建筑技术提供了珍贵的实物资料。

木椁位于墓室的中部，为木构屋宇式，已腐朽塌裂，但从残存的木构件可复原其大致结构。椁室平面长方形，长 3.82 米，宽 3.04 米，残高约 1.2 米。面阔、进深各三间，明间开间略大于次间。八角抹棱木柱，柱身无收分，通过柱脚榫与地栿榫卯相结，增强了椁室的稳定性，柱础出现覆盆和莲瓣两种新形式。柱间以彩绘阑额连接，柱头之上置一斗三升斗栱，补间施人字栱，转角处以丁头栱承托檐槫。梁架采用"四椽栿通檐用二柱"的做法，四椽栿置于前后檐柱头上，与斗子、驼峰共承平梁，平梁之上用人字栱、散斗承脊槫。椁顶做成装饰性较强的庑殿式，出土的翼角钩形器两端分别与檐头、角梁相连，不仅承托平出的椽子，而且形成飞檐翼角，开始了从直屋檐向翼角飞檐的过渡，使建筑造型趋向柔和精丽。这种翼角处理技法为唐代佛光寺东大殿所沿用，是中国木结构建筑技术史上的一个飞跃。这座小型木椁建筑比例谐调，木构件制作精细准确，斗栱材栔遵循一定的规律，反映出当时木构建筑技术已有相对完整的规范可以遵循。人字栱自汉代出现以来，北齐时已自如地运用到屋檐下、梁架间，使建筑物的外形轮廓由直线逐步演化为曲线，素面驼峰与花纹驼峰制作简练灵活，均达到结构功能与装饰效果的统一。

当时的木构建筑技术还表现在高层木构楼阁式塔的建造上。据文献记载，北魏平城永宁寺七级浮图，"其制甚妙，工在寡双"，开洛阳木塔的先声。皇舅寺五级木塔，"其神图像皆合青石为之，加以金银火齐，众彩之上，炜炜有精光。"[1] 云冈石窟第 21 窟塔柱最真实地表现了木塔的结构形式，建于高大的台基或须弥座上，塔身逐层略有收分，塔内纵横叠架，保证了整体结构的稳固。北周时木构技术更加发展，宇文护在蒲州黄河岸边建体量庞大的鹳雀楼。台基高敞，底层四向环廊。楼身

---

[1]　（北魏）郦道元：《水经注》，卷十三《漯水》，陈桥驿译注，王东补注。北京：中华书局，2009 年，87 页。

三层四檐，腰缠勾栏平座。唐代的鹳雀楼名震四方，诗人王之涣登楼远眺，于是有了"欲穷千里目，更上一层楼"的千古绝唱。

这一时期山西木构建筑技术的实践和理论都有较大提高，能够建造不同规模和类型的建筑，尤其注重竖向高空间的发展。木结构建筑技术成就主要表现在：力求梁枋的整体构架，使结构形式发生了质变；大面积的殿、楼平面分割成井字框架，是殿堂平面柱网分槽结构的先声；斗栱使用在柱头、补间和转角三种位置上，并创造出人字栱，后代斗栱的各种构件此时已基本具备了雏形。

二、隋唐五代时期

隋、唐、五代高水平的建筑营造技术，主要表现在佛教寺庙建筑方面。随着封建经济的发展，国家和民间都以大量的人力、物力、财力投入营建活动，佛寺数量剧增。就目前所知，存留至今的唐代木构建筑除敦煌 196 号窟檐仅存柱斗、河北正定开元寺钟楼仅存下半部分外，较完整的四座均在山西，它们是全国重点文物保护单位五台山南禅寺大佛殿、佛光寺东大殿、芮城广仁王庙正殿和平顺天台庵正殿。其中三座保存着建年题记和石刻，有确切年代可考，是珍贵的中国古代建筑技术实物资料。

（一）南禅寺正殿

南禅寺位于五台县城西南 22 公里李家庄西侧土岗上，周围群山环绕。寺内正殿大佛殿据平梁下墨书题记，重建于唐德宗建中三年（782），是我国现存最早的一座完整的木构建筑。唐武宗会昌五年（845）下令废佛，全国佛寺大部分被毁，南禅寺由于处地偏僻而幸免于难，成为"会昌法难"前保留下来的唯一一座佛教殿堂。

大佛殿面阔、进深各三间，单檐歇山布灰瓦顶。前檐明间安板门，次间安破子棂窗。檐柱柱头上以阑额相连，转角处阑额不出头，其上无普拍枋，这是唐代建筑的固有规制。斗栱疏朗，只用在柱头，五铺作双抄，单栱偷心造，要头做成短促的昂形。斗栱用材较大，约合宋代规定七间殿宇的用材。殿内无金柱，梁架结构简练，为"四架椽屋通檐用二柱"，四椽栿及其上部所施复梁的两端伸到檐外，分别制成两跳华栱和要头。斗栱作为早期建筑梁架结构中不可分割的部分，与梁是一根木材伸向檐外制成，其联结能力与结构功能使梁架更具整体性。木构梁架最上部施叉手，与平梁组成一缝三角形人字架，平梁下两端用驼峰压于四椽栿背。梁架四角只用大角梁，不用仔角梁，翼角较平直，殿顶举折是已知木构建筑中最为平缓的。大佛殿木构架榫卯加工精细，其螳螂头接榫一如《营造法式》所见，华栱头用暗榫固定交互斗则超过《营造法式》规定的精密程度。殿内泥塑佛像 17 尊，置于凹形

图 2-1　南禅寺大雄宝殿（王军拍摄）

砖砌佛坛上，佛坛占殿内面积的二分之一。释迦、弟子、菩萨、天王像虽经后世重妆，但基本保持了唐塑风貌。释迦像背光插入檩间，更烘托出主尊高大的艺术效果（图 2-1）。

这座殿宇虽然规模不大，但造型古朴，结构简练，技术手法臻于成熟，特别是保留了一些早期木构建筑的做法和地方特色，如无普拍枋之设、外檐斗栱仅施于柱头、殿顶举折平缓等，反映了中唐时期偏僻山村建筑技术的发展水平。

（二）佛光寺东大殿

佛光寺在五台山南台西侧，隋唐时已成为五台山的名刹，绘在敦煌壁画显要位置的"大佛光寺"之图，尚有七间三层的弥勒大阁与正殿并存，反映了唐代寺势盛况。唐武宗灭法，佛光寺披劫。宣宗复佛时，京都女弟子宁公遇于大中十一年（857）布施重建东大殿。它虽晚于南禅寺 75 年，但殿宇规模宏大，结构精巧，技法纯熟，后世修葺改动极少，是现存唐代殿堂型构架建筑中最古老、最典型的一例，堪称"亚洲佛光"。

寺址三面环山，环境清幽，唯西向豁朗。寺宇因地势处理成三个平台，殿阁高低层叠，错落有致，营造出气势宏大、含蓄变幻的建筑空间。东大殿建在以高峻的挡土墙砌成的第三层平台上，大殿面阔七间（34.08 米），进深八椽（18.12 米）。前檐中央五间设板门，四周抱框，除地栿外都由 4 厘米厚的装板合成，坚固厚重，为他处所未见。尽间和山面后梢间安直棂窗，其余围以厚墙，为殿内布列众多的塑像创造了充足的空间。殿顶为单檐庑殿式，布灰坂瓦顶。殿周檐柱侧角、生起明显。柱头卷刹圆和，柱础石雕作宝装莲瓣，造型丰满，具有典型的唐代风格。大殿构架由上、中、下三层叠架而成。下层檐柱与内柱高度、直径相等，由檐柱和内柱各一周组成"金箱斗底槽"式柱网平面，以阑额联结成内外两圈柱架，作为屋身骨架；中层在柱上用斗栱、明乳栿、明栿和柱头枋等将两圈柱架紧密相连，形成两圈井干式框架的铺作层，以支持内外槽天花，保持构架的整体性，并将重量均匀传递于各柱；上层每间用一道坡度为 1∶2 的两坡抬梁式构架，架在铺作层上，构成屋顶骨架。殿内梁架由平棊隔为明栿、草栿两部分，明栿作月梁式，砍制规整，轮廓秀美。草栿梁端以木墩垫托，平梁之上不用驼峰、侏儒柱，仅用两支叉手斜向支撑脊槫，这是汉代以来的传统做法，唐代以后不再使用（图 2-2）。

斗栱是东大殿重要的结构组成部分，共用七种斗栱，最多出跳达四跳。在外檐和内槽分布于柱头、补间和转角，外檐柱头斗栱七铺作，双抄双下昂；转角铺作又在45度角线上出华栱两跳，角昂三层，昂上安宝瓶承角梁。斗栱用材较宋《营造法式》规定的一等材还大，外观硕大雄浑，用以缩短梁枋净跨荷载，减少梁枋在柱头处的剪力，支撑深远翼出的屋檐，在结构和艺术形象上发挥着重要作用（图2-3）。舒缓的屋顶、深邃的屋檐和突出的斗栱烘托出唐代建筑稳健雄丽的特有风格。大殿在

图2-2　佛光寺东大殿

简单的平面里成功地运用对比手法，创造出丰富的空间艺术。外槽狭而高的空间供信徒礼拜。内槽柱上以四跳斗栱承明栿，栿上又以斗栱构成透空的小空间，天花与柱交结处向内斜收，大大增加了内槽的高度。内槽后半部建宽五间、深一间的佛坛，坛上高大的佛像与内槽空间形成和谐、有机的整体。内外槽在体量和高度上的明显差异，恰好起到突出佛像的作用。大殿以材份为基本模数，按一定比例进行内外结构和空间设计，模数制为宋代所沿用和发展。

　　佛光寺不仅在大木作技术上达到很高的水平，而且在室内装修和艺术处理上，综合运用雕塑、壁画、彩绘等手段，使整座殿堂的建筑技术与装饰艺术浑然一体，充分体现了唐代建筑雄浑高迈、华美规整的风格，具有极高的历史、艺术和科学价值。

图2-3　《营造法式》七铺作副阶殿堂梁架剖视图

（三）广仁王庙正殿

广仁王庙，俗称五龙庙，在芮城县城北4公里龙泉村北侧。正殿建于唐太和五年（833），是介于南禅寺与佛光寺大殿之间的一座唐代殿宇。

此殿属厅堂型结构，规模不大。面阔五间（11.58米），进深四椽（4.94米），单檐歇山顶。殿基高1.2米，前设月台。前檐明间辟板门，次间为破子棂窗。圆形直柱，后人砌入檐墙内，有明显的侧角和生起，柱头仅施阑额，无普拍枋，为通用的唐代做法。柱头斗栱五铺作，双抄偷心造，简洁疏朗，显系唐制。殿内无柱，彻上露明造。梁架为"四架椽屋通檐用二柱"，四椽栿通达前后檐外，制成二跳华栱，与南禅寺大殿近同。其上设驼峰、大斗承平梁，平梁上设侏儒柱和叉手，两端立托脚承屋架。各栱节点由捧节令栱和替木衬托，梁架简洁有力。殿顶举折平缓，栱为月梁式。

广仁王庙历经多次重修，瓦顶、翼角、门窗等已被改动，唯梁架、斗栱等主体结构保持了原貌，可见唐代建筑技法。歇山顶的两山构造简单，是唐代歇山顶"厦两头"的实例；列柱中线以上的横栱，由一令栱一素枋为一组，两层叠置，保留了盛唐以前的做法；托脚与叉手斜度相近，是二者演变的重要实例。

（四）天台庵正殿

天台庵正殿在平顺县王曲村，殿前唐碑漫漶不清，从建筑结构形制判断建于晚唐，是四座唐代木构建筑中最具厅堂型构架特点的一座。殿身面阔、进深各三间，平面呈方形。檐柱圆形，卷刹和缓。柱头斗栱在大斗口内只出一跳华栱（称"斗口跳"），为四椽栿伸出檐外制成，是四座唐代木构建筑中最简单的斗栱，跳头上托替木承撩檐槫。补间铺作仅设在明间，次间于柱头枋上隐刻令栱，形成一斗三升的形状。山面自当心间和角柱上出角栱和丁栱，搭在檐栱上，承托紧贴平梁的承椽枋，共同构成歇山构架。

梁架为宋式"四架椽屋通檐用二柱"，与广仁王庙正殿相同。两道梁架间在各条槫下都加一条与之平行的木枋，置于蜀柱上的大斗口内，与平梁相交。这种襻间枋的使用，作为梁架间的联系，加强了构架的纵向稳定性，为四座唐代建筑中唯一使用的建筑技法，是研究唐代厅堂构架特点和发展演变的重要例证。该殿斗栱与枋子用材断面不一致，类似南禅寺大殿用材规格，反映出当时斗口宽度和材栔模数尚未普及乡间小寺，仅运用在佛光寺一类大寺中，从中可见唐代材栔模数的演进过程。这座山村小寺保留了山西地方建筑的独特技法，说明了唐代山西建筑技术的发展水平。

（五）青莲寺唐碑所见佛寺建筑营造技艺

山西现存唐代木构建筑均为单体，在规模、结构和技术上还不能全面反映唐代建筑技艺的发展成就。在晋城市南庄古青莲寺内，保存着唐宝历元年（825）镌刻的一通"硖石寺大隋远法师遗迹碑"，高1.45米，宽0.7米，碑首线刻"弥勒讲经图"中的佛殿形象，是了解唐代建筑技术、建筑规模的重要资料。

图中展示的是一座建制完整的唐代佛寺。寺前建山门，面宽三间，单檐庑殿顶。柱头斗栱形式古朴，为一斗三升式，两脊端饰以鸱尾。主体建筑弥勒阁为二层高阁，中部设腰檐平座，柱头斗栱一斗三升式，补间为人字栱，重檐庑殿顶。柱头卷刹、屋顶坡度和缓，结构简洁，几乎不使用无结构用途的构件，也没有繁缛的雕饰。阁之左右翼以回廊，折向前方与山门相连，并形成四合院，院内全部以方砖铺墁。利用平矮面连续的回廊衬托高大的主体建筑，造成开朗而又主次分明的艺术效果，为中国古代建筑的常用手法。

这种以高阁为中心的寺院布局方法，是唐代以庭院为单元的建筑组群形式的突出特征。这种形制在《关中创立戒坛图经》中有记载，也反映在敦煌壁画、西安大雁塔门楣线刻佛殿中，佛光寺弥勒大阁实物早已毁弃，但宝历图碑唐代佛寺比较完整，体现的是概括、简化了的，但最具典型意义的唐代木构建筑主流形式，可与文献记载相参证。唐代佛寺继承并发展了南北朝建筑技术传统，高规格的建筑不仅集中于都城宫苑，山西各地也出现了一些规模宏伟、形体复杂的木构建筑，如北周建永济鹳雀楼在唐代十分兴盛，佛光寺弥勒大阁为五台山弥勒净土宗的中心，晋城青莲寺也有高阁建筑。随着科学技术水平的提高，建筑实践增多，各类建筑遍布于城市乡村，唐代山西地区的建筑技术已获得了长足的发展。

五代十国国祚短暂，社会动荡，战乱频仍，建筑技术多沿袭唐代手法。建筑实物能够保留至今者已十分稀少，山西由于特殊的历史、地理因素，保存了这个时期不同朝代的三座木构建筑，分别是全国重点文物保护单位平顺龙门寺西配殿、大云院正殿和平遥镇国寺万佛殿。

（六）龙门寺西配殿

龙门寺位于平顺县石城镇源头村西北的龙门山麓，环境清幽。寺史可上溯至北齐文宣帝时期，初名法华寺。寺内现存有五代、宋、金、元、明、清各时代土木结构建筑27座，计百余间，并有大量碑碣石刻及寺庙文物遗存，被誉为自成体系的建筑历史博物馆。

西配殿建在寺内中轴线上主体建筑大雄宝殿的前院西厢，建于后唐同光三年（925），是我国仅存的五代时期悬山造木结构佛教殿堂。西配殿是根据殿宇位置而起的称呼，本名"观音菩萨堂"，为龙门寺的前身——五代时期密宗佛寺"龙门山院"的主殿。

该殿体量不大，面阔三间（9.98米），进深四椽（6.72米），建在高仅0.2米的低矮台基上。前后出檐为 1.3 米，两山出檐 1.05 米，地盘深阔比为1∶1.29，具备较好的建筑抗震条件。殿身四壁除南山墙下身保留的部分磨砖干摆坎墙及土坯墙身为创建时的原有构造外，其余皆被后人重新修筑。前檐明间辟板门，次间设双页隔扇式槛窗。殿内无柱，殿身共用立柱 11 根，现各柱皆被包砌在殿周檐墙内。柱头作覆盆状卷刹，屋身构架中各柱侧脚、生起明显。檐柱柱首间施阑额加强左右连接，阑额至角柱不出头，其上也不设普拍枋。

柱头直接布设铺作栌斗，承袭了唐代小型佛寺建筑屋身构架的传统做法。柱头斗栱四铺作单抄，华栱由四椽栿首尾制成，使得梁架、斗栱、柱架之间的结合更紧密，整体性更强。栌斗口内设实拍小栱头，以加大支座的横纵长度与面积，有效地增强了四椽栿尾的抗弯、抗剪能力。考虑到纵向华栱受弯、受压负荷较大，纵向栱材较横向栱材用材高两个等级，充分体现了古代匠师在结构力学与材料力学方面的聪明才智。补间铺作每间一朵，下部不设栌斗，亦不伸出纵向栱材，仅用四枚小斗并巧施雕斫技巧，就使两层柱头枋与顶部压槽枋由独立杆件转变为形神兼备的组合结构，共同承载檐头重荷。这种做法与天台庵正殿斗栱相一致，系五代时期通行的做法，或可推断这是《营造法式》中"影栱"制度的先例。

殿内梁架为宋《营造法式》所谓"四架椽屋通檐用二柱"的抬梁式屋架形式，基本沿用了唐代厅堂式小殿的建筑模式。前后檐柱间飞架四椽檐栿，其首尾与檐柱头斗栱构成一体，四椽栿背上设驼峰承托上部平梁，平梁首尾皆用托脚戗结稳固，平梁之上施叉手、蜀柱、捧节令栱等构件承托脊部重荷。四缝屋架的连接，在前后檐部及四椽栿首尾处，由两层柱头枋与顶层压槽枋组成"叠梁"，在平面上与四缝梁架的四椽檐栿构成三个纵向的长方形框架，颇似井干式构架的壁体，具有较强的平面稳定性。在屋架中部施通长的单材襻间与四缝平梁首尾相交，构成一体。上、中、下三组构造连接力度渐弱，适合了梁架构造发展的需要。顶部彻上露明造，明栿做法，四椽栿及平梁均作月梁式，形制规整，工艺精良。通行于汉唐时期的人字叉手构造与通行于宋元时期的小驼峰共同使用于平梁上部，有明显的双重保险功能。其屋架设计思路与唐建五台南禅寺大殿与芮城县广仁王庙正殿一脉相承，此殿举高较前二者略显陡起，但恰与宋式厅堂"四分中举起一分"的规定相一致，为研究自唐至宋寺庙建筑屋顶举折制度的演变提供了佐证。

（七）大云院正殿

大云院位于平顺县城西北 30 公里双峰山腰，始建于后晋天福五年（940），初名仙岩院。寺分前后两进院落，大佛殿居中，为五代遗构。殿身面阔三间（11.8米），开间较大，进深六椽（10.1 米），山面次间约合当心间之半，平面近方形。单檐歇山顶。殿前无月台，前后檐当心间辟门，次间安直棂窗。檐柱侧角、生起明显，柱头以阑额相连，并加施普拍枋，为采用普拍枋构件之始。柱头斗栱五铺作双抄，耍头为短促的下昂形。殿内后槽当心间用金柱两根，其上不施普拍枋。梁架为"六架椽屋四椽栿对乳栿通檐用三柱"，因无前槽金柱，前后槽梁架不一致。栿上有驼峰、托脚承平梁，平梁上有驼峰、侏儒柱、大叉手、捧节令栱共承脊槫。驼峰较小，侏儒柱甚细，是此两种构件产生之初的形式。平梁两端斜撑着横跨两架椽的大托脚，稳固有力。殿内驼峰形制各异，达八种之多，兼具承托与装饰作用，技法独特。殿内现存五代佛教壁画 22 平方米，为"维摩变相"和"西方净土变"，各像面相圆润，肌肉丰盈，唐代画风犹存，是中国现存寺庙中唯一的五代壁画，与槫枋、斗栱、替木上残存的部分五代彩绘，均为国内孤例。

（八）镇国寺万佛殿

镇国寺位于平遥县城东北 27 公里的郝洞村，由前后两进院落组成。万佛殿在寺内中央，建于北汉天会七年（962）。三间方形殿宇，各间面阔从中央明间起向两端递减，单檐歇山顶，前后檐明间均辟门。檐柱粗壮，侧角、生起显著，均砌入墙内，柱间以阑额相连，无普拍枋，仍袭唐制。斗栱分布于柱头、补间和转角，柱头七铺作，双抄双下昂，昂前端上承檐槫荷重，后尾压在第二层六椽栿之下，上承六椽草栿两端，与佛光寺东大殿类似。补间斗栱五铺作出双抄，大斗之下立直斗与阑额相接。斗栱总高约合柱高的 7/10，更显硕大。殿内无金柱，属厅堂结构，彻上露明造。明间两缝梁架自下而上，先设六椽檐栿南北纵跨殿之前后，梁栿层数增加，六椽檐栿通达檐外，上层为六椽草栿、四椽栿、平梁等结架，承脊槫和上下平槫。平梁上叉手较大，侏儒柱很小，是唐代建筑向宋代过渡的形式。佛坛上保留了彩塑11 尊，是国内除敦煌石窟外仅存的五代寺庙彩塑。

三、宋辽金元时期

从宋代开始，由于社会经济的发展和生产技术的进步，建筑技术发展又进入一个新阶段，建筑营造形成一个新高潮。特别是北宋元符三年（1100）《营造法式》建筑规范颁行全国，该规范对我国古代长期的建筑实践作了全面系统的总结，对于设计和施工技术的提高和大规模建筑实践起了极大的推动作用，元、明、清时期的建筑都是以此为基础而不断丰富发展的。

辽、金作为统治中国北部和中原地区的少数民族政权，吸收汉族文化，使用汉族工匠修建宫殿、佛寺，在山西留下不少规模宏大的建筑。由于山西从唐末五代起为藩镇势力割据，建筑技术和艺术很少受到中原和南方文化的影响，因此辽代建筑较多承袭了唐代风格，金代建筑则形成宋、辽风格并容的情况，且多有创新。山西现存宋、辽、金时期的建筑数量较多，计 99 处，加上唐、五代的 7 座，共占全国同期现存建筑实物的 72.6％，这成为山西省丰富的地上文物旅游资源的重要组成部分。

元代蒙古族建立了统一的多民族的国家，结束了长期南北对峙的局面，使以前各自发展的建筑技术融合起来。山西保存下来的元代木构建筑较唐宋时期大为增加，已知达 300 多处，它们在建筑传统方面上承宋、辽、金，下启明、清，展示了山西建筑业自宋金向明清时期过渡的情况。

（一）晋祠圣母殿

晋祠，位于太原市西南悬瓮山麓，是北朝以来的著名祠庙建筑。1961 年被国务院公布为第一批全国重点文物保护单位。主殿圣母殿建于北宋天圣年间（1023～1032），崇宁元年（1102）重建，是宋式建筑的代表作。

圣母殿建于晋祠中央轴线上，坐西向东，重檐歇山顶。殿身面阔五间，进深四间，外围加出宽深各二间的回廊，即副阶，构成下檐。构架为宋《营造法式》规定的殿阁型"单槽副阶周匝"做法，略加特殊处理。把殿身前檐门窗和坎墙向后移至槽柱位置，再从副阶前檐中间四根柱上起梁架，梁尾插入殿身单槽缝的内柱上，使殿身前檐当心四柱不落地面，而立在这四根梁上。这样，在前廊处就形成一个进深六椽（7 米）、上架通梁的宽阔高敞的空间，适应了大规模祭拜的需要。柱之侧脚、生起显著，廊柱侧脚除四面向内倾外，各柱头均顺间宽向当心中线倾侧，檐口线顺势自次间向上挑起，曲线圆和轻盈。这就使殿身荷载自然向中心聚集，重心稳固，不易出现扭闪偏侧现象，同时也增强了殿宇轮廓的曲线美。前檐八根廊柱上缠绕木雕盘龙，即《营造法式》规定的"缠龙柱"之制，仅见于唐代造像碑佛龛倚柱和塔门倚柱，建筑实物此为仅见的一例。该木柱雕龙不是附柱所雕，而是先以木剔挖龙身，然后分段拼合盘绕于柱上。圣母殿斗栱柱头与补间相异，上檐与下檐有别。下檐五铺作单栱，柱头双下昂，补间单抄单下昂；上檐六铺作单栱，柱头双抄单下昂，补间单抄双下昂，并施异形栱。下檐昂嘴长大平出，与檐柱成 90 度角，风格自然舒张。上檐施真昂，昂嘴下斜，耍头砍作昂形，与真昂斜度略异。栌斗口内第一跳出昂，开创了元、明以后斗栱自由发展的先例。圣母殿斗栱大胆创意，变化丰富，结构机能开始弱化，而更具装饰意味，使殿宇外观绚烂精巧，与唐代建筑浑厚古朴的风格迥异。圣母殿进深与脊檩高度相等，副阶脊高是殿身脊高的一半，副阶柱高又是副阶脊高的一半，这些规律的数字关系，体现了宋代建筑各工种操作方法和工料估算已有十分严格的材棨模数和技术规范，建筑构件的标准化在唐代的基础上不断发展。殿顶筒坂布瓦覆盖，黄绿色琉璃剪边，个别绿釉筒瓦背面有"尹"姓匠师烧制押记，通过装饰、色彩增强了宋代建筑的艺术效果。殿内圣母像和侍女像是宋代彩塑社会化、生活化、艺术化的佳作。

（二）佛宫寺释迦塔

佛宫寺释迦塔，俗称应县木塔，位于应县城内西北隅。木塔建于辽清宁二年（1056），是自东汉末叶开始有建造木塔的记载以来，保存至今最古老的一座木塔。木塔规模宏大，健硕华美，木结构保存了近千年的历史，堪称世界建筑史上的奇迹，较始建于 1174 年的意大利比萨斜塔还早 100 多年，与五台山佛光寺东大殿、河北蓟县独乐寺观音阁，共同构成现存中国古代木结构建筑中的三颗璀璨明珠。1961 年它被国务院公布为第一批全国重点文物保护单位。

释迦塔是一座平面正八边形、每边三间、立面五层六檐的木结构楼阁式塔，总高 67.31 米，底层直径 30.2 米。虽名为塔，实则由五层明层和四层暗层（结构层）相间叠置而成，每层又以柱额栱枋托架，所以亦有"层殿"之称，是高层筒体结构的先驱。塔下砖石基座二层，下层方形，上层随塔身建为八角形，总高达 4.4 米，为木塔防潮、防水、稳定基础形成坚实、高大的塔基。塔身柱网采用内外双槽柱布局，即殿堂结构"金箱斗底槽"形式。内槽供奉佛像，外槽为人群活动空间。塔之结构共用柱额结构层、铺作结构层各 9 层，反复相间，水平叠置，最上层铺作层上装屋顶结构层。每个结构层均采用整体框架，预制构件，逐层安装。释迦塔各层间内出四个暗层，作为容纳平座结构和各层屋檐所需的空间。木塔的每层结构单元由八个垂直面组成，柱头由阑额、普拍枋相连，上置斗栱，柱间以斜撑、立撑贯固，柱脚间有地栿等水平构件拉接。构件间以各种榫卯连接，形成刚性很强的八面体。木塔的骨骼就是由四个这样的八面筒体叠置而成。筒体间上下柱不直接贯通，而是上层筒体的柱子较下层内移半个柱径，将上层柱脚插入下层木枋间的"叉柱造"（或"缠柱造"），在结构上具备了现代高层筒体结构的雏形。木塔平面采用八角形，在防风、抗震方面较方形更为稳定；双层套筒式结构把原来的中心塔柱扩大为内柱环，大大增强了塔的刚度；金代在暗层内增加了许多斜撑、钹柱，使四个暗层成为四个加固钢环，加强了塔的整体性。八边形平面对于抵御任何水平方向的外力十分有力，风力和地震波等都可以沿着径向和弦向作对称传递，不会使塔身产生过大的扭曲或变形，较方形平面更为稳固。因此释迦塔建成后历经大风暴一次、大地震七次，仍巍然屹立，证明这是坚固稳定、具有优良抗震性的结构体系。当然，由于木塔 7000 余吨的自重和木构件自身承重的局限，加之历代地震的累积影响，木塔有一定程度的残损。如木塔总体发生顺时针水平扭转；在塔体的垂直荷载与后加构件支顶的综合作用下，木塔各层外槽、内槽转角普拍枋出头处及转角斗栱顶压劈裂甚至折断，乳栿顺身劈裂，暗层乳栿由于用材较小，则于受力剪点处断裂、跨中部分形成反弯拱起，尤以一、二、三层为甚。

佛宫寺释迦塔在适应结构的基础上，遵循实用、美观的创作原则，进行内外空间的艺术处理与实用安排。最下层副阶为重檐，以上各层为单檐，相互呼应；各层柱子略向中心倾斜，并均有较大的侧脚和生起，形成各层内收、下大上小的轮廓，造型稳定；各层层高间遵循一定的比例，在立面上形成韵律感。各层屋檐按照总体轮廓所需长度和坡度，以华栱和下昂进行调整，使塔体轮廓优美和谐。檐下斗栱用材较大，根据不同的位置、作用和结构的需要，式样有 54 种之多，简者如五铺作出双抄，繁者如七铺作双抄双下昂，并以丰富的斜栱和异形栱装饰，从整体上丰富了木塔的美感。暗层斗栱则注重结构和实用，枋木实拍叠垒，不使用任何装饰，是斗栱较为原始的形式。在结构上斗栱作为梁柱节点，多层栱、斗相叠，通过斗底与栱端的滑移，产生摩擦阻力，可以消耗强大的地震力，具有良好的减震功能，应县木塔栱臂扭曲就是地震变形的真实写照。木塔造型、构图有严格的比例，塔的总高等于中间层外围柱头内接圆的周长，是立面构图的基本数据。

释迦塔是辽金时期木构建筑的代表作，反映了中国古代建筑在结构、技术和艺术方面达到的高度成就，为研究中国古代建筑铺作结构、殿堂形式、构图规则等技术问题提供了珍贵的实物资料。在钢结构和钢筋混凝土结构产生之前，使用木料建起如此高大坚固的塔，实为创举，在世界建筑史上占有重要地位。

（三）崇福寺弥陀殿和观音殿

崇福寺，位于朔州城内东北隅，为全国重点文物保护单位。寺始建于唐麟德二年（665），金代崇信佛教，大规模扩建寺宇，寺内主殿弥陀殿、后殿观音殿均建于金皇统三年（1143）。

弥陀殿面阔七间，进深八椽，单檐歇山顶。台基高敞，月台宽大。柱网以檐柱、金柱各一周合成，略如《营造法式》中的"金箱斗底槽"。但前槽金柱应为六根，实际只用四根，减去当心间二柱，而移入次间柱。这种减柱、移柱法自辽代开始，在金代建筑中普遍使用，如五台佛光寺文殊殿、大同善化寺三圣殿等，都为适应功能需要调整了金柱位置，使梁架布置比辽代更为灵活。弥陀殿梁架为"八架椽屋乳栿对四椽栿通檐用四柱"，为适应减柱要求，使用大跨度的横向组合内额（复梁），中央内额跨度 12.45 米，当心五间的四椽栿前端和前檐乳栿后尾直接搭于其上。前檐柱上叠置大额枋和由额两道，两端插入金柱内。额下设大雀替两层垫托，上下两层额底设驼峰承重，蜀柱外侧加叉手斜撑，这样便形成一个不完全的构架梁，近似于平行弦桁架的室内纵向组合梁，传递四椽栿压在大内额上的荷载。这种做法与金天会十五年（1137）建的佛光寺文殊殿十分相似，文殊殿的复梁长达面宽三间。金代处理柱网和结构的创造性传统，直接为元代建筑所继承。

弥陀殿柱头及补间斗栱都出四跳，柱头双抄双下昂，要头形状与下昂相似，斜度略异，外观犹如双抄三昂，同时 45 度线上出斜栱，是现存斗栱中最复杂、最具装饰意义的一例。弥陀殿小木作技艺也很高超，前檐隔扇三抹，棂花雕刻精美，图案丰富，有三角形、古钱纹、球纹等 15 种式样。后檐板门立颊上雕刻线脚有"破瓣双混平地出单线"和"通混压边线"两种做法，简练古朴，珍稀之至。殿顶黄绿色琉璃吻兽和两支大吻均为金代烧制。

观音殿为厅堂型构架，六架椽屋乳栿对四椽栱通檐用三柱。其特殊之处在于四椽栿中部立蜀柱承平梁前端，蜀柱栌斗两侧以叉手斜撑，类似斜梁，直至四椽栿两端，使四椽栿组成一个简洁的三角桁架。平梁上用叉手结三角桁架承屋顶荷重的做法，至迟在汉代已经出现，但用于下层梁上，观音殿与河北正定隆兴寺转轮藏殿为仅见的实例。崇福寺的辽金建筑，反映出这一时期山西地区建筑匠师在实践中不拘于程式，大胆、灵活地运用力学原理，创造性地使用了一些合理、科学的结构技术，为中国古代建筑技术史增添了许多创新的因素。

(四) 善化寺辽金建筑

善化寺，位于大同市南街西隅，始建于唐开元年间（713～741），名开元寺。五代后晋时改名大普恩寺，后毁于辽金战乱。金代大隆佛法，天会六年至皇统三年（1128～1143）高僧圆满重兴寺宇。总体布局沿袭唐代规制，山门（天王殿）、三圣殿、大雄宝殿沿中轴线依次布列，普贤阁、文殊阁于两侧峙立。现存辽代建造的大雄宝殿和金代所建的山门、三圣殿和普贤阁，殿阁高大，院落开敞，是现存辽、金佛寺中规模最大、建筑最完整的一处，在平面布局、结构、造型等方面体现了这一时期建筑技术发展的水平，1961 年被国务院公布为第一批全国重点文物保护单位。

大雄宝殿在寺内中轴线的最后部，始建于辽，金代大修。面阔七间（40.7米），进深十椽（25.5米），台基高大，月台敞朗，单檐庑殿顶。规模之大，冠于全寺。殿内柱子四列，减去一、三两列明、次间四柱，构架与华严寺大雄宝殿属于同一类型，为"十架椽屋前四椽栿后对乳栿用四柱"。两栿后尾均作榫卯与金柱相连，又在檐柱和金柱上用阑额、普拍枋、柱头枋等组成内外两圈矩形框架，类似殿堂形制的内外槽。为烘托出主尊佛像的高大，明间上部装斗八藻井，营造出深邃的立体空间。大殿结构形制完全适应礼佛空间、佛像布列等宗教活动方式的需求，建筑技术的实用性更为突出。

三圣殿建于金皇统年间，金代建筑特点鲜明。殿身面阔五间（32.3米），进深八椽（19.3米），平面柱列采用减柱法，当心间只在后檐用两根金柱，包砌于佛坛之后扇面墙内，而次间金柱较当心间向前移一步架，位于佛坛侧不显著的位置，营造了殿内宽阔的空间。结合柱网的变化，明间梁架为"八架椽屋乳栿对六椽栿通檐用三柱"，次间则是"五椽栿对三椽栿通檐用三柱"，为典型的厅堂型构架。斗栱六铺作，单抄双下昂，45度斜栱出三跳，并在一、二跳华栱跳头左右出斜栱，这样在第三跳华栱上共计有七个耍头，宏大华丽，如同盛开的花朵，尤其突出装饰性，为金代使用斜栱的鼎盛之作。殿顶举折陡峻，与唐、五代和缓的屋面完全异趣。檐柱生起显著，通过在槫上施生头木作调整，使檐口曲线起翘和缓。

山门即天王殿，规制较高。面阔五间，进深四椽，单檐庑殿顶。殿内使用中心柱一列，梁架近于分心斗底槽形式，彻上露明造，明栿制作规整，主梁加工成月梁式。斗栱五铺作，单抄单下昂。普贤阁在大雄宝殿前方西侧，建于金贞元二年（1154），保留了较多辽代风格。面阔、进深各三间，平面方形，为二层歇山顶楼阁。二层设平座钩栏，各层与平座用斗栱，五铺作出双抄。梁架为厅堂型楼阁"四椽栿对乳栿通檐用二柱"，四椽栿上置驼峰架平梁，结构严谨，形制简洁。

善化寺内辽、金建筑一般都建在高大的台基上，天王殿台基高1.4米，三圣殿台基高1.24米，大雄宝殿台基高3.4米，主殿又较配殿显著高耸，使主体建筑醒目而高大，这一传统一直延续到元代。寺内大雄宝殿与普贤阁为辽代风格，屋顶平缓，外观厚重古朴；三圣殿与山门突出金代特征，大量使用装饰性斜栱，屋面陡峻，翼角起翘明显，风格趋于华丽轻巧。善化寺充分展现了辽、金建筑技术和风格的异同。

（五）华严寺辽金建筑

华严寺位于在同市城区西南隅，是我国现存规模最大、保存最完整的辽金佛寺之一，1961年被国务院公布为第一批全国重点文物保护单位。依契丹族崇日习俗，寺及主要殿宇坐西向东。据《辽史·地理志》载，辽清宁八年（1062）增建华严寺，"奉安诸帝石像铜像"，这时的华严寺不仅是礼佛参禅的佛教寺院，而且兼具辽代皇室宗庙的性质。保大二年（1122）寺毁于兵燹，金天眷三年（1140）依旧址重建大雄宝殿、慈氏阁、会经堂、钟楼、山门等，成为云中巨刹。明代寺分为上寺和下寺两部分，自成格局，分别以大雄宝殿和薄伽教藏殿为中心。

大雄宝殿在上寺轴线的最后部，虽经金代重建，但基本上保留了辽代风格。大殿建在高4米的青砖台基上，月台敞朗，宽33米，深19米，与石级、勾栏构成"凸"字平面。殿身面阔九间（53.7米），进深十椽（27.4米），面积1443.5平方米，是现存辽金时期最大的佛殿。大殿保留了内外柱高度不同的厅堂特点和使用两跳以上斗栱的殿堂规制，殿内柱网布列属"金箱斗底槽"的变体，运用移柱、减柱法，减少内槽金柱12根，扩大了礼佛空间。柱头阑额、普拍枋叠交呈"丁"字形，出头处垂直砍削，显系辽制。砂岩柱础方形，素平无饰。外檐柱头斗栱五铺作，双抄重栱造，补间分施45度和60度斜栱，栱枋用材大于《营造法式》规定的一等材。梁架原为"彻上露明造"，明宣德至景泰年间（1426～1454）增补平棊，清代施以彩画。依《营造法式》"十架椽屋前后三椽乳栿通檐用四柱"的结构,各层梁上分别施缴背、驼峰、顺栿串、侏儒柱相互交结紧密。殿内外柱头枋、襻间枋、随槫枋层层叠架,组成四层框架和两道排架,增强了建筑的稳定性。殿前檐当心间与梢间装板门,外饰壶门牙子,形制古朴别致。殿顶单檐庑殿式,筒坂布瓦覆盖,黄绿色琉璃剪边。坡度平缓,檐口起翘不明显,保留了唐代风格。殿内佛坛高大,明代彩塑与清代壁画均为佳作。

薄伽教藏殿是华严寺的藏经殿,据梁上墨书题记,建于辽重熙七年(1038)。殿身建在高大的台基上,面阔五间(25.6米),进深八椽(18.5米)。殿内当心间置金柱2根,次间另施分心柱以分承屋顶重量。外檐柱头斗栱五铺作,双抄重栱计心造,转角加施抹角栱,用材较大,唐风犹存。大殿属殿堂型"金箱斗底槽"构架,双圈环状柱网,相距二椽,柱上为柱头枋、扶壁栱组成铺作层,上设平棊和屋顶草架。柱间与应县木塔类似,使用斜撑并埋入墙内,作为保证柱面刚度的构件,斜撑的使用是辽代一项重要的木结构建筑技术。梁架以平棊相隔,明栿月梁式,草栿砍制略糙,斗八藻井饰以彩画。单檐歇山顶,筒坂布瓦覆盖,举折平缓。佛坛上30余尊辽代佛教彩塑,塑工极佳。

殿内环壁排列储存佛经的木构壁藏38间,双层楼阁式,藏经1300余册。下层为经橱,建在须弥座上,橱上出腰檐平座,平座内建佛龛和行廊。佛龛在南北壁中间各一个,两侧有挟屋,西壁左右各二,无挟屋,共使用斗栱18种之多。上部为木质歇山瓦顶、脊兽和鸱吻。勾栏、栏板均剔透雕刻,花纹图案精巧之至。后檐明间与门楣之上制成弧形圈桥与天宫楼阁,拱桥与两侧壁藏平座相连,浑然一体。佛龛与行廊高低起伏,翼角错落,表现了中国木构建筑精巧玲珑之美。辽金时期建筑装饰繁华,山西保存了一些小木作艺术珍品,以应县净土寺大雄宝殿藻井天宫楼阁、晋城二仙庙佛道帐和薄伽教藏殿壁藏为精,是仿木结构建筑形式且构图、色彩、雕刻华美细致的精品。

(六)汾阴后土庙金刻庙貌图碑反映的建筑技艺

后土庙庙貌图碑,现存万荣县庙前村后土庙内。金天会十五年(1137)刻,碑高1.35米,宽1.06米,是现存最完整地反映北宋大型祠庙建筑的重要资料。

西汉时帝王在黄河汾阴高阜上设庙祭祀后土神祇,汉武帝亲赋《秋风辞》。唐玄宗时扩建,宋真宗时将祭礼升至最高等级的大祀礼,并于大中祥符五年(1012)重建祠庙。金代尊崇自然天地神灵,对庙址保护十分重视,庙之兴建也达到高潮,并勒石为记。碑正面线刻汾阴后土庙全貌图,碑阴为明代刻"历朝立庙致祭实迹"碑文。

据图,后土庙西临黄河,北接汾水,庙址长1405米,宽614米,总平面呈南北长的矩形。前部六重院落为庙，庙北附半圆形的祭坛区。庙外围是一圈瓦顶宫墙，四角有角阙，南墙开三门，正门居中，榜"太宁庙"。墙内前部分别建有两重门，隔成三重庭院，院内布列井亭、碑亭。后部为庙之核心部分，由回廊围成方形殿庭。南廊正中为殿门，榜"坤柔之门"。北廊正中为寝殿。殿庭中心为正殿，榜"坤柔之殿"，奉"后土神"，台基高敞，面宽九间，重檐庑殿顶。殿后有长廊连通寝殿，形成"工"字殿，是宋代宫殿、寺院、衙署建筑的常用形式。殿庭前部有舞台，两侧配乐亭，周围环绕回廊。另在东西廊外侧各建有东西向殿三座，在其明间上各有廊与东西回廊连接。这样，在回廊外侧形成四个小院，院内设小殿一座。寝殿之北于庙北墙正中建一高台，上有三间小殿，榜曰"配天"，其北有柱廊，与庙北祭坛区"工"字形台上的方亭相连。祭坛区被东西墙隔成前后两部分，前部即"工"字形台，后部在方坛上建重檐方殿，题"轩辕扫地坛"。庙南大宁门之外还有三间乌头门，左右由带垛口的墙围成前院。

中国古代祠庙是封建礼制建筑的重要组成部分，图中反映的后土庙总体格局、建筑体量、式样等，与现存山东曲阜孔庙、泰安岱庙和金刻中岳庙图碑所示基本相同，并与文献记载的北宋祠庙、宫殿相一致。宋代建筑技术的成熟，已经能够建设不同级别、类型和规模的建筑，后土庙全貌图碑反映了宋代国家级祠庙在山西的营建水准。

（七）广胜寺元代建筑

广胜寺位于洪洞县城东北霍山南麓，于佛教初传中国后东汉建和元年（公元147年）创建，为山西佛教文化活动滥觞的见证。广胜寺分上、下两寺，明、清两代多次重新修建，除上寺大雄宝殿为明代形制外，其余都保留了原构，是元代佛教建筑的重要遗迹，集中体现了元代山西地方建筑的特色与所取得的成就，1961年被国务院公布为第一批全国重点文物保护单位。

广胜寺元代殿宇在平面布置上采用减柱或移柱法。上寺弥陀殿减去4根，毗卢殿减去2根，下寺前殿和后大殿减去6根，扩大了活动空间。由于柱子分隔的间数少于上部梁架的间数，所以梁架不直接放在柱上，而是在内柱上增加横向的大内额或由额，内额由复梁改为单梁，用以承担梁架荷载。下寺后殿重建于元至大二年（1309），面阔七间，进深三间八椽，共用金柱6根，在前后檐以内深二椽处，于次间、梢间和尽间处各用一根通长达11.5米的大内额，外端搭在山面梁架上，内端搭在当心间两侧的金柱上，以承上面两排梁架，大内额的使用在木结构中占有突出地位。下寺前殿面阔五间，进深六椽，只有2根内柱。元代减柱的大胆创制，使殿内空间异常开敞，反映了当时柱网布局设计思想具有很大的灵活性和创造性。但由于尚缺少科学的计算方法，减柱也有不恰当的，后殿11.5米的大内额就不得不在下面中点处各添加一根支柱。

随着内柱的减少，梁架结构也发生了相应的变化。使用斜梁代替平置的梁栿，外端搁在外檐柱头斗栱上，后尾搭在大内额上，从而节省了一条大梁。如下寺前殿两次间处省去明间所用的四椽栿和乳栿，代之以两根大斜梁。这样，斗栱和梁架组成一个整体，共同承载屋盖荷重。这种大胆而灵活的结构方法，发展了金代内额之间置斜材和通托脚的做法，略如近代人字屋架结构。殿之用材特别经济，平均断面约为清代建筑的 1/3。600 多年来，晋南地区受五级以上地震冲击五次，殿宇未受大的影响，证明了元代建筑结构合理，抗震性强，结构力学原理基本成熟地得以运用。广胜寺的斗栱结构机能进一步弱化，梁外端做成耍头，伸出斗栱外侧，直接承挑檐檩。昂的后尾缩短，成为装饰构件。内檐节点斗栱减少。殿内梁架全部为"彻上露明造"，明栿为天然原木稍加砍制，并就木材的天然形状因材施用，断面极不规整。这一方面反映了民间建筑的地方手法，另一方面与元代战乱不息、社会经济贫乏也不无关系。

广胜寺建筑的特殊之处还表现在，下寺山门前后饰以腰檐，出檐较短，檐下置斗栱垂柱，为仅见之例。也有认为是雨搭者，或就重檐的下檐改建而成。下寺前殿与后大殿前檐次间的直棂窗，均装在檐墙上部，窗台高约及檐墙高度的 3/5，与善化寺山门同为稀有形式。广胜下寺旁的水神庙，是元代祠祀建筑的重要类型。明应王殿建于元延祐六年（1319），三间方形周围廊，重檐歇山顶。殿前无献亭或享堂，代之以宽敞的庭院，供当时公共集会和露天观戏之用。广胜寺和水神庙还有元代壁画和彩塑，尤以水神庙壁画给"大行散乐忠都秀在此作场"的戏剧、杂要图提供了珍贵的戏剧史资料。

广胜寺元代建筑继承了金代传统，在结构和艺术风格上发生了显著变化，木结构从简去华，而且具有很高的创造性。减柱法、大内额和斜梁的使用，斗栱逐渐演变为装饰性构件，注重建筑的刚度和整体性，都是元代建筑技术取得的主要成就，部分被明清时期的建筑所继承和进一步发展。

（八）永乐宫元代建筑

永乐宫是元代重要的官式建筑，道教全真派中心之一，原在芮城县西 22 公里的永乐镇（旧属永济市），1959 年因旧址属建造三门峡水库的淹没区，迁至芮城北 3 公里的龙泉村。永乐宫原址相传为唐代道教"八仙"之一吕洞宾的宅第，称"吕公祠"。金末兵焚后，大道人丘处机、潘德冲等奏请敕升为宫，贵由二年（1247）建造了规模宏大的"大纯阳万寿宫"，后改称"永乐宫"。

现在永乐宫中轴线上布列四座建筑，即无极门、三清殿、纯阳殿和重阳殿，均为元代遗构。四座殿宇都坐落在高大的台基上，其间有甬道相通。主殿三清殿面阔七间，进深八椽，体积最大，前面院落空间也最大。自此以后建筑体量和院落都逐渐减小，这是传统建筑常用的手法。檐柱比例细长，殿身之高大大超过间宽，不同于宋制"柱高不越间广"的规定，继承了金代建筑用柱的传统。殿内减去有檐与后部梢间的金柱，空间宽敞。纯阳殿面阔五间，进深八椽三间，与间宽不等，由前向后逐渐缩小。殿内减去次间金柱4根，故加大丁栿长度和断面。重阳殿减去有檐明间两根金柱。无极门、三清殿、纯阳殿为殿堂型抬梁式构架，平棊分成明栿、草栿两部分，明栿制作规整，草栿加工略糙。檐柱侧角、生起显著，角柱直径大于平柱，意在加强建筑重心的稳定性和四角的刚度。三清殿、纯阳殿草栿梁架简化了结点处理手法。重阳殿为厅堂型构架，面阔五间，进深六椽，殿内减去前槽明间2根金柱，梁架为前五椽栿对后乳栿通檐用三柱。梁枋构件断面很不规则，原材略加砍制就使用，是元代一般建筑的特征。

三清殿、纯阳殿外檐斗栱六铺作，单抄双下昂；无极门、重阳殿斗栱五铺作，单抄单下昂。斗栱用材较小，较《营造法式》规定减小二至三等材，反映了元代斗栱的结构机能弱化的趋势，而更注重装饰性。栱、昂、升、斗工艺规整，纯阳殿柱头斗栱后尾出现了菊花头和六分头，并绘出假上昂；重阳殿补间斗栱后尾挑起"秤杆"，是明代镏金斗栱的雏形。

永乐宫建筑装饰技术的运用较为突出。三清殿单檐庑殿顶，两支高大的孔雀蓝盘龙吻兽，是我国元代琉璃吻的唯一形制。纯阳殿单檐歇山顶，正脊做瓦条脊筒，是早期瓦条脊向后来的脊筒过渡的一种形式。三清殿藻井六眼，三层叠置，平面有方形、圆形、斗八形三种形式，周围以细密精致的斗栱攒聚而成，顶板上镂刻蟠龙，表面贴金，是元代小木作艺术精品。三清殿内檐彩画以青绿色为主调，兼施金、红两色，基本属"碾玉杂间装"做法。它在宋代彩画工艺的基础上创新发展，成为明清时期官式彩画的主流。三座殿堂内元代壁画十分精美，人物形态各异，线条流畅生动，构图、技法、色彩都达到很高水平，"三清朝元图"是现存规模最宏大、题材最丰富的元代壁画。

永乐宫殿堂各具特点，普遍使用减柱法，平面布局不拘一格。在梁架结构、细部装修等方面，不同于一般民间建筑，其中尤以三清殿比例和谐，规整秀美，仍循宋代结构传统，可能是元代官式大木作结构技术的典型，与广胜寺的民间手法完全异趣。

四、明清时期

明清时期山西保存下来的木结构建筑计8000余处，几乎遍布于每一个城市乡村，较以前各个时代保存得更多、更完整。这一时期山西建筑技术同全国一样，沿着中国古代建筑的传统道路继续向前发展，构成中国古代建筑史上的最后一个高峰。一方面，随着中小地主、商人经济力量的崛起，明清时期城乡中增加了很多书院、会馆、宗祠、戏场等公共性建筑，建筑类型极大丰富。建筑材料选择更为广泛，建筑技术着重突出地方特色，为标准化、定型化的明清官式建筑增添了生命力。另一方面，经过元代建筑短期的大胆创新，自明代开始建筑又日趋程式化，木构架大为简化，较之唐宋建筑缺乏创造力。清政府颁布《工部工程做法则例》，高度统一了官式建筑的模数和用料标准，但同时不可避免地造成结构高度程式化。随着明清封建等级制度的加强，与建筑等级相应的建筑规范严格限制了清代山西民间建筑的自由发展和匠师更多的创造力，而过分追求烦琐细密的建筑装饰，山西清代建筑技术水平衰退了。

（一）太原崇善寺

崇善寺位于太原市城区东南隅，是明代著名的大型佛寺，为山西省重点文物保护单位。明太祖朱元璋第三子晋恭王朱㭎为追荐先妣孝慈皇后，于明洪武十四年（1381）在延寿寺的基础上扩建崇善寺。寺宇规模宏大，达 14 万平方米。现存大悲殿及个别附属建筑，仅是明代崇善寺的一小部分。寺内保存的一幅明成化十八年（1482）寺院布局总图，忠实地表现了崇善寺的原貌。

寺址坐北向南，以东西门间的甬道将寺分为两部分，南部是仓、碾、园等供寺僧生活用建筑，北部为寺的主体。主要建筑在天王殿以北，绕以回廊构成廊院式布局。大雄宝殿九间，重檐庑殿顶，下部为二层白石台基，与大悲殿间以廊相连，成为"工"字殿。主院东西隔着夹道，侧列八个小院，而主体廊院的东西配殿也以走廊与东西院的两座大殿相连，组成"工"字殿形制。寺院布局主从分明，错落有致，在主体建筑的空间处理和主、次建筑群的排列关系上，体现出很高的水平。

现存大悲殿在主殿廊院以北，其间夹道相隔，是典型的明代官式建筑。面宽七间，进深四间，重檐歇山顶。前檐当心三间安四抹隔扇，不加雕饰，两梢间和尽间开窗，格状窗纹，形制古朴。背面装板门，便于前后通行。殿周檐柱微向内倾，角柱增高，形成侧脚与生起。双层檐下斗栱承托深远翼出的屋檐，下檐斗栱五踩重昂，上檐斗栱七踩，单抄重昂，角栱设由昂一道，承老角梁和仔角梁，翘起的翼角增添了殿宇外形的俏丽。大木结构继承宋唐传统，梁枋加工规整。殿内梁架有平棊相隔，上部草栿做法略糙。前后槽及梢间柱子以外一周，平棊安装于乳栿两侧；前后槽柱子以内，则装于上部梁架之下。为扩大殿内立体空间，利用两层平棊的高差，在上下平棊之间倚内柱装一周壁板，创造了深远的空间。金柱柱头两侧用狭长形雀替承托额枋榫头，以提高梁枋的抗剪能力。殿顶黄绿色琉璃剪边，两支正吻背上斜向插入剑把，使大殿显得华丽壮观，颇具皇宫建筑的风范，是典型的明代官式建筑手法。殿内佛坛上供奉千手千眼十一面观音、千钵文殊和普贤三尊雕像，与所

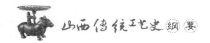

存宋、元、明各代《大藏经》刻本都具有很高的价值。

明代崇善寺是仅次于宫殿的国家级佛寺，重檐庑殿顶九间大殿、白石台基与明长陵陵恩殿、北京太庙、故宫乾清宫相近，建筑等级很高。其布局形式为中国古代大型建筑的典型，其中的廊院制度、工字殿形制、附属小院与主体廊院的关系，主院与夹院间以夹道相连等建筑手段，与唐代《关中创立戒坛图经》中的律宗寺院、宋代万荣后土庙、金代中岳庙（河南济源）有一定的嬗变关系，体现了丰富的规划、设计思想。崇善寺虽为官式建筑，但并未完全陷入明清建筑的程式化手法之中，建筑技法与造型既遵循明代的标准化通制，又不失灵活变化，是明代建筑科学技术成功应用的实例。

（二）解州关帝庙

解州关帝庙位于运城市西南 20 公里解州西关，为祭祀三国蜀将关羽的祖庙，是全国最大的武庙建筑群，1988 年被公布为全国重点文物保护单位。关羽为河东解梁（今运城解州）常平村人，忠孝英武，曾受历代褒封。解州关帝庙历来备受封建国家重视，隋开皇九年始建庙宇，宋、明两代扩建，后遭焚毁。现存规模宏大的建筑群为清康熙四十一年（1702）修复重建而成。

关帝庙背邻盐池，面向中条山。庙址坐北向南，长 700 米，宽 200 米，总面积 14 万平方米。关帝庙完全仿照宫殿建筑"前朝后寝"式布局，庙内轴线三道，分别为庙堂、东宫、西宫。庙堂建筑 1.8 万平方米，牌坊七座，殿阁门庑六重，周以围墙环绕。南为结义园，由牌坊、君子亭、三义阁、假山、环廊组成，周置小桥，遍植花卉，是仿"三结义园"所建。北部为正庙，前院以端门、雉门、午门、御书楼、崇宁殿为中轴线，两侧配以木、石坊、钟鼓楼、崇圣祠、胡公祠、追风伯祠、碑亭、钟亭等，后院即后宫，是关羽读书、习武的地方，"气肃千秋"坊居于前，以春秋楼为中心，刀楼、印楼位于两翼。前后两院自成格局，又为统一的整体，近二百间廊庑环于四周，形成我国传统的"前殿后舍"格局。

解州关帝庙是明清时期山西少数官式建筑的代表，也是清代布局完好的宫殿建筑群之一。雉门面宽三大间，单檐歇山顶，中柱上装板门，前后檐柱础石上雕刻狮、象、麒麟等，栩栩如生。上部梁架规整，转角处各悬垂莲柱一支，背面凸出抱厦三间，覆卷棚顶，台阶内收，两侧各砌八字琉璃影壁一垛。中央形成戏台一座，是庙内酬神演戏之所。这种一座建筑两种用途的布局和结构，是明清建筑别致与实用之处。崇宁殿是关帝庙的主殿，康熙五十七年（1718）重建。殿基高大，前设月台，周围石雕勾栏，月台前阶石上雕卷草流云和二龙戏珠图案，略如皇宫"云路"规制。崇宁殿面宽七间，进深六间，重檐歇山顶，四周围廊，檐柱以石质盘龙环绕。柱之侧脚、卷刹消失，生起微小，是明清时期官式建筑的新变化。廊下阑额雕刻华丽，斗栱五踩，比例很小，结构功能也完全消失，已成为建筑上纯粹的装饰了。殿内金柱直抵上檐梁下，前槽明间二金柱上木雕海水、流云和盘龙，工艺尚佳。殿内中央设神龛，内奉关羽圣像，前设插廊，勾栏、隔扇雕工细腻，是一座很精巧的清式小木作神龛。

春秋楼是关帝庙中楼阁式建筑的代表，位居主轴线最后部。面宽七间，进深六间，四周环廊，二层三檐歇山式屋顶，为清同治九年（1870）重建。两层廊下皆设勾栏，下层石雕，上层木质，廊下阑额、雀替、栱头、昂嘴等构件上都雕刻龙、凤、卉草等各种图案，精雕细琢，玲珑剔透。上檐斗栱三踩单翘，下檐五踩双昂。斗面、栱面、耍头等部位全为雕刻，是清代斗栱完全成为装饰性艺术构件的标志。春秋楼结构致胜之处在于其"悬柱挑梁"，二层四周檐柱上承檐头荷载，下端刻成莲瓣，成为二层平座上的垂莲柱，其负荷全部由下层大梁伸出檐外挑承，梁上荷重通过檐柱和金柱传递。这种构造常见于小木作神龛或天宫楼阁雕刻中，建筑实物实为罕见。

解州关帝庙规模宏伟，建筑类型丰富，集中了牌坊、殿座、楼阁、戏台建筑的精华，黄、绿、蓝三色琉璃瓦件和脊饰使整个庙宇富丽堂皇。崇宁殿的建筑手法基本反映出明清木结构技术发展变化的特点，如建筑设计更加规格化，构件加工严格规范，梁枋断面几乎接近方形，斗栱完全装饰化等。在构件标准化的同时，忽视了木材承压、抗弯、抗剪的力学原理，大木结构机能减弱。春秋楼结构奇巧，制作工精，是清代木结构技术成就的代表作。

（三）浑源悬空寺

悬空寺位于浑源县北岳恒山山麓，背依翠屏峰，面对天峰岭。相传寺始建于北魏晚期，至迟在金代就已有了规模较大的悬空楼阁。现在的悬空寺为明清重修时的遗构，是我国一处罕见的悬空楼阁建筑，为全国重点文物保护单位。

悬空寺建在一个距地面数十米的悬崖峭壁间，它的奇险之貌恰如《恒山志》所载，"上不在巅，下不在麓，而宫殿垣墉倚伏于幽崖峭壁间者，则曰'悬空寺'。是寺也，虹桥飞跨，楼阁遥连，柱础参差，其址危险，不知者以为神为之也"。寺临山崖，坐西向东，南向开门。寺院平面狭长，长10米，宽3米余，与南楼、北楼共同组成悬空寺的整体。悬空寺建筑注重立体空间的发展，在不足30平方米的寺院内营造出40余间各类殿阁，可见其利用自然、组织空间的能力。悬空寺平面布局先自崖的南侧修石阶，至峭壁处开始建殿阁，顺山势自南向北增高，并以挑出的飞廊与楼阁殿宇相连，宛若天宫楼阁。寺院内中部背崖建三间二层殿阁，下为佛堂，上为三佛殿、太乙殿和关帝殿，顺地势在其脊部两侧各建配殿二间，分别为伽蓝殿、送子观音殿、地藏殿和千手观音殿，均为单檐歇山顶，建筑精致小巧。寺院北部为南楼、北楼相对，三重檐歇山顶，三周设围廊。悬空楼阁均无地面基础，其结构特殊之处就在于全部从山崖上挑出木梁承重，木梁的做法是沿着绝壁逐个开凿孔洞，插入木梁，松动者则用木楔加固。有些殿阁之下为更加安全，在绝壁上凿出坑窝，安设支撑的立柱以承托挑出崖壁的木梁。在挑出的木梁上铺设楼板，加立柱和梁架，建成一座殿阁和飞廊。

悬空寺不仅地势险峻，结构奇巧，在施工技术上也有大胆的创造。据清同治三年（1864）重修碑刻记载，当时一般人都担心绝壁之上无法搭起脚手架，但木匠张廷彦率先大胆尝试，以绳系腰，绳头结在上层崖面，人在空中凭四肢运动和风力调节方向，仅用不到一年时间，全部修缮工作结束。绳索保险悬空施工的方法，是劳动人民高度智慧、胆略与实践的结晶。

明清时期，山西的建筑类型极大丰富，不乏独特创意之作，悬空寺就是其中的代表。它层楼崛起，栈道盘旋，犹如仙山楼阁横空出世。在 800 多年的岁月中，供朝圣信徒登临观览，久经风力、地震的影响，一直安然无恙。明清时期山西木结构建筑技术充分发展，完全可以超越险恶的自然条件，创造出与自然之险相媲美的人文险胜，表现了明清工匠大胆设计、惊险施工的高度技术水平。

（四）隰县小西天

小西天，亦称千佛庵，位于隰县城西北的凤凰山。千佛庵由东明禅师创建于明崇祯二年（1629），初期建有下院的无梁殿、韦驮殿、摩云阁、小禅窟、八卦亭等。崇祯十七年（1644）上院"层殿"——大雄宝殿落成，顺治十三年（1656）殿内悬塑妆绘完毕，又建北极殿、马王祠及小禅窟、厨窟等附属建筑，千佛庵粗具规模。清代屡事修建，增建下院钟鼓楼和东廊房，使庵内建筑更加完善。因大殿内佛像彩塑密致，取佛教"西天圣境"之意，遂名"小西天"，与城南规模宏大的圣境寺——"大西天"相对应。

千佛庵坐西向东，因山势而建上、下两院，建筑布局高低层叠，错落有致。在选址上遵循中国传统"负阴抱阳"、"背山面水"的风水理论，选择藏风纳气的吉地，形成"面绕城堞，背拥岗峦，大河平涵，旁溪萦带"的自然胜景。小西天以小巧玲珑的建筑美见长，在 1100 平方米的面积内，最大限度地利用空间，多以双层建筑荟萃了丰富的佛教文化内涵。大雄宝殿内满堂木骨泥质悬塑造像，贴金敷彩，精美绝伦，梁架彩绘富丽典雅，是明清时期重要的历史文化遗产，1996 年被国务院公布为全国重点文物保护单位。

大雄宝殿是小西天上院的主体建筑。殿基选在下院无梁殿后部土崖上，一方面使大殿荷重避开无梁殿顶，同时充分利用无梁殿顶，辟出宽敞的活动空间。大殿前部有砖砌墙围护，两厢分别建文殊殿和普贤殿。殿身面宽五间，进深六椽，前檐插廊，单檐悬山筒坂布灰瓦顶。平面用柱 36 根，直柱造，依构造功能分为承重柱

（廊柱、檐柱、两山暗柱等）、装饰柱（佛坛后单步梁下缠枝牡丹贴花支柱）和兼具以上两种功能的木柱（佛坛上前后两排木柱）。大殿内柱均立于佛坛之上，从殿内梁架结构看，第一排内柱是专门为架设神台佛龛和上部悬塑而设的，柱脚立于佛台边缘，柱头支撑在五架梁下，柱身横向连贯多层规格不同的穿插枋及立杆、挑杆和戗杆，构成佛龛木骨构架，用以悬挑上部泥塑。大殿梁架为六椽七檩前后单步梁用四柱式，彻上露明造。殿顶举折陡峻，屋面曲线轻巧秀丽，蓝色琉璃剪边，中设琉璃方心，正脊、垂脊为黄色和蓝色琉璃龙凤牡丹花脊，极具装饰效果。

大雄宝殿面积近 217 平方米，殿内彩塑满布，其分布和做法是：在殿内后部南北通长的佛坛上，随间广辟为独立的双重佛龛，内布列五尊主佛像，高 3 米，十大弟子分立两侧。龛侧分别以第一、第二排内柱为间隔，前排内柱做成须弥式柱础，环绕柱身为三檐五层（内含二个暗层）歇山顶泥塑楼阁。柱头架设多层木枋及立柱，托起悬塑和层楼平台，两侧塑各式花卉图案。后排内柱做宝瓶状柱础，柱身以缠枝牡丹花装饰，同前面做法形成第二重佛龛。龛外层楼为"极乐世界"、"西方圣境"、"金色世界"等主题，构图气势宏大，细密繁复，有条不紊。悬塑像均金身，天王、罗汉、弟子、菩萨各具神态，大小比例适度，其间以波浪翻滚、莲花欲放、琼楼玉宇的景致，将不同画面连贯为一个整体。塑像大量使用青、绿、朱砂、赭石等色彩，重点部位沥粉贴金，以强烈的对比色烘托出金碧辉煌的艺术效果，共同诠释庄严佛国的主题。殿内梁架彩绘有较高等级的龙凤和玺彩画的变体，也有旋子彩画、金线苏画等形式，较多使用石青、石绿色，在锦心等突出部位沥粉贴金，起到画龙点睛的艺术效果，是明清时期民间彩画的佳作。

小西天的佛教艺术，通过佛教主题寄托人们对现实生活的希冀，具有浓厚的人间生活意趣，是明清佛教世俗化的表现。小西天巧夺天工的悬塑艺术，反映了明清匠师大胆设想、超凡脱俗的构思和技艺。

（五）万荣飞云楼

飞云楼位于万荣县城东岳庙内中轴线的前部，相传此庙在唐代已经存在。现存主要建筑有飞云楼、午门、献殿、享亭、天齐大帝殿、寝宫，其中飞云楼建于明正德年间（1506～1521），清乾隆十一年（1746）补葺。飞云楼以其精巧的结构、华丽的造型，标志着明清建筑技术的最后繁荣。整体建筑比例协调，外观雄伟而不失玲珑雅致，是我国古代绘画中经常出现的楼阁形象，在现存实物中已不多见。1988年东岳庙成为全国重点文物保护单位。

飞云楼平面方形，外观三层，十字歇山顶。在二、三两层下部设平台和平座制成暗层两级，实为五层，通高 23.2 米。楼下基座低矮，高仅 0.65 米。楼身平面的变化是楼之结构、外观变化的基础。楼第一层为方形平面，每面五间，宽深均为

12.88 米，其中明间开间较大，梢间、次间次之，形成主次分明、富有韵律感的外观。楼的柱网由内外两周合成，南北畅通，东西两侧筑以厚壁。内檐金柱较檐柱高，柱头上以斗栱承二层平座，在明间大梁上立童柱以承托凸出的抱厦。二层于方形平面中每面凸出抱厦三间，使平面变化呈"十"字形。抱厦屋顶十字歇山式，山面向前。外观楼身重檐，如同三座单体建筑相叠相连。三层平面仍为方形，承托抱厦不用童柱，而用穿插枋和斜撑木。二层、三层下部立矮柱架阑额和斗栱承平座，平座上设短促的腰檐，上置钩栏围护。

飞云楼为梁柱式木构架，但有其与众不同的独到之处。它不是分层立柱，而是在内槽四角设立四根通天金柱，由柱底直达顶层，高 15.45 米，成为楼身构架的躯干。这种过于高大的柱子，用墩接和包镶两种方法制作，先用两根或多根木料斗接成心柱，然后外做包镶，解决了高层楼阁柱的美观和抗压问题。拼合构件成为明清木结构技术的重要特点之一。各层间设额枋、间枋、地板枋、穿插枋、平板枋等多层枋木相互连贯，内外拉结，形成一个庞大的正方形筒式框架。外檐各层抱厦有梁枋与内槽相连，直接传递着荷载，并与间架悬挑组合一体。结架牢固，构造合理，成为我国楼阁建筑的典型实例。

飞云楼斗栱精巧玲珑，造型结构极富变化，几乎每层檐下斗栱踩数与昂翘形式都不相同。有七踩三翘或三昂、五踩重昂、三踩单翘，耍头有蚂蚱头、单浮云、龙头、卷云头等，角科由昂有象鼻子和龙头，昂嘴有琴面式和如意头。栱枋用材根据各层檐部、平台荷载力的大小而异。斗栱丰富的变化，使飞云楼外檐华丽多姿，极富装饰性，大大增强了建筑的艺术性和美感。楼檐、翼角和歇山的处理，是飞云楼外观富丽多变的又一个重要方面。楼身三级，楼檐四重，两层平台各设腰檐一道，造成楼檐六重的外观。每厦屋顶制成两个翼角十字歇山顶结构的一半，连同各檐翼角和楼顶十字歇山，全楼各面共 48 个翼角，28 个歇山，勾头滴水、吻兽脊饰遍布各层楼顶，与斗栱钩栏相映，形成一座精巧瑰丽、灵活多变的楼阁。

飞云楼的建造，在造型和结构上继承了我国传统楼阁的形式和艺术特点，在构件组合、荷载传递等建筑技术和结构力学方面，较宋元时期又有突破和创新，木结构梁架严密牢固富于变化，体现了明清木结构设计、施工和艺术美相结合的高超水平。

第二节　石窟寺与砖石建筑营造技艺

一、石窟寺营造技艺

北魏平城遗址在今山西省大同市，是全国重点文物保护单位。魏王拓跋珪称帝后，天兴元年（398）定都平城，至太和十七年（493）魏孝文帝迁都洛阳，在平城建都96载，是北方新兴的政治、军事和文化中心，也是国际交往的一座中心城市和南北交通中心，在北魏历史上占有重要地位。

北魏诸帝崇信佛法，平城云冈石窟是全国最大的佛教中心和宗教活动场所，太和年间开凿极盛。南北朝时期，石窟寺作为佛教建筑，开始以一种新的建筑类型出现。它是在山崖陡壁上开凿出来的洞窟形佛寺建筑，供僧侣信徒宗教生活之用。山西作为当时国家的中心地区，凿窟建寺之风盛行，在规模与技术上以大同云冈石窟和太原天龙山石窟为代表。

（一）云冈石窟

云冈石窟位于大同市西16公里武周山南麓，东西绵延约1公里，1961年被国务院公布为第一批全国重点文物保护单位。北魏统治者崇佛，于公元5世纪后期至6世纪初的60年中，开凿了云冈诸窟。现存主要洞窟45个，洞窟内外造像51 000余尊，真容巨壮，气势恢宏。云冈石窟是佛教传入中国后，第一次由国家主持经营的大规模石窟营造工程。据《魏书·释老志》记载："初昙曜以复佛法之明年……于京城西武周塞凿山石壁，开窟五所，镌建佛像各一。高者七十尺，次六十尺，雕饰奇伟，冠于一世。"平城作为当时北方的政治、文化和佛教中心，集中了全国各地的高僧和工匠，在吸收融合中外艺术风格的基础上，创造出影响深远的"平城模式"。

云冈石窟从区划和时间上可分为东、中、西三区三期，在开凿技术和造像风格方面都有明显的变化和发展。第一期昙曜五窟在西区东部，460年开凿平面椭圆形、穹隆顶的仿印度草庐式。窟内主像巨大，以高达15.6米的第17窟为最。造像风格兼融西域凉州和中亚特点，创造出独特的云冈新式样。第二期包括中区和东区，是云冈石窟开凿的重要时期（465～494），佛龛与造像数量剧增。孝文帝汉化改革对云冈石窟影响很大，石窟形制出现仿木构汉式楼阁、殿堂和佛寺，而不再是印度草庐式或覆钵塔式，一斗三升和人字斗栱交叉使用。石窟组合出现了规模较大的双窟，龛像布局上下重层，洞窟方形、平顶，这些都反映出中国传统建筑技术与石窟相结合，石窟建筑开始了真正的中国化过程。造像题材多样化，形象清秀，造型工巧。第三期在西区西部，为孝文帝迁都洛阳后（494～524）开凿，洞窟多以单窟出现，内部更加方整规制，平窟顶饰以方格平棊，造像出现了北魏后期秀骨清相的显著特点。

云冈石窟的开凿是一个浩大的工程，不仅需要良好的工程技术，还离不开完善的施工组织，全部主要洞窟在约35年的短时间内完成，足以说明当时高超的建筑技术水平。云冈3号窟为人造峭壁，斩山石方就在16 000立方米以上。云冈石窟的开凿已运用专门的施工技术，由于洞窟顶部远高于门框，开凿时则自门洞向上开辟一条施工道，以进入预定高度位置后，再自上而下大面积开窟。取石时先凿出环状沟槽，再将整块石头撬起或由四周向中央剥落，同时还有意按某种用途取成一定形状的块料。云冈地区的砂岩比较坚硬，壁面处理采用石雕，雕刻技法多样，综合运用线刻、浮雕、高浮雕、圆雕等手段，创造出生动的造像、佛教故事和装饰纹样。云冈石窟无论在大规模的开凿上，还是在精雕细琢的手法上都已达到很高的水平，从技术上和艺术上为后世石窟寺的开凿积累了经验、提供了借鉴。

（二）天龙山石窟

天龙山石窟位于太原西南 40 公里的山腰上，现存 21 窟，分布于东峰 8 窟、西峰 13 窟，为山西省重点文物保护单位。东魏北齐时期，晋阳城（今太原市西南）地位显赫，由帝王把持，他们依照北魏开窟造像的惯例，东魏丞相高欢首先于东魏末年开凿了现在的 23 号窟，随后北齐隋唐都相继开凿。

东魏窟平面方形，覆斗窟顶，窟内四周底部沿壁面下部凿出一个低坛，坛上正、左、右三壁各开一龛，成为方整的三壁三龛式。龛楣以尖拱为主，也有天幕龛，均有宝帐帷幕装饰。窟内装饰较少，风格趋于简洁朴实。佛像瘦直，曲线较少。

北齐窟为 1、10、16 号窟，在建筑手法和造像风格上较云冈时期有较大变化。以天龙山第 16 号窟为代表，该窟完成于北齐皇建元年（560），是这一时期最后阶段的作品。它的前廊面宽三间，八角形廊柱置于雕刻莲瓣的柱础上，柱身瘦长，收刹显著，柱上的栌斗、阑额和斗栱形制比例十分和谐，精确地表现了典型的北齐木结构建筑的原貌，而不再是如在云冈石窟窟廊中发挥装饰作用那样了。可见，北方石窟形象的"民族化"已达到相当完善的程度。造像特点与云冈风格也大为不同，它更加注重造像的身体结构，而不仅仅是精神面貌，雕刻较深，立体感增强，宗教气氛相对减弱，更接近人间生活。这在中国雕刻技法上开始了重要的转型期，虽然这种过渡表现不太成熟，作品造型较呆滞，缺少曲线美，但为隋唐时期现实主义造像高峰奠定了基础。

北齐石窟一个比较明显的特点，就是大像窟的开凿。承光元年（577）造开化寺大佛，高 200 尺；又造童子寺大佛像，坐高 170 余尺。由于当时开凿技术与施工水平的成熟，这些大像窟曾日夜施工。此后以河北响堂山石窟为代表，在北方开凿大窟大像成为一代风气。

天龙山石窟还包括开皇四年（584）隋窟一座，唐窟则占总数的一半以上。但由于 20 世纪 20 年代唐窟遭到日本、美国等一些人的严重破坏，并将 150 多件精美的盛唐石雕盗凿劫往国外，仅能从现存 9 号窟反映出部分唐代造像丰腴、优雅、雕刻细腻的风格。

二、砖石建筑营造技艺

（一）北朝与隋唐五代时期

1. 佛光寺祖师塔与童子寺燃灯塔

塔是佛教传入中国后出现的一种新的宗教类型建筑。汉末三国之际，笮融"大起浮图祠，上累金盘，下为重楼"，是中国建塔的最早记载。南北朝时期，塔是寺庙建筑中的主体，一般建在寺庙中心或中轴线的最前端，作为人们礼佛参禅的中心，同时也是我国早期寺院布局形式的显著特点。随着塔与中国固有的建筑技术和形式相结合，衍化出多种形制，砖石塔大量发展起来，成为中国古代建筑中数量最大、形式最为多样的一个建筑类型。

最初的塔一般为木构楼阁式，虽能登临远眺，但由于木材易糟朽焚毁，自南北朝始砖石塔便大量发展起来，开始了塔在建筑材料和技术上的一次重大变革。这一时期山西保存下来的砖石古塔有五台佛光寺北魏祖师塔和太原龙山童子寺北齐燃灯塔。

佛光寺始建于北魏孝文帝时期，祖师塔是创建寺庙第一代高僧的墓塔。塔为砖砌，平面六角形，塔身二层。上下均单檐，下层有六角内室，室顶作叠涩藻井，西面辟火焰形券拱门，素平无饰。塔身无柱，砌出斗栱承挑莲瓣叠涩构成第一层塔檐。檐上反涩收回，承托束腰须弥式平座。平座每面雕壸门，转角处砌成瓶状束莲矮柱。二层转角处均饰以束莲倚柱，塔身西向作假券门，门楣饰火焰券面。两侧假窗柱间彩画阑额及人字补间铺作。塔刹在仰莲基座上承宝瓶、宝珠。塔身以石灰涂成白色，是当时砖塔的一个特色。祖师塔形制奇古，火焰券、束莲柱的雕饰保留了南北朝佛教建筑上最常见的装饰题材，六角形平面则突破了当时砖石塔盛行的方形平面，为国内孤例。佛光寺祖师塔体现了这一时期山西在建筑技术提高的基础上，建筑设计也开启了意匠创新的步伐。

童子寺燃灯塔，在太原市西南 20 公里的龙山童子寺，建于北齐天保七年（556），是国内现存最早的石燃灯塔。高 4.12 米，平面六角形，由底盘、基座、塔盘、塔身和塔顶组成。塔身辟三门，供燃灯奉佛之用，浮雕细腻，形象生动，立体感强，反映了北朝晚期山西建筑装饰技术的成熟化趋向。

随着隋唐以来砖产量的提高和结构技术的进步，仿木构砖石塔开始盛行。山西保存下来的唐、五代时期古塔多为砖石结构，如长子法兴寺唐建舍利塔、大历八年（773）燃灯塔、平顺海会院明惠禅师塔、五台佛光寺唐建八角形基座、圆形塔身的志远和尚塔、平面六角形的大德方便和尚塔、运城市报国寺长庆二年（822）圆形

基座的泛舟禅师塔、晋城青莲寺乾宁二年（895）慧峰墓塔。

2. 明惠禅师塔

明惠禅师塔位于山西平顺县城东北 25 公里的虹霓村，唐乾符四年（877）创建，是一座庄重精美的唐代石塔杰作，为山西省重点文物保护单位。

塔为单层单檐亭式，平面呈方形，高约 9 米。刻石为塔花费工料大，多只取形式轮廓，少加工雕琢，这是唐代建塔较为普遍的现象，而方形单层石塔爱木结构之影响，明惠禅师塔从基座、塔身、塔檐到各部分构件做法，与当时木构建筑是一脉相承的。

该塔台基为中直状方形，台高 1.53 米，边长 3.55 米，各看面柱枋相间，其间嵌间柱。台上置须弥座，上下分别为三层叠涩，束腰壶门内雕狮子 16 幅，姿态各异，活灵活现。座上方四角各出一螭首，现仅存东南角，形象与明清时代异趣，是研究早期螭首的珍贵资料。塔身高 1.77 米，各面宽 2.2 米，正南辟门，门旁侍立三天王，门上刻出拱券门，雕伎乐天。塔身两侧雕破子棂窗，四边线刻缠枝花边，洗练大方，更显精致。门窗以上四面均饰龟背锦纹样，其上挑出椽飞、瓦垄，为仿木结构四坡水，檐部坡度平缓，翼角舒张。屋脊为瓦条垒砌，戗脊刻垂兽点缀。四层塔顶逐层雕作山花蕉叶、叠涩座、仰覆莲、宝瓶，其中第三层莲座周围刻出八个涡纹浮雕，使塔的细部装饰更具特色，以小巧的锥形塔刹结束，给人安定优美的感觉。

明惠禅师塔继承了北朝以来使用石材作为建塔材料的传统，由于石材造塔自重大而不易施工，对建设高层楼阁式大塔有一定局限，所以该塔规模较小。在寺院里作为标志与纪念用的附属小塔，故塔身施用部分雕刻，颇具艺术性。该塔造型优美华丽，做法精巧古朴，虽不具备大塔巍峨之势，然而小巧玲珑的外形中仍不失凝重浑厚之感。在不同位置施以宗教意味极强的丰富雕饰，大大强化了塔的内容和艺术价值。明惠禅师塔无论是总体比例，还是细部装饰、雕造技巧，都体现了独具匠心的艺术构思，反映了唐代建筑与雕刻相结合的高超水平。

3. 法兴寺舍利塔

法兴寺舍利塔位于长子县东南 15 公里慈林山法兴寺内的圆觉殿前，沿袭早期寺院布局方式，与石塔、燃灯塔共同组成塔院，列于寺之前部。舍利塔唐建，平面"回"字呈方形，边长 8.8 米，外观犹如方形殿堂，故俗称石殿。塔为重檐楼阁式，高 10.7 米，通体用砂质条石垒砌，建在一个高大的平台上。底层台基高近 1 米，塔身正南向辟拱形石板门，两侧面在上部三分之一处当心辟方形小窗。其上叠涩三层出檐，并反叠涩六层收回，直承二层塔身。二层平面仅及一层平面宽度的三分之一，檐部运用相同手法承塔刹。束腰须弥式刹座上间隔置仰莲承托双层相轮与宝珠。塔内设板壁一周支撑着二层顶板，中心处装饰出藻井一方，四坡施檩椽，斗栱挑檐，吻兽俱备。四角攒尖顶饰宝珠，做法精致。下层为内空方室，四壁绘画，人物形象端庄，用色古朴深沉。塔整体简洁古拙，稳健厚重，基本素面无饰，极近齐、隋风格。其外形似塔非塔，似殿非殿，独特的形制为我国现存古塔中仅见之例。

4. 佛光寺唐代石经幢

唐代开始形成建造石经幢之风，五台山佛光寺现存石经幢两座，一座在东大殿前，大中十一年（857）镌造；另一座在山门内庭院当心，乾符四年（877）镌造。幢最初是佛教中的崇拜物或装饰物，在立竿上加丝织物做成伞盖状。为持久保存，后多建作石质，其上雕刻重幔、飘带、花绳等图案，以浮雕的形式表示出了原物的形状。

佛光寺这两座唐幢平面均为八角形，并在八个转角的位置上雕成飘带。幢以较长的石柱雕成瘦高的柱状物，然后用大于柱径的石盘盖将柱身分隔成若干段，大中幢总高 2.86 米，乾符幢总高达 4.9 米。此二幢形体秀美，前者基座束腰处雕刻壶门，上雕石狮及仰莲瓣，幢身刻"佛顶尊胜陀罗尼经"及殿主宁公遇施建年号，可与东大殿内四椽栿下皮唐人题字相印证，是该殿重建年代的确切证据。后者幢座为仰覆莲瓣，束腰壶门内刻伎乐天人各一，像身略有风化。幢身刻陀罗尼经，雕出宝盖两层，上层为八角攒尖顶，幢刹刻山花蕉叶及宝珠。这两座唐幢进一步缩短下层立柱而加高上层立柱长度，同时加高石座，从而使幢身比例匀称，造型比例趋向优美和谐，不再像早期经幢一样有局促和头重脚轻之感。古代匠师依据原来用立竿、伞盖做成的丝质幢，以概括的方式创造出完全新型的石幢，在雕刻艺术史上是一项创新，对于研究雕刻、建筑发展史是不可缺少的实物例证。

（二）宋辽金元时期

山西宋、辽、金、元时期砖石建筑技术的发展，表现在各式类型古塔与桥梁的建造上。宋代以来，砖石塔建筑技术较唐代有了很大进步，在整体造型与内部空间处理上已发展到一个新阶段，是砖石塔技术的成熟时期。宋塔一般为仿木构楼阁式，八角形平面，较唐代的方形平面更加稳定；在塔的宗教意义上，则更接近印度"萃堵坡"圆形的效果。内部结构则由空筒式改变为塔梯、塔室与塔外壁相结合，增强了塔体的整体性和坚固性。塔心室的扩大，达到了真正的楼阁式要求，较大的塔内空间便于游人登临和活动。辽塔模仿宋制，盛行建成高层密檐实心塔。金代塔多建在山西南部，均仿照宋、辽样式，创新不多。蒙古族建立的元朝，社会成分复杂，各种宗教相容发展，各地随意建塔，无统一的标准。喇嘛塔等形式的异形塔大量建造，但未建成大型楼阁式塔，说明当时砖石建筑的工程技术水平不如木构建筑技术运用自如、成就突出。

在桥梁建设方面，北宋时期建造了造型殊异的晋祠板桥，金代则继承隋唐时期建桥的传统，在晋城、原平、襄垣等地修建了一些敞肩石券拱桥，至今仍保留完好。

1. 寿圣寺舍利塔

寿圣寺舍利塔位于芮城县城关镇巷里村西，为山西省重点文物保护单位。塔建于北宋元丰元年（1078），仿木构楼阁式砖塔。平面八角形，13级，高46米。其外形挺秀，逐层向上收刹明显，形成优美的轮廓线。受唐代楼阁式砖塔一般不施基座的影响，寿圣寺塔无塔基，自地面直砌塔身。一层南向辟门，直通塔室，以上各层四向设装饰性壶门。第一层塔身比较高大，一至三层檐部仿木构建筑，砖雕额枋、斗栱。一层每边雕斗栱五朵，三层三朵，出双抄，砖雕形象基本接近于木构实物。三层以上叠涩出檐，内颇弧度较大，酷似唐塔叠涩风格。由于塔内净空尺度不大，采用空筒式结构，后增设木质楼梯、楼板，现已不存。宋塔的空筒结构，使塔身在一定程度上缺乏内部的横向拉结力，年久风压、地震致使塔身开裂的情况难以避免。由于结构上的不足，山西宋塔存留至今者较少。此塔的外观介于楼阁式与密檐式塔之间，结构形制又为空筒式唐塔向壁体或塔心隐设登梯的宋塔过渡的中间形式，代表了宋代山西砖石结构古塔的发展情况。由于塔形式的创新和复杂化，合理的结构技术尚在摸索之中。

2. 觉山寺塔

觉山寺塔位于灵丘县西北20公里觉山寺内，建于辽大安六年（1090），为山西省重点文物保护单位。塔在寺内西轴线的前部，平面八角形，十三级密檐实心塔，高53米。塔基座三层，均八角形，底层束腰较小，上置莲瓣叠涩收进。中层束腰较大，每面饰壶门，内雕菩萨，侧有力士护卫。转角处盘龙柱承普拍枋及平座斗栱。斗栱上置钩栏，栏板望柱俱全，是基座装饰性最强的部分。钩栏内为第三层束腰，上置平盘，周围雕宝装莲瓣四重，塔身矗立其上。基座雕饰内容繁复，刀法洗练，是辽代砖塔的突出特点。

塔身第一层四向各开券拱门，另四面设直棂窗，转角处砌圆形倚柱，梭柱造，并做出侧脚、卷刹。柱头置阑额、普拍枋，上置斗栱。斗栱分布于转角和补间，五铺作出双抄，并出45度斜栱，耍头批竹式，上承散斗、撩檐枋和飞椽。由于几千年来人们对木结构建筑的熟悉和喜爱，辽塔很大适度上模仿木构建筑的风格，较唐宋砖塔所雕刻的木构件形式复杂，这一传统影响到以后砖塔的发展。一层塔身内辟八角形塔室，中心设塔心柱与斗栱，加强了塔内部的横向拉接力，在结构上较宋塔是一个进步，与其他辽塔也有不同。第二层以上塔身缩短，每层檐脊与上层以普拍枋相连，塔檐层层相接，形成密檐式塔，斗栱改作出单抄。实心构造在施工时先砌外壁，再将内部填砖砌平而成。各层塔顶筒瓦覆盖，琉璃剪边，八角攒尖式。塔刹立于砖砌基座上，由铁质葫芦、相轮、伞盖、刹尖等组成，并有八条铁链与塔身固定。辽代铁质塔刹精致，使用十分广泛，是辽塔的显著特征。

觉山寺塔塔体收刹急缓相间，以圆和的卷刹形成丰满的造型，急促的收刹创造出巍峨挺拔的气势。其建筑技术和艺术风格在当时山西北部地区影响深远，浑源县圆觉寺塔形制、结构几乎为觉山寺塔的翻版。它们均反映出这一时期山西砖石建筑技术在结构上与细部雕刻上已达到很高的水平，不仅是辽代砖石塔的代表作，而且在山西砖塔发展历史上是技术最成熟的一种类型。

3. 圆果寺塔

圆果寺塔位于代县城内东北隅。此塔本是阿育王塔，始建于隋，木构 13 级。阿育王塔是古印度塔的一种类型，随佛教一起传入中国。据佛教史籍记载，阿育王是印度摩揭陀国孔雀王朝的创始人，为佛教的"大护法"。他建塔八万四千座，其中中国十九座，山西六座，为永济蒲坂塔、洪洞霍山塔、晋源净明塔、榆社大同寺塔、孝义临璜塔和代县圆果寺塔。阿育王塔后来毁弃。

现在的砖构喇嘛塔为元至元年间（1271～1294）改建，为山西省重点文物保护单位。塔基平面正圆形，二层基座叠置，不同于一般喇嘛塔的方形基座。第一层砖叠涩须弥座，雕饰仰覆莲瓣与缠枝花纹。莲瓣上承座身，束腰部分略出圆肚。塔身高 40 米，为圆形覆钵状，高度约合直径的一倍。塔的台基与三层基座为宽大的圆形，在比例上超出塔身，这是元代喇嘛塔的独特之处，为明清时期所少见。塔刹由刹座、项轮、伞盖和宝珠组成，须弥式刹座叠涩自如，座中心矗立铁质刹杆和相轮（俗称"十三天"），收刹急促，上置圆形露盘，最终以两枚宝珠叠置收刹。

元代喇嘛教在西藏盛行以来，塔在中原地区也开始兴起，北京妙应寺大白塔和圆果寺塔为保存至今的最早实例，明代五台山塔院寺大白塔继之。塔基座高大，塔身收分较少，圆形塔肚为喇嘛塔的显著特征。

4. 鱼沼飞梁

鱼沼飞梁建在太原晋祠圣母殿的正前方。鱼沼系晋水三泉之一，方形池沼上架设板桥，平面十字形，东西平坦，连接圣母殿与献殿；南北下斜如翼，四面通岸，犹如振翅飞舞的大鸟，故名"飞梁"。北魏郦道元《水经注》谓"结飞梁于水上"，即指此桥。

根据桥的位置、结构，结合鱼沼两侧与圣母殿台基交错砌筑的边壁判断，鱼沼飞梁与圣母殿为北宋同期建造，1953 年进行保护性维修。桥下立于水中的小八角石柱 34 根，柱础为宝装莲花，柱头与普拍枋相连，上置大斗和十字华栱承托梁枋，从而共同支撑桥面，四向以桥连到沿岸。桥面覆以方砖，设勾栏围护凭依，望柱方形抹棱，栏板雕刻几何纹样，装饰桥身。鱼沼飞梁造型别具特色，多数构件仍为宋代原物。它不仅在功能上作为圣母殿前台明的延伸，更在形式上与圣母殿烘托映

衬，相得益彰。十字飞梁的古代桥梁形制仅见于古画、载于古籍，现存实物仅鱼沼飞梁这一孤例，在桥梁史上占有重要地位。

5. 景德桥

景德桥位于晋城市西关街沙河上，始建于金大定二十九年（1189），桥长 21.62 米，桥面宽 4.8 米，拱券宽 5.65 米。

6. 普济桥

普济桥位于原平市崞阳镇，始建于金泰和三年（1203），桥长 90 余米，桥面宽 8 米，高 7 米。二者均为山西省重点文物保护单位。

景德桥与普济桥形制基本相同，均为敞肩式单孔石拱桥。拱券两侧各有两个小石券，这种结构形式增强了桥梁的泄洪能力，减轻了凶猛水势对桥身的冲击，同时还可以减轻桥身自重，节约工料。为防止石券间连接不够紧密、易向两侧分散倾倒的不足，沿用汉唐以来的传统做法，在券面上部中央用横向石板插入桥内，增加了一层枕梁，并将桥面宽度在中间逐渐减小，使两旁拱券微向内斜。这些措施在结构上起到了联系南北拱肩、增强桥身整体性作用。

桥拱券面石上部雕刻精美，内容丰富，景德桥以压地隐起雕蛟龙、童子、鲤鱼等图案，普济桥则在券面上嵌入八块浅浮雕石板，雕有书生、武士、渔翁等形象，镇水兽栩栩如生，表现了高超的雕刻技艺。这两座桥为便于行走，主拱运用"切弧"原理，扩大了通水面积，桥面坡度十分缓和，整体呈现出平坦舒展、轻盈简洁的形象。

（三）明清时期

明代以来，山西砖石建筑技术已积累了丰富的经验，并广泛应用于实践中。明代楼阁式砖塔在结构设计上较宋、元时期前进了一大步。清代砖塔数量较少，以建喇嘛塔为主，还有一些文峰塔与和尚墓塔。建筑结构缺乏章法，建塔之风日衰。

砖石技术不仅应用于塔、城墙等传统的建筑，而且自明初开始，出现了用砖发券为筒拱建造的新的建筑类型——无梁殿。无梁殿的出现，一方面与其自身防火、坚固、耐久的特点有关，另一方面也离不开当时砖产量大增、成本降低、支模技术在砖石建筑上的成熟运用，甚至能够砌筑 11 米以上大跨度的拱券，使无梁殿建筑有一定的体量与内部空间，在组群建筑中能与木构建筑的体量相谐调。无梁殿在发展过程中，受木结构建筑的影响日益显著，主要表现在外观设计、细部装饰和仿木构件模仿上。无梁殿一般多建在佛寺中，规模较大，明初首建的为南京灵谷寺无梁殿，万历年间建造达到极盛，山西保存有五台山显通寺、太原永祚寺和永济万固寺无梁殿。平面一般为长方形，多用纵联拱砌法，以石灰浆将砖石块料砌成跨空的砌体，利用块料间的侧压力建成跨度较大的拱券，作为承重结构。拱券弧度规整，整体性强，更加牢固。拱身顺面宽布置，三至七间相连通，侧壁建耳殿或开洞为门窗。此外，山西中部地区民居中的砖砌筒拱窑洞住宅，也是砖券技术发展的重要方面。

1. 显通寺无梁殿

显通寺无梁殿即七地九会殿，位于五台山台怀镇显通寺七重殿宇的中部，为明万历年间（1573～1620）建造。无梁殿全部为砖石建筑，结构上无木质梁架，在山西现存同类建筑中规模最大。殿外观二层，实为通高。面宽七间（28.2米），进深三间（16米），高达20.3米。无梁殿仿木结构，明间雕高大的檐柱，柱础束腰覆盆相叠。柱头置额枋、平板枋，下悬垂莲柱，其上斗栱密致，除柱头科一攒外，平身科每间三攒，五踩单翘单昂，要头蚂蚱形。二层挑出勾栏平座，望板上雕各式花卉和吉祥图案。额枋、栱眼壁、正脊等部位均作雕刻，工艺精美，栩栩如生。殿前后檐明间、次间和尽间辟砖券拱门，门楣花罩雕刻华丽，梢间为拱形窗，山墙也开小拱形窗。下层当中三间为叠涩悬空藻井，形似花盖宝顶，上层枕头券（纵向通拱券）通达尽间。殿内供铜铸毗卢佛，高4.7米，倒座为弥勒佛。无梁殿重檐歇山布灰筒瓦顶，吻兽装饰，悬以风铎。

2. 万固寺无梁殿

万固寺位于永济市蒲州镇鹿峪村，无梁殿在寺内最后部，依土崖地势建为上下两层，明万历八年（1601）建成，作为多宝佛塔的辅卫。殿身主体面宽三间，两侧各建耳殿一间相连通，全部为青砖结构。檐柱自墙面砌出圆形，柱头仿木柱做出圆和的收刹。柱础束腰须弥式，砖雕仰覆莲瓣、如意作装饰。门窗为砖券拱形，一层三间拱门上部分别雕刻匾额。下层斗栱雕饰简单，仅为大斗内出一跳，同时雕出栱眼壁。

下层顶部向后挑出平台建第二层殿身，柱头、额枋、斗栱及大额枋、平板枋之下的垂柱、花板枋、素枋均为精致的仿木结构砖雕，通檐雀替兼用剔地起突和透雕，雕出饱满的缠枝牡丹。无梁殿单檐歇山顶，平身科斗栱三攒，五踩双下昂，上层昂头已断裂。明间当心如意斗栱一朵，象鼻形要头。殿身主体、耳殿、八字墙屋顶渐次降低，高低错落，层次感很强。八字墙当心砖雕盘龙，檐下斗栱三踩，卷支形要头。雕刻手法丰富，雕饰精美。殿内穹窿形斗八藻井，运用层叠密致的斗栱向上逐层收分起券，顶部收外界光线，技法纯熟。

3. 永祚寺无梁殿

永祚寺位于太原市东南郝庄村南，又名"双塔寺"，为山西省重点文物保护单位。无梁殿即寺内后部的大雄宝殿，明万历四十年（1612）建。上下两层，下层面宽五间，长19.35米，进深11.3米，全部砖砌仿木结构。外墙面简洁平整，仅当心间、次间辟拱门，梢间设直棂窗。前檐砖砌半圆形檐柱六根，砖雕束腰须弥基座。柱间以阑额、普拍枋相连，上置斗栱，五踩双翘，当心两朵出 45 度斜栱，蚂蚱形耍头，上承撩檐枋、椽飞。由于是砖雕，斗栱出跳、屋顶出檐较小，颇显局促呆板，为此在外檐雕垂花柱、雀替、华板等装饰构件，使外观形式大为丰富。

上层观音阁长 16.75 米，宽 9.7 米，后檐与下层殿堂垂直砌筑，前檐向内收回 0.9 米作为走道。内部砖雕藻井，在方形平面的四角用砖叠涩及砖制斗栱出挑，上承三层斗八形穹隆顶，反映了明代砖作技术的精细程度。殿顶坡度较陡，单檐歇山顶，琉璃瓦剪边，两山雕出悬鱼、惹草。两层内部拱券均为中间三间横券，与前后檐墙相接；梢间纵券，与隔墙和山墙相接。对于拱券间产生的水平推力，永祚寺无梁殿以扶壁柱式的横墙代替了明初厚重的纵墙，不但符合力学原理，同时也节约了用砖量，增大了门窗的面积，利于室内采光。砖拱券技术的成熟，使无梁殿的跨度与高度增大，创造了殿内高大宽敞的内部空间。

4. 万固寺多宝佛塔

万固寺多宝佛塔位于永济市中条山麓万固寺内最后部，为山西省重点文物保护单位。塔建于明万历十三年（1585），砖石仿木结构。平面八角形，十三级，高约 54 米。台基基座与四周围栏均为石造。第一层塔身转角处仿木结构施垂莲柱，柱头以大额枋、平板枋相连，柱枋间饰以莲花雀替。檐下雕出斗栱，除转角科外，每面平身科三朵，五踩双抄，令拱上伸出麻叶形耍头，瓜栱、万栱、厢栱等长，其下部与斗栱相交处伸出异形替木一根。二至十三层塔檐叠涩向外挑出，翼角作兽头装饰，檐部作瓦垄状铺设。每层各面拱门与佛龛相隔，龛内奉鎏金佛像。塔刹呈喇嘛塔状，总高为塔上部三层高度之和。塔肚八角形，以上渐次施九层叠涩砖座、四层铁座、铁覆钵、八角形铜伞盖，最上置小铜伞三层，伞盖四周悬风铃。

塔身一至九层均辟八角塔室，窗口及通道均做出券洞，斗八藻井中心部分留出八角空洞供登塔。梯道自塔外壁按八角形折上，为"壁内折上式"结构，内砌螺旋式阶梯，把塔梯、楼板和塔外壁连接起来，使塔内横向结构成为一个整体。同时塔身外壁很厚，比塔室宽出 1 米余，使用"磨砖对缝"砌筑法，使塔体异常坚固，这是明代楼阁式砖塔在宋、元空筒式砖塔结构基础上的创造与提高。多宝佛塔形制端庄秀美，工艺精湛，体现了明代砖石塔建筑技术所取得的成就。

（四）明代长城营造技艺

长城修建自战国之始，在秦汉、南北朝、隋唐和明清 2000 余年间，山西境内历代构筑的长城共计 7000 多里，其中保留至今的以明代长城遗迹较为完整，并且在工程技术上较前代大为改进。明政府为了防备蒙古地方统治者的侵扰，在东起鸭绿江、西至嘉峪关的这一线上先后设置辽东、宣府、大同、榆林、宁夏、甘肃、蓟州、太原、固原九个边塞重镇，并沿各镇修筑长城，加强北方防务力量。各镇长城共计长达 5660 公里，合 11 300 华里，所以后世称之为"万里长城"。山西境内有两镇，大同镇由七段组成，长 335 公里，治所在今大同市；太原镇由五段组成，长 800 余公里，治所在今偏关县东北。因其在大同、宣府两镇长城之内，所以又称"内长城"。

山西明代长城由各种城、关、隘口、敌台、烟墩、堡子、城墙等共同组成一个完整的防御工程体系，分别由卫所、五军都督府统辖。山西境内的长城构筑异常坚固，由于明代砖的生产大量增长，山西境内的长城多为夯土单面包砖石墙，石灰浆勾缝，构成雄厚的砖城，这是砖构建筑技术发展进入一个新水平的标志。长城在修筑工程上采取分区、分片、分段包修，也便于统一管理，而且保证了质量。城墙是长城的主体，砌筑方法是长城防御能力高低的关键。城墙的形式和砌法随地形情况和险要形势各异。缓坡随地势平行砌筑，陡坡则利用陡坡构成城墙的一部分，采用水平跌落砌筑，从而保证了城墙外观平整，内在坚实。城墙高约 8 米，墙基宽约 6 米，墙顶宽约 5 米。墙顶外部设垛口，高 2 米，内部砌女儿墙，高 1 米，墙身每隔约 70 米设碉楼一座，墙身内部每隔约 200 米有石阶梯，可登城巡视。

长城经过的险要地带均设有关隘，作为军事孔道，防御设施极为严密。明代内长城附近有外三关，即东路雁门关、中路宁武关、西路偏头关，均在山西境内。雁门关是大同通往山西腹地的重要关口，建在两山夹峙的山坳中，周围山岭以重城围绕。据记载原有大石墙 3 道，小石墙 25 道，在关北约 50 公里外的山口，再筑广武营一座以为前哨。雁门关塞坚固雄壮，有"三关冲要无双地，九塞尊崇第一关"的赞誉。雄踞于晋冀两省交界处的娘子关，是关城重镇，襟山带河，屏蔽京畿，固若金汤。

长城也具有较高的选线水平，城墙在崇山峻岭间逶迤，沿着山脊勾勒出绵延的山势，城墙上所建雄壮厚重的敌台，与矗立于山岭之巅的烽堠墩台遥相呼应，既打破了长城的单调感，又使高低起伏的地形更显雄奇险峻，使防御设施兼具点缀自然的艺术性和美感。山西的明代长城是明代大规模城防建筑的代表，是古代建筑工程史上的奇观。无论在工程技术、建筑材料和结构方面，还是在艺术形象上无不显示出明代科学技术综合发展的高度水平，成为世界最伟大的工程——万里长城的重要组成部分。

第三节　民居营造技艺

一、平陆县地窨院民居

远古先民凿土为穴的地穴式生土建筑，开创了人类营造居所的起点。山西位于黄土高原，多山地沟壑的自然地质与地貌条件，对于因地制宜、以最经济的形态居住的原住民而言，窑洞、地窨院是最便利的选择，在晋西、晋北、晋南部分多山地区，至今仍保留着这种古老的紧贴自然的传统居住形式，体现了黄土高原世代传袭的典型居住习俗。山西窑洞营造技艺，被列入第二批国家级非物质文化遗产项目（编号：963 Ⅷ—180），代表性传承人为平陆县李创业、王守贤。保德石窑建造技艺，被列入第一批山西省级非物质文化遗产项目。

平陆县、芮城县位于山西省最南部，北依中条山。两县境内丘陵起伏，沟壑纵横，平陆县的山区、丘陵面积占全县面积的91.7%，大部分地区海拔高度在400～800米，有"平陆不平沟三千"之称，地窨院则是这种自然条件下的生存选择。当地民谣形象地描写出地窨院的居住形态："见树不见村，见村不见房。窑洞土中生，院落地下藏。平地起炊烟，忽闻鸡犬声。绿树簇拥处，农家乐融融。"

地窨院，又称地坑院、天井窑院、下沉式窑洞院，依据建筑功能，分为居住窑、储存窑、牲畜窑、茅厕窑及门洞窑（图2-4）。据《山西民居》记载，地窨院通常周面阔30～40米，进深10米余。

图2-4　平陆县地窨院鸟瞰与院内旱井
资料来源：王金平、徐强、韩卫成：《山西民居》，
北京：中国建筑工业出版社，2009年，157页。

建造方法是先选择一块平坦的地方，从上而下挖一个天井似的深坑，形成露天场院，然后在坑壁上掏成正窑和左右侧窑，为一明两暗式结构，再在院子角落开挖一条长长的上下斜向的正面窑洞住人，两侧窑洞则堆放杂物，或饲养牲畜。

地窨院里一般掘有深窖，用石灰泥抹壁，用来积蓄雨水，沉淀后可供人畜饮用。为了排水，在院的一角挖个大土坑，俗称"旱井"或"干井"，使院中雨水流入井中，再慢慢渗入地下。为防暴雨倒灌，地窨院常在门洞下设有排水道。供人居住的窑洞上面多为打谷场，窑洞凿洞直通上面作为烟囱。作为储藏粮食的窑洞，也凿洞直通窑顶的打谷场，可将碾打好的粮食通过小洞从打谷场直接灌入粮仓中，既节省力气，又节省时间，平时则在洞口加盖石块，以便封口。

由地窨院组成的村落，往往不易发现，所以有"上山不见山，入村不见村"的慨叹。勤劳的乡民在自家院前栽种各种树木，地窨院被掩映在树木林荫之中，鸡犬之声相闻而不相见，人声嘈杂而影踪全无，是一种十分适合当地自然环境的居住形式。与平陆自然环境相似的地区，如闻喜、万荣、临汾等地，也都有地窨院。[①]

目前，随着农村生活条件的改善，地窨院的多数居民早已迁出旧院，移居高地砖瓦房，大部分地窨院院落处于回填造地或荒芜境地（图2-5）。

图 2-5　山西土窑内的家居生活（1936 年）
资料来源："山西土人的穴居生活"，
《美术生活》，1936 年第 29 期。

二、姬氏民居

姬氏民居位于高平市陈塸镇中庄村，元至元三十一年（1294）创建，是我国现存最早的一座民居建筑，为全国重点文物保护单位。姬氏民居是一处普通的农家院落，姬宅坐北向南，为其中仅存的元代建筑。

姬宅建在一个高 0.42 米的砂岩基座上，面阔三间，进深六椽，平面呈方形，单檐悬山布灰坂瓦顶。宋代以来，为防止木构件风化或焚毁，上党地区古建筑多因地制宜，就地选取石材作为檐柱。姬宅檐柱砂石质，除前檐四柱露明外，余皆砌入墙内。平面方形抹棱，斜面做成饱满的弧形，并饰以棱边。柱之侧脚、收分明显，柱头无砍刹，柱础为素覆盆式，与明清时期上党地区建筑风格迥然相异。梁架为"六架椽屋四椽栿对前乳栿通檐用三柱"，四椽栿上置蜀柱，两蜀柱自腰部各出一单步梁承下平槫。蜀柱上承平梁，平梁上用侏儒柱、大叉手，上置丁华抹颏栱，承托脊槫。梁架彻上露明造，梁栿为一般加工的草栿，用材极不规整，是元代民间建筑的典型手法。当时匠师合理利用天然原材的自然弯曲，巧妙地把拱起部分安排在承重面上，既节省了构件，又加强了梁架的承载能力，使结构简明随意，手法富于变化。姬宅仅设柱头斗栱，四铺作出单抄，华栱、令栱栱头制成三角形或菱形，要头

---

①　王金平、徐强、韩卫成：《山西民居》，北京：中国建筑工业出版社，2009 年，157 页。

麻叶形，华栱后尾直接压于乳栿之下。栱枋用材以材宽为基本模数，相当于宋《营造法式》规定的七等材。屋顶举折平缓。

姬宅的特殊之处，在于檐柱与金柱间设置了一层类似平棊的隔板，可作为防尘或放置杂物之用。木质板门左侧门砧石上有建年题记，石质地栿下面线刻精美的牡丹、莲花等吉祥图案，门额、立颊交结处镂刻花瓣底边与缠枝牡丹，上饰竹节边框。这些装饰图案在高平、晋城的一些寺庙建筑中也有发现，为宋金时期上党地区建筑装饰的主要类型。姬宅民居虽为普通的元代民间房舍，但在建筑形制和技法上与元代上党地区宗教建筑是相通的，反映了当时科学的建筑技术在民间的普及。

三、襄汾丁村民居

丁村民居在襄汾县城南 5 公里汾河东岸，丁村旧石器时代文化遗址分布于其周围。这是一组明、清时期民居建筑群，共计 40 座院落，498 间房舍，基本保持了原建格局。丁村民居布局简洁，工艺考究，风格朴实，具有鲜明的时代性和地方特色，为我国北方四合院民宅建筑的典型实例，1985 年建成丁村民俗博物馆，1988年被公布为全国重点文物保护单位。

民居集中在明崇祯年间所筑的土寨内，呈东北、西南向分布，由北院、中院、南院和西北院四座院落组成。其中北院以明代建筑为主，其他院落则以清代中前期建筑为主。这些院落又以村中心明代建筑观音堂为核心，以丁字小街划分道路，基本架构起丁村建筑的骨骼。观音堂前原为丁字广场，是村民集会的场所，堂后天池与观景水楼相映成趣，形成一幅恬淡静谧的自然风光图。东、西、北三条路口曾各立石牌坊一座。

丁村民居的布局在封建传统宗法礼教的支配下，以北方四合院为主体格局，建筑在南北中轴线上对称布列。明代以单体四合院为主，受"风水说"影响，大门不开在轴线上，而开在八卦"巽"位或"乾"位，因此丁村民居的大门位于院落东南角，门内建影壁，以隔绝外人视线和减少风沙。内院天井较宽，台阶踏石低矮，便于行走。院北正房受明代"庶民庐舍不得过三间五架"规定的限制，一般为三间，供会客、祭祀之用。由于明代对建筑高度并未作限制，可因地制宜建成楼房，东西厢房均为三间二室阁楼式，楼上储藏，楼下主要作为居室，周围以走廊联系，南侧倒座建筑作为杂用。

清代出现二进四合院，前后两院以过厅相隔。过厅面宽三间、四间、五间不等，前后檐装隔扇，室内无间隔墙，是款待客人、饮宴之所。清代院落纵向加深，宽度变窄，防御更多西晒。南隅当心辟门者较多，有的建二层门楼，气势非凡；或者于门前设巷道，入夹巷至院墙当心建门庑，还有的于西侧建偏院。乾隆盛世所建的丁村四合院，通过甬道或跨院相互连通，形成一套由多座四合院组成的连通式建筑群，适应了家族人口繁衍、加强宗族关系的需要。较大型的住宅则采用"一明两暗"的传统做法，正房三间，耳房各一间。正房有单层和两层楼阁之别，前檐设廊，上层置钩栏。这些院落长方形，居室分隔采用"三破二"做法，就是将三开间房屋从正中隔开，成为两个一间半的房间。由于北方气候寒冷，每个房间内设一个顺山大炕，墙壁为较厚重的砖墙或土坯墙，满足了实际需要。前檐下部为砍墙，上部为窗。室内顶棚多作在高窗以下位置，使屋顶空间可以充分利用。屋顶苫背极厚，明代多为悬山式，清代为硬山式，筒坂布瓦覆盖。明代和清道光年间以前的窗户注重传统，忽略采光，厢房为直棂窗，正房有天窗、亮窗。隔扇、窗棂花常用球纹、斜纹、菱形格子等图案，十分精细。

丁村民居为抬梁式构架，以砖或土坯筑围护墙，木料厚实规整。以三架梁或五架梁一道，单檐插廊者加施单步梁，上置缴背、脊瓜柱、大叉手，形成三角构架承托脊桁。明代堂屋举架较平缓，清代则陡峻。

丁村民居中的各种木雕、砖雕、石雕丰富精美，仅隔扇棂花图案就达 60 多种，柱础石雕 50 多种。墙面镶嵌砖雕对联、书画、影壁，尤其是厅堂檐枋华板、雀替、斗栱及厅内梁架等处都木雕玲珑突透的图案，有"凤凰戏牡丹"、"岳母刺字"、"百兽图"、"海马流云"等内容，技法纯熟，立体感强，形成了良好的艺术效果和文化氛围。丁村民居建筑布局集中、有序，相对封闭又相互连通的四合院建筑群，充分考虑到防火、防盗、防寒等实用功能和礼仪要求，是北方民间四合院建筑的典型实例，反映了明、清时期晋南地区民居建筑的高度成就。

四、晋中民居

明清时期，以平遥、太谷为中心的晋中地区金融经济十分发达，富商大贾在聚资敛财后，修建了一些豪宅大院，成为山西民居特色建筑的重要组成部分。现存祁县乔家大院、太谷曹家大院、灵石王家大院，规模较大，布局谨严，建筑精良，装修考究，均为山西省重点文物保护单位。

这些民居建筑处在共同地域、共同自然环境、共同文化氛围中，在选址、布局、建筑特色等方面有一些共同的特点。中国封建社会长期受儒家伦理纲常支配，强调以血缘为纽带的宗法制度，表现在民居建筑上就是崇尚数代同堂的家族式聚居。每座"大院"都有很强的封闭性和独立性，全部院落均以高墙围护，防止外界干扰，以获得较安静的生活环境；内部建筑则基本能够满足日常需要。在选址上，无论位于平川或山地，受风水学说影响颇重，以五行、八卦指导择址布局。院址坐北向南，注意获得良好的通风和日照效果。为适应山西气候寒冷、多西北风的特点，民居院落南北幽长，东西狭窄。平面布局以传统的四合院为基本单元，分别沿纵深布列二进或三进院落，数条纵轴线并置，横向发展为院落组群。太谷北光村曹家大院建于明末清初，占地面积 6468 平方米，由东、中、西三组院落构成，共计15 个小院，每院为三进四合院。王家大院位于灵石县静升镇，因山构筑，处在负阴抱阳的北阳坡地上。清嘉庆元年（1796）到嘉庆十六年（1811）修建，面积11 782 平方米，共计 26 个院落，由堡门、堡墙、前院、中院、后院组成。祁县乔家堡乔家大院建于清代末期，面积 8724 平方米，由 19 个规模不等的院落组成，分别为五组住宅、花园和祠堂各一组。住宅中部通道直抵祠堂，道北为大型宅院二组及花园，道南为中型住宅三组。

在民居内部空间组织上，地平和建筑从前至后逐进升高，利于自然通风、采光和排水。正房坐北向南，居于中轴线的上位，东西厢房对称布列。各进院落间以二门与花墙相隔，前院南侧为倒座南房，大门辟在东南角。正房多为二至三层楼房，用作客厅或供奉神祇。乔宅砖构二层五间；曹宅砖构三层，东、中、西三组堂楼相连，长 66 米，深 8 米，高 17 米，壁厚 1.5 米，辟砖券拱形门窗。楼顶设三个亭榭式望楼，平面方形，单檐歇山顶，为整组建筑的制高点和瞭望哨台。正房入口处凸出雕饰华美的门罩，以强调它在功能上的主导作用。王宅为砖木混合结构，二层三间，前檐出廊，雀替、窗棂雕刻精美。厢房一般为单层，王家大院为二层厢楼，用作卧室。厢房进深较浅，在朝向院落的一侧开设门窗，因此室内采光良好。这种空间组合方式，明确区分了建筑的功能，做到主次分明，符合封建等级、长幼尊卑的秩序。

这些民居中的装饰艺术丰富多彩，大门、墙面、照壁、房屋梁架、门窗、屋脊采用不同的表现手法，增添了民居的美感和艺术性。其中王家大院的砖雕、石雕、木雕艺术最为上乘，以剔地起突、压地隐起或镂雕、圆雕等雕刻技法，岁寒三友、二十四孝、安居乐业、福禄寿三星、封侯挂印等民间题材，创造出生动形象的立体艺术，体现着独特的民俗风情和高雅的审美取向。在王家大院建筑的挑肩梁头和坐斗两侧，饰以木雕雀翘作为翼栱，镂刻松、荷、仙人等图案，与精雕细琢的门窗相配合，使整体建筑形成亦庄亦谐的风格。砖石雕照壁、墙面方心风格浑厚，鹤鹿同春图为压地隐起雕，8.18 平方米，二龙竞福为剔地起突雕，饱满圆和，造型生动，构图严谨，极富生活情趣。

山西这几处豪宅大院，通过对总体布局、空间组合、建筑造型和细部装饰作独具匠心的艺术处理，加上典雅、整洁、考究的室内陈设，显示了山西民居建筑细致、高超的工艺水平，以及中国传统民居敦厚、安宁、内蕴幽远的性格。

山西民居砖雕技艺，被列入山西省第一批省级非物质文化遗产项目（编号：66Ⅶ—4），传承人为清徐县杨宗新、杨永胜。

第四节　琉璃烧制技艺[①]

古代琉璃，是我国陶瓷史上杰出的成就之一，也是我国古代文化艺术的一个重要方面。阳光照射之下的琉璃，以其斑斓的色彩、精湛的技术、丰富的造型，从小巧的琉璃饰件到整座建筑装饰，体现出外在的美与深厚的文化内涵。

考古资料证明，西周时期已经出现琉璃，但是工艺水平还非常稚嫩，器形主要是一些琉璃珠、琉璃管等。春秋战国时期的琉璃制作工艺水平有了明显的提高，器形较为丰富。在造型和色泽、纹饰等方面以模仿玉器为显著特征，颜色以蓝、绿、涅白为主。所生产的琉璃制品作为天然珠宝玉器的代用品。到了汉代，琉璃开始用于建筑装饰。东晋葛洪在《西京杂记》中记录了汉"昭阳殿……窗扉多是绿琉璃"[②]。《汉武故事》中亦有"武帝起神屋扉，悉以白琉璃为之"的记载。琉璃用于建筑装饰的有实物阶段始于北魏。琉璃烧造工艺的熟练掌握，无疑在技艺上为过渡到唐、辽时期三彩釉器皿以及为建筑装饰琉璃的大规模使用奠定了基础。

山西不仅是中国古代建筑的宝库，而且是琉璃艺术之乡，是我国琉璃的主要产地。山西的琉璃艺术留下许多优秀作品，从建筑的脊饰到影壁、牌坊、楼阁、宝塔、绣墩、花盆、香炉、桌凳等，无处不见琉璃的影子。不少作品上，既刻有确切的年代，又留有匠师的姓名。山西古代琉璃的分布之广、匠师之多，居全国首位。

一、琉璃的制作

琉璃，是以铅硝为基本助熔剂，以铜、铁、钴、锰等金属为着色剂，经过800～900℃（最高 1100℃）温度烧制而成的陶胎铅釉制品。与瓷器的烧制温度（1200℃以上）相比，属于低温。因此，琉璃也称"低温铅釉"，或叫釉陶，或金银釉、三彩等，直到铅釉用于建筑砖瓦，始称琉璃。

关于我国古代建筑琉璃制作工艺，宋代李诫《营造法式》中有详细记述。明代宋应星《天工开物》与清代张涵锐《琉璃厂沿革考》所记工艺方法虽有异同，但不外分为陶胎、彩釉和烧制。据山西当代琉璃制作技艺传承人葛原生介绍，琉璃的制作要经过备料、成形、煮烧、施釉、釉烧等几个阶段，与民间制陶工艺接近，只是

---

① 本节技术数据及内容详见柴泽俊：《山西琉璃》，北京：文物出版社，1991 年。

② （晋）葛洪：《西京杂记》，北京：中华书局，1985 年，5 页。

琉璃大都分两次烧成：第一次高温素烧，第二次低温釉烧。

（一）原料的选择与制备

琉璃的胎质就是陶土，北方称作坩子土，南方称为白土。山西琉璃通常所用泥料是一种低铅坩土，坩土有软坩和硬坩之分。坩土是煤的伴生物，在山西有着广泛的分布。矿源质量有差异，要求选矿者具有一定的坩土选择知识，可以通过"看"、"捏"、"舔"、"划"、"咬"等方式判断泥料的成分和性能。

琉璃原料"由山中凿挖以后，碾成细粉，再和泥成浆，以脚踏之，使其糅润黏合，捏成各式砖瓦形状，曝于烈日之下。使其中水分退净，再以细刀镌刻各种花样，复置于阴凉处，然后始能入窑"[①]。

好的原料呈黑灰色或青灰色，里外颜色一致。采回来的泥料要经过一段时间的日照翻晒，促其风化。之后用石碾碾成粉状，再加水浸泡一段时间。泥料使用前，还要练泥，将泡好的泥堆在空地上，反复踩踏成泥饼，再用木质泥锤锤打使其延展，然后再铲堆到一起。这样反复踩踏锤打，最后将练好的泥堆放在一起，遮盖保湿陈腐一段时间，这样可以增加泥的黏性。

（二）坯体成形

琉璃的制作方法有两种：一种是手工捏制成型，另一种是模具印坯成型。手工捏制的特点是形象生动，造型丰富，局部处理富于变化，主要用来制作屋脊、吻兽、花饰、人物、龙凤等之类的产品。模具制作的特点是规格一致，便于批量生产，主要用来制作成批的构件，如琉璃瓦、滴水、筒瓦、板瓦等。民间也常将两种手法结合运用。

塑形用的泥料通常是掺有棉花的"毛泥"，这种泥能防止坯体在干燥过程中开裂。塑形时先做出大形，再做细部形象，最后进行局部整形。为了防止坯体存有细小的裂缝，进窑之前需用细泥浆将整个坯体涂刷一遍，称为"浆糊"。另外，凡是"眼睛仁"等需要颜色加深的地方都要先点上特制的黑釉，称为"点黑"。因为铅釉的流动性很大，若是进行釉烧之前点黑，烧后必然会流成黑道。

（三）高温素烧

将已经晾干的坯体装入素烧窑里，以煤为燃料烧成。烧成温度在 1100～1150℃，从点火到停烧，一般 2～3 天。停火后，冷却 1～2 天即可出窑。

---

① 张涵锐：《琉璃厂沿革考》，转引自左重阳：《琉璃漫话》，《山西建筑》，2002 年第 12 期，83 页。

（四）施釉

将配制好的各色铅釉用蘸、浇、刷等方式均匀地涂敷在素烧坯上。琉璃表层彩釉属低温色釉。主要化学成分由助熔剂、着色剂和石英三大部分组成。助熔剂为黄丹，即氧化铅，也称铅釉。釉的制备是将铅矿石或废铅块放在铁锅里用文火加热，慢慢翻炒成粉状。之后，过罗筛细，再用清水漂洗，沉淀后去渣待用。着色剂有氧化铁（Fe_2O_3）、氧化铜（CuO）、氧化钴（CoO）和二氧化锰（MnO_2）等；石英成分为二氧化硅（SiO_2）。常见釉色有绿色（着色剂为 CuO）、黄色（着色剂为 Fe_2O_3）、蓝色（着色剂为 CoO）、紫色（着色剂为 MnO_2）、白色等数种，白色釉不加着色剂，只用助熔剂和石英。琉璃釉的配制是这一行业中最难掌握也极具隐蔽性的技艺，尤其是像孔雀蓝这类釉料的配方，都是不示外人的。

（五）低温釉烧

低温釉烧是琉璃制作的最后一道工序了，控制温度在 800～950℃，从点火到停烧，一般 24 小时左右。以前釉烧都用木柴为燃料，因为木柴燃烧后形成的草木灰比较干净，不易造成釉面污染。现在许多琉璃厂都已采用较为先进的推板窑烧成。两次烧制过程全凭艺人经验掌握烧成的火候、时间和窑温，稍有不慎，便会前功尽弃，导致报废。

由于窑内高温对坯件的传热形式是以传导、对流和辐射三种方式同时进行的，因此，窑炉的构造、装窑方式、窑位分布、烧成时间、窑温和窑内气氛的调控以及停火后的开窑等环节都能决定烧成是否成功。其中窑温的控制最为重要，温度过高或过低对琉璃釉面釉色的色相、明度、纯度和表面质感都有很大影响。另外，烧成还会受到气候、天色、风向的影响。

二、不同时期琉璃制作技艺及其应用

根据战国墓葬考古发现的一些陶胎琉璃珠，可知商周时期低温铅釉制品已经出现。据《中国陶瓷史》记载："自春秋中业开始，对于铸造器物的合金性能就提出了'熔点低'和'流动性大'的要求，并采用在青铜中增加锡的成分，或在铜锡合金中加入铅的办法。特别是在青铜中增加铅的办法，对于液态合金流动性的提高起了主要作用。对于铅的化合物的认识，也至迟在战国时期就已经掌握。"在此基础上，将铅釉烧结在陶坯表面而成为釉陶就具有更大的可能性。

（一）汉代的绿釉陶

图 2-6　汉代绿釉陶楼

汉代低温铅釉陶器的烧制成功，应该说是我国琉璃工艺的先期阶段。汉代低温釉陶器皿，晋南出土者比较多，大多为明器。器形和工艺与陶器相近，表层的铅釉多为绿色，考古学界一般统称之为"绿釉陶器"（图 2-6）。器形有壶、瓶、罐、鼎、灶、盆、楼阁等多种日用器皿和明器。汉代的许多绿釉器皿，因表面受潮或铅质的还原作用，釉面形成一层较厚的银白色物质，称为"银釉"。

汉代低温绿釉器皿的胚胎，多用黏土捏制而成，土为黄色带红。从出土器皿的残破部位观察，土质加工略糙，断面较粗；气孔比较多，吸水率较强；釉层厚度一般在 0.1～0.15 厘米。与瓷器比较，釉面色调不均匀，有流纹现象，但色泽较为光亮。银釉的表面多呈现淡黄色或黄白色。

汉代琉璃主要用来做日用器皿和随葬明器，但也有的镶嵌在窗扉、壁间。汉代已出现绿瓦，但当时更有可能是一种陈设或装饰器皿，还不是建筑瓦件。汉代绿釉器的化学成分如表 2-1 所示。

表 2-1　汉代绿釉器皿的化学成分

名称	成分	比例/%	名称	成分	比例/%
汉代绿釉胎	二氧化硅	65.78	汉代绿釉	二氧化硅	33.88
	三氧化二铝	15.85		三氧化二铝	6.20
	三氧化二铁	6.23		三氧化二铁	2.31
	二氧化钛	0.99		氧化铅	46.89
	氧化钙	1.84		氧化铜	1.26
	氧化镁	2.19	汉代银釉	二氧化硅	31.32
	氧化锰	0.13		三氧化二铝	1.90
	氧化钾	3.30		三氧化二铁	2.02
	氧化钠	1.60		氧化铅	60.31
	氧化磷	0.10			
	总量 98.01%，吸水率 12.6%				

资料来源：中国建筑材料科学研究院陶瓷科学研究所测定，见柴泽俊：《山西琉璃》，北京：文物出版社，1991 年。表 2-2～表 2-6 同，不再注。

（二）北朝的琉璃制品

北朝山西地区低温铅釉器盛行。绿釉陶器的纹饰多用莲花纹，无论刻划还是堆塑，都深受佛教影响。出土的这一时期的器物工艺成熟，品种多样，标志着北朝时期山西地区铅釉陶器进入了兴盛阶段。北朝时期，琉璃在使用范围上已经突破了汉代日用器皿和随葬品的范畴，开始在建筑屋顶装饰上使用。《魏书·西域传》"大月氏国"条中记载：

> 世祖时，其国人商贩京师，自云能铸石为五色琉璃，于是采矿山中，于京师铸之。既成，光泽乃美于西方来者。乃诏为行殿，容百余人，光色映彻，观者见之，莫不惊骇，以为神明所作。自此国中琉璃遂贱，人不复珍之。[①]

这是我国琉璃用于建筑物上最早的文字记载，琉璃用于建筑装饰极有可能始自平城。《太平御览·郡国志》云："朔方平城，后魏穆帝治也，太极殿琉璃台及鸱尾，悉以琉璃为之。"

北魏时期，中国的琉璃吸收了西域的烧造技术，能造出"五色琉璃"，并且用于皇家太极殿屋顶的鸱尾装饰。琉璃在建筑装饰中的运用，使它脱离了汉代主要用于明器的使用范畴，从而有了更高的实用价值和新的发展。不过，这时琉璃用于制作建筑构件，地域还不很广泛，在许多已知的北魏寺庙遗址中尚未发现琉璃遗物。6世纪中叶，北齐宫殿上只有少数黄色、绿色琉璃瓦，其他则多在青瓦上涂核桃油。[②] 可见，北朝时期，仅仅在都城的皇家建筑物上装饰琉璃构件。

自此，中国的琉璃烧造技术取得了长足的发展，在汉代单色釉的基础上，北魏琉璃大大向前迈进了一步，出现了双色釉和多色釉。除了绿色、深绿、浅绿、黄色、淡黄、褐色等单色外，有些在黄色上加绿彩，白色上加绿彩，或者黄、绿、褐三色并用（图2-7、图2-8）。这无疑为过渡到唐、辽时期的三彩釉器奠定了基础。

图 2-7　北魏灰陶加彩男俑　　　图 2-8　北齐青瓷莲花尊

---

① （北齐）魏收：《魏书》，列传第九十四域，北京：中华书局，2275 页。

② （明）崔铣《嘉靖彰德府志》，卷八，上海：上海古籍书店，1964 年。转引自柴泽俊：《山西琉璃》，北京：文物出版社，1991 年，4 页。

（三）隋唐时期的琉璃业

隋代琉璃业承袭汉魏时期绿釉陶的特色，以日用器皿为主；建筑瓦件仍为布灰色。但值得注意的是，虽然在建筑物上使用琉璃初创于魏晋，但此时才在京城开始重新试用绿色铅釉饰件。从此以后，建筑屋顶上琉璃构件逐渐增多，到元、明、清时遍及各地。与此同时，为了适应宗教的发展，隋代匠师开始用琉璃制作佛、菩萨造像。

唐代是我国封建社会发展的鼎盛时期，在陶瓷艺术中，最能表现盛唐气象的，莫过于三彩釉陶，又称唐三彩。这是唐代琉璃工艺的重要成就，其烧制技术及釉色的控制应用和造型的把握都有了极大的提高。唐三彩的种类，主要是俑和器物，以随葬品为多。釉色有蓝、深蓝、绿、深绿、浅绿、翠绿、黄、白、赭、褐等色。它的制作方法，和建筑上的琉璃构件相比，除了胚胎土质略有粗细之分外，其余几乎没有大的差别。大多数是用白黏土作胎，用含铜、铁、钴、锰等元素的金属矿物作为着色剂，经过 800～900℃高温烧制而成（表 2-2）。

表 2-2　唐三彩的化学成分

名称	成分	比例/%	名称	成分	比例/%	名称	成分	比例/%
釉胎	二氧化硅	67.52	蓝釉	三氧化二铁	0.99	棕黄釉	二氧化硅	25.07
	三氧化二铝	26.56		氧化铅	45.00		三氧化二铝	8.22
	三氧化二铁	0.61		氧化钙	0.79		三氧化二铁	4.71
	二氧化钛	1.39		氧化镁	0.43		氧化铅	41.46
	氧化钙	0.22		氧化锰	0.03			
	氧化镁	0.40		氧化钾	0.88			
	氧化钾	2.01		氧化钠	0.22			
	氧化钠	0.34		氧化铜	0.38			
	总量 99.05%			氧化钴	1.03			
	吸水率 15.4%							

唐代除制作琉璃器物外，建筑物上使用琉璃作为装饰物的地域和范围，比以前有了显著扩大。一些碑刻、文献和已发现的实物证明，唐代我国北方的一些重要建筑物已广泛采用琉璃装饰了。就目前所知，山西介休、陕西长安、东北渤海国等地的重要建筑物上，皆用琉璃吻兽和瓦件。此时，山西的瓷业大兴，窑址逐渐增多。建筑物上的琉璃构件由于体积大、数量多，如果固定窑址烧造，装卸搬运将十分困难。因此随着寺庙的兴建修葺，琉璃匠师与砖瓦匠师一样，常就地捏制，就地烧造。

（四）宋辽金时期的山西琉璃业

宋代的琉璃器皿，虽不像唐代和辽代的三彩那样盛行，但也同样令人瞩目。在山西，有瓶、枕、罐、壶、盒等多种，有的为单彩，有的为双彩，虎枕多为三彩。

宋代也是我国古代建筑的隆盛阶段，尤其注重装饰和色调的运用。从绚丽斑斓的琉璃构件，到整个琉璃屋顶，无论单体建筑还是群体建筑，都力求形制美与色调协调的统一。这大大增强了建筑的艺术效果。

自宋代以来，运用琉璃塑块镶嵌技艺，大型建筑使用琉璃艺术构件已成规制。山西保留的宋代建筑琉璃饰件不多，创建于北宋的太原晋祠圣母殿就保存有少部分宋代琉璃瓦。这些瓦的胎质釉色，均与明代的瓦不同。它们用浅红坩土作胎，瓜皮绿釉，有的表层已接近于"银釉"色调。胎内有粗布纹痕迹，并按有一方"尹"姓押记，与宋押风格完全一致，应是宋瓦的遗存。

北宋后期编修的《营造法式》，比较详细地规定了琉璃建筑构件的烧造方法。据卷十五"琉璃瓦等"条记载：

凡造琉璃瓦等之制：药以黄丹、洛河石和铜末，用水调匀。冬月以汤，筒瓦于背面，鸱、兽之类于安卓露明处，青掍同。并遍浇刷瓯瓦于仰面内中心。重唇瓯瓦仍于背上浇大头；其线道、条子瓦、浇唇一壁。

凡合琉璃药所用黄丹阙炒造之制，以黑锡、盆硝等入镬，煎一日为粗渣，出吼冷，捣罗作末；次日再炒，傅盖罨；第三日炒成。

在卷二十七"窑作"条内有"造琉璃瓦并事件"，写道：

药料：每一大料；用黄丹二百四十三斤。折大料，二百二十五斤；中料，二百二十二斤；小料，二百九斤四两。每黄丹三斤，用铜末三两，洛河石末一斤。

用药，每一口：鸱、兽、事件及条子、线道之类，以用药处通计尺寸折大料：

大料，长一尺四寸板瓦，七两二钱三分六厘。长一尺六寸瓯瓦减五分。

中料，长一尺二寸板瓦，六两六钱一分六毫六丝六忽。长一尺四寸瓯瓦，减五分。

小料，长一尺瓯瓦，六两一钱二分四厘三毫三丝二忽。长一尺二寸瓯瓦，减五分。

药料所用黄丹阙，用黑锡炒造。其锡，以黄丹十分加一分，即所加之数，斤以下不计，每黑锡一斤，用密驼憎二分九厘，硫黄八分八厘，盆硝二钱五分八厘，柴二斤十一两，炒成收黄丹十分之数。

在卷二十五的"窑作"条内，关于功限也有规定①：

烧变琉璃瓦等，每一窑，七功。合和、用药、般装、出窑在内。

---

① （北宋）李诫：《营造法式》，邹其昌点校，文渊阁四库全书本，106、178、168页。

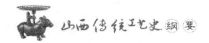

捣罗洛河石末，每六斤一十两，一功。

炒黑锡，每一料，一十五功。

垒窑，每一坐：大窑，三十二功。曝窑，一十五功三分。

这是我国古代关于琉璃制作工艺最为详尽的记载，从制作方法、材料加工、用料比例到安装工时，都有严格规定。《营造法式》的编修以官式建筑为依据，宫廷建筑使用的琉璃多以黄色为主，所以书中所列药料以黄丹为重要原料。在宫廷建筑之外，宋代建筑使用的琉璃以黄、绿色为多。可见，宋代大型建筑使用琉璃艺术部件作为装饰，已经成为规制。这一时期的琉璃建筑装饰的实例遗存很多，如朔州崇福寺、大同华严寺、繁峙岩山寺、太原崇善寺、万荣后土庙、绛县太阴寺、高平定林寺等。宋代绿釉的化学成分如表 2-3 所示。

表 2-3 宋代琉璃制品的化学成分

名称	成分	比例/%	名称	成分	比例/%
绿釉胎	二氧化硅	64.09	绿釉	二氧化硅	32.26
	三氧化二铝	26.22		三氧化二铝	4.83
	三氧化二铁	2.90		三氧化二铁	1.41
	二氧化钛	1.35		氧化铅	54.84
	氧化钙	0.70		氧化钙	2.24
	氧化镁	0.55		氧化镁	0.47
	氧化钾	2.08		氧化锰	大于 0.01
	氧化钠	0.35		氧化钾	0.65
	总量 98.24%，吸水率 12.33%			氧化钠	0.31
				氧化铜	2.80
				总量	99.81%

金代承袭宋代和辽代的规制，琉璃业不断向前发展，在山西的建筑上留下了许多珍贵的实物。朔县城内的崇福寺弥陀殿上有金代的琉璃鸱吻、垂兽、仙人等，高平定林寺雷音殿上有金代的脊饰、吻兽等，晋城玉皇庙后殿上有金代的琉璃狮子和脊饰"二十八宿"等。这些都是这一时期大型建筑物上使用琉璃瓦顶或琉璃构件剪边的实证。

（五）元代山西琉璃业的兴盛

元朝统一了宋金时期长期的分裂局面，为经济的繁荣和手工业的发展奠定了基础，山西的琉璃业开始进入兴盛时期。琉璃制品在品类、造型、工艺和色彩等各个方面，均比以前有了很大的发展。尤其是随着山西寺庙建筑的发展，琉璃建筑几乎遍布全省，其中不少留存至今的还保留有制作年代和匠师姓名。

元朝统治者在建筑装饰上追求华丽，采用贵重的材料和强烈的色彩。陶宗仪在《南村辍耕录·宫阙制度》中记载："凡诸宫门，皆金铺，朱户丹楹，藻绘雕壁，琉璃瓦饰檐脊。"[1] 元代琉璃的制作,在原料、形制、工艺和釉色等各个方面,都比以前有了新的发展。元代以前,琉璃大多用陶胎(即将黏土碾碎过滤后捏制而成)。而元代的琉璃有用黏土的,也有用瓷土(即坩子土)的,坯胎颜色有红砖色,也有白坩色。与瓷器坯胎相比较,断面较粗糙,气孔较多。在形制上,元代出现了堆花脊筒、鸱吻、垂兽、仙人、武士以及龙凤、花卉等艺术饰件,且造型不拘一格,塑造手法比宋、金时期更为灵活多样。在釉色的运用方面也比以前更加富丽。宋、金时期,宫廷建筑多用黄色,其他建筑多用黄、绿二色。而元代后,黄、绿、蓝、白、赭、酱、褐等颜色同时并用,这大大丰富了建筑屋顶的色调。

元初创建的永乐宫,在各殿瓦顶上都有琉璃构件,制作技艺极高。建筑屋顶已逐渐用琉璃脊替代了瓦条脊,有的琉璃脊上还装饰有各种花卉图案,使殿顶更加华丽。永乐宫中的三大殿殿顶全为琉璃剪边,主殿上铺设方心。其中,三清殿的两个鸱吻极富创造性。永乐宫琉璃的化学成分如表 2-4 所示。

表 2-4 永乐宫元代琉璃的化学成分

名称	成分	比例/%	名称	成分	比例/%
绿釉坯体	二氧化硅	65.60	绿釉	二氧化硅	34.22
	三氧化二铝	16.00		三氧化二铝	4.25
	三氧化二铁	4.07		三氧化二铁	0.32
	二氧化钛	0.81		二氧化钛	0.05
	氧化钙	7.93		氧化钙	0.51
	氧化镁	2.31		氧化镁	0.08
	氧化钾	2.57		氧化钾	1.90
	氧化钠	1.62		氧化钠	0.17
	总量 99.61%			氧化铅	56.88
	抗折强度 172.351 kg/cm²			氧化铜	2.28
	抗压强度 708.3 kg/cm²			总量	100.66%
	坯胎烧成温度 1110~1140℃				

鸱吻以红泥作胎,施孔雀蓝釉。整体是一条曲折盘绕的巨龙。这种以龙为主体的大型鸱吻,在我国古代建筑中尚属初创,这为明、清两代多样式的龙吻开了先河。平遥县东泉镇百福寺山门上的吻兽、脊饰,也是元代有纪年的琉璃作品。晋城玉皇庙在元代曾经历三次大修和扩建,其鸱吻、垂兽和瓦件,均用坩土作胎,胎质较为粗糙。施黄、绿色釉,绿色偏浅,间施白、褐、赭等颜色,至今光泽不减。

继唐、辽、宋代的三彩之后,元代出现了法华器这一新的琉璃品种。所谓"法华",是元代山西南部地区在烧制琉璃过程中创造出来的一种琉璃新产品,到明代永乐时期盛行起来。供器中的香炉,也是元代琉璃制作中的一个重要品类。

---

① (元)陶宗仪:《南村辍耕录》,北京:中华书局,1959 年,250 页。

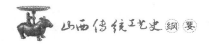

（六）明代山西琉璃艺术的鼎盛

明代社会稳定，寺庙建筑兴盛，这些都为山西琉璃艺术的繁荣起到了促进作用。这一时期琉璃制作的规模之大，分布范围之广，技术之精湛，匠师之多，超越以往任何时代，琉璃大量用于建筑修饰以及各种器具饰件上。

太原马庄和阳城后则腰，是明清山西琉璃的源地。明初，琉璃制作受宋、元影响较深，局限较大。明初建造的太原崇善寺大悲殿琉璃饰件，是典型代表。它们全用陶土作胎；黄、绿色釉，釉汁较浓，釉色纯正浑厚，是当时官窑的制品。其鸱吻为剑把吻，吻尾向外捲曲，应该是明、清两代卷尾剑把吻的开端，但由于受皇室的限制，比其他后世琉璃吻的形状要显得拘束。

明代山西的琉璃龙壁，除砖砌影壁镶嵌琉璃盘龙方心的外，还有九龙、五龙、三龙、独龙等多种，壁面全用琉璃制品镶砌而成。其中有九龙壁三座，分别是洪武年间的大同九龙壁、正德年间的平遥九龙壁、天启五年的平鲁九龙壁。大同九龙壁至今保存完整，据《民国大同志稿·食货志》记载："琉璃砖瓦为我县（指大同）之特产，艺术美丽，质料坚固。明代之九龙壁及寺庙之物，皆系此山出品，惜年久不烧，以至失传矣。"① 另外，还有五龙壁三座、三龙壁三座、二龙壁四座、独龙壁一座。大同九龙壁为粗坩土作胎，表层施黄、绿、蓝、白、紫五彩釉色。海水、云气和天空用蓝、绿釉，九条龙的釉色，除两条为紫釉外，其余皆为黄釉。釉色纯正，毫不混杂。仅黄釉的色变就有中黄、浅黄、深黄、米黄、棕黄、酱黄、赭黄等七种。整个龙壁色泽深沉浑厚，气势雄伟壮丽（图2-9）。

图 2-9　大同九龙壁（左为紫釉，右为黄釉）

永乐到成化年间，山西的琉璃业大大发展。使用范围日渐扩大，品类增多，其造型上突破了宫廷的限制，开始变得活泼而富有生气。明代琉璃在色釉方面，也有

---

① 大同市地方志编纂委员会：《大同市志》（上），北京：中华书局，2000年，444页。

所发展。除黄、绿、蓝、白、紫、赭、褐色外，又增加了黑色、酱色、棕色，其中孔雀蓝和孔雀绿较以前更加艳雅纯正了。永乐年间，山西琉璃匠师还制作了不少法华器。法华的特点是：用陶土作胎（到明代坯胎也有用高岭土的），体质轻薄，胎面用古代塑像或彩画技术中的沥粉之法。用前部有硬管的囊袋，将图案用泥浆勾勒成凸起的线条纹饰，然后分别涂刷黄、绿、蓝、紫、褐等色釉料，填出底子和花纹色彩，入窑烧成。明代弘治至万历年间，是山西琉璃制作的黄金时代。这一时期的琉璃作品不仅数量很多，而且风格造型、颜色效果都很杰出，有很多优秀的作品。

明代除了殿堂脊饰、照壁和牌坊使用琉璃外，还用琉璃来镶砌高塔，以洪洞广胜寺飞虹塔最为精美。

广胜寺飞虹塔位于洪洞县广胜上寺内前部，建于明正德十年至嘉靖六年（1515～1527）。塔为平面八角形，十三级，高47.31米，是一座典型的明代楼阁式砖塔。一层塔室宽大，八角穹隆藻井，并留出通风、采光孔道，二层三层亦然。三层以上至十三层塔心做成小型空筒式，塔梯沿空筒内壁上下攀登，为"扶壁攀登式"结构。

飞虹塔最突出的成就在琉璃艺术方面。塔身表层全部用黄、绿、蓝、白、赭、黑等各色琉璃贴面砖镶嵌，精致富丽，其中尤以一、二、三层制作最精。塔身底层用琉璃镶嵌成束腰须弥座，仰覆莲瓣制成平台，壁间设有倚柱、盘龙、宝珠等。上部用额枋、斗栱和椽飞制成出檐，并饰有门楣花罩、垂柱、雀替，檐下塑文殊、普贤、观音、地藏等菩萨立像。塔南向辟有拱券式门洞，由此入塔可直攀至塔顶。门外两侧金刚雄峙，门上又塑十二圆觉菩萨。天启年间（1621～1627），在塔身外围增筑回廊，将塔底层外围的精美琉璃构件封存于廊下木壁内。塔南面入口处凸出龟须抱厦，三间两层，十字歇山顶，犹如塔前一座小型楼阁。塔身第二层上雕饰各种琉璃团龙、麒麟、金刚、菩萨及宝塔、亭阁等，每面中心设洞龛一区，金刚居中，左右以圆坛或方心相对，内塑高僧、佛塔。南向方心内雕武士，北向立凤居中，金刚和盘龙分置两侧。斗栱向上挑出叠涩出檐，以栱、昂出跳和云板组成平座，挑承三层勾栏。第三层塔身雕刻更为精致，于平座勾栏之上塑四大菩萨、护法、韦驮等，分别乘各种神兽，两侧塑宝瓶、灯台和古塔。壁间中心筑拱形佛龛，依佛教密宗造像布列，但每个塑像不塑在龛内，而是在勾栏平台上。

各层檐下用斗栱和莲瓣隔层相间制成出檐，斗栱有五踩、七踩、九踩，莲瓣有一层、两层、三层不等，各层上部皆嵌黄、绿、蓝色琉璃相间的额枋、垂柱、檐头、飞椽、勾滴、戗脊等。三层以上至十三层间，每面砌券洞、佛龛和方心，内置佛像、菩萨和童子。塔刹由基座、仰莲、覆钵、项轮、露盘和铜质宝珠组成，刹周有小塔四座，如同金刚宝座塔形制。一层塔室雕饰巨大的琉璃藻井，垂柱花罩一周，斗栱三层，均为九踩，其间塑各种佛教人物和殿阁、楼台、桥梁、亭树等，殿阁有单檐、重檐，楼台有六角、八角，亭树有方形、圆形和六边形；莲瓣有仰莲、

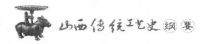

覆莲和宝装莲，极顶九条龙头聚首。在约15平方米的面积内，雕出如此细密、繁复的藻井，可谓匠心独运。

嘉靖时期是山西琉璃艺术的隆盛期，这时的琉璃制作技艺高超，成就显著，至今留存的实物极其丰富。除广胜上寺飞虹塔外，有纪年的作品就达20多处，大多形体优美、釉色艳丽，是我国琉璃工艺中的珍品。

为了将明代琉璃与汉、唐以来的釉陶、三彩等琉璃制品作比较，明确其发展脉络，特对五台山狮子窝明代琉璃部件作了化验分析，其化学成分如表2-5所示。

表 2-5　五台山狮子窝明代琉璃的化学成分

名称	成分	比例/%	名称	成分	比例/%
孔雀蓝坯体	二氧化硅	67.34	孔雀蓝釉	二氧化硅	44.94
	三氧化二铝	21.60		三氧化二铝	3.48
	三氧化二铁	3.13		三氧化二铁	0.37
	二氧化钛	1.43		二氧化钛	0.054
	氧化钙	1.35		氧化钙	0.65
	氧化镁	1.11		氧化镁	0.14
	氧化钾	1.98		氧化钾	7.29
	氧化钠	0.85		氧化钠	4.22
	总量为98.79%			氧化铅	34.29
	抗折强度 89.425kg/cm²			氧化铜	3.31
	坯胎烧成温度 1090℃			总量 98.744%	
				色釉烧成温度 895℃（±45℃）	

明代的很多琉璃作品上都有制作年款和匠师题记。明代的琉璃匠师分布也十分广泛，北达长城脚下，南至黄河岸边。众多匠师中，以阳城、介休两地人数为多，延续传承时间最久。琉璃匠人的师传关系，多为子承父业，世代相传。

（七）清代山西琉璃艺术

清代我国的琉璃业开始衰退，不少构件呈格式化。屋顶上素面脊筒增多，一些鸱吻上的盘龙变得复杂臃肿，留有年款和匠师题记的也明显减少了。但是，山西这时的琉璃盛期余绪未消。清代山西琉璃作品很多，分布很广，还出现了一些优秀的作品。

清代时，琉璃色彩的绚丽程度达到了历史上的顶峰，除了明代所用的釉色外，还出现过天青、桃红、胭脂红、宝石蓝、秋黄、梅萼红、牙白、鹅黄、水晶等色。对颜色的运用也熟练自如，如在一个红色系统中，又可以准确得分出梅萼红、紫红、玫瑰紫、粉红、浅粉、浅红、胭脂红、桃红等多种颜色。

清代山西工匠不仅在窟檐、大殿、影壁上使用琉璃，而且也在多处塔式建筑中使用琉璃。其中，以康熙年间重建的临汾大云寺塔年代最早、规模最大。这座塔二层以上的脊饰、吻兽、滴水等均为琉璃制品。壁门外还用黄、绿、蓝、白、赭五彩琉璃佛教造像镶嵌。造型优美，釉色艳丽，大大增强了佛塔的装饰性。到了嘉庆年间，琉璃艺术显著衰退，捏制技巧和釉色均逊于以前。

古代建筑屋顶有剪边形式。这种剪边形式在唐宋时期就已经形成，但主要是以布瓦为心，并且琉璃主要用于脊部，檐部此时还不用琉璃。到了金、元时期，整个屋面都做琉璃的情况虽然很普遍，但"剪边"效果仍不明显，实际上是以两色琉璃的拼接形式居多。明代开始注意到了"边框效果"，但边仍比较宽，为元代两色琉璃的沿用。另一方面由于明代喜欢用黑琉璃绿剪边，对比效果不很明显，清代更有意识地把剪边作为一种特殊的艺术形式。此外，建筑屋顶还采用聚锦做法。聚锦做法始于元代，永乐宫三清殿的屋面中间就用了菱形的琉璃聚锦做法，拼作一大两小的对称图案。此后，聚锦法应用更加娴熟，颜色搭配更加丰富协调。清代万荣后土祠献殿的琉璃屋面做法具有代表性，屋顶由绿色琉璃瓦剪边，中间的琉璃聚锦由蓝、绿、黄三色琉璃拼成。为了与前代工艺进行对比，专家对五台山菩萨顶和金阁寺的清代琉璃作了化学分析，如表 2-6 所示。

表 2-6　五台山菩萨顶、金阁寺清代琉璃的化学成分

菩萨顶清代琉璃			金阁寺清代琉璃		
名称	成分	比例/%	名称	成分	比例/%
黄釉坯体	二氧化硅	79.90	蓝釉坯体	二氧化硅	76.69
	三氧化二铝	14.23		三氧化二铝	17.84
	三氧化二铁	1.05		三氧化二铁	1.57
	二氧化钛	0.57		二氧化钛	1.05
	氧化钙	0.80		氧化钙	0.23
	氧化镁	0.59		氧化镁	0.45
	氧化钾	1.64		氧化钾	1.59
	氧化钠	0.22		氧化钠	0.35
	总量 99%			总量 99.77%	
	抗折强度 162.657 kg/cm^2			抗折强度 203.093kg/cm^2	
	抗压强度 692.8 kg/cm^2			抗压强度 1224 kg/cm^2	
	坯体烧成温度 1130℃			坯胎烧成温度 1280℃	
黄釉	二氧化硅	35.74	蓝釉	二氧化硅	67.37
	三氧化二铝	5.48		三氧化二铝	4.36
	三氧化二铁	2.98		三氧化二铁	0.71
	二氧化钛	0.23		二氧化钛	0.13
	氧化钙	0.46		氧化钙	10.98
	氧化镁	0.23		氧化镁	1.37
	氧化钾	0.67		氧化钾	0.70
	氧化钠	0.39		氧化钠	9.58
	氧化铅	53.57		氧化铅	1.45
	氧化铜	0.06		氧化铜	0.01
	总量 99.81%			总量 96.75%	
	色釉烧成温度 1042℃（±47℃）			色釉烧成温度 1100℃（±40℃）	

从上述各代样品的化学成分分析中可以看出，从汉代到清朝末期的 2000 多年来，尽管历朝历代有不同的命名——汉代的绿釉陶，唐、辽、宋的三彩器皿，元、明以后的琉璃和三彩法华等，但是它们归根结底都属于同一琉璃体系；尽管琉璃的使用范围不断扩大，釉彩、工艺也不断繁杂，但是它们的坯胎、釉彩的质地和烧造方法、火候温度等都始终没有超出高温烧胎、低温烧釉的范畴，而且始终是沿着一个固有的程序制作的。从历代琉璃的化学成分分析中还可以看出，绿釉中的含铅量比较大，其中变成银釉的含铅量尤其更高。至于银釉的成因，应该不仅仅是受到水的轻微溶蚀所致，铅量较大、受大气层侵蚀而还原也许是导致它产生的又一个原因。[①]

三、山西琉璃制造技艺的保护与传承

20 世纪 50 年代中期和 60 年代初期，陈万里、高寿田等学者在山西实地考察过近代山西琉璃的发展情况。2007 年 4 月下旬，山西省非物质文化遗产中心又对太原、阳城、河津、介休等地的古代琉璃艺术和现代琉璃的生产状况进行了考察，主要集中在太原东郊马庄、阳城、河津、介休等地。[②]

阳城后则腰村现有两家规模较大的陶瓷厂仍在生产琉璃，一家是阳城建筑陶瓷厂，产品分琉璃和墙地砖两部分，琉璃产品的坯体上都印有一个很诗意的标记"月亮陶瓷"。另一家是晶峰建筑陶瓷厂。两个厂子的职工人数都在百人左右，生产的技术水平和工艺质量都相对较高。

山西现存琉璃生产企业主要以传统琉璃造型为主，色彩主要有黄、蓝、绿，但其产品已很难再现古代神韵。其生产以私人企业为主体，生产规模小，生产方式原始、简单。加上资金投入有限，量产率低，烧制方法主要以煤烧、倒烟窑、隧道窑为主；劳动强度大、污染严重，其生产只能满足周边地区民用和寺庙类、传统牌楼等建筑装饰用。

山西琉璃烧制技艺，被列入第三批国家级非物质文化遗产项目（编号：Ⅷ—9003—1348），代表性传承人为太原市葛原生，河津市吕彦堂，阳城县乔月亮、崔书林。

---

① 柴泽俊：《山西琉璃》，北京：文物出版社，1991 年，48 页。

② 太原东郊马庄至迟从明代万历年间开始生产琉璃。当地有苏、白、张三大家族，其中以苏家最有影响。阳城琉璃烧造据说起于元代，明清时达到鼎盛。其乔姓家族是山西众多门派中人数最多、延续时间最长的一支。从明正统年间开始，一直到清乾隆、嘉庆年间，传承关系明确，班辈系列清晰，琉璃产品声誉不衰。乔承先（1889～1965）是新中国成立后当地较有名望的琉璃艺人，但其后人并没有从事琉璃制作。河津琉璃生产始于明代万历时期。当地的吕氏家族是山西琉璃制作的众多门派之一。介休东南面的丘陵地区盛产烧制陶瓷的坩土，是山西烧造琉璃最早的地区。在明代达到极盛，遗留下很多优秀的作品。

葛原生，1959 年毕业于山西农业大学，1979 年参与郝庄琉璃厂的筹建工作，并担任厂长。其间拜苏杰（1921～1982）为师，学习琉璃制作技艺，为太原东郊马庄苏氏琉璃第六代传人苏杰的关门弟子。

吕彦堂、吕彦荣兄弟，为河津吕氏琉璃的第九代传人。20 世纪 80 年代初，他们分别开办了河津吕氏祖传琉璃厂和吕氏祖传琉璃工艺厂。

另外，山西各地还有不少生产琉璃的家族和企业。但由于琉璃的生产过程中，要求从业人员在掌握工艺技能的同时，还应具备一定的艺术修养，需要经过相当长时间的磨炼和积累才能成才，培养周期较长，而现在的青年对于这种技术难度大、技艺性强、学艺时间长、见效慢的手工艺行业普遍兴趣不高，致使传承的人力资源相对匮乏。山西琉璃这一传统工艺还需要有关部门和民众的支持和保护才能传承和光大。

第五节　寺观壁画绘制与修复技艺

中国古代的壁画，不仅是艺术上的创造，它的构造和绘制方法也是建筑技术的一个重要组成部分，壁画的内容还从侧面反映了古代的社会生活和丰富的科技内涵。

古代壁画是随着建筑的发展而发展的，其内容形式又是随社会的变革不断演变的。旧石器时代晚期的岩画，是中国远古时代壁画的滥觞。随着社会的发展和建筑的营造，战国时产生了宫廷壁画，内容以表现山海神灵、儒家忠孝节义等为主。两汉时期宫殿中壁画已成章法。秦汉之际墓室壁画普遍出现。随着东汉初年佛教传入中国和道教的兴盛，壁画开始大量绘制于寺庙中，遂产生了寺观壁画，成为中国历代壁画发展的主流。中国古代壁画就是沿着宫廷壁画、墓室壁画和寺观壁画而并行发展的。在山西的遗存壁画中寺观壁画占了绝大部分，为山西壁画的主体。

山西省素有"中国古代建筑宝库"之称。就山西现存的古建筑来说，数量之多和历史之久，是全国仅见的。这些建筑中以佛教寺庙和道教宫观为主。在这些寺观中几乎全有壁画，涵盖了从唐、五代、宋辽金元直到明清各个朝代的作品。不同的朝代、不同的民族、不同的文化，其壁画具有不同的风格。山西壁画以其完整多样、典型独特、制作宏伟、交流同化、自主创新且自成一体的特点，集中反映了中国古代壁画的发展进程。

据统计，山西寺观壁画，现存近 2 万平方米。其中，唐代壁画 60 平方米，五代壁画 46 平方米，宋、辽、金代壁画 900 多平方米，元代壁画 1745 平方米，明代壁画 6000 多平方米，清代壁画 10 000 多平方米。山西寺观壁画由于时代不同，内

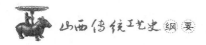

容也各异，绘画技巧和风格亦各有千秋，其中有不少作品堪称我国美术史上的杰作。

一、山西历代寺观壁画绘制技艺

（一）泥层制作技术

有关壁画的绘制方法，最早见于东汉蔡质的《汉宫典职》载述："尚书奏事于明光殿，省中书皆以胡粉涂壁，紫青界之，画古烈士，重行书赞。"这里的壁画首先在墙壁上涂抹内掺胡椒粉的泥，再用青紫色勾画边线界格，然后绘画往古贤烈之士，并榜题赞语。这种传统的绘制方法一直为后世沿用，到宋元及至明清间有了变化。此时壁画绘制的基本程序是先在石壁或砖墙上抹一至二层黄土麦秸泥，再涂内掺麻刀或砂子的细泥，等泥壁干燥后，开始绘制壁画。

1100 年，北宋建筑家李诫在《营造法式》中，详细规定了壁画绘制之法：

> 画壁之制，先以粗泥搭络毕，候稍干，再用泥横被竹篦一重，以泥盖平，方用中泥细衬，泥上施沙泥，候水胀定收，压十遍，令泥面光泽。凡和泥砂，每白砂二斤，用胶土一斤，麻捣洗择净者七两。

即先用粗泥铺底（粗泥用黏土和沙粒合成），等这层稍干后，再涂一层掺有麦草或麻筋等物的细沙泥，经多遍收压使壁面光滑而平整。晾干后，再进行最表面一层的处理。表面层的加工至关重要，用细腻的白垩土掺以轻胶和豆腐浆横竖地在壁面刷几遍，然后再用胶矾水刷两三遍。这样可使颜色画上去不腐蚀、不变色，这是作画时便于勾勒和着色渲染的必要工序。[①] 壁面制作到明、清时稍有变化。就大部分寺观壁画而论，于土坯墙之外抹麦秸粗泥和麻筋细泥是壁质结构的主体，既易于制作，又利于保存壁画色泽，历经数百年乃至上千年岁月，壁面并不疏软，可谓优秀传统技法。山西历代壁画泥层结构和制作方法如表 2-7。

表 2-7　壁画泥层结构和制作方法

时代	泥层结构和制作方法	实例和典籍	说明
汉	以胡粉涂壁，紫青颜色打格子，然后画烈士于其上，并写上赞语	《汉宫典职》记载	这种方法沿用至宋、元、明、清
北魏北齐	壁面多用黄土粗泥拌麦秸作拉筋，依墙抹制，捶紧压平即可	敦煌石窟	壁质略显粗糙

---

① 唐昌东：《唐墓壁画的制作工艺》，见周天游主编：《陕西历史博物馆馆刊》（第三辑），西安：西北大学出版社，1996 年，182 页。

续表

时代	泥层结构和制作方法	实例和典籍	说明
唐	壁面用粗、细两层黄土泥抹成，底层粗泥内拌麦秸作筋，压抹牢固，第二层用麻筋细泥，压平抹光，然后作画		从晚唐至宋代，画师们开始在第二层细泥内加入沙子和胶泥，从而增强了壁质的坚固性和柔韧性
宋	先用粗泥混合竹篾（北方地区无竹篾的混合麦秸或麦糠）遍涂盖平，使其与墙身砌体压紧贴固，然后钉麻揪分布令匀，抹中细泥、细砂泥各一道，拌以麻筋，接着将壁面压紧候干和抹磨光平，最后作画	李诫著《营造法式》，卷十三《泥作制度·壁画》对壁画制作有详细记述	基本流传于宋代以后至清代
元	在壁面泥层结构方面除粗泥用麦秸而不用竹篾外，其余与宋代做法类似	芮城永乐宫大同华严寺	
明清	在粗泥之外掺和白灰，抹成筋灰壁或麻筋掺灰砂泥壁，在壁面涂白粉、上底色作画		

资料来源：常亚平：《山西寺观壁画保护技术（一）》，《古建园林技术》，2004年第4期，3～6页。表2-8、表2-9同，以下不再注。

（二）绘制技术

一般绘制壁画分为起稿、勾线、着色三步，即古代匠师所谓"一朽，二落，三成"。壁画多来自粉本小样，粉本多用羊皮加工，上面绘有各种图像，一本可数代相袭使用。近世也有用厚纸作画稿，用锥子沿轮廓钻出小孔，然后把制作好的画稿贴在墙上，用白粉包或红粉包将画稿图像拓于壁面，随即再用柳木炭条（即朽子）据此勾画初稿，即"一朽"；再用墨笔勾线，即"二落"。色彩标注是上色的前提，色彩均由领班画师以数字代码标注，着色的优劣对壁画艺术效果有着直接的影响。如走形、盖线、压边、色彩不均都会影响壁画质量。为了追求富丽堂皇的艺术效果和立体感，在壁画的精致部分，多用沥粉贴金的做法。具体做法是，将沥粉泥浆装在有收缩力的囊袋中，外端套上铜质细管。按线条粗细，制成大、中、小三种沥口，手握囊袋依底稿图样缓缓地把沥粉涂于壁上，然后在沥粉表层贴金箔，形成高出壁面的金色图案。着色完毕，即"三成"。壁画绘制工序多，工作量大，加之画幅宏大，是集体创作的结晶。

山西古代寺观壁画，一般多绘制于殿堂四壁及斗栱之间的栱眼壁上，也有少部分绘制于扇面墙的两侧、神龛旁和佛座束腰部分。由于壁质构造不同，绘制方法相异，与墓葬、石窟壁画均有较大的差别。

1. 南北朝壁画绘制技术

南北朝时期绘制壁画在寺庙、石窟中都很盛行，且规模宏大，壁画少者百余平方米，多者千余平方米。

这一时期的壁画绘制方法很少见诸记载，从敦煌石窟存留的壁画观察，北魏、北齐年间的壁面多用掺麦秸作为拉筋的黄土粗泥抹制，捶紧压平后即可绘画。与以后用粗、细两道泥涂面相比较，壁质明显较为粗糙。

山西太原王郭村北齐东安王娄睿墓壁画现存 71 幅，约 200 平方米，描绘了墓主人生前生活的显赫场面和死后飞升的空幻境界。画面构图准确，线条流畅，画中的青龙、白虎、朱雀及雷公、电母、仙人等形象生动，色彩艳丽。这里的笔画，画法以粗细线条单线勾勒，然后在其间平涂各种颜色，使画面的浓淡、明暗分明，充分体现了画面的立体感。

从魏晋南北朝的绘画艺术而论，莫不以写实为宗。娄睿墓壁画的作者体现了这一理论传统，以写实主义的创作方法，画出了浓厚的生活气息，是壁画的第一个特点。画家善于描写动态，从动静对比中表达画意，是第二个特点。以透视的基本原理，表现凹凸明暗的画法和远近景深的绘画手法，是壁画的第三个特点。壁画已完全摆脱了外来画法的影响而赋予传统画法的表现手法，用单线勾勒、重彩填色、晕染法的运用也相当出色，为壁画的第四个特点。壁画描写的人间富贵，天界幻境是吸取了汉画中的封建意识形态，又以佛教思想为特征，展现出更加宏伟壮观的场面，是壁画的第五个特点。这批壁画堪称南北朝时期的代表作，填补了美术史上的空白。

2. 隋代壁画绘制技术

隋代山西的壁画，有太原虞弘墓椁壁浮雕画。画中的人物形象皆深目、高鼻、卷发，有着鲜明的中亚民族的体貌特征（图 2-10）。另外，图中服饰、器皿及花鸟等饰也带有强烈的中亚民族文化色彩（图 2-11）。从墓志看，墓主是鱼国人，生前在北齐任政府官员。这一发现是关于 1400 年前中国和中亚文化交流的实证。

图 2-10　虞弘墓椁壁浮雕之异族朝觐
（图中人物胡须与伊朗高原人相似）
资料来源：太原市文物考古研究所编：《隋代虞弘墓》，北京：文物出版社，2005 年，13 页。

图 2-11　虞弘墓椁壁浮雕之有翼的马
（多见于中亚粟特或西亚波斯浮雕）
资料来源：太原市文物考古研究所编：《隋代虞弘墓》，北京：文物出版社，2005 年，37 页。

3. 唐与五代壁画绘制技术

唐代以后，随着寺观的广泛兴建，壁画绘制十分普遍。山西古代寺观壁画的遗迹最早为唐代壁画，佛光寺东大殿唐代壁画和平顺大云院弥陀殿五代壁画，是中国仅存的唐、五代寺观壁画遗作。

唐代画师在用笔上，一改前朝以细润为工的作风，别开新面而创大唐雄健之风。他们根据不同的对象，运笔各异，有的落笔稳健，有的运笔疾速，在轻重缓急、抑扬顿挫中使画面充满了无限生气。画中造型生动，线条简练，浓淡墨色虚实相映，有"焦墨淡彩"画风。

佛光寺东大殿内绘有壁画 61.68 平方米，壁画全部为宗教题材，大部分为晚唐原作，绘画风格与敦煌莫高窟中的同期壁画近似。画中人物装束皆为唐式；人物丰满圆润，色彩古朴典雅，肌体盈丽，衣饰柔软贴体。画面色彩以青绿为主，浑厚深沉，人物形象生动，衣袋飞扬，有"吴带当风"之貌。线条分朱、墨、绿三种，劲健流畅，唐风甚著。后槽明间、次间绘有三幅佛像，莲座青绿、袈裟朱红，背光绘黄、白、红、绿诸色，白色略微泛铅，这与唐代壁质掺入石灰有关。

从佛光寺东大殿唐代壁画的壁面构造来看，画面是用粗细二层黄土泥抹成，底层粗泥内掺麦秸作为拉筋，压抹牢固，与北魏、北齐做法相同。第二层则用麻筋细泥涂于壁面，压平抹光后才可以作画。随着绘画艺术的发展，晚唐以后，画师们开始在第二层细泥中加入砂子和胶泥，从而大大地增加了壁质的坚固性和柔韧性。唐代的绘画技法已经将外来艺术的影响融入传统壁画绘制中，画面构图、勾线、着色、晕染等技法运用纯熟。

平顺大云院弥陀殿为五代遗构，东壁、北壁东隅和扇面墙正、背两面的少部分壁画残存，有 46 平方米。画题为维摩净土变。画面上绘制的是文殊菩萨、观音、天王、神将、罗汉等像，并绘制有楼台殿阁，盘旋云气。五代壁画上承晚唐"焦墨薄彩"风格，线条粗细有致、墨色浓淡分明，色彩的运用浅淡素雅。设色有赭、青、绿、红、黄、黑多种，兼用沥粉贴金。人物造型与唐画相比，面相微短，但丰满圆润的特征相似。[①] 画面色彩除遍涂铅粉外，多以青绿、白、朱红、土黄为主色，间以使用少量赭石、棕色，深沉古雅。在冠戴、璎珞、飘带等装饰以及刀剑武器上，均加施沥粉贴金，增添了画面富丽堂皇的效果。

五代十国历史短暂，壁画和建筑遗存很少，所幸山西保存了大云院五代壁画，为中原地区五代时期寺观壁画的孤例，弥补了中国古代寺观壁画发展史上的空缺。

4. 宋辽金元壁画绘制技术

历史上，一些人赏水墨不赏重彩，重山水不重人物，珍卷轴而轻视壁画，尊文

---

① 柴泽俊：《山西古代寺观壁画》，《收藏》，2007 年第 10 期，79 页。

人而卑工匠。正由于如此,画史上很少记载民间画师的作品,致使许多壁画作者湮没无闻。山西由于地域多山,交通不便,风情古朴,信仰浓郁,宋代以来,在宗教开始衰退、文人水墨画盛行,我国的寺观壁画不像唐代那么隆盛背景下,山西的寺观壁画却仍很兴盛,保留至今的还有 2000 多平方米。寺观壁画艺术趋向高峰,其数量、质量均居全国首列。依附于建筑的壁画也从宋代开始较多地保存下来。目前山西境内尚存宋、辽、金寺观壁画六处,共 924.49 平方米。

山西历代壁画,除粗泥中用麦秸、麦糠而不用竹篾,中细泥和细砂中有用麻筋、纸筋、棉花者之外,壁质构造和面壁程序与《营造法式》卷十三《泥作制度·面壁》的规定基本吻合。山西宋元时期的寺观壁画在粗泥之外均有分披四周的麻揪,以预防泥皮脱落,这种做法就是《营造法式》"钉麻华以泥分披令匀"规定的实物见证。山西寺观壁画在土坯或水坯墙外分别抹粗、中、细泥,既易于制作,又利于保存壁画色泽不失真,并且自成体系,世代相传,直到清代仍未发生太大的改变。

高平市开化寺大雄宝殿东、西、北三面绘满壁画,内容大多取自《大方便佛报恩经》,体现了北宋王朝把儒家的伦理道德融合在佛教教义之中的意识形态,更有当时世俗生活的写照。东壁为佛传故事,以连环画形式绘成;西壁大体分为三组,每组中间为说法图,两侧是佛本生和经变故事。北壁上的画多反映对父母的忤逆和孝顺两种不同行为的善恶报应。画面景物、人物和故事情节布列得当,比例适度,协调统一。墨线的运用,除建筑略施工笔界画外,其余多为"兰叶描"。树木房屋等都是墨线勾勒而成,然后敷彩成韵,点染成趣。画面沥粉贴金,继承隋唐画风,又有创新。繁峙县岩山寺内西壁画的佛传故事是很典型的北宋院体画,以石青石绿为主,画韵风格近似宋金时期卷轴画。

位于繁峙县天岩村的岩山寺,现存金大定七年壁画 98 平方米。岩山寺壁画内容以佛本行经变和佛本生经变为主,但在宗教内容中还穿插着许多反映宋金时期社会风貌包括科技的图景。如东壁北隅中部的水推磨坊图,清晰地描绘出水轮碾磨、舂米的全过程。中国古代壁画中的建筑多是作为衬景来烘托表现主题的,但岩山寺金代壁画中的建筑图像几乎占了整个壁画面积的一半,大大超出了衬景的范围,成为壁画内容的重要方面。这些建筑在画师笔下经过准确的描绘,大大丰富了人们对宋金时期建筑的认识,从一个侧面表现出中国古代建筑技术和绘画艺术的发展水平。在用笔上,这幅壁画吸收了北宋以来文人水墨画的技法,画韵风格,与北宋传世卷轴画诸多近同。画面色调以青绿为主,间或使用石黄、赭石、朱砂、雄黄点缀,给画面以沉着古雅风韵。岩山寺壁画与其他寺观壁画相比更富卷轴画风格,这大概与画师王逵的身世有关。

山西现存的元代寺观壁画有九处,共计 1745.67 平方米,居全国首位。其中,永乐宫壁画 1005.68 平方米，分龙虎殿、三清殿、纯阳殿和重阳殿四处。宫内各殿四周墙面和栱眼壁上皆满绘壁画，气势宏伟，画艺精湛，规模仅次于敦煌。

永乐宫元代壁画在青、绿冷色基调中，用色达十余种之多，特别是纯熟地运用了晕染手法，使色彩庄重而富有变化。晕染，即上色前先将颜料研磨精细，再拌以适当的水胶，画面晕染以青绿为多，要想层次清晰、浓淡分明，就需要把颜料及时澄清，并拌数量不等的白粉，由此可分为一种基色的不同色调，从而达到退晕和叠染的效果。元代壁画出现了重彩勾填、重点处堆金沥粉的工艺。永乐宫壁画就在花冠、宝盖、祥幡、香炉等部位大量使用沥粉贴金做法，在庄重深沉的画面中，点染出华美精致的艺术效果。沥粉贴金的画法在山西自唐代佛光寺东大殿栱眼壁画开始间有使用，一直到清代普遍使用，延续未衰。

龙虎殿和三清殿是大型人物画，纯阳殿和重阳殿为连环故事画。其中，以三清殿内《朝元图》最为突出。画面以八个帝后装的大像为主体，高达 3 米，随从诸神也在 2 米以上，各种神祇 284 身，做恭贺朝拜"三清"的场面。人物安排前后四五层之多，相互交错，把三维立体中的前后关系变成二维平面中的上下关系，从而获得了以少见多的效果并造成磅礴宏阔的气势。用笔以铁线描、钉头鼠尾描和蚯蚓描为主，线条以唐代的细密和宋代的顿挫而形成圆润的墨线沉着而有力，吸收了"吴带当风"的精髓。在人物和服饰上充分发挥了线条的表现力和装饰性，使墨线在画面整体中起到骨干桥梁作用，完全超脱了传统笔墨程式的局限。整个画面以石青石绿为主，兼施朱、黄、白、赤等色，重彩勾填；结构严谨，富于变化，寓静于动。永乐宫壁画将壁画的有形之亮与道教的无形之光相结合，实现艺术品为精神外化之痕迹，创立其不可企及的典范，是我国宝贵的历史文化遗产。

永乐宫壁画在绘制的理论和方法中同样也渗透着科学技术理论的应用。永乐宫壁画以几何学的整体和谐思想为基本原则，将各种貌似混乱的现象纳入了统一的形式框架之中，刻意追求画面空间的一致性，比例、结构的准确性和各部分之间的协调性，用先进的科学技术理论把古代传统宗教的内容用艺术的手段再现出来，是科学与艺术有机交叉和高度融合的典范。永乐宫壁画艺术中应用了透视法、比例法和光学投影，也有采用黄金比例和黄金矩形的实例，具有深刻的科学理论内涵。

在洪洞县水神庙明应王殿的元代壁画内容和构图方法与永乐宫同时，但绘画技法和风格皆异，以祈雨图和降雨图为主。其画法，为重彩平涂和彩线相间，先过稿，即敷彩，然后勾线而成；一些大型人物过稿即勾墨线，着色后复勾墨线一遍。画面上山水风光，与当地霍山霍泉景色无异，几乎全部写实而成。该殿壁画设色，除石青、石绿外，土朱、银朱、石黄、朱砂等也占很大比重，其中一部分人物的黑色衣襟，使整个画面呈现出富丽浑厚、深沉古朴的效果。画师们继承唐代和谐潇洒和宋金顿挫圆润的风格，将其发展为疏密交错、粗细兼用、富于变化的技法。南壁

东隅的戏剧壁画，是当时唱戏娱神的真实写照。画面生活气息浓厚，与道释画中的意境完全不同。整个画面以红、黄两色为主，重彩平涂，很好地反映了元杂剧的演出形式。

5. 明清壁画绘制技术

山西古代壁画在题材、构图、线描、着色、壁质构造等方面，有世代相袭的传统，明清两代的壁画绘制技术基本无大的发展，壁画艺术已入尾声。山西省境内保存至今的明清寺观壁画很多，明代壁画还出现了一些较好的作品，有的还保留着宋、元时期的壁画风格。如新绛稷益庙、汾阳圣母庙等。到了清代，虽然山西寺观中有的还绘有壁画，甚至还是鸿篇巨制，如大同华严寺，但笔法、线条、设色、神态等各个方面，不仅不能和唐代相比，就是和宋、元时期的壁画也无法相提并论。

山西境内的明代寺观壁画近 6000 平方米，分布在 32 座寺庙中，内容多为佛、道或风俗神事迹。繁峙县公主寺大雄宝殿内的水陆壁画，内容为鬼神亡灵朝拜佛教世尊的水陆画，与浑源永安寺、稷山青龙寺题材相同，构图严谨，人物传神，色调古雅，是山西明代壁画的代表作。在山西明代壁画中，还保存了珍贵的壁画粉本小样，这些画稿是研究壁画构思设计、绘制过程的重要依据。

山西现存清代壁画万余平方米，分布于 29 座寺庙之中，已乏精美之作。霍州圣母庙女娲"开天立极"和"万世母仪"图尚属佳作。画师们继承了我国古代绘画"骨法用笔"的优良传统，充分发挥了中锋墨线的丰富表现力，以兰叶描和铁线描的画法勾勒，笔法工整严谨，线条挥洒自如，取得了理想的艺术效果。

与前代相比，山西部分壁画在壁质上有所不同，就是在粗泥之外掺白灰，抹成麻筋（纸筋）白灰壁或麻筋掺灰（黄土加白灰）砂泥壁，然后在壁面上涂刷白粉，最后上底色作画。这种壁质由于石灰性烈，易出现烧色现象，即便将石灰过淋后过几年再使用，画面的色彩也极易失真，不如砂泥壁质润泽，没有古雅浑厚的感觉。

山西古代的寺观壁画，将建筑的实用性与绘画的感染力和谐统一，为我们展示了山西古代的宗教精神、各朝代的政治经济、文化艺术、时尚风俗、科技发展等情况，既具有意识形态的教化功能，又具有装饰美化的作用。山西寺观壁画内容除涉及儒、释、道三教外，还涉及历史人物、历史事件、风俗民情、神话传说、民间信仰以及各个时期的社会生产、社会生活和社会风貌等。在艺术上，壁画所体现的民族风格、时代风格、地域风格、流派风格乃至个人风格等，也或隐或显地表现出来。①

一部山西壁画史就是一部丰富生动的工艺技术史，特别是大型壁画群的绘制，除了沿用固定的一般严格工艺技术程序外，对特殊艺术效果的不懈追求，也是专门

---

① 柴泽俊：《山西古代寺观壁画》，《收藏》，2007 年第 10 期，89 页。

技术工艺发明的直接动力。在土坯或水坯墙外分别抹粗、中、细泥，以达到既易于制作又利于保护壁画色泽不失真的效果，就是山西古代独创且自成体系的寺观壁画技艺发明。

（三）山西古代寺观壁画的艺术价值

（1）跨越时空长久，优秀作品竞相涌现，弥补了我国古代绘画的历史缺陷。[①]就全国范围来讲，宋、金以后，随着宗教教势的衰落，寺观壁画远不像唐代那样隆盛了，优秀作品未见记述，实物也已荡然无存。而山西古代壁画，从南到北分布在整个千里山西，不仅现存的数量居全国之冠，而且涵盖了从汉代、北魏、北齐、隋唐、五代、宋辽金元直到明清各个朝代。山西壁画作品，跨越时空近千年之久，在我国寺观壁画开始衰败之后，仍然留下了许多大篇幅的精美巨作，而且大多题有绘制纪年和画师姓名，这无疑是我国珍贵的历史文化宝藏，大大弥补了我国壁画史的空白。

（2）壁画绘画内容丰富，各种题材，包括建筑、器皿等，都在壁画上有清楚的反映，大大弥补了古代文献资料的不足，为研究社会发展提供了珍贵的材料。无论佛寺壁画还是道观壁画，绘制的人物故事都相当丰富，当时社会环境和社会风貌都通过画笔反映到了壁画之上，成为当时社会时尚的写照。如繁峙岩山寺金代壁画，突出地表现了当时的社会生活和建筑成就。洪洞水神庙的戏剧壁画，就是当时平阳一带元杂剧盛行的实况写照。新绛稷益庙壁画，是民间信仰与农村生活的缩影，如实反映了当时的农业生产和农人生活。

另外，众多的山西古代壁画，还蕴藏着丰富深湛的科技内容，从代数几何、天文历法、农业科技、化学工艺、医疗卫生、建筑技术、兵器制作直到中外科技交流、自然观等，可以说是无所不有，堪称一座瑰丽多彩的古代科技画廊。不仅如此，壁画绘制的理论和方法中也渗透着科学的应用，如光学投影、视觉理论、颜色理论以及比例缩放等。

（3）绘画风格高超生动，构图严谨，线条精炼，色彩绚丽斑斓，并大多留有绘画纪年和画师姓名。画面构图，是壁画总体艺术效果的重要一环。山西各处壁画根据其内容需求，都进行了完美的布局，每幅壁画都是一个精湛的艺术整体。线条是壁画的骨骼，山西壁画中的线条，有捻子画、莼菜条、兰叶描、铁线描、工笔界面、钉头鼠尾、山水退晕、岩石波皴、泼墨点染、沥粉贴金等画法，运笔之精练，各具特色。敷彩方法，有重彩勾填、重彩平涂、先墨后彩、先彩后墨、彩线结合、彩线相间等多种。山西历代壁画，分别运用了上述一种甚至多种画法，很多作品都达到了炉火纯青的地步。

---

① 柴泽俊：《山西古代寺观壁画之艺术价值》，《文物季刊》，1999 年第 1 期，54 页。

二、壁画颜料

远在旧石器时代，人们就利用自然氧化的赤铁矿和燃烧动物油脂所产生的炭黑作为颜料，在石壁上绘制岩画。战国秦汉时期，壁画已有文字记载，如《楚辞章句》为《天问》所作序中已有记载："楚有先王之庙及公卿祠堂，阁画天地、山川、神灵，琦玮谲诡，及古圣贤、怪物行事。"这一时期的壁画所采用的材料已经发展到了黑、赭黄、大红、朱红、石青、石绿，这是用钛铁矿、赤铁矿、朱砂等矿物颜料，在以干壁画底的墙面上所作的。

寺观壁画使用的颜料颇为讲究，大多为矿物质颜料。山西寺观壁画上的彩色颜料，除烟墨（即墨色）外，多为矿物质石色。通常画面颜色有十几种之多，即白土子、赭石、石青、石绿、朱砂、银珠、铅丹、靛青、栀黄、雄黄、地板黄、红花、铅粉、红土等。矿物质原料须磨制精细，伴以适当的水胶（古代用桃胶，现代用明胶）。画面晕染以青绿为多。想要层次清晰，浓淡分明，制好的颜料就要及时加工澄淋，并伴以少量白粉，由此可分为深浅不等的几种色调，便于实现退晕叠染效果。

三、墙体制作技艺

山西古代寺观壁画，一般多绘制于殿堂四壁及斗栱之间的栱眼壁上，而殿堂墙壁的下部，大多用青砖砌筑高 0.8～1.2 米的坎墙（亦称"下肩"），用以防潮和承托墙身荷载。也有个别殿宇檐墙内的泥皮从墙顶抹至地面，不设下肩。由于殿身下部一般都设有高出地面几十厘米乃至数米的台基和伸出殿身之外的台明，再加上坎墙，可以充分防止潮气上侵，这对于保护壁画十分有利。

用于绘制壁画的墙体多用土坯或未烧制的砖坯砌筑，其中包含着古人对材料特性的科学认识。用砖砌墙，受湿气影响，墙体内的碱硝则呈现白色粉末或斑痕向外侵蚀，会造成泥皮和画面酥碱而剥落；而如果用石料砌墙，墙内水气不易散发，凝成湿气也会使画面变质而损坏。由此可以看出在砖墙或石墙上绘制壁画存在很大隐患。山西境内的许多宋、辽、金、元壁画能够保存至今，与当时科学、合理的壁质构造有着直接的关系：他们用土坯或水坯砌墙，这样，因气温变化而产生的热气就易于被墙体吸收或散发。另外，土坯（或水坯）体的收缩率与墙体外表砂泥墙皮的收缩率比较接近，因而不会使墙体和壁面由于收缩不一而产生裂缝和泥皮空鼓。同时，土坯泥皮墙体收缩自然产生的缝隙可以通风，易于墙内湿气流通。在崇福寺弥陀殿、永乐宫诸殿内，墙身下部都砌筑了通风孔，这对于保持墙体通风干燥、防止壁画受潮变质均有重要的作用。

在不同壁质砌体上绘制的壁画，其保存状态是不一样的，如表2-8所示。

表 2-8 不同壁质砌体壁画保存状态对比表

时代	壁体类型	寺观名称	壁画现存状态	毁坏原因和结论
清	砖砌墙	应县净土寺大雄宝殿佛像壁画	下部壁面变成粉末，稍触即落	受大气层的影响，墙体内的碱硝呈白色粉末或斑痕向外侵蚀，会使泥皮和画面酥碱而剥落
明	石料砌墙	五台县佛光寺文殊殿罗汉像壁画	下部湿气腐损墙体外表，使画面风化脱落	墙内水气不易散发，凝成湿气，使画面腐朽而损坏
清	土坯或未烧制的砖坯砌墙	石楼县东岳庙大殿	易于保存壁画	产生的湿、热气易于被墙体吸收，也易于从墙体内散发；墙体和墙面不会由于收缩不一而发生裂缝和泥皮变形，土坯泥皮墙体收缩自然产生的裂隙可以通风排气

四、寺观壁画保护技术[①]

现存寺观壁画中常见的毁坏状况，可以大致归纳为画面层脱胶掉色，泥层酥碱、龟裂起甲和空鼓脱落，另外还有烟熏、屋顶坍塌雨淋、泥污、游人刻划、涂抹等都会对壁画保存造成损伤。壁画常见损坏状况及其分析见表 2-9。

表 2-9 寺观壁画常见损坏状况及其分析

常见损坏状况	说明	主要原因	实例
脱胶掉色	用手触摸，颜色会随之粘于手上，在急速干燥情况下，颜色层会很快脱落，画面模糊不清	年久受潮影响	
泥层酥碱	尤其是壁画靠近地面部分，极易出现酥碱现象，致使画面色层逐渐脱落，内容难以辨认	室内潮湿，通风不良	五台县佛光寺文殊殿内明代壁画
龟裂起甲	壁画的颜色层出现鱼鳞片一样的碎裂状，裂片大多是从一边翘起	绘制壁画时，在面层所刷白粉中用胶量过多而造成底层抹泥时与墙壁黏接不牢，遇震逐渐与墙脱离；另外，墙体潮气挥发不尽，上层泥层干燥时的张力的作用所致	灵石资寿寺弥陀佛殿
空鼓脱落	寺观壁画常见的状况。轻微的是泥层与墙壁部分剥离，严重的整幅画壁脱落		灵石资寿寺大雄宝殿
发霉	表层发生霉菌，山西多见黑色，点点斑痕，遮盖了画面	严重受潮和通风不良	灵石资寿寺大雄宝殿东壁
变色和褪色	颜料的本色发生了质的变化，或本色不够，淡化	颜料的化学变化	芮城寿圣寺

---

① 辑自常亚平：《山西寺观壁画保护技术》，《古建园林技术》，2004 年第 4 期，3～6 页；2005 年第 1 期，31～35 页；2005 年第 4 期，14～19 页。

（一）壁画保护方法的分类与比较

山西寺观壁画的保护方法，大致可以分为两大类。

一是对壁画的保护和加固采取"原位保护"的方法。当壁质砌体，泥层结构现存状况较好，有利于壁画继续保存时可采用这种方法，通常情况下壁画都是采用这种保护方法。这种方法施工进度比较难掌握，要预先在建筑主体架内搭设壁画保护棚，做到防雨、防潮、防火、防撞击，壁画面也要覆盖保护层。管理上要求组织严密，保证工作连续性。另外就是，这种方法对隐蔽部位的损坏难以根除。由于施工空间局限，一些工艺的操作难以实施。

二是"迁移复原保护"方法。这是寺观壁画工作中较复杂的一种方法。有时由于某些原因绘有壁画的建筑物需要搬迁，需先将壁画揭取然后拆除建筑物，连同揭取的壁画全部搬运到新地址，然后重新修复建筑物并将壁画修复加固，按原位装回原来的建筑物。另外，有的建筑物内基础下沉十分严重，墙体裂缝，倾斜明显，画面出现通身大裂缝和大面积空鼓，已不利于继续保存壁画时，必须彻底消除隐患，揭取下来修复后再装回原位。

这种方法施工进度易于掌握，揭取壁画后，在特设的工棚中进行壁画的修复加工，建筑大木架完工后，原位安装。管理上也比较灵活，各工种可流水作业，效率较高。而这种方法的难点是考虑的相关保护问题较多，如防水、防潮、通风、抗震等，在壁画原位安装之前，这些问题都要逐一解决，保护措施要全部到位。

（二）壁画"原位保护"技术

寺观壁画进行"原位保护"是最常采用的方法，它需要根据壁画出现的不同损坏状况实施相应的保护措施。通常分以下几种情况。

1. 脱胶掉色

这种情况的处理办法是，用胶矾水喷刷 1～3 道进行加固。如果湿度过大，可用红外灯光进行烘干，但温度要适宜，一般保持在 40～60℃，灯光距离画面应在30 厘米以外为好。关于药剂的使用，除了胶矾水外还可用聚乙烯醇或聚乙烯醇缩丁醛等。

2. 泥层酥碱

这时采用的方法和使用的材料基本与脱胶时相同，以传统方法和材料为主。需要注意的是所用材料的浓度要加大，喷刷的次数也要增多。必要情况下还可用针管采取注射的方法加固，药剂浓度需先稀后浓。同时还要加强通风措施，保持壁面的干燥。

3. 龟裂起甲

首先对龟裂起甲的部位清尘，用气囊和自制小型吹尘器出去尘土。然后实施黏接加固，注射黏合剂，用脱脂棉压实，再贴压平实，24 小时后便可取得预期的效果。

4. 空鼓、裂缝

整理空鼓，先要将其内部的尘土除去，然后在画面的次要部位利用缝隙采取灌浆的办法进行粘接。而裂缝的处理，需要依据壁画泥层的牢固程度和裂缝大小来定夺。在寺观内，当泥层结构为砂泥壁和较为干燥，并且没有立即脱落的危险，画面裂缝也不大的情况下，可先不作处理，等最后统一处置。如若不然，需要用浓度大、黏度高的黏合剂进行黏合。对于灰壁质，尤其是素灰壁，由于其本身脆薄，在裂缝出现的状态下遇到震动就会破碎，所以不论裂缝大小，均需按画面大小贴纸和布进行加固。加固用的纸和布，必须是白色，白纸要有韧性且表面光滑，一般使用拷贝纸。白布最好是白棉布。所用的黏合剂，在干燥的寺观内一般用团粉浆糊；潮湿的情况下可用桃胶，但贴纸或贴布后，需用红外灯烘干。

5. 发霉

对发霉的处理办法，一直是个不断探索的课题。现在的方法一般是采用 10％的三丁基氧化锡或 80％的酒精溶液喷射加固，福尔马林也是较为理想的灭菌剂。壁画"原位保护"施工工艺流程，如图 2-12 所示。

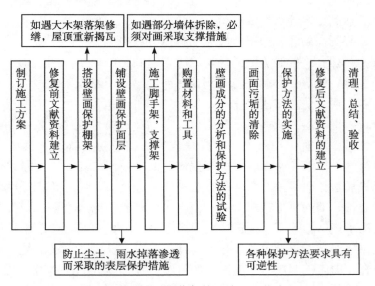

图 2-12 壁画"原位保护"施工工艺流程

（三）壁画迁移技术

20世纪60年代对永乐宫壁画的揭取迁移，是山西在壁画保护技术上的一次新的尝试。这次搬迁不仅保持了精美壁画的原貌，更对其内容结构作了合理调整，迁移40年来依然完好如初。这项技术揭开了中国古代壁画保护的序幕，利用这项技术，多处古代壁画均得到了成功的保护。可以说，保存至今的元代永乐宫壁画，是古代壁画绘制技术与现代壁画揭取保护技术完美结合的范例，反映了古今山西在建筑及壁画保护技术方面的辉煌成就。

由于永乐宫壁画是附属于建筑物上、绘制在砂泥涂抹的墙壁上的，本身结构脆弱，又经历了600多个寒暑，黏合力和刚度大减，极易损坏，其迁移和加固复原是一项艰巨而浩大的工程。经过大量实验和研究后，专家确定了一套完整的迁移加固保护方法，包括揭取、搬运、加固安装三个过程。

1. 揭取技术

永乐宫各殿内墙壁几乎全部是作画的地方。揭取时，均尽量选在不损伤画面精细部分的地方割开3～5毫米的裂缝，分置成大小不等的画块，一般在2～4平方米大小，大的达6平方米。然后制成与画块相等的木板，在壁板下端安装90°的角铁。操作是将壁板靠近画面的一侧，根据墙面的凹凸情况，用旧棉花和靠背纸加以铺垫，依附于画面上，即行揭取。将壁画分块揭取下后，随即包装成箱，空隙部分填塞牢固，然后运到指定地点存放待运。

针对墙壁和画面的残损情况，揭取的具体方法如下。[①]

（1）画面封护。将壁画表面的污尘除净，遍刷2：3：100的胶矾水一道，以封护表层，防止颜色脱落。同时，将残洞或有裂缝部分用团粉浆糊过滤，黏贴靠背纸和疏软绵布各一层，防止壁画损伤。

（2）分块揭取。避开画面的精致部分确定割裂的横、竖缝位置，测量并绘制成图，将画块编号，注明于图纸上。将开缝位置用白色粉线弹在画面上，并依线割裂，竖缝3毫米，横缝5毫米。在画面泥皮背面割断泥皮与泥壁的联系，使画块依附于预制壁板而被托取下来。具体的方法有四种：其一，偏心轮机锯截取，即利用火车车头偏心轴转动的原理截取画皮背面土坯。其二，拆墙剔取，即按画块大小拆除画面背后的土坯墙，适用于两檐柱之间中心处的少数画块，要求檐柱稳固，无下沉和歪闪现象，墙身不负重大的承托力。其三，双人拉大锯截取，在画面背后6～8厘米厚的位置，即墙壁泥皮与土坯连接的位置上垂直割截下，适用于画块两端都有

① 壁画迁移技术详见祁英涛、柴泽俊、吴克华：《永乐宫壁画迁移修复技术报告》，见柴泽俊：《柴泽俊古建筑文集》，北京：文物出版社，1999年，379～391页。

空隙，画面背后的墙又因檐柱糟朽下沉或歪闪，墙身殿顶负荷太重而不能拆除者。其四，铁铲撬取，在画块依附上壁板后，用垂直铁铲使其与土坯相离，适用于个别泥皮因年久建筑物微动，大部分与土坯墙脱离的画块。

（3）包装。壁画揭取下后随即予以包装。按其规格，除预制承托的前壁板外，四周用木板装钉，背面木框压牢，上下螺栓系紧，空隙用旧棉花或内装锯末的纸包填塞。

（4）搬运。壁画的迁运都是由汽车完成的。为不使壁画在运输中损坏，车厢内在画块下面设置 5 个或 6 个弹簧卡，空隙部分用旧棉花填塞，画块上面纵横间均以木杆或螺栓固定。

2. 加固复原技术

永乐宫绘制画面的泥壁，由三层不同材料组合而成：紧挨土坯的是麦秸粗泥，中间为细泥，外表压抹砂泥壁一层，共厚 4～6 厘米。麦秸泥比较疏软，砂泥壁较坚实。加固时，首先将背面麦秸泥铲去，仅留厚约 1 厘米的中细泥和砂泥壁面。用素泥填平残洞和裂缝，再用胶水把泥层加固，然后加抹用酒精溶解漆片后拌和的砂泥一层，厚至 2 厘米即可。为使新旧泥壁黏结牢固，再贴白布一层，下粘布揪以与木框连接。由于加固后的画块不易与原有土坯墙黏贴，特将墙体改为空心夹层，墙内增设木柱横杆，作为安装壁画的骨架。它的功能，除用以悬挂壁画外，还可承受殿顶通过普拍枋和栏额传递下来的负荷，对于稳固建筑、防震抗震都有一定的作用。另外，为防腐延年，坎墙下部铺设油毡和沥青两道，并设有防潮层、通风孔，以保持墙内干燥。木骨架上刷生桐油两次，并将木框涂刷生漆两道。在木柱横杆间适当位置留有暗门，便于检修。

1）壁画加固大体分为四个流程[①]

（1）封护画面。先铲平壁画背面高凸的泥块，剥掉靠背纸和布块，除去污尘，并清洗画面，随即刷 2∶3∶100 的胶矾水两道再次封护画面，以防止颜色和泥皮脱落。

（2）用上述办法加固原有砂泥壁。

（3）粘贴布揪和布。在画壁背面通涂酒精漆片稀泥两道，以增强壁质刚度。随即在每块壁画泥壁背面黏贴布揪两个，这是以后黏接木框的连接物。待干后，再用酒精漆片稀泥黏贴麻布一层，其功能是增强画块全部面积相互间的拉力，避免震动后造成裂缝或破碎。

（4）压抹酒精漆片砂泥。等麻布干后，刷酒精漆片稀泥一道，并压抹酒精溶漆

---

① 祁英涛、柴泽俊、吴克华：《永乐宫壁画迁移修复技术报告》，见柴泽俊：《柴泽俊古建筑文集》，北京：文物出版社，1999 年，379～391 页。

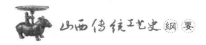

片后拌和的砂子黄土泥一层，厚约1厘米。

　　加固后的壁画较原有的三层泥壁薄了2～4厘米，但其抗压、抗折强度，却较原壁增强十倍以上。

　　2）安装壁画与修复壁画技术

　　（1）安装壁画的技术。安装壁画分黏接木框、挂画、修筑墙壁三个部分。在画块背面的木框上安装与墙体结合的螺栓和铁活，通过其松紧调整可达到画面平整、线条连接准确的效果。画块安装好后，按原墙壁形制修筑夹层空心墙。在各个墙壁上部的墙肩和两端八字墙上，均留有篦格式小洞，用以通风，保持干燥。

　　（2）修复画面的技术。这是加固和修复壁画的最后一道工序，这道工序分两个步骤，第一步将裂缝与残洞用纸筋砂泥填补平整；第二步由美术工作者勾线填色，修复画面，并予以作旧，保持拆迁前的原貌。

　　上述加固壁画的全部工艺过程，都需在气温15～30℃的季节中进行为宜，并要有相应的湿度为好，气温和湿度掌握得当，与缩短工期、减低造价、保证质量等，都有着直接关系。

　　3）材料配方及用量①

　　（1）加固壁画的材料配方。

　　Ⅰ．胶矾水：水、胶、矾比例　100∶2∶3

　　Ⅱ．稀胶水：水、胶比例　100∶5

　　Ⅲ．浓胶水：水、胶比例　100∶10

　　Ⅳ．胶水泥：水、胶、铅粉、细土的比例　100∶10∶100∶100

　　Ⅴ．胶水砂泥：浓胶水与砂土（混合）的比例（体积比）1∶4，砂土比（体积）　1∶1

　　Ⅵ．酒精漆片稀泥：酒精、漆片、铅粉、细土比例　100∶40∶20∶20

　　Ⅶ．酒精漆片泥：酒精、漆片、铅粉、细土比例　100∶40∶40∶40

　　Ⅷ．浓酒精漆片泥：酒精、漆片、铅粉、细土比例　100∶40∶60∶60

　　Ⅸ．酒精漆片砂泥：酒精与漆片的比例　100∶10（质量比）

　　　　　　　　　　砂与土的比例　1∶1（体积比）

　　　　　　　　　　酒精漆片液与砂土比例　1∶4（体积比）

上述各种材料含量要纯，质量要好，黄土过筹，砂子过筛，各方配比要准确。其中，黄土用画壁背面铲下来的旧土最为适宜，质量、性能以及陈旧程度等，都与原画壁土质较为一致。

---

　　① 祁英涛、柴泽俊、吴克华：《永乐宫壁画迁移修复技术报告》，见柴泽俊：《柴泽俊古建筑文集》，北京：文物出版社，1999年，379～391页。

（2）每平方米用料数量（以每道工序计算）。

Ⅰ．胶矾水：500 立方厘米　　　　Ⅶ．抓底漆片泥：400 立方厘米

Ⅱ．稀矾水：500 立方厘米　　　　Ⅷ．贴布漆片泥：350 立方厘米

Ⅲ．浓矾水：300 立方厘米　　　　Ⅸ．补泥前抹漆片：350 立方厘米

Ⅳ．胶水砂泥：1250 立方厘米　　　Ⅹ．抹漆片砂泥：2950 立方厘米

Ⅴ．补泥前刷胶水：300 立方厘米　　Ⅺ．粘框涂漆片浓泥：200 立方厘米

Ⅵ．贴布漆片泥：200 立方厘米　　　Ⅻ．粘框漆片泥：1150 立方厘米

上述用料数量，不包括原材料的损耗和配比成成料后的损耗。除原材料要密封存放外，配比成料也要保存严密，以防自然消耗后造成配方比成不准。

（四）壁画保护加固的主要工具和材料

寺观壁画的保护与加固，主要依靠手工操作，施工中经常使用的主要工具有以下几种。

1. 修复台

修复台是保护壁画不可缺少的主要工具。用"原位保护"的方法加固壁画时，修复台的制作可以简单一些：先做支架框，框架上加十字斜撑，其上装修复板，就基本可以满足要求了。用"迁移复原保护"的方法时，除专用修复台外，还要利用揭取台修复壁画。

2. 贴压台架

贴压台架多用于"原位保护"壁画的工作中，具体实施于龟裂起甲的部位，当对画面进行清尘，背面与地杖黏接加固，脱纸棉初步压实后，此时即可用贴压台架进行回贴。贴压台架的使用，避免了人工用力的不均匀，更重要的是保证了画面平实的效果。

3. 揭取台

寺观壁画揭取时，要安装揭取板以承托揭取后的壁画，为了达到揭取板支撑牢固和壁画安全离墙的目的，就要将揭取板置于揭取台上。揭取台的大小要根据将要揭取的画块的大小而定。揭取时，将揭取台放置于壁画前方，实施揭取后，揭取板同揭取的壁画平放于揭取台上，最后送至库房以作修复。

（五）壁画保护加固的几点改进

山西省古建筑保护研究所近年来在保护加固壁画的过程中，不断探索和改进，对过去已经成功的加固方法，在验证的基础上，又发现了一些不够科学合理的地方。为提高保护加固壁画的质量，经过反复试验，特在以下几个方面做了改进工作。

1. 封护画面的配方改进

通过对以前加固保护过的壁画跟踪调查发现，由于各地壁画时代不同、壁质成分含量不等、水土各异等，原先在封护画面时用的100∶2∶3的胶矾水，在干后有的画面上呈现出极微薄的一层白雾，用放大镜或仪器就可以看见。经检测，这层白雾是白矾量大所致。经试验，今后封护画面时，先以100∶3（胶）∶2（矾）、100∶4∶2、100∶4∶1三个配方进行封护前反复试用，对比后再选用，以利于改进原配方的弱点。

2. 加固材料的改进

加固壁画时，画面背后的麦秸泥要铲去，然后用胶水加固壁画，紧接着补抹酒精漆片拌的砂泥一道，最后再黏接在木框上。原来使用的漆片是进口的，黏合力较强，加固后每平方米耐压力为42公斤。近年来使用的国产漆片黏合力较弱，加固后只有每平方米35～38公斤的耐压力。经试验发现，在拌和酒精、漆片、砂泥时，增加少量的胶水，变为酒精、漆片、胶水砂泥效果良好，加固后每平方米壁画的耐压力增加至50公斤以上。这使得加固的酒精、漆片、胶水、砂泥与画壁外表原有的砂泥壁软硬程度接近，粘接牢固，避免了因强度悬殊而离隙的情况。

3. 改进操作方法，个别画块的分割面积增大

在加固保护过程中，壁画的揭割分块大多为2～3平方米。实际操作中，往往会遇到壁画绘有整体大佛像的，按照分块的基本要求，头、手等部位不易分开，故画块的分割设计面积会增大至8～10平方米，加上承托壁画的木板，重1.6～1.8吨。在这种情况下，就要改进原有的操作方法，采用悬空铲土减薄、悬空涂抹加固的手段去保护修复壁画。这样不仅能达到维修的目的，而且也保证了大幅壁画的完整性。

4. 安装壁画铁活的改进

壁画安装中画块与墙内木框架连接的主要部件是双联铁活。原先操作是预先设计双联铁活的位置，加固时，把铁活的下部黏接在画块背面木框竖杆之下，加固好后，按照预先设计的铁活位置打洞安装。这样往往会出现下列情况：建筑下沉或走动，槛墙沉陷或偏侧，使原先设计好的安装位置搭套出现误差；双联铁活的主螺栓常常不在木架横杆的中线上，不是偏下，就是偏上；横杆的承托力达不到原设计的数据和效果。为此改进的新的操作方法是：预先只规定使用双联铁活的套数，挂画时，核对并划定边沿，然后在墙壁打眼。双联铁活前端穿4个螺孔，两支螺栓穿透画块木框竖条和槽形铁板横向固定，后端嵌中轴螺栓，插入木架横杆内拧固。这样设置，结构简练，易于操作。建筑和槛墙发生下沉或走动时，安装壁画也均不受影响。

第六节 寺观泥塑塑造技艺[①]

寺庙或道观中通常供奉所信仰的宗教偶像，彩绘泥塑（简称"彩塑"）是这些偶像的主要形式。山西现存历代寺观中部分彩塑有幸得以存留，据山西省文物普查数据与实地勘查统计，山西现存历代寺观泥塑1.3万余尊，其中唐代彩塑82尊，五代彩塑11尊，宋辽金时期彩塑394尊，元代彩塑386尊，明代彩塑5978尊，清代彩塑6200尊。

在中国古代雕塑史上，塑与雕虽然呈现为同形的立体艺术，但是在技法上分别属于不尽相同的两种行当。雕，指在山崖或巨石上雕制窟龛造像，或者运用木、玉、象牙、青砖等不同材质，在坚硬的质地上加工雕琢而成的艺术形象，如木雕、玉雕、牙雕、砖雕等。塑，指以泥质为主的可塑性材料，以及木骨、稻草、麻布等辅料，搭建骨架，由内而外捏塑而成的艺术形象。雕塑、泥塑匠师各有师承，在一般情况下，雕者不塑像，塑者不雕刻，相习成规。泥塑主要有殿堂塑像、悬塑、壁塑等泥质坯胎造像，雕刻则主要有石、竹、木、牙、角雕等不同材质类型。

泥质彩塑的制作技法，通常先用木杆（木骨）搭架起塑造对象的骨骼，即形成整体框架，在骨骼之上再以麻绳绑上谷草或苇叶，用以层泥包裹后的通风防潮。再用清水淋湿后的红胶土或陶土澄泥，趁其柔软之时，根据造型所需逐步捏塑。为防止胶土或陶土干燥后产生裂纹或裂隙，故将澄泥拌和成泥浆或泥团，掺和诸如头发、麻丝、棉花等各种纤维或防裂的黏性物质，自下而上逐步进行堆塑捏制。肌肉、四肢、腹、胸、肩、头部先进行坯胎塑造，更加细致的部分如手足、发髻、面相、五官以及花冠、衣褶、飘带、服饰边缘等，逐项分别刻画，使其惟妙惟肖，细致入微。

山西唐代彩塑存留于五台山南禅寺大殿、佛光寺东大殿（图2-13）、晋城古青莲寺后大殿。唐代塑像大多面相丰盈圆润，体态饱满劲健，发髻高耸，衣饰简练。虽为神祇，却极富世人情态与灵性。平遥镇国寺万佛殿保存的五代彩塑，是我国寺观殿堂仅存的唐和五代时期塑像。这些塑像虽然多数经过后世的装銮，原作的造型、风骨、技法依然如故。

宋辽金时期的彩塑作品主要分布在大同华严寺薄伽教藏殿，有辽代彩塑佛、菩萨、弟子、天王像，应县佛宫寺释迦塔辽金彩塑佛、菩萨、胁侍像，长子法兴寺圆觉殿宋塑十二圆觉菩萨像，长子崇庆寺西配殿宋塑三大士、十八罗汉，太原晋祠圣

---

① 柴泽俊、柴玉梅编著：《山西古代彩塑》，北京：文物出版社，2008年。

图 2-13　佛光寺唐代彩绘泥塑

母殿宋塑皇后、侍臣、宦官、宫女像，晋城青莲寺南北两阁宋塑观音、十八罗汉、地藏、十殿阎君像，晋城二仙庙正殿宋塑和合二仙、宫女、侍从像，晋城玉皇庙玉帝殿和成汤殿宋塑帝君、嫔妃、宫女、侍从和金塑成汤帝、侍从像，朔州崇福寺弥陀殿、繁峙岩山寺南殿、大同善化寺大雄宝殿、五台山佛光寺文殊殿的金代塑像，这些都是这一时期的代表作。

元代彩塑作品分布于新绛福盛寺主佛殿、新绛白胎寺法藏阁和后殿、洪洞广胜下寺大雄宝殿、广胜上寺弥陀殿、广胜寺水神庙明应王殿、蒲县东岳庙齐天大帝殿、五台广济寺大雄宝殿、襄汾普静寺后殿、晋城玉皇庙前后院垛殿、配殿与廊庑内，其中以晋城玉皇庙的廿八宿星君群像最为传神达意。

明清时期的彩塑作为宗教偶像的信仰与塑造的艺术水平都在减弱，从现存实物观察，山西省现存明代佛寺与道观 2000 余处，优秀的彩塑作品有太原崇善寺三大士像、崛围山多福寺佛与菩萨塑像、介休后土庙三清像、平遥双林寺四金刚、天王殿和释迦殿的胁侍菩萨、倒座观音、洪洞广胜上寺大雄宝殿的佛、菩萨像，以及隰县小西天、长治观音堂（图 2-14）、临汾碧云寺、太谷净信寺、灵石资寿寺、繁峙

图 2-14　长治观音堂明代悬塑

公主寺的宗教塑像。从总体看来，山西明代塑像的形象特征为身材较短、额部大而突出、下颚及两肋收敛、服饰厚重。虽然佛、菩萨、金刚等神祇大多还沿袭早期外来造像的袒胸露臂形仪，但是，菩萨的花冠衣饰、天王和诸天的装束融入明代服饰，道教神祇除沿用早期冕旒、凤冠、云头履和长裳，当时的官贵、武将与宫廷服饰多融入其中，它们与世人的距离更近了。

　　清代中晚期直至民国的社会动荡，致使寺庙损毁，彩塑的整体水准下降，运城解州关帝庙、常平关圣祖祠、太原晋祠关帝庙的关圣帝君及随从像，盂县圣母祠、五台山金阁寺千佛楼彩塑，为这一时期为数不多的代表作。

第三章

传统衣饰制作技艺

衣服，是人类蔽护身体、抵御外界侵袭以求生存的第一道屏障，衣食住行，衣居其首，得之方能保持日常生计的基本运转。先民从动物皮毛、植物枝叶中获得了最初直接可用的蔽体之物，又从养蚕结茧，种植桑、麻、棉花的农业实践中，自觉地创造出多种制衣原料，通过纺织、编织、毛织以及皮毛加工等手工技艺，制作出质地不同、形式多样的衣饰制品。

1926 年，中国现代田野考古第一次在山西南部的夏县西阴村灰土岭新石器时代遗址探方的底部，发现了"一个用锐器切割成一半的，丝似的，半个蚕茧壳"。主持这次发掘的考古学家李济（1896～1979）即刻意识到这枚茧壳的重大意义，同时指出，尽管尚不能依据这个性质未十分确定的茧壳孤证妄加推断新石器时代蚕业的存在，但是，蚕茧可以作为"中国文化的一个指数"。[①] 西阴村茧壳也牵出山西南部丝业文化遗存的引线。

上古传说中，黄帝之妻嫘祖教民养蚕，被奉为"蚕神"，嫘祖得到"蚕神献丝"之地就在今天晋南运城市解州。制衣着装的生存需求与美好愿望，通过上古传说，通过先民的实物遗存，首先在山西这片古老的土地上植根生发。

山西自古山多地瘠，古代纺织与制衣技艺的地区分布并不均衡。晋北、晋西北地区高寒地瘠，棉麻类植物难以生长，乡民多不识纺绩，衣妆简敝；部分畜牧养殖区、边地贸易区，或毗邻内蒙古畜牧称盛之区，发展出皮毛加工业，大同的皮革业、交城的"交字毛"在明清时期已形成稳定的规模，为国内需求的主要供给者；

---

① 李光谟编：《李济与清华》，北京：清华大学出版社，1994 年，48 页。

此外，水陆商埠绛州古城[①]，聚居潞州的穆斯林，1890 年逃荒垣曲古城的河南孟县人丁福林创立的"林升和"连锁皮货行（穆斯林经营），均依地处商贸集散中心之便利发展起皮毛加工业，贸易近达中原、西北，远及海外。民国时期，晋省的畜产皮革制品仍居中国同类产品之大宗。

晋中、晋东南、晋南地区气候渐暖，温带大陆型气候四季分明温差大，适合棉花的生长，产棉地区家家户户的女子日常从事纺织成为普遍景象。晋东南还出产蚕丝、潞麻，晋南温暖的气候条件，植桑养蚕更为普遍。土布麻衣，绫罗绸缎，或出自一家一户的家庭手工纺织，或出自集中艺匠的官营作坊，出自上党的潞绸在明代以其华贵的象征而名满天下。

潞　麻

麻类植物的纤维是重要的纺织原料，潞麻即大麻，是原产于上党地区的野生植物，民间一直有使用麻制品的历史。潞麻可以加工成麻线，用于织布，细麻布叫夏布，是极好的夏季衣料，粗麻布制成口袋或包装物品；或将麻线加工成麻绳，用于捆扎。潞麻还是制造麻纸的主要原料。

潞麻产区位于浊漳河南源地带的长治县、潞城、长子、屯留等地。漳河古称潞水，属于潞州管辖，故名"潞麻"。潞麻以色泽洁白、皮薄性韧、纤维修长、柔软光滑等特点，向为麻中上品。潞麻雌雄不同株，不同于一般雌雄花蕊同株的麻苗。它的雄株不结籽，在一百天左右即成熟，剥皮早，称为夏麻；雌株结籽，成熟晚，剥皮也晚，称为秋麻。在潞麻产区，除少量雌株留种外，大部分雌株不等籽熟就与雄株一齐收割，同为夏麻。

成熟的潞麻皮从根到梢长可盈丈，上下宽度相差无几，品相完美。沤麻是原料麻与麻制品质量的关键，决定着纤维质量与色彩。潞麻产区的麻农长期积累了丰富的经验，常说"多喝一盏茶，沤坏一池麻"、"多扯几句话，沤坏一池麻"，可见沤麻掌握"火候"十分重要，出早了沤不熟，难剥；出迟

图 3-1　潞麻
资料来源：《潞城市志》，北京：
中华书局，1999 年。

---

①　任永昌：《新绛县的皮革业》，见中国人民政治协商会议山西省委员会文史资料研究委员会编：《山西文史资料》第 49 辑，内部发行，1987 年，126～132 页。

则沤烂。沤麻之后为晒麻，"种麻一季，难得晒麻一时"。最后为剥麻。[①]
潞麻用途广泛，盛名不衰，有"潞麻一熟天下贱"之赞誉。

第一节　交城滩羊皮鞣制工艺[②]

一、交城皮业的兴衰

交城皮业发轫于西汉时期。汉文帝置牧于交城境内北区，后更名为家马官。《汉书·地理志》云："晋阳有家马官。"汉武帝太初元年（公元前104），又更名为桐马官，所牧之马除战争之用外，亦取马乳制饮马酒。《说文》云："桐，椎引也，旧有桐马官做马海。"北朝时期，又置马栏、牛栏于境内，放牧马牛羊等家畜。今划属古交市之屯兰川、大川（古名牛栏川）即由此得名。境内山民以放牧为业，熟皮制革者由此而生。蒙古人入主中原后，元廷设利用监专掌皮货、衣物等务，特设熟皮局、软皮局分管皮业，促进了交城皮业的发展。明代交城皮业已粗具规模，明末清初，交城皮业对外影响日益扩大，皮毛成为名优特产，向清廷礼部、工部、兵部"起解"之物品中就有"羊价、胖衣、翎毛、麂皮"，以至蒙古、北京一带皮客络绎不绝。为此，康熙九年（1670），交城县令赵吉士呈文申请禁令游民客贩，禁用城中河水洗皮，但未得巡抚认同，皮毛业继续发展。

乾隆时期，是交城皮毛加工与贸易大发展时期。交城商人远赴东北、江苏一带进行商贸活动，并且在生皮资源地开坊生产，向外输出技术、劳力和资本，避免长途贩运之累。知县庄绳祖对交城皮毛业大力扶持，深受业者拥戴。他对清廷每岁向交城征收的羊皮、白鹰做出政策上的调整，他的铭文中说："县故产羊皮及白鹰，大吏皆岁征之。然白鹰实不数见，前官于羊皮多减值，浮取白鹰，则克期令山民分捕，民竞纳贿乃免。君至，给羊皮民价，而白台使革取鹰之敝。"此举促进了交城皮业的进一步发展。乾隆三十六年（1771）交城县重修城隍庙，张家口"交城社"皮坊（即张家口交城皮商行会）捐资银240两，可见其财力。《清季外交史料》记载，乾隆时张家口成为"塞上商埠"、"塞上皮都"，"交城社"则是"皮都"中的主角。乾隆五十四年（1789），玄中寺新建接引佛殿，张皮房、田义皮、合义皮等皮

①　王怀中、魏填平：《上党史话》，太原：山西人民出版社，1981年，96页。
②　本节一、二两部分编自山西省政协主编：《近代晋商交城志》，交城县政协印行，2006年。阎爱英主编：《晋商史料全览·吕梁卷》，太原：山西人民出版社，2006年，145～156页。

行均捐资兴建。随着交城皮毛业的迅速扩展，当地生皮资源已无法满足需求，蒙古、西伯利亚、陕北、宁夏、甘肃等地皮毛进入交城，产品远销各地。归化成立以交城人为主的"生皮社"，成为归化商界十五大社之一。其时，清廷除向交城收取皮毛贡品外，还额外征收加重负担。

据《山西外贸志稿》记载，自清代天津开埠建关后，山西羊皮为传统的大宗出口商品，每年出口数十万张，大部分集中在交城等地，经皮商加工制作，然后运往天津，出口英、美等国。19世纪末，交城境内有皮毛作坊百余家，所制皮筒销售总量达白银百万两，为晋省之首。交城不仅成为西北数省著名的皮毛集散地，而且交城的"交字毛"成为名品，蜚声海内外，"洋行及买办纷至沓来，竞相收购攫取，囊括而去"。据《清宣统外务部开埠通商档》统计，1902～1903年，仅英、德两国七家洋行通过平定县槐树铺厘卡运往天津口岸的交城皮货，品种就有羊绒、驼毛、生熟皮、滩皮、羔皮、羊皮、皮袄、皮褥、杂皮等多种，数量统计为833包、962件、73 440张。每件滩皮大褂售银34～40两，比大同制品贵3～4两，仍供不应求。德国、英国、美国、法国、荷兰等外国洋行往来交城采购皮货。

民国初期，交城皮业仍呈发展态势。据1919年统计，全县皮坊已发展到120多家，皮店16家，固定工、临时工达1万余人；年总产值达310多万元。交城皮毛业以滩皮最著，由于水质适于鞣制毛皮，再加上有传统鞣皮裁缝皮货的技艺，所制皮货色泽雪白透亮，毛花均匀若丝，皮板轻柔如绸，故有"交皮甲天下"之誉。鉴于滩皮的名声，全国各地皮行商前来交城洽谈业务，长治回民皮行商号每年2月到3月初，作坊主均偕同工人前来山西最大的皮货市场交城，与湖南商人订立贸易合同。

20世纪30年代，直奉战争爆发致使交城皮货的主要商路受阻，经营衰退。日本发动全面侵华战争，交城的皮坊店铺倒闭殆尽。日军垄断一切皮毛产品，在太原开办伪"皮毛组合工厂"，在交城、汾阳两地设立"皮毛合作社"，强制收购晋西16县的羊毛。抗日战争胜利后，交城部分皮坊恢复生产，主要有16家皮坊，春夏生产旺季时从业人员最多达1000多人，年加工滩皮7万～8万张，裁制滩皮长衫筒子约9000件，销售银洋达40.5万元。

二、采买与销售

交城皮货以羊皮为主要产品，滩皮、滩二毛、滩羔皮为上乘，老羊皮、山羊皮次之。杂皮中名贵产品有红白狐皮、黄鼠狼皮、猫皮、貂皮、灰鼠皮、虎豹皮、水獭皮等；稍次的有獾皮、兔皮、狗皮、狼皮等。滩羊本产于宁夏，但由于宁夏当地泡熟皮张技艺不精，产品质量低劣不受欢迎，宁夏滩牛羊生皮只有贩运到交城，经制熟工艺，精良的成品才能批发给京津沪汉各大皮商。交城各家皮坊为获得上等皮货，每年秋末冬初，即派人携银远赴陕、甘、宁等地采购。各家字号均有较为固定的本地收购人员。

明末清初，交城皮件多数销往蒙古、张家口、东三省一带，而后再由皮贩运售至东部地区。从清道光以来到清末，交城皮毛盛极一时，"四和源"、"聚源兴"等字号远近驰名，来自天津、上海、无锡、汉口的买家，秋冬之交便来提货。尤其是无锡客商年初即预付货款，有利于皮坊的生产经营。光绪年《当谱》对交城皮毛有很高的评价："羊皮中分有西皮、口皮之论……西路者为交城皮，其毛细而亮，俱是莺毛，高之口皮……"，"看羊皮，控脖去肷交城的高"，"羊皮有三等，交城皮、口皮、西皮"。光绪年间山西向朝廷进贡品羔羊皮1000张，全部由交城县提供。清末，交城皮制品畅销美、日、俄等国，外商年年到交城采买皮货。民国时期，大宗皮件多由四合源、万川、玉成、德兴、合兴、公盛、德昌等20余家皮店发往北京、天津、上海、汉口、张家口、东三省等地，其中相当一部分转销欧洲国家及美国、日本等。

三、皮制品加工

皮货加工是个苦、累、脏的行当，劳动强度大，工作条件差，环境污染严重。制皮工艺程序繁多，有一般工序与核心工序之分，一般工序需要体力与简单的手艺，只有核心匠人掌握真正的核心技艺（成分、配方、工艺），核心技艺不仅决定着产品质量，更被视为立业之本，经验型技艺被严加保密，向来不示人。皮货加工的基本做法包括选皮、回潮、抓、剪、剔铲、洗、熟制、翻缸、干燥、铲皮、整理成型等多道工序。皮货作坊须临近水源，作坊内设大水池和许多水瓮，或作坊院中开挖水井，便于取水鞣制。选好的皮货须入水中充分浸泡，使之软化，以专用刮刀把内皮上的血肉刮净，再入石灰池浸泡，以去掉皮上的毛和余垢；之后在一口大锅里倒入棉籽油加热，放入皮张来回翻转，直至皮张被油浸透，取出皮张挂起晾干，成为熟好的皮张。此后，根据皮张质地与大小切割成不同规格，进行深加工。四合源商号"八仙庆寿"牌皮制品，声誉极高，客户从不开包检验。

聚源兴是交城近代著名的皮业作坊，拥有一批善于组织生产与管理的技术人员。据当事人回忆："他们精通皮毛业的生产过程，善于抓住时机，安排生产，使近两万张滩皮在雨季到来之前洗净入瓮。李生茂更是全面指挥生产的好手，他可以排开节令，从初春惊蛰即洗皮入瓮。一茬接一茬，一批接一批，使铲杆房、案子房的工匠，时时有活路，从不间断或积压，把割制整齐的袄袍、大氅及时分送到民间妇女们手中，让她们把几张羊皮割对到一起的衣料，沿刀口缝合成成衣，通过将零块衣襟紧针密线地缝合，变成完整的袄、袍、大氅内衣筒子，赚几角钱补贴家用，也给皮坊节省出大量的技工。李生茂精通铲杆、案子等多种工艺，指挥起来得心应手，是聚源兴一批好管家中最精明的头儿。"（图 3-2）①

图 3-2 民国太原皮革厂生产白皮场景
资料来源：刘永生编：《太原旧影》，
北京：人民美术出版社，2000 年。

交城滩羊皮鞣制工艺，2008 年被列入第二批国家级非物质文化遗产名录（编号894Ⅷ—111），代表性传承人张晓春。

第二节　大同皮毛加工业②

一、沿革

"山西居山两大宝，煤炭皮毛到处跑"，"云中古城三件宝，煤炭石窟大皮袄"，两句俚语道出皮毛业在山西与大同历史上的兴盛之势。

地处塞外高寒地区的大同古城，皮毛畜产品及加工业有着悠久的历史，尤其是皮毛畜产品贸易，可以追溯到西汉时期。西汉时，山西长城脚下的边境关市上，就有了与匈奴的贸易往来。那时的对外贸易，法律上有严格的限制，分为官营和私营两类。当时的长城脚下的边境关市，就是史书上所说的七边重镇大同一带。

元代，黄序鹓在《海关通志》中说："北方诸国由陆路通商者，则以大同、宣府……各置市场。"当时的主要市场则是牛羊驴马市。明代以后边境互市贸易较前更加频繁，马等畜产品的频繁互市，为大同皮毛业的发展创造了客观条件。清代的畜牧业更加繁荣。因大同以北一带冬季寒冷，皮毛作为御寒佳品，平民的需求量很

---

① 阎爱英主编：《晋商史料全览·吕梁卷》，太原：山西人民出版社，2006 年，254 页。
② 本节辑自张新平、董福荣：《大同的毛皮制革业》，见大同市政协文史资料委员会：《大同文史资料》第 11 辑，内部发行，1985 年。

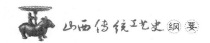

大，而戍边军服也需要大量皮毛。因此，清政府每年都要购进大量皮毛以供军用。处于贸易口岸的大同，就成为当时皮毛畜产品的集散地。大同所产各种规格的野生动物皮及家畜皮，如老羊皮及狐、狼皮等粗细皮张有30余种，地道对路。从历史上看，大同既是一个集中的贸易市场，又是一个皮毛熟制品的加工基地。

二、皮毛店家

古代的大同城，人口不太多，但地居塞北咽喉要衢，交通四通八达。民国初年，大同皮毛业的大部分集中在以南关、西街和南街为中心的地区。其中生皮交易货栈有涌全店、天德店、裕恒店、宝元店。它们由私营合资组成，备有交易柜房、伙房、客房。客房经营只收买卖双方部分交易费，食宿优惠，因此吸引了全国各地的客商及小商贩纷纷组织皮毛前来交易，生意兴隆。

大同的熟皮工业有私营独资与合资皮庄大贾，如"天成源"（独资）等四大家，"庆顺隆"等八小家（合资）。还有个体手工业户几十家，如万子仲的父亲。熟皮业专制各种粗细皮毛裘衣及洋装等出口产品，细毛裘衣驰名江南。他们资金雄厚，业务范围大。以四家为例，每家资金约10万元（折合白银8000两）。

各皮毛店家拥有正式工人100人，临时工约200人。其中熟制皮毛大户商，如天成源、万巨昌、广巨昌、倍巨昌、德圣厚、同文昌、福巨昌、德圣昌等八家，号称大同城内的"四大家儿，八小家儿，七十二个人力班儿"。这些皮毛商户的财东大部分是忻州、崞县人。天成源是大户的代表，创设于清朝初年，资金雄厚，仅流动资金就有10万元，财东名叫崔志。

天成源设在大同南关的关角街南角，有百余间房，厂门威严，挂"天成源"金字招牌。从业人员由科班技术人员组成，产品质量好。天成源每年的原料收购，从原料的采购进厂，逐年相替生产，即头年进货，次年生产销售，需三部分资金轮回使用。每年派出技术专长人员奔赴宁夏燕驰地区（今宁夏北营、永昌、华马驰、吴中堡、银川等地），采购滩羊羔皮。由于交通不便，往返路程需半年左右，回货期远，需雇"旱龙骆驼"运至大同。成品出厂时，仍雇佣畜力驮子远送江南乃至国外销售。天成源在经营管理中，常年生产，季节销售，资金一年只周转一次，非常缓慢。利润则占相当比例，所以能够发展。

独资户以牛紫辉兄弟七人最为著名，他家世居大同南关，都以开皮店为生，到牛紫辉时，皮店名为"永泉店"，先后开设大小皮庄"七个大院，十四扇门"，人称"大户皮商"。

大同南关旧名"新旺村"，因皮毛商货的兴盛而得名。旧日的南关人口稀少，后因皮毛行业不断发展，偏僻的南关繁盛一时。这里的皮毛行会是大同工商界的重要组成部分，当地人常说："南关的皮毛巷，历属乌金行，去掉浮油，还有肥肉汤。"

三、经营品种

（一）羊皮、羊绒、羊毛

1935 年以后，全国皮毛业生产萎缩不振。大同则由于地处内地与塞北联系的交通要冲，是全国畜产类贸易的必经之路，皮毛业因而继续兴旺。

当时的羊皮收购价以晋钞计，山羊皮每张 0.7～2.4 元，最高 5 元。老羊皮 0.75～1.7 元。绵羊皮 1.5～3.9 元，滩羊皮 4 元，羔皮 0.8～1.8 元，上等的 6～10 元，獭子皮 5～7 角。

据《山西省第七、第九次经济统计》，大同是山西省主要的羊毛集散地，以羔毛、春毛为主，由京绥路运往天津出口。出口的羊毛每斤 3～4 角不等，最高达 8 角，最低仅 1.4 角。

据 1934 年调查，大同的羊绒每年约产 3 万余斤，由于产量较少，都是向某一集散地集中，然后统一出口。据《中国通邮地方物产志》记载，大同一次出口 20 万斤。因羊绒质量优劣不同，收购价格高低不同，绵羊绒每斤 5.5～6 角，山羊绒 3～4 角，质次者 2 角。

（二）牛马驴骡皮

收购价格以晋钞计，每张生牛皮 4～7 元，熟牛皮 4～10 元，生熟马皮 3.2～6.2 元，生驴皮 2.5～7 元，生骡皮 7～11 元，甚至有的压价至 2.8 元。

（三）驼毛、驼绒

收购价驼毛每斤 3.5～5.5 角，驼绒每斤 3.8～7 角。

（四）猪鬃、猪毛、猪羊肠衣

猪鬃产量较低，就全省讲，只占全国产量的 8%。大同出产的猪毛最多，居全省第一。据《三十年之山西》记载，抗日战争前夕大同产猪毛 1.6 万斤，出口价为每斤晋钞 1.3～2 角。

《中国实业志》记载："猪羊肠刮去肠上所有的肉脂，用水洗净，并用压力将水分除去，和以食盐，装桶运至天津，由洋行收买，运销欧美。"猪羊肠衣均为制作灌肠和香肠的衣膜，羊肠还可以制作弓弦、网球拍、琴弦，以及外科手术缝合线

等。大同曾仿效太原商号制作羊肠衣。

（五）小杂皮

小杂皮有狐皮、貛皮、狼皮、黄鼠狼皮、狗皮、猫皮、兔皮等。

四、衰退

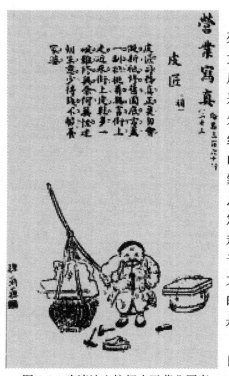

图 3-3 晚清沪上坊间皮匠营业写真
资料来源：环球社编辑部：《图画日报》，
上海：上海古籍出版社，1999 年。

19 世纪中叶，大同的皮毛业特产开始遭到列强掠夺。1927 年军阀混战，苛捐杂税增加，大同皮毛产量开始衰减。大同被侵华日军占领后，皮毛制品成为掠夺的主要目标之一。日军采取原料分配统制和重要商品销售统制等办法，先后设立"皮毛组合"等组织，控制着皮毛业经营与贸易。在这种情况下，大同城内皮毛业的 80% 倒闭。日本侵略者在大蔡家巷设置"大蒙畜产分公司"，作为掠夺大同皮毛业的总据点，是日本军部购办皮毛的专职机构，明确规定不许华人自由收购加工畜产品，否则按军部规定严惩。大蒙畜产分公司下属日系单位分布于大同市大北街、稍竹巷、西门大街、大西门、太宁观街、鼓楼西街、大南街等闹市，好端端的大同皮毛市场尽被日本人所垄断。图 3-3 便是晚清沪上坊间皮匠营业写真。

侵华日军还颁布了收购畜产品的细则，由日本军区给为日本人服务的皮毛商贩颁发"畜产收购许可证"，无证收购则被他们以"通党"论处。此时，大同皮毛加工业仅留下 20 多户小商家。1943 年，日军制定《对华经济封锁条例》，在大同设置"大同皮毛组合社"，顾问由军区及大蒙畜产公司的日本人担任，社长由万子仲兼任，妄图全部统购大同的皮毛畜产品。

日军投降后，大同原有的大中型皮毛加工厂全部倒闭，只剩下十余家小个体商，如三和锐、义兴源、德胜农庄、永兴魁等。在畜产诸业的预势之下，1947 年，阎锡山政府成立"平民经济执行委员会"，对出口产品实行严格管制，羊毛、猪鬃从收购到定级、定价、销售悉由该委员会统一管理，但已难见成效。

新中国成立后，大同古老的皮毛业重获新生，到1956年，大同的皮毛厂家发展为34户，不仅保持了传统产品，而且增加了新的花色品种，如皮帽业，充实和丰富了大同的皮毛业。1958年，这些皮毛集体企业均转入大同皮毛厂。大同皮毛厂运用机械化生产，"皮毛加工全部采取化学酶鞣制法。化学酶鞣制出的产品具有不怕水洗、不怕低温、张强度高、无臭味、无灰尘的特点，完全克服了传统皮革制品的缺点"[①]（图3-4）。1990年以来大同皮毛业经营下滑，2004年大同皮毛厂宣告破产。

图3-4 大同皮革制品

第三节 大同地毯织造技艺

地毯是一种有着悠久生产历史、实用价值与观赏价值兼备的工艺美术品。清代，地毯织造术由陕西、甘肃、绥远等地传入山西。咸丰、同治年间（1851～1874），宁夏回教首领马化龙倡乱，前来归化城（今呼和浩特）避难的宁夏人带来地毯织造手艺[②]，聚集在归化城的山西商民也从中习得地毯织造技艺。此后，栽绒毯制造业成为山西、归化的知名手工业，民国时期开始设立作坊。地毯的主要原料为羊绒、羊毛，其次为棉线及颜料，牛毛也可以作为原料，但是织出成品薄而粗，只可用来包捆行李。[③]

山西大同毗邻内蒙古地区，历史上的商贸活动频繁，共享丰富的羊毛资源，大

---

① 葛世民主编：《大同》，北京：中国建筑工业出版社，1988年，242页（含图3-4图片来源）。

② 《归化工业之现状》，见经济讨论处编辑：《中外经济周刊》，1925年，141号，4页。

③ 实业部国际贸易局编：《中国实业志·山西省》第六编，上海：商务印书馆，1936年，页五二、五五（巳）。

同的地毯加工业随之而起。大同地毯花色品种丰富，主要有美术式（法国传统式）、北京式、山西式等风格，供出口外销，还生产具有大同地方特色的"二龙戏珠"图案的小幅壁毯等旅游纪念毯。

图 3-5 手工制作大同地毯

资料来源：葛世民主编：《大同》，北京：中国建筑工业出版社，1988年，240页。

大同地毯完全采用手工织造，生产的地毯为90道机。高级栽绒地毯，需经织、平、片、洗、投、修、绕线、绘图等多道工序，采用打"8"字形扣的织造工艺，才能制作为成品（图3-5）。大同地毯继承并发扬中国地毯的传统，图案新颖，做工精细，质地柔韧，艳如锦缎，状似浮雕，在国际上享有"锦缎毯"之美称。大同地毯极富弹性，踩后不留痕迹，具有不倒不折的特点，是宾馆、客厅、饭店、会议厅、舞台等高级建筑理想的装饰品，并且具有吸声、安全等多种作用。

第四节 新 绛 皮 革 ①

新绛县皮革加工业历史悠久，清同治、光绪年间发展趋于全盛，为北方皮革重要产地之一。用具如车马挽具、毛毡，衣饰如皮筒、皮褥，为新绛皮革传统名品。

一、皮革制品

皮革制品指主要用牛皮、马皮、骡皮、驴皮、羊皮，制作皮条、皮弦、皮脊，再加工成车马挽具及其他用品。清同治、光绪年间，新绛羊皮制革作坊有 60 余家，黑皮作坊 30 余家，皮条弦坊 15 家，各家均生产底板皮，以供制作其他产品，远销湖北、江西。

底皮，又名法蓝皮，为多种皮革制品的精原料。当时制法蓝皮专用牛皮，骡、马、驴皮质松且薄，皆不适用。制黑皮及坐鞧、搭腰、曬皮、吊梁、皮绳、笼头、皮条、皮脊、弓弦等时，则牛、驴、骡、马之生皮皆可作为原料，唯采用量各坊有异。以上皮原料除就地收购外，均向陕西西安购买。据《中国实业志》记载，20 世纪 30

① 本节辑自新绛县二轻工业局《新绛县二轻（手）工业志》编委会：《新绛县二轻（手）工业志》，内部发行，1988年。

年代，新绛每年从山西、陕西等地输入羊皮 110 000 张，价值 220 000 元，牛皮 5000 张，价值 50 000 元。新绛制革作坊出品有法蓝皮、黑皮、带皮、熟皮四种。皮件作坊出品坐鞦、搭腰、疆皮、吊梁、皮条、笼头、皮鞭、皮鼓、皮套、鞋脊、弓弦等，除弓弦用生牛皮外，其余皆用熟皮，熟皮经过浸水、去渣、入硝洗濯、干燥即成。

车马挽具是新绛皮革传统名品，广泛应用于农耕时代的畜力装置。车马挽具采用牛皮、骡皮及杂皮加工而成，主要包括套项、马鞍、后鞦、搭腰四大件，套项能使牲口停蹄离膀，马鞍能使牲口不磨背，具有保护牲口不受损伤的功能。

二、毛皮鞣制品

新绛毛皮鞣制品主要是皮衣、皮裤等服饰，白皮行（白绵羊皮）有裁活、铲皮、艺作等工种，黑皮行（黑羊皮）有剥皮、揭筋、染皮、熏皮等工种。民国时期毛皮鞣制以羊皮为主，有少数狐皮、猫皮、狗皮。生产时间为每年 5～9 月，生产程序是：清水浸皮，铁抓梳毛，沸水洗涤，硝水面粥浸泡约 15 天，去渣质晒皮，清水喷湿皮板（每隔 10 小时），铁板铲皮。制品首先选用毛色高低、花纹粗细相近的毛皮配成各种衣料，缝就之后，用清水将皮板浸湿，敷以石灰粉，晒干后将皮板鞣软，并将毛内粉末打净，然后用海沫石将皮板磨光，用清水洗毛，使原有花纹恢复常态，晒干后叠置一地，用木板加石头压半月即成。

皮袄筒子是新绛传统名品，新中国成立后是新绛皮毛制革厂的主要产品之一。名匠邓兴瑞采用绵羊皮、羔子皮、狐狸皮，经过浸泡、鞣制、铲、裁、缝等工序制成，皮板柔软丰满，手感好，色泽光亮，花路平顺，防寒性强，属高档皮革制品。

第五节 潞 绸

一、潞州的桑蚕业

采桑曲

朝寻岭畔暮村旁，雨雨风风几断肠。
却似采花蜂作蜜，不知辛苦为谁忙。

养蚕行

天下雨，桑叶稀，蚕满箔，常苦饥。
闺中愁煞养蚕女，蚕不得饱丝难吐。

小儿食乳蚕食桑，舍此二物无以偿。

昂头辗转待侬哺，掩面怕视心悲伤。

典衣市叶及早凉，百钱一斤何足详。

低声诉与马头娘：且使侬蚕得一饱，纵不作茧侬不恼。

这是《阳城县志·艺文志》收录的桑蚕主题诗作，清人张晋在《养蚕行》中借养蚕女之口道出阳城蚕农的忧与怨，以桑蚕为业，生计系于桑蚕，常情之中几多苦辛。阳城桑蚕业与民生息息相关的历史随之跃然纸上。1980年前后，在紧邻阳城的沁水县土沃乡台亭村，发现了一株树龄两千年的古桑树。晋东南、晋南的部分地区利用当地相对温湿的气候条件，民间有种桑、养蚕、丝织的传统。

阳城县古名"获泽"，《穆天子传》记载："天子（指周穆王）四日休于获泽，以观桑者，乃饮于桑林。"周穆王于桑林设宴，观赏获泽地方百姓采桑活动的情景，可见早在距今3000多年前的周代，植桑养蚕已在阳城之地兴起。《隋书》记载"上党之民多种农桑"，民间亦流传"一亩一株桑，种地不纳粮"之说，上党农家世代农桑并举。

明洪武初年（1368～1377），潞州六县植桑8万余株，弘治年间（1488～1505）达9万余株。弘治四年（1491），明廷在潞州设立织造局，专门管理潞绸的生产、调剂、运输、进贡等事宜。潞绸机户主要分布在潞州各县，在当地分造交纳，而不必赴府当班，成品由地方政府派员解送赴京，向工部交纳。相较于赴工场集中生产的轮班匠和住坐匠，潞州机户有相对自由的劳动时间，在完成贡品织造之外，还有条件从事家庭纺织。潞绸的生产随之由贡品扩大到商品范畴，成为"士庶得衣"的市场新宠，作为满足市场需求的商品产量逐渐超出作为贡品的产量。从明代部分帝王的龙袍到权臣家财再到一些文学作品，时常可见潞绸的角色。到嘉靖、万历时期，潞绸产销达到高峰。潞绸花色品种丰富，有天青、石青、沙蓝、月白、酱色、油绿、秋色、真紫、艾子色等十余种色彩，有大绸、小绸两种规格，大绸每匹长68尺，阔2尺4寸，重61两，小绸长6托（约合5尺），阔1尺7寸。

由于潞绸的生产，潞安府城形成以不同织造品种命名的街巷，如锦房巷、绫房巷、绸房巷等，与其他主要街巷构成明代潞安府城著名的"十八巷"。[1] 在丝绸业最为发达的明清时期，潞州与苏州、南京、杭州、嘉兴、成都、广州、福州等江南、华西、华南地方，并列为中国丝织品的重要产地，潞绸以"络丝、练线、染色、抛梭为工颇细"，畅销全国，尤其集中在黄河以北地区。

阳城及周边的高平、沁水、晋城等地，成为山西的"蚕桑之乡"。明正德年间（1506～1521），沁水人常伦任大理寺评事，他途经故土之际，将沁水流域种桑养蚕

---

① 阎爱英主编：《晋商史料全览·长治卷》，太原：山西人民出版社，2006年，61～62页。

的盛况记在诗作《沁水道中》：

> 处处人家蚕事忙，盈盈秦女把新桑。
>
> 黄金未遂秋卿意，骏马骄嘶官道旁。

对于新岁家门前点燃新火的民间习俗，在毗邻潞州同样崇尚桑蚕的泽州，劝民勿以桑树枝叶燃火，而代之以松柏枝条：

> 月额厝新火，照耀月不寒。绝似绛帕吏，烧香迎红鸾。
>
> 籼盆围树根，酿和春一团。恐被元绪笑，伐汝同芳兰。
>
> 维桑合恭敬，楼叶青如槃。懿筐主蚕职，岂忍斫爷残？
>
> 此乡尚茧丝，嫘母发永叹。俗薄宜改而，喜气生门阑。①

泽潞地区对于百姓生计来源之物——桑树的敬惜之心，由此可见一斑。图3-6为陵川积善蚕茧与蚕丝成品。

图3-6 陵川积善蚕茧与蚕丝成品

资料来源：陵川县志编纂委员会：《陵川县志》，北京：人民日报出版社，1999年。

二、行销于"茶丝之路"②

潞绸成品要源源不断地运往全国各地。洛阳地处中原，素有"九州腹地"、"十省通衢"之称，水陆运输便利，是潞绸主要集散地之一。据顺治《潞安府志》记载，明代的潞绸除"贡篚互市外，舟车辐辏者转输于省直，流衍于外夷，号称利数"。

这里，有一条通往北方的"茶丝之路"，又称"茶道"、"驼道"，是晋商开拓的通往外蒙古和俄国的一条漫长商路，以茶叶、丝绸、棉布为长途贩运的主要商品。

---

① 《泽郡元旦门设桑火以松代之（用东坡韵）》，（清）郭维垣等辑：《凤台县续志·艺文》，见阎爱英主编：《晋商史料全览·晋城卷》，太原：山西人民出版社，2006年，663页。

② 本节二、三部分辑自沈琨、田秋平：《潞绸史话》，见阎爱英主编：《晋商史料全览·长治卷》，太原：山西人民出版社，2006年，64～69页。

清人衷翰在《崇市杂咏》中说："清初茶叶均系（山）西商经营，由江西转河南，运销关外。大约从乾隆三十年（1766）起，在晋帮商人的大力推动下，逐步形成了一条以山西、河北为枢纽，北越长城，贯穿蒙古，经西伯利亚，通往欧洲大陆的陆上国际茶叶运销路线。比如，福建武夷茶的运销路线是：由福建崇安县过分水关，入江西铅山县，在此装船顺信江下鄱阳湖，穿湖而入九江口入长江，溯江抵武昌，转汉水至樊城（襄樊）起岸，贯河南入泽州（晋城），经潞安（长治）抵平遥、祁县、太谷、忻县、大同、天镇到张家口，贯穿蒙古草原到库仑（乌兰巴托），至恰克图。真是水陆兼程，千里迢迢。"

这条茶丝之路既要通过地处中原的潞绸主要集散地洛阳，又要上太行山，经过潞绸产地潞安府。潞绸在这条通道上，既可南下销往全国各地，又可北上到达遥远的边陲和外邦。据载，嘉庆时潞安府每年上解户部农桑绢 300 匹，生丝绢 1200 匹，大潞绸 30 匹，小潞绸 50 匹。特别是双丝泽绸，以织工精细、质地优良而畅销西北。据档案记载，嘉庆时期山西每年单是销往新疆的潞绸就在 100～300 匹。

三、潞绸的衰落和消亡

为了潞绸的生产和销售，为保潞绸名产的质量和信誉，从明到清，多少代机户和潞商做出了艰苦卓绝的努力，并为此付出了沉重的代价。

潞绸的织造，离不开当地的蚕桑。潞州地处北方的太行山中，由于气候、地理等原因，种桑养蚕的自然条件远不及南方。明代潞绸生产大规模兴起后，造潞绸所需的大量原料，除本地供给外，每年还需从外地大批购进。乾隆《潞安府志》记载："（潞绸）丝线取给山东、河南、北直等处。"为解决原料不足的困难，当地官员和百姓克服气候干旱、寒冷等条件，大量种植桑树，变主要引进蚕丝为自己多种桑养蚕多缲丝以求变。这无论从运输、时间还是成本上讲，都是合算的。经过多年的努力，原料的困难在一定程度上有所缓解，这无疑为潞绸生产提供了有力的支持。

明弘治《潞州志·田赋志》记载，弘治年间，潞州大力发展蚕桑，州治所在地有桑树 84 514 株，潞州城南 60 里的荫城雄山桑树成林，碧波连天，志书遂有"荫城盛产绸、铁"之说。

明马暾所修《潞州志》弘治年间刻本附有府属长子、屯留、壶关等 6 县的简志，各县"土产志"中大都有"帛之属"丝、绢、帕、枲、棉布等记载。"田赋志"中也均列桑树总株树，还有岁征丝匹绢匹数的记载，可见对蚕桑业的重视。

清初，潞州有一次大规模的植桑养蚕之举。清顺治十四年（1657），唐甄由江苏吴江调任长子县令。唐甄 28 岁中举，从盛产蚕丝的江南而来，十分关注蚕桑之利。到任长子之前，唐甄已闻潞绸之名。到任之后，他发现这里的桑树严重不足，对潞绸生产势必造成很大影响。他在著作《潜书》中说,农民在种好耕地的同时能够种桑,而且养蚕只需 30 多天即可达到耕种一半的收获,"故为海内无穷之利"。于是,他苦口婆心发动长子县百姓种桑养蚕,并请人来作技术指导。"做官十个月,种桑八十万(株)",这是唐甄上任第一年的政绩。这在当时是很了不起的,唐甄也因而为后人所敬仰。

然而,潞绸丝线的不足是始终存在的。清代时,为了潞绸生产,山西商人仍需远到四川等地收购生丝,长途贩运。川东的生丝交易中心綦江扶欢坝丝市,"每岁二三月,山陕之客云集,马驮舟载,本银约百万之多"。川西的生丝交易中心成都簇桥镇,丝店林立,每逢场期,也有山陕商人前来采买大量生丝。也有山西商人在春秋两季远到贵州遵义收购茧丝。

明代中期以后,潞绸得到迅速发展,官府对织造实行分班定号,机户名注官籍,承应官差织造,在性质上官办手工业的色彩更浓。但是,官办并没有给织户带来好处。首先是科征繁重,官吏巧立名目,对潞绸机户敲诈勒索,不少机户赔本织造。然而,机户不想干也不行,因为"名随机转,欲徙业而不能"。

明万历十四年至十八年间(1586~1590),山西连年遭受特大旱灾,庄稼颗粒无收,灾民流离失所,遍地是饥饿的人群。到万历廿一年(1593),仍是村落成墟,而朝廷的横征暴敛并未停止,凡是有逃荒在外的机户回来,官府仍逼其强纳税赋。万历三年、十年、十五年、十八年,朝廷四次加派潞绸织造,其中万历十五年至万历十八年,正是潞安、泽州一带灾荒饥馑最为严重的时期。

为此,山西巡抚吕坤上奏朝廷《请停止砂锅潞绸疏》,要求停止对潞绸的派造。无果,机户只好勉强为继,从外地购进原料,生产成本必然加大,赔累也必然加剧。到了明朝末年,烽火四起,社会动乱,潞绸的生产更加艰难,绸机由过去的9000 余张,迅速降至 1800 余张,机户为躲避战乱饥荒四散零落,潞州丝织业遭到严重摧残。清初,长治、高平共存绸机 300 余张,潞绸生产已极为凋敝。顺治初年朝廷却下令重新组织潞绸生产。官方将一些名列匠籍的机户重新收拢起来,拼凑起13 个绸号和 1 个丝行、1 个牙行。此时,虽然绸机只有 300 多张,官方仍以潞绸最兴盛时期的数量派造生产,"以三百机抵九千之役,以十三号力而支七十二号之行"。自顺治四年(1647)起,每年在长治、高平派造潞绸 3000 匹。机户陷入更加艰难的境地。顺治十七年(1660),任广东参议的潞州人王玮上书朝廷《请抚恤机户疏》,他说:"臣乡山西,织造潞绸,上供官府之用,下资小民之生,络丝练线,染色抛梭,为工颇细,获利最微。"机户除要完成派造潞绸之外,还必须满足"本省衙门之取用,以及别省差官差役"之需,致使"织造者一岁之中殆无虚日……而催绸有费,纳绸有费,所得些许,尽入狡役积书之腹,化为乌有矣。机户终岁勤苦,夜以继日,妇子供作,俱置勿论。若线若色,尽取囊中,日积月累,其何能继?"最终导致顺治十七年爆发了机户"焚机罢工"事件，他还说："今年四月，臣乡人来言：'各机户焚烧绸机，辞行碎牌，痛哭奔逃，携其累赔簿籍，欲赴京陈告，以艰于路费，中道而阻。'夫有簿籍必取用衙门，有衙门必有取用数目。小民含苦未伸，臣闻不胜骇异。"清廷对机户罢工的所谓"抚恤"，也仅是暂时取消了当年的派造，此后派造依旧。直到光绪八年（1883），经中丞张之洞专项奏请，才停止了潞绸的朝廷派造。其时，潞绸的生产已难以承担朝廷数额巨大的派造，凋敝颓势已不可挽回。

第六节　阳城缫丝

潞绸作为潞州丝织业历史成就的代表，尽管在清初技术传统与社会环境内外交困的矛盾中消失了，泽潞地区民间的丝织业传统却未曾中断。阳城县的优质蚕茧、蚕丝，高平市精美的丝绸制品，堪称晋东南桑蚕丝织业延续至今的"双璧"。

据统计，20世纪70年代以来，"晋城市蚕茧产量占山西全省的70％，而阳城的蚕茧产量又占到晋城市的68％。山西省的蚕茧，有一半产在阳城"[1]。因此，阳城有"华北蚕桑第一县"之誉。2006年，"阳城蚕茧"被国家质量监督检验检疫总局认定为国家地理标志保护产品，阳城下辖18个乡镇被划定为"阳城蚕茧"地域保护范围。目前，晋城市服装行业创出森鹅、红萍、侼利迩、晋氏实业等四个品牌，生产原料以蚕丝为主。

阳城土种桑蚕茧，为泛土红色，长水腰形，所缫之丝为黄丝，市价低于白丝，均系家户季节饲养。[2] 1956年起改良培育的新蚕种，使阳城蚕茧具备了茧层厚、色泽润白、透明度高、柔韧度佳的品质，为生产优质蚕丝创造了条件（图3-7、图3-8）。

据曾在阳城县缫丝厂工作的经验丰富的技工回忆（2011年2月采访张菊花师傅），阳城缫丝主要包括选茧、缫丝、复整、边角料处理等四道工序，经过选茧、煮茧，进入缫丝工序，通过入锅索绪、理绪、添绪、引丝、穿磁眼（除去丝胶等粗糙物，保持丝净度）、捻鞘、上落绞钩、搭小穓等步骤，操作中严格遵照十项技术要领，即定粒配茧、啃牢中心（蚕丝的粗细、新旧、白灰红三色配置均匀）、视线循环（8次/分钟）、索绪先行、单手分理、近水捏糙（做到一茧一丝）、靠添近掐、手轻水稳、轻重缓急、区别对待，进入复整工序（浸小穓、复摇、编丝、搅丝），最后打包成品。

---

① 卫银法：《阳城桑蚕丝的由来与演变》，见阳城县政协文史资料委员会编：《阳城文史资料》第4辑，内部发行，1990年，41页。

② 刘伯伦主编：《阳城县志》，北京：海潮出版社，1994年，166页。

图 3-7 阳城县地埂桑-采桑

资料来源：刘伯伦主编：《阳城县志》，北京：海潮出版社，1994 年。

图 3-8 阳城蚕-茧-梅花牌白厂丝

资料来源：刘伯伦主编：《阳城县志》，北京：海潮出版社，1994 年。

1969 年建成的阳城县缫丝厂，主要生产厂丝与捻丝制品，有北留双宫丝、桑蚕绢丝，特别是梅花牌 SE 白厂丝，质地柔软，光润洁白，具有抱合好、条杆匀、偏差小、品位高的独特优点，为享誉国内外的优质蚕丝。在 1979 年、1983 年全国纺织品牌产品评比中，两次获得金奖，产品远销美国、日本、印度、苏联、波兰、意大利、瑞士、澳大利亚等 30 多个国家和地区。现在的阳城县缫丝业由当地几家民营企业经营。

第七节 山西丝织业与刺绣

一、民国山西丝织业[①]

民国时期，山西省丝织品之生产方式，可分为两类：一为农家副业，夏县乡村农民于农暇之时，络丝搓线者颇多，每年产品约值 6000 元。二为机坊，机坊复有

---

① 民国山西丝织业辑自实业部国际贸易局编：《中国实业志·山西省》第六编，上海：商务印书馆，1936 年，76～82（巳）页。

专营与兼营之分。兼营，在曲沃的民生模范织布厂、阳曲的山西女子职业工厂染织部、五台的劝业村工厂中丝织为其生产部门之一，平遥的余庆恒及复昇魁则兼营丝线业；专营，除上述 5 家外，均为专营的丝织机坊。

晋省现有丝织机坊 51 家，分布于阳曲、晋城、曲沃、解县、夏县、高平、阳城、沁水、霍县、平遥、五台等 11 县。晋省南部出产蚕丝，故夏县及高平之机坊较多，计夏县有 26 家，高平 13 家，解县 3 家，平遥 2 家，其余县份则各仅 1 家。

山西现有的丝织机坊，除兼营的 5 家规模较大、资本较多外，余俱规模狭小，资本短少，计资本在 1000～4000 元者 2 家（兼营 5 家及高平 13 家除外），500～1000 元者 5 家，100～500 元者 7 家，100 元以下者 17 家。

（一）原料

丝织品的主要原料为蚕丝，晋南各县，皆有出产，故省内各机坊所用生丝，多系本省出产，唯五台劝业村工业自上海采购，平遥两家，少数购自河南。

产品织造用丝的多寡，系按产品的种类及优劣而定，阳曲，晋绸一疋，需丝二斤四两；晋城，生丝一斤，可出乌绫一疋，或手帕一疋，或汗巾三块，或腿带四副；解县，湖绉一疋，需丝十三四两至一斤；夏县，织绸一疋，普通需丝三斤；阳城，织绸四丈，需丝一斤；沁水，罗底一疋，需丝一斤；霍县，手帕一疋，需丝六两；平遥，首帕一连，需丝六两。全省机坊共用丝 9844 斤（五台一家不详），各家用量，随其产品数量而有多寡。

（二）生产

以生丝织成各种成品的程序，大概如下：以生丝搭于丝络架，络于木篗，合成丝线（或不合线），绕纬线，牵经（宽一尺至二尺五寸），置经于纺机，用人工穿梭纬织，如须提花，则另以一人，生于织机之上，按纬梭之往返提放，以织成花纹，织至相当之长度（二丈四尺至五丈五尺），剪断卸下，以碱水煮炼，即成白软之熟料绸绉，再加洗染，则成色绸，如织前将纬线炼熟者，是为熟纬，成品较优。否则即为生丝，品质较劣。

晋省丝织机坊之产品，可别为两类：一为绸缎疋头类；二为日用零件类。属于疋头类者有晋绸、贡缎、春绸、春纺、纺绸、湖绉、大湖绉、小湖绉、绉纺等数种；属于零件类者有乌绫、首帕、汗巾、手帕、腿带、裤巾、罗底等种类。其用途因物而异，疋头供缝制衣服用，乌绫首帕供妇女包头用，汗巾供妇女拭面用，手帕供一般人拭面用，腿带供人系裤腿用，裤巾供人束腰裤用。

（三）销路

51家机坊常年产值为67 040元，加上夏县农业副业产值洋6000元，合计73 040元。以夏县出产最旺，计洋35 070元，几乎达全省总产值的一半，高平次之，年产值为15 670元。产品销售方法有三：一为门市零售及批发；二为派员推销；三为小贩肩驮贩运。其销路除省内各县外，并远至陕西、甘肃、河北、宁夏等地。如表3-1所示。

表3-1　山西省各县丝织品价值及销售情形表（1936年）

县别	产品名称	产值/元	销路
阳曲	晋绸	3 400	本省
五台	贡缎、春绸	1 200	本地、太原、邻县
晋城	春绫、汗巾、手帕、腿带	2 018	本县
曲沃	春绸、纺绸、手帕	6 462	本县、邻县
解县	湖绸、春绸	670	本县、陕西省
夏县	春绸、纺绸、手捲、裤巾、春纺、大小湖绉	35 070	省内各县、陕西长安
高平	绉纱、乌绫	15 670	本县、河北、陕西、甘肃
阳城	绸	262	本县
沁水	罗底	1 500	本县、陕西渭南
霍县	手帕	600	本县、汾西、赵城、太原、太谷
平遥	首帕	6 188	本县、宁夏
总计		73 040	

二、高平刺绣

高平县位于太行山西南边缘，东、西、北三面环山，状如簸箕，地势北高南低。这里夏季较热多雨，秋季凉爽宜人，年降水量在600～650毫米，宜种桑养蚕，民间自古就有"家家养蚕，户户织绸"的传统。高平丝绸以当地及阳城县出产的优质蚕丝为原料，工艺精湛，图案严谨，织工致密，以"软、亮、柔、轻"的品质著称。高平丝绸种类丰富，有织锦、线绨、缎绸、丝纺、真丝绨、双绸、美丽绸、飞星呢等，装饰传统花纹、花鸟鱼虫、几何纹样等图案，自然谐调，层次分明，是制作中式服装、戏装、被服、衣里的适宜面料。其中尤以高平美丽绸质量为上乘。美丽绸是一种有光泽、细针纹的丝织品，面料背景稍暗，正面有光，较一般丝绸的质感略强，手感平滑，可染成各种颜色。其门幅尺度、经纬密度、色牢度优良，适于作为高级呢毛料衣装制品的衬里。

高平及周边地区的丝绸业多为私人作坊或家庭经营，普遍使用土木纺织机，少数使用铁制纺织机，皆为人工操作，技术水平较低。新中国成立后，高平县南王庄一带的丝织作坊联合扩建为高平丝织厂，为山西省规模最大的丝织企业，占全省丝织品产量的 60％以上。生产的美丽绸、提花绸、多臂小花织物，在国内外市场上广受欢迎。① 高平还生产手绘手帕、围巾、方巾等工艺品，尤以丝织壁挂毯深得外商喜爱，有"东方飞来的孔雀"之誉。

清代，高平县米山镇以刺绣闻名，制品有丝线绣、布贴绣两类。丝线绣有平针绣、打籽绣、盘金绣、披金（银）绣等针法，用于做细活，用绣针、丝线将内容绣在真丝缎面上。结婚的绣衣、龙凤绣鞋、鞋垫、围裙角、粉擦都用丝线绣成。

平针绣比较常用，具有光洁、细腻、表现力丰富的特点。根据绣品的造型，有长短之分，要求线条排列均匀不露底。长短针交错运用，力求齐整，表现出非常丰富的刺绣效果。打籽绣是指每绣一针将丝线绕成粒状小疙瘩，将这些小疙瘩细密地排列成形，因每绣一针见一粒子，所以称为打籽绣。其特点是结实耐磨，一般在儿童的帽尾巴、针线绣包、绣鞋、粉擦上用这种方法。民间艺人还用来绣鸟的眼睛和花蕊，用以点睛，质感效果好。盘金绣是一种装饰手法，用金线盘曲成形，然后再爬绣在底缎上。披金、披银绣则是先将金、银箔片剪成形，附在底缎上，然后再用丝线沿花边绣牢，造型的外缘均是金银箔勾勒成的线条，显得画面富丽堂皇。在实际运用中，为使得内容丰富，往往各种刺绣手法交插使用。②

米山刺绣运用黑、蓝、红、紫、淡蓝、金、银等对比强烈的色彩，以及夸张、变形等技法，吸收苏绣技艺的丰富针法，表现由花鸟虫兽到风景、人物的各式内容。色泽鲜艳，工艺精细，具有很强的装饰效果。

布贴绣则利用裁剪衣物剩余的各色布头为材料，根据艺术构思，将布头剪裁成人物、动物、花卉、草木等各异造型，然后堆贴在底面上锁边绣成，成品朴素大方。据当地老者回忆，"晚清民国时期，米山村不仅开绣花铺的多，且绣工遍及全村，青年女子与中年妇女从事职业或业余刺绣劳动的占半数以上"。手工丝制品行销周边市县、河南、河北、西安、太原等地，米山镇因此有"小苏州"的美名。③

2008 年，高平绣活入选第二批国家级非物质文化遗产名录（编号 853 Ⅶ—77），代表性传承人程红梅、李慧珍。

三、新绛丝与刺绣④

晋南刺绣以新绛刺绣为代表，当地所产丝线与丝制品为新绛刺绣提供了原料。

---

① 孔繁珠、万良适、刘集贤：《高平丝绸灿如云锦》，《经济问题》，1981 年第 8 期，29、41 页。
② 牛晓珉：《高平刺绣》，《太原日报》，2010 年 3 月 30 日第 10 版。
③ 山西省农业区划委员会编：《山西省农业自然资源丛书·晋城市卷》，北京：中国地图出版社，1992 年，148 页。
④ 王秦安：《独领风骚千百年》，见新绛县政协文史资料委员会编：《新绛文史资料》第 6 期，内部资料，380～384 页。

新绛古为绛州，水陆商贸云集，有"七十二行城"之称，生活较为富庶。明清时期，当地人多从事桑蚕业，但为利甚薄。《山西通志》记载，当时新绛城内"织绵绸与绢，朴素无奇"。《新绛县二轻（手）工业志》记载，"当时以碎丝、废丝为原料，纺成丝后，织成丝制品，表面不平整、不光滑；亦用生丝为原料，织成丝制品，质地薄而坚韧"。清末民初，新绛县丝线制造业兴盛，生丝主要由晋东南、晋南运来，商号集中于县城大街，有义永成、德顺兴、瑞成和、德盛成等四家，1934年后渐衰落。丝线制作程序是：将生丝络成数股，由股合并为线，名为"捻线"；然后用碱泡炼，成为熟线，晒干后再行染色，成为各色丝线。新绛丝线质地柔软，韧度强，不易断，用于刺绣、缝纫等装饰品加工。民国时期，新绛县丝制品有丝线、丝绳、丝手帕、丝腰带、丝罗底、小丝棉绸、小提花绸等，销往晋南各地及陕西、甘肃部分地区。[①]

新绛刺绣起先主要用于服饰，后来发展为馈赠品、祭祀品、嫁妆和日常生活用品的装饰。《新绛县志》记载："刺绣物亦绛郡出产业之一，此者颇不乏人"，"为农家之一种收入"。新绛刺绣品种很多，以俗称"苫盆"的绣花巾最具特色，是新绛女子出嫁的常备嫁妆，在汾北沿山一带比较流行。新年迎神赛社会上，集各家优秀绣片而成的"百家绣"，用来装饰焰火上母炮的绣花外衣。

据《新绛文史》记载，新绛还流传一种女子出嫁时穿的绣花鞋，名为"晋国鞋"。相传晋献公时，不断剪灭周边一些姬姓小国，《左传·襄公二十九年》记载："虞、虢、焦、滑、霍、杨、韩、魏，皆魏姬也，晋是以大。若非得小，将何所取？武献以下，兼国多矣。"晋献公为颂扬自己兼并诸国的功绩，令宫中能工巧匠用薄金片剪成十种果子纹样，用丝分别缀于鞋上，在他婚礼之际，让姜氏穿此鞋，头戴宫花，以显耀光彩。绣鞋传于民间，即新绛的晋国鞋。鞋帮为红缎面，上贴十果剪纸纹样，纹样上有刺绣，绣时空出纹样的外轮廓，中间绣一针丝，空一缕金。这样鞋十分好看，因鞋面上有十种果子，又名"十果鞋"或"金果鞋"。宫花由两朵并蒂红花组成，每朵花各分十瓣，上竖五瓣，下垂五瓣，十果纹样分布在十个花瓣上，花瓣中间有桃形花心，花心周围为黄色花蕊。两花的不同之处在于，一朵下部呈球形，一朵下部呈圆锥体，寓意雌雄，民间又称子宫花、石榴花。[②]

新绛刺绣种类多，可分为服绣、品绣、祭绣、冥绣四类，主要技法有平针绣、乱针绣，还运用打籽绣、盘锦绣、挑纱绣（在四十为目的纱布料上，根据孔眼限制，按孔眼来挑绣，具装饰效果）、堆锦绣（为突出局部和小件的立体效果，在绣物下加棉花垫托，再施绣针）、综合绣，分别突出表现绣品的浅浮雕、金银富丽、

---

① 新绛县二轻工业局《新绛县二轻（手）工业志》编委会：《新绛县二轻（手）工业志》，内部发行，1988年，138、139页。

② 新绛县政协文史资料委员会编：《新绛文史资料》第6期，内部发行，25、26页。

装饰性、质感、立体感等艺术效果。

图 3-9 织锦绣佛神帘（元至正元年，山西省博物馆馆藏）

新中国成立前，新绛县城府君巷分布着义盛赵、涌盛裕、齐盛合、福兴赵、梁盛福、天顺元等六家绣花铺，为晋南所独有。这些绣花铺的花纹图案主要出自乡村妇女之手，作坊刺绣虽然在工艺上有所见长，但在艺术上远不及民间刺绣。绛州自古盛行锣鼓杂戏，新绛县文化馆收藏的上千件刺绣作品，大部分是戏曲人物刺绣，《白蛇传》、《武家坡》、《卖水》、《吕布戏貂蝉》、《打金枝》等反映爱情生活的片断，往往配合"鱼钻莲"、"蝶恋花"等内容表现在绣品中。《虎镇五毒》刺绣的人面兽身图案，由远古图腾蛇身人首演变而来，呈现浓厚的古朴天真之感，体现出新绛民间刺绣家独到的艺术匠心。图 3-9 为织锦绣佛神帘。

第八节 夏县大辛庄丝线业①

历史上，夏县生产的蚕丝制品在我国西北、华北地区备受青睐，尤其是大辛庄村生产的丝线颇负盛名。

清初，刺绣逐渐成为北方乡村妇女生活中的一项副业，小孩的鞋帽、兜肚、枕头、荷包，妇女的裙子、绣鞋，新娘的嫁妆等，都要绣上象征富贵吉祥的精美图案，丝线的需求也随之增加。大辛庄的村民看到丝线生意本钱小、利润大，加工设备简单，加工工艺也不复杂，主要只有缫丝、合线、脱脂、染色等四道工序，适合单人、多人的一家一户式操作，村中的丝线作坊于是由 10 多家发展到 20 多家。相传，康熙年间，大辛庄村张姓村民只身到"丝绸之乡"杭州，用三年时间学习丝线加工技艺，返乡后对本村的丝线加工设备和工艺流程作了改进，并试验摸索出脱脂和染色所用原料的最佳比例。因此，大辛庄加工的丝线，线条匀称，劲道足，色泽鲜艳，深得市场青睐。乾隆年间，大辛庄全村 100 余户人家中，有 80 户加工销售丝线，每年全村加工丝线近 5000 斤，时人称之为"丝线村"。

---

① 本节辑自张志凡、杨保旺口述，刘安祥整理：《夏县大辛庄丝线业》，见阎爱英主编：《晋商史料全览·运城卷》，太原：山西人民出版社，2006 年，226～229 页。

随着蚕丝需求量的增大，夏县土田狭窄，宜桑面积较少，所产蚕丝远不足供应大辛庄的丝线加工需求。大辛庄人开始到邻近的万荣、柳林、沁水、阳城、晋城等县去收购。还有人在外地收购蚕茧，就地缫丝，将生丝带回，更为经济划算。后来，夏县县城有了专做丝绒生意的"丝行"，也有不少人到丝行购买生丝，虽然价格贵一些，但却方便。

大辛庄生产的丝线主要靠本村居民在本地零销，家庭人手多的，则到外地销售，价格更高。夏县其他村民也收购大辛庄丝线，贩卖到河北、河南、陕西、甘肃、宁夏、内蒙古等地，零售、批发，销售形式灵活。丝线销售者在内蒙古购回的马匹，从三五匹到七八十匹不等。

大辛庄还有些人多年在外地销售丝线，时间一长，人地皆熟。他们看到有些地方养蚕很多，蚕茧便宜，丝线价格高，却无人加工丝线，于是他们在当地住下来，就地收购蚕茧，就地加工丝线，就地销售。清末民初，大辛庄人在山西柳林、万荣、陕西绥德等地加工丝线，有的终生客居他乡，以丝线为业，有的积累了财富后经营起药材、绸缎等生意。

清朝末年，大辛庄村建起一座"葛梅仙公庙"，据村中老者相传，葛梅仙公是缝线织布业的祖师爷。每年农历九月九日，全村每户派一人到庙中聚会，大家出资，安排供品，供奉葛梅仙公，祈求祖师爷保佑丝线生意兴隆。大家在庙中聚餐后，坐在一起交流蚕茧、生丝的价格，丝线加工的技术，外地丝线销售价格等有关丝线生产和销售的信息，以便决定当年冬季以至来年春夏的经营计划。久而久之，村民们便把这个聚会称为"丝线会"。

丝线业在大辛庄一直延续了 300 年之久，直到 20 世纪 80 年代，腈纶线广泛使用，丝线没有了销路，大辛庄加工丝线成为历史。

第九节　手工织布技艺[①]

（一）概况

山西省在过去无纺织工厂，纺织一事，悉为家庭手工业，多由女子操作，男耕女织，为家庭中之分工。自开海禁以后，洋纱洋布，源源输入，民国改元，省内才有大规模的纺织厂及小规模机坊设立，其成品价廉而美观，于是旧日的家庭纺织一事，乃受淘汰而渐次没落，其能存在于今日者，一为

---

① 本节一、二部分辑自实业部国际贸易局编：《中国实业志·山西省》第六编，上海：商务印书馆，1936 年，37～39（巳）页。

自纺自织之土布，虽不具美观之条件，但坚牢经着之程度，远非机制布匹所能及；二为农家妇女，于农事之暇无所事事，与其坐食，毋宁纺织，以供自用。故中南两路产棉之区，尚有家庭纺织之存在，然不逮往昔远甚矣。

土布之产地多为产棉之区，故晋省土布产地集中于旧河东道属及冀宁道属，雁门道则付厥如。据此次调查，晋省105县中，产土布之县份，仅45县，河东道占32县，为临汾、襄陵、洪洞、浮山、汾城、安泽、曲沃、翼城、吉县、永济、临晋、虞乡、荣河、万泉、猗氏、解县、安邑、夏县、平陆、芮城、新绛、河津、闻喜、稷山、绛县、垣曲、霍县、赵城、汾西、隰县、大宁、永和等县。冀宁道占13县，为阳曲、平遥、石楼、中阳、长子、屯留、襄垣、平顺、阳城、榆社、沁县、武乡、寿阳等县。各县产地俱散布于乡间，以其为农家之副业。

全省从事于土布织造工作者，估计约343 300户，563 600人。户数以平遥、石楼、长子、阳城、武乡、临汾、襄陵、洪洞、翼城、永济、虞乡、万泉、解县、夏县、新绛、闻喜等县较多，各一二万户，其余各县，除中阳及临晋仅数百家以外，余各数千家。人数以临汾为最多，约5万人，长子、阳城、洪洞、赵城次之，各3万余人，平遥、翼城、永济、万泉、夏县、新绛、闻喜、绛县、霍县又次之，各2万余人，其余各县，则自数百人以至万余人不等。

（二）生产及交易

织造土布之主要工具有三：纺车、织机、梭。纺车为纺棉成纱之工具，每架值八角至一元六角；织布机皆系旧式木机，每架值三元至十元；梭为纬纱之工具，每只价给二三角。土布之制造程序，分为九步：一，弹松皮棉；二，搓成棉条；三，用纺车纺成纱；四，浆纱；五，绕纱；六，经纱；七，穿纱入杼；八，安置经纱于织机；九，用梭纬织成布。晋省之纬纱，皆用手抛梭，近年来闻有改良为用手拉梭者，但为数极少。以上各步织造工作，弹花皆雇人代弹，每斤弹工洋四分，其余工作则俱由妇女工作，自纺自织而成土布。但绛县及翼城等处，有由人代纺纱者，纺工每斤洋三角，翼城、汾城、大宁等县则有雇人代织者，每织布一丈，工资洋一角至一角一分不等。

晋省每年生产之土布，总计约2 353 400疋，所产土布，宽一尺二寸至一尺五寸，每疋长三丈至五丈不等，产量以平遥为最多，计320 000疋，万泉次之，计270 000疋，猗氏又次之，计200 000疋，汾西产125 900疋，襄陵及临晋各产100 000疋，中阳生产最少，仅500疋，其余各县产量，自千疋以至九万余疋不等。统计全省生产土布各县，产量在十万以上者凡7县；产量在十万疋以下五万疋以上者，凡8县；产量在五万疋以下至一万者，计 18 县；产量在一万疋以下至五千疋者，计 8 县；产量在五千疋以下至一千疋者，计 3 县；产量在千疋以下者，仅 1 县。

晋省生产土布，原则上为自种自纺自织自用，即以自种之棉花，纺成土纱，织成土布，以供自用，故所需原料棉花，鲜有购买者，即有，亦不过极少数。所产土布多供自用，运销县外者甚少，即有销售，亦仅由生产者摆往集场，作零星之交易而已。解县则有以物物交易，俗称"称花换布"，即无妇之男，以棉花向妇女换布，或交妇女代为纺织，棉花十斤，可换土棉布四斤至四斤半，余多之花作为工资。

（三）筹设十二县模范织布工厂

由于外国布匹倾销、机器织布业发展一日千里，山西传统手工织布业面临严峻的生存形势。1926 年，山西"洋布"输入 27 万余疋，粗布输入 123 万余疋，平均每年入超 1600 万元之巨，广大产棉乡村面临经济破产的民生危机。1932 年，山西省成立村政处，先行指定有织布习惯的平遥、祁县、新绛、曲沃、汾城、河津、荣河、猗氏、解县、五台、定襄、忻县等 12 县，在太原召开织布会议，"由县筹设一模范织布工厂，一为乡间调练织工，一而引起人民观感，然后逐渐推及各区村，以期达到民有正业、布不外求之目的"。工厂采用官督商办，由县府筹集资金，招商承包，承包人须拟具输工厂计划方案，呈送县府审核择优委托办理。1933 年，上述 12 县模范织布工厂均先后成立，利用农家妇女、赋闲男子为基本职工，从事织布，"如此轮流传习，而手工织布事业渐可普遍推广"。1936 年村政处结束后，模范织布工厂交由建设厅继续办理，1935 年收入大洋 21.4 万元。1937 年，在国民政府实业部实施的全国传统手工艺振作与改良计划中，山西仅有手工织布业列入全国手工艺特产调查项目。[①]

第十节 曲沃靛蓝提取与染色技艺[②]

一、靛蓝的种植与加工

靛蓝，也叫靛青、水靛、土靛、青黛。曲沃人单称一个"靛"字，是还原染料

---

① 《全国手工艺特产调查》，《实业部月刊》，1937 年第 6 期，253～255 页。
② 本节辑自常志年：《靛蓝的种植与加工，曲沃的洗染业》，见曲沃县政协文史资料委员会：《曲沃文史》第 2 辑，内部发行，73～75 页。

的一种。使用时，先在碱液中经还原作用，变成可溶性的隐色体钠盐，而为纤维素的纤维所吸着，再经氧化，恢复成原来的不溶性染料。所以用靛蓝染成的织物，一般耐洗耐晒，坚牢度较高。

靛蓝在我国应用很早，是由靛蓝植物加工制得的。靛蓝植物有蓼蓝、松蓝之分，广东、广西、福建、河南等地出产颇多，是我国最早的出口货物之一。曲沃种植的是蓼蓝，也称蓼叶，属蓼科，一年生草本植物，叶长椭圆形，秋季开花，花红色，穗状花序，叶可入药，有清热解毒、凉血消肿之效。曲沃县主要用作靛蓝加工。由于蓼蓝喜水肥，主要分布在曲沃县老水地区、象上、下裴庄、东韩村、西韩村，西周、东海都有栽培。抗日战争前夕，全县种植面积480余亩，下裴庄一村达294亩，正常年景每亩可产湿靛蓝300斤以上，全县总产达14万斤。

种植蓼蓝一般在谷雨下秧，芒种移栽，立秋前后收获。收割后全草入池浸泡，发酵12小时，待池中清水变成淡黄色，即捞去蓼蓝残渣，兑入石灰，然后用木制长墩打击、混合、沉淀、干燥后，即成黑蓝色的硬块。

靛蓝加工需要专用的靛池，每14亩蓼蓝建靛池一座。全县共有靛池23座，下裴庄村有14座，其中吕家、常家、王家的三座靛池产量最高。每逢打靛季节，人们互相组合，十户八户为一组，共同配合劳动。因为打靛既费力气，又要技术，所以都集体开灶。每池货要吃白面50斤、猪肉5斤、白酒5斤，加上当初种植一亩半蓼蓝（出一池货）需投工50个，就有了四个"五"。因此，有"一池靛，四个五，汗流满面不觉苦"的民谚。

曲沃生产的靛蓝除供应本地使用外，主要销往河津、稷山、临猗、万荣一带。每斤售价3角左右。靛蓝除印染织物之外，还用于印色，如蓝靛印商标。

靛蓝这种有机染料，在我国历史上曾经是群众生活的主要用品。到19世纪末，德国人用化学方法合成靛蓝成功，名为"士林蓝"、"西洋蓝"，价格昂贵。20世纪初，士林蓝传入曲沃，由于价格下跌，渐渐代替了天然产品，手工提取靛蓝也随之消失。

二、土法染色工艺

曲沃的染色业历史悠久，几乎与纺花织布同时诞生。抗日战争前，曲沃有染坊17家，从业人员100余人，分散在县城、侯马、高显、里村、听城、南西庄、东南张、下裴庄、交里桥等地。其中以下裴庄的天顺合、春茂合、永发福、后泰永，和曲沃县城的瑞民染坊、同泰合染坊规模较大。

瑞记染坊在四牌楼东侧，四合院，有 8 名从业人员，掌柜是李平瑞。生意较为兴隆，有筒锅 5 口、染坊 10 个，还有元宝石一对，枣木轴、底石、刹墩、喷水架、晾晒架、挑布竹竿，工具较为齐全。一天可染布 20 匹以上（图 3-10）。

图 3-10 染坊（John Henry Gray，1878）
资料来源：转引自彭泽益编：《中国近代手工业史资料（1840—1949）》，
第一卷，北京：中华书局，1962 年，图版第 13 页。

曲沃的染色业较为原始，染色多用植物染料。染黑有五倍子、橡壳，染黄有槐米，梁蓝有靛蓝，烟色用爬爬牛，暗红用高粱壳，土黄色用红土。后来逐渐使用了洋颜料，如洋红、洋绿、洋紫、洋蓝和德国青。

土法染色一般要经过五道工序：染底色、染正色、退碱、漂洗晾晒、压伸上光。

除单色印染外，也印花布。印花布的方法有两种：一是用刻花版铺于布面，粘贴豆面花纹图案，晾干染色，再洗去豆面；另一种是用线扎花，结为死疙瘩，染好后再解开疙瘩。这两种方法都采用了染单色留空白的原理，所以花纹全系白色，称为"阴花"。农村使用的桌裙、椅褡、门帘、包袱皮、围裙、头巾、被面、褥面、床单之类，都喜欢这种古香古色的空白图案印花布。

解放战争期间，曲沃的染色业为我军备办军装起过不少作用。1947 年曲沃解放后，贸易公司与曲沃城内的四家染坊订立来料加工合同，为中国人民解放军印染军用土布 1500 余匹。随着现代工业的发展，土法染色与土布纺织一并淡出了现代生活。

第十一节　晋城皮金与飞金制作工艺①

一、金铺业的创始与生产发展

抗日战争前晋城有一种行业叫"金铺"。这种"金铺"既不卖金银首饰，也不卖现成的金银，而是一种加工业。这种"金铺"又分为飞金铺和皮金铺两种：飞金铺专制贴佛飞金，皮金铺专制羊皮真金。按行规，飞金铺不准制皮金，皮金铺不准造飞金，限制很严。后来这条规定被大金铺"三义公"和"三义德"所破坏。该两家原来都是皮金铺，因资本雄厚，1921 年左右都兼营飞金。这些金铺大多开设在晋城南关黄华街一带，因而黄华街又叫皮金街。

飞金铺除晋城之外，临汾、绛县、平遥、太谷、陕西三原一带、甘肃兰州、四川成都、浙江杭州、江苏南京、河南开封与洛阳，以及山东的东昌府（今聊城）等地都有。由于飞金铺分布地区广，所以上党一带、河南北部和河北武安与涉县等地，就是晋城的飞金市场了。

皮金业由晋城专营，销路南至广州，北至呼和浩特，西至陕西，西南至成都，东南至苏杭，以及中原的武汉、河南等地。它的主要庄口有广庄、苏区、川庄、汉庄。

（一）"金铺"的创始

根据老人们的传说，金铺创始远在唐代。唐僧到"西天"（尼泊尔和印度）取经回来，为了将神殿庙宇修饰得更加美丽庄严，就把"西天"的所谓"金銮宝殿"说得如何如何雄伟瑰丽，考虑到佛教在人民中的影响，便号召将神庙佛像装饰得像"天堂"和"天神"一样，同时又将皇帝的宫殿和贵族大臣们的府第都装饰得和庙宇一样，以表示他们的尊严和神一样不可侵犯。当时的劳动人民为了满足这种需要就积极钻研，经过多年的苦心试验，终于制成"飞金"。飞金的特点是金光闪闪，耀眼夺目，不怕烟气，色泽永久不变。在封建皇帝大力提倡修建庙宇和建筑宫殿的情况下，飞金事业就逐渐发展起来了。这种金又轻又薄，少用点儿气一吹，就能飞动起来，故有"飞金"之称。

---

①　本节辑自刘仁慈：《晋城金铺业史料》，见山西省政协文史资料委员会编：《山西文史资料》第 16 辑，太原：山西人民出版社，1981 年，118～130 页。

据晋城西巷前关帝庙内碑记所载，晋城开始有飞金和皮金的手工艺制作是在清康熙年间，距今已有 300 余年的历史。这种手工艺生产原来只在陕西和山东等地流传，那时由于还没有科学化验分析的知识，生产出来的飞金缺少光泽，不能满足人们的爱美愿望。辛勤的劳动人民就到处试验，在一个地方试验失败了就再迁往另一个新地方继续进行试验，直到清初，山东的捶金匠人到晋城安了作坊后，生产出的飞金，金光闪闪，色泽动人，大受消费者的欢迎。制造飞金的工匠们，在利用飞金美化神的同时，进一步想到利用飞金来美化人。于是妇女、儿童的服装首饰，特别是贵族官绅的衣着饰品和家具物什，也用飞金进行点缀美化，这就大大开辟了飞金的用途。工匠们在积累丰富经验的基础上，又创制了皮金。清朝皇帝和各级官员们的袍褂靴帽上绣的龙凤花鸟都是用皮金绣成的。

（二）金铺业的发展

据碑刻记载，清康熙四年（1665），有山东捶金匠 5 人、陕西割切金匠 20 余人来到晋城，集资组织了一座名为"义和永"的皮金铺，这是晋城出现最早的一家金铺。这些工匠们都是劳动人民，虽有熟练的技术，但缺乏足够的资金，基础薄弱，劳动一年，得利仅够维持生活，根本谈不到扩大生产。康熙末年，陕西 3 名商贾看到皮金事业有发展前途，就筹集资金，收留流散工人 16 名，另开"三义功"皮金铺（"三义公"的前身），更以暂时的高额工资拉"义和永"的技术工人，使"义和永"逐步走向垮台。到乾隆年间又开设"兴隆魁"等 3 家，嘉庆年间开设"太吉祥"等 4 家，同治年间开设"天长久"（"天昌久"前身）等 11 家。

《凤台县志·列女》记载，凤台县捶金匠人郭桂寰不幸早逝，妻任氏年仅 26 岁，夫亡子幼，贫苦不能自存。走投无路之时，任氏想到丈夫生前的金行加工手艺，便委托其夫同好为她在金行谋业，获允加工捶金。任氏每日加工所得足够母子生活，凭这份手艺，将诸子抚养成人。任氏 79 岁逝世，凤台县以"幽贞必发"旌表其门。

皮金事业几经发展，1933～1937 年进入最兴盛的时期。当时经营皮金、飞金的共计有"三义公"、"三义德"、"万盛永"、"天虽久"、"三怡成"、"桐茂公"、"三盛成"、"协兴永"等十余家。据调查，在这几年中，每年约销售各种皮金（包括用黄金造的、用银造的和用金银混合造的各种皮金）720 万张；各种飞金（包括用黄金造的各种赤金和用银造的各种银金）4200 万张，可谓盛极一时。

抗日战争爆发后，1938 年日军占领晋城，金铺有的停业，有的迁往乡下进行生产。由于敌伪的搜刮和迫害，各行业大部分被迫停业，金铺也陷入奄奄一息状态。新中国成立后，本地皮金工人自动组织起来，原料自筹自给，为了使用皮子方便，便依托皮毛业进行生产，年产银白皮金 11 万张，销售状况很好。1952 年，皮

毛业改为皮毛生产合作社，1955年皮毛社和皮革生产组合并为皮革生产合作社，1958年又改为晋城县地方国营皮革厂。虽然几经改组，皮金的生产，始终是各组织中的一个重要组成部分。

（三）金铺业的品种用途与操作

皮金与飞金是金铺的两大品种。皮金是把金或银捶成比薄纸还薄的金箔或银箔，再割切为各种规格的长方块，贴在特制的皮上。这皮是将上等绵羊皮去毛后经过加工，揭下表皮制成的。飞金则是把割切成各种规格的长方形金（银）片装在纸里即成。

皮金若用纯金原料制成，分为"净黄"与"条金"两种；若用纯金和纯银合成，叫"双黄金"；若用纯银制成，有"银皮金"和"擦黄皮金"之分。

飞金若用纯金原料制成，名为"赤金"，主要分"斗金"和"三红金"两种；若用纯银制成，名为"银箔"或"银金"，有"连二金"、"连四金"和"火金"等类型。

皮金和飞金的用途很广。皮金用于戏剧中的古装衣服和少数民族的衣衫以及儿童鞋帽上所绣的各种花纹。飞金用于建筑物的装饰和医药用品，如古代的庙宇里的金神像和金字匾额、对联以及商店的金字招牌。人民大会堂山西厅的额字，都是用飞金贴的。此外，飞金还有镇惊的作用，小儿受惊多用赤金作为药品。

在各类皮金中，成色最高的是"净黄"，即所谓羊皮真金。净黄的金与银成分之比是9∶1或17∶3不等。"三义公"的"净黄"成色最高，可能是9∶1。其次是"大黄金"，金与银成分之比是1∶6，金少银多。除"净黄"、"大黄金"、"双黄金"外，其他各种皮全皆为银制，由于行销地区不同，规格尺码也不同，叠折形式不同，因而名称也不相同。

皮金铺的工人，有"楼上的"与"石头上的"分别，"楼上的"又有割切、贴金、压金的区别。他们之间，在人数的配合上也有一定的比例，如"两贴一压"，就是指用两个贴金的与一个压金的。"三义公"经常有割切28～29人，贴金16～17人，压金8～9人。"石头上的"是指捶金匠人，捶上捶的叫"推"，捶下捶的叫"货捶"。他们之间的配合是"一推二货"，即一个"推"要配两个"货捶"。"三义公"经常有两"推"四"货"，共6人。

皮金的制作过程，主要有六道工序，即铸条、开叶、捶金、割切、贴金、压金。

"铸条"是把纯金或纯银放在坩埚里，用风箱吹炉火，等火旺盛后，再把坩埚放在火上，金（银）化成液体后倒入槽内冷却，即成金（银）条。

"开叶"是把铸成的条，由技工用长方形小铁锤捶锻，每一两的条，可开约2

寸正方的金（银）箔 104 片。

"捶金"又叫"上石头"，把开好的叶，每片再剪为 16 方块，装入乌金纸里（这种纸质韧而坚，乌黑发亮，产于南京、杭州等地，每副 2000 多张，捶时只用 1600 多张），放在特制的石头上，由两个或一个捶金匠人，用九斤重的形如僧帽、底面有圆角、有边棱的铁锤锻打。先用小乌金纸，由一人捶，再用大乌金纸，由两人捶，每面约捶 300 多下，翻来覆去，捶十几次而成。

"割切"是把捶成比薄纸还薄的金（银）箔，由割切匠人用光滑的竹片夹的刀，把金（银）箔按飞金或皮金的品种所需的规格，切成长方形小块装在纸里。

飞金只有这四道工序，皮金还需要进行以下两道工序："贴金"是将装在纸里的金（银）箔，贴在绵羊皮去毛经过加工揭下的表皮上面，即成为皮金。"压金"是把贴好金（银）箔的皮金（光泽不十分亮），必须用玛瑙石挨次紧压一遍，即成光亮夺目的皮金了。

皮金的销售市场不仅遍及中国，还远及印度。锤金手工技艺确有惊人之处。笔者认为，锤金技术和物理学的力学、热学很有关联，可以请科学部门对捶金技术展开科学研究工作，以便把捶金技术的实践和科学知识结合起来，从而提高捶金技术。

二、"三义公"与"天长久"

"三义公"是晋城最有声誉的一家金铺。当时"三义公"的皮金，不仅在上党地区和晋中的平遥、介休、榆次一带很有名，就是在广州、成都以及其他地方也都很有名。晋城有句俗语，"三义公的皮金，泰山义的剪"。这是因为"三义公"的皮金在选料、配料、加工、规格和包装等方面的要求，都很严格，所以在当时销路很广。

"三义公"是接收了原"三义功"的残底而改了铺名的。"三义功"是晋城很早的一家金铺，因经营不善而近倒闭时，陕西三原人王树仁、华州人董某及山西祁县人王士奇三人，集资将"三义功"的铺底和招牌收买到手，改为"三义公"继续营业。开始做的皮金，没一定的庄口，哪一路的皮全都做，营业无大起色。那时广州一带畅销的皮金叫"大黄金"，是金银混合制成的。这种产品规格长约 7 寸，宽约 2.5 寸，每万张约需黄金 5.5 两，银 7.5 两，需上等绵羊皮 650 张左右。晋城皮金铺"泰顺兴"独占广州市场。"泰顺兴"衰败时，王树仁的四子王老四和从广东来晋城买货的客人接洽，开始做"大黄金"。"泰顺兴"倒闭后，"三义公"才独占广州一带的市场。王老四精通皮金制作技术，他选料认真，配料准确，尺码严格，加工精细，包装整齐。每一道工序都专派有经验的老工人把关。据"三义公"的老工人说："王老四要求得严，检查得细，规格尺码一分一厘都不能含糊。"因此，"三义公"的皮金在广州一带赢得了很高的声誉。

光绪年间，广州一带每年可以销售"大黄金"30余万张。每万张售银子500两，所需成本最多超不过250两银子。"三义公"平时有工人七八十名，五六天内就可以制作"大黄金"10 000张，全年约可制作30多万张，每年获利银7000两以上。"三义公"的"净黄皮金"也很出名。这种货的成分，纯金占85%，银占15%，长约8寸，宽约4寸，每年门柜上约可销售3万张左右，获利银2500两。

1921年以前，晋城的"天长久"金铺来到广州市场。同时，因军阀混战和其他原因（据说苏州的金铺虽然不会做皮金，却把锤成的金箔，贴在特制的一种竹纸上，裁成一分宽的长条再做成金线，顶替了用皮金做成的金线），皮金的销路逐渐缩小，但价格却逐渐提高。在抗日战争前几年，"三义公"每年还可推销"大黄金"10万张左右，每万张成本约900元，每万张售价为2000～2200元。又每年门柜上可销售"净黄"2万多张，每百张成本10～11元，每百张售价22～25元，每年共计获利1.4万～1.5万元。

"大黄金"与"净黄"都是细货，用的是上等绵羊皮，剩下边上较厚的部分，再加工做成"汉庄"和其他次皮金，每年亦获利不少。"三义公"也兼做飞金。总计"三义公"每年净获利在2万元上下。

王老四把"三义公"经营发达后，提出一部分物资和现款，让他的次子（王惠民的叔父，人称"二哥"）在"三义公"的附近开设"三义成"皮金铺，以做银皮金中的"斗金"为主。"斗金"又名"八大块"，长约5寸，宽比长略短。这种产品行销于成都一带，所以名为"川庄"。平时有工人五六十名，每年可做"斗金"40多万张。

在清光绪年间，"川庄"都是由河南怀庆府（今沁阳县）跑四川的商人来晋城买上货，再转运到成都出售。这些商人获利很大，但在买货时却结价太低。王惠民主持号事时，派闻喜县某人到成都设庄，叫"永义公"，专售"三义成"的货，拨了2000两银子作开庄费用，和河南商人争夺成都的市场，采用降低价格的手段，使河南商人的货卖不出去。河南商人斗不过"永义公"，逐渐没人贩运"斗金"了。就这样三年内"三义成"的"斗金"在当地树立了很高的信用。设庄的掌柜那时年已70多岁，回来后又派晋城人郝立庠去成都继续设庄。郝在成都一住五年，独占了成都一带的市场。王惠民为了酬谢郝的功劳，在"三义成"内，给郝加入了500元的股本，并将"三义成"更名为"三义德"。

"斗金"每万张用银子五六两，用次羊皮600张，连同其他原料，如栀子、五倍子、鱼鳔等，加上工人和业务人员等一切开支在内，每万张成本155～160元。

每万张售价 300～320 元。全年约售 40 多万张，净利在 6000 元以上。"三义德"每年还做"双黄金"15 万张左右。这种产品长约 5.5 寸，宽约 1.6 寸，行销于上海、苏州一带，所以名为"苏庄"。每万张用金一两，银五六两，次羊皮 500 张左右，每万张的成本约在 200 元上下，每万张售价 420～450 元，全年净利在 3000 元以上。再把剩余的皮料加工做成"汉庄"或其他次等皮金，每年又可获利不少。

到清末民初时，"三义公"和各分号的总资本已达白银 18 万两，平时护本银为 3 万两。1912 年前后，因闹家务打官司消耗了一部分，到 1919～1920 年时还达 18 万两。

"三义公"在经营管理上很有一套办法，本号和各分号的经理和一般业务人员以及各种匠人，绝大多数都是由该号培养成长起来的。业务人员从学"相公"（柜上的学徒）开始，直到当了管账或者经理，以至老死，有的一辈子就在该号服务。他们刚到柜上，每年只赚 24 串钱，有时也补贴些鞋袜费，三年后开始增加点工资，最高可赚 120 串。如提拔当了帮账、管账，或者到外地坐庄，慢慢地也可以赚一厘或二厘的人股，再往上提升就是小经理，赚的人股也就更高了。

在结账和分红方面，规定每两年结一次账，分一次红。平时以存原料、存成品为主，但在结账时，金银都按原价打对扣，其他原料是三折二扣，成品也按成本打折扣，平时收买原料和出售货物都以银币计，结账时却以制钱计算。这样，扣来扣去，虽按本六、人四分红，实际利润和盈余的大部分都归了财东，所以"三义公"的家底雄厚，多少年来不管生意好坏，每账都能分红，而且差数亦不大。

自王老四死后，"三义公"当家主事的一直是王惠民。王惠民是王老四的长孙，是王家最有雄心大志的人。那时王家的子弟都染上鸦片烟嗜好，王惠民之弟王亲民吸毒更甚，因此开支浩大，每年所得利润仅勉强维持家用。王惠民深知这样下去将每况愈下，想利用成都"永义公"的名义，在成都大做一番事业。于是 1931 年以后，他以各种方法，陆续把资金集中于成都，据说在 15 万元以上，派心腹伙友晋城人徐某负责经管。不料，1938 年前后，成都的资金被徐某挥霍一空，王惠民因此气死，"三义公"和各分号从此一蹶不振。在 1940 年日军重占县城时，"三义公"仅存的残底搬往东乡赵庄后，内部争夺致使赫赫有名的"三义公"就此垮台。

与"三义公"争夺广州市场的是"天长久"。"天长久"皮金铺由陕西华州人何怀珍的父亲与"三义公"的王老四合股开设，以做"斗金"为主，生意略有发展后，又开始做"双黄金"，随后又做"大黄金"，就和"三义公"争夺起广州的市场了。自民国初年以来，经常有工人 40 余名，每年可做各种皮金 20 多万张，"川庄"、"苏庄"、"广庄"以及"汉庄"都做，也做"净黄"，每年估计约可得利 3000 元。

三、金铺工人的生活和斗争

晋城金铺的匠人，概括之可分为捶金、开叶、飞金和皮金匠人四种。工资都是按件计算，以开叶匠人的工资最高，捶金匠人次之，飞金匠人又次之，皮金匠人工资最低。金铺的伙食，也分柜上饭、楼上饭两种。柜上饭是专供财东、掌柜、业务人员和捶金匠人吃的，饭菜比较好；楼上饭则是给飞金、皮金匠人们吃的，早饭和晚饭都一样，只是午饭稍好些。如"三义公"的皮金匠人，经常是早饭喝小米稀粥，午饭吃小米稠饭（不是干饭），晚上喝和子饭，匠人们把这种饭叫"万年不倒缸"。但每隔五天，午饭发给白面一斤，外加调和钱若干，以示犒劳和改善生活之意。至于开叶匠人的饭食，系由自己在作坊另外开灶起伙。匠人们的生活，只有捶金匠人待遇较高，除吃柜上饭以外，每人每天另外还补贴蒸馍一斤（因捶金匠人多系陕西人，喜欢吃馍）。

捶金匠人干活，一般金铺都是一"推"两"货"，而"三义公"为了提高生产，则是两"推"四"货"，即用两个"推近"与四个"货捶"匠人一块干活。干一件工活可赚工银五钱八分，在分配上，"推"匠赚二钱五分，"货捶"匠赚三钱三分，另可赚白因十二斤半，"推"匠分五斤，"货捶"匠分七斤半。"推"匠一人每天可捶两个活，"货捶"匠一人每天仅能捶一个活，所以配备捶金匠人时，总是一"推"两"货"，才可效率平衡。由于"推"匠的技术性高，劳动强度大，因此收入亦较多。"推"匠一人每年可赚工资 150～180 元，而两个"货捶"匠人的工资，只略等于一个"推"匠的收入。

捶金匠人培养学徒，是先学"货捶"，后学"推"，各学一年半才能出师。学徒待遇是在学"货捶"时，吃饭与捶金匠人一样，另每年由柜上给土布两疋，并供给鞋袜，不赚工资，一年半出师后，须给柜上做义务活 20～30 个，如到了学"推"时，则由柜上每年津贴生活费几十元至百元，但出师后也要给柜上做一定的义务活。那时，捶金匠人多是陕西人，因而学徒也多为陕西人，有些还是陕西财东亲友们的子弟，故在生活上柜上还另有一些照顾。在旧社会，捶金匠人在技术上相当保守，规定不得将技术传授给外省人。

1928 年以前，割切匠人技术最高的每天才能赚银六分五厘，每月约得银洋 3 元。皮金匠人中的贴金匠，每天可赚银八分五厘至九分，折银洋 3～4 元。但每两银子却是按制钱 2700 文折合，每月仅能赚制钱 7000 多文，折合银洋两元多。压金的工资略比贴金的为高，每月能赚制钱 8000 多文，折合银洋也只 3 元。割切与皮金匠人的学徒，每年由柜上给土布两疋，也供给鞋袜。皮金的学徒，大多是些贫苦人家的子弟，经常是跣脚露肉，生活很苦，但也是三年出师，前一年半跟上师傅学习帮工，后一年半还得为柜上帮工。至于飞金与皮金匠人的工资，每月也只能赚 2 元多到 3 元。由此多数工匠的工资都很低，金铺的利润很大，工匠终年辛勤劳动所得，绝大部分都被东家装入腰包。

1937 年，在当地牺盟会的指导与支持下，工人们的觉悟提高了。以工人郭国正、王老二等六七人为领导，联络了许多工人，向全县所有的大小金铺提出在旧标准基础上增加一倍工资的要求。经过工人们的坚决斗争，各金铺都答应了工人们的要求，增加了工资，由原来的 2 元多到 3 元提高为 4～5 元。这是晋城金铺业工人对资方进行斗争的第一次胜利。

抗日战争初期，物价不断上涨，当时皮金和飞金的销路很兴旺，货价亦随着市场物价的上涨而大涨，而工匠们的工资却还不变，以致工人们的生活都很困难。工人郭国正又与王文阁、王双旦等 20 多人，在"天长久"金铺的后面秘密开会，决议向全行业的大小金铺提出在现标准上再增加工资一倍及改善伙食的要求，并采取了白天干活、在夜间进行交涉的办法。其时，晋城金行的老管账是"三义德"皮金铺，新管账是"三怡成"皮金铺。工人代表郭国正等约召新老管账到金行庙开会，当场即提出增加工资、改善伙食的要求，并限期答复。各金铺的负责人和工人代表召开多次协商会议，由于这次行动参加的工人多达 400 余人，大家团结一致，态度坚决，资方不得不接受工人们的要求，工资由每月 4 元多到 5 元提高到 9～10 元，并且取消了柜上、楼上伙食之分。这是晋城金铺业工人取得的又一次胜利。

第四章

传统酿造与药食技艺

在先人须完全仰赖自然天赐的时代，食之品类与用之丰俭取决于一地水土滋养的自然物产。晋地食材资源种类偏少且单一，内难及本地多样的矿产储量，外难及地理与气候条件优越地区多样的物产。缘此而生的晋地民间饮食自古尚俭，恰如晋人自我审视的贴切概括："晋俗勤俭，较之各省，第宅虽壮，饮食极简，家资万金，三餐馔粥。铢积寸累，以维生计，此全省之实情。"①

尽管如此，晋人仍利用有限的食材资源创造出了尽可能多样的饮食品种。面塑、面点、面食类工艺遍及城乡；酒、醋、酱类体现了利用粮食、果物转化的古老的酿造技艺，以汾阳汾酒、太原陈醋为传统名品。明代以来，随着出外晋商与晋人日渐开阔的眼界，自异地输入药材或借鉴异地的药食新法随之而来。晋南有曲沃县乾育昶药店、新绛县药店，太原有大宁堂药店，既炮制独家中药，又兼营药材批发零售。号称"旱码头"的太谷，自明代开始炮制中药"龟龄集"、"定坤丹"，药效显著，至今依然为世人仰赖。五台县东冶镇飞和堂药店利用五台山山珍台蘑炮制的"舒筋散"，治疗手脚麻木、腰腿疼痛、风湿等病症疗效显著。太原清和元"头脑"，又名八珍汤，为同源之药食，民间口口相传出自医道高明的傅山先生的精心调制，至今仍是太原独有的秋冬季药膳养生早点。福同惠南式糕点由苏浙地区传入晋南运城，北京天福号酱肉技艺由几名河北青年带入太原，成就了此后的"六味斋"。平遥牛肉、太谷饼、忻州瓦酥、潞城甩饼、老香村、老鼠窟、双合成等传统食品与字号，以其根植民间的生命力，使晋地的食艺水准与食谱内容在不断丰富的过程中得到提高。

民始于以天为食，继之以食为天，在食的周而复始中，人们重温着传统馔食的

---

① 山西民社编：《太原指南》，北平：民社出版，1936年，2页。

美味，并不断孕育出切合地方品味的食之新法。

第一节　山西早期的酿酒历史

山西是中国古代酿酒业发达的地区之一，具有地方特色的山西酿酒工艺在中国酿造史上创造了非凡的成就，形成以霉菌为中心的酿造体系和以制曲为基础的产业，是世界酿造业与生物工程的重要组成部分。[①]

一、唐代以前的山西酿酒史

根据考古发现，山西境内的酿酒历史可以上溯到新石器时代。1982 年 3～4 月，吉林大学考古系与山西省考古研究所联合对汾阳县杏花村遗址进行考古发掘，所发现的文化层堆积涵盖从仰韶、龙山到夏商时期。[②] 其中前两个阶段属于约 6000 年前的仰韶文化晚期，出土器物除大量的陶质罐、盆、瓶、壶、盖、碗、刀等生活用具外，还出现了小口尖底瓮，外形流线型，小口尖底、鼓腹、短颈、腹侧有短耳、腹部饰线纹。对此，酿酒专家包起安研究指出：“小口尖底瓮实是酿酒发酵容器。‘酒’字是酿酒容器的象征，甲骨文和钟鼎文中的‘酒’，例如：🏺（b21325）、🏺（b21335）字几乎都是小口尖底瓮，乃最早酿酒器的有力证明。古巴比伦舒麦尔酒的象形文字，也是小口尖底瓮形象，真是无独有偶。实际上，这种小口尖底瓮的分布很广，晋西南地区和陕西、河北的仰韶文化遗址均有出土，或双耳，或无双耳。”[③]

从史料记载看，山西酿酒的历史可以上溯到西周以前。《诗经·唐风·山有枢》云：“山有漆，隰有栗，子有酒食，何不日鼓瑟。”西周时，酒已成为山西人民的日常饮用品。《战国策·魏策》说：“昔者帝令仪狄作酒而美，进之禹。禹饮而甘之，遂疏仪狄，绝旨酒，曰：‘后世必有以酒亡国者。’”（仪狄是女性。“仪”古文同“娥”，嫦娥又称“嫦仪”）公元前 21 世纪的夏朝，仪狄发明了酿酒。她是山西境内最早有记载的酿酒名师。

魏晋南北朝时期，山西是酿造中心之一，史籍中记载的名酒桑落酒、汾清、竹

---

① 包启安、周嘉华主编：《中国传统工艺全集——酿造》，河南：大象出版社，2007 年，1 页。
② 陈冰白、卜工、许伟：《山西汾阳孝义两县考古调查和杏花村遗址的发掘》，《文物》，1989 年第 4 期，22～30 页。
③ 包启安：《新石器出土文物与我国酒的起源》，《中国酿造》，1996 年第 1 期，33～40 页。

叶酒诞生于此时。从北魏开始，河东酿酒工艺逐渐成熟，名酒与酿造名师层出不穷。最著名的是刘白堕所酿的桑落酒，又称索郎酒，是史籍记载时代最早的河东美酒。魏晋诗人庾信推崇桑落酒，赋诗曰："愁人坐狭邪，喜得送流霞。跂窗催酒熟，停杯待菊花。"（《卫王赠桑落酒奉答》）"蒲城桑叶落，灞岸菊花秋。愿持河朔饮，分劝东陵侯。"（《就蒲州使君乞酒》）"秋桑几过落，春蚁未曾开。只言千日饮，旧逐中山来。"（《蒲州刺史中山公许乞酒一车未送》）此外，据《魏书·汝南王悦传》记载："及清河王怿为元叉所害，悦了无仇恨之意，乃以桑落酒候伺之，尽其私佞。叉大喜，以悦为侍中太尉。"汝南王悦以美酒换得太尉的官职，可见桑落酒在当时的价值。

北齐和北周的宫廷酒品也产自山西。《北齐书·文襄六王列传》记载："河南康舒王孝瑜，字正德，文襄长子也，初封河南郡公，齐受禅，进爵为王。历位中书令、司州牧。初，孝瑜养于神武宫中，与武成同年相爱。将诛杨愔等，孝瑜预其谋。及武成即位，礼遇特隆。帝在晋阳，手敕之曰：'吾饮汾清二杯，劝汝于邺酌两杯。'其亲爱如此。"[1] 高湛以帝王之尊向高孝瑜推荐"汾清"，足见当时"汾清"酒质之美，被皇家权贵所深爱。《周书·韦夐传》记载，"韦，养高不仕，为世所称"，周明帝赋诗请其出仕，韦答帝诗，愿时朝谒。帝大悦，"敕有司日给河东酒一斗，号之曰逍遥公"[2]。这里的河东酒指山西所产美酒，包括桑落酒、汾清和竹叶酒。

善酿桑落酒的酒师刘白堕也多见诸记载。郦道元《水经注·河水》"蒲州"域记载："河东郡多流徙，谓之徙民……民有姓刘名堕者，宿擅工酿，采挹河流，酝成芳酎，悬食同枯枝之年，排于桑落之辰，故酒得其名矣。然香醑之色清白若涤浆焉，别调氛氲，不与它同，兰薰麝越，自成馨逸。方士之贡选，最佳酎矣。"[3] 也就是说，这种酒的酿造创始人叫刘白堕，北魏时河东人，一直以酿酒为生，有很高的酿酒技术。杨炫之在《洛阳伽蓝记》中记载：在洛阳城西，"市西有退酤、治觞二里。里内之人多酿酒为业。河东人刘白堕善能酿酒。季夏六月，时暑赫晞，以罂贮酒，暴于日中，经一旬，其酒不动，饮之香美而醉，经月不醒。京师朝贵多出郡登藩，远相饷馈，踰于千里，以其远至，号曰'鹤觞'。亦名'骑驴酒'。永熙年中，南青州刺史毛鸿宾带酒之藩，逢路贼，盗饮之即醉，皆被擒获，因复命'擒奸酒'。游侠语曰：'不畏张弓拔刀，唯畏白堕春醪'。"[4] 可见，刘白堕酿造的美酒，用坛子盛酒在太阳下曝晒，经过十天，然后收藏，酒味仍然不变，并可远运千里不坏。同

① （唐）李百药：《北齐书》，卷十一补，列传第三，北京：中华书局，1972年，143～144页。
② （唐）令狐德棻：《周书》，卷三十一，列传第二十三，北京：中华书局，1971年，545页。
③ 谢鸿喜：《〈水经注〉山西资料辑释》，太原：山西人民出版社，1990年，22页。
④ 范祥雍校注：《洛阳伽蓝记校注》，上海：上海古籍出版社，1978年，203～204页。

时，他的酿法奇特，酒酿成之后，酒量也不减少。"饮之香美，醉而经月不醒。"又称"白堕春醪"。北朝时期都是米酒，采用复式发酵法，用酒曲酿制。由于米酒所含酒精度稍低，多不易保存。刘白堕以其独特精湛的酿造技术，解决了米酒酸败的难题，使酒质长期稳定，能够携带远行。而且酒精含量提高，人们少饮辄醉，这不但是米酒能够长期保存的重要原因，也反映了山西酿酒技术的成熟。

北魏时期，山西酿酒工艺的成熟还表现在制曲和造酒技术的完备上。制曲是酿酒工艺的第一步，也是关系到酒质优劣的关键工序，山西酒工熟练此道。贾思勰所著《齐民要术》卷七记载了多种制酒曲之法，两次讲到"河东神曲方"，即山西制曲酿酒之法：

> 七月初治麦，七日作曲。七日未得作者，七月二十日前亦得。麦一石者，六斗炒，三斗蒸，一斗生；细磨之。桑叶五分，苍耳一分，艾一分，茱萸一分——若无茱萸，野蓼亦得用——合煮取汁，令如酒色，滤去滓，待冷，以和曲。勿令太泽。捣千杵，饼如凡曲，方范作之。[①]

由此可见，山西酒的品质以酒曲的精良为保证，治曲之后方可造酒。《齐民要术》卷七记载了桑落酒酿造工艺：

> 曲作桑落酒法：曲末一斗，熟米二斗。其米令精细，净淘，水清为度。用熟水一斗。限三酘便止。渍曲，候曲向发使酘，不得失时。勿令小儿人狗食黍。
>
> 笨曲桑落酒法：预前净划曲，细剉，曝干。作酿池，以薰茹瓮。不茹瓮，则酒甜；用穰，则太热。黍米，淘须极净。以九月九日日未出前，收水九斗，浸曲九斗。当日，即炊米九斗为馈。下馈著空瓮中，以釜内炊汤，及热沃之，令馈上游水深一寸余便止，以盆合头。良久，水尽馈熟，极软。泻著席上，摊之令冷。把取曲汁，于瓮中搦黍令破，泻瓮中，复以酒把搅之。每酘皆然。两重布盖瓮口。七日一酘，每酘皆用米九斗。随瓮大小，以满为限。假令六酘，半前三酘，皆用沃馈；半后三酘，作再馏黍。其七酘者，四炊沃馈，三炊黍饭。瓮满，好，熟，然后押出。香美势力，倍胜常酒。[②]

桑落酒的独到之处在于"馈"和"酘"。馈即蒸熟或蒸熟的饭，用作酿酒原料。酘即投料，是将煮热或蒸熟的饭粒投入曲液中发酵。多次投料，意在不断增强曲液的发酵力。图 4-1 为汾清酒酿制工艺流程图。

---

①② （北魏）贾思勰：《齐民要术（饮食部分）》，石声汉释，北京：中国商业出版社，1984 年，22，41～42 页。

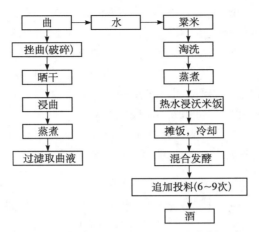

图 4-1　汾清酒酿制工艺流程图（《齐民要术》）

二、唐代山西酿酒技艺

中国酿酒主要是以曲酿制谷物酒，酿造必先制曲。制曲是使霉菌繁殖于谷物上，使其具备该霉菌所生成的强大酶系和代谢产物的过程。制曲用料除淀粉外，还必需适量的蛋白质和霉菌增殖所需的无机成分和生物素；作为酿酒用原料不仅要求淀粉含量高，而且最好是支链淀粉组成高的米，而具备这种结构的淀粉一般性黏，如糯米、黍（黏黄米）等。[①] 唐代山西这些农作物都有生产。唐代的气候、水利、人口农业政策以及唐政府设置在河东道内的两大粮仓，都保证了唐代制酒所需的原料。

唐代河东地区葡萄的大量种植为酿造葡萄酒提供了充足的原料。并州晋阳、蒲州宝鼎（汾阴）、汾州都盛产葡萄。并州是葡萄酒产地，出产当时闻名的乾和葡萄酒。[②] 太原地区还可能用野生的葡萄——要蘡薁作为葡萄酒原料。

唐代的酿酒政策、社会对酒的需求，以及便利的交通与中外交流，为唐代山西酿酒技术的发展提供了便利条件。

（1）唐代宽松的酿酒政策。唐代的酿酒主要集中于官营酒业、民营酒业和家庭自酿三类体系中。唐代只有建中三年到贞元二年期间（782～786 年），官营酒业垄断全国，其余时间，官营酒业一直弱于民营酒业。[③] 唐代俗称的酒肆、酒家、酒舍、

---

① 包启安、周嘉华主编：《中国传统工艺全集——酿造》，郑州：大象出版社，2007 年，87 页。
② （唐）李肇：《唐国史补》（外一种），上海：古典文学出版社，1957 年。
③ 王赛时：《唐代酿酒业初探》，《中国史研究》，1995 年第 1 期，21～32 页。

旗亭都属于民营酒业。就现存史籍来看，唐初至代宗以前，没有征收酒税的记载，即《新唐书·食货志四》所谓的"唐初无酒禁"。正是朝廷对民营酒业采取宽疏政策，河东地区的酿酒业得到充分发展。晋南乡村有农闲酿酒的习惯，唐代河东道人口集中在晋南、蒲州、汾州、晋州、绛州、太原、潞州。[①] 这是唐代河东农业最发达的地区，也是酿酒业发达的地区。仅在汾州杏花村，酿酒的小作坊随处可见，据称有 72 家之多。

唐中后期实行榷酒，河东道酿酒业不可避免地受到影响，民间私酿所受冲击很大。由于河东酒品种繁多，工艺独特，地方官府并未完全管制，而是实行榷曲为主的政策，从而为河东酒业留有一些自由空间。在管理过程中，地方官府相对较宽松，民间的酿制和买卖并未受到完全限制。

（2）社会对酒的需求。唐代对酒的社会需求主要来自宫廷、诗人文士、百姓养生以及节令饮酒等习俗。唐代高度发达的文化事业与酿酒业和饮酒习俗相结合，创造了绚丽多彩的唐代文化。唐代文人学士最大的雅兴可能就是饮酒赋诗了。郭沫若曾对李白和杜甫的酒诗作过统计，杜甫现存诗文 1400 多首，说到饮酒的有 300 首，占 21%；李白现存诗文 1500 首，说到饮酒的有 170 首，占 16%。河东文人王绩为喝到唐代著名酿酒工匠太乐府吏焦革酿的美酒，请求吏部将其调到太乐府任职。

唐代对道家的推崇，使唐人追求养生之道，促进了酒的发展。河东著名的调制酒——竹叶酒，兼有药酒治病祛疾的功用。据《本草纲目·谷部》记载："竹叶酒，治诸风热病。"这就迎合了唐人对养生之道的追求。此外，唐人在端午节、重阳节、春节等节日的饮酒习俗也促进了河东地区酿酒业的发展，围绕酒还出现了一系列的文化娱乐活动，如咏诗、酒令、樗蒲、香球、投壶、歌舞、醮甲等，汇成熏染一带的饮酒风俗。唐代中外文化的广泛交流，使西域先进的酿酒技术和优质酒品传至内地，促进了唐代酿酒技术，尤其是葡萄酒酿造技术的发展。

三、唐代的山西名酒

唐人李肇在《唐国史补》中记录了多种唐代名酒："酒则有郢州之富水，乌程之若下，荥阳之土窟春，富平之石冻春，剑南之烧春，河东之乾和蒲萄，岭南之灵溪、博罗、宜城之九酝，浔阳之湓水，京城之西市腔、虾蟆陵郎官清、阿婆清。又有三勒浆类酒，法出波斯。三勒者谓庵摩勒、毗梨勒、诃梨勒。"这里提到了河东乾和葡萄酒。此外，桑落酒、汾清、竹叶酒在唐代河东也广受欢迎。

---

①　山西省史志研究院编：《山西通史》，第 3 卷，太原：山西人民出版社，2001 年。

（一）桑落酒

桑落酒是北魏末年河东酿酒良匠刘白堕，采用桑落泉[①]水酿制而成的。隋、唐、五代、宋、元、明等各个朝代都很重视蒲坂桑落酒的酿造，它也深受士大夫阶层和皇室的喜爱。唐代桑落酒的主要产地是蒲州和平阳。但以蒲州的桑落酒更为出名，唐代在蒲州设有"芳酿监"专司烧制，这时的桑落酒已成为珍品，被皇室用来祭祀和赏赐大臣。《旧唐书·职官志三》记载桑落酒用作祭祀的情况："良酝署……令掌供奉邦国祭祀五齐三酒置事。丞为之贰。郊祀之日，帅其所属以实尊罍。若享太庙，供其郁鬯之酒，以实六彝。若应进，则供春暴、秋清、酴醿、桑落等酒。"桑落酒在唐代还被用来赏赐安禄山、郭子仪这样的重臣，《酉阳杂俎》卷一记载："安禄山恩宠莫比，赐赉无数，其所赐品目有：桑落酒、清酒……"《类要·郭子仪传》记载："大历八年春正月晦日，赐郭子仪桑落酒火灸酒八瓮。"由此可见，唐代桑落酒品质之高。

此外，唐代对桑落酒的赞誉在唐诗中也多有体现："桑落气熏珠翠暖，拓枝声引莞弦高。"（白居易）"柳枝谩踏试双袖，桑落初香尝一杯。"（白居易）"坐开桑落酒，来把菊花枝。"（杜甫）"感多聊自遣，桑落且闲斟。"（韦庄）"不醉郎中桑落酒，教人无奈别离何。"（张渭）"木奴向熟悬金实，桑落新开泻玉缸。"（钱起）"白社风霜惊暮年，铜瓶桑落慰秋天。"（刘商）"不知桑落酒，今岁与谁倾。"（刘禹锡）

宋代，桑落酒被列入御酒。南宋文学家朱弁在《曲洧旧闻》中记述："内中供御酒，盖用蒲州酒法也。太祖微时至蒲，饮其酒而甘，喜之。即位后，令蒲州进酿酒方，至今不改。"明代，桑落酒广为流传，隆庆年间，冯时化将其录于《酒史》："桑落酒，河中桑落坊有井，每至桑落时，取其寒暄所得，以井水酿酒甚佳。庾信诗曰：蒲城桑落酒是也。"

自北魏声名鹊起的桑落酒，千余年间盛行不衰。隋朝在蒲州设酒官，唐朝在这里设芳酿监专司烧制，宋代作为皇家御贡。可是到了清初，桑落酒在蒲州消失了。蒲州盛产柿子，当地人民也酿制柿子酒，清朝统治者重税征课，多种酒税使农民不堪重负，引发了蒲州一带的"抗酒税"运动。也有桑落泉干涸，桑落酒即不复酿造之说。

直至1979年底，通过查证《齐民要术》、《酒小史》等历代酿酒文献，补充了散落民间的桑落酒酿造配方，还在位于蒲州城西南四里许的中条山脚下的巨石庙

[①] 桑落泉，在山西永济市西南10公里处，北魏时所产桑落酒即取用此水。《水经注》、《齐民要术》、《曲洧旧闻》等书对此均有记载，可谓久盛不衰。宋后枯没。乾隆《蒲州府志》山川："桑落泉在郡城外东五里土龟原后土祠下，旧以北魏刘白堕桑落酒得名。"见刘纬毅编：《山西历史地名辞典》，太原：山西古籍出版社，2004年，214页。

旁，找到《蒲州府志》记载的"桑落坊"故地，这里的井水甘洌纯净。1980年初，永济县建厂试制，以大麦、豌豆、绿豆为原料制曲，酿造出甘醇芳香的新酒，桑落酒重获新生，1981年春节，在北京首次批量出售。它因具有莹澈透明、甘爽醇香、回味悠长、驱寒蓄热、去风明目、顺气活血的特点，深受欢迎，并于1983年参加全国第四届评酒大赛，获银杯奖。[①]

（二）汾清

北齐时期"汾清"酒就因酒质醇美，被皇室用来赏赐宠臣的美酒。唐代的"汾清"属于谷物发酵酒，即米酒。"汾"表明其产地汾州，"清"表明酒液清沥，足见河东地区酿酒技艺的高超。唐代米酒按期清浊程度，分为浊酒、清酒两种类型，清酒称为"圣人"，浊酒称为"贤人"。[②] 比较而言，浊酒的酿造时间短，成熟期快，酒度偏低，甜度偏高，酒液比较浑浊，米渍往往漂在酒面上，如同浮蚁，故唐人咏及浊酒，多以"蚁"字来形容，其整体酿造工艺较为简单。

清酒的酿造时间较长，酒度偏高，甜度稍低，酒液相对清澈，其整体酿造工艺较为复杂。所以"清"就成了唐人判别酒质的一个重要标准，酒清者自然为上品。韩愈诗云："芳茶出蜀门，好酒浓且清。"

唐代汾清酒质量的提高，主要得益于以下几条经验：一是制曲以小麦为原料，质量提高。贾思勰在《齐民要术》中将此称为"河东神曲"，赞叹为"此曲一斗杀粱米三石，笨曲杀粱米六斗，省费玄绝如此"。"杀粱米"意指对去壳高粱米的糖化发酵能力。据现代化学分析，河东神曲所含根霉菌和酵母菌比笨曲丰富得多，糖化发酵能力相当于笨曲的5倍。当时，用曲时还用浸曲法，提高了发酵速度。二是酿酒原料由粟改为高粱，高粱的淀粉含量高，而且几乎都是支链淀粉，子粒结构疏松，很适合糖化霉菌生成，而且蒸粮用的甑由陶质改为铁质，提高了蒸煮速度和质量。三是汾清酿造时加水量很少，加曲量较多，而且是在泥封的陶瓮中密封发酵，有利于酒精发酵，因而酒度大为提高，醇香无比。按照上述方法酿造的酒："一石米，不过一斗糟……能饮好酒一斗者，惟禁得半升，饮三升大醉。三升不浇，大醉必死。"这种酒及其工艺与蒸馏酒已比较接近。四是将原来的浊酒滤为清酒，色近于水，酒色纯正，甚感可口。五是酿酒所用的"神井"之水，清澈透明，清洌甘爽，煮沸不溢，盛器不锈，洗涤绵软。清末举人申季壮曾撰文赞美这口井的水"其味如醴，河东桑落不足比其甘馨，禄裕梨春不足其清洌"。现代科学终于揭开了"神井"水的奥秘：杏花村一带的地下水资源丰富，水质优良，其含水层为第四系

---

① 尹泽梅：《蒲州桑落酒业》，见阎爱英主编：《晋商史料全览·运城卷》，太原：山西人民出版社，2006年，190～191页。

② 《太平御览》卷八四四，引《魏书》云："太祖时禁酒，以白酒为贤人，清酒为圣人。"

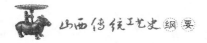

松散岩类空隙水，地层中锶、碘、锌、钙、钼、镁、铁等元素含量高，对人体有良好的医疗保健作用。

（三）竹叶酒

在汾清成名的同时，竹叶酒也同样赢得盛誉。唐代是竹叶酒的繁荣时期，主要产地在河东汾州。它是汾清的再制品。以汾清为基酒，蘸以竹叶等中草药，酒色黄绿，口感甜爽细腻。武则天有称赞竹叶酒的诗句："酒中浮竹叶，杯上写芙蓉。"任华在《怀素上人草书歌》诗中表达了怀素对竹叶酒的喜爱之情："吾尝好奇，古来草圣无不知。……骏马迎来坐堂中，金盆盛酒竹叶香。十杯五杯不解意，百杯已后始癫狂。"

（四）葡萄酒

葡萄在秦朝引进内地，葡萄酒的酿造方法在东汉末年也引进内地。[1] 但是，由于葡萄生产的季节性以及葡萄栽培技术的限制，葡萄酒的酿造技术一直未在中原大面积推广，直到唐代葡萄种植、葡萄酒酿制技术才有了突破性发展。

唐代酿造的果酒以葡萄酒为主。唐代葡萄酒的主要产地集中在西域、长安和并州，就中原地区而言，河东地区生产的葡萄酒甚至比长安还有名。[2] 唐人李肇在《唐国史补》中就记载了唐时的名酒——河东乾和葡萄酒。《新唐书·地理志》在"太原郡"下记载，太原地区的葡萄酒同西州的一样，也是朝廷贡品。唐代中原自产葡萄酒后，饮葡萄酒的人也就越来越多，河东葡萄酒也得到诗人广泛赞誉。如白居易《寄献北都留守裴令公》诗云："羌管吹杨柳，燕姬酌蒲萄。"自注："葡萄酒出太原。"[3] 刘禹锡《蒲桃歌》诗云："野田生葡萄，才绕一枝高……有客汾阴至，临堂睇双目。自言我晋人，种此如种玉。酿之成美酒，令人饮不足。"此诗说明不仅并州酿制葡萄酒，蒲州、绛州等地都产葡萄酒。

四、唐代山西的酿酒技艺

王赛时在《唐代酿酒业初探中》将唐代酿酒工序总结如下：①制曲；②投料；③发酵；④取酒；⑤加热处理。唐代河东道出现的"干和"酿酒法其流程也如此，这种流程奠定了中国古代酿酒工艺的基本流程，以后历代在此基础上进行改进。

---

① 胡澍：《葡萄引种内地时间考》，《新疆社会科学》，1986 年第 5 期，101～104 页。

② 陈习刚：《中国古代葡萄、葡萄酒及葡萄文化经西域的传播（一）——两宋以前葡萄和葡萄酒产地》，《新疆师范大学学报》，2006 年第 9 期，5～10 页。

③ 权德舆：《六府诗》，见《全唐诗》卷三二七第 28 首。

唐代山西形成较为齐全的酒品种类。按照现代酒类的分类标准，分为蒸馏酒、黄酒、配制酒、果酒。唐代山西酒品已经具备了除蒸馏酒之外的三类，即黄酒、配制酒和果酒。

黄酒是谷物发酵酒，以桑落酒、汾清为代表。唐代，桑落酒的酿制方法被引入宫廷，以制作御用美酒，桑落酒用来祭祀和赏赐大臣。这时的谷物发酵酒主要分为浊酒、清酒两类。浊酒的工艺较为简单，一般人均能掌握。因此唐诗说到："乡里儿，醉还饱，浊醪初熟劝翁媪。"（李绅）"床头浊酒时时漉，上客相过一任留。"（牟融）

配制酒以竹叶酒为代表，多以米酒为基酒，掺入动植物药材或香料，采用浸泡、掺兑、蒸煮等方法加工而成。也有的在米酒酿制过程中，事先在酒曲或酒料中加入药材香料，发酵成酒后形成特制酒。唐代流行的配制酒主要有药酒、节令酒、香料酒和松醪酒。其中以药酒为主，是保健和宴宾的日常饮品。

果酒主要是葡萄酒。葡萄酒酿造方法在东汉末年引进中原，但是在中原地区很少见到葡萄酒的酿造，故有"蒲（葡）萄酒西域有之，前代或有贡献，人皆不识"之说。[①] 化学家袁翰青也指出："我国在汉朝已开始栽培葡萄，可是大概由于下列原因，当时虽知葡萄能酿酒，而并未在国内酿造，一则葡萄也许还没有大量种植，只能供水果食用，不够作为造酒的原料。还有一层我国最富有经验的麦曲酿酒，对于葡萄是不适用的，既有了各种各样的麦曲造酒，也就不注意利用葡萄酿酒了。"

唐太宗攻破高昌以后，葡萄酒的酿造技术进入新的发展期。《太平御览》果木部之葡萄记载："及破高昌，取马乳蒲萄实于苑中种之，并得其酒法。太宗自损益，造酒为。凡有八色，芳辛酷烈，味兼醍益。既颁赐群臣，京师始识其味。"[②] 此后，葡萄酒开始在内地出现，为唐代酒类增添了新的品种，河东地区也逐渐成为唐代葡萄酒的主要产地。

唐代中原地区主要存在两类葡萄酒酿造法：自然发酵酿酒法和加曲酿酒法。葡萄自然发酵酿酒法可分两种：一是分离发酵法，葡萄破碎后，及时使果皮、果渣与果汁分离，用果汁发酵，生产出白葡萄酒；一是混合发酵法，即保留果皮、果渣与果汁一起发酵，酿出的为红葡萄酒。加曲酿造法也有两种，一是按照传统添加曲技术酿造葡萄酒；二是使粮食和葡萄（或葡萄干、末）加曲混酿，这是一种继承曲蘖而来的葡萄酒传统酿造技术，可以说是谷物酿造与葡萄酒酿造法的结合，或者说是迈向葡萄加曲酿造阶段的过渡方法。[②]《续博物志》卷五引唐代医药学家孟诜（621—713）云："葡萄不问土地，但收之酿酒，皆得美好"[③]，说明自然发酵法对唐

① （宋）李昉：《太平御览》，卷九七二，第四册，北京，中华书局，1960年，4308页。
② 万国光：《中国的酒》，北京：人民出版社，1986年。
③ （宋）李石：《续博物志》，北京：中华书局，1985年，67页。

人来说如同浊酒酿造，是比较易行的酿造方法。

唐代河东道不仅酿酒种类齐全，而且作为唐代酿酒中心，其酿酒技术对于后世有着深远的影响。首先是黄酒酿造技术对后世的影响。宋灭北汉，北宋王朝从山西境内引进黄酒和配制酒的酿造方法，宋室宫廷的御酒，就采用蒲州酒法制成。北宋朱翌（1097—1167）撰《曲洧旧闻》卷一记载："内中酒，盖用蒲中酒法也。太祖微时喜饮之。即位后，令蒲中进其方，至今用而不改。"明代史玄记《旧京遗事》云："宋内库酒法，自柴世宗破河中，李守贞得匠人，至汴苑，循用其法。"[①] 其次是葡萄酒的酿造技术对后世的影响。宋代河东酿制葡萄酒的技术移入京师开封，以充实都城的酿酒业。曾任南宋枢密院编修官的吴坰撰《五总志》记载："葡萄酒自古称奇，本朝平河东，其酿法始入中都。余昔在太原，常饮此酝。"[②] 及至元代，南到安邑，北到代州，河东境内都有优质的葡萄酒，马可·波罗描述太原府"其地种植不少最美之葡萄园，酿葡萄酒甚饶"[③]。唐代河东地区形成地域特色鲜明的酿酒技术与酒品，蒲州是谷物发酵酒——桑落酒的主要产地，汾州是谷物发酵酒——汾清和配制酒——竹叶酒的主要产地，并州是果酒——乾和葡萄酒的主要产地，唐代河东地区的酿酒技术对后世产生了深远的影响。

其中以汾酒为山西省特产之最，汾酒又名"老白汾"，是清香型大曲酒的典范。品质纯粹，香味郁馥。尽管酒精含量偏高，但是与其他高度酒相比，汾酒质感绵和不甚伤人，属"难醉易醒"的佳酿。1915年，"巴拿马太平洋万国博览会"在美国旧金山开幕，以山西省官方名义选送的"山西高粱汾酒"与31个国家的参展品（中国参展产品10万余种，约占本次博览会展品之半）同台竞技。汾酒作为中国参展白酒中的唯一独立品牌，荣获最高奖——"一等奖之甲等大奖章"。[④] 山西省授予汾酒"味重西凉"的匾额以示嘉奖。从此，汾酒走出国门，享誉世界，成为中国清香型白酒的经典。从山西省名酒六曲香、梨花春，到中国名酒茅台、泸州大曲、西凤酒、双沟大曲等，都从汾酒的酿造技艺中求得借鉴。在1952年全国评酒会上，汾酒首次入选中国"八大名酒"。

2006年，杏花村汾酒酿制技艺，入选第一批国家级非物质文化遗产名录（编号409Ⅷ—59），代表性传承人郭双威（山西杏花村汾酒集团有限公司）。

汾阳杏花村已发现距今6000多年前的仰韶文化遗址，为追溯当地酿酒活动的

---

① （明）史玄：《旧京遗事》，北京：中华书局，1983年，26页。

② （宋）吴坰：《五总志》，北京：中华书局，1985年，13页。

③ 〔意〕马可·波罗：《马可·波罗行纪》，第2卷第106章太原府国，上海：上海书店出版社，2001年，262页。

④ "纪念巴拿马运河开通万国博览会"共设六等奖项：一等奖，（甲）大奖章；二等奖，（乙）名誉奖章；三等奖，（丙）奖词（无奖牌）；四等奖，（丁）金牌奖章；五等奖，（戊）银牌奖章；六等奖，（己）铜牌奖章。见李秋喜：《汾酒荣获巴拿马甲等大奖章纪念大会上讲话》，《新民晚报》，2010年7月22日。

出现提供了实物见证。汾阳至今仍保存着明清时期的酿酒作坊、古井、石碑、牌匾、老街等遗迹，汾酒博物馆不断丰富着收藏，传统技艺的历史延续性，成为保护汾酒传统酿制技艺的文脉。目前，汾酒手工作坊式的传统酿造工艺的传承，面临大规模工业化生产带来的巨大挑战，汾阳还存在水源紧张、大气污染、优质高粱等酿酒原料短缺问题，一定程度上制约着汾酒传统酿造技艺精髓的传承。[①]

第二节　汾酒酿造技艺[②]

(一) 引言

汾酒为烧酒之别名，因产自山西汾阳，故名汾酒。汾阳在太原西南约二百余里，为前清汾州府治，农产丰富，商业亦盛；全县烧锅前清时有二百余家，现因税重，只存十九家耳。汾阳出酒之佳者，首推杏花村。该村为尽善村之一部分，在汾阳县城东北约二三十里。闻曩昔为一桃杏园，故得此名。现在该村酿酒者有二家（从前二十七家），一名德厚成，一名义泉泳。后者即名闻天下之汾阳杏花村申明亭义泉泳也。相传出酒之古仙井即在此家，近年在中外展览会得奖之汾酒，亦系该厂出品，彼有资本数万元，酿造厂二处，太原有总发行所，名晋裕公司，专备向外推销。但税务过重，运输不便，以致闻名中外之汾酒，不能畅销，殊堪痛惜。

余为调查汾酒酿造法事，于冬月初旬，亲至汾阳杏花村实地考查。在义泉泳居住二日，蒙该厂总经理杨子九老先生引导参观，指示讲解，铭感无极，并赠烧酒、井水、酒秕、曲等样品试料，更为感激。杨老先生十四岁进烧锅，今年高寿七十六岁，而犹总理厂务，精神矍铄，态度和蔼，以六十余年之经验，话美酒酿造之秘诀。虽相谈二日之久，犹恨时间过短，不能闻先生经验之万一也。兹将其酿造秘诀纲要列下，以备同好之研究：

(1) 人必得其精

(2) 水必得其甘

(3) 曲必得其时（三、七、八月间最宜）

(4) 高粱必得其实

(5) 器具必得其洁

(6) 缸必得其湿（上阳，下阴）

① 中国非物质文化遗产网，http://www.ihchina.cn/inc/guojiaminglunry.jsp? gjml_id=409。

② 本节辑自方心芳：《汾酒酿造情形报告》，天津：黄海化学工业研究社印行，1934年，1～14页。

（7）火必得其缓（文武火：蒸穆宜火大，出酒宜火小）

余临归时求先生校阅调查报告，彼即慨允，既指示于前，复校对于后，其对于技术公开、学术热心，可想而知。此篇之成，先生之力也。特此声明，藉表谢忱。

（二）曲

汾酒皆用大麦曲，或自己制造，或购自他县。查山西酒曲名产地为晋祠镇、徐沟县、文水县等地。原料皆用大麦莞豆或小豆。大麦之选择当以粒子充实，且芒少者为佳。莞豆有灰绿二种，绿莞豆在芒种前后成熟，制曲多利用之；若莞豆价昂，可用小豆代替。莞豆与大麦之比例为三七，即莞豆三成大麦七成也，亦有用二八比者。

曲之制法，大致与唐山、东三省等地者相同。法将原料用骡挽石磨磨碎二遍，大者如小米，泰半为细粉，不可太粗，因粗则曲子上火高而易干，然过细水分不散，曲子易腐，亦非相宜。加适量之水于原料中，糅和均匀后，掷入木模内（模约内长八寸半，宽五寸半，高二寸）。经过四十人（亦有二十余人者）之踏踹，出模运入曲室，门窗全闭，待生"糜子"。翌日曲皮上先现小白斑点，点渐增大，至将近接住时，开窗放冷。开窗之多少与方向，当视天时风向而定，开背风之窗，使热气徐徐散去为其要领。因通风过猛，曲必生病，如出汗之人遇风即伤风是也。以后每日翻转一次，使曲子上下左右调动，且同时增宽曲间距离，以便水气之发散，一月后水尽曲成。

每块曲重二斤二两至二斤十两不等，生原料重量与熟原料重量与熟曲之比约为十分之七。

最好之曲为清渣曲，继横断面全呈白色，此曲制造经过温度均匀，上火缓和，无恶菌繁殖机会。"一条线"曲，为曲之横断面，中心呈一金红线，品质中等。"单耳"曲乃翻曲者懒怠，翻转过少，移动不均，至曲子左右上火不同。"双耳"与"金圈"曲，皆为上火较高之征，曲皆中用。曲子表面生黄黑毛者，为潮湿过大，干皮者系空气过干，均不相宜；而后者曲皮特厚，尤为下劣。至于最劣之曲，则为上火过高，曲子被烧而褐化，或水分不散而心腐，干后呈灰褐色，此等曲子绝不能用，因其出酒既少，且与酒及酒糟以恶味，不能出售。

闻曲师夫工资颇高，每看曲三千块得洋十元，且吃食招待，烧锅无不尽力为之，因曲子本钱既贵，与出酒关系亦大也。有好曲师者，能依主人之要求，而看成一定之曲子，其技术之精，闻之叹服。

（三）水

日谚云"水为酒之血"，水于酿造之重要，由此可知矣。汾酒之所以著名，水似有大关系。相传明朝时（有谓唐朝者），冀宁区域瘟疫大作，死人盈野，惨动天地。吕仙纯阳下凡拯救，现一老人至杏花村向一酒店沽酒，饮迄出酒于院内井中，吐后飘然而去，井水遂为旨酒。汲而饮之，免疫除病，汾阳子民得免于死。然瘟疫过去，井水复原，但甘甜异常，至今优良。并闻当时被救之人因感其恩，曾立石碑于井傍，以志纪念，然年湮代远，今已不知碑之所在。现在义泉沪烧锅边门内之井，即该仙井云。

以上为水之迷信妄谈，该井水究竟如何须待考查。余带有样品，分析后当能决定。

（四）高粱与曲之破碎

据云圆叶作物实有油，扁叶作物子有粉，前者可制曲，后者宜酿酒。义泉泳曾试用各种粮食酿酒，如大麦、小麦、大米、小米、豆子、玉米等等，结果出酒最多且合经济条件者，首推小麦，但小麦黏性过大，难以处理，故今仍用高粱。

晋省产高粱甚多，植地与产量皆占该省主要作物之第三位，年约十万斤，故其价值甚低，百斤高粱仅值洋一元，而犹送至烧锅请求购买，生产过剩，可想而知矣。

冀宁高粱分为五种，义泉泳所用者为"一把抓"高粱，色红黄，粒扁圆，剖面呈汾状，带壳者甚少。闻此种高粱酿造顺利，出酒较多，故他种高粱虽贱，置之不用。

烧锅买就之高粱，或堆于普通室内，或用苇席圈屯于天井，以待应用。一般烧锅多有石磨三盘，一磨曲子，二碎高粱。磨由骡子挽拉，形式与东三省之天秤磨相似。

高粱之破碎，义泉泳颇为注意，因粉面性黏，元粒或大块发酵不透，皆不适宜，高粱务须破为四瓣，大小方为合适。余见其糁子实无元粒及多量之粉，较他处烧锅细致多矣。

曲子破碎系先用铁锤将曲擂成如鸡蛋大小之块，再倾入磨斗内碾碎。磨之形式装置，无甚特别，惟曲子之破碎，颇为粗大，小者如芫豆，大者如黄豆，粉末殊少。因粉末过多，上火迅速，难以继续，则成绩不佳，不如用此大粒，发酵较为顺适，曲之生命亦能达发酵完结云。此理诚是。盖物愈细而面积愈大，化学及生理作用亦较速且大，但其作用时间则成反比例之缩短。汾酒发酵二十一日，若用少量之曲末，虽使高粱全变为酒；用量较多，入缸二三日后必上大火，使酒秕被烧，酸变或腐化，势难酿为佳酒；今彼用大粒碎曲，用量虽多而其力不致一时发出，发酵自然缓慢而顺适，彼等操作，实合至理。

（五）酿造法

我国高粱酒之酿造法，盖分二种，续渣与清渣是也。前者盛行于东三省及冀鲁，后者则应用于山陕。续渣法之高粱能出酒二次以上，且因加生高粱之故，省却或不盘糠之加入，于经济上较合算。清渣法之地盘逐渐被其侵占，冀宁东部已大半改用续渣法，但汾阳为保其名誉计，仍不改换。杨子九先生谓搅加生高粱蒸酒，酒味必改，自是道理。

碎高粱五百斤加水二三百斤拌和均匀，靠墙壁堆垄、压平，半日（七八小时）后，用指捏之，须能成粉，然后分装二甑蒸熟。取出堆于甑旁，加沸水百多斤，撒摊于扬冷场上，时加翻转，使之速冷。扬冷场为普通之房舍三三间，前后有门窗，大小约七八平方丈，似不如唐山、东三省等地者便利。

用手试验秕子，夏日觉冷，冬日觉温，即可加曲。每甑用曲三十斤，拌翻数转，用篓运至发酵室下缸。

冀宁烧锅皆用缸发酵，因规模不大，且缸价便宜，故较用池为妙。缸室为普通之房舍，地面亦不凹下，无甚特别。缸埋于土内，口与地面平。义泉涌有缸室十五六间，缸六百余口（现在只用一半）。缸高约三尺四五，口径尺六七寸，底尺许，每缸约盛碎高粱百一二十斤。缸各有石板盖，厚一寸四五，直径尺八九寸。

因缸占面积较大，缸室众多，势难皆在扬冷场边，酒秕运搬不甚便当，较之发酵池似损一著。

熟高粱加曲拌匀后，运入缸室倾于缸内，满后捺平，并不压踏。撒米糠于缸之口缘，即用石盖压上，待发酵完后，始揭盖出秕。中途上火之高低揩油不加察验。此法虽简，似亦合发酵原理。因石盖与缸口之间有米糠一层，缸内气压若大，可由糠层泻出，又炭酸气较重，存于缸内，可免外气侵入之险。内面秕子虽收缩体减，而与外界不生若何关系，较他处之不用盖而涂泥者，似胜一筹。缸上堆小米糠厚约八寸，以保温度。发酵二十一日，揭盖视之，若盖上结有水珠，因盖之斜置而流下，秕子色红，因收缩下沉七八寸，圆周生寸许之隙孔，味苦甜，酒气重，用指捏秕，软如粥米者，为发酵优良之征，出酒必多而味亦旨。设秕不沉下，上色黑而下色白，不现腐烂状者，为受病所致，所出酒恶而糟有怪味，畜牲亦不食之。

于此吾人应注意者，乃汾酒发酵日期之长久也。查吾国烧酒之发酵有只七日者（潼关），有八日者（唐山），有九、十日者（东三省），有十八日者（太原），然长至二十余日，巩只有汾酒而已。按酒性之柔刚，气味之优劣，与发酵之缓急，甚有关系。汾酒之所以力大而柔和者，发酵之长久使然欤？

汾酒发酵温度未得测量，难以拟断。然该地酒师谓，汾酒秕子上火较低。以余意度之，似为可信。因用缸发酵，且喜用低火清渣曲，其发酵温度大致与唐山者类似。酒秕发成后，取出置于扬冷场上，加糠揽搅，使之蓬松，易于蒸酒。用糠之量，大约为酒秕之二分之一弱。

（六）蒸馏

我国烧酒蒸馏器，亦分二种，一为普通锅式，一为锡壶式。后者用于东三省及河北，其他各地似都用前者。汾阳用者，亦为前式，惟改铁锅为锡锅而已。兹述其梗概于后：

锅式蒸馏器全体组成可分为灶、沸水锅、甑、冷缩锅、承酒匙等数部。灶亦建于地下，惟灶口在地上，添煤去渣较为便当。沸水锅由铁板钉成，口径约二尺六七寸，深约尺余，上与甑连接。甑为生铁所铸，厚五六分，高三尺，口径二尺七八，一边腰间开一孔，以便插入承酒匙柄。冷缩锅为锡制，与普通之深缘锅所不同者，为底部中央稍尖锐凸出耳。承酒匙如调羹，惟柄长为管状，伸出铁甑。甑之他边有一洋灰池，下通沸水锅，备倾入酒梢之用。此蒸馏器之构造，较之东三省、唐山者，简单多矣，然其装甑手续，尤为粗放，盖酒秕疏松，亦无须乎精密也（图4-2）。

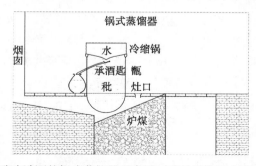

图4-2　酿造汾酒的锅式蒸馏器示意图（董兵重绘于2012年11月）

装甑之法，先将水烧沸，加油少许，以减泡沫，置算后用大簸箕盛秕倾入，约四寸厚，由边池倾入无用之酒梢，待锅内水沸气出，始继续装加。以后可不待气出，只用手指插入秕内试探，觉手指热，气将透出，可复加秕。每次添加约三四寸厚，故不十分钟，甑即装满。使甑内秕子成漏斗状，然后插入承酒匙。甑上置糠袋，袋上置冷缩锅，锅内满贮冷水，用帚扫动，待热后把出，再加冷水，颇不方便。

自承酒匙所出之酒，先接一杯，燃着置于酒仙前，似为敬酒之意。酒之出完与否，彼不看甑，而以流出匙管口之酒摆动与否而定之。酒多时酒直下，而酒少时则摆动不已云。好酒馏完后，复馏酒梢少许，即可结束。

酒梢不作对酒之用，而下次加入甑内提其酒精。

（七）第二次发酵及蒸馏

上面所述馏酒之秕，名为"头馇秕"。出酒后，再加水少许，放冷加曲拌匀，如法下缸加盖。二十一日后取出加糠少许，再入甑蒸酒。此秕名谓"二馇"，蒸酒后为糟。糟可喂骡马牛驴羊猪鸡鸭等畜牧牲，年景好时，每个糟（一甑）能卖三四块钱，惟今年水患特重，农家无钱经营副业，至糟价低至六七毛。糟为烧锅一大收入，其价值之高下与烧锅营业之盈亏，有重大关系。

（八）用曲及出酒之重量

近二年来汾阳连遭水灾，五谷被淹，良田成湖，粮食飞涨，不宜制曲，故杏花村今年所用之曲多来自晋祠、文水，品质中等。义泉泳每甑头馇，用此曲三十斤，二馇较少。按该地一班烧锅，酒师三人，日用高粱四石，约五百斤，蒸头馇二甑，二馇三甑，糟一甑，是每日共蒸八甑，六甑出酒，五甑用曲，每甑用曲平均以二十五斤计，共百二十五斤，此量为其大概数目，盖彼常因曲质优劣而加减也。

该厂所出烧酒似分数种，据余所见者，有门市、外庄二种。门市者约含酒精55%～60%（容量），外庄者则在65%～70%。五百斤高粱约出门市酒百三四十斤，外庄酒百二十斤。闻该厂太原总发行所装瓶时亦用酒表测定烧酒浓度，以容量67%度为标准，但不改正温度，故其差数颇大。总之，汾酒之制造，原料与出品之比大致如表4-1所示。

表4-1　原料与出品之比

原料	原料数量	出品数量
高粱	500斤（四石）	100斤（八斗）
用曲	125斤	25斤
出酒（60%）	130斤	26斤
出酒（67%）	120斤	24斤
糠	一二石	三四斗

（九）营业

汾酒虽闻名全国，而正式向外销售尚为时不久，至今又只晋裕公司一家，但其营业尚不发达，诚出人意料之外。[1] 此中最大原因为税捐繁杂、

---

① 20世纪30年代，晋裕汾酒公司扩大经营发展的外销代理店共有七家：南京中正街交通旅馆，南京市府路西北饭店，天津法租界26号路益林春号，北京前门大街通三益、福聚德，北京大栅栏西口聚顺和，北京琉璃厂阜昌号。

运输不便之故。据云民国八年（1919）每斤酒收税壹分二厘四外，又牌照费八元，而近年则每斤须纳壹毛六厘余之正副税捐，每年牌照费五十二元，尤不在内，此晋省之税收。若运往他省，不惟销售地须纳全税，即路过税局亦被阻逼纳，此真国货之致命伤也。又铁路运输须包全年车辆，不能与他货合装，今该公司销路不广，出省数微，包车运输费用过大，亦其困难之一。只用口头提倡国货增进生产之当局，似无暇注意及此，至此大好国货困于一隅，外洋劣品畅销全国。言念及此，良可慨也。

汾酒的配制酒[①]

1914～1933 年，汾酒的多种配制酒相继试制成功（图 4-3），有竹叶青酒、五加皮汾酒、茵陈汾酒、状元红汾酒、白玉汾酒、玫瑰汾酒、桂花汾酒、木瓜汾酒、佛手汾酒等九种。抗日战争时期，汾酒生产设备遭到日军破坏而停产。此后，汾酒的配制酒逐步恢复生产，配方与制法不断得到优化。

（一）竹叶青汾酒

1. 配料

药材：竹叶 140.6 克　陈皮 95.6 克　香山奈 22.5 克

栀子 30.9 克　公丁香 16.8 克　香排草 36.5 克

白菊花 14.0 克　当归 28.1 克　零零香 22.5 克

檀香 16.8 克　广木香 22.5 克　砂仁 14.0 克

糖液：冰糖 7.5 公斤　雪花砂糖 10 公斤　清水 37 公斤　鸡蛋 5 个

汾酒：70 度（容量）　汾酒 5.5 公斤（折合 65 度汾酒 6 公斤）65 度汾酒 112 公斤　共计 65 度　汾酒 118 公斤

2. 制法

取 65 度（容量）汾酒 112 公斤，以白纱布滤入陶瓷缸中备用。将十二味药材装入小罐内，加入上述 70 度汾酒 5.5 公斤，封口，在 20～25℃下浸泡 6 天，粗滤得药液 4.4～4.7 公斤，将药液滤入盛汾酒的缸中。

---

① 辑自万良适、吴伦熙主编：《汾酒酿造》，北京：食品工业出版社，1957 年，40～45 页。

复古生产线

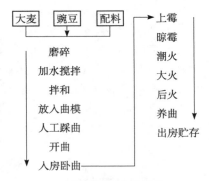

汾酒制曲工艺流程图

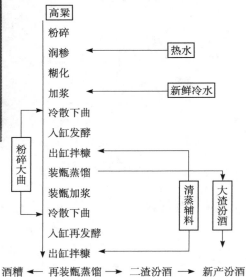

汾酒 酿造工艺流程图

图 4-3 汾酒制曲和酿造工艺流程图、博物馆与汾酒复古生产线

资料来源：包启安、周嘉华主编：《中国传统工艺全集·酿造》，郑州：大象出版社，2007年，338页。

取清水34公斤，加入锅中，同时加入蛋清5个与2公斤清水的混合液，搅拌5分钟，再加入雪花砂糖10公斤、冰糖7.5公斤，加大火力连续搅拌，使糖全部溶化。待水沸腾后即加清水1公斤，由液面取出为蛋清所凝结的杂质。待糖液浓缩至51公斤时取出，趁热过滤冷却后，倒入已加药液的酒缸中。整个化糖时间共需35～40分钟。

汾酒、药液、糖液三者混合后，立即充分搅拌10分钟。待其混合均匀后，封闭缸口，静置澄清 7 天，第 8 天取其上清液过滤入库。共制出 45 度竹叶青 164 公斤。封装时再经一次过滤，即可装瓶出售。

3. 质量标准

色，金黄透明；味，甜、微苦；臭，清香；酒度，45（容量）；总酸，0.0342～0.0469 克/100 毫升；总酯，0.30～0.35 克/100 毫升；总醛，0.0115 克/100 毫升；糠醛，0.0001 克/100 毫升以下；固形物，10 克/100 毫升。

4. 效能

根据十二味草药的性能，经名医研究，该酒具有调和腑脏、疏气养血、下火消痰、解毒利尿、润肝健体之效。久用少用，有益于身体。

（二）五加皮汾酒

1. 配料

药材：五加皮 93.75 克　当归 31.25 克　香排草 31.25 克
　　　零零香 21.87 克　广木香 25.00 克　香山奈 25.00 克
　　　栀子 31.25 克　陈皮 93.75 克　砂仁 15.62 克
　　　公丁香 18.75 克　白菊花 18.75 克　檀香 15.32 克

糖液：雪花砂糖 10 公斤　冰糖 7.5 公斤　清水 37 公斤
　　　鸡蛋 5 个

汾酒：70 度汾酒 5.5 公斤　65 度汾酒 112 公斤
　　　共计 65 度汾酒 118 公斤

2. 制法

将精选称量好的药材与 70 度 5.5 公斤的汾酒混入一个洁净的陶瓷罐中，密封罐口，在 20～25℃下浸泡 6 天，粗滤得药液 4.4～4.7 公斤。将此药液倾入盛 65 度汾酒 112 公斤的缸中，搅拌均匀，次日将熬好的冷糖液 51 公斤倒入缸内，充分搅拌，密封静置 7 天后，取出澄清酒液，过滤即得黄色的五加皮汾酒 164 公斤。

（三）茵陈汾酒

1. 配料

药材：鲜茵陈 1500 克　白蔻仁 31.25 克　白蔻皮 46.80 克
　　　陈皮 78.10 克　薏苡仁 46.80 克　白云苓 46.80 克
　　　砂仁 25.00 克

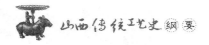

糖液：同五加皮汾酒

汾酒：65 度汾酒 118 公斤

2. 制法

将药材放入纱袋中，浸入盛有 118 公斤 65 度汾酒的缸中，密封浸泡 7 天，取出药袋，加入 51 公斤冷糖液，搅拌均匀，密封静置 7 天，即得绿色的茵陈汾酒 164 公斤。

（四）状元红汾酒

1. 配料

药材：陈皮 62.5 克　广木香 31.8 克　当归 31.2 克

　　　檀香 15.6 克　香排草 31.2 克　香山奈 21.8 克

　　　砂仁 15.6 克　白菊花 15.6 克　零零香 21.8 克

　　　公丁香 15.6 克　红曲 93.7 克

糖液：同五加皮汾酒

汾酒：70 度汾酒 5.5 公斤　65 度汾酒 112 公斤

2. 制法

除红曲用少量酒浸泡外，其余操作与竹叶青汾酒完全相同，只是在混配时需加入红曲酒液，密封静置 7 天，过滤，即得红色的状元红汾酒 164 公斤。

（五）白玉汾酒

1. 配料

药材：紫油桂 750 克

糖液：同五加皮汾酒

汾酒：65 度汾酒 118 公斤

2. 制法

首先取 65 度汾酒 2 公斤与 750 克紫油桂混入一个洁净的陶瓷罐中，在 20～25℃ 下浸泡 7 天，即成药液备用。

在装甑蒸馏汾酒时（预计馏 65 度汾酒 118 公斤），将制备好的药液拌糠，均匀地撒在甑内酒醅表面，加盖进行蒸馏，即得 65 度白玉原酒。将制好的糖液 51 公斤加入原酒内，搅拌均匀，密封静置 7 天，过滤，即得无色的白玉汾酒 164 公斤。

（六）玫瑰汾酒

1. 配料

药材：玫瑰花 16 公斤

糖液：同五加皮汾酒

汾酒：65 度汾酒 118 公斤

2. 制法

在装甑时（预计馏 65 度汾酒 118 公斤），待装好汾酒酒醅，即将 16 公斤玫瑰花研碎，均匀地铺在酒醅表面，加盖蒸馏，即得 65 度玫瑰原酒。将制好的糖液 51 公斤加入原酒内，搅拌均匀，密封静置 7 天，过滤，即得无色的玫瑰汾酒 164 公斤。

（七）桂花汾酒

1. 配料

药材：桂花酱 2 公斤

糖液：同五加皮汾酒

汾酒：65 度汾酒 118 公斤

2. 制法

将桂花酱盛入布袋中，置于盛有 118 公斤 65 度汾酒的缸中浸泡 7 天后，加制备好的糖液 51 公斤，搅拌均匀，密封，静置 15 天，过滤，即得淡黄色的桂花汾酒 164 公斤。

（八）木瓜汾酒

1. 配料

药材：鲜木瓜 2.5 公斤

糖液：同五加皮汾酒

汾酒：65 度汾酒 118 公斤

2. 制法

取加工成片的鲜木瓜 2.5 公斤浸入盛有 118 公斤 65 度汾酒的缸中，浸泡 7 天后，加制好的糖液 51 公斤，搅拌均匀，密封静置 7 天，过滤，即得浅黄色的木瓜汾酒 164 公斤。

（九）佛手汾酒

1. 配料

药材：鲜佛手 2.5 公斤

糖液：同五加皮汾酒

汾酒：65 度汾酒 118 公斤

2. 制法

取加工成片的鲜佛手 2.5 公斤，浸入盛有 118 公斤 65 度汾

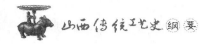

酒的缸中，浸泡 7 天后，加制好的糖液 51 公斤，搅拌均匀，密封静置 7 天，即得浅黄色的佛手汾酒 164 公斤。

第三节 "酒香翁"杨得龄与老白汾酒[①]

杨得龄（1859～1945），字子九，号四正堂，山西省孝义县下栅村人。早失双亲，家境贫寒。14 岁只身到汾州府（即汾阳县）义泉涌酒坊从徒谋生，深得师傅精传。18 岁即能代师领班作业，21 岁擢升三掌柜之职。时值灾荒席卷山西，义泉涌面临倒闭之危，孰料被人向府衙暗送"黑帖"，将破产之责嫁祸于新任掌柜杨得龄。官司打了两年不了了之，最终导致义泉涌作坊倒闭。

得龄秉性刚毅，又值韶华方刚之年，岂肯受辱而甘心罢手歇业？光绪七年（1881），他独自走出城垣闹市，跋涉村乡僻壤考察，勘准了明末清初著名思想家、医学家、书法家傅山亲笔书题"得造花香"之尽善村"申明亭"荒址，与南垣寨首户王协卿合作，王先生慨然出资做东，得龄总管掌柜，1882 年创立了"宝泉益"酒作坊。

宝泉益以产"老白汾"酒而闻名，其酿造特点，专用古井亭之优质井水和大麦、豌豆"青茬"曲，以"一把抓"稻秫（高粱）作为原料，采用"清蒸二次清"分离发酵配制而成。酒质纯净清亮，芳香扑鼻，入口醇绵。1915 年在北京农商部展览会上，老白汾以色香味三绝初露锋芒，首次获全国二等奖。1916 年，杨得龄为实现"实业救国"的宏愿，以昌国货于域外，冲破重重险阻，将"陈酿老窖"西渡参加在美国旧金山举办的"巴拿马-太平洋万国博览会"，几经激烈竞争，荣获一等金质奖，摘得国际桂冠。《并州新报》以"佳酿之誉宇内交驰，为国货吐一口不平之气"之醒题，向国人通告欢呼。

早在 1909 年之前，尽善酿酒作坊能与宝泉益相争者，仅有"德厚成"和"崇盛永"两家。到了民国，这两家也无力抗衡了。正当走投无路之际，得龄高瞻远瞩，不避前嫌，甘愿与其风险合担，利益分享。崇盛永先行引入技术、商标，后经更新改造，于当年重获生机。次年，德厚成亦心甘情愿换了招牌。

得龄先生襟怀坦荡，素以为人忠厚义气、处事豁达果断，才艺道德久为世倾。

---

① 本节辑自捷平：《酒香翁杨德龄与老白汾》，见山西省政协文史资料委员会编：《山西文史资料》第 58 辑，太原：山西人民出版社，1988 年，118～126 页。

"三合一"后，不单易名"义泉泳"，进而整顿柜上人事，大掌柜自当推举德龄继任，以下排序：二掌柜韩瑞符、三掌柜曹廷辅、四掌柜张爵轩、五掌柜张祥甫，形成"人吃一口锅，酒酿一眼井，铺挂一块牌"的崭新柜面，即当地人称"一道街，一片铺，一东家"的"三一"格局。

1916年老白汾获国际金奖后，山西督军兼省长的阎锡山接见杨得龄时提出公、商两家合作经营的意见，得龄考虑事关重大，仅宜含糊应酬，而未明确表态。嗣后，阎指派赵戴文（督府秘书厅长）与之洽谈，因双方条件不合，亦未能达成协议。直至1919年张剑南（督军副官，汾阳人）约田作霖（省议员，汾阳人）、武振铎（省农专教授，孝义人）、吕连科（省商专教授，汾阳人）、李铭三（省议员，孝义人）等集资为东，义泉泳则"以酒当本"，联合经营，在太原商业中心桥头街成立"晋裕汾酒股份有限公司"（图4-4）。年已花甲的杨得龄掌柜出任经理，许竹生、董吉祥为副经理，董逝后乔嵩山继任。

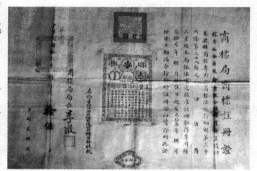

图4-4 1924年晋裕汾酒公司"高粱穗汾酒"商标注册证（汾酒博物馆藏）

杨得龄人品如同酒质洁纯清正，一如从前，依然是曲房进，醅屋出，点拨于烧锅前，指教于酿造间的"师老大"；依然是一无私宅庭院，二不带家眷，长年食宿在公司的厂房，忙里跑外的"老掌柜"；依然是身着布袄、布裤、布鞋、布袜，个人生活自己料理的"乡巴佬"。他以超人之睿智，善经营、工酿造之才艺，赢得企业的巨大发展，先后在尽善、北京、石家庄增设三处分公司，新建扩展了太原罐头厂、新华泰料器厂、平遥面粉厂、尽善晋裕酿造厂和义泉泳造酒厂，股额、股金大幅度增加，利润纯收益逐年上升，至1936年上升至12 544.7元，红利高达15％。日产酒1600～2000斤，产量增长5倍。1918年获中华国货展览会金质奖，1919年获山西省首届展览会最优等奖，1921年获上海总商会陈列所第一次展览会银质奖，1922年参加南洋劝业会赛荣获一等奖，1934年山东国货陈列馆、1935年山东烟台特区国货商标展览会各获特等奖一次，1935年、1936年连续两次获得铁道部全国铁路沿线出产货物品第三次、第四次展览会之超等奖。1928年农历三月初七杨老先生七十寿辰，商贸各界赴并庆祝，时任北方国民革命军总司令、督军阎锡山亲临寿堂嘉授金匾、勋章，在下栅、尽善分别举行了隆重的挂匾仪式。杨先生呕心沥血，为汾酒振兴66年，在国际上两度蟾宫折桂，在国内6次夺魁，计获金牌8枚，银牌3枚和勋章，金匾"名闻海外"、"驰名中外"、"名震四海"、"味重西凉"4块。

　　得龄对汾酒酿造理论研究亦颇有造诣。他将酿酒操作程序、方法要领、注意事项，归纳、编排、凝缩、提炼为《二十四诀酿制法》，使庞杂、烦琐、深邃的全套酿造工艺流程条理化、系列化、规范化、通俗化、口语化。1933 年他和生物学家方心芳畅叙汾酒酿制原理时，将其进一步科学地概括为"人必得其精，水必得其甘，曲必得其时，秫必得其实，火必得其缓，器必得其洁，缸必得其湿"，谓之"七条秘诀"，特为文刊于《海王旬刊》第 20 期，以补汾酒研究论文之不足。这些酿酒理论成果，既是对先人经验的精辟总结，也是他本人数十载功业凝聚的心血结果。由于理论研究根植于他自身的体验所得，并反过来再指导应用于亲身实践，因而其酿造技艺渐臻佳境，日趋完美。

　　汾酒之甲天下，以质优为最而取胜。得龄恪守"信誉至上，优质为本，决不以劣货欺世盗名"的信条。"振兴国酒，品优价廉"，是他注重创业之宗旨，并为之奋斗半个多世纪。在当时的历史条件下，先辈运用眼、鼻、口的特殊功能，辨别酒之色香味，以评优劣。得龄在长期体察实践中，积累、丰富、完善了"观嗅品"的绝妙技法，玉成了"子九验酒三部曲"：端起斟满酒的晶杯，临窗伫立，举杯左右旋转，对光辨色；正襟危坐，端杯至鼻下寸许，深深吸入，细细嗅滤；唇吮舌蘸，轻吟慢品，手捋垂胸美髯，闭目沉思。那种旁若无人、浑然忘我之情貌，倏忽怀如梦醒，双眸生辉，掷杯击桌，声如金石，一语定坤之神态，令人惊之叫绝，旁列者叹为观止。

　　得龄先生之可贵，不仅在于他百折不挠继承先人遗业，披荆斩棘创立独家工艺，而更为难能者，还在于不断辟径进取，勇于开创新途，把杯杯美醇佳醪、玉液琼浆、名优特新品，源源不息地奉献给世人。

　　自 1904 年配制药酒、果露始，至杨先生辞职离任的 34 年间，以老白汾酒作为底料，配以名贵药材，先后试制成功葡萄、黄汾、茵陈、五加皮、木瓜、佛手、玫瑰、桂花、白玉、状元红、竹叶青、三甲屠苏等十余种低度配制汾酒露。白玉、竹叶青、状元红、玫瑰为晋裕公司"四大名酒"，与老白汾并驾齐驱，远销五洲。特制三甲屠苏是杨先生用滞销陈酒，选择"甲子年，甲子日，甲子时"秘制而成的一新品，他亲书"文一杯状元甲第，武三盏卦印封侯"的楹联悬挂柜台，柜上伙计读之琅琅有声，"屠苏"未曾露面，声势便已赫然，一经上市，轰动省城，不出数日，销售一空。可见他的配制技艺也同他的酿造神功一样，均已达到了得心应手、随心所欲、炉火纯青的非凡境界。同时，也显示出他生意有道、经营有方的卓越才干。

　　得龄先生从艺经商多半生，深谙生意之经络脉理。按照当时"有限公司"之一般章程，结合以往之经营原则，遵循资金股份制、管理分权制、薪俸三三制、人事避亲制，晋裕汾酒公司每年召开一次股东代表大会，董事会三年一选，监事会一年一选。日常事务各司其职，遇有重大事件，召开联席会议商决。如 1927 年协卿老先生已故，其子声称拍卖义泉泳，要价一万元。杨老先生以总经理身份主持召开董、监、理各方联席会议，共同商定以万金买下义泉泳。它们之关系，纵可相互补充，横则互为制约。

晋裕公司之股金初为 500 元一股，后增设小股金，一股 50 元。据 1944 年手抄本（万金账）记载，原入股东 55 户，股份 1010 股，股金 50 500 元，均以小股计之。晋裕造酒厂股金立大、小两类，小股 5 元一股，只限于内，入股自愿，股额不限；大股 50 元一股，不分内外，多多益善。"薪俸"由月薪、红利、红包三部分组成。红包又名赏钱，一年只有一次，是依据个人全年功过，成绩优劣，贡献大小而奖发之酬金，发生差错失误，按轻重分等扣除，直至全部冲销；红利以股额、利润之多寡决定，年终一次分红；月薪，新招人员试用期三个月，试用期内无薪金，试用合格，从下年度起转为学徒工，此期间发给少许津贴。转正式学徒后才有薪水，一年一个等次，三年三等，逐年上升，第四年出师。按优良、普通、劣等三等定俸；劣者为过渡性，一年后晋升普通级；如仍无长进，年终即行辞退。师傅级（包括厨师、马车师）分三等：大师傅、二师傅、三师傅；技术级三等：技师（包括会计师、医师）、助理技师（助理会计师、助理医师）、办事员（文书、购销、站柜伙计）；掌柜级三等：大掌柜、二掌柜、三掌柜。掌柜无红包而有劳金，年终得二三十元。

"七七事变"后，日军铁蹄踏入山西省境，老先生以强烈的爱国之心，不事敌寇之志，毅然辞去总经理之职，返归故里。途中专程下榻尽善，议示：东洋百货尚且抵制，国之名酒岂能为外敌所用？只可南销，不许北运，并做了万不得已时的应急措施。太原沦陷，得龄先生回到故乡孝义县下栅村，率先募捐资财粮物，教育并支持五位子女孙辈投身抗日。耄耋之年仍以旦暮从事于田野，种植"一把抓"稻秫亩余，产量高达 1000 余斤。可叹在"征一购二附加三"的苛捐杂税盘剥下，还能剩几粒秫米吃进老人之口？全家生活多靠乡邻亲朋接济，勉为度日。1945 年暮春，这位誉尊"酒香翁"的一代酒魂辞世，享年 86 岁。

第四节　浑源酒业与恒山老白干

浑源县位于北岳恒山脚下，虽居雁北之地，但得山之秀美与水之甘醇，地方物产丰饶。1923 年，位于县城西南、紧邻恒山翠屏峰北麓的李峪村陆续出土了大批精美的青铜重器，其中春秋时期用于诸侯国重大祭祀活动的牺尊（上海博物馆藏）为盛酒温酒器，揭开了浑源地方酒史的前缘。浑源盛产高粱、豌豆、蚕豆等农作物，恒山北麓出甘泉，为浑源酿酒提供了得天独厚的条件，浑源酒在明代已有"甘泉美酒"的赞誉。浑源酒品的代表恒山老白干也因此得名，色泽透明，绵软清香。清道光年间，浑源县有酒坊 40 余家，多为季节性酿造，农历六月六日初伏作曲，九月九日造酒。据国民政府实业部调查，抗日战争爆发前，浑源县酒坊数量仅次于汾阳县，为山西北部重要的酿酒之乡。以下为 1934 年对浑源县酒业状况的调查[①]：

> 浑酒为山西省重要特产之一，亦与浑源县之经济消长攸关，各业之盛衰系焉：酒业兴盛，各业因之繁荣；酒业衰颓，各业因之疲弊。此中关系，亦如英日诸国之于各该国之工业，盛衰攸关，其理正同。兹将浑源酒业近二十年来之概况，就调查所得，缕列如次，以察其影响于该县经济消长之一斑焉。

（一）酒店数与资本额

查浑源酒业之发轫年代，史传上无记载可考，其极盛时期则在宣统三年（1911）及民国元年（1911），彼时因政局纷乱、税收废弛，一般商人咸以时机可乘，群起创办酒店，于是全县酒店家数骤增至 103 家，而每家酒店之规模，亦大形扩充。逮民国二年（1912）政局恢复，属捐重起，酒店家数顿形减少；其后因销路日狭与捐税重叠，酒店家数逐年递减。分别从 1911 年 103 家，减少到 1921 年的 65 家，1931 年的 42 家，1932 年的 33 家，1933 年的 26 家。

查浑源酒店之业务，除烧酒以外，每家均兼营碾米、磨面、榨油诸事，兹所调查之资本额，系就其总共资本额而言（兼营商店当铺资本之部分未计算在内），近 20 年来酒店之资本额，每家酒店最高由 3000 元至 5000 元不等，最低为 2000 元，平均为 2500～3000 元，合计资本总额为 1911 年 257 500 元、1921 年 162 500 元、1931 年 126 000 元，1932 年 99 000 元，1933 年 78 000 元。

（二）甑数与产量

酒店酿酒之具备之甑，产量之多寡，视其所烧之甑数多寡为断，近 20 年来酒店所烧之甑数，每家最多由 10 甑至 7 甑、5 甑、3 甑不等，最少有 1 甑至 3 甑，合计总甑数为 1911 年 515 甑、1921 年 325 甑、1931 年 168 甑、1932 年 132 甑、1933 年 50 甑。

每一甑，每日出酒 50 斤，全年通常烧 11 个月，近 20 年来酒之产量，

---

① 范叔远：《浑源酒业之调查》，《新农村》，1933～1934 合刊，1～12 页。

每家酒店最高产量由 1911 年 165 000 斤到 1933 年 49 500 斤之间变化，合计总产量 1911 年 8 497 500 斤、1921 年 5 362 500 斤、1931 年 2 772 000 斤、1932 年 2 178 000 斤、1933 年 806 000 斤。

其中 1933 年产量系根据山西烟酒事务局包出之税额计算，计全县 26 家酒店，每家全年认包出酒 31 000 斤，合计总数为 806 000 斤。

每烧一甑需工人一，所以酒店之工人数，与其甑数相同，如前统计（本条所谓工作，系指烧酒之工匠及杂役而言，其他如酒店管理人与酒商等，未计算在内）。

（三）原料与成分

浑酒之主要原料为高粱、大麦、豌豆三项，每烧一甑，每日需高粱六斗、大麦一斗二升、豌豆八升。浑酒按成分之高低，分为大茬、生酒、熟酒三种，所含酒精量分别为 88%、75%、60%。

（四）捐税

酒店负担之捐税，除营业税、印花税及学捐、警捐、义务捐等地方税以外，最主要者有公卖费、产销税、牌照税三项，是项税额系因产量之多寡与价格之高下，年各不同，至各项税率，在 1921 年以前，三项税合计，每斤酒征收之数由制钱三文以至六文。按彼时数折合银洋，为一厘五以至三厘，1921 年以后，各项税率渐大，1928 年时，尤形倍增，计公卖费率按公卖价格抽 20%，产销税率每斤酒抽一分七厘三毫，牌照税，普通出酒在一千担以下者年 64 元。

自 1921 年至 1925 年，自 1925 年至 1933 年，每家酒店负担税额皆形倍增，倍增之主要原因完全由于各项税率之增加。1933 年一年，每家酒店负担数竟达 1165 元，连同此外负担之营业税、印花税及学捐、警捐、义务捐等地方税合计，为数共达 1300 元以上，普通酒店以 3000 元之资本，而担负如此巨额之税，无论在任何场合之下，其能营到五分以上利润者绝少，所以浑源酒业近年来之日趋凋零，实以此捐税重叠为厉阶。

（五）销路与运输

浑酒之最大销路，为河北省之行唐、完县、唐县、涞源，及保定附近之数十县，其次为张家口、库伦。1911～1928 年，行唐一路每年平均销售全产量的 50%，张家口、库伦一路，每年平均销售全产量 30% 以上，其余 20% 系供给大同、应县、灵丘、繁峙及本县之需。1921 年以后，库伦独立，库张不通，张家口一带之销路遂以断绝，而全县酒店之家数及规模，因之减缩。1921～1928 年，浑酒销售地仅有行唐一路，每年约可销售全产量 70％以上。晚近五年，行唐一带之酒业日见兴起，更因捐税重叠之故（浑酒出境销售时，更须负担一重公卖费），浑酒这销售量因之日形减少。1933～1934 年两年，间有运售太原及供太原壬申制造厂工业之需，不过系偶尔之事，而其数量亦微乎其微矣。

浑酒出境销售时，系由每家酒店饲养之驮骡自行运输，饲养驮骡之酒店家数在 1911～1921 年，为数有十分之八至十分之九，其后因张家口之销路断绝，及 1926 年雁北之战，饲养驮骡之酒店家数顿形减少。从 1911 年的 80 家降至 1933 年的 10 家，每家酒店最多饲养数量由 1911 年的 24 头降至 1933 年的 12 头，合计总头数 1911 年 640 头、1921 年 516 头、1931 年 216 头、1932 年 140 头、1933 年 100 头。

（六）概观

总观以上所述，浑酒业之全盛时期，为 1911～1921 年，在此十年期间，店数既多，各店之规模又较大，产量之多，销路之广，较之现在均至六倍以至十倍。据当时一般人估计，全县每年所需之棉花粗布（从行唐等县购入）等费，有酒之输出量二成足以抵偿。而在该县中，输出既超过输入，货币数量因之增加，市面金融因之流通，由经济上生产分配交易等关系，使全县各业俱臻繁荣之境，时人称浑源为富庶之区，又称为"小苏州"，实以酒业之兴盛使然。

逮 1921 年以后，张家口、库伦之销路滞涩，全县之酒店及规模因之减缩，是时之酒业，尚可维持其小康之境，惟已入蜕分时期矣。晚近五年，销路既狭，而各项捐税倍增叠积，致使经营酒业者都成为无利可得，多数酒店均因赔累不堪之故，遂纷纷闭歇，其所存者，亦不过在衰落崩溃的途中挣扎而已，影响所及，全县各业俱呈衰况之象。据一般人估计，是时酒之出境销售额，不足抵全县所需棉花、粗布等费之二成，与 1921 年以前相较，恰乎相反。在此期间，已转入衰落期矣。

财政学上重课消费税之唯一理由，以其能适合人民贫富之资力，使纳税者之身份与纳税者之程度适相符合，而合乎租税负担平等之原则。但同时租税上另一原则——经济至上原则，其一，税源当注意于所得不可侵及原有财产；其二，不可妨害产业之发达。现在浑源酒业特以捐税之负担太重，致使多数酒店日就凋零与衰歇，能不谓之为远反经济至上原则——税源侵及原有财产，及妨害产业之发达乎？近来一般学者谓捐税重叠，为中国产业不发达之一大原因，即以浑源酒业一项而论，已足知其大凡矣。

第五节　祁县六曲香酒[①]

六曲香为运用麸曲法生产的清香型白酒，不同于汾酒的大曲清香型。通常麸曲法酿制的酒类品质不及大曲法，但是经过长期的实践与改良，六曲香成为高质量的麸曲法白酒的代表。

六曲香由山西祁县酒厂出品，以优质高粱、稻壳为原料，利用多种微生物酿制。酒质无色透明，口味清香纯正，醇和爽口，绵甜带甜。从汾酒大曲和酒醅中的主要微生物中（18 个属、22 个种分离出 300 余株纯种），选出 11 个单株优种微生物，包括中国科学院提供的两种优质酵母，因其中有 6 株真菌用麸皮制曲，故名"六曲香"。该酒于 1973 年正式投产，"麓台"商标。1974 年被命名为山西省地方名酒，第三届全国评酒会上被评为全国优质酒，此后获得 1984 年第四届全国评酒会银质奖、轻工业部酒类质量大赛金杯奖、1988 年中国食品博览会金奖。

一、菌种与培养

用黄曲霉 3.384、根霉 1.009、毛霉 1.047、犁头霉 1.075、红曲霉 1.005、米曲霉、酵母酒ⅩⅡ、汉逊酵母、汾Ⅱ酵母、白地霉 3.0124，以及拟内孢霉 3.060 等 11 种菌种。

黄曲霉与根霉皆为单独培养，同一般麸曲制造。

拟内孢霉单独培养，同一般麸曲制造。在麸皮中加 15%～20% 的玉米粉，品温保持在 30～32℃。

红曲霉单独培养，试管菌以米曲汁琼浆培养，三角瓶用小米培养，经调酸加酒精后接种，30～35℃ 培养 7～10 天，每天摇瓶 2 次；盒曲用约米粒大小的过筛薯干粒制备，调酸后接入三角瓶原菌，控制品温 30～34℃，每天晃盒 2～3 次。菌长成后，洒 36℃ 温开水，共培养 72～74 小时，至薯干粒为紫红色为止。

毛霉与犁头霉二株混合培养，同一般麸制造。

酒精酵母按酒厂常规操作，扩大至卡氏罐。

[①]　本节辑自包启安、周嘉华主编：《中国传统工艺全集·酿造》，郑州：大象出版社，2007 年，357～358 页。

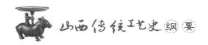

汉逊酵母、白地霉单独培养，混合使用，将玉米面或薯干糖化液加 4：1 的酒糟水，以 1：20 的比例扩大浅盘培养，在 25～28℃ 培养 40 小时，将"香液"投入酒醅发酵或直接泼香蒸馏。

二、酿造法与质量标准

酿酒采用清蒸原料、清蒸辅料、清蒸配醅焖渣、清蒸流酒的大甑操作法。配料比粮醅为 1：4.5，粮糠比为 4：1，粮曲比为 1：0.15，加菌液量 10%，发酵时间 8～10 天，入窖条件如表 4-2 所示。

表 4-2　入窖条件

项目	渣	回
温度/℃	14～16	33～35
水分/%	52～54	58～60
酸度/（毫克当量/100 克）	0.8～1.0	1.4～1.6
淀粉/%	18～20	10～12

曾试过用酶活力较低的 1.0034 黄曲霉，特性较差的 S1 酵母和 3.009 汉逊酵母，增香不明显的乳酸菌和醋酸菌，以及带邪杂味的产气杆菌，表明六曲香酿酒工艺中不采用人工加细菌的方法较好。经过 6 个菌种配方试验后，选出根霉 30%，黄曲 55%，毛霉 5%，犁头霉 55%，酒精酵母 25%，生香酵母 40%，白地霉 35%。

六曲香酒的质量标准是：色，清亮透明，无沉淀和悬浮物；香，清香醇正；味，醇和，绵软，爽口，回甜；总酸 0.15 克/100 毫升以下；总酯 0.20 克/100 毫升以上；总醛 0.03 克/100 毫升以下；高级醇 0.20 克/100 毫升以下；甲醇 0.04 克/100 毫升以下；铅 1ppm（百万分之一浓度）以下；酒度 65 度。

第六节　应县梨花春酒

应县地处雁门关外，气候严寒，历史上匈奴、鲜卑、契丹、蒙古等北方少数民族在这里活动频繁，当地随之形成饮酒、酿酒的习俗，古今盛行。1936 年，应县有手工酿酒作坊 9 家（表 4-3）[①]，主要以高粱为原料，用黄霉菌作曲菌，酿制白酒，主要供给当地及周边地区。

---

① 马良主编：《应县志》，太原：山西人民出版社，1992 年，232～233 页。

表 4-3　应县手工酿酒作坊情况

作坊	地址	始建时间	资本性质	资产额/元	工人数/人	年产量/斤	年产值/元
成记缸坊	城内	1934.7	合资	700	7	5 000	625
盛记缸坊	城内	1934.7	独资	500	8	5 000	625
昌盛泉	小石口	1931.1	独资	500	4	3 750	469
大成涌缸坊	大北头	1934.7	独资	450	4	3 000	375
于缸坊	小石口	1935.7	独资	500	4	3 760	470
义和明缸坊	小石口	1931.1	合资	600	5	5 000	625
庆记缸坊	南泉村	1933.7	合资	300	4	3 750	469
富记	南河种	1934.7	合资	500	5	4 500	563
心慎成	南河种	1935.1	合资	1 000	8	5 000	625

　　梨花春酒是在应县民间传统酿酒技艺的基础上，汲取汾酒、六曲香酒的优质菌种与酿造技艺，推陈出新的清香型蒸馏酒。1978 年 11 月，梨花春酒首次在应县酒厂问世，现在为山西梨花春酿酒集团有限公司生产的系列产品。梨花春酒以大麦、豌豆、麸皮为制曲原料，以应县特产优质高粱为酿酒原料，采取中温制曲、堆积增香、地缸发酵、慢火蒸馏、分级储藏、精巧勾兑等工艺，体现了以汾酒酿造工艺为代表的清香型蒸馏酒的酿造技艺。制曲阶段以"七曲香"研制为核心，采用多种微生物分别制曲，混合发酵，以人工发酵模拟天然发酵，针对原产酒总酯含量低且不稳定的情况，把主料全部清蒸糊化，对酒醅进行足时醅香，并选用"五曲二酵母"的最佳调配比例，提高了总酯含量，使酒精浓度由原来的 50 度降至 45 度。汾阳杏花村申明亭碑文有"甘洌龙泉水，禄俗梨花春"之说，梨花春即民间春社用酒广受喜爱之意，"七曲香"遂取名"梨花春"，寓意水甘味醇，酒香流芳。①

　　梨花春酒汁液洁白纯净，醇味清香浓郁，酒性随和柔绵，余味甘甜，现已形成浓香、清香两大系列，100 多个规格品种，主要产品有吉祥梨花王、梨花王、山西王、五福春、梨花老窖、山西老白干、梨花春等。梨花王、山西王两种产品分别得到中国白酒专家"无色透明、窖香浓郁、绵甜醇和、谐调尾净、风格突出"、"无色透明、清香纯正、醇和、爽净、谐调、风格典型"的评价。

　　梨花春系列酒畅销全国 20 多个省市，荣获"莫斯科名优产品博览会金奖"、"中国国际食品博览会金奖"、"国家驰名商标"等多种奖项。梨花春白酒传统酿造技艺，作为蒸馏酒传统酿造技艺的代表之一，于 2008 年入选第二批国家级非物质文化遗产名录（编号 927Ⅷ—144），代表性传承人秦文科。

---

　　①　张伟：《应县名特产品》，太原：山西经济出版社，1993 年，121～123 页。

第七节　潞　酒

　　历史上出自潞安府槽坊酿制的酒，通称潞酒。明代沈安王朱铨铄受封领地潞州时，特别为潞酒赋诗：

　　　　潞州鲜红酒，盖烧酒也，入口味稍美，易进而作剧，吻咽间如刺，或云即葡萄酒遗法也。

　　　　　　　　潞州城中酒价高，胭脂滴出小檀槽。
　　　　　　　　华胥一去不易返，汉使何烦种葡萄。

　　潞酒以其色泽鲜红、味美诱人、酒力强劲的特点，以及酒价之高、在潞州民间颇属珍贵的情形，令沈安王感慨，禁不住发出对葡萄美酒的向往。潞酒的风格，犹如上党地势位居"天下之脊"的高亢。

　　尽管民间善意地将潞酒与担任潞州别驾时的李隆基（唐玄宗）相联系，但潞酒可考的文献记录目前仍见于《山西通志》，有"古酒之美者"、"汾潞之火酒盛行于世"的记载，潞州烧酒与汾州烧酒并称于世，在民间十分流行，酿造工艺在宋代基本定型。潞酒属清香型大曲酒，以优质高粱为酿酒原料，以豌豆、大麦踩制的中温大曲为糖化发酵剂，采用地缸发酵、清蒸"二次清"工艺，清蒸馏出的基酒再分级贮存，勾兑调制。潞酒具有汁液清亮透明，酒味清香纯正，入口绵甜，落口爽净、回味悠长等特点。当地有"潞酒一过小南天，香飘万里醉半仙"的赞誉。

　　由于潞州地处晋豫交通要冲，潞酒得地利与潞商经营之便，营销地区甚广。自潞州出发，北上东阳关到河北，南下经天井关抵河南，东过小南天达山东，西出翼城经晋南及陕西，潞酒经过这些交通要道，随着潞商的足迹遍及全国，明清时期出现了专营潞酒的商家。据四川《涪州志·物产志》记载，清道光六年（1826）"山西人来涪州经营山西潞酒"，潞酒已成为潞商经营的重要商品之一。

　　以潞酒为底料，经过二次蒸馏，加入太行山区盛产的山楂等原料，则酿成"珍珠红"。明代徐炬撰《酒谱》中有"潞州烧酒名珍珠红"的记载，当时经营潞酒的酒肆对联常以"珍珠"指代潞酒张挂于门庭："槽滴珍珠，漏泄乾坤一团和气；杯浮琥珀，陶溶肺腑万种风情。"由于珍珠红酒呈宝石红色，象征吉祥如意，长治、潞城、屯留等地民间还习惯于将其作为婚礼仪式中的装饰礼品。据近年发现的一张明清时期"永隆升记"潞酒广告①，该号主营自制的"鲜红碧绿潞酒"（图 4-5），可见还有一种"碧绿"色潞酒，与"珍珠红"并存，民间流传它以潞酒为底料，加绿豆酿制而成。遗憾的是，这两种潞酒上品的酿造方法早已失传。今天长治市的西街、附城、南垂、小辛庄，长子县的大堡头，长治县的安城，潞城市的微子镇，壶关县的固村、大安，陵川县的平城镇等地，都是明清时期潞酒、珍珠红酒作坊集中分布之地（图 4-6）。

图 4-5　"永隆升记"潞酒广告
资料来源：史耀清主编：《美食寻香》，
北京：北京燕山出版社，2005 年，259 页。

图 4-6　潞酒缸
资料来源：史耀清主编：《物产寻宝》，
北京：北京燕山出版社，2005 年，81 页。

由于传统潞酒酒精含量偏高，新型潞酒主要在"绵"与"香"的方向上努力改进。1974 年潞酒获"山西名酒"称号，1978 年"上党门"牌潞酒获"山西省著名商标"，被评为"山西省信得过产品"、"山西省优质产品"，1991 年被评为"轻工业部优质产品"、"全国食品博览会银奖"。长治市潞酒有限公司在借鉴潞酒传统工艺的基础上，开发出二贤庄古酒、上党佳酿、潞州醇，及一批适应大众品味的现代潞酒。在丰厚的历史文化积淀基础上，潞酒仍需积极探索适应现代酒品文化、饮用品味与营养标准的改革与创新之路。

---

①　潞酒广告纸幅长 11 厘米、宽 5 厘米，共刊印 4 列 3 行 57 字："潞府永隆升记 铺在潞安府大街路西开设酒局 自造鲜红碧绿潞酒 发行不误主顾 价钱随时 货真价实 永不哄人 凡赐顾者须认印票为记 永记"。明嘉靖八年（1529）潞州升为潞安府，"潞安府大街"的名称当在其后。清代，潞安府大街前后分别更名"府前街"、"府后街"，民国时更名"府坡街"，今名"府后街"，今日"昌盛一条街"即潞安府大街原址。见田秋平：《潞酒广告》，《太原晚报》，2008 年 12 月 30 日。

第八节　山西黄酒

山西盛产黍米，晋北地区民间普遍有酿制黄酒的习俗，忻州、代县、应县、太原都有出产。黄酒用黍米、麦曲、酒等酿造而成，因酒色橙黄，故名。

制作方法通常是先将黍米充分浸泡，放入铁锅加热煮糜，之后平摊于木板晾凉，洒上麦曲和匀，再装入缸中发酵。根据环境温度情况经过相应时间的发酵，将液体过渡或压榨，沉淀数日后即成。太原的干榨黄酒主要原料为软黄米（黍米）、红枣、竹叶、炒黄米（少量），加大曲和麸曲糖化，用特制清香型晋阳大曲酒浸泡陈酿，先将黄米浸泡三天，蒸米两小时，底锅水加花椒串味，经糖化、过滤、装坛、密封、陈酿后，再经过滤、灭菌即成。[①] 代县出产的北芪黄酒、高贵喜黄酒，以黄芪、绿豆、冰糖、红枣为辅料，应县的干榨黄酒辅之以大枣、黄芪汁、沙棘等，精酿而成。

黄酒初成色泽棕黄，历久色深，呈琥珀色，清亮透明。焦香味醇，甜酸适度，内含丰富的氨基酸，美味可口，营养丰富。少量久饮，老幼皆宜，具有通经活脉、健脾开胃、调气和血、消除疲劳的功效。黄酒还是配制中药、烹调鱼肉食物不可缺少的辅料。

第九节　食醋酿造技艺[②]

（一）引言

醋之发明与应用颇早，于我国古籍可屡见之。唯古时多用"酢"字，亦间用醯、酼、苦酒、酸等字；炼丹家则称谓"华池左味"（见《说文》与《本草纲目》）。刘熙释名云："醋，措也，能措置食毒也。"然所称谓食毒者，不知指什么。

醋为嗜好调味品之一，因其制造简便，成本低廉，虽穷乡僻野，农工贫民，亦多食用。食用者广，制造者众，方法以之而多，种类以之而繁。

---

① 衡翼汤编：《山西轻工业志》（上），山西省地方志编纂委员会办公室，1984年，78～79页。

② 本节辑自孙颖川、方心芳：《山西醋》，见黄海化学工业研究社：《黄海化学工业调查研究报告》第11号，上海：龙门联合书局，1934年，1～8页。

有以产地名之者，如山西醋、镇江醋等；有以原料名之者，如米醋、麦醋、葡萄醋等；有以制法名之者，如淋醋、打缸醋等。然山西醋内有麦醋、米醋，淋醋内有高粱醋、红薯醋，是各名称复杂错综，初无界说可明也。本篇所述，为山西清源太原介休等地酿醋之方法与其出品之成分。因以上三处为山西醋之名产地，故以山西醋名之。

山西醋膏亦为特产，我国他处似无制造者。然闻介休人谈，出售之醋膏皆系速成（假做）者，无甚价值。地道醋膏皆民家所制，非金钱所能交易。虽购有醋膏一罐，亦未分析，盖其不能代表地道山西醋膏也。附记于此，告以后研究醋膏者，勿以售品作试料也可。

此次调查清源等地之制醋法，多蒙刘丕谊先生帮助，报告内之酿造方法一章，又劳彼请太原醋坊校正，特此声明致谢。

（二）原料

山西酿醋概用高粱，亦有用小麦、小米者，而水与酒曲亦为主要原料。至于米糠等，关系非深，于兹不论。

甲．高粱

高粱（*Andropogon sorghum Bort*），禾本科，蜀黍、芦粟、木稷、荻粱等皆其俗名。种类甚多，在我国最普通者有三，即普通高粱、鸭头高粱、幂高粱。我国种植面积甚大，每年产量在一万万石以上，除酿造酒醋外，多用作食料，北方细民皆利赖之。

山西植高粱近千万亩，年产十万万斤，居该省主要作物之第三位，故价值极廉，百斤仅值一元而已。至所植种类，据晋农言，有"一把抓"等五种。对于选择高粱，山西醋坊尚不十分注意，只求其粒子大而杂质少者即可，至于成分优劣，犹未之顾。

乙．水

据谈山西清源水佳，产品亦优，他县用同一方法所酿之醋不及清源。至其水好至如何程度，因未加分析，不敢拟晰。惟依其色相气味论，诚不失为好水。

丙．曲

酿醋之曲，我国各地皆用酒曲代替。山西酒曲到处皆制，惟以晋祠镇、徐沟县、文水县等处者为优。制曲原料皆用大麦、豌豆或小豆，制法与唐山、东三省者相似。本社所出第三报告高粱酒之研究与第七报告汾酒酿造情形等，内已详述之，于此一赘。

用酒曲酿醋，初视之似有问题在焉，然详察我国酒曲含菌之复杂，即知为可行之事。盖用淀粉酿醋，其变化大致可分三步：淀粉受糖化酵素之力变为可发酵性糖类，后者受酒精酵素作用，复变为酒精（乙醇），在空气供给充分之环境内，醋酸菌变乙醇为醋酸。我国酒曲内能分泌多量之糖化酵素之丝状菌有：Aspergillus oryzea Cohn，Thermoascus aurantiacus H. Miehe，Monascus purpureus Went，Rhysopus japonicus，Rhysopus Tonkinensis 等；司发酵之酵母菌有 Saccharomyces mandshuricus Saito，Form1，Form2，Form3，及 Form4 等种；至于醋酸菌则有 Bacterium acet Hansen，Bacterium acetigenum Hbg 等（K. Saito *Rep. cent. lab. South Manchuria Railway co. No. 1 1914*），酒曲有以上三种菌类，自可用之酿醋。

（三）酿造方法

山西醋种类众多，原料方法各有不同。兹所述者其代表区域之酿造法也。

原料高粱十大斗（每斗重 27～28 斤），用石磨碾碎，每粒破为四瓣，粉末甚少，加水约 200 斤，拌匀，渍浸 20 小时左右，入甑蒸熟。甑与汾阳烧锅所用甑之形式相同，惟甑桶为木质，且无冷缩锅耳。装甑方法，亦不能一次装入，分作数次，每次装寸余，待气冒出后，再装寸余，装满为止。如此可免蒸熟不均。甑装满蒸汽冒出后，燃线香一条（约烧一小时之久），待香烧完，高粱即熟。取出分置于六七个木槽中（槽约长 6 尺宽 3 尺深 7 寸），加沸水百斤，拌搅使成软饭。凉冷十余小时，不时翻拌，加入曲面百六十斤拌匀，运入发酵室倾于大瓮中。瓮高三尺七八寸，直径二尺上下，每瓮可盛原料三四斗，十斗高粱可分置三瓮中。每瓮内加冷热水（煮沸冷凉之水）百斤，稍拌搅，加盖待其发酵。发酵室内置熏醋醅炉，温度颇高，约 27～28℃。故熟高粱置于大瓮内，翌日即冒泡发酵，三日后主发酵过去，置石盖，再用纸糊缝使不泻气，待其继续后发酵作用。后发酵时间清源长至十六七天，太原则止六七日耳。过此时期后，去石盖，瓮内液体虽仍有气泡冒出，但上已现澄清液四五寸深，味辛酸，盖淀粉已变成酒，且小部分之酒已成醋矣。把此酒醪分置于 30 个小罐内（罐高 2 尺口径 1.5 尺），每罐加米糠一斗五升，拌匀堆成凸形，每日早晚各拌搅一次，三日后上火，五日大火，六七日减火，八日成醋。以后即渐渐温冷，停止拌搅，酒味已去，酸味大增。上大火时，用手探醅觉热，但不能感到"烫手"。如觉烫手，即上火太高，须即冷却，否则醋味即改，而收成量亦减矣。此步"手术"甚为重要，成败在此。故醋师傅十分注意调节温度，供给空气，以促醋酸菌之作用。盖醋酸菌之作用适温，多在 30～35℃，过高过低皆不相宜。但清源酿醋，温度有高至 40℃上下者，是醋酸菌、乳酸菌必起作用。而实际山西醋之气味别致，亦可证明醋酸菌以外之细菌作用。醋师傅调节温度方法在调动罐内醋醅之形式。即欲使之上火，醅面成凸形，使之下火则成凹形。如遇特别事故，温度或过高过低时，则调节发酵室内温度，以促其速冷或速热。至于供给空气，则惟拌搅耳。醋醅内加糠三倍以上，糠质硬而片大，故使醋醅蓬疏，面积增大，每日拌搅二次，以供给氧气。缘醋酸发酵为氧化发酵之一，46公斤乙醇变成60公斤醋酸，需要32公斤氧气，约合百立方米之空气。由此数可知醋酸发酵与供给空气之关系。故研究醋酸发酵者，莫不注重空气之充分供给。德国之速酿法，亦供给空气便利且充分有以致之。山西醋醅内虽加糠使之蓬松，犹恐空气供给之不足。

　　醋醅在小罐内第八日，加入食盐约四五十斤使之落火，十日后恢复常温。取出一半（15罐）置于熏醋瓮内熏蒸。熏醋瓮置于炉上，炉多筑于发酵室之中央。每炉置熏瓮二个，瓮内装醋醅。瓮底用文火徐热，瓮口盖一瓦盆（或石板盖），并不糊缝，故醋酸逸去甚多。凡正熏醋醅之发酵室内，醋味之重，窒息呼吸。调查时在内摄影一幅，仅费时数分钟，而已觉大为不适矣。一昼夜后，早晚上下翻转各一次再继续熏蒸，醋醅色相变深，即可止火，取出浸水上淋瓮。

　　置未熏蒸之半数醋醅于五个淋子中，共加水千斤（夏季800斤）浸渍醋酸，淋子系定做之小瓮。底缘有一孔，孔内插一竹筒，筒口一塞，以便泻醋。醅在淋子内浸渍12小时，去塞淋醋。将淋出之生醋倾入铁锅中煮沸，把出置于已装入熏醋之淋子五个中，浸渍12小时，淋出澄清，即可出售。亦有将生醋与熏醋分别浸淋，而后混合者。法将未熏之醋醅加水400~500斤，浸渍12小时淋出，醋色黄淡。如法将熏醅浸淋，醋色浓厚。二者混合出售。

　　淋醋所用之水，冬季须先煮沸，稍冷后倾入醋醅，然淋后不必再煮沸杀菌。夏日则可用凉水，惟须将淋出之醋煮沸，以免变坏。又夏季用水较多，醋质较优，亦为防腐之意。

　　好醋淋出后，再加水于淋子中，浸渍半日，去塞淋出，称"淡醋"。或代下次淋醋之水或对于浓醋内出售。亦有单独出售者。

　　十斗高粱冬季出醋千斤，夏日800斤，约值洋30余元。

　　醋向外运发多用篓盛，篓内除糊血料外，再涂生漆一层，以免泻醋。

　　醋制成后即出卖者，称"新醋"，陈放后者称"陈醋"。陈醋之制法可分加工与不加工两种。不加工者，即将原醋入瓮陈放，天长日久，自可成色浓味重之老陈醋。加工者系于三伏天，将醋置于日下暴晒，使水分等蒸发逸去；冬日置于户外，醋中水分结冰，浮于液面，随时取出，此可称谓

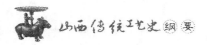
日晒抽冰法。凡经此一冬三伏之醋，色浓体重，亦称陈醋。若经三年以上，则可谓加工法之上好陈醋矣。

工艺流程图如图4-7所示。

图4-7　山西老陈醋复式发酵与固态醋化工艺流程图

资料来源：包启安、周嘉华主编：《中国传统工艺全集·酿造》，郑州：大象出版社，2007年，393页。

（四）醋之成分

分析样品皆系在山西采集，共有六种，计介休县二种、清源二种，余二种系太原出品。又在天津塘沽各购醋一种，同时分析，俾作比较。兹将样品产地、原料等分列于后（表4-4）。

表4-4　样品情况

样品编号	产地	原料	陈放时间（商家提供）	其他
1	太原益源庆	高粱	5年	
2	太原宝丰裕	高粱	不详	此家在太原最有名
3	介休通德如	小麦	40年	老陈醋
4	介休通德如	小麦	10年	伏晒陈醋
5	清源永泉玉	高粱	数日	
6	清源聚庆成	高粱	数日	
7	塘沽玉泰号	高粱	数月	
8	天津万康	不详	不详	

依《酿造便览》（台湾酿造研究会编）及P. Pacottet的 *Eaux-De-Vie et Vinaigres* 等书之方法，分析山西醋之成分如表4-5所示。

表4-5　山西醋成分

样品编号	比重	醋酸（克/1000cc）	酒精	食盐（克/1000cc）	游离无机酸	灰分（克/1000cc）
1	1.121	76.8	极微量	37.2	无	72
2	1.093	71.4	无	29.0	无	50.0
3	1.160	73.0	极微量	70.0	无	83.4
4	1.110	46.8	极微量	27.0	无	41.0
5	1.062	66.0	微量	18.1	无	28.0
6	1.063	63.6	微量	18.7	无	27.6
7	1.040	21.0	少量	12.3	无	19.2
8	1.040	27.8	少量		无	

(五) 结语

我国之醋最著名者，首推山西醋与镇江醋。镇江醋酸而带药气，较之山西醋犹逊一筹。盖上等山西醋之色泽气味皆因陈放长久，醋之本身起化学作用而生成，初非假人工而伪制，不愧为我国名产。然酿造山西醋亦有亟待讨论者，为用曲量多与熏蒸醋醅是也。盖用曲多成本加高，醅时醋酸挥发损失必大。解决之法，惟在添加酒曲内短少之物质，以减其用量，改良熏蒸器具，避免醋酸之挥发。有志改良山西醋者，曷一试之。

山西地方特色醋[①]

(一) 清徐陈醋

清徐位于太原市西南方，背依吕梁山，前傍汾河水，气候温和，交通便利，盛产小麦、高粱、玉米、谷子，当地的自然环境与原料、水质条件，适合于醋的酿制。孟封、清源、徐沟、西谷等乡镇，为清徐陈醋的主要产地。

清顺治年间（1644～1661），介休县人王来福对长期沿用的熏醋工艺进行改进，使酿醋方法进入较高级阶段，"山西老陈醋"的声誉由此而起。革新后的制醋工艺，主要在"熏醅"，而不在"陈酿"。可知，当时大量生产的是"熏醋"（即今天的特醋），真正的老陈醋为数甚微。由于王来福的改进，充实了酯化过程，延长了酿造周期，醋的色泽更美，味道更醇厚，于是名声大振，销路倍增，王来福创办的"美和居"醋坊成为显赫一时的大商号（图4-8）。嗣后一些商人步美和居的后尘，在当地或外地陆续设坊酿造，山西老陈醋随之誉满全国。

清徐陈醋以当地种植的红高粱为主要原料，以各种皮糠为辅料，以红心大曲为发酵剂并以曲代料，经合理配料、蒸料，采用稀醪厌氧酒化，固态醋酸人工翻醅，按需人为变温发酵，经高温熏醅、高密度淋滤、高标准陈酿而成。清徐地方特色的食醋酿制技艺，代表了北方食醋酿制的最高水平。2006年，清徐老陈醋酿制技艺，入选第一批国家级非物质文化遗产名录（编号

① 辑自衡翼汤编：《山西轻工业志》（上），山西省地方志编纂委员会办公室，1984年，96～97页。

图 4-8　太原东湖醋园美和居老陈醋酿造工艺流程（局部）

411Ⅷ—61)，代表性传承人郭俊陆（清徐县美和居醋坊）。

目前在经济利益的驱动下，一些作坊偷工减料，肢解陈醋传统工艺，生产次品，使山西陈醋的技艺和声誉遭到扭曲败坏，对此需要进行彻底治理和严格防范。

（二）太原益源庆名特醋

太原市桥头街有一条胡同名为"宁化府"，系明太祖朱元璋之孙宁化王济焕的王府所在。益源庆醋坊清代开业，位于宁化府，开始以磨面为主，酿造醋、酒为辅，1921 年，太原增办第二个面粉厂，益源庆经理李富恒将主业转向酿醋。益源庆始终坚持传统酿造工艺，保持了特醋甜、绵、酸、香、浓的独特品质，长久以来誉满全国，广受喜爱。

1. 保持原料配制比例

高粱 100 斤，大曲 40 斤，谷糠 100 斤，麸皮 50 斤，食盐 9～10 斤，花椒 1.5 两（大茴、小茴、良姜、桂皮等），醋糟 80～100 斤，水 260～280 斤。

2. 认真执行十道工序

（1）粉碎原料：高粱和大曲都要粉碎，大曲粉成曲面，高粱粉成粗粉，以少带面粉为宜。

（2）润糟：先把谷糠 25％～30％、新醋糟 80％～100％平摊在晾场，将高粱粉撒在上面加水 100％，翻拌均匀，然后堆成堆，冬季可适当厚些，用温水拌最好，经过 12～14 小时，使料润透，但注意不要使料发热。

（3）蒸料：先将笼布铺好，撒上薄薄的一层谷糠，然后将润好的佐料搅匀，不要有疙瘩，装入甑内随上气一层一层地撒，以免压实，在气上饱后，蒸 2～2.5 小时出甑。高粱要蒸熟、蒸透，内无生心。

（4）出甑冷却：高粱楂蒸熟后，要立即出甑，设法把熟料内的气分层量散出，再加 160～180 斤浆水，使原料能大量吸取浆水，促进和提高第一道发酵的酒精氧化作用。

（5）冷却加曲：把熟料加曲，摊在晾场上，随时翻晾，加快冷却，减少杂菌感染的机会。

（6）拌大曲：熟料冷却到夏季 18～22℃，冬季 22～24℃ 时，开始拌大曲，将曲面尽量均匀地撒在上面，再加一部分谷糠拌匀，装入酒精发酵池（瓮），用脚稍踩上面，用塑料布盖严，进行固态发酵糖化变酒精，夏季 7～8 天，冬季 9～10 天，要求发酵室室温 10～20℃，酒精 5～7 度，酸度 1 度以下。

（7）醋酸发酵过程：生产醋是先做酒后做醋。第一步糖化发酵变酒精，第二步酒精发酵成醋酸。酒精发酵成后，即开始拌谷糠与麦麸皮成醋坯，装入小缸，一般发酵好的醋坯，要求酒精度 6 度左右，酸度 1 度以下。在转入醋酸发酵拌糠时，要避开高温时间，以免温度高酒精挥发多，影响到醋的产量减少。拌糠时要求均匀，严格掌握醋酸中的水分，其酒精度在 38～42 度，如酒精度过高或过低，都不利于醋酸菌的生长繁殖，成坯率达到 500%～550%。

（8）熏醋坯：将酿成的醋坯取 40% 倒入熏缸加盖（陶瓷盖），每天按顺序翻倒一次，熏 4～5 次即成，要求色黑红发亮，注意添火时间每天 2～3 次。要掌握火候，添火时间固定。熏坯的作用在于增加醋的色泽和藿香味，这道工序是益源庆醋坊所特有的。

（9）淋醋：全部原料酿成的醋坯，即 60% 不熏的黄坯和 40% 熏成的黑坯，分别倒入黑、黄淋池内，用前一天头遭醋浸泡黄坯 12～16 小时。次日将黄坯醋池淋嘴放开，淋出的黄坯醋流入熬醋锅，煮沸杀菌，再放入熏坯池浸泡 4～6 小时，淋出黑坯醋与黄坯醋混合，即是成器。淋醋要求做到一浸二熬三淋。

（10）鉴定成品：成品经过鉴定，不合国家指标者不准入库。鉴定成品一般采用感、观、化验三种方法，感就是坯醋的酸香味，有无杂味；观就是看色泽是否透明、有无混浊现象；化验就是用仪器测酸度和浓度。名特醋一般酸度在 5 度以上，浓度 9～

315

10 波美度，色泽深红透亮。①

图 4-9 为益源庆制酿的铁甑与送货醋篓。

图 4-9　益源庆制醋铁甑（清嘉庆二年）与送货醋篓

资料来源：刘永生主编：《太原旧影》，北京：人民美术出版社，2000 年。

（三）闻喜小米封缸醋

闻喜、新绛一带，多食米醋。米醋以小米为原料，以大麦芽为糖化剂，以大曲为发酵剂，每年春季制妥，封缸储存，麦收后至次年春出售，故名"小米封缸醋"。这种醋工艺简单，不用谷糠等辅料，亦不熏醅，可以长期贮存，是山西醋的又一特色。醋酸含量 5％～6％，色黄，味香酸柔和，为晋南地区常用的调味品。

（四）河津柿子醋

河津、万荣、新绛、闻喜、运城等地盛产柿子，每当柿子成熟的季节，家家户户都要酿造柿子醋，供全年食用。柿子醋原料单纯，工艺简单，将完全成熟的柿子（碰破跌烂者亦可）放入缸内封盖好，在室温下任其自然发酵，冬季扫一些干净的雪倒进缸内，次年农历二三月再加入大曲，如无大曲亦可，每十天搅拌一次，使成糊状，麦收时将干净的麦秸切成二三寸长拌入，搁置一天，移入淋缸，加清水浸泡 3～4 小时，过淋。一般要加三次清水，过淋三次，醋酸含量 3％以上，色浅黄，味尖酸清香。

（五）祁县高粱醋

祁县快曲高粱熏醋的酿造特点，一是以纯种培养的曲霉菌制

---

① 武福：《太原宁化府益源庆的名特醋》，见太原市政协文史资料委员会编：《太原文史资料》第 2 辑，内部发行，147～150 页。

作的快曲为糖化剂，以纯种培养的酵母菌制作的卡氏罐为发酵剂，因而高粱淀粉糖化发酵比较完全，出醋率高，每百斤高粱可出600斤醋。二是完全仿效山西老陈醋生产工艺，不同的是淋出后不经伏晒抽冰和陈酿。熏醋时间长达7～8天，老陈醋只需4天。醋酸含量4％左右，色棕红，绵酸可口。

图4-10为垣曲县光裕号醋坊遗构。

图4-10 垣曲县光裕号醋坊遗构（醋坊、商铺、民居一体，山西民俗博物馆内。姚雅欣拍摄）

第十节 山西酱类制造法

酱类是民间常用的发酵类调味品。鱼酱、虾酱为动物性酱，常见于濒水地区，产量较小；植物性酱无论在南方还是北方，民间普遍有制作传统，主要包括豆酱（大豆或蚕豆）、面酱、麦酱、调味酱四类，大豆又包括麦豆酱、米豆酱、豆酱、面豆酱，其中以面豆酱最为常见，从形态上分为干黄酱、稀黄酱、豆瓣酱三种。[①]山西农家有制造酱类的习俗，因制造方法不同，有酱油、清酱、甜酱、黑酱、豆酱等分别，各种酱类制造的方法如下。[②]

一、酱油

酱油又名豆油，是调和食物很好的东西。山西酿造的酱油，味道浓厚，颜色黑红，用其辅佐食物能生一种特别的香味，所以喜欢吃的人很多。

（一）原料

制造酱油的原料，以黄豆为主，也有用黑豆的，只是味道不如黄豆的好些。使

---

① 包启安、周嘉华主编：《中国传统工艺全集·酿造》，郑州：大象出版社，2007年，413页。
② 见：《山西农产酱类制造法》，《山西农学会刊》，1940年3、4期合刊，1～8页。

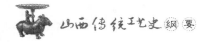

用的豆子，要捡择外皮光滑、颗粒圆满的，才能味道良好，多出分量。原料还不少了白面、食盐、调料和水，分量必须配合适当，过多过少都不相宜。通常黄豆 1 斗，加白面 15～18 斤，水 27～28 斤，盐 7～8 斤，大茴 5～6 钱，花椒 3～4 钱，肉桂 1～2 钱。这样配合酿造的酱油，味道很好；若白面多、调料少的时候，就要减少香味。

（二）煮豆

把豆子筛簸干净，倒在水内，淘洗数次，以水清为止，浸过一夜后，捞在锅中，添入清水，填水的数量，按豆子的干湿，分别多少，大约比豆子高出五六寸以上，才能合适。添水以后，盖严锅口，用火熬煮，经过一两小时，豆已煮熟，把火停止，放过一夜，变成褐色，就从锅内取出，和白面混合一处，制造酱面。

（三）炒麦

把麦子的秕糠和夹杂物等筛簸干净，倒在锅中，灶内生火，用扫帚或笤帚等，把麦子来回搅拌，须要生熟均匀，若炒焦带了黑褐色时，就可扫去另换，也有炒焦使用的，也有不炒的，不管炒与不炒，必须磨成细面才能和黄豆混合。

（四）制曲

把煮熟的豆子和麦子面和在一块，搅拌均匀，装入曲模里边（又叫曲板），曲模的大小，长约 3 尺，宽约 2 尺，深约 6 寸。装好以后，用杵捣实，脱去模子，用刀切成宽约 2 寸、长约 6 寸、厚约 2 寸的块子，放在房内发酵。就地先铺木椽一层，上覆麦秆或铺席子，也有不铺木椽而只把谷糠等物铺在地面的，铺好以后，把切开的曲块垛在上边，排列均匀，每块相离约 1 寸上下，垛高 3 尺至 5 尺不等；也有切成方块匀排席上，用麻纸和席子苫盖的，还有把豆子和白面搅拌均匀，不入曲模，撒在席上，厚约 2 寸的，垛好以后，把门窗封闭严密，令其发热。若天气稍冷时，屋内还得升火，辅助热气，约五六天后，开起窗户，翻转一次，叫做放风。再经过十几天后，曲上生起黄白色霉子，取出晒干，扫去霉子，就成了酱曲，还有翻转两次、放风两次的。制造酱曲的原料虽是一样，可是因制造方法不同，就分出品质的好坏。大概上面色白、下层色黄的，就是上曲；上面带黄白色，下面带黑色的，就是下曲，制成的酱油，品质也就不好。所以制曲的方法，一要温度合适，二要空气流通，若温度过高过低，空气不流通时，就制不成好曲了。

（五）制酱醪

酱曲制成后，豆子与面已经混合，再加入食盐和水，才能成为酱醪。制酱醪的方法，把面上的霉子扫刷干净，捣烂碾碎，放在缸中，再把清水烧开，除去杂物，加入食盐，晾冷后添入缸中，搅拌均匀，晒在向阳地方。盐的数量，每斤面约用 4 两，水的数量以淹住曲面为度，每日用木棍搅拌一次或两次，夜晚盖住缸口，白天揭开。见它变稠时，再加入开水，也有按每斗豆子用水 6～7 斤一次混合而不再添水的，到了冬天，就盖好缸口，不用再搅，来年二月间，照样再搅再晒，有经过一年后，取出榨油的，也有 2 年或 3 年后榨油的，比较起来，年代越久，榨出的油越好。

（六）榨汁

用酱醪榨出酱油，就叫榨汁，把酱醪和清水混合均匀，装入细白布袋内，放在木槽里边，或木架上边，下置木桶，用木板压在袋上，再加石块，压出的汁液，流在桶中，经过一天后，把袋从槽内取出，包紧再压，二次压干后，留下的渣子就是油粕，可做饲料、肥料使用。

（七）熬油

把榨出的酱汁静放二三日，等渣子和污物沉下时，把油汁倒在锅内，再把大料、茴香、花椒、肉桂等调料，各秤数钱，研成细末，添水熬开，晾温以后，把渣滓除去，一并添入锅内，用木棒不停地搅拌，生火熬煮约三四小时，就熬成酱油，也有熬的时候把黑糖炒焦，加在里边，使其色浓。

（八）储藏法

把放酱油的器具洗刷干净，倒入热水烧杀霉菌，把水取出，干燥后，盛入酱油，封盖严密，勿让钻入空气，就能耐放，若有出气孔时，生起霉菌，必须取出再熬。但入火一次，分量就要减少，所以储藏的方法必须合适，储藏的地方须寒冷干燥才好。

二、清酱

清酱的味道和酱油仿佛，所以第二淋酱油，也有叫做清酱的。可是酱油以黄黑豆为主，清酱以麦麸为主，就是不用豆子，单用麸子也可制造。不过比较起来，掺上豆子的，味道甜些，颜色黑些。若第二淋酱油，相比专制清酱的味道，就差得很多了。

（一）原料

制清酱原料以麦麸为主，食盐为辅，花椒、大茴、小茴、良姜等为调料，也有

搅入黄豆或黑豆的，味道更好。就各种原料的数量说来，比如用麸子 500 斤，必须用黄豆 6 石，花椒半斤，大茴、小茴等 1.5 斤，食盐 200 斤，才能合适，过多过少，都不相宜。若单用麸子制造时，每斗麸子用食盐 2 斤，花椒 4 两。

（二）制酱

到三四月天，每百斤麸子，和水一担，搅拌均匀，放到屋内，拍压结实，用席子盖好，封闭门窗，经过 20 天上下，就把麸子酸成红色，用筛筛过，如搅黄豆黑豆时，上磨磨碎，倒在锅内，煮成糊，然后和麸子咸盐搅在一处，装入瓮中，再把花椒水倒在瓮内，上面拍紧，把瓮摆齐，晒到向阳地方，每 20 天，从甲瓮翻入乙瓮，乙瓮翻入丙瓮，挨次翻转，至完为止。翻时务要把瓮装满，上面拍齐，如不满时，可把一瓮的分填各瓮，至造成酱坯时，瓮就占的少了，晒到冬天，盖好瓮口，不必挪动，来年开春以后，它就变成淡黑色，照样翻晒，经过三年，把晒成的黑色皮子从各瓮内取出，拌上谷糠，倒水淋下，再把花椒等调料加入，上锅煮熬，熬到色气已黑、留下四成时，就可停止。把它装入布袋，放在架上或槽中，用木板石块等压在上面，流入缸中，就成了清酱。各瓮内的酱坯不久又晒下皮子，按前法制造，至完为止。

单用麸子不搅豆子的制造法：到二三月间，用麸子 1 斗，食盐 3 斤，花椒 4 两，面 7 斤，加入清水，搅拌均匀，装入瓮内，放在院中，阳光照晒每日用木棒搅拌一次或二次，晚间盖严瓮口，防备雨水浸入，晒到霜降以后，倒在淋醋缸中，加入开水，就可下淋，下淋以后，上锅煮熬，再把良姜等加入，就制成清酱。

三、面酱

面酱用作调料，炒肉熬菜都可使用。制造的原料以白面为主，食盐为辅，制造方法有两种，一为甜酱，颜色稍红，味道香甜；二为黑酱，颜色很黑，味道稍苦。由于这两种酱制法简单，农家普遍制造自备食用。

（一）甜酱

把白面用冷水和起，切成方块，用笼蒸熟，在屋内就地铺麦秸一层，再铺席子一层，把蒸熟的块子放在席上摆列均匀，用席子盖好，紧闭门窗发酵。若天气稍微寒冷，还得生火，补助热气。夏季 3～4 天，秋季 7～8 天，翻转一次，开起窗户，放入空气，俗称放风，停 1～2 小时，再把门窗关闭合适。经过 7～8 天，看到上面生起黄毛时，就是酸好（若生起白毛是酸酵末，若生起黑毛是发酵太过），取出用阳光晒干，除净霉子倒入缸中，每块一斤加入食盐 4 两，再添清水，用木棒搅拌均匀，晒在院内，每日搅拌二三次。到了夜晚，或遇下雨，把缸口盖好，防备雨水浸入以致腐坏，若晒到过稠时，还得加些清水，再搅再晒，夏季晒 40~50 天，秋季晒 100 天上下，变成红色时，用小竹筛过滤，储藏缸内，随时取用。

（二）黑酱

把白面用温水拌成块垒的样子，或捏成面馍，用笼蒸熟，切成小块，装在缸中，把缸口封闭严密，放到院内，阳光照晒，也有放在屋中，关闭门窗，生火发热的。待发成赤褐色的块状时，就是发好，按每斤面加入食盐 4 两，用温水和稀，用布包或马尾罗子过滤，用锅煮熬，也有过滤后，才把食盐和大茴、花椒等捣成细面，加入锅内的。熬时要常搅拌，到了夜晚，把火用灰埋住，白天再熬再搅，熬成稠糊样子，就制成了黑酱。

四、豆酱

豆酱也是调和食物常用的东西，在山西各地都有制造，有黄豆酱、黑豆酱、豌豆酱几种。因为各地方的出产不同，制造方法不一。如省城附近，就是把做豆油的胚子叫做豆酱，省北一带，就是（用专门方法）特别制造。制造方法如下。

（一）原料

做豆酱的原料，以黄豆、黑豆或豌豆为主，有混合白面，或混合高粱面和莜面（俗叫两掺子面），晒的时候，还要加入咸盐，熬的时候，又要把花椒、茴香等装入小布袋内，放在水中，把味道熬到酱里，才能增加香味，搅面的多少，以把豆糊和起、用手捏成饼子为度。

（二）煮豆

把黄豆筛簸干净，泡在水内，经过一昼夜，用笊篱捞出沥水，一面锅内熬开滚水，加入碱（面或块），把豆子倒在锅中，煮到用指头捻烂时，取在盆子里边，晾温后用手揉搓，随撒入白面或莜面等，把豆屡搓屡撒，至豆子就像泥的样子，用手捏成小饼，放在屋内发酵。

（三）发酵

在屋内就地先铺麦秸一层（稻秸莜麦秸都可），再少铺些茵陈草（俗名臭黄蒿），把豆饼垛好，上面也用茵陈草和麦秸等蒙盖合适，扣上铁锅。经过七日，把锅揭起，拨开麦秸，使其放风，翻转一次，照样蒙盖合适，经过七天（天热时四五

天也可），再翻一次，再过七天（天热时有二三日的时候），又翻一次，翻过两次，饼上生起白绿色霉子，就是发好。取出放在院内，阳光晒干，预备制造酱醪。

（四）制酱醪

把豆饼用滚水润湿，刮净霉子，切成碎块，放入缸中，把食盐化在开水里边，冲入缸内，搅拌均匀，放在向阳地方，夜晚盖好缸口，白天揭开，叫阳光照晒，每日搅拌二三次。若有雨水，须把缸口盖严，防备生起虫子，如晒的过稠时，还须熬些盐水，添在缸内，到霜降前后，晒成块垒的样子，就可熬酱。

第十一节　三种酱制品

一、太原永盛泉酱业①

永盛泉号铺又名永盛酱店，是太原市历史悠久的著名老酱店。清咸丰元年（1851）始创，铺址设在太原市棉花巷原14号，前店后场，店场相连。后场直通大铁匠巷48号，总面积5亩多，规模大，资金雄厚，产品质量优良，一直居同行之首。开始该店产品以制黄面酱、黑面酱、酱豆油、腐干、腐乳为主，后又添制香油、龙须粉，其中以面酱、腐干、腐乳、酱豆油风味独特，曾有"名扬并州，誉冠三晋"之美称。

光绪二十三年（1896），忻县双堡村高向荣（忻县六大财主之一）鉴于太原人口逐渐增多，居民用酱甚感困难，即使买到一些，也是质量不佳，随即与有一定经验的苏春塘、安静光二人商议在太原开设酱店。高向荣先后出资20万两白银，聘请苏春塘为经理，安静光为副经理，王云龙为技师，苏应南为第二技师，并陆续添进工人、店员，员工达40多人。

1911~1921年，为永盛泉酱店生意兴盛期。产品从选料、配料到制作，皆精益求精，不仅广销全省各县，还远销包头、绥远、张家口等地。制酱原料以小麦为主，还需选购冰糖、色精、小麦。每年夏收后，先到孝义县一带选购精小麦六七千石，制作酱油、腐干、腐乳，又以黄豆、大麦、曲酒为主料和辅料，经多次试验，制作豆制品独有北郊呼延村所产"牛眼黄豆"为最佳。每年提前向当地农民订购五

---

① 任步魁：《老字号——永盛泉北谦亨双合成恒义诚》，见太原市政协文史资料委员会编：《太原文史资料》第15辑，内部发行，41~45页。

六千石，起码要购足一年用料，年年如此，宁多勿少。由于场址面积大，场内设大敞棚三大套为操作车间，另有存粮库四大套，还有可容纳四五千口大缸的空地，另有马棚、磨房多套。

制作时，选准季节是关键，无论蒸酱坯、酱豆油都必须在夏季伏天，每年凡到大热季节，也是酱园晒酱、晒酱豆油的大忙季节。经过蒸熟后，边晒边搅，经晒半月后，即成糊状初期酱。经技师试验，再晒一段时间，即进行添加各种辅料，根据不同产品所需配料情况，适量配入大料、花椒、茴香、豆蔻、良姜、海蜇、绍兴酒等辅料。经过两年伏天晒过的面酱、酱豆油，才能成为上等品，又名"老伏酱"、"老豆油"，保证了味道的独特与鲜美。酱越陈越好，太原腐酱有30年以上者。[1] 由于太原是山西省府所在地，广受欢迎的永盛泉酱制品又被称作"府酱"、"府干"、"府乳"。

20世纪70年代，太原酿造厂成立，在继承永盛泉传统制酱技艺的基础上，生产出特级酱油、特级味精等产品。

二、曲沃面酱[2]

曲沃民间有制作面酱的传统，所制甜酱、黑酱在清代已驰名晋南地区，尤其在临汾、襄汾、临猗、万荣、新绛、绛县、稷山等周边县区，曲沃面酱广受喜爱，人们称之为"曲沃名酱"。曲沃面酱色泽黑红发亮，酱香浓郁；质地细腻，稀稠适中；用量少，着色力强；不生虫、不霉坏、不变质，陈放愈久愈佳；制作过程不使用任何添加剂。20世纪初，曲沃县有13家酱园，年产量10万斤上下，其中以"义兴成"酱园生产规模最大、品质尤佳，是曲沃酱品厂的前身。

（一）制作原料

曲沃面酱包括黑酱和甜酱两种，主要原料都是由面粉（标准粉）、食盐、调料和水组成。前三种原料需精选或细加工，水则必须用本地最好的古井水（酱品厂内）。据老酱师回忆，义兴成酱园的古井水有油性，水质最好，所产面酱的品质非其他酱园所能及。

（二）工艺流程

黑酱工艺流程：原料—熬制—过滤—成品。

---

① 郝树侯：《太原史话》，太原：山西人民出版社，1979年，61～62页。

② 曲沃县蔬菜公司：《曲沃面酱的生产概况与技术》，见曲沃县政协文史研究馆编：《曲沃文史》第3辑，内部发行，1988年，33～35页。

甜酱工艺流程：原料—制坯—蒸制—自然发酵—入池浸泡—晒制—磨细—过滤—二次晒制—成品。

（三）工艺要求

1. 黑酱

（1）制坯：把经过细加工的面粉加水制成坯块，厚度不超过4厘米，规格以10厘米×6厘米为宜。

（2）蒸制：坯块制好后，上笼，各坯块间留适当间隙，蒸制时间一般为1.5～2小时，必须蒸熟，不能有夹生。

（3）自然发酵：蒸熟的坯块趁热运往发酵室，进行堆制发酵。发酵室不宜过大，要求能密闭、保温、卫生条件好，室温需20度以上，冬天要另外加温。晒制厚度一般在0.5～1米（夏天薄冬天厚）。发酵时间7～15天，随着气候温差在此范围内增减发酵天数。感观检查坯块表面布满黄色菌丝，坯块掰开后，颜色发红，有长丝不易断时为发酵适中，掰开后色发黄或发白，为发酵不完全或未发酵，颜色发暗红或黑，为发酵过度。

（4）入池浸泡：发酵好的坯块入池浸泡，水量以浸没坯块15～20厘米为宜，浸泡时间5～7天，泡透方可。未泡透将形成死块，死块在打酱时很难搅碎。

（5）晒制：浸泡好的坯料，称为酱坯。酱坯需要充分的日照进行晒制，同时需要搅匀、搅碎。搅的过程称为"打酱"。手工打酱每天2～4次，打酱机每天可搅拌4～6次以上。夏天晒制时间约需一个半月到两个月，天冷时需四个月以上，直至缸内酱坯颜色发深红，无块，稠稀均匀，上下一致时，为半成品。晒制时，大部分为露天作业，卫生特别重要，除防蝇、防尘外，还需要防雨水。

（6）磨细：半成品即可磨细。为了取得更细腻的产品，磨细后再进行过滤。过滤用80～100目粗箩，设备允许的话，磨细与过滤可同时进行。

（7）熬制：过滤的酱坯转入熬酱锅进行熬制，黑酱的熬制是工艺的关键，一般要在老师傅的指导下进行。火候要掌握得恰到好处，根据半成品的晒制程度，还需经过16～20小时的熬制才能出锅。出锅后需经过二次过滤方可入库。入库后还要经过4～8小时的放气和搅拌，即为成品酱。

2. 甜酱

甜酱的制坯、蒸制、发酵工艺要求，与黑酱相同。

入池浸泡时，必须用经过蒸煮的调料水，调料可根据各地风味自行拟定。水量以浸没坯块10～15厘米为宜，比黑酱用水量略少，坚决杜绝生水和雨水入池。

晒制和磨细，与黑酱相同，但磨细后必须过滤，过滤后为半成品酱。过滤后的半成品酱再入缸，进行二次晒制，至颜色发深红、发亮、有光泽时，即为成品。

三、临猗酱玉瓜

临猗酱玉瓜，是以临猗玉瓜、优质面酱为原料，腌制而成的一种酱菜。1906年，临晋镇东关酱菜园开始生产销售酱玉瓜，福聚长、三义成酱园的产品最著名。1915年，临猗酱玉瓜作为代表山西省的传统特产，参加在美国旧金山举办的"巴拿马-太平洋万国博览会"，荣获优质银牌奖。因此，临猗酱玉瓜又称"金奖酱玉瓜"，畅销国内，远销日本和东南亚等国。

玉瓜，又名王瓜、地黄瓜，山西南部、河北、河南多有种植。临猗一带的玉瓜产量高，质量好，大者每根重1公斤左右。玉瓜表皮呈微黄色，皮薄肉厚，肉质色白细嫩，咸甜清口，余味绵长。制作酱菜需挑选形体均匀、色相良好的玉瓜，然后洗净晾干、剖切、去籽，加盐腌制，最后加面酱、上调料，按时翻晒，半年后即成。启封食用时，清爽的酱香扑面而来，用清水将表面附着的深褐色面酱洗去，可见酱玉瓜橙黄、如玉的本色，"玉瓜"由此得名。食用时切成细丝，味道咸中带甜，清脆爽口。

酱包瓜、连皮酱笋是芮城县的特产酱制品。酱包瓜选用当地出产的新鲜生甜瓜，大小均匀，重量在半斤左右，当天选瓜，当天制作。制作方法是：去瓤，用细盐腌制7天取出，装入2.5公斤重的小布袋，入三酱、二酱、一酱，经过3周腌制取出；选择完好无损的酱瓜，装入用石花菜、打瓜籽、香椿芽、杏仁等配制的十种料，放入甜面酱缸里，随用承取。酱包瓜外形似甜瓜，色泽褐红，鲜嫩香脆，掰开后酱香浓郁，咸甜可口，含有丰富的还原糖、氨基酸和多种维生素。

1976年试制投产的芮城酱笋，在当地酱制品传统工艺的基础上，吸取陕西潼关酱笋制作方法的优点，选用优质青笋和甜面酱，经十余道工序腌渍而成。制作方法是：先将青笋刮掉嫩皮，剁成4寸长的节，加入18度的盐水，7天后发酵成淡黄色；捞出用清水浸泡一天一夜，再入3次乏酱缸，每次7天；最后入甜面酱缸，封缸45天即成。溢香牌连皮酱笋，是芮城县酿造厂生产的名特产品。

第十二节　山西豆类制造法[①]

用豆子做成豆腐，或加上调料，制成有香味的食物，都属于豆类制造品。山西

---

① 佚名：《山西农产豆类制造法》，《山西农学会刊》，1940年5~6期合刊，2~7页。

的豆类制造品有豆腐、豆腐干、腐乳、糟豆腐等，制造方法如下。

一、豆腐

豆腐是日用品中最常吃的东西，山西各地都有制造。按学理上考究，谷类所含的蛋白质很少，供人吃用容易消化，滋养料却有些不足。豆腐内含蛋白质最多，制造容易，价格低廉，对于人体滋养很有利，所以为农产中第一普通制造品。

（一）原料

制造豆腐，以黄豆为最普通的原料，也有用小豆或黑豆的，只是颜色黑暗，味道稍劣，不及黄豆制品洁净纯白，所以用得不多。制造的时候，还要加些盐卤，或醋汁，或酸菜水、稠油和浆水等，才能制成。每斗豆子，需盐卤 3 两上下。制造时期，以春冬二季为宜，夏秋两季天气炎热，最易酸起酸味，不耐存放，所以不宜制造。

（二）制法

把豆子在石磨上磨成瓣子，也有用碾子碾成，或碓臼捣成的，簸去豆皮与各样杂物，泡在水中，经过一夜，带水捞出，再用石磨碾磨。磨的时候，还要加些清水，才能磨成豆乳。磨好以后，倒在桶内，熬开滚水冲入桶中，也有添入温水，搅拌数次的，把浮上冲起的沫子除去不用，然后用笋子或布包（俗叫豆腐包），滤到锅内，包内留下的渣子放在架上，压干乳汁，就叫豆腐渣，做喂猪的饲料，最为合适，也可供人吃用。滤下的豆乳，用火熬开，晾到温和时，把浮上的油皮取去（俗叫豆腐皮，吃用极好），也有不取油皮的，用盐卤或浆水徐徐点入，也有用石膏点的，豆乳渐次凝固。笼中再为生火，就稠的下沉，稀水上浮，待老嫩合适时，把木箱架在案上，铺好布包，案下置一木桶，预备浆水流入，然后把点好的豆乳舀在箱中，也有装在罗圈里边的，把布包裹严，上压木板，再加石块，木箱前面开下多数小孔，浆水容易流出，压到水分不多时，就成了豆腐。揭开布包，用刀切块，放在水中，随意取用。到了冬天，从水内捞出，冻硬，就叫冻豆腐。

另有方法：先把豆子磨碎，簸去外皮，用水泡上，至 5～6 小时，再添上些水，磨成细糊，倒入瓮内。每豆子 1 小斗，加入稠油 1 两许，加油以后，再把开水倒入，用木棍极力搅拌，到没有沫子时，用布包过滤，除去渣子，滤下的汁液移入锅内，烧火熬滚。用浆水一桶，徐徐点入，豆乳和水自行分离，然后舀在布包里面，压去浆水，制成豆腐。

二、豆腐干

把做成的豆腐压去水分，加入调料，切成小块，就叫豆腐干，也叫腐干子。山西省的豆腐干颜色黑红，味道香美，在制造品中是很著名的东西，一年四季销售。

（一）原料

制造豆腐干的原料，以黄豆为主，因为有好干子和菜干子的分别，所加的调料就不能一样。好干子用的调料，是大茴、良姜、桂皮，小茴、花椒等，上的颜色是糖和清酱等，制腐的时候，点得极细，压得极干，要把各样调料的味道入在里边，所以食用味道香美，价格稍贵。菜干子不加香料，只用黑糖上色，吃用的味道很是平常。好干子原料的用量，豆子 5 升，需清酱 5～6 斤，黑糖 0.5 斤，食盐和各种调料的多少以味道合适为度。

（二）制法

把磨下的豆瓣泡在水内，经过一夜，磨成糊质，磨的时候，有把花椒、小茴等加入的，也有不加的。磨好以后，倒在锅内，加水熬滚，水滚以前，把稠油倒上少许，打去沫子，用布包滤在缸内，点入卤水，等豆腐浆水渐次分清时，把筛子架在桶上，铺入布包，滤去浆水，然后放在干子模内（模子厚约 1.5 寸，用老松木制造的模不走形），用布包好，用千斤榨把水压净，切成 1.2 寸见方或 1.5 寸见方的块子，把各样调料面用水化开，再把黑糖放在锅内，熬到见了黑烟时，添入清水，搅拌均匀，捞去渣子，和清酱、食盐、调料等倒在一处，泡入干子，用小火煮熬，熬滚以后捞出，晾在笸上，就可吃用。若颜色味道不大好时，再照样煮熬，糖、酱、盐等哪样味淡，添入哪样，熬至四次，色味就都好了。若把切下的白干，在盐水锅内熬好，捞在铁丝架上，用柏木末子燻黄，就叫熏干子。制造的量数，豆子 5 升，可做腐干子 720～800 块。

三、腐乳

用豆腐制成的酱，就叫腐乳，也叫豆腐乳、豆腐酱。山西的腐乳，很是著名，每年销售的，很是不少，商业界中算是一类重要货物，在农业上，能增加豆子的价值，间接关系也是很大。

制造的原料，是黄豆、食盐、建曲、本绍和酱子等（谓酱初晒下的就叫酱子）。

制造的方法，未点盐水以前都和制腐干子一样，到压出水分，切成小方块时，用大火煮熟，平放在缸中，把食盐捣碎，浇入一层，再放一层，再浇一层，放好以后，上盖木板，压些石块。腌过半月后，水已下去，捞出立插在又一缸内，坯子一层，夹建曲、本绍、酱子等一层，把缸装满，封闭严密，放在向阳地方，晒过百天上下，就能吃用，晒的天数越多，味道越好。制造用量豆子5升，约用酱子1.5斤，建曲1.5两，本绍5斤，食盐6斤，可做腐酱400块上下。

四、糟豆腐

把制豆腐干的块子，不加调料、不上颜色，摆在笼内，发酵两天，以臭味极大为度。取出在盐面上来回滚擦，稍微加些大茴，把各面都滚到的时候，立摆架上，晾去水气。然后立装在瓷罐里边，每罐装二三百至七八百不等，装好以后，用料酒把罐填满，盖好罐口，和起细泥糊封严密，不致空气流通，放在向阳地方，晒过一个月以上，就可食用。

五、豆豉

豆豉也是一种食用物品，山西以广灵县制品著名。

（一）原料

用大黑豆1斗，菜干子30斤，杏仁8斤，白面5斤，鲜姜1.2两，红曲20斤，花椒0.5斤，小茴0.5斤，大茴1.5两，丁香1两，良姜1两，砂仁1.5钱，豆蔻1钱，草蔻1钱，红蔻1.5钱，陈皮1钱，肉桂8钱，以上各样材料，配合齐备，就是1斗豆豉的原料，若豆子多加几倍，各种药料，也须照样增加。

（二）制法

把黑豆倒在锅内，添入清水，高过豆子1寸上下，用火煮熬，至水尽为止，放在白面里边，把面滚在豆上。屋中铺垫麦秸，厚约寸余，再铺蒿子1寸余，上铺草纸一层，把豆子撒在纸上，以一寸为度，上面再盖草纸一层，麦秸寸余。经过11~12天，豆上生起黄绿色毛子，就是酸好，若生起白色毛子，是因天气稍冷的缘故，制下的豆豉，味道必定不好。酸好后取出晒干，把毛子和面，一齐除去，筛簸干净，再和各样药料混合一处，装入小缸，放在院内，阳光照晒，经过两个月后，开缸添入盐水少许、黄酒5斤（每斗豆子按5斤为准），倒入大缸用纸糊严，经过一年后，就可食用。

第十三节 山西粉类制造法①

把各样有粉质的东西，制成淀粉，或做粉条、粉皮和各样食品，都属于粉类制造品。这种食品用量很大，又耐存放，所以许多地方都能制造。山西粉类制造品，有豆粉、藕粉、山药粉、粉条、粉皮等，制作方法如下。

一、粉面

粉面，是日用食品中用项很大的东西，一年四季都可制造。因为它价值很低廉，销售很广，余下的面渣还可以养猪，所以是一件获利很大的事业。俗话说"开粉房，养母猪，三年过来纳富户"，就是这个意思。

（一）原料

制造粉面的原料，以绿豆为最好，扁豆为次，这两种外，有掺高粱的，有掺小豆的，也有掺玉茭子或大豆的，这几样东西，掺的越多，制出的粉面品质越低，掺和高粱的量数，共有四样：①一九，是九升绿豆或扁豆，掺入一升高粱，出面九斤，品质最好；②二八，是八升绿豆，掺入二升高粱，出面九斤半，品质中常；③真三七，是七升绿豆，三升高粱，出面十一斤；④假三七，是三升绿豆，七升高粱，出面十三斤。高粱越多，品质越劣，至小豆、大豆、玉茭面等，更是不可多掺。制造时间以春秋二季为宜，冬季出面较多，品质稍劣，夏季出面较少，品质很好。

（二）制法

把豆子、高粱等原料面倒入瓮中，浸入温水（一半冷水一半热水，冬夏稍有不同），搅拌均匀，泡过一夜，捞在磨上（徐徐研磨），磨眼磨下的面，就成了稀糊样子，刮在缸内。把前次沥粉的浆水，徐徐加入，搅拌均匀。也有过箩时，才加浆水的，浆水夏季宜少，天气越凉，渐次加多，到了冬季，更要多些，冬季以后，又得渐次减少。瓮口架一马尾箩子，渣在箩内，杂质可喂猪。经过半日，表面中间，发起白泡沫时，除去浆水，再加清水，用细箩滤过、也有除去浆水，添入清水，用棍

---

① 佚名：《山西农产粉类制造法》，《山西农学会刊》，1940 年 5～6 期合刊，7～13 页。

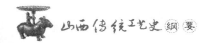

搅拌澄清的，澄上一夜，沉入瓮底，沥去浆水，装在布袋里边，把水沥去，埋入烟灰中，用足踏实，就成粉面。有用熏炉熏干的，有用热炕晾干或日光晒干的。如预备储藏，越干越好，若是漏粉用时，就可连浆放在瓮内，隔几日换浆一次，也能存放半年。

二、粉条

制粉条的方法，就是先把白矾用水化开，倒在盆内，取粉面几斤，做成凉粉的样子（也有叫芡的），和浆水倒在一块，和成稀糊，再把粉面揉碎，徐徐搅入，搅拌均匀，按粉条的种类，分别软硬，大体宽粉宜硬，细粉宜软。和好以后，用有孔的木瓢，漏在开水锅内，熬 2～3 分钟后，搅在冷水盆里，用手盘起，搭在架上，阳光晒干，捆成把束，预备使用。也有把粉面搓碎，放在瓮内，中间留一小穴，把硫黄放在碗中，用火点着，放入瓮底，盖严瓮口，燻过 2～3 小时，把碗取出。每斗粉面，先取五两，用温水调成汁液，用开水冲成浆糊，再放入锅内，略煮一时，成了块状，捞出打碎，和粉面混合一处，就可漏粉的。若是漏青花粉时，须把槐花水或品黄水酌量添入些才好。使用的木瓢，漏大片粉的，开孔一个，漏二片粉的，开孔两个，都是扁形的，漏丝粉是四个孔，漏青花粉是九个孔，都是圆形的。一斤面粉，因浆水的关系，能制粉条一斤一二两。

三、粉皮

粉皮的制造法，就是把制成的粉面，用温水和成稀汁，用勺子舀在平底圆铜盆内，漂在开水锅中，用手旋转，让糊汁匀挂铜盆底上，再加开水少许，成熟以后，连铜盆放在冷水里边，冷后取出，剥在小盆内，或放到粉箔上，就成了粉皮。在阳光下晒干，是很耐存放的。

四、藕粉

把藕根（就是莲花的根子）内的莲粉制成粉面，就是藕粉，味道很好，养料很大，供人吃用最能补养身体，为制造品中极好的东西。

（一）原料

制造藕粉的原料，只有藕根一种，和藕根一样能制造的东西，有甘薯、长山药、慈姑、百合、山药蛋等，只是山西地方的藕粉和山药蛋粉，多是供人吃用，所以列在日用品中。其余长山药、甘薯、慈姑、百合等，制造面粉的方法，都列在工艺制造品中。

（二）制法

在春冬两季，用锹把莲根掘起，运回家中，清洗干净，刮去外皮，除去藕节。在石磨上磨成细末，或碾成细末，或在新瓷缸底上，或在粗石上，擦成细末，收入盆内，添上清水，搅拌均匀。用细箩子或布包，滤入瓮内，放在静处。待澄清后，把上面的浮水取出，沉在缸底的，装入布袋里边，沥去水分，团成一块，用竹刀刨成薄片，摊在布单上晾干，或在热炕上炕干，就成了藕粉。

五、山药蛋粉

山药蛋制成的粉面，做成粉条，就叫山药粉条、山药粉。山西省北的农家都擅长自家制造。制造的方法，把山药蛋擦成糊，放在细洋布包内，或粗箩子内，加入清水，滤到缸中，用铁勺常常搅拌，滤净才好。滤完以后，用木棍在缸中搅拌几下，等沉淀后，除去水汁，就留下不纯净的粉面。可以把中间的白净粉面留下，上层和下层铲到包内或箩内，再滤再澄，滤过几次，把污物一齐滤净，晾干以后，就成了山药粉面。加入清水，漏在锅内，煮熟以后，成为山药粉条。也可搅上白面，做各样的吃食东西。粉碎山药蛋的方法，共有四种：

（1）磨碎法。做成一寸五六分深的磨堂，把山药蛋放入磨眼，才能入在磨子碾边压碎。

（2）碾碎法。和碾米面一样，碾子也没有分别。

（3）磨擦轴磨碎法。如图 4-11 所示，做方木架子一个（如甲图），再做长方木槽一个（如乙图），木槽中间做一木轴，木轴一头安铁轴，一头安铁拐子（如丙图）。用的时候，把山药蛋倒在木槽里边，用手搅动铁拐子，木轴将山药蛋压碎，滤到架下。

图 4-11　磨擦轴磨碎法

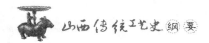

（4）擦子擦碎法。用一有把木片如铲形，上面密钉铁丝钉子，以右手拿了擦子，左手拿山药蛋，按在擦上擦碎。这个法子，小户农家到了消闲时候，最肯使用。

第十四节　蛋白粉与蛋黄粉制作

山西城乡普遍出产鸡蛋，尤以山乡村户散养鸡只所产的鸡蛋至为鲜纯。晚清民国时期，因西方人的饮食与营养习惯，对蛋白粉、蛋黄粉多有需求，应此销路，用山野优质鸡蛋制作蛋粉的小型加工业在山西应运而生，太谷县、晋城县特设蛋厂制作，时称"打蛋业"。鸡蛋这一民间家食的微利之物，经由"打蛋业"的加工转化，一时成为获利颇丰的商品与手艺。

1916 年成立太谷县利川蛋厂，地点设在县城东门外大街路北民房内。聘请技师江苏人夏福寿（月薪 30 元，另入身股分红），及其带来的副手 5 人（月薪 12 至 16 元），还在厂址附近雇佣小工 30 余人。女工专门打蛋壳，男工专门铲取制成的蛋黄粉和蛋白粉。制作蛋粉的关键技术环节，如用药之多寡、装箱之指挥、成品之保险、烤房火候察看是宜与否，皆由外聘技师一人负责。

当时太谷县年产鸡蛋 50 万枚，其中 10 万枚被收购作为打蛋原料，其余原料来自山西省内汾阳、沁县、榆社、黎城、武乡、岚县、静乐、阳曲向阳镇等地，年收购约 450 万枚，其中以收购榆社、沁县、静乐县鸡蛋为最多。晋城县在县城南关设永源蛋厂，本县年产鸡蛋约 130 万枚，向高平、陵川、沁水、阳城、长子、长治、沁县等地收购约 500 万枚。长途运输的鸡蛋，须用木箱装置，以糠塞满，或用骡驮，或用大车拉运，或用柳条筐装好，再以人力担运。收购所得鸡蛋须放置凉处。通常一万枚鸡蛋，能出蛋白粉 41 至 42 斤、蛋黄粉 110 余斤，蛋白粉每百斤售银 100 两，蛋黄粉每百斤售银 30 余两。收购鸡蛋须为产出后 20 天内，过期则有损品质，不能用作原料。每年中的极寒、酷暑时日暂停生产。

蛋黄粉制作方法：蛋壳由女工打开后，分清蛋黄、蛋白，各贮一器（铁罐）。即将蛋黄先用粗箩筛（筛以铁纱为底，以木为范；晋城用铅丝箩）滤净，再用细箩筛滤之，以消渣滓及碎壳，净尽为度。加火酒精少许（每黄 60 斤约加酒精 1 斤）倾入木箱内搅匀（木箱内有搅拌器，外有一铁轮作为搅柄。用三人搅一木箱，每箱装蛋黄 60 市斤，约搅 1 小时即匀）。

取出后即送入烤房，以铅铁盘盛之（盘中置蛋黄不宜多），置于木架上焙干（约 15 分钟）。焙干的蛋黄呈粉末状。取下交小工，将盘中干蛋黄铲出，以碾碾匀（碾以驴助力，如磨面）。再筛成细末，晾透，即完全成品，装箱运售。

蛋白粉制作方法：蛋壳打开后，分清蛋黄、蛋白，各贮一器。先将不净之渣滓及混合之蛋黄丝，用手捞拣净尽，倾入木桶（桶中有一柄，形式如前述）搅匀，时间不定，以匀为度。再倾入椭圆形大木桶内（桶置一空屋中），使之发酵。约三日可完成发酵。将面上水泡撵去，加入安母尼亚水若干（约一万枚蛋之蛋白加入药水 14 两，视天气之寒热由技师随时酌定），送入烤房，盛满于铅铁盘内，安放木架上，焙之令干（约 14 小时始能干）。焙干的蛋青呈片状，色如琥珀。再移置他屋之木架上晾透（太谷利川蛋厂之北房东间专为晾蛋白屋），取下用人工合碎为块，即完全成品，装箱运售。

制蛋粉所需工作空间分为八部分，分别设工头管理。有打蛋之所、蛋黄蛋白分别之所、擦盘之所、刮装盘之所、置蛋之所、装箱存货之所，烤房至关重要，须与打蛋所、晾置蛋所分隔建造，烤房内设火道，上通烟囱，每间烤房设木架二至三层，将待烤的蛋液置于各架上。

太谷利川蛋厂在天津奥地利租界设售品所，是该厂蛋粉制品对外运销的唯一窗口。晋城永源蛋厂的蛋粉制品多通过上海售与外国洋行。[①]

第十五节　代 州 腌 菜[②]

代县古称代州，历为边关要塞，文明之地。守兵烽屯，官宦蚁杂。粮草远距征集，蔬菜就地调剂，这是历史的需要，也形成了代县人讲究吃菜的风俗，人称"菜代州"。如今切咸菜、擀豆面、剪窗花、绣花鞋，仍是人们茶余饭后、街头巷尾评判"巧媳妇"的几个起码条件。代州腌菜花样繁多，制作考究，色香味美，刀工精细。种类有大菜、小菜，腌制方式分单腌、混腌，腌制方法包括腌、拌、发、曝等。

---

① 张树栻：山西太谷县利川蛋厂设备制造及营业状况调查报告，山西晋城县南关外永源蛋厂调查报告，《工业同志进行会杂志》1918 年 2 期，123～124 页，126～127 页。

② 本节辑自：《代县腌菜》，见范堆相主编：《忻州名优特产集》，太原：山西经济出版社，1992 年，201～205 页。

酱腌——酱菜。酱菜是以萝卜、苤蓝、芥蔓菁、黄瓜、豆角、芹菜等作主料，以酱、花椒、大茴、鲜姜、粗盐作调料。先将大豆炒熟磨碎加麸皮作曲制酱；花椒、大茴用纱布包好；鲜姜用线串成串；入缸拌入粗盐充分搅拌。待秋菜收回洗净，萝卜去叶，苤蓝去皮入缸，用青石压实腌制一年即成。黄瓜、豆角选无籽、肉厚、细长的，在阳光下晒至萎蔫，入缸，一年中可随采随腌。这种菜是乡下家家户户吃饭的必备菜，食用时从缸内捞出，清水冲洗后，切成毛发细丝、猫耳方尖、骨牌薄片，加香油、味精拌匀入碟，拼成各种花样，口感咸甜香脆。

盐腌——倒腌萝卜。选粗 6 分、长 6 寸的匀称萝卜，洗净置阳光下晒至半干，入缸。用粗盐过滤水淹没，青石压实，腌制一冬天后，次年春天将其出缸再晒干，入锅大火干蒸。出锅后加入酱油、味精、淡醋、料酒搅拌，入闷缸，两月后启封开缸。这时萝卜表皮积盐霜，横断切见梅花状，色黑红似墨菊傲霜，煞是美观。口感顽劲，细嚼慢品，回味醇香，甜咸适口。它除配饭吃外，还具有解乏镇静之功效。如果有晕船晕车的毛病，带上点比吃晕车药还要灵验。

糖腌——糖蒜。名为糖蒜，实配有苤蓝、蔸蒌、茴芥等。将大蒜去粗皮留细皮，苤蓝去皮切成各种花样，蔸蒌洗净选匀，茴芥去皮切成骨牌状入缸，再将红糖、酱油、花椒水、精盐配成的腌汤倒入淹没，压青石，一月后可随吃随取。色橙红，口感甜香，具有防病开胃之效，是一种下酒好菜。

糖醋腌——糖醋白菜。将大白菜去粗叶洗干净，控去水分破肚切成四瓣，用白糖、精盐、辣椒片按层边腌边洒。青石压实，待腌出水分，再将食醋加料酒例入缸内。花椒用净纱布包好压入青石下，一星期翻缸一次，待翻三次后即可食用。色白雪红玉，味辛辣刺鼻，口感酸甜辣香，具有健脾和胃、去痰清肺的功效。也是下酒的一味好菜。

醋拌——搅醋丝。将苤蓝、白萝卜洗净，切成细丝，在阳光下晒至萎蔫。再将老陈醋、精盐、花椒、大茴水、酱油配成汤充分搅拌，入缸发酵，当发至口感酸甜香脆时，再出缸晾晒，晒干后置于锅内蒸熟，出锅后入闷缸，一月后食用，配葱花、香油、味精。特点是色金黄，味醇香，入口酸甜，配吃大米，风味独特。

辣拌——辣拌青丝。将青萝卜切成细丝，与辣椒面、花椒面、白糖、精盐、味精均匀地搅拌在一起，然后入缸压实。置阴凉处发制半月后即成。颜色，菜青汤赤；口感，香辣通窍。具有开胃祛寒之功效，配吃荞面碗托是再好不过了。

蒜拌——蒜拌茄子。取无病匀整长茄子，留把破条，晒至萎蔫，入锅蒸熟，控去余水。把大蒜捣成蒜泥，夹于条间，层层放入缸内。再将由醋、盐、花椒水、味精配好的腌水入缸淹没，青石压好，一月后可随吃随取。颜色外紫内绿；口感辛辣清香，有明目健脾的功效，配吃荞面、红面鱼鱼尤佳。

灰拌——黄瓜干。取细长籽少的青黄瓜，洗净切成筷子粗细的寸条，与草木灰充分拌匀，置通风阴凉处晾至半干。再用湿布反复揉搓，直到搓净为止。拌入精盐、味精、辣椒面入闷缸，一月后开封可食。颜色青黄，口感香脆，内含人体所需的钾、磷、铁等多种微量元素，是乡下妇女坐月子食用的细菜。

曝——曝玉钵。将肉厚个大的苤蓝去皮，中间挖洞，盛入由酱油、精盐、淡醋、味精、花椒、大茴等配制而成的腌汤，放置阳光下暴晒，直至苤蓝外观黑红为止。食用时把外表洗净，切成细条，配葱花香油，口感香脆，甜咸适中，风味独特。

生发——发酸菜。发酸菜是乡间家家户户必备的一宗大菜。以苘子白、芥菜（包括叶）为主料，以精盐、辣椒面为辅料。先将苘子白、芥菜切成细丝拌入辅料，入缸用青石压实，置阴凉处发一个星期后可食用。色青白相间，吃起来酸甜香脆十分利口，酸菜腌水清凉爽口，香味浓厚，是清热解毒的一味良药。

熟发——荒菜。顾名思义，它是旧时人们为备荒而做的一种腌菜，天长日久，由于精工细作，形成了一种别具风格的小菜。腌制时，将选好的菜叶、碎小萝卜洗净，入锅煮熟后切碎，拌匀入缸，不加任何辅料，青石压实置阴凉处发酵，一月后即可食用。食用时挤净腌水，加山药蛋丝、盐、花椒、葱花等调味品，包莜面饺子、烙火烧，或炒、烩均可，吃起来酸甜可口，开胃健脾。

代州腌菜品种花样数以百计，但就腌制过程看，要么以盐、糖、蒜等为辅料，增加腌菜浓度，要么加温消毒，闷缸密封。而更多的品种要进行发酵，通过生化过程，控制杂菌感染，防止腌菜腐烂变质，提高腌菜的营养价值和适口性。

发制主要是依靠乳酸菌的发酵作用，由乳酸菌分解蔬菜中的糖分，形成乳酸。

$$\underset{\text{葡萄糖}}{G_6H_{12}O_6} \xrightarrow[\text{乳酸发酵}]{\text{嫌气条件}} \underset{\text{乳酸}}{2G_3H_6O_3}$$

乳酸可以抑制其他菌类的侵染。同时在乳酸达到一定程度时，一般 pH 在 4.2 时，乳酸菌就会自我抑制，不再繁殖，所以经乳酸发酵的菜酸甜可口，适口性好。乳酸发酵的前提条件是厌氧环境和适当温度，故而在腌制时，务必要求压紧压实、腌水淹没。如果不压实，腌菜中滞留空气过多时，好气性的菌类会吸收腌菜中的营养迅速繁殖。如被酵母菌感染，酵母菌可把腌菜中的糖分变成酒精，而醋酸菌又能在空气条件下，把酒精变成醋酸，形成"酸缸"，使腌菜涩酸带有苦味。另外如不腌实压紧，腌菜中滞留空气过多时，极易被好气性的腐败菌侵染。它能使蛋白质、脂肪、糖类等营养物质分解为氮、二氧化碳、沼气、氢气等，具有怪臭味的混合气体，形成"臭缸"。在缸内水分不足，压得不紧，酸度不够时，腌菜表层就会形成白色或黄色的丝状结块，这是由霉菌形成的，霉菌属真菌，能产生各种酵素，这种酵素是破坏腌菜内蛋白质、维生素等营养物质的媒介物。且霉菌的自身繁殖、发芽也会产生臭味，破坏腌菜，形成"烂缸"。

温度控制不当会引起酪酸菌的侵染，形成酪酸发酵。酪酸菌也是厌氧性细菌，

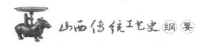

酪酸菌发酵的结果产生二氧化碳、氢气，也形成"臭缸"。

$$(\underset{\text{淀粉}}{C_6H_{10}O_5})_n + nH_2O \xrightarrow{\text{水解}} \underset{\text{葡萄糖}}{nC_6H_{12}O_6}$$

$$\underset{\text{葡萄糖}}{C_6H_{12}O_6} \xrightarrow{\text{酪酵发酸}} \underset{\text{酪酸}}{C_4H_8O_2} + \underset{\text{二氧化碳}}{2CO_2}\uparrow + \underset{\text{氢气}}{2H_2}\uparrow$$

代县腌菜工序严密，制作精细，是劳动人民长期实践的智慧结晶。"菜代州"的美名将永久不衰。

第十六节　平定龙筋黄瓜干①

"龙筋"特指山西省平定县及周边地区所产的黄瓜干。平定古为州治，黄瓜干制作历史悠久，工艺精巧，畅销省内与京津地区。以位于冠山脚下的后沟、河头两个村庄最擅制作。据民间口碑相传，黄瓜干制作工艺为后沟村刘、李两家先祖所创。动人的传说则将其系于康熙、乾隆皇帝的褒奖，尽显"龙"意所在。

一、制作工艺

图 4-12　平定龙筋黄瓜干
（王智庆拍摄于 2012-11-17）

平定龙筋黄瓜干（图 4-12）在制作过程中形成一套严格的操作流程，从实地取材到升火烤制，每个环节都有严格的要求，不能有丝毫大意。

（一）取材

平定黄瓜干的原料并非一般的黄瓜，而是由当地百姓经过长期选育形成的一种独特的黄瓜品种，晋东人称作"平定黄瓜"。平定黄瓜在播种前，种子要用煤渣粉加水浸泡、发芽；瓜蔓伸长后，须用玉米皮搓的软绳捆在瓜架上；瓜田管理要做到"天旱不误锄田，雨涝不误浇园"。平定黄瓜长势强，抗病虫，结瓜多，产量高。瓜形长约 40 厘米，径约 4 厘米，瓜瓢集中在瓜的前半部，肉厚，瓢少，出干率高；瓜绿色，瓜面少刺，无刺瘤，特别适用于加工。选用粗细均匀、长短合适的平定鲜黄瓜制成的瓜干，经水浸泡复原后，如同新采摘的鲜黄瓜。

---

① 本节辑自王智庆、李存华：《晋东商业文化》，北京：科学出版社，2009 年，151～155 页。

（二）烤制的工具

烤制需要的设备主要有烤炉、煤炭、烤架、架杆、刮子、刀子等。

烤炉与当地做饭的炉子很相似，有人也用它做饭。烤炉用砖砌成，高约 80 厘米，宽约 90 厘米，长依据火口的多少而定。火口圆形，直径约 25 厘米，炉腔喇叭形，下宽上窄，下宽约 45 厘米；炉条至炉口深约 50 厘米，灰坑挖在地面下。

煤炭是烤制黄瓜干的必备燃料，须是晋东地区出产的无烟煤，同时要掺和红土打成煤糕方可使用。每百公斤煤可烤制鲜黄瓜 150 公斤，出黄瓜干 6 公斤左右。

烤架用木椽和杆搭成。先在烤炉四角立四根较粗的木柱，然后用绳将较细的木椽绑在木柱上，搭成三层架，每层架用四根木椽围成长方形。第一层距炉面约 60 厘米，每层间距约 50 厘米。

架杆用来串黄瓜干条，以架在烤架上烤制。最好选用椿树枝，也可用杨枝、柳枝代替，但须是当年开春新伐枝条。如果用旧架杆，不但粘瓜，而且会使黄瓜干沾杂味，影响品质。

刮子为家庭常用的削皮器，削皮要薄，器口须窄；刀子用来刮去瓜瓤和剖切瓜条。

（三）烤制工序

当黄瓜长到足够长度，颜色呈暗绿时，即可采摘，一般在下午进行。经过清洗，根据黄瓜长短分成三类，便于烤制。切条时，先刮净皮，将黄瓜纵切成两半，挖去瓜瓤，将每半条黄瓜根据粗细纵割成 4～6 条，瓜蒂处不要割断，便于串在架杆上烤制。

第二天早饭后，把烤炉添足煤炭，待火着旺后，把瓜条穿在架杆上，架在第一层与第二层烤架上。粗瓜条挂在中间，细的挂在边上，架杆之间相距约 6 厘米。初上架时，架内温度控制在 40～45℃，经过 2～3 小时后，温度上升到最高点，第一层为 52～53℃，第二层为 60～67℃，第三层为 40 度左右。由于温度不断升高，烤架各部分的温度不同，瓜条脱水速度不同。为使之均匀一致，每隔一小时倒架一次，互换内外架杆的位置。午饭后，再把火添好，进行一次大倒架，把每根架杆中间和旁边的瓜条互调，重新上架烤制。到晚饭前已烤到七成干了，倒到第三层架上，这层瓜条只需再倒架约四次即可。

烤制过程中，火候是关键，温度必须控制得当。通常每次上架后，炉火越旺越好，脱水速度快的黄瓜干水泡复原后才能保持色泽鲜嫩。火温也不可过高，以免烤焦。每次上架前要把炉火添足，添火时须把瓜干移开，否则染上煤灰影响品质。当第三层架杆上的黄瓜干水分脱尽，萎缩成细条时，即可取下装包，以备冬季或次年

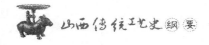

开春自家食用或对外销售。

二、食用方法

通常先后用冷水、温水、冷水浸泡 12 小时，捞出，沥水，切段，凉拌与热炒均可。为了保证黄瓜干吃起来外韧内脆的特殊口感，须掌握好浸泡黄瓜干的水温与时间。

晋东地区黄瓜干以凉拌为主，常见的调拌方法是将黄瓜干放在冷水中浸泡 12 小时，中间换几次水，捞出微团几下，然后用刀切成寸段置容器内，加盐末、葱丝、蒜末、姜末、醋、芥末、芝麻酱、香油、味精，凉拌装盘即可食用，掺入虾仁味道更佳。另一种做法是将切成寸段的黄瓜干加适量白糖，放置半小时，拌匀食用味道别致。无论哪种做法，既可单独成盘，也可与其他凉菜合组拼盘。

第十七节　广誉远龟龄集与定坤丹[①]

龟龄集系我国最早的中药复方升炼剂。它采用地道珍贵药材，用特有的传统升炼工艺炼制而成，数百年临床实践证明，具有补脑、益髓、兴阳、滋肾、调整神经、延年益寿的作用。

据考证，早在公元 2 世纪的东汉末期，左慈、葛玄等医药学家就开始了炼丹术的研究。到魏晋南北朝时期，葛洪、陶洪景等名医继前人理论，总结历史经验，创造性地将炼丹术纳入医学范畴。宋代道士张君房所辑《云籍七笺》中就有许多记载，到明代嘉靖皇帝时，为了长生不老，广集长生不老药，当时有方士邵元节和陶仲文从《云籍七笺》中的很多滋补药品中取长补短，精心研究定出此方，并采用炼丹工艺制成长生药献给皇上，取名"龟龄集"，以示服之可以像龟一样高龄。嘉靖服用后，果然身体强健，连生数子，因而龟龄集成为御用圣药。

一、源自太谷

当时协助陶仲文为嘉靖皇帝升制龟龄集，并兼任皇宫医药总管者，系陶的义子（姓名不详），此人原籍山西太谷。他在告老还乡时，将龟龄集处方带回，自己升炼

---

① 本节辑自吴连文：《驰名中外的"龟龄集"》，见太谷政协文史资料委员会编：《太谷文史资料》第 1 辑，内部发行，1988 年，85～88 页。韩洪文：《广誉远药厂四百年》，见山西省政协文史资料委员会编：《山西文史资料》第 8 辑，太原：山西人民出版社，1963 年，38～59 页。

服用，并作为礼品馈赠亲友。明嘉靖二十年（1541）前后，太谷商业兴盛，有"旱码头"之称，成为晋中地区的富庶之区，富有的官商之家常开设供应家族之需的家庭药铺，在太谷县城西街首先创办了当时最大的广盛号药铺。龟龄集方剂几经辗转，传入广盛药铺，从此龟龄集成为山西太谷的独特方剂。

二、龟龄集的炮制

龟龄集方剂以人参为君，人参乃补中之王，大补肺中之元气，有生津液、调荣卫之功，久服令人耐老。配以鹿茸，有滋阴补血、强筋健骨之效。它佐以海马、苁蓉、蜻蜓等，以助补肾兴阳之功，配以枸杞，有滋肾补水之效。淫羊藿入肝肾补命门。菟丝子主男子肾虚精寒，配破故子坚其骨，锁阳固其精。牛膝补肝肾，治腰膝酸痛，加杜仲其功更捷。更以熟地黄为补血之剂，入心肝肾三经，活血气封填骨髓，滋肾水补益真阴。雀脑有补脑之效，天雄有回阳之功。天冬益水生津，滋阴补燥。生地黄养阴凉血，丁香暖胃温肾，砂仁行气调中，朱砂镇心安神，石燕有下行之功。急性子取其性速，能软坚透骨。细辛散风寒温阳行水气。地骨皮降肺中伏火，治五内烦热。穿山甲通行十二经，随气引药各归其经。甘草有"国老"之称，有补有泻，有升有降，能表能里，能解诸药之毒，有调和诸药之性，此乃甘草之妙用。本方共由 28 种原料组成（过去以二十八宿而定），由上可以看出本以补气固肾强身健脑为主，配伍其他养阴生津润燥之药，阴阳配合相须相使，既有扶正的成分，又有祛邪的成分，形成一完整的有特效的慢性滋补妙方。

炮制：鹿茸老陈醋制，海马酥油炙，苁蓉黄酒制，人参去芦，蜻蜓去脚翅，枸杞蜜制，淫羊藿乳制，菟丝子黄酒制，破故纸黄酒制，锁阳、牛膝黄酒制，杜仲黑黄酒制，熟地九蒸九晒乳制，生地乳制，公丁香花椒制，砂仁蜜制，细辛醋制，地骨皮蜜制，穿山甲酥油炙黄酒制，甘草蜜制，石燕白酒制，姜汁淬七次，天雄水煮七次去毒陈醋蜂蜜制，雀脑硫黄制。其中有些工序极其复杂，以炮制石燕为例：先以白酒浸三昼夜，再入火煅四小时，要求煅红煅透，其间还需反复数次，放在姜汁内沉浸，干后制粉。

当时龟龄集的升炼天数为 36 天（据说按 36 周天），28 种药是按二十八宿定的，配料在半夜子时，点火在正当午时，用放大镜在日光下燃着梅子香，为取太阳真火。配料都是泡制好碾好的净粉，配好后装入瓷罐内，隔水煮 6 小时取出，晚上放在月光下夜露一夜，再晒一白天，为"得天地之灵气，感日月之精华"之意。晒后再粉碎装入银锅内，用七层表锌纸全部封好，外面再用一指厚的泥封固，再放入预先备好的口径尺八左右的一个铁锅，内用三合土做好的一个桶子，口面厚 1 寸，底厚 5 寸，为 90°斜坡（外面），用小炉把化开白锡水铸死为 5 分厚。用木炭分大火、

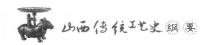

小火烧 36 天，小火在 60℃左右，大火在 100℃左右，当时只能以手摸来确定它的温度。用的木炭也得分大小，早上五时开始添火，到晚上九时才能埋火。

在上锅时还得烧香磕头摆供品，下锅时也同样摆供品烧香，供奉龟龄圣母。然后四个人把铁锅抬下（重 270～280 斤），把外面的土用锯锯开，用烙铁烙开锡层，再去掉泥和表锌纸，才能取出药粉。工序比较复杂，每天以九九消寒图来记录，根据气候变化来调节温度。

三、定坤丹的炮制

定坤丹是一种妇科成药，具有滋养血源、调整经期、正常排卵的功效，中医名为补阴虚、益元气。

清代每年选用宫女，一般是 15 岁入宫，25 岁出宫婚配。长期的宫禁生活，使这些少女精神忧郁，身体虚弱，普遍患有经血病。乾隆四年，太医院集中全国名医，搜集和研究各种验方秘方，以修订《医宗金鉴》。如何治疗宫女的经血病，是其中内容之一。经过集思广益，名医们拟定了"定坤丹"处方，成为宫廷常用药。乾隆年间身居监察御史的太谷人孙廷夔，由于母病，从太医院御医处将定坤丹处方抄出，由他开设的保元堂炮制。因此民间有孙氏定坤丹的传说。

定坤丹炮制的主要特点是，29 种药料配伍均匀，其中人参和五灵脂原为中医所忌，决不合用。俗话说，人参最怕五灵脂，这是因为人参的功能为补气滋阴，五灵脂的功能则是清除淤血，一立一破，正巧相克。定坤丹方剂用陈醋浸泡五灵脂多次，使其分化，与人参的作用从相克转为相互促进。

广升远炮制的龟龄集大批出口，在东南亚有较大的影响，所产定坤丹则多用红花，偏重于调经活血。广升誉炮制的定坤丹，原料中的人参、鹿茸比重略大，更适用于体虚的病人。因此，民间长期以广升远的龟龄集、广升誉的定坤丹为好尚。

四、从广升聚到广升远的经营

清嘉庆十三年（1808），广盛药铺改组为广升聚，或称广升药店（聚记，股东姚聚上为当家），药店规模大幅扩充，由原来家族性质的小型药铺转变为炮制与对外销售兼营的商铺了。道光年间海禁大开，太谷的工商业得山西票号独据全国金融之利，太谷票号"志成信"、"协成乾"在全国各地设立分庄，资本雄厚，汇通天下。在这种形势下，广升聚先在汉口、怀庆（今河南沁阳县）设立分庄，自行采购药材。汉口是川广两地药材集散中心，怀庆是生地、山药等主要药材产区。又在南北两大药材市场祁州（今河北安国）、禹州（今河南禹县）以及广州、彰德等地分别设庄。广升聚已有畜力碾磨、人工操作的脚蹬铁碾、手推碾、杵臼、竹簸、银锅、升炉等完善的制药设备，主要产品龟龄集、定坤丹，开始在各地享有盛誉。尽管每种药价需二两白银，折合白面 40 斤，但因疗效良好，需求者众。

光绪十一年（1885），部分股东析股另立广升远，或称广升药店（远记）。广升远锐意经营，将龟龄集、定坤丹的销路由原来的山西、河南、河北、广东，扩大到东北、西南诸省。并随着出口业务的拓展，在南洋一带取得了声誉。广升远将主要资金集中在香港、广州，采来自印度、缅甸、暹罗及南洋群岛的药材原料，如木香、肉桂、豆蔻、砂仁、槟榔等植物药材，牛黄、犀角、珍珠等动物药材。20 世纪初的十余年，广升远在香港的年购销额经常达到 25 万港币之巨。资方经常告诫并鼓励分布各地的分号经理："我们的金丹，升在宝楼，不同凡药，你们必须锐意经营，大力宣传。要登录重要的报纸，想最巧妙的宣传方法。如能销至几万瓶，名驰全国，非他家可比，……妙哉，妙哉！"1928 年，广升远龟龄集、定坤丹年产量已分别达到 5 万瓶 1.6 万盒。在 1915 年农商部举办的国货展览会、1919 年山西省举办的第一次实业展览会、1929 年杭州西湖博览会上，龟龄集均获得奖状。1915 年参展在美国旧金山举办的"巴拿马-太平洋万国博览会"，龟龄集获得金质奖章。

广升聚自光绪四年改组为广升蔚后，光绪三十三年（1907），太谷巨绅孟广誉入股广升蔚，担任当家，广升蔚再度更名为"广升誉"。1955 年，广升远与广升誉实现了公私合营，更名"广誉远药厂"。为了适应生产的需要，进行了改革，升炼周期由 36 天改为 20 天，清除了如夜露日晒、祭拜龟龄圣母等一些具有迷信色彩的工序。在柳子俊师傅的带领下，把原来的死口密封改为活口密封，方便操作，挫角机、蜜丸机代替了原来的手工劳作，工作效率与工艺得到提高。1959 年以后，龟龄集工艺由宋应龙主持。1974 年实现了用电烘干箱代替旧式木炭炉，1978 年实现了用集成电路数控设备，向新的科学制药迈进了一步。1979 年，龟龄集获国家银牌质量奖。2008 年，龟龄集传统制作技艺，入选第二批国家级非物质文化遗产名录（编号 443Ⅸ—4），代表性传承人杨巨奎（77 岁）、宋应龙（73 岁）、柳惠武（54 岁）、柳子俊（85 岁）（山西广誉远国药有限公司）。

第十八节　曲沃乾育昶药店①

曲沃乾育昶药店，是历史上晋南地区中药炮制与销售的中心。明弘治年间

---

①　本节辑自段士朴：《曲沃乾育昶药店》，见曲沃县政协文史研究馆编：《曲沃文史》第 1 辑，内部发行，1985 年，38～41 页。

（1488～1505），由在河南周口经商起家的曲沃县方城张家创建。先在曲村镇开设乾育号生熟药店，专司零售；继在曲沃县城开设乾育栈，专营药材批发，后附设零售门市部，挂起"乾育昶川广香料地道药材庄"招牌。当地民众习惯上称其为"乾育家"，药店产品以"乾育昶号"封印。

乾育昶经营的药材品种（包括香料）有 1000 余种。仅元桂一项，就有上元桂、高山桂、桂楠、板桂楠、蒙桂、紫油桂、顶桂、玉桂、桂辛等十余种；叩仁，有凤叩、小紫叩、大贡叩、二贡叩、三顶叩、五顶叩、叩米；砂仁，有砂王、盖王、统砂仁、砂米；人参，有西洋参、东洋参、高丽参、白炮参、十柱参、私参、党参、野党参、西党参；沉香，有茄沉、海南沉、奎沉、盒沉、小块沉、优沉香、劣沉香。其价格存在很大差异，最高茄沉每两 30 元，最低茄沉有一两 1 元的。在乾育昶经营的药材中，"台神茵陈"闻名全国。台神，是离侯马不远的一个村子，村中台骀庙旁产的茵陈香烈异于他处，主治肝炎最为得力。乾育昶经营的远志，以曲沃县西南峨嵋岭出产者为最佳，分盖王、大王、二王、志甫、混货等五个品种，价格不等，从明朝后期起，陆续通过天津、上海两条海路销往国外。

乾育昶经营的丸药有 200 余种，有的为自制，有的在广东佛山寺代为加工。自制主要有六味地黄丸、知柏地黄丸、麦味地黄丸、桂附地黄丸、金匮肾气丸、附子理中丸、理气四消丸、木香顺气丸、香砂养胃丸、蒙石滚痰丸等。代加工的全是蜡皮吊制丸药，约有数十种，主要有牛黄丸、追风丸、坤宁丸、活络丸、乌鸡白凤丸、八珍益母丸、再造丸等。

乾育昶加工制作的丸药，遵循中医关于人体的三焦原理，上部宜用水丸，中部宜用蜜丸，下部宜用蜡丸。有蜜制丸药，面糊成丸，枣肉成丸，蜜蜡成丸，黑糖成丸，水穴成丸。根据不同病情采取不同的制药方法。乾育昶炮制药物一丝不苟。炮制药物，簸箕、箩子是首要的工具，该簸的簸，该箩的箩，务必挑净杂质，保持干净。如切片、刮皮、扫毛、炙、炒、焦、蒸、煮，用醋、用蜜、用盐、用酒，都有一定比例，每道工序都要走完，务求达到遵古炮制的标准。

乾育昶用苏薄荷、乌梅肉、柿饼霜、雪花白糖制作的冰霜梅苏丸，含到嘴里又酸又凉又甜，治疗口干舌燥，深受欢迎。乾育昶用花椒、小茴、大茴、干姜、良姜、必卜、草果、草叩、红叩、陈皮、元桂、砂仁制成的"十全调和面"，流行于曲沃已有 400 多年，是曲沃名吃"交里桥饴饴面臊子汤"里必不可少的调味料。

乾育昶的药材销路很广，北至太原，西至陕西韩城、郃阳，晋南、晋东南都到这里进货。如临汾的福厚堂、大兴堂、永顺益、大兴顺、和顺昌，运城鼎立成（后更名敬和永），霍县的益元信、振元堂、庆元堂，大部分药材都是直接从乾育昶进货。

乾育昶药店在全国多地设"驻庄人员"，负责药材采购与销售，如广东庄、上海庄、香港庄、汉口庄、天津庄、禹州庄、祁州庄、西安庄、怀庆庄。广东庄主要采购香料，如苓草、排草、洋草、白芷、花米、石花、檀香等，供曲沃各烟坊作为配料使用。香港庄主要进口"洋广药材"，汉口庄主要进川货，四川的48种名药，如川芎、咱连、川厚朴、川贝、川军、寸冬、白术之类，还有广木香、广佛手、广檀香等广东货，皆采购齐全。乾育昶以最大的规模掌控着当时晋南的药材行市，每年农历四月初八解州逢大会（历时一个月），如果乾育昶不到，药材行则不能开盘定行市与划价。

自1933年起，乾育昶在中药之外，开始兼营西药。1956年2月，乾育昶与其他药店组成共同体，实现了公私合营。乾育昶药店楹联"昶角出日天上景，号旁从虎市中王"，店面信条"遵古炮制，童叟无欺"、"修合难得人见，存心自有天知"，至今令人称道。

第十九节　几味特效药①

大宁堂、济生馆、同义堂、同仁堂，是明末以来直至民国时期开设于太原的几家药店，三晋硕儒名士兼名医傅山多与太原的药店有缘，药店得其传授精研的药方，炮制出多种广受欢迎、流传深远的特效药。

大宁堂开设于明末天启年间（1621～1628），位于太原市按司街西口17号。创办人陈又玄，与傅山是志同道合的好友。傅山擅长妇科，有医学著作《傅青主女科》传世，他一度在大宁堂坐堂行医，二人时常研讨中医药问题，和合二仙丸、脾肾两助丸、血晕止迷散等特效药也成于此时。大宁堂店面匾额分别书写着专属本店的独家药："本堂秘传二仙合和丸发庄"、"本堂秘授脾肾两助丸发客"、"本堂秘传应症丸散膏丹"、"本堂炮制咀片地道药材"。血晕止迷丸专治产妇分娩后余血上冲、眼目昏暗、耳鸣身热以至不省人事等病症。二仙丸、和合丸专治妇女产后及男子腰腿疼痛、手足麻木、感受风寒、痿软不能离床等病症。小儿太极丸，专治五劳七伤的"大七伤"，亦有盛名。

济生馆位于东米市街，创始人李光远原籍山东，走方行医，擅长外科。明末清初来到太原，结识了傅山，其为人豪爽、有事业之心深得傅山赏识，遂助其改进所

---

① 本节辑自王万海：《傅山先生与太原中药行业》，见山西省政协文史资料委员会编：《山西文史资料》第48辑，太原：山西人民出版社，1986年，171～172页。郝树侯：《太原史话》，太原：山西人民出版社，1979年，63～64页。

售药品，开办了济生馆，以四宗外科成药闻名。济生膏专治跌打损伤、无名肿毒等症，九龙膏专治疔毒七十二症，拔毒膏专治疮疽发背、瘰疬鼠疮等症，如神丹为外科敷药，有去腐生肌的功能。

此外，同义堂为阳曲任氏开设，店址曾在南市街、牛站街。保赤万应丹、小儿夺命丹、小儿赤金散、琥珀勾吞丸，是同义堂的小儿科成药制品。止血神效丸专治大便下血。

天罡并历丸为滋补药，身体虚弱者服之有效，由太原东米市三和堂主人刘氏承继祖传秘方炮制而成。舒筋散专治男女手脚麻木、腰腿疼痛，有舒筋活血、追风散寒的功效。由小店镇同心药房专售，原系五台吕氏传授。

德义堂药店位于新绛县，清光绪二十年（1894）由河北武强县药商郝瑞芝开办。根据清宫秘方，德义堂炮制的小儿七珍丹、梅花点舌丹，以及在此基础上研发的梅片眼药锭、麝香化疾膏，药效显著，远近闻名。①

大风丸，是治疗腰腿风湿、骨病疼痛的潞州传统名药。明弘治三年（1490），潞城合室村药店主人郭泰恒试制成大风丸配方汤药，明末，其后人郭忠镒改汤药为丸剂，并首创"万镒堂"大风丸。据现存万镒堂印票记载："本堂先祖得授仙方，精制大风丸远近驰名，村中并无二家。……此药专治男妇腰腿疼痛，半身不遂，遍身肿痛，左瘫右痪，筋脉拘挛或聚或块，五劳七伤，鹤膝风等症。男妇服此药百发百中，其效如神。"万镒堂制药向以"选料考究，宁无勿滥"家训著称，大风丸从配方到制作为郭氏单传，传长不传次，传男不传女。

大风丸选取独特地理环境中生长的药材原料，适时采集，以保留药材的原生物活性。精选黑木耳、杜仲（炭炒）、淮牛膝、独活、当归（酒炙）、白芍、苍术（米泔水炙）、木瓜、木耳（酒炙）、桔梗等多种名贵中草药入方，以黄酒炮制，烘干为粉，再以黄米起胎，辅以米醋，凝炼为丸。具有舒筋活血、开窍祛风、补虚养壮、加速血液循环等功效，尤其适用于医治妇女胎前产后一般风症及十年以上陈年老病。

大风丸现由山西卢医山制药有限公司（原潞城中药厂）生产，经万镒堂郭氏第12代传人郭五春主持改良剂型，创制精品。以当地名山"卢医山"注册商标，1996年，国内贸易部授予"中华老字号"称号。产品远销广东、广西、云南、贵州、四川等地，深受欢迎。②

---

① 包启安、周嘉华主编：《中国传统工艺全集·中药炮制》，郑州：大象出版社，2007年，305页。

② 潞城市志编纂委员会编：《潞城市志》，北京：中华书局，1999年，289～290、293页。

陵川县丰富的中草药资源[①]

陵川地处太行屋脊，平均海拔 1300 米左右，属高寒地区。境内丘陵密布，沟壑纵横，季节河、长流水、池沼、水库分布其间。东部地区，山大谷深，森林茂密；中西部地势较平缓，梯田层叠。全境地形复杂，植被广阔，山地平川气候悬殊较大，适宜多种药用动植物繁衍生长。

根据有关部门统计，全县合乎部颁、省颁标准的中草药有 260 余种，质量高、产量大的地道中药材有 62 种，如高质党参，最高年产量达 200 多吨，连翘 100 多吨。陵川县还引种外地中药材多种，试验引种成功白芷、白芍、板蓝根、白扁豆、杜仲等。

20 世纪 70 年代初的几年间，笔者曾亲身深入山区考察，发现尚有多种中草药，或因产地偏僻，不易发现（如金毛狗脊）；或因产量低微，不被重视（如列当）；或因囿于浅见，视为杂草（如柳线）；或因保守自私，秘不外传（如"三皮"）；或因当地土用，不入药典，等等，致使生于斯长于斯的效宏价廉的若干中草药，未能开发利用，任其在山野自生自灭，诚然十分可惜。为了更好地发挥当地中草药在群众防病治病、保健延年中的作用，进一步推进中草药的发掘与相关科研工作，现特将陵川县出产的中草药名列于后，以便有志于研究采集者的参考。

植物性中药材

白菊花　野菊花　九月菊　薏米　瓜蒌（皮、仁、花粉）　枸杞子

地骨皮　韭菜（籽）　侧柏叶　卷柏　秦椒　白附子　百部

葛根（花、藤）　元参　射干　苍术　山药　苍耳　独活

紫苏（子、叶、梗）　半夏　蔓荆子　车前（子、叶、根）　坤草（允蔚子）

马兜铃　青木香　薄荷　萝卜（子、缨）

防风　威灵仙　艾叶　姜活　藿香　柴胡　银柴胡　升麻

茵陈　前胡　款冬花　薰本　杏仁（仁壳、胶）　豆豉　白芷

天冬　麦冬　刘寄奴　茅根（花）　地黄　元胡　何首乌　木瓜

秦艽　大蓟　小蓟　牵牛子　地肤子（苗）　瞿麦　菟丝子（大菟丝子）

① 李保兴：《陵川的中草药》，陵川县政协文史资料委员会编：《陵川文史资料》第 2 辑，内部发行；1990 年，139～145 页。

木贼草　天南星　火麻仁　狗脊　马蔺（子、根、花）　大黄　仙灵脾
石苇

贯众　虎骨　白蒺藜　蒲黄　皂角桑（叶、根白皮、桑葚子、朽桑木）

全虫　桑寄生（榆、杨、柳、槲寄生）　桑螵蛸　香附子

荆芥　地榆　木通　郁李仁　桃（叶、花、壳、胶）　椿白皮
五加皮

黄芩　五味子　花椒　僵蚕　小麦　猪苓　远志　牛蒡子

酸枣（仁、根、枝）　大枣　丹皮　桔根　槐（花、枝、角）
葶苈子

神曲　百合　连壳　赤小豆　茜草　黄精　葱白　白头翁

白薇　白蔹　败酱草　苦参　水萍　酸酱草　胡黄连

白芨　豨莶草　闹羊花　马鞭草　藜芦　蓖麻子　榆（榆钱、榆皮、枝）

松（子、花、节、枝、叶、脂）虎杖　核桃（花、枝、仁、壳）
翻白草

黄豆　黑豆　香茶菜　山野豌豆　穿山龙　野西瓜　米粟　绿豆

马齿苋　冬葵子　葵花（根、子、盘）　香苍　酒（白、米、高粱、黄酒）

柿（柿干、蒂、霜、叶）　蜀葵　泽兰　梨（果、虫枝、芽胚）
石榴　山楂

麦芽　浮麦　蚤休　青蒿　急性子　毛黄连　蒲公英　王不留行

马勃　高粱（花、籽、根）　山葡萄　柽柳　瓦松　凤眼草　火绒草

党参　三棵针　大防蒿　石竹　玉竹　仙鹤草　龙葵　白屈菜

地肤草（籽、茎）　地丁　地锦草　水芹　卫芽　灰菜　老鹳草

血参　灯笼果　合欢皮　角蒿　米口袋　鬼针草　沙苑子　松萝

蔄麻　兔儿伞　委陵菜　南沙参　荠菜　大荠菜　洋金花

佩兰　铃兰　铁苋菜　透骨草　猪毛菜　铜丝草　断肠草　海蜂含珠

扁蓄　辣蓼　鼠曲草　薤白　白杨（花、枝、皮）　吊兰　墓头回

山扁豆　鸡冠花（红、白）　通草　茛苕　鹅不食草　鹿衔草
老头草

徐长卿　漏芦　狼毒　菻草　橡子　玉米（根、缨、籽）　旧草帽

葫芦　麻油　白芥子　柳线　柳（枝、叶、花）　三皮　木耳

甘遂　大蒜（蒜瓣）　石花　谷鹿葱　紫苑　地椒

灯草　耧斗菜　绥草　黄精　列当　首乌　萝藦　山丹　河白草
地圪恋

动物性中药材

蜂房　鸡中金　刺猬　黄羊（肉、血、骨）　蝗虫　公丁香　夜明砂
鼠矢（公的）

五灵脂　白花蛇　山羊角　牛黄　地龙　血余　童溺　水蛭

蝉蜕　蛇蜕　斑蝥　蜗牛　田螺　虻虫　青蛙　蟾蜍

蜣螂　蛴螬　蜘蛛　壁钱　螃蟹　土狗　雀卵　蜂蜜

蜜蜂　土鳖虫　鸽矢（公的）　紫河车　别甲　鲤鱼

矿物性中药材

硫黄　石灰　伏龙肝　石鹅　壁溜土　砂锅片　花蕊石　龙骨

上述药材分别具有热、温、凉、寒（平）"四气"，酸、甜、苦、辣、咸"五味"，收敛固涩，弛缓和中，排燥除湿，软坚化痞，去腐生新，促进循环之功，都能通过经络传递，达到人体五脏六腑、四肢百节，祛邪强身。

这些中草药物，除少数产量较小外，大都分布范围广，产量大，山野、田埂、池边、道旁皆有出产，有的则质量上乘，是地道优质药材，用以治疗常见病、多发病、地方病，甚至某些疑难病，往往可取得简、便、廉、验的效果。

第二十节　清和园八珍汤①

每年从白露到立春期间，"头脑"都会在太原市的清真饭店上市，成为太原饮食业的特色之一。发明"头脑"的人，据市民口传，都说是傅山先生。傅山（1606～1684）为太原市西村人，生于明末清初。由于他坚持民族气节，又通晓医学，取得了人民的崇敬和爱戴，因而直至现在，民间还流传着关于他的许多故事。但发明"头脑"这回事，因为不见于书籍记载，有些人不大相信。《水浒传》五十一回有"赶碗头脑"的话，可以说，傅山是沿用一个固有名词作自己的文章。明代朱国祯《涌幢小品》记载："凡冬月客到，以肉及杂味置大碗中，注热酒递客，名曰'头脑酒'，盖以避寒风也。考旧制，自冬至后至立春，殿前将军、甲士皆赐头脑酒……景泰初年，以大官不充，罢之。而百官及民间用之不改。"

"头脑"又名"八珍汤"，也称"四君子汤"，本是元明时期的一味中药，元代

---

① 本节辑自郝树侯：《太原史话》，太原：山西人民出版社，1979年，62～63页。

忽思慧《饮膳正要》说妇孕、老弱宜"常用八珍汤",明代薛己(1487～1559)撰中医医典《正体类要》记载的八珍汤,由人参、白术、白茯苓、当归、川芎、白芍药、熟地黄、炙甘草组成,皆为补气和中的珍品。在此基础上经傅山改进的头脑,

图 4-13 八珍汤配料

由黄菁、良姜、羊肉、煨面、藕根、长山药、酒糟七样配全而成,外加腌韭做引子,所以称为"八珍"。八珍汤是一种汤糊状食品,具有舒筋活血、养心益肾、补血生阳、健脾开胃、益气调元、滋虚补亏的作用,也是可以长期食疗滋补的药膳(图 4-13)。

八珍汤选料讲究、工艺程序复杂、方法技巧要求严格。在选料备料时,要达到备料全、选料精。精选肥嫩上等的成块羊肉做原料,经过清洗、净肉、加辅料煮炖、出锅晾存等多道工序,将羊肉煮熟,将羊汤、羊油撇出备用。同时,将各种辅料严格按照配方与制法,或煨、或腌、或煮、或蒸,做好备用。然后将上述材料按照既定的程式、比例,上火熬煮,最后加入黄酒调制而成。① 制成后的"头脑"由于不再添加其他调料,气味醇淡,初吃的人,往往不甚习惯,但吃得久长,对健康有显著的益处。早年,饭馆在半夜将"头脑"做好,黎明挂起红灯笼出卖,这样,便对顾客产生了早起、散步、滋养的三种作用。

但是,所谓"头脑",里面既无"头",又无"脑",只是几块羊肉;而卖"头脑"的饭馆,同时又卖"杂割"。太原出卖"头脑"和杂割历史最久、技术最好的饭馆是"清和元"。市民相传,"清和元"的名称,是傅山先生定的,他还写了"头脑杂割清和元"的牌匾。"清"暗指"清朝","元"暗指"元朝",元、清在当时观念中都是外来征服者所建立的王朝,那么"头脑杂割清和元"是包含着双关的、深刻的思想的。在屡兴文字狱的清朝,有谁肯把傅山这种深微曲折的用意形之纸笔呢?这就是傅山发明"头脑"这回事不见于记载的根本原因。在今天却需要我们指出来。

2008 年,中医养生药膳八珍汤(太原市),入选第二批国家级非物质文化遗产名录(编号 970Ⅸ—10),代表性传承人李春生(1935 年出生)。随着掌握八珍汤传统制作工艺的师傅都已年逾古稀,传承与发展遇到了难以为继的困境,面临失传的危险。

---

① 中国非物质文化遗产名录数据库系统,http://fy.folkw.com/view.asp?id=1464。

第二十一节　平遥牛肉①

"平遥的牛肉太谷饼，杏花村的汾酒顶有名"，随着脍炙人口的山西民歌《夸土产》，古老的平遥牛肉以其醇香味美而蜚声四海。平遥牛肉高蛋白、低脂肪，色泽红润，肉质绵软，清香可口，肥而不腻，瘦而不柴，百食不厌，经久回味。

一、溯源

汉元封四年（公元前107），汉文帝立子武为代王，建都于陶（平遥）。当时平遥以农业耕种为主，代王尤倡牛耕，于是平遥百姓"卖剑买牛，卖刀买犊"，养牛风气渐行，一直传承至今。发达的农业和大量的耕牛为牛肉加工提供了充足的条件。当时耕牛力壮口轻时是重要的生产力，朝廷禁止宰杀，能上刀案时已是老牛，但是肉质枯干难嚼。人们通过实践摸索出煮前腌制、沸煮温炖、急火慢炖、老汤煮肉等适宜的老牛肉卤制技艺。

清嘉庆年间（1796～1820），平遥出现了腌制牛肉的作坊。先是雷全宁在文庙街开设了"兴盛雷"牛肉坊，经营五香牛肉。该店从宰老牛到制作老牛肉，形成一套完整的特殊工艺。从宰牛、剔骨到切肉块，只需15分钟。宰牛时，切断牛颈两根主动脉血管，让牛血尽快流尽，保证牛肉内无瘀血，色泽好看；减少被屠杀前牛受到的惊恐紧张，防止肌肉纤维收缩造成的坚韧。剔骨、切块快，保持了肉质固有的鲜嫩。此后，任仰文在西大街开设"自立成"牛肉铺，西郭村韩来宝在南门外开设"隆盛旺"牛肉店，还有"源盛长"牛肉铺，并称为平遥县四大商铺，平遥牛肉也成为当地招待宾客的必备餐品。20世纪30年代，平遥牛肉已远销北京、天津、西安等地。

新中国成立后，手工业作坊空前活跃，经营平遥牛肉的作坊达38家。1956年，在北京举办的全国食品名产展览会上，平遥牛肉被评为全国名产，远销朝鲜、蒙古、新加坡、泰国、菲律宾、印度尼西亚等国。

---

① 本节辑自雷秉义、陈泽刚：《平遥牛肉的传统加工技艺与现代工艺》，《农产品加工·创新版》，2010年第6期，18～19页。

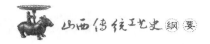

二、传统加工技艺

平遥牛肉传统制作工艺独特，从生牛屠宰、生肉切割、腌渍、锅煮等操作程序和操作方法，到用盐、用水以至加工的节气时令等，根据当地特有的土壤、水质、气候、人文等因素，选料考究，工艺独特，以保证牛肉制品的口感特色与营养价值。经国家肉类食品质检中心检测，平遥牛肉中钙、铁、锌的含量分别比普通牛肉高127％、59％、32％，维生素肌氨酸含量也高于普通牛肉。[1]

（1）加工用具："五个一"，即一块肉，一把刀，一撮盐，一只缸，一口锅。肉色红润，不用佐料，却绵香可口。

（2）加工工艺：相、屠、腌、卤、修"五步法"（图4-14）。

相："非病、残、乳、母、老、犊之壮牛，方选为本。"

屠：肉牛宰杀讲求"净、静、稳"。宰前禁食3日，沐浴。宰时，平刀大拉，平静斩于午。平刀大拉宰杀有利于放血完全，瞬间宰牛排血，既能不使牛血渗入体内，保持牛肉色泽鲜艳，又能使牛在宰前不过分紧张、惊恐，防止肌肉纤维猛然收缩造成组织的坚韧。好的屠宰师，眼明手快，手起刀落，杀牛剔骨，切割肉块，前后仅15分钟。

腌：每头肉牛宰杀后，整块肉按部位分割：冬季16块，春、夏、秋20块。开刀口加食盐腌制，夏季腌5～7天，春秋两季腌10～15天，冬季腌20～30天。

卤：平遥牛肉传统加工技艺中，"卤肉"工艺最为缜密，素有"卤前漂烫"、"老汤煮肉"、"急火慢炖"的奥秘。

修：去糟粕，留精华，整成型，上街市。

三、现代加工工艺

平遥牛肉制作在遵照工艺传统的基础上，适当引入现代加工工艺，加工设备包括现代化的牛屠宰线设备、大型微波解冻机、盐水注射机、真空滚揉机、蒸煮夹层锅、真空包装机、高温高压灭菌锅等。

工艺流程：宰前检疫→待宰淋浴→速晕吊挂→充分放血→割头去蹄→剥皮开膛→分体劈半→胴体清洗→预冷排酸→剔骨分割→分级包装→冷冻藏储→微波解冻→生肉修割→盐水注射→真空滚揉→恒温腌制→传统蒸煮→恒温冷却→分等分级切割、修割→计量包装→真空封口→高温灭菌→保温试验→外包检验→封口装箱→

---

① 小城：《平遥牛肉的历史渊源及其传统工艺》，《农产品加工》，2007年第4期，77页。

计量检测→成品入库。

现代工艺中的"相"：采用统一的肉牛收购标准，要求选用西门塔尔、夏洛来、利木赞、安格斯等肉牛品种，体重在 400 公斤以上，牛龄为 24～48 月龄的健康公牛，保证了优质的原料。

现代工艺中的"屠"：活牛经检疫后，进行淋浴待宰、速晕吊挂、充分放血、割头去蹄、剥皮开膛、胴体清洗、预冷排酸、剔骨分割、分级包装等工业化生产，使牛肉原料更加卫生、标准、营养、安全。

现代工艺中的"腌"：经过微波解冻，对修整分割的原料肉部位进行盐水注射后，在 0～4℃下真空滚揉 4 小时，静置腌制 48～72 小时，充分保证肉品色泽、组织结构、腌制风味的一致性。

现代工艺中的"卤"：将腌制好的肉品在蒸汽夹层锅中煮制 4～7.5 小时，煮制过程贯穿"分级煮制"、"沸水入锅"、"煮前漂烫"、"勤翻勤撇"、"老汤煮肉"、"沸煮温炖"、"急火慢炖"等传统煮制工艺精髓，使产品较传统技艺更加清香鲜美，回味悠长。

现代工艺中的"修"：在传统技艺去糟粕、留精华、整形的基础上，剔除肉的脂肪、肥膘等，增加分等、分级工序，对牛柳、上脑、眼肉、臀肉、臀腰肉、大米龙、小米龙、牛腱、膝圆等部位肉，分别进行修割、切割，较传统技艺更加优质化、标准化、科学化。

图 4-14 平遥牛肉加工工艺五步法
资料来源：小城：《平遥牛肉的历史渊源及其传统工艺》，《农产品加工》，2007 年第 4 期，77 页。

继承传统与创新发展山西省平遥牛肉集团有限公司在继承传统加工技艺的基础上，不断完善发展加工工艺，统一牛源收购质量标准，运用现代化屠宰检疫、预冷排酸、微波解冻、盐水注射、真空滚揉、恒温腌制、分等分级检验、真空包装、高温灭菌等现代肉品加工技术，28 道工序，28 道检验，更好地保证了平遥牛肉的品质、风味，产品更加卫生、营养、安全，有利于健康。

平遥牛肉与其他各地酱牛肉的不同在于，一般加工酱牛肉不愿用老牛，而平遥

酱牛肉却是牛越老制作的酱牛肉越香，保存时间也越长，平遥牛肉卤制技艺的高超可见一斑。

2008年，冠云平遥牛肉传统加工技艺，入选第二批国家级非物质文化遗产名录（编号951Ⅷ—168），代表性传承人雷秉义（山西省平遥牛肉集团有限公司）。平遥牛肉传统加工技艺的精髓是全凭手眼功夫的纯手工技艺，无法完全实现工业化，如今仅靠为数不多的老技师口传手授，面临着技师年龄老化、传统技艺传承断档的危险。①

第二十二节　六味斋酱肉②

六味斋是太原市家喻户晓的熟肉制品老店，酱肉类制品具有"肥而不腻，瘦而不柴，色泽鲜亮，味道甘美"的特点，风味独特，有"味压三晋，香冠群芳"的美誉，常年销售酱猪肉、酱肘花、酱牛肉、酱肚、酱口条、酱猪蹄、酱排骨、熏肥肠、熏黄花鱼、炸丸子等30余种产品。

六味斋酱肉店历史较久。1938年由北平的天福号酱肘店、铺云楼肉店和天津天盛肉店，三家各出一名徒弟，然后由石家庄一家肉店的二掌柜盛展清出资，带领以上三家的徒弟来到太原，在达达巷17号盖起一间约40平方米的简陋小房，开设了一家小肉店，字号为"福记六味斋酱肘鸡鸭店"。六味斋又从北平聘请来盛荣广、吴好礼等几位老技师，博采北平、天津等地制作肉食之长，精工细做，产品不断丰富，还租赁桥头街53号两间作为门市部，更名"福记六味斋酱肉店"。主要产品有酱猪肉、酱肘花、酱鸡、酱鸭等五六种，其中尤以酱肘花著称。

酱肘花（天福号称"酱肘子"），也是六味斋酱肉店传统的名特产品。工艺精细，色泽鲜亮透明，呈酱红色，肉皮柔软而有弹性，食之绵烂利口，嚼而不硬，绵而不粘，还具有肥而不腻、瘦而不柴的特点，其独特风味是其他酱肘花无可比拟的。

相传天福号酱肘子创始于清乾隆三年（1738），当时已是皇宫的供品。慈禧太后为了能经常吃到酱肘子，特别赐给酱肘师傅一块腰牌，可以直入宫廷。至今冀、鲁、秦、晋的老辈人谈论起酱肘子，都是有口皆碑地称赞"天香地味忆京华，最想天福酱肘花"。六味斋的酱肘花久负盛名，最主要的原因就是能坚持历史悠久的传统工艺，精心制作各种产品，持之以恒地把好质量关。

① 雷秉义：《平遥牛肉》，太原：山西科学技术出版社，2008年。

② 任步奎：《风味独特的六味斋酱肉》，见太原市政协文史资料委员会编：《太原文史资料》第11辑，内部发行，1988年，141~144页。

　　酱肘花制作工序十分考究。选料时首先根据猪肉和部位不同的特点，精心挑选，再依据猪肉的老嫩和肥瘦程度，分别由上而下切割分块，摆在铁筛上。先用清水下锅将肉煮一遍，将肉上的杂沫基本煮掉后，再换清水熬煮。这时可适量加入辅料，如葱、姜、蒜、砂仁、豆蔻、香叶等，最后加香油和酱色。这些独特的原料和工艺要求，尤其是传统老技师传授的"三勤"操作方法，即勤动手、勤看火、勤撇汤，同时在熬煮时，一定要撇净浮油和杂沫，待肉皮煮到光滑时，捞出倒入缸中洗干净。然后将肉捞到铁盘上，这时将肉汤继续熬滚，清出汤中的油沫，再过箩倒入缸中，清锅后把锅内铺上笼箅，将煮好的肉分层摆立在笼箅上，中间留气孔。将过箩的汁和料袋放入锅中，再加盖密封焖煮1～2小时。然后将火焖住，加适量糖色，继续焖半小时。

　　以上工序都依次进行完毕后，将肉块晾于盘中，将锅中剩余卤汤汁留待下次煮肉时使用。这种汤汁就是所说的"陈卤汤"。再用此汤时，先经技师品尝，需要补充哪些辅料、用量多少，由技师酌情掌握。这种配料卤汤积数十年经验所得，是六味斋传统酱肉制作技艺的"秘笈"所在，也成就了六味斋熟肉制品独树一帜的醇清酱香风味（图4-15）。

　　2008年，六味斋酱肉传统制作技艺，入

图4-15　六味斋创业复原想象图

选第二批国家级非物质文化遗产名录（编号953Ⅷ—170），代表性传承人太原六味斋实业有限公司。

第二十三节　双合成与老香村

　　南式糕点自19世纪末进入北地山西，由最初的输入成品经营发展到自制自销，主要源于河北、江浙人士赴晋经商的带动。如河北满城人在太原开设了"双合成"、"老香村"，江南人在运城经营起"福同惠"，20世纪二三十年代，太原糕点业形成"河北帮"、"南方帮"、"地方帮"等三大派系。他们制销的南式糕点以晋地罕有的精美细致与用材多样，丰富着山西本土的食谱，唤起百姓生活的甜美滋味。

　　清宣统二年（1907），借正太铁路动工修筑之机，河北满城人李洛金、张子瑞在石家庄开店经营熟肉制品，取"两个合办必能成功"之义，字号"双合成"。不久，二人因矛盾分道扬镳，民国元年（1912），李洛金尊父命前来太原开设分店，

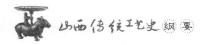

仍名"双合成",仅经营水果、罐头、盒装饼干等。店址先在北司街,一年后迁至大剪子巷,1929 年迁至现址柳巷 53 号。

此时经理陈步云经营有方,请书法家孙焕仑题写黑底金字匾额"双合成",聘请两名特级面点师,开始自制自销月饼、糕点。双合成对产品质量精益求精,不准省工省料。每创作一种新产品,必须经过技师、经理及所有同仁的一一品尝,大家一致认为味美可口时,才可以批量制作。如果品尝者能够提出合理化建议,不仅会及时采纳,而且给予一定的奖赏。因此,产品得到顾客的一致好评。双合成专门制作的包装盒十分考究(图 4-16),不仅题写"双合成李记"的字样,还分别有"许仙借伞"、"牛郎织女"、"老寿星"等不同主题样式。[1]

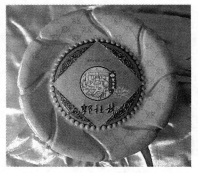

图 4-16　创意郭杜林月饼盒

1927 年,适逢太原的"谷香村"商号倒闭,在"双合成"当伙计的王庆丰、王得三、王国斌等三位河北同乡,借机接过谷香村铺面,仿照上海一家店名,树立新号"上海老香村",并请书法名家赵铁山题写匾额"南北果品四时糟腊　洋酒罐头浙绍金腿"。新开业的老香村分为店铺和作坊,店址设在太原市钟楼街北四号(后为太原市二轻市场),作坊设在钟楼街中兴药房后院(后为庙前皮革服装店)。

老香村为站稳市场,掌柜除亲驻天津、石家庄接货运货外,还经常派人到北平、汉口、上海、浙江等地,广征博采众家之长,不惜工本购进各种原料、辅料,精制京式、广式、苏式糕点。还以月薪 126 元大洋从上海聘请李姓糕点技师,面授技艺。这样,老香村经营的品种由最初的 70 余种增加到 400 多种,糕点品种主要有袜底酥、鸡油饼、南味太师饼等,中秋月饼主要生产京式提浆细皮、自来红、自来白等。日销售额在 300 元,年节时超过 1000 元,老香村一跃成为太原干菜同业工会鲜货行的大号铺之一。[2]日本发动侵华战争后,生意兴隆的老香村、双合成陷入无以为继的困境。

郭杜林月饼为晋式月饼的代表,太原的糕点老字号多有制作,远销晋、冀、蒙、豫等地。当代"双合成"继承并发展了郭杜林月饼的传统制作工艺。

---

① 任步魁、王玉清:《双合成食品店》,见太原市政协文史资料委员会编:《太原文史资料》第 15 辑,内部发行,1991 年,47～49 页。
② 夏林:《太原"老香村"食品店史略》,见山西省政协文史资料委员会编:《山西文史资料》第 49 辑,太原:山西人民出版社,1987 年,95～102 页。

一、原料配比

郭杜林月饼原料主要有面粉、熟面、酵面、香油、白砂糖、绵白糖、葡萄干、青红丝、食用碱等，配料比例如下。

饼皮：面粉35公斤，酵面10公斤，香油18.5公斤，白砂糖6公斤，水10公斤，食用碱0.5公斤。

馅料：熟面粉5公斤，白砂糖15公斤，葡萄干5公斤，青丝1公斤，红丝1公斤，香油4公斤。

刷饼面糖浆用糖：1.5公斤。

饼面撒绵白糖：2.5公斤。

二、制作方法

郭杜林月饼制作包括和面、配料、制皮、拌馅、包捏、定型、码盘、装饰、烤制、成型等十余道工序。

将优选面粉40斤倒入面缸，把15斤花生油、2斤绵白糖、80克碱面、40克苏打，用12斤开水冲搅均匀。揉面是制作月饼的关键，需要娴熟的手法，保持左手在上，右手在下，搓中带揉，和好的面光滑柔韧，将其分成每个重78克的剂子。配制好的馅料分成每个重60～62克的馅块。将每个馅块包入剂子，包好的月饼坯每个重138～140克。月饼坯晾约2分钟，开始为饼坯刻模，这样刻印的花纹清晰。最初的月饼图案由技师妙手点缀，郭杜林月饼采用清代中晚期流行的篆字条纹为产品徽记，后将篆字纹改为水波纹，俗称"鞋底子"。将刻好图案的饼坯放入烤盘，饼面刷一层糖浆，要求"快而准"，以避免多刷糖浆流到饼底而被烤焦。最后用工具在饼上扎两个小孔，使得烘烤时饼体空气流通而不致起泡。将烤箱调至面火260度，底火220度，烤12分钟，出炉即成。褚希发（80岁）、文兴鑫（79岁）、王汝富（75岁）、张涛（73岁）是今天为数不多掌握郭杜林月饼制作"绝技"的老技师。

2008年，太原郭杜林晋式月饼制作技艺，入选第二批国家级非物质文化遗产名录（编号946Ⅷ—163），代表性传承人程玉兰、赵光晋（太原双合成食品有限公司）。

运城福同惠南式细点制作技艺，入选第二批山西省非物质文化遗产名录（运城市福同惠食品有限公司）。图4-17为福同

图4-17 福同惠点心
包装用眉心纸

355

惠点心包装用眉心纸。

第二十四节　闻喜煮饼[①]

闻喜煮饼，又名闻喜蜜汁煮饼。清嘉庆二十三年（1818），闻喜县南关村人氏任诚意承袭父业，在县城西大街开设"诚意祥"糕点铺，经营着百余种糕点。店主有志于创出自己的特色糕点，从色、香、味等方面对当地流行的煮饼工艺进行了全面改进，用蜂蜜、芝麻仁、香油、绵白糖、红糖、糖稀、白面、苏打等原料，制成外形略呈扁正圆形的煮饼。煮饼口感松软有弹性，入口不皮不粘，甜味纯正，酥沙不腻，芝麻纯香，回味无穷。由于煮饼为油炸而成，"炸"在晋南民间称作"煮"，故名。鲁迅在其名作《彷徨·孤独者》中有"我提着两包闻喜名产煮饼去看友人魏连殳"的记述，闻喜煮饼还出现在慰问抗美援朝将士的朝鲜战场上。闻喜煮饼制作工艺在继承传统经验的基础上，不断改进完善，形成了规范、科学、精细的制作程序。

一、原料的选择与处理

面粉：选用粗粒、含面筋较少的面粉，蒸熟使用。在加水调制时，需考虑面粉的湿度。有经验的师傅一般用手握的方式来测定面粉湿度。如紧握面粉时沙沙作响，松开时不结块成团，这是干燥的，反之则含水量较高。通常每百斤煮饼用熟面26斤，加水8斤。

芝麻：选用红、白芝麻，脱皮，晾干，炒熟后即可使用。

绵白糖：用于煮饼馅内，要颗粒小、黏性大，用时过筛去杂。

红糖：含有铁质和有色素，可使煮饼颜色美观，黄白分明，用于煮饼内皮。

蜂蜜：气味芳香，含大量果糖，滋润性强，是煮饼的主要原料与特色所在，用于馅与皮层。以一、二等蜂蜜为宜，最佳为"中国蜂蜜"，特点是黏稠、甜度大、营养价值高。绵白糖、红糖、蜂蜜三种原料，能增添产品的光泽、色彩，有利于煮饼的长期保存。

糖稀：有黏合性和弹性，易于上色和拉丝，用于煮饼上汁和表面。糖稀必须是小米加工的。

香油：芝麻油，可使产品松脆滋润，营养丰富，增加光泽、颜色和香味。炸煮

---

① 本节辑自崔利：《国式糕点闻喜煮饼业》，见阎爱英主编：《晋商史料全览·运城卷》，太原：山西人民出版社，2006年，192～198页。

饼时最好选用颜色清亮、气味纯正的香油。

苏打：作辅料，调于面团，起松发作用。在受热时发出气体，使产品成为多孔的疏松体。

水：必须使用开水，以提高上述配料的溶解度，便于均匀搅拌。水的含碱量以18度为宜。

二、配料比例

面粉 26 斤，糖稀 23 斤，白糖 13 斤，芝麻仁 16 斤，蜂蜜 6 斤。

卫生油或香油 16 斤，开水 8 斤，苏打 0.05 斤。

三、工艺流程与操作方法

工艺流程：配料、制馅、制坯、成型、油炸（煮）、冷却、上汁、粘芝麻、回性、成品包装，共十道工序。

（1）配料：取熟面 22 斤、红糖 4.5 斤、糖稀 10 斤、食油 4 斤、苏打 5 钱、水 8 斤。先将面粉放在案板上摊成盆状，再将水、油、糖稀、红糖调和倒入，撒入苏打搅拌均匀，和成面浆备用。

（2）制馅：取绵白糖 6 斤、面粉 18 斤、蜂蜜 4.5 斤，将面粉和绵白糖过筛，放在案板上摊成盆状，然后将蜂蜜放在锅里煮沸倒入，搅拌均匀，即成糖馅。

（3）制坯：取和好的面浆 5 钱，包入糖馅 1 钱，用双手搓成团，即成毛坯。

（4）油煮：将成型的毛坯放在笊篱内浸冷水，油温达 200℃后陆续下锅，煮至毛坯浮起、色黄略带深栗色、呈圆状时，即成半成品，捞出冷却。成型的毛坯之所以先浸水，有三个作用，一可将毛坯表面粘的干面溶于水中，减少带入油锅的杂质；二使制作毛坯时的裂缝弥合，防止露馅；三防止毛坯过早被炸干紧皮，影响松皮。

（5）上汁：取砂糖 7 斤、糖稀 13 斤、蜂蜜 1.5 斤，入锅熬制，要求温度在 116 度为好。熬至用漏勺取少许能吹成泡为宜，然后将冷却的半成品用笊篱放入糖汁中浸泡一下，再捞出倒进备好芝麻仁的精筛中来回滚动，直至外皮粘满芝麻，再摆入水盘内冷却后进行包装。

四、制作技术要求

感观指标：形状呈圆饼形，外皮粘满芝麻仁，呈白色，无杂质，用手掰开便露出栗色，外深内浅中间白，黄白两层分明，外皮可拉丝 1～2 寸。

规格要求：包馅均匀，规格一致，无裂缝，不露馅，每市斤 10 个上下，误差不超过 3 钱。

毛坯要求：油煮后的饼坯呈均匀的青黄色，不焦不生。

香味要求：品尝松沙酥软，不皮不粘，甜而不腻，略带一丝松柏的芳香。

储藏方法：使用不浸透油渍的玻璃纸，成双层并排包装 10 个煮饼，放入印有图案字样的硬纸盒内。每盒净重 1 市斤，误差 3 钱左右为合格。储存应放在阴凉干燥的地方，存久色香味不变，不宜受热受潮，运输中严防日晒、雨淋、潮湿、挤压等。

第二十五节　太谷饼

太谷饼是太谷县传统名特产品，吃起来甜而不腻，酥而不碎，软而不皮，绵甜可口，具有独特的香、甜、软、酥的特点，特别是咀嚼时绵软松香，食不粘牙，老幼咸宜。若经久存放，色、香、味与软硬程度均能保持如初。

明清时期，太谷县是华北地区著名的金融商业中心，富商大贾云集，百姓生活富庶，太谷饼也产生于这一时期，有"始制于清咸丰年间"之说，但不可考。以太谷"文成堂"的制饼手艺最佳，清末已行销京、津、西安、兰州、包头、张家口等地。

太谷饼是一种面制炉烤的实心饼，直径 12 厘米，厚 1.5 厘米，中间略厚于边缘，表皮呈淡茶黄色，并均匀地粘满脱皮的芝麻。

制作太谷饼所需原料比例：面粉 500 克，胡麻油（或花生油）125 克，白糖 150 克，糖稀 75 克，泡打粉 2 克，脱皮白芝麻 25 克。

制作方法：

（1）将面粉盛入盆内，均匀拌入胡麻油（或花生油）、白糖、泡打粉，徐徐加入适量温水，调和均匀。面色由黄到浅黄而发白、软绵即成。

（2）把和好的面放在案子上揉光揉匀，搓成长条，揪成 20 个大小均匀的剂子，然后逐个按扁，一面刷上糖稀，黏附适量的芝麻，行内称为"花芝麻"。还有"全芝麻"，如一品烧饼，即烧饼上粘满芝麻；"圈芝麻"，如夹沙饼，芝麻粘在饼的边缘；"半芝麻"，如宣化饼，芝麻粘成半圆形。

（3）把粘好芝麻的饼坯送入烤盘，调温 220 度，炙烤 13 分钟左右，待饼的两面及周边呈金黄色时，即成。①

① 张达三：《太谷饼》，《中国食品》，1980 年第 12 期，10 页。张国良：《甜酥不腻的太谷饼》，《科学之友》，2007 年第 11 期，33～34 页。

第二十六节 忻州瓦酥[①]

忻州特产瓦酥，是一种外观与口味精致，营养丰富的蛋、面、油炸的甜点制品。相传瓦酥出现在明代，初为官绅之家宴飨的珍食，后传入民间。瓦酥因形似古代建筑材料中的筒瓦，故名。内外一色金黄，花纹图案精细，拱背部模刻"忻州瓦酥"四字，寓意金瓦建宅，象征门庭富贵。瓦酥口感以酥为贵，味甜香郁，长久保存色香味不变，堪称炉食中的精品。现由山西省忻州市糕点厂独家生产经营，产品畅销全省各地，远销内蒙古、河北等地。

瓦酥用料精细，制作考究。若以糕点食之，口感酥绵沙甜；若以开水化汤饮之，犹如杏仁茶般滑润香醇甘美，老少皆宜。瓦酥的配料以精面粉、纯蛋黄、香油、食油、细砂糖为主，制作每百公斤，需要精面粉 56 公斤、鲜蛋黄 28 公斤、香油 12 公斤、砂糖粉 12 公斤、扑面 6 公斤、食用油（炸制）15 公斤。制作方法如下：

（1）打蛋与配浆：将鸡蛋滤净蛋白后，放入和面容器内，搅拌 3～5 分钟，打匀蛋黄。加砂糖粉、香油，继续搅拌 2～3 分钟，再加入精面粉 28 公斤，调成均匀的糊状。

（2）和面成型与炸制。将剩余的 28 公斤面粉倒在工作案上，中间挖出一个圆坑，把蛋面糊倒入，和成软硬适宜的面团，再分成 1.5 公斤左右的块，擀成厚 5 毫米的面片，切成宽 4 厘米、长 10 厘米、厚 5 毫米的长条，放入瓦酥模内，按平，磕制成型。加热油温至 140～160℃时，入锅炸成金黄色即可出锅。一手拿木棒，一手拿炸坯，握成瓦形，即为成品。

忻州瓦酥现在由忻州市糖业公司糕点厂集中生产，制定了瓦酥生产的企业内控标准，成品的含水量 5.33%，总糖含量 10.9%，蛋白质含量 5.44%。[②]

第二十七节 恒义诚元宵

太原老鼠窟的元宵，皮薄馅满，味道甘美，深受百姓欢迎。因其皮儿绵中有

① 本节辑自范堆相主编：《忻州名优特产集》，太原：山西经济出版社，1992 年，205～207 页。
② 吕日周：《山西名特产》，北京：农业出版社，1982 年，169～170 页。

图 4-18　平遥古城街巷中的元宵制售
（1998 年，张国田摄）

资料来源：张国田：《平遥百姓民俗》，太原：
北岳文艺出版社，2001 年。

粘，馅儿甜中有香，色泽洁白鲜亮，配料讲究，风味独特，故有"味压群芳，誉冠并州"之美名。恒义诚原为一家肉铺，1931 年因经营不景气而转让，当时已经售卖元宵三年有余的行商太原松庄村人申友，正逢小本生意日趋兴隆之时，于是接过肉铺，更名"恒义诚甜食店"，因其地处太原市钟楼街老鼠窟巷，人们习惯地将其特色商品称为"老鼠窟元宵"。

申友秉承"若要富，开久铺"的经商理念，以诚信与质量取胜，他不仅对于选料、浸米、配馅、滚元宵等各道工序亲手试制，还到西安元宵店取经，使他制作的元宵口味日臻完美。经过多年实践，他认为晋祠江米中质量最好的莫过于花塔村所产，因此，恒义诚甜食店与花塔村几家农户订立长期合同，按他的品种、需求量确定种植数量。为了解决农民播种困难，每年春耕前预付农户一部分底垫款，这样农户能够精耕细作，江米质量有了提高，既不过软，又不过硬，细韧软绵。制作工序如下。

（1）皮面的制作：首先按季节和气候的变化浸米，用水既不能过多，也不能过少。浸米时间，冬季长些，春秋两季略短，夏季更短。浸出的米经筛淋尽水分后，再上碾子滚，并用最细的铜丝箩箩出面，将配好的馅切成方块，以水、面按比例进行滚。同时在滚元宵时，也要根据天气冷暖，天冷季节要滚七八次，天热只滚四五次即成（图 4-18）。

（2）馅的制作：配料主要有以下几种，选用上等绵白糖为主料，然后配以冰糖（磨碎成小米形）、玫瑰、桂花、芝麻、桃仁、青丝、红丝，最后为便于粘花馅，再适量加些粉糖，这样连同江米共有十种原料，即所说的"什锦元宵"。

当时，虽然老鼠窟甜食店以西的按司街有一家元宵店，以东的钟楼街有两家元宵店，老鼠窟元宵店的顾客却最是络绎不绝，其一家营业额甚至超过附近三家营业额的总和。此后，申贵生、申福生继承父业，1956 年实现公私合营，老鼠窟元宵仍经久不衰。

第二十八节 晋南柿饼

一、蒲州青柿

晋南各县，盛产柿子，其中产自万荣、永济（蒲州）的柿子品质尤佳。西汉司马相如作《上林赋》中有黄河中游两岸栽种柿树的记载。清乾隆年间，蒲州知府周景柱留下一首《蒲州柿林红叶》的咏柿诗："尽把珊瑚映夕曛，瑶仙齐著石榴裙。无边红柿多情思，遮断青山锁白云。"字里行间透出蒲州柿树的繁茂之势，垂挂枝头、点染层林的鲜美红柿，也曾唤起宦游故人的几多情思。清代李燧在《晋游日记》中记录见闻称："蒲地多柿，醯酒皆酿，柿为之。"

蒲州柿树多栽种于蒲州、城关等沿中条山北麓一带，有猴头柿、珠柿、木柿、板柿、青柿等几十个品种，其中以青柿最佳。青柿在十月中旬前成熟，果实硕大，产量高，富含胡萝卜素、维生素 C、葡萄糖和果糖，可加工成柿饼、柿干、柿条、柿汁、柿糖，酿制柿酒、柿醋。制成的青柿饼形色饱满，无核，饼霜厚，口感绵软，掰开能拉出一尺多长的油丝。如果把青柿饼放入碗内，用茶水冲泡，加盖几分钟，便完全溶化为汤汁，色似金汤，甘甜如蜜。[①]青柿因而有"铁杆庄稼"和"木本粮食"的美誉，历史上一直作为蒲州进献的贡品之一，1915 年，蒲州青柿被选送参加"巴拿马-太平洋万国博览会"，荣获一等金牌奖。水化柿在平陆县马泉沟、贺峪沟等地也有出产。

二、万荣柿饼[②]

《万荣县志》记载，清康熙四十七年（1708），柿树栽培已经遍及万荣全县，品种达数十种。柿子营养成分丰富，既可新鲜食之，还可以加工成柿饼，或与杂粮混合磨成面，作为主食。

柿饼是我国的传统食品，具有较高的营养价值，含糖量 65％，最高达 79％，蛋白质含量 1.5％，脂肪含量 0.1％，肉质绵软，味甘如饧。10 斤柿饼相当于 8 斤

---

① 山西省农业区划委员会编：《山西省农业自然资源丛书·运城地区卷》，北京：中国地图出版社，1992 年，130 页。

② 吕日周：《三晋百宝》，太原：山西科学教育出版社，1985 年，91～94 页。

标准面粉或 8.5 斤大米产生的热量。柿饼与豌豆粉制作的澄沙糕，清凉香甜，是春夏季节人们喜爱的食品。柿饼上的白霜，为糖分随水渗出果面而凝成，主要成分为甘露醇、葡萄糖和果糖，能治疗咽喉干疼、口舌生疮、肺热咳嗽、咯血等症。柿饼具有健脾、润肠、止血的功效。柿饼炙炭，可医治便血。柿饼加工技术简便，主要有以下几道工序。

1. 选果

农谚道"霜重柿子熟"，柿果采收多在霜降前后。加工柿饼应选择果形端正、个头均匀（每个 100 克左右）、无病虫、无损伤、充分成熟但不软的柿果进行加工。选果时，去掉柿果底部的萼片，截短果柄，仅留柿蒂。

2. 旋皮

旋皮的工具有旋车和旋刀。旋柿皮时将旋车用绳固定在板凳上，并压上石头等重物，将柿子底面置于旋车三齿铁叉上，左手持旋刀，用无名指和小指握住刀柄，大拇指压住刀顶，刀刃搭在柿顶上，以食指和中指与大拇指分开卡住柿子，右手摇旋车，左手持刀由柿顶中心开始，向柿子边缘到底部移动，柿皮随即刮去。要求旋的皮薄，不漏旋，不留顶皮及花皮，仅留柿蒂周围 1 厘米宽的底盘。

3. 晒果

鲜柿含水 70%～80%，旋过皮的柿子，要先经过晾晒干燥。晒前要提前用高粱秆做成箔子，将箔子架高距地面 1 米左右，再将旋好的柿果挨个均匀摆在箔上，以互不接触为宜。一般晴朗好天，七八天后即可使果肉收缩变韧，颜色变褐。晒果期间，如遇雨要用塑料布或薄膜盖好，由箔子下面通风透气，不会腐烂变质发酸。雨停后，要及时揭开晾晒。

4. 发汗

把经过晾晒的柿子在箔子上堆积起来，厚度 10～15 厘米，上面用席子或麻袋盖住，让其"发汗"。发汗使柿果内部水分向外扩散，可使其软化和加强细脆型的透水性。发汗期间，2～3 天要翻动一次，必须严加保护，勿使雨淋或鸟类损害。时隔七八天，果肉即可变软，果皮发皱，这时要揭去遮盖物，再次将柿子摆开晾晒，二三天后即可将柿子收存入缸或竹篓等容器内，上面可用柿皮盖住使其继续发汗，以保持果肉软化。

5. 捏饼

捏饼分三次进行，第一次是在首次发汗后晾晒时，结合摆柿进行捏饼，即捏断果心和果茎部的联系，使果顶不再收缩。方法是：用手指轻轻压扁果顶即可。捏饼不可过猛，以防捏破柿果，有损外观。对于有核品种，一定要将核推靠一边。第二次捏饼结合晾风进行，即选择晴天和有风的夜晚或清晨，将柿饼摊在箔子上放风，并用拇指和食指捏扁柿饼。晴天有风，柿饼内部水分蒸发会很快晾干，因而果面有韧性，捏饼不易破裂也不易引起腐烂。最后一次捏饼要结合整形，使饼形达到收购标准，并按大小分开等级存放。

6. 出霜

由于多次发汗、放风、捏饼，随着果实水分的蒸发，糖分凝固于柿果表面，形成白色结晶，也就是"柿霜"。柿霜的均匀厚薄是决定柿饼质量的标准之一。收购柿饼从每年 11 月底开始，此时柿饼一般都会出现一层白霜，包装后，储运期还会继续出霜，使柿饼霜色更白。

第五章

日用什物制作技艺

　　乡土与手艺是一对孪生姐妹。带着几分偶然性降临斯土的人们，本能地激励自我去探寻最可能与最近便的生存之计——发明或获得一份手艺，凭着这份手艺而立足斯土，生活下来，方能趋近"甘其食，美其服，安其居，乐其俗"的生活理想。手艺以其最大的实用价值，赋予偶至斯土的人们那方可植根的乡土；乡土生活的图景，总是流动着手艺主题的苦与乐。

　　手艺成就的日用什物，以砂器、草编、纸业、风匣、制秤、钉瓷、银器、旱烟等诸类，系于山西乡土；默化于心、贯注于物的机械、物理、化学等常识性经验和种种智慧巧思，支撑着乡土技艺平凡却不息的生命力。手艺造物汇入晋地百姓的寻常日用，丰富着生活内容，又撑起多少手艺人家的生计命脉。"扁担担，瓦罐罐，一溜溜，一串串；别看瓦罐作用小，秋来装回一架山。"[1] "七根麦草手中编，针线衣服在里边。"晋地民谣中的平凡手艺，道出了众多无名的同类生长于静默乡土的"庶民的言说"。

第一节　平定砂器[2]

　　砂器，又称砂陶，俗名砂货，是陶器中的一种，属炻器类。陶器通常

---

① 吕世豪：《瓦罐罐》，见刘锡仁主编：《汾州歌谣》，汾阳县地方志办公室印行，1987年，133页。
② 本节辑自王智庆、李存华：《晋东商业文化》，北京：科学出版社，2009年，145～150页。

分为土器、炻器、陶器、瓷器四类。

土器，坯体粗松，色泽发暗，外表不洁，成陶温度低，音粗而韵短，如砖、瓦、土、钵等；炻器，介于陶与瓷之间，坯质坚硬，机械性能强，成陶温度较高，音粗而韵较长，按原料中所含杂质不同而呈现灰棕或紫色，平定砂货、宜兴紫砂陶，皆属此类；陶器，坯质致密，外表上釉或着色，成陶温度较高，音粗而韵较短，为缸、瓷、罐、坛等；瓷器，是陶器发展到高级阶段的产物，质地坚细，坯胎致密，上釉并着色，或绘制图案，成陶温度高，音清脆而韵悠长，如江西景德镇瓷，宋代官窑汝、钧、哥、定，山西介休洪山白瓷和怀仁吴家窑黑釉瓷。[①]

一、平定砂货的源流

平定是山西省的东大门，西汉建元元年（公元前 140 年）始设县治于今平定县张庄镇新城村，史称"上艾"。据清乾隆版《平定州志》载，宋太祖征河东，军首攻下遂置平定军，因平定军而设县治，宋太平兴国四年（979）改为平定县，到清代时升为直隶州。平定山多田少，土地贫瘠，先民们为了拓展生存空间，除了辛勤耕耘回报甚微的一点山地外，不得不另找出路，另谋发展。平定有丰富的矿产资源，人们古已凿窑、挖煤、盘炉、炼铁、取土、制器，所以平定的烧制工艺特别发达，尤以砂货出名。

平定作为砂货之乡，反映砂货的楹联与民歌随处可见。

如有这样一副楹联，上联是"黏土一把捏出万家所需"，下联是"砂器一族衍生百种神态"，横批是"价低品高"。

清代流传于晋东地区的一首民歌是这样唱的："一条扁担弯又弯，常家沟里把货担。锅套锅来罐套罐，壶盆瓢碗草绳圈。肩上一试不够担，又添了十二个大砂坛，二十四个油灯盏。河北获鹿摆地摊，一霎霎卖了个底朝天，一数银元两块半，还有制钱三吊三。"

山西民歌《夸土产》有这样一句唱词："平遥的牛肉太谷的饼，平定的砂锅亮格晶晶。"

河北井陉一带民谣："金夜壶，银夜壶，不如平定的砂夜壶。"

制作砂货，一要有提供火力的充裕燃料，二要有适于捏制的优质坩土。平定既有厚实的煤层储备，又有大量俗称"坩子"的优质黏土，这是平定砂货长盛不衰的主要原因。

---

① 吕日周：《三晋百宝》，太原：山西科技教育出版社，1985 年，136 页。

平定砂货的历史源远流长，最早可能追溯到秦代。2004 年春，平定东关的收藏家杜富科、马占富先生，在当地取烧土的东关重兴坡古墓地十来米高的土崖塌土堆离崖头地面 3 米多深的古墓层塌土中，拣到一堆砂器碎片，经复原合成两件古代砂器。一件是圆形三足砂灯，另一件是圆形砂鼎（古代祭祀焚烧香纸用品）（图 5-1）。砂灯圆盘直径 13.8 厘米，足高 1.5 厘米，通高 3 厘米。砂鼎鼎口直径 12 厘米，足高 4 厘米，通高 15 厘米。他们将两件砂器与考古文献资料《考古与文物》所载的秦代陶灯和陶鼎对照，发现出土的平定砂灯和砂鼎与秦代陶灯和陶鼎一模一样，只是砂灯圆盘比陶灯圆盘大 1.3 厘米（砂灯圆盘含复原黏合的缝隙宽度），砂鼎比陶鼎高 1.4 厘米，砂鼎口

图 5-1　平定县城东关重兴坡出土砂鼎（复原）

径比陶鼎口径小 1.5 厘米。收藏家经过考证认定，平定古州城东关重兴坡古墓地出土的砂灯和砂鼎，属于秦代本地生产的平定砂货产品。在这两件古砂器出土的同一地点，还出土了秦五铢钱币。这就是说，平定砂货的最早生产年代至迟应在秦代晚期。[①]

唐朝时，平定人便"陶冶器皿，货殖四方"[②]。金代著名的山西籍诗人元好问（1190～1257），在《续夷坚志》中记录了"背疽二方"，其中一则写道："采独科苍耳一根，连叶带子细致，不犯铁器，用砂锅熬水。"说明当时已经掌握了用砂锅熬药药性不变的原理，砂器煎药的最大优点是避免了用金属器皿煎煮汤药引发的化学反应。在小西庄村，曾发现过明代初期砂货生产的遗迹。[③] 据乾隆版《平定州志·物产篇》记载："砂产州北山中"，"村民陶为器皿，货之它乡"。这里所说的"州北"，指今阳泉市郊区杨家庄乡的小西庄、孙家沟以及平定县巨城镇的东小麻、西小麻村一带。其实，除了州志记载的这些地方外，在阳泉市郊区的河底村、山底村、西河村，平定县的常家沟、北庄、张庄等地，也是著名的"砂货之乡"。[④] 清道光二十三年（1843），平定知州莫召文将《雍正元年钦奉谕旨》勒石于故关，后收录于光绪版《平定州志》。据该石碑记载："山西平定州等处，山多田少，粒食恒艰，小民向赖陶冶器具，输运直省易米以供朝夕。"该谕旨颁发于雍正元年（1723），说明平

---

① 李土：《秦代平定砂器小考》，见阎爱英主编：《晋商史料全览·阳泉卷》，太原：山西人民出版社，2006 年，339 页。

② 晋如祥、刘春生：《平定砂器秀中原》，见张铁生：《老字号·名字号》，太原：山西人民出版社，2003 年，241 页。

③ 孟荷：《漫话阳泉砂货》，见阳泉市政协文史资料研究委员会编：《阳泉市文史资料》第 6 辑，内部发行，1988 年，94 页。

④ 尽管上述砂货产地目前在行政隶属上有的归属于阳泉市郊区，有的归属于平定县，但在清代均属于平定州管辖，故其所产砂货一概命名为"平定砂货"。

定人民"陶冶器具，输运直省易米以供朝夕"的现象，至迟应当在康熙年间就已经司空见惯了。可见，清康熙年间，平定州人民不仅大批量地陶冶砂货，而且源源不断地运往外省进行商品贸易活动。清代运输主要靠肩挑、驴驮、人力独轮车、木轮牛车等，虽然输出砂货数量不多，却是盛况空前，成为山西、河北、北京、天津等地红极一时的抢手货。正太铁路通车后，又多了一种现代化的运输工具。但是由于砂货容易破碎，缺乏保护性包装，当地人们只能在铁道沿线的火车站出售，这种办法一直延续到新中国成立初期。每当正太路火车一进山西东大门娘子关，在沿途的娘子关、岩会、乱流、白羊墅、阳泉、赛鱼等站点，每个站台上都有许多老人、小孩大声叫卖："砂壶开水！""买壶带水！"火车一停，东来西往的旅客便争相购买，只需花五分钱，就能买到一把盛满开水的砂壶，物美价廉，备受称赞。

除了通过上述一些确切可信的碑刻、史籍、文物，对平定砂货的历史发展脉络窥见一斑外，在平定地区至今还有许多有关砂货的动人传说。相传，很久以前，小西庄村的一对人称"耐心汉"和"急性婆"的夫妇，在赶集归来的途中，不慎打碎了从牵牛镇买来的瓷盆，回村后，"耐心汉"根据牵牛镇瓷盆的制作原理，捏成了一个泥盆，"急性婆"急着拿去到铁匠的烘炉上烧，结果烧出一个砂盆，从此砂制炊具便诞生了。[①]

此外，还有多个有关康熙皇帝与砂货的故事。据说，有一年康熙皇帝患病卧床，数日不愈，御医颇为焦虑，诊脉开方后，特别嘱咐宫中侍从用平定砂壶煎药，保证药力充分发挥。朝廷委派人星夜赶往平定州，买得数只砂壶，回去后用砂壶煎药，果然是药到病除，皇帝的身子一下子轻快了许多，情绪也就好了许多。当皇帝知道自己痊愈也有平定砂壶的一份功劳时，欣然命笔，在砂药壶上写下"龙"字。从此，平定砂匠便开始在砂药壶上刻写龙字模印。

另有一说，康熙微服私访途中，骑马走到平定门外的头道寺时，天气炎热，口干舌燥，随从人员忙进寺里找水。寺内一位老者提一只亮晶晶的砂壶，灌好水后放到火上，一小会的功夫水就烧开了。官员提着滚沸的砂壶，为康熙皇帝涮杯沏茶。康熙先是惊异砂壶烧水之快，喝了几口茶后，觉得神清气爽，暑热全消，更奇砂壶的烧水之功，于是传唤纸笔，写下"龙"字，连同银钱一道赏赐给老者。老者随即摹写了"龙"字，送到砂窑上，让匠人炻在砂壶盖上。"龙"字砂壶一亮相，砂壶立即身价百倍，京师及其他地方的商贾们纷纷前来平定购货。[②]

还有一说，康熙西巡时，曾路宿平潭驿（即今平潭街），一日巡游至西河炉窑

①　白瑞国：《历史悠久的小西庄砂锅》，见阳泉郊区政协文史资料研究委员会编：《阳郊文史资料》第4辑工商经济专辑，内部发行，1990年，106页。

②　晋如祥、刘春生：《平定砂器秀中原》，见张铁生：《老字号·名字号》，太原：山西人民出版社，2003年，241、242页。

处，进入室内见艺人逍遥自在，边哼小调边捏砂锅，便笑了笑说："这活儿倒不错！"艺人们只看看他，"哼"了一声，停了一会儿康熙又说："这营生倒挺发财！"艺人们又不经意地说："好什么，嘴供嘴（刚够吃的意思）！"康熙待了一会儿便走了。事后艺人们才知道那人竟是他们做梦也想不到的康熙皇帝，据说当时若立即叩头谢恩，西河的砂锅业就会兴旺发达，不会中断，悔之晚矣。[①]

上述民间传说虽说没有确切史料予以佐证，但依然可以看出平定砂货作为一大地方名特产品在当地人们心中的特殊地位。

二、平定砂货的种类

一般而言，陶瓷系列有土器、陶器、炻器、瓷器四大类别，砂货属于炻器类。炻器是介于陶器和瓷器间的陶瓷制品，平定砂货作为砂器的一种，质地坚硬，成本低廉，种类繁多，异彩纷呈。

平定砂货以砂锅为主，有多种型号，俗称"三套锅"，包括大明锅、二号锅、小明锅，可以套在一起存放。此外，还有一种与此造型不同的四号锅，俗称"薄小锅"。这些砂锅用于煮小米稀饭，汤米交融，色泽金黄，味纯清香。所以，在晋东南一带，农村产妇在月子里都要用砂锅熬小米稀饭。砂锅还可以用于炖肉、烧开水、煮菜。要是用于盛放食品，则长时间不变色、不变味。

砂火锅也称木炭砂锅，堪称平定砂货中的佼佼者。由于它锅火合为一体，可以放到餐桌上现烧现吃，烧制成的菜肴，色香味别具一格。砂火锅由火筒、火锅、底座、锅盖四部分组成，手工制作砂火锅的步骤是：先把拍好的泥饼紧紧贴在或套入筒、锅、座、盖模具上，拍光拍匀。火筒是喇叭形，下粗上细，厚度约3厘米，高要超出锅盖2厘米。火锅的锅体上斗部制作如同砂锅，但外边要加双吊环，锅底要用砂刀或锯条割出炉条。底座是圆台形，下部较大，有平整的底盘，上边与中心是空的，边上要割出掏灰口。整体黏合时，先是火筒与火锅衔接，在其结合部位裹上揉好的泥条，蘸上水抹得平平光光、严严实实。再用此法连接火锅与底座，并在二者相连处平行穿孔，为的是炉条断了时可用铁丝代替。锅盖是独立烧制的，边缘平整，中挖圆口，大小正好套入火筒，圆口两边加两对吊环，另两边各有一幅装饰图案，艺术性与实用性结合在一起，给人美的感觉。然后烘干、入炉，做法与烧砂锅相同。[②]

除了型号各异的砂锅与独具特色的砂火锅外，平定人还烧制了多种砂货：

砂把锅，又称砂勺，口大底小，分大平底、小平底两种，主要用于舀水、热饭

---

① 山西省平定县西河村村史编纂委员会：《西河村村史》，内部发行，1998年，24页。
② 晋如祥、刘春生：《平定砂器秀中原》，见张铁生：《老字号·名字号》，太原：山西人民出版社，2003年，244、245页。

菜、调糊糊，远销山东德州，河北冀县、藁城、晋县、东光等地。[①]

砂肉罐，口小，带盖，呈鸡蛋形，专用于炖肉。炖出来的肉，味纯，味香，无膻气。

砂笼屉，做工精巧，用于蒸馒头、蒸黏糕、窝窝头，以及节制宴席上的肉制品。

偏把壶，是一种茶具，冲茶味纯色浓，是农村老少喝水的佳具。

捞饭盆，是晋东南人民地方风味小米捞饭的专用砂器，把煮开花的小米饭捞在捞饭盆内，既保温，又渗水，保证小米粒粒分离，互不黏合，吃起来利口清香。假如要吃晋东南人的传统饭食"鱼钻砂"——抿圪蚪小米饭，非用捞饭盆不可。

砂花盆，栽种花卉盆景的理想器具。

砂漏锅，用于生豆芽，长得快，不烂根。

砂便壶，用于日常便溺。

砂全锅，平定砂货中最大的一种，呈圆球形，是举办红白大事熬菜、煮肉、盛饭菜的必备家什，也是大型饭店、食堂理想的炊具。[②]

三、平定砂货的制作工艺流程

平定砂货的制作工艺流程紧凑而复杂，平定民间流传着这样一段砂锅制作流程的顺口溜："一坩二压三筛土，四踩五捏六入炉，七煽八杈九熏烤，十分质量十分苦。"

"一坩"是选择纯净的坩子，挖运回来。

"二压"是粉碎坩粒，俗称"碾土"，用的是上小下大的圆台型石磙，上边凿个圆孔镶着木柄，圆台底部中央微微突起，周围略有收缩，整个底子呈光滑的弧形，把坩子铺在坚硬的石板地上，摇动石磙木柄，石磙前后移动压碎坩料。也有用牲口拉着石磙碾压的。

"三筛土"是用筛子去掉压不碎的石渣子，只留下细土以备后用。

"四踩"是和泥踩泥，因为手劲小，所以要光着脚踩泥，踩上几遍，再用铁锹翻过来踩，踩的时间越长，和成的泥拉力越大，黏性越强，也有用木棒拍打的。

"五捏"即捏锅坯，在砂坩烧制的转盘上操作。转盘直径约 30 厘米，厚 3 厘米，套在固定于地面的铁轴上。捏坯时，把泥放到转盘上，随着转盘的转动，人用木槌不停地拍打，把泥拍成薄薄的圆饼。然后，把烧在文火上的锅模拿来，口朝下扣在转盘上，把圆饼贴在锅模上拍匀，用弧形"光板"挫光，再把带坯的锅模翻过来放在坐模上，趁热抽掉锅模，用手把锅坯的口往里略微收缩一下，用砂刀把边缘

---

① 孟荷：《漫话阳泉砂货》，见阳泉市政协文史资料研究委员会：《阳泉市文史资料》第 6 辑，内部发行，1988 年，97 页。

② 孟荷：《漫话阳泉砂货》，见阳泉市政协文史资料研究委员会：《阳泉市文史资料》第 6 辑，内部发行，1988 年，97～98 页。

割齐，接着搓一泥条在锅口加边，并用毛毡片蘸水沿边挫磨，使其整齐光滑。为了表现出层次美和厚重感，有时还在锅坯的边上轻轻划上一道，形成略带凹形的边槽。锅坯制好后，把锅坯口对口地放在温室烘干。

"六入炉"是把锅坯放入窑炉煅烧。窑炉烧四对锅的呈正方形，烧六对以上的呈长方形。砂锅烧制前，装火也特别讲究，最下面是碎木柴，木柴上搁放玉米粒大小的炭粒，再上放指头大小的，最上面放核桃大小的，再往上一层放比锅底略大点儿的砂碟，砂碟上放着锅坯。砂碟的作用是把锅坯与火隔离，防止靠火的锅坯变形，保证烧出来的砂锅身正口圆，同时还可以使火苗沿碟口四周喷射，均匀加热，避免出现夹生货。点火后，要盖上笼锅。笼锅也是砂坩烧的，形状根据火型而定，扣在火上有很好的封闭保温功能。

"七煽"是鼓风，叫"煽鞴"。"鞴"是状如龟形的薄板，四周以破布裹边，人抓住板前木把来回推动，把风送入炉孔内，吹氧助燃。为使炉内保持 1200～1300℃的高温，必须快节奏地煽动，过去没有防高温设施，煽火的人头戴草帽，脸蒙单衣，热得浑身淌汗，一个人根本顶不住，要两个人轮着干。大约烧制近一个小时，由最有经验的砂匠"火头"，掀起笼锅看色相，锅坯烧成红黄或黄白时，即可停火揭笼。

"八权"是用铁制权棍夹上烧好的锅坯，放在预先做好的焰眼窝里，窝里有柴草锯末，一窝放一对，权完后扣上另一个笼锅封闭。火红的锅坯燃着窝里的柴草锯末，连烟熏带火烤，二三十分钟后，亮晶晶的砂锅就出笼了。这也是最后一道工序"九熏烤"。由此可见，炼制砂锅真可谓是"十分质量十分苦"。[①]

图 5-2 展示了平定砂器制作工艺流程。

图 5-2　平定砂器制作工艺流程：黏土—石碾—过筛—和泥—烧制—
上色—成品砂药壶（张俊恺拍摄）

至于其他品种砂货的制作工艺流程，与砂货的烧制过程完全一样，只是所用模具不同而已。

---

① 晋如祥、刘春生：《平定砂器秀中原》，见张铁生：《老字号·名字号》，太原：山西人民出版社，2003 年，242～244 页。

四、平定砂货的使用技巧

砂货的使用也特别讲求技巧，根据广大群众使用砂货的经验，为延长其寿命，可以从以下几方面着手用好砂货。

第一，新砂货在使用前，需要先用温水洗涤干净，待晾干后再用。切记不要在凉水里浸泡。第二，第一次使用砂锅，需先将煮面条剩下的面汤放在锅里，用文火慢慢加热，以弥合微小孔隙，俗称"吊锅"。第三，使用砂锅时，要注意逐步加温，切勿火势太旺，使用煤气更要注意，火不要开得过大。第四，砂锅端下炉火时，切勿放在水泥地或铁器上，以免急冷爆裂。第五，砂锅使用一段时间后，底部可能出现微小细缝，这是正常现象，只要注意轻拿轻放，则可继续使用。[①]

五、平定砂货的前景展望

平定砂货，造型优美，内光外洁，壁薄体轻，耐酸碱，耐热，耐用。砂货从其诞生一直到新中国成立前，一直是一家一户的个体生产，父传子，子传孙，代代相传。20世纪初，正太铁路通车，平定、阳泉段共有11个车站，火车一到，卖砂壶水的吆喝声便源源不断地传到每个车厢里，客人只需出5分钱就能买上一把盛满开水的砂壶，既解渴，又得到一件工艺品，何乐而不为？

20世纪60年代初，是平定砂货生产的鼎盛时期，最高年产销量达到384万件，是新中国成立前最高年产销量的38倍，产品销往京、津、冀、鲁、蒙等多地，还出口到东南亚各国。[②] 20世纪80年代，阳泉市有砂货生产场点20多家，1985年的产量达100多万件，除供应当地需要之外，大部分销往北京、天津、河北、山东、内蒙古、东北各省及山西省的太原、晋中地区。1986年12月，在北京展览馆举办的全国供销社系统加工产品展销会上，平定砂货是最受欢迎、现场销售最多的产品，先后运去三卡车砂货，随即销售一空。[③] 近年平定砂货艺人推出新产品陶砂火锅，以白如玉、明如镜、声似琴而一改传统砂火锅的旧貌，既保持了砂火锅煮汤炖肉不变色、鲜香可口的传统优点，还以引火快、外形美、经济卫生的特点博得广大用户的赞誉，为古老的砂货工艺增添了新的光彩。[④]

---

① 孟荷：《漫话阳泉砂货》，见阳泉市政协文史资料研究委员会编：《阳泉市文史资料》第6辑，内部发行，1988年，98页。

② 李土：《秦代平定砂器小考》，见阎爱英主编：《晋商史料全览·阳泉卷》，太原：山西人民出版社，2006年，340页。

③ 孟荷：《漫话阳泉砂货》，见阳泉市政协文史资料研究委员会编：《阳泉市文史资料》第6辑，内部发行，1988年，99页。

④ 孟荷：《漫话阳泉砂货》，见阳泉市政协文史资料研究委员会编：《阳泉市文史资料》第6辑，内部发行，1988年，97页。

2009 年，平定砂货烧制工艺，入选山西省第二批非物质文化遗产名录（编号 85 Ⅷ-3），代表性传承人张聪、张文亮父子。

第二节　平定砂艺陶瓷

山西省平定县有着悠久的陶瓷生产历史，县境内黏土资源丰富，唐代即出产白瓷，宋代平定窑属古定窑系，有"西窑"之称。清代平定为山西生产瓷器的"土贡窑"，刻花陶瓷流传地平定冠庄村，乾隆初年即建有瓷窑。

新中国成立后，平定仍为瓷器之乡，以生产日用陶瓷为大宗。20 世纪 60 年代，山西民间陶瓷研究所陶瓷专家水既生和美术设计师杨伯珠等人，深入平定冠庄瓷业社（后为平定县冠庄陶瓷厂），帮助恢复工艺美术陶瓷，开发品种达 20 余种，并出口到欧美等国。其中以造型古朴、釉面厚重、图案简洁流畅的仿宋黑釉刻花梅瓶、嘟噜等系列产品，和以黑釉、棕釉、搅釉为主要釉彩装饰的仿倒栽壶等艺术陶瓷，备受国内外客商欢迎。80 年代中期，平定县冠庄陶瓷厂的仿宋黑釉刻花梅瓶、嘟噜等系列产品在山西省和国家级博览会上不断获奖，特别是 1986 年由该厂专业技术人员张聪及其同事设计制作的黑釉刻花缠枝牡丹纹梅瓶，荣获国家轻工业部主办的中国工艺美术品"百花奖"创作设计一等奖，由此，平定黑釉刻花瓷享誉全国，刻花梅瓶成为平定、阳泉、山西的一张文化名片。90 年代中期，由于市场变化等原因，平定县冠庄陶瓷厂不再进行仿宋刻花陶瓷的生产。

1995 年秋，情笃于平定刻花陶瓷制作技艺的张聪，带着三个儿子文亮、宏亮、伟亮，在自家老院子里创办了"平定窑张氏陶艺坊"，成为继平定县冠庄陶瓷厂以来，传承平定刻花陶瓷制作技艺的原产地手工作坊（图 5-3）。张氏父子在挖掘传统

图 5-3　平定刻花瓷工艺世家（张聪与子孙）

工艺的基础上，坚持创新，从陶到瓷，从瓷到砂，丰富和发展了平定窑产品的工艺和品种，使平定砂器由单纯的生活用具，发展成为以砂器为载体的系列手工艺品。2003～2006 年，他们设计制作的黑、白、棕釉刻花砂器，以及木叶纹砂器、剪纸漏花砂器、绞胎、窑变、亚光、开片、铁锈花，体现现代装饰风格的异形砂艺等作品，增强了平定砂器的艺术性与文化内涵，使之更具实用性与收藏性，在山西省和国家级博览会上屡获殊荣，部分产品远销荷兰（图 5-4～图 5-6）。2009 年，张文亮为政协成立六十周年所作"本固枝荣·盛世和谐"的刻花瓷作品（图 5-7），由民革中央委员会收藏。

图 5-4　平定刻花瓷窑变结晶·三阳开泰

　　2006 年 9 月，平定县被中国民间文艺家协会、中国艺术之乡评审委员会命名为"中国刻花瓷之乡"。同年，平定黑釉刻花陶瓷制作工艺，入选山西省第一批非物质文化遗产名录（编号 77 Ⅷ- 10），代表性传承人张文亮。平定县文亮刻花瓷砂器研究所现为山西省文化厅认定的非物质文化遗产保护单位。[①]

图 5-5　平定砂艺·多功能砂煲

图 5-6　出口荷兰的平定砂艺品

图 5-7　平定黑釉刻花瓷梅瓶·盛世和谐

---

① 《平定刻花陶瓷——陶艺世家》，据平定文亮刻花瓷砂器研究所资料整理。

第三节　阳城灵药罐与炖肉罐[①]

　　阳城县东 2.5 公里的后则腰村，现在是山西省六大出口瓷基地之一阳城陶瓷厂所在地。这里蕴藏着丰富的坩土、碱土、铝土等陶瓷原料，附近有磷石矿藏和煤炭燃料，取材便利。1957～1964 年，在县城附近出土汉代陶罐 12 件，见证了阳城烧制陶罐的早期经验。阳城陶罐有灵药罐、炖肉罐、硫黄罐等多种类型，经熔炼证明，阳城陶罐耐承受高温，不易炸裂，为古代炼丹家选用。在《扁鹊心书》、《苏沈良方》、《本草纲目》等中国古代医药学名著中，有"炼丹用阳城罐"的记载。1943年 1 月日本《朝日新闻》刊载的《山西学术探险记》称，在探险山西的日本人眼中，阳城炖肉罐为"最有特色的东西"。[②]

　　灵药罐，也称淋药罐、开药罐、子母罐，是一种用于中药升药炼丹的特殊工具，以其独特的功效、性能，成为升制中草药用具中的珍品。在古代，灵药罐是升药炼丹必不可少的工具，用它煅烧炼就的药物，是外科用以提脓去腐、止血、解毒的特效药。

　　阳城灵药罐的制造原料，用当地出产的黑、白、红三色坩土，以一定比例配制，经筛选、除铁、研磨、成型、烧制等八道工序制作而成，具有很高的耐火度。灵药罐形体大小不一，两头细中间粗，分子罐和母罐两层，两罐口径一致，可以密合。升药时，将水银、火硝、明矾等放入下面的母罐中，将子罐口倒合在母罐上，接合处用泥封好，然后用文火烧制（在周围燃烧），直至药物全部升入上面的子罐内为准，再将升入的药粉集中起来，就是外科用以提脓去腐、止血、解毒的特效灵药，还可以治疗烧伤、枪伤、跌打损伤，以及一些病毒性疾病。阳城灵药罐至今仍是部分中医药升炼炮制的专用名贵器具，对于充分发挥药效具有独到的功能。

　　炖肉罐是后则腰村生产的一种熬煮肉食的专用灶具。这种炖肉罐形美质优，其构造属粗陶，内敷细釉，口小，肚大，上加空心圆盖（瓯式）。虽系粗陶，制造工艺却讲究精巧，罐体各部分的长短、粗细和比例，都有严格的标准尺寸。盖与罐口结构严密，浑然一体，造型敦实大方。

　　炖肉罐适应煮、炖、焖肉的特殊需要。先将生肉切成一寸左右的方块，装入罐

---

　　① 山西省农业区划委员会编：《山西省农业自然资源丛书·晋城市卷》，北京：中国地图出版社，1992年，154～155 页。

　　② 王化：《阳城铁磺丝业》，见阳城县政协文史资料研究委员会编：《阳城文史资料》第 1 辑，内部发行，1987 年，148～149 页。

内，装入量为罐容量的三分之二。然后加佐料和适量的冷水（清煮时只加水不加佐料），水量以漫过肉块一寸以上为宜，肉、水、佐料配备停当，将口盖好，在瓯式盖内也加水，并放入少许小米。将罐移至火口旁，用文火慢慢煎煮，待盖内小米煮软时，肉也就恰好煮软了，肉软硬程度可依据小米的软硬程度确定烹煮时间，十分简便实用。肉罐用文火而不能用烈火，肉不熟时不窥豹一斑掀盖，如果煮肉要去浮油非得揭盖时，应适当延长煎煮时间。用此肉罐制成的肉，绵软可口，味美纯正，营养和口味优于用金属锅烹制的食品。阳城炖肉罐销往山西、河北、河南、陕西、甘肃、内蒙古、安徽等地。

第四节　翼城尧都砂器①

翼城砂器，因毗邻传说中的帝尧之都平阳，托帝尧率民兴业之意，名为"尧都砂器"。尧都砂器用翼城县特有的黏土和白土为原料，久负盛名，壁薄质细，吸热均匀，内外光滑，釉亮闪光，耐酸耐碱，经久耐用。产品有砂锅、火锅、饭锅、砂笼锅、扣锅、药锅、药壶等十余种，产品畅销国内，还远销东南亚等地区。

尧都砂器使用优质黏土和白土，可塑性强。黏土矿床在石炭纪、二叠纪等煤系地层以上各地层中均有分布，其中一部分露出地面，大部分在地下 2～8 的地层中，呈波浪层状，多为灰白色、灰黑色和黄褐色，含有大量的植物化石碎片，可塑性较强，系软质或半软质黏土。埋藏较深的需挖井开采，多数地方可露天开采。作为砂器原料，以含铁质越少的黏土，品位越高。经过处理的黏土，软如棉，黏似胶。

制作器皿时，先将挑选好的黏土和白土分别碾成粉末，加水成泥。然后由艺人手工制成各种坯胎部件，再用白土泥把配套的坯件黏合在一起，放进吹风窑内煅烧。火色要由红到黄，一直烧到发白，到了一定时间，将烧好的砂器取出，趁热用锯末覆盖，锯末遇火热的砂器立即燃烧，起到烟火烤熏的作用，即为光亮的砂器成品（图5-8）。

图 5-8　翼城尧都砂锅制作
资料来源：赵宝金主编：《翼城县志》，
太原：山西人民出版社，2007 年。

---

① 本节辑自吕日周：《三晋百宝》，太原：山西科技教育出版社，1985 年，136～137 页。

第五节　柳林锄沟砂器①

锄沟村西玄帝庙、观音庙一带，名"砂锅炉"。其地背依虎山，前临鸿沟，右霸水，左清河，三面环水。地近村口，交通方便，为镇人到师婆沟运炭必经之地，具备了制造和销售砂器的有利条件，是明清时期砂锅、砂鏊、砂盆等民用砂器的主要生产区，故历代相沿地名"砂锅炉"。

砂器的主要原料是坩泥，柳林县境北部一带称坩子泥，产地在罗侯沟。辅料是半成品或成品焦炭。釉料采用煤末、锯末、柏叶、柏籽、蓖麻籽外皮、粗糠等，制作分混泥、成型、入窑烧制等工艺流程。

混泥，古人将坩泥用石碾碾成粉末，近代改用粉碎机，粉末过箩待用。古时用土焦炉炼焦，有时工艺不过关，出炉的夹生焦炭是做砂锅的辅料。如无夹生焦，用成品焦也行。焦炭亦需碾、过箩成粉末待用。将上述主料、辅料按一定比例混合加水成泥。

成形，用废磨盘安针成轮，用皮带手工牵引转动，俗称"绞轮子"。将砂锅模具安放在轮盘上，再将和成的泥料用双手拍打在模具上，蘸水拍打按抹，随着轮盘的转动，砂器初具模型。稍干后，脱下模具，再用手工加捏穿绳的耳孔等辅件，砂器即告成型。或烤或晒，使其脱去水分，成为干坯，里外用釉水一涮。

入窑烧制，土窑状如北方农村空土炕，炕内设三条火洞，炕外相应设三处烧火点。火口成长方形，每个烧火点外安置扇风的"鞴"，其大小正好与火口相等，以木架木板为框，四边围以毛毡、软布等物，使合到火口上时密不透风。鞴下边安一个长两尺左右的木把，人工手拉木把一开一合，扇风入炉，令火旺，这种劳作叫"扇鞴"。三条火洞两旁或单摆或双扣放满成形干燥砂器坯，不时翻动，大约一天过后，便可出窑。窑工看火色，随时将烧熟的砂器取出，再摆放入新的砂坯，连续扇鞴，连续烧坯。一般中等土炉每小时可出 50～60 件砂器，每日可烧 700 件左右。

砂器出窑冷却后，乌黑透明，坚固耐烧，是 20 世纪三四十年代人们的生活必需品。型号大小不等的砂锅可以做饭、熬汤、煮面；砂盆可以盛生熟食品，可洗手洗脸；砂鏊可焙干食物，可代火盖，烈火不破。砂器中还有煎中药的药锅，晚上放置炕头的夜壶、便盆，洒水浇花的喷壶等种类，与人民生活有着密不可分的关系。

---

① 本节辑自刘廷奎：《柳林锄沟的砂器业》，见阎爱英主编：《晋商史料全览·吕梁卷》，太原：山西人民出版社，2006 年，194～195 页。

砂器生产一般是家庭作坊式。有一个宽大的院子，或一块半亩大的废场、空地，挖一座三条洞的土烧炉（窑），建一个混泥场地，安一盘滚泥碾子，盖一间安装转盘、绞轮的房子，全部设施即告完备。一座烧窑炉可以安排碾混泥工、绞轮工、烧窑工、坐盘师傅、勤杂工等四至五人。也有一家父子、夫妻、兄弟合作，不雇外工或只雇一名绞轮工的。如果自有设备，家里人口众多，只需雇一名连做带烧匠人就可以开炉生产了。

砂器制成后，青龙、柳林等街前设有专卖小店，也有南北山分期人一到秋后借三二元本钱，来窑上担一担砂锅沿村叫卖的。沿黄河一带三交、孟门等市镇以及陕北各地设铺专卖砂器者，则雇佣高脚到场驮一驮或数驮，这叫批发。北山一带农村流传一句俗话："小心误了你青龙担砂锅！"可见，担砂锅这桩生意养人之多及流传年代之久。随着社会的发展，到了 20 世纪 80 年代，除煎药及坐月子熬米汤还用砂锅之外，曾经养育黄河两岸百姓的柳林砂器已经淡出了现代生活。

第六节　临县招贤陶瓷[①]

提起招贤镇，本地人都会说几句顺口溜："招贤沟里有三怪，推蓝炭用的没齿子石畏（石磨），燎齿是木棍烧不坏，风箱无箱叫煽拜（土音）。"的确，过去铁厂铸造翻砂用的焦炭粉是用没齿石磨来推成面，瓷窑里大火上的燎棍，是用木棍上加砖砌成的；炼铁的鼓风工具不是风箱似风箱，土语叫"煽拜"。这些原始的生产工具一直沿用到 20 世纪五六十年代，今天的小塔则、化塔等村，还呈现着古老生产工艺的风韵，瓷垒的院墙、烟囱，瓷砌的圪土棱，瓷铺的道路，粗瓷废料巧妙地成为村庄里的建筑材料，一片粗瓷的世界。

临县招贤镇距黄河商贸古镇碛口 20 公里，自古就有"招贤产品碛口货"的说法。在 20 世纪五六十年代，碛口镇二道街还有十多家瓷器、铁器店，卖的都是招贤产的瓷器、铁器、煤炭等。

据 1917 年《临县志·工业纪略》记载："招贤一带多产煤、铁、粗瓷，惜开采多用土法，获利殊微。张家坡沟产铁矿，前后塔上兼产瓷泥，煤矿多产于龙门焉、红岩、桑坪上、小塔则、孙家沟、石木沟等处。现共有瓷厂 12 处，制粗黑瓷大小缸、大小盆，细黑瓷饭碗、饭盆、酒瓶、菜碟等类；冶铁厂 18 处，制铁钟、火炉、

---

① 本节辑自王洪廷：《临县招贤镇的陶瓷业》，见阎爱英主编：《晋商史料全览·吕梁卷》，太原：山西人民出版社，2006 年，164～168 页。

饭锅、香炉、犁铧等类；炼铁炉两处，化矿为铁；煤厂8处，招贤东之大小西局等沟均产煤，平头沟兼产铁矿，磁窑沟兼产瓷土。"当时的粗瓷产量，年产约70窑，其中约50窑销售至外地，每窑售价三四十千文。

据口碑资料，招贤瓷业在20世纪30年代发展到顶峰。当时瓷窑沟的小塔子、化塔、李家圪旦、双坪上等村共有3000多口人，因地少瘠薄，大多数人家以烧瓷为生。烧瓷不仅是一门技术活，而且从采矿到出售有许多苦力活，因而男女老少一年到头忙不停。据小塔子村烧瓷师傅高祥龙（1932年生）老人讲，他小时候这条沟里共有瓷窑60多盘场，即一个盘场有全部的烧制场所，包括存料制料场地、捏制作坊、晒凉场地、存坯库房、瓷窑以及全部工具。当时规模最大的有"天德成"、"永顺长"、"槐树沟"、"园子畔"等，厂主大都是有技术又有钱，雇佣工人劳作。也有一些小瓷窑，基本是家庭作坊，全家人都参加劳作（图5-9）。

图 5-9　招贤瓷工

招贤陶瓷以制瓮为主，是储存粮食的好容器。大的称石（音"担"）瓮，其次称八斗瓮，最小的称二斗瓮。因用途不同，又有水瓮、油瓮之称。当时很多日用品以瓷为主，如大盔、小盔、大盆、小盆、油瓶、灯盏、火罐、便盆、夜壶等。

招贤陶瓷是介于陶与瓷之间的产品，俗称粗瓷。然而因原料好，工艺精，在同类产品中又属上乘。制作工序简述如下：

（1）采矿。像采煤一样，在矿洞中挖取瓷泥，即黄泥、石板泥、青泥。

（2）碾泥、混泥、擢泥。碾泥是将黄泥、石板泥晒干后，用黄牛拉着石轱辘碾碎，再用铁丝筛下的细末和成泥，俗称粗泥，用以捏制瓮、大盆等较大器物；混泥是将青泥20％、黄泥30％、石板泥50％碾碎浸透水后，放进混泥池中用黄牛拉着数百斤重的石条磨碎，再用箩子箩下的细末和成泥，俗称细泥，用以捏制盔子、小盆等器皿；擢泥是将细泥的原料在水中加工，沉淀成更细的泥，用手工或模具制成精小的器物。

（3）造型。造型即捏坯。由四个人操作，一个人搅旋转盘，一个人和泥，一个师傅捏坯，一个人跑场子。如捏大型的缸类，需捏几次才能成坯。

（4）整形。将半干的坯用木板拍打，使其结实并造型更加完美。

（5）上釉。黑釉有两种材料，一种是黑炉土，称软药，涂在泥坯上，装窑时放在离火远的地方；另一种是硬药，涂在泥坯上，装窑时放在离火近的地方，否则烧出的瓷即成淡血红色。烧碗用的白釉，其中底釉是从陕西府谷买来的白泥，表面的透明发光层是用本地的马牙石（石英）经烧后研末作为外釉，其蓝色花纹是用德国进口的青色（氧化钴）绘画。

（6）装窑。装窑有许多学问，一层到四层各有讲究，如装不好，将前功尽弃。

（7）烧窑。一般烧七八天。为掌握火候，在窑内按离火远近竖立五处釉泥卜浪浪（直径1厘米左右的釉棍），看其变化而辨别需烧的时间。烧窑是决定成败的最后一关，因此点火前窑主与所有员工都要点香烧香、磕头摆供，祈祷太上老君（行业神）保佑平安，口中诵念："太上老君如勒令，装得疙溜（歪意）烧得正，颜色好看不裂缝，出窑俱家都高兴。"供奉老君爷的民俗至今还保留着，每年阴历二月十五，小塔则村专门为老君爷唱神戏三日，届时手艺人都要烧香跪拜上布施。

（8）出窑。停火几日后，瓷器冷却方可出窑。

人常说："招贤货，驮出招贤赚折过（翻一番）。""驮瓷本对利（赚一倍），捣烂全赔尽。"这两则俗语都说明驮瓷虽然利大，但存在着很大的风险。的确，途中打破的情况屡见不鲜。旧时驮运是艰险的活计，采矿烧瓷也苦不堪言。据小塔则村高祥龙老人讲，旧社会人民生活普遍贫困，烧瓷工人也不例外。瓷窑分红的规矩是窑主一半（包括投资），工人一半。一般情况下，每个工人一天只能赚到一升（1.5公斤）小米。

1953年，在手工业生产实行集体化时，招贤区政府将分散的个体盘场组织成李家圪旦、小塔则、双坪上三个瓷业社，每个社有20多个盘场。此后，各个瓷业社都有过辉煌时期，尤其是1955年为汾阳杏花村汾酒厂承制600斤容量的特大发酵缸，1956年又制作储存酒的大酒缸，产品供不应求。1964年，三社转并为招贤瓷厂，厂长孙守贵组织技术人员重新研制"油点花瓶"（又名雨点釉），无意中发现一只盆子上有少许雨点釉，此后采用黑炉土与石英等原料相配烧制，终于在1965年春实验成功，开始正式生产。产品有玉花瓶、缩口瓶、斗碟碟等，每件产品上都印有"中国招贤"字样。但由于缺乏高层次的科学研制，产品质量一直难以稳定，虽远销日本等地，但赢利殊微，在"文化大革命"开始后，就停止生产了。改革开放以来，招贤又办了不少个体瓷厂，开始烧制传统产品。后来日用品大都用塑料制品代替，瓷厂就只烧大瓮之类，主要销往陕北地区。

第七节　浑源下韩砂器

晋北地区以浑源县制作的砂器闻名，民间有"砂盆砂吊下韩村"之说。下韩村距离浑源县城西北6公里，附近的神溪山有白矸石储藏，窑沟村北串山有黑矸石储藏，为砂器制作提供了得天独厚的原材料。

下韩村生产的砂器在清道光年间最为盛行，相传祖籍浑源的河东河道总督、清代治河名臣栗毓美（1778～1840），在长期巡河筑坝的工事中，随身携带家乡的砂锅器具，在野外炊事十分方便，浑源砂器随之深得栗毓美身边随员与所到之地的赞赏。浑源砂器种类丰富，质地耐火，耐酸碱而不腐蚀，耐碰撞，煮熬食品不变质，

图 5-10　浑源下韩砂锅
资料来源：孙辅智：《古都大同》，太原：山西人民出版社，2008 年。

无异味，内外光洁，色泽优美，既可做饭，也可用来煎制中药。民国年间，下韩村从事砂器制作的农家有 50 余户 350 余人，产品销往浑源及周边的应县、广灵、灵丘等县，远销内蒙古、张家口、北京、天津、河北、陕西、宁夏等地。

浑源砂器制品有砂锅、砂火锅、砂酒壶、砂小罐、焖肉罐、药壶等十多个品种。色泽由过去单一的灰褐色，发展到现在的乳白、豆绿、棕亮、紫青等多种颜色。下韩乡砂器厂年产砂器 300 万件，其中 250 万件出口国外（图 5-10）。

第八节　潞城草帽缏

"七根麦草手中编，针线衣服在里边"，这句民谣说的是晋东南民间工艺草帽缏（同"辫"）与当地民生衣食的密切关系。草帽缏为潞城传统手工名产，又名"山西白"，以麦秸秆、谷秆作为主要原料，编织成各种用途的饰物与器具，起初用作当地民间的日常生活用品。自 19 世纪中叶起，随着西方国家进入工业化与现代化的高级阶段，返璞归真的自然意趣与田园生活逐渐成为都市人群的一种普遍向往，中国北方的草帽缏制品随之被来到中国的西方人看中，并开始向国外输出，草帽缏由此成为近代中国对外贸易中的大宗手工艺制品之一。中国北方草帽缏的主要产地，集中在山东博兴、莱州、青州、掖县，山西潞城，河北大名等地，当地主要农作物的秸秆，麦秸秆、谷秆、玉米皮、蒲草、柳条、藤条，均可作为制作草帽缏的原料。

19 世纪 70 年代，A. 威廉姆森在《华北、满洲里与蒙古东部旅行见闻》中记载了亲眼所见山东草缏业的盛况：

> 草缏业主要是在诸城——多编草帽，及观城地区及东昌府至开封府的大道，远达山东的边界等地编织的。莱州府附近地区也有编织草缏的。本省多为上等麦田。我们常看见妇女们在自己的家门口，或者在她们走道的时候，都在编织。妇女们在邻近的市场上，每一两草缏（一根长十英尺以

上）换得七文钱——她们一天能赚五十文钱（约四分钱）便很可以了。虽然编织草缏的手工业者都知道外国对草缏的需要很大，但是外国商人所介绍的编织草缏的各种花样，很少或者没有发生什么效果……草缏到了大批发商手里之后，便由他们，例如像在莱州府那样，准备包装，供给外销。这种草缏为很长的圈盘，绕得很粗率，一头细逐渐地到另一头越来越粗。小伙子们在包装货栈里把草缏分成一绺一绺的，只是围着两根钉在一个小凳上相距约二英尺的、直立的木桩，把它盘绕起来。

　　这一行业为富有者所组织，他们常给小耕作者预支货款，从而取得他们的制造品，并且还使他们经常负债。草缏在纽约市场上很受欢迎。草缏的输出，使编草缏者不断改进其花样。①

李墨卿在 1932 年出版的《墨园随笔》中记载，潞城草帽缏"前清时代每年进款十万元内外（草缏扎捆输出天津）。及至民国，由平津购置制帽机器，自行制造，而每年收入计二十四五万元。全县妇女在农忙时期，无不手拿七根麦草编制草缏。所以衣服及其他零用，都在'七根麦草'上产生出来"②。

潞城草帽缏主要分布在今天潞城市东北部的东邑、微子镇、黄池、下黄、石梁、西流、漫流河、黄牛蹄等 10 个乡镇。这里适宜种植红秃麦和芒麦，小麦收成之后的麦秸秆为草帽缏提供了原料。选好原料是草帽缏的关键。当地百姓"从割麦开始，就注意选好麦秆，割回整齐的麦把。每年麦穗前端出现黄色，麦秆及叶呈半绿色时，他们用刀割去穗子，将麦秆暴晒，晒干后将第三节以下部分剪去，留取前端两节白色部分。有生晒、野晒之分，生晒一日可束把，到十一月或次年二月编制。以这样的麦莛编成的原草帽缏，称'山西白'或'白元草'。其他地方用麦秆的黄色部分与前端两节白色部分交叉压平编成的，表面出现黄白斑色，俗称'山西花'，质量次之"③。

与潞城毗邻的黎城县，得浊漳河灌溉之利，所产麦秆以细白著称，妇女编制草帽为当地传统手工业，供本地零售。民国潞城草缏业的兴盛带动了黎城草缏业的发展，黎城县开设草帽庄，购买缀帽机、压帽机，生产草帽，"制造既速，外观亦美，运销各省逐日增加"，为黎城县仅有的几项手工业经济收益。④ 民国时期，新绛县从事编制草帽缏的农户约 200 户，凡千人，由于新绛产麦秆质硬易碎，所需麦秆系白均由潞城购进，

　　① 彭泽益主编：《中国近代手工业史资料（1840～1849）》，第二卷，北京：生活·读书·新知三联书店，1957 年，61～62 页。
　　② 李墨卿：山西各县歌谣解释，《墨园随笔》，太原：山西晋阳日报社，1932 年，386 页。
　　③ 吕日周：《山西名特产》，北京：农业出版社，1982 年，228～229 页。
　　④ 刘书友主编：《黎城旧志五种》，北京：北京图书馆出版社，1996 年，389 页。

成品售于城乡帽铺。① 潞城出产的优质麦秆，不仅可以供给本地的大规模编织，还能够输出原料，带动周边地区草缏业的发展，潞城成为山西南部草缏业的中心。

选好的麦秆需经过浸泡，才能达到净化、柔化麦秆，利于编织的目的。潞城地区一般用发酵澄清后的面汤、米汤或者做豆腐的浆水，再加入少量净水来浸泡麦莛。"捞出的麦莛要将水控干净，用白净的布包起来，两端通风，掐辫时随用随抽。"② 用于编掐的每根麦秆有 8.5 毫米、9 毫米、10 毫米、11 毫米、12 毫米、13 毫米、14 毫米等 7 种规格。编掐时，采用七根续秆法，即每根麦秆莛的头口，续在辫子正面左右两个"人"字衔接的腿下。这种技法使每根草辫的正面与背面都不露接茬，同时保持了草辫理路均匀，平整坚实而不易脱开。

图 5-11　潞城草帽缏
资料来源：《潞城市志》，北京：
中华书局，1999 年。

当地的妇女老幼在田间耕作与家务劳动之余，通常从事草帽缏编掐，三五人相聚围坐，手指麻利穿引，疾徐自如，说笑之间，手中的草缏源源而出，每人每晚能编 3～5 丈。天长日久，许多人成为草帽缏编掐的行家里手。草帽缏制作的草帽、提篮、扇子、坐垫等日用品，色泽天然净白，板平码方，纹理均匀，双面光滑亮润，质感柔韧，具有良好的弹性与透气性，耐拉张，轻便实用，自然美观，深受人们喜爱（图 5-11）。

潞城草帽缏在国际市场上久享盛誉。清同治三年（1864）起，外国洋行纷纷到潞城设立"外庄"收购草帽缏，以礼和、怡和、美最时、永兴四家洋行的收购量为最大。之后，潞城草帽缏被冠以"山西白"、"潞城白原草"等商标打入国际市场，出口法国、加拿大、美国、日本等国。但是，由于草帽缏价格完全被洋行操纵，生产者只能被动地进行低价生产，应得的利润完全落入洋行手中。潞城民间曾经流传"草帽缏是条龙，越编越受穷"的说法，道出了乡村手工业者饱受洋行势力盘剥与欺诈的苦难，也极大影响了潞城草帽缏编织业的持续兴盛。1937 年日本侵华战争爆发，草帽缏业受到严重摧残。图 5-12 为晚清坊间竹编业写真。

新中国成立后，随着国家对外贸易事业的发展，潞城草帽缏业恢复了生机。据山西省商业厅统计，1950 年，潞城县生产草帽缏 12 万斤，1958 年产量 6.7 万斤，各种草帽产量 2.5 万多打。60 年代，草帽缏最高年产量达到 13 万斤。为了发展草帽缏生

---

① 新绛县二轻工业局《新绛二轻（手）工业志》编委会编：《新绛二轻（手）工业志》，内部发行，1988 年，150 页。

② 吕日周：《山西名特产》，北京：农业出版社，1982 年，228 页。

产，1964 年，山西省供销合作社组织高平、长子、洪洞、曲沃、闻喜各县群众到潞城县举办培训班，学习 40 天，即可达到编掐二等缏的水平。每到麦收季节，各级政府都要发出通知，号召群众编掐草帽缏。由于"文化大革命"的影响，1981 年，山西从省外购进草帽 159 万顶，本省生产的草帽缏甚至无法满足本地需求的三成，潞城草帽缏严重脱销，只能有少量供应出口。

图 5-12　晚清坊间竹编业写真
资料来源：环球社编辑部：《图画日报》，上海：
上海古籍出版社，1999 年。

此后，潞城传统草帽缏扩展到荆条编、柳条编、纸编。荆条、柳条可用来编制箩筐、提篮，一直是农家手工活。箩筐俗称箩头，用细荆条编成半圆体，再用手指粗的硬条子十字插上，可手提，也可用扁担钩挑。箩头原料就地取材，方便耐用，为农家必备用具。耢地用的耢片，盖房用的棚顶，以及煤矿巷道顶笆也多到山区购买。每逢集市、庙会，山货市场都有出售箩头、耙片、耢等荆条编制品。用柳条编制的行军帽，深受儿童喜欢。

潞城草帽缏现在由潞城草帽编织袋厂生产，产品有大沿儿帽、礼帽、童花帽、毛卡、扇子、提篮、汽车坐垫等，均系手工制作，风格自然，质朴高雅，具有清凉、沥汗、天然舒适的功效。潞城草帽缏制品畅销国内沿海地区，远销法国、日本、意大利、瑞士、德国、比利时、加拿大等国。加拿大一家专门销售潞城"山西白"的客商，已经传至第五代。①

据潞城市农业局调查，由于近年潞城市小麦种植面积大量减少，以麦秸秆为主要原料的草帽缏传统工艺濒临绝迹的边缘，在潞城周边乡村已经很难找到草帽缏艺人了。②

第九节　夏县秦家埝柳编③

夏县秦家埝村是柳篮、簸箕之乡。秦家埝原名任家埝，位于距夏县城西北 7.5

①　潞城市志编纂委员会编：《潞城市志》，北京：中华书局，1999 年，292～293 页。
②　王景盛：《潞城草帽缏——正在丢失的艺术》，http://blog.sina.com.cn/wj8385 [2009 - 08 - 26]。
③　本节辑自郑天星：《夏县秦家埝柳编业》，见阎爱英主编：《晋商史料全览·运城卷》，太原：山西人民出版社，2006 年，230～231 页。

公里的禹王乡，地处鸣条岗丘陵地带，青龙河穿行而过，水源充沛，土地肥沃。我国历史上第一个奴隶制社会夏朝在这里建都，古史传说中大禹的都城安邑也在此地。

明洪武年间（1368～1398），由于灾荒，多数村民在饥饿中丧生或逃往他乡。灾荒过后，从陕西长城县过来秦姓兄弟二人，老二落脚于秦寺村，老大来到任家埝。后由于秦姓在任家埝发展很快，在村里占了多数，而任姓却绝了户，所以任家埝更名为秦家埝。秦姓兄弟在陕西原籍时便有编织柳制品的手艺，加之当时当地长有一些柳树，所以，他们很快便将编制柳篮、簸箕的技术在秦家埝传播开来。

柳篮、簸箕的原料主要为柳条。柳条产地主要在内蒙古、安徽、陕西韩城以及山西洪洞、闻喜一带，秦家埝每年即从这些地方购进柳编原料，据统计，每年从外地采购干品柳条在 25 万斤左右。

清代及民国年间，柳制品为柳篮、簸箕和柳制浇园斗。浇园斗这种产品因周边各县和当地用量较大，多数在当地销售，部分销往河南、陕西与山西相邻地区。柳篮、簸箕除销往本地外，还销往河南、陕西，特别是洛南、渭南和延安为重点销售地。

清雍正年间（1723～1735），河东的一次大旱灾，造就了秦家埝柳编业的大发展。由于大旱，夏县境内和周边地区百姓要提水浇灌田地。缺少水车、牲口的贫苦农户采用浇园斗，用轱辘从浅井中提水浇地，浇园柳斗用量大增。编制浇园斗与编制柳篮一样在秦家埝村流行起来。

在柳编业的发展中，柳制品的质量逐渐提高。据老一辈人说，曾有秦新业、秦喜元、王喜太等几个好把式编出的浇园斗，在阳光下端起不透光，柳编簸箕盛水点滴不漏。新中国成立前后，是秦家埝村柳编业发展的最旺盛时期。1949 年，全村250 户，家中建有编织地窨 200 个以上。每逢农闲时节，街头巷尾几乎不见人影，男人尽在地窨子里编簸箕、柳篮，妇女们则在家中刮削柳条，进行原料初加工。当时每天可编制簸箕 300 多个，柳篮 200 多个，日产值 1500 多元，年收入达到 50 多万元。

新绛县农户也有草木编织的传统，采用山木条、柳条、苇子等编织橦、驮笼、柳灌、席、苇箔等制品。西行庄人编的橦，涧西村人编的驮笼，刘建庄与刘家庄人编的柳灌，武平、丁村、辛堡等村人编的度，周流村人编的苇箔等，都是传统手工编制品。1934 年前后，新绛城内有竹器业商号正盛丰、永豫泰，编制竹席、竹帘、竹筛、竹笼、竹篮、竹筐、竹笠等，兼营清化青竹生意。[1]

---

① 新绛县二轻工业局《新绛县二轻（手）工业志》编委会编：《新绛县二轻（手）工业志》，内部发行，1988 年，151 页。

第十节　永济麦草画

麦草画，又名麦秸画、麦秆画，是利用成熟麦子脱粒后剩余的麦秸（茎）为载体，进行综合绘画、烫烙、雕刻等艺术手法的创作，为产麦区流行的一种民间手工艺创制品。优质麦秸具有顽强的生命力，永济市现存一件清末麦秸画四条屏，至今形态完好，栩栩如生。

麦草画由于有着便利的材料来源和不拘一格的表现形式，许多民间艺人乐于从事麦草画创作，不断推陈出新。永济麦草画的创作传统，在当代又复兴起来，表现内容主要有龙凤呈祥、松鹤延年、奔马、水浒人物、西厢记人物等传统题材。2009年，永济麦草画入选第二批山西省级非物质文化遗产名录（编号：79Ⅶ－6），代表性传承人为永济市文化馆李新德。

每当麦子成熟季节，麦子脱粒后，选取粗壮、挺拔、形色均匀的麦秸作为创作载体。麦草画制作由剪、泡、劈、刮、画、烫、染、贴、刻、装等多道工序组成。将优选的麦秸入清水中浸软，剪掉两端根穗多余部分，只取麦秸第二节纵向剖开，刮磨光滑后，刷胶水贴在一块硬纸上，然后在拼贴成的麦秆表面绘制草图；用烫烙笔根据表现的基本画意，在米黄色的麦秸平面上，烫烙出所需要的深浅、明暗、远近与纹理；再根据艺术细节，对初步形成的图案做相应的细节点染；绘制完成的麦秸画，最后裱糊在绒布上，镶嵌于玻璃框，一幅古色古香、民间风味浓郁的画作就完成了。由于可用于创作的麦秸长度有限，大型麦草画都由多部分拼贴而成。[①] 麦草画制作过程兼取绘画创作与木板烫烙画工艺，多种创作手法并用，十分讲求工艺精细、手法和谐，以达到丰满、立体、逼真的艺术效果，较一般平面绘画作品具有更强的表现力和装饰性。

第十一节　应县杨堡竹苇席[②]

山西柳条编制品在民国时期仍种类繁多，据《中国实业志》实地调查，均系农

---

①　丹菲：《麦子最后的光芒》，《炎黄地理》，2009 年第 10 期（中），147 页。

②　本节辑自张伟：《应县名特产品》，太原：山西经济出版社，1993 年，87～89 页。

闲时农户家庭手工制作，集中于长治、阳城、浮山、翼城、新绛、河津、闻喜、霍县、应县、宁武等地，其中唯有应县柳条制品在供县本地、本省需求之外，还销往外地。应县柳条制品有筐笋、簸箕、柳筐，省内销往临县、忻县，省外销往邻近的归德与绥远。[①]

存留至今的应县柳条编制，在位于应县县城东南 12 公里的杨堡村。这里有一片适宜芦苇生长的土地，这对于土地盐碱化十分严重的应县来说十分难得，利用杨堡村芦苇编织的苇席，虽是极普通的家用之物，因其出自塞北高寒地区，却显出几分罕贵。杨堡竹苇席有以下特点：

第一，质地优良结实柔韧。杨堡村的土地适宜芦苇生长，六根芦苇就可以做成一尺宽的席子。由于秆高秆壮，皮厚结实，类似南方的细竹子，因而用杨堡村芦苇编成的席子称为"竹苇席"。一块上好的竹苇子定席可铺炕 20 年左右。村民杨乎杰在屋里地下破苇子，两片材料可以同时从猫道小窗孔伸到院子里，可见竹芦苇的粗壮结实。此外，它还刚中有柔，不易折断，无论竹苇子还是竹苇席，其性能都是刚柔并存。竹苇子苲席是物美价廉的上好包装材料。

第二，做工精细，一丝不苟。用刀划苇子或破苇子，开口、收刀是一条直线；用石滚压苇子轻压碾匀；编织席子时用力搬匀搬紧；席成收边后，用脚排排地踩一遍。整个工序一丝不苟，从而就保证了质量。这种席子可以盛水不漏，是遮蔽雨水的好材料。

第三，色泽美观，工艺大方。杨堡村新竹苇席呈白黄色，随着岁月的推移，即缓变成红润的黄褐色，而且越铺越红润，越铺越光滑。加上心灵手巧的杨堡村人的手艺，根据用户要求，可以编织成五角形、六角形、斗方形图案等。杨三竹、杨三成、杨兆精等，是杨堡村公认的编织工艺高手。

第四，隔冷散热，冬夏宜人。竹苇席铺在炕上像一张无腿之床，它传导不佳，又有细缝，因而冬季寒天不感到太凉，夏季火炕也不感到太热，是北方乡村一年四季理想的铺炕用品。

杨堡村竹苇子还是一宗致富的财源，制品远销河北、包头等地。一块定席售价 13.5 元，一块苲席售价 6 元，纯利润都在 80% 以上，一名编织手能日起成席 2 元多。村民杨忍 1 亩苇子每年加上包粽子的苇叶收入达 1500 元左右。在 20 世纪五六十年代，全村每年生产席子 14 000 余块，加上包粽子的苇叶销售，每年是一笔相当可观的收入。虽然目前苇地有所减少，但是恢复苇席编织这项传统生态产业势在必行。

---

① 实业部国际贸易局编：《中国实业志》第六编，上海：商务印书馆，1936 年，页五七一（己）至五七三（己）。

第十二节　原平子干苇席[①]

子干村位于原平市东偏南8公里处，滹沱河从村旁流过，子干苇席与子干村妇女的编席手艺是极有名气的。民国年间编修的《崞县志》记载："滹沱以东南贾、大莫、荣华等八村，凤以织苇席为业。妇女皆优为之。"大莫就是今天的子干，抗日战争时期，任崞县（1960年更名原平县）公安局社会股股长的大莫村人刘子干，在"反扫荡"战役中光荣牺牲，为纪念这位烈士，1945年2月，大莫村更名"子干"。

子干是一个大村，1020户，3700余人，9700亩耕地，600亩苇地，以编席为主要副业。每年产苇108万斤，织席6万余张，收入25万元，编织收入占总收入的26.6%。

子干席以其芦苇坚韧、席码紧凑、越铺越亮、经久耐用的特点，受到群众的欢迎。70岁高龄的华高七、李计全、栗彩花师傅，从事编席60余年，从小得到严师指导，用他们毕生精力练就了编织的硬功夫，现今虽已年迈体衰，但手指上的功夫仍不减当年。那双手看上去粗糙，苇条到了他们手里，竟犹如飞龙走蛇，上下翻飞，使人看得眼花缭乱，编织出大幅的工艺品。二纹席、方砖对条砖、立纹打卧纹、枣花席、篓壶席、茶杯席等，图案精巧，美观大方，给人以艺术的享受。

在原平一带的乡村，炕上铺的席子，不少是子干席。使用仔细的人家，一张席子可以用到十几年，甚至几十年，有的席子磨得光滑如冰，小孩子可以在上面打滑擦。炕沿前面容易磨损的地方，席码子烂了，老婆婆们用荽秆皮把它补起来，而不愿意换掉。偏远山村的农民还不惜路远专门到子干来"订席"，图的就是子干席的坚固耐用。子干席在山西、内蒙古等北方几省（自治区）很受欢迎。

第十三节　蒋村麻纸[②]

一、晋省手工造纸概况

山西的手工业造纸有悠久的历史，省境各地民间多有从事造纸之业。据1936

---

① 本节辑自范堆相主编：《忻州名优特产集》，太原：山西经济出版社，1992年，358～360页。
② 本节辑自张年如：《蒋村麻纸》，见定襄县政协文史资料研究会编：《定襄文史资料》第7辑，定襄民间百业，内部发行，1996年，28～41页。

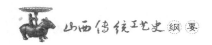

年国民政府实业部编写的《中国实业志·山西省》的实地调查记载：

> 晋省之有手工造纸业，由来已久。若晋中之太原，晋南之临汾、赵城、襄陵、阳城，晋东之盂县、定襄，晋北之浑源、怀仁，及晋西北之酒曲、保德等县，皆为昔时盛产区域。及清中叶，晋南之晋城、陵川、高平，晋北之崞县、代县、朔县、左云、右玉，晋西之临县、临晋等，相继仿造，因此晋省纸产大见增加。及民国初年，临汾附近之介休、曲沃、翼城诸县，鉴于纸之用途日见重要，多用临汾、襄陵、阳城及河南省清化镇纸张，为数益多，于是采用本地麦秸，自行提倡造纸，终以家数不多，产品尚不足以供给县内消费。

> 晋省手工造纸原料，以旧麻、破纸、稻草、麦秸、桑皮为主，椀叶乃晋城采用，筱麦秸、蒲草穗乃浑源采用，笃莱草者乃河曲纸坊使用，惟皆用量不多，不占重要地位。旧麻、稻草、麦秸、桑皮，大都就地收买，造纸较盛之县，间向附近县邑派员购办。……至于破纸，均来自天津……椀叶皆向河南采办。……石灰一项，为造纸中必需用品，由纸坊向石灰窑零星购买。①

在山西传统手工造纸中，麻纸、草纸是最常见的两个品类，其中尤以麻纸的应用范围最广。《中国实业志·山西省》记载：

> 麻纸之于晋省，用途极大，凡省内一切旧式账簿及旧式书籍、与手契约、信笺及学校内一切用纸，皆以此为大宗。至于糊窗糊壁，始有采用桑皮纸。若草纸、毛头纸、烧纸三项，在昔用于包扎货品为主，敬神用次之。

> 晋省所出麻纸，以颜色分，有黑白两种，惟出产以白色者居多；以厚薄分，则有单夹两种；以大小及纸质优劣分，则有呈文、方日尺、条日尺、京文、重尺八、大对方、三折纸、大改、中改、二尺对、二二对、二四对、二八纸、三四纸、三五纸、三六纸等名目。晋省桑皮纸，以尺九纸及二八纸两种为多。草纸、毛头纸、烧纸三种，则分类较少。②

至于纸的制造，古老的手工造纸所经过的每道工序及其蕴涵的基本原理，与几经变易而日益复杂的现代化造纸工艺，并无不同。如钱存训在《中国科学技术史·纸和印刷分册》中所言："所谓纸，是用筛子似的网帘从纤维悬浮液里捞出来互相交结的纤维层。经滤水和干燥，交织的纤维层变成薄片，就是纸。从发明造纸起，

---

① 实业部国际贸易局编：《中国实业志·山西省》第六编，上海：商务印书馆，1936 年，374～379（己）页。

② 实业部国际贸易局编：《中国实业志·山西省》第六编，上海：商务印书馆，1936 年，379（巳）页。

两千年间，工艺叠有改进，工具越来越复杂，然而所依据的还是同样的基本原理和过程。"[①]

二、蒋村麻纸沿革

明清以来，定襄县蒋村逐渐以擅长制作并出产麻纸而闻名。据蒋村老者回忆，清末民国初期，蒋村纸业已很兴盛，农家十有七八会抄纸。1933～1934年，蒋村抄纸户占到全村居民总户近三分之一，年产麻纸150多万刀（每刀100张）。民国年间，蒋村纸"汗"保持在120支左右（当地惯称的"汗"是"汗钵子"的简称，实际是一储水池，是抄纸的重要设施，也是"纸坊"的代称。一家纸坊至少有一支"汗"，一支"汗"需3～5名工人）。当时，比较有名气的纸坊有16家，字号是：德升恒、德太元、德兴裕、德和成、福和永、福顺昌、福和魁、永万泉、永隆泉、永茂昌、永盛昌、裕兴原、庆和隆、万厚永、崇圣昌、东圣永。

1938年，日本侵略者入侵，蒋村麻纸遭到破坏，又很快得到恢复。抗日战争期间，蒋村麻纸不断运往抗日根据地，晋察冀边区军政机关大部分用的是蒋村麻纸，《晋察冀日报》也常用蒋村麻纸印刷。新中国成立后，蒋村纸业发展起来，1950年，蒋村纸"汗"发展到近200支。合作化之后，特别是1958年"人民公社化运动"之后，蒋村手工抄纸收归集体，从业人员同各地劳力一样挣工分。"文化大革命"期间，蒋村手工抄纸一度萎缩。十一届三中全会之后，蒋村抄纸再度兴旺起来，到1985年全村有"汗"230支，年产麻纸2.7万捆（每捆20刀）。自90年代起，随着现代化的脚步深入农村的生产生活，麻纸的用途与销路呈急速缩减之势。目前，蒋村只有刘隆谦（83岁）等4户仍坚持用手工技艺制作麻纸[②]。

蒋村麻纸的特点是薄（透明）、韧（耐拉）、耐（耐磨耐揉）。用它糊窗户，隔风不隔音，防寒又明亮，雨打不易烂，风吹不易破；用它作顶棚，筋骨坚韧，拉扯不断，含水吸粉，清白平展；用它记账写字，不仅不走墨，而且耐揉搓，可长久保存。由于以上特点，蒋村麻纸的销路极广，除在定襄、山西销售，还大量销往河北、内蒙古等地。

三、生产组织形式与工艺流程

蒋村麻纸的传统生产有三种组织形式：一种以家庭为单位，一家立一支"汗"，

---

① 〔美〕钱存训：《中国科学技术史》，第五卷第一分册，北京：科学出版社，上海：上海古籍出版社，1990年，2页。

② 《蒋村麻纸：寻常家用品如今成非遗》，《山西晚报》，2009年11月20日10版。

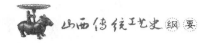

操作者为父子班；一种为几户联合，办一个纸坊，取个吉祥字号，通常建三四支"汗"；还有一种是雇工生产，雇主自己有几支"汗"，并购置生产工具，雇佣工人生产，一般也有字号。

蒋村麻纸以麻绳（废绳头，现用玻璃纤维替代）、纸巾（废纸）为原料，从原料到成品一般经过以下几道工序。

（一）拣（剁）麻、分纸

采购回来的旧麻绳形状各异，夹杂着杂物，必须通过"拣麻"来解结除杂，而后码成小把，再用清水浸湿，用剁麻斧切成不足一寸的短截。纸巾（废纸）通常分成三类：书纸、报纸、白纸等为一类；牛皮纸和颜色发黑的为一类；有墨迹、水渍等易污染的为一类。

（二）洗麻（纸）

剁好的麻截和有墨迹、水渍的废纸，都必须清洗干净。洗麻（纸）在"罗柜"内进行。"罗柜"是用2寸厚的整块石板圈成的一个长方形池子（长6尺，宽3尺，高尺余）。现在，也有用水泥板圈成的。罗柜的一端有一出水孔。洗涤时，罗柜内衬"席底"，铺"卧单"。席底是芦苇编成的一个长方形席框，刚好衬入罗柜内。"卧单"是一片长方形布料，略小于罗柜的底面。卧单布早年由马尾织成，现在是尼龙丝织成，主要是为了耐磨耐撕。

洗涤开始便将麻截、纸巾放在卧单上，一人往里加水，一人手持"洗麻疙朵"，来回推搓（过去手摇辘轳，用戽斗从井中提水，需两人，现在有自来水加水，一人即可）。洗麻是力气活儿，一会儿将麻团推成堆，一会儿又摊开，洗麻小伙子都是气喘吁吁，汗流浃背。然而，洗麻人又具有一种特别的姿势，那健美的肌肉，洒脱的动作，如戏如舞，常引得路人驻足欣赏。"洗麻疙朵"，是将一块长方形木板安在木柄上做成的。木板长7寸、宽4寸、厚1寸，关键是四边削成斧刃状，便于推搓。

洗麻的时间不固定，一要看麻（纸）的脏污程度，二要看洗麻人的力量大小。总之，必须洗到罗柜出水孔流出的水变清为止。

（三）馏麻（纸）

洗净后的麻截、纸巾与生石灰按一定比例混合，便入锅蒸馏。麻与纸的比例一般为1：10，麻与生石灰的比例一般为5：1。

馏麻锅是晋东北一带农家普通使用的阳泉大锅（口面直径2尺），采用"闷灶火"（回风灶）加温。在锅台之上砌一个"囤子"，高4尺，口面直径与锅口相同，只是中间略粗，像大坛。囤子（也叫"圈"）用砖砌成，里外用白灰抹面。麻、纸和石灰的混合物放在箅子上，与锅内的水隔开。加满囤子后，上面再扣一口锅封严。一锅原料一般蒸馏 3 个多小时。多数抄纸户常常在晚上馏麻，文火烧 3 小时后即蒙火，这样，原料在锅内就要"闷"上一夜。

（四）脱灰

经过蒸馏的原料，变绵、变白。出锅后将内部石灰除尽，即"脱灰"。脱灰仍然在罗柜内进行，过程与洗麻基本相同。只是这一次原料混合，既软又黏，用"洗麻疙朵"来回推搓更加费劲。

（五）碾浆

脱灰后的混合物，由于几经搓洗，已变成糊状物。之后就是碾浆。碾浆的设备是纸碾。纸碾的构造比较奇特，碾子是一块直立的圆形石片，直径 2 尺左右，中部厚 6 寸，越往边缘越薄，外缘厚仅 3 寸。圆心处挖有方形窟窿，碾杆从这里插入。碾杆一般长 1.3 丈左右，一端固定在竖轴上，一端伸出碾槽外边，以便套牲口。纸碾的根盘为石槽，石槽深 1 尺余，宽 6 寸左右，石槽围成一个半径约 1 丈的大圆圈。

原料混合物倒入石槽，添适量的水，而后吆动牲口，碾转浆开。看纸碾赶牲口的一般是未成年人，本人为了学徒，东家则为了省钱。这些十多岁的少年手脚灵便，又不怕吃苦。他们有时跟在牲口后面，有时坐在一边，手拿笤帚，口唱民歌，也寻来许多乐趣。碾纸少年唱得最多的是《碾纸歌》："骡骡的打哟，嚎嚎呀，嚎嚎嚎嚎嚎嚎呀，你狗日的不走想挨啦，嚎嚎呀！"歌声像皮鞭，撵着驴儿跑，碾道里蹄声嘚嘚，碾槽中浆响哗哗，歌声如发条，绷紧小伙儿浑身筋骨，早把疲惫抛九霄；歌声是信号，传到东家耳里，知道小伙计不偷不懒，精心勤劳。

原料在碾槽中变糊变烂，即可出碾。出碾后的糊状原料再度进入罗柜淘洗增白（可添加适量增白剂），增白后的原料，用特制大箩筐抬回抄纸户，一次可盛二三百斤原料。

（六）抄纸

入"汗"抄纸是手工纸的关键工序，纸在这里形成，纸质好坏全靠这一关，所以有较高的技术要求。抄纸的设备和工具较多，主要有汗钵、打扣坨朵、闷楞架、楞、帘子、帘架、架水棍、捏尺、刹托台、走字板等。抄纸的基本过程是："汗钵"内加水—原料入"汗"—搅混—隔离—提帘操作—出纸。

如前所述，"汗"即储水池，抄纸的整个过程都在"汗"内进行。普通的

"汗"，长 6 尺，宽 3 尺，深 3 尺，过去由石板砌成。现在大都改为砖砌，水泥抹面。站人的一边留有 1 尺多宽的凹口，便于弯腰操作。"汗"内加水不可过满，免得加料后溢出。抬回的原料倒入有水的"汗钵"内，有两人对角而站，手持"打扣圪朵"来回搅混。"打扣圪朵"结构与"洗麻圪朵"相同，只是尺寸要小的多。一直搅到原料在"汗"中全部化解，溶匀，再拿一根长筷子（2 尺多长的细木棍）左右平划数遍，待过两小时，"汗"内原料又渐渐沉落下去，这时，将"闷楞架"由操作台一边插入"汗"内（闷楞架，是一长方形木框，中间横钉一些木条、木板。它的长度刚好等于"汗"的内径，高度略低于"汗"的边沿，恰好插入"汗"内，起着漏水而阻料的作用），而后慢慢向对面平推，将大部分原料挤在"汗"的另一半。然后在闷楞架的上边沿放上"外楞"，在人站的一端架"里楞"，外楞里楞都由木楔加以固定（"楞"是一根方形木棍，长 3 尺余，能够架在"汗"上面）。两楞相隔 2 尺左右，在两楞之上再架两条"架水棍"，两条楞、两条架水棍形成一个矩形框架，用来隔置"帘架"。为便于操作，一条架水棍固定，另一条可以活动。

"帘子"是纸的模具，纸在"帘子"上面形成。"帘子"由很细的竹篾编成，蒋村使用的帘子，由河南购进。"帘子"有多种规格，常用的"帘子"长 1.06 米，宽 0.52 米，中间粘一条 2 厘米宽的布条，将"帘子"一分两半（这样便是一出两张纸）。"帘子"的上下两边都有名称，上边一根圆竹棍，叫"牵杆"；下边夹两条竹片，叫"托依板子"；紧挨"托依板子"有一条比较宽的竹篾，叫"老眉"。这些结构在下面的工序中都发挥着不同的功能。

"帘子"由细竹篾编成，操作时须把它隔置于"帘架"上。"帘架"是一长方形木框，比"帘子"略大。在木框内插几根平行木条，叫"椋子"。"帘架"上下两根较长的木板，叫"老弦"，左右两根较短的木板，叫"托手"。

操作时，将"帘子"铺在"帘架"上，两边的"托手"之上分别放两条"捏尺"（两根短木条），将"帘子"的左右两边压紧，双手捏紧托手和捏尺，将帘架垂直深入"汗"水中（在此之前可用"打扣圪朵"将"汗"内的水搅混一下，原料和水即溶匀）。"汗"内的混合物（麻绳和废纸的碎末）便附着于"帘子"上，紧接着再深入一次，最后放平帘架浅入一下——这叫抄纸的"两下半"。一下（水）是"挫计出边"（混合物均匀地扒满"帘子"，实际已经成纸），二下"收边"（将纸的边缘收拾好），半下（水）"起角"（四角补齐）。这"两下半"说来容易做时难，在几秒钟内即完成，技术不精者，往往满纸窟窿，厚薄不匀，或边角不齐。

而后，特"帘架"放在"架水棍"上，用"捏尺"稍事收边，即可起帘下托。所谓"下托"，就是把操好的纸从"帘子"上脱下，放置于"刹托台"上。既要让湿淋淋软绵绵的纸脱帘而落，又要不撕不破，还要码垛齐整，不得其中要领，是办不到的。"下托"时，将"帘子"翻个儿，一手逐步提起"帘子"的"牵杆"，一手比紧"帘子"的"老眉"，立在"刹托台"上，纸便自然从"帘子"上脱落下来，平展于"刹托台"上。"刹托台"由石块或砖地砌起的一个高台，实际起着放纸的作用。每操 10 来张，便要用"打扣坎朵"在"汗"内搅混几下，目的是将"汗"内原料混匀。

抄纸是要计数的。不用算盘，更没有现代的计算器，只是在刹托台上刻有几道 1 寸多长的痕迹，上下放两颗"子儿"（小纸蛋或小石子），抄纸工们给它起了个通俗的名字："走字板"。"走字板"的"上子儿"代表个位，"下子儿"代表十位。每操好一张纸，便移动"上子儿"走一格，操够 10 张，"上子儿"便走满，退回开始的位置，而"下子儿"便向前移一格，"下子儿"走完 10 格，便是 100 张纸（一刀），成百的数字，则需心里计数。因为大数目易记，而且从纸的厚度也能分辨出是几个"百"。

（七）刹托

纸操完后，"刹托台"上便有了厚厚的一摞。这时，还需加工、脱水，这个过程叫"刹托"。"刹托"在"刹托台"上进行，主要工具是刹托板、小由子、老由子、千斤、纸梯、刹托石等。基本程序是：压制托板—放小由子—安老由子—插纸梯—压刹托石。

具体来说，把"刹托板"（2 尺多长的木板）铺满纸垛上，刹托板之上放"小由子"（方木棒），"小由子"之上放"老由子"（几块方木棒）。"老由子"上面搁置一丈多长的"纸梯"（上端有"叉"，形如"丫"的粗木料），"纸梯"的一端插入刹托台之上的"千斤"内（方形铁环，也有的是在墙上挖一洞），"纸梯"的另一端有"叉"，放几块大石头增加压力，压在"纸梯"上的石头叫"刹托石"，刹托石总重量可达 150～200 斤。纸经过"刹托"，将存水挤尽，并将纸托压实。

（八）晒纸

晒纸是手工抄纸的最后一道工序，比较而言，居于"轻活"，常由媳妇姑娘们"包月"干，必要时另雇人帮晒。"包月"者干定额挣月工资，"帮晒"者论件计资（也有论天数的）。纸坊、造纸户都各自有晒纸墙（用白灰抹了面的墙）。晒纸工具主要是纸凳、晒纸刷（由猪鬃制成）。晒纸人取纸时，将纸托翻个儿，置于头顶，来到晒纸墙前，便放在纸凳上。

晒纸有两关，一关是从纸托上揭纸（舔纸），一关是将纸贴在墙上。经过刹托的纸，粘得很紧，几乎连成一块儿，要完完整整将纸一张一张揭开来，不很容易，一开始晒纸，一揭就破。其要旨是：用指甲将一个角挑开，然后慢慢揭起，劲大劲小全是"品"出来的，全靠感觉。揭到一小半，使用纸刷托起，快速抽开，使纸完全脱离纸

托。"纸上墙"时，先压顶角，再对角线放两刷，而后离手，刷到，全部贴好。

纸上墙后，春夏之际，天高日强，10来分钟即干，晒干的纸变硬变白，从墙上撕下来，以"刀"（100张）为单位摞好，便是成品。冬季晒纸要使用"火墙"。"火墙"是在墙的中间生了火。蒋村人晒纸速度是相当快的，一般一人一天可晒10刀左右。

蒋村麻纸分白、黑两种。白麻纸糊窗、写字；黑麻纸打顶棚，做包装。规格很多，主要有陈文纸、大老连、二老连、斤文纸、对尺四、二尺八、吊挂纸、三五纸等。

四、蒋村麻纸的变革

1959年以来，蒋村抄纸逐步改革，购进打浆机，有的还将牲口拉纸碾改成电动，而且一带两个碾子，半机械化生产使劳动强度降低，效率极大提高。

1953年，蒋村造纸户93人组成"纸业生产合作社"，次年又相继成立了两个纸业社。1956年三个纸业社合并，仍称"蒋村纸业生产合作社"，以手工麻纸为主。1959年，购进锅驼机、发电机组和打浆机，生产实现机械化，产品除麻纸外，增加了机制包装纸。

1969年，蒋村纸业生产合作社更名为蒋村造纸厂。次年，扩大生产规模，增加了蒸球、纸机、锅炉等生产设备，纸厂不再生产麻纸，而以机制瓦楞纸和有光纸为主。

1979年，蒋村造纸厂更名为定襄县造纸厂（厂址仍在蒋村），隶属县二轻局管辖。生产设备进一步扩大，直至1985年，主要设备有元网造纸机1台、25立方米蒸球1台，14立方米蒸球2台，打浆机4台，铡草机1台，有造纸、动力两个车间，年产机制纸2290吨。

1987年，纸厂进一步扩大规模，实行技术改造。1992年基础设施完成，引进比较先进的1575短长网纸机生产线，可生产书写纸、凸版纸、有光纸、糖果纸、卫生纸等多种纸品，年生产能力1650吨。1993年3月，1575生产线试车成功。

定襄县造纸厂的发展，影响和带动了蒋村手工麻纸的改革，抄纸户也购进打浆机，并将纸碾改装为电动，一机带双碾，效率提高。进入80年代，蒋村麻纸的原料也有重大改革，由玻璃纤维取代了废旧麻绳，由此带来四大变革；玻璃纤维不拣不馏直接配入纸巾打浆，省时省工；比起麻绳作"筋骨"的纸，又白又亮；纤维纸浆入"汗"后，不粘块不结团，容易上帘，简化了抄纸过程；纤维价格低于麻绳，成本降低。

2009年，以蒋村麻纸、崞阳麻纸为代表的麻纸制作技艺，入选第二批山西省级非物质文化遗产名录（编号111Ⅷ—29）。

第十四节　临汾麻纸[①]

一、临汾麻纸

山西麻纸，因历史上平阳府出产，又名"府纸"；麻纸四边常留出毛茬，也有"山西毛头纸"之称。历史上临汾造纸的村庄有贾得、小贾、贾升、贾村、南孙、史村、七里、小程村、鹅舍，以及邻近的襄汾县南梁、北梁、西梁、东候、西候、邓庄等村，有规模不等的纸坊。临汾东关有蔡伦庙，贾得村家家供奉纸神蔡伦，贾得庙内设蔡伦殿，春节对联常书："昔论汉王后，今作纸坊神。"

临汾麻纸的种类有方日纸、尺八纸、京纸、方样纸、官纸、顶纸、城门纸、呈文纸、条日纸、文书纸、老速纸、小尺八纸、尺四大连纸、大漫纸、铺纸等。质量最高的为呈文纸，又叫贡纸，系各级官吏向上级直至皇帝呈文时的专用纸。《临汾县志》记载，贾得麻纸曾为清代贡纸。麻纸原料来源很广泛，凡种麻地区，或使用麻绳的地区，均有丰富的原料。自然条件与麻纸质量关系密切，水质含碱量高，造出纸张的亮度增加，洁白美观。人工生产麻纸劳动繁重，工序如下：

（1）拣货。挑出原料中的柴草、毛发、铁丝等杂物。

（2）泡货。将纯净原料浸于水中，浸透为度。

（3）铡货。将绳的一些结节、疙瘩铡开，长的铡短，并理顺成捆，以水喷之，保持经常湿润。

（4）剁麻。以特制剁麻斧，将麻剁成约2寸（0.6厘米）长的节。

（5）糙麻。将石灰倾于碾槽，加水适量，用石滚碾压，与水混匀，再将剁成的麻倒和碾槽，使石灰水与麻充分混合为度，麻与石灰的重量比例为1∶1。

（6）蒸麻。在砖砌成的蒸笼下装大铁锅一口，加水，盛麻，点火加热直至麻放出芳香气味为止，需10小时左右。

（7）淘麻。前后须四次，第一次以淘去麻内所混石灰为主，第二、三、四次以淘去麻内所混之泥土为主，与压麻交叉进行，也就是压一次、淘一次，每百斤麻淘净，前后需用水10吨左右。

（8）压麻。前后需三次，以压碎为度，以使纤维纸化，每压一次须淘一次。

①　本节辑自梁正岗：《临汾麻纸趣闻》，马紫阳：《临汾人和北京敬记纸庄》，见临汾市政协文史资料研究委员会编：《临汾文史资料》第8辑，内部发行，1994年，12～14、17～19页。

（9）搅麻。亦称搅池，将压碎之麻放于水池中，以木棒充分搅拌分布均匀。

（10）捞纸。又名抄纸，以特制竹帘，置于木架上，在水池中使麻均匀分布于竹帘上，即捞出，将纸面朝下于石板上，则将帘子取下，如此反复数十次，直到将麻捞完。

（11）压纸。捞出的纸所含水分很多，须盖上木板，压上石头，将大量水分压出，使其成为易于移动的较硬固体。

（12）晒纸。将压好的坯，用推车运至阳光充足的墙下（冬天可用火墙），用手揭开一张，以长毛板刷托之，贴于墙上，待干后取下理齐。

二、北京敬记纸庄

敬记纸庄开业于 1869 年，由河南开封府人王守琨出资 300 两银子，交由山西襄陵县墁村人刘卓然经营，在北京阎王庙前街设立一个手工业纸局。在北京收买些京放纸，经过纸局加工，制成大白纸和银花纸出售，供室内墙壁、顶棚裱糊之用。1889 年，京师巨贾乐尊育入股敬记，店面迁至前门外兴隆街，交由临汾尧庙乡小韩村人姜赞堂经营。姜氏善于经营，由本庄派人去山西、福建、山东、广东、广西、四川等地采购原料，纸张样式也大大发展，并进口高丽纸、桑皮纸。敬记生意兴隆，发展为批另纸庄后，把进口外国纸作为重要项目，1900 年前后，又包销瑞典的报纸、粉亮纸和钞票纸等，清政府各部用纸都由敬记供应。

敬记纸庄资金达到 100 万银元，门面扩充到五大间，后院建起二层楼 32 间的宽敞库房，有钞票纸、报纸、书画纸、账簿纸、广告纸、油光纸、麻纸等几十个品种，货源来自美国、朝鲜、瑞典、菲律宾、以及国内几十个厂家。1905 年，姜掌柜又派遣干员分赴上海、西安、张家口、绥远、天津等七个城市设立分号，盈余核算均由北京总号统计。清末至民国年间，敬记纸庄成为北京纸行中的佼佼者，民国年间，纸庄经理许和庭当选为北京商会会长。1954 年，敬记纸庄以 7 亿元资本并入北京市公私合营企业。

第十五节　太原草纸①

（一）绪言

近年来，一般觉悟分子莫不曰"农村破产，救济农村"，然救济之道，首先明了现社会之状况，以作改良救济之依据。否则，其改良或救济方法，不是药不对症，便是"张冠李戴"。所以中国维新虽 20 余年，政治由

① 本节辑自应魁：《兰村纸房赤桥三村之草纸调查》，《新农村》，1935 年第 1 卷 3～4 期，1～14 页。

民治而党治，教育由军国主义而民本主义。然而改革频繁收效绝微者，不经社会调查故也。

关于农村社会所调查的经济问题、社会问题很多，并且其有研究的价值者更多，但因时间与能力的缘故，不能尽数调查，只好按照地方情形，选择一种比较重要而且亟待改良或救济的问题来研究。于是我们就调查了三村特"重"副业——草纸，并且这种草纸在阳曲、太原县县政建设十年计划上是改良发展的。本调查的目的，非敢绝对的冀其足以供给改良者之根据，不过意在叙述其现实之状况，而作研究农村状况者参考罢了。

按照原定目的，拟制表格，表中包含问题 20 余个，至兰村，经该村小学教员之介绍与乡长谈话，先叙明来意，然后按表发问，但有好多的问题都是答非所问，尤其是关于数量的问题，一说就是"几十个"、"一百多"、"十来个"、"差不多"、"大概是"等不确实的语句。这时候只好从有关系的各方面一再发问。其他二村，因友人的介绍，较为顺利。但他们总是常问："先生这样刨根问底，到底是要干什么？"这种怀疑，大概是因乡民知识缺乏，不知调查的意义，甚至有的以为是调查常户，要增加税捐；所以一切的问题，不是不知道，便是不说实在话，这是调查时所难应付的一件事。就是说明来意，而没有熟人介绍，也解除不了庄稼人的疑惑。因此本篇关于数字的，也不敢相信十分真确，不过极力地于各方访问之中，择一合理的近人情的。甚至有些数目，连他们都不知道，只好于有关系的各方面推求。这种方法，在其他调查书上也常用的，并且这种做法，在我觉得，比根据他们那种大概说的，较为合理。

（二）三村之形势

（1）兰村。该村位于太原城之北，为汾河出口处，距城约 20 公里，其村依山带水，形势壮观，为省垣附近之名胜地。山之东麓有寒泉清流，泉前有塘，塘方亩许，清泉多出于底，故其水流颇大。出塘后，由村南迤逦东流，灌溉甚便，故其产稻颇饶。过河为呼延村、西留村，亦以产稻名。

（2）纸房。全村为平原，位于太原城之西，距晋祠半里许，在晋祠的东面，晋水横流村中。常说的晋祠草纸，就是指此地的出品而言。

（3）赤桥。全村亦系平原，在晋祠的东北，距晋祠二里许，晋水横流村中。村北有晋西汽道，交通颇便，所谓晋祠草纸，亦包括赤桥在内。

（三）各村制纸之家数与规模

我们看了三村的形势，归纳出一个共同条件，即清流的经过。这种共同条件，实是产生草纸业的重要因子。因为制草纸本是小规模小资本的手工业，若是就近不产生原料，而去较远的地方购买，因运费的关系，势难有利可寻。故第一个条件，就是要就近产生原料。其次，制作的时候，若是没有便当的清流，势必有阻工作，所以第二个基本条件，就是要有很清的活水，二者缺一不可。三村虽有同一的自然条件，然其发展的程度，绝不能等量齐观，兹分别叙述如下。

（1）各村制纸厂的家数。各村制纸的家数，要以赤桥为最多，纸房次之，兰村为最少。

由表5-1观之，三村制纸家数的比例，以赤桥为最大，纸房次之，兰村为最少。其多寡的原因，与人口及贫富有密切关系。三村厂主的籍贯，均以河南人为最多，本地人次之，五台人更次之。

表5-1 三村制纸户数的比较

村别	不制纸		制纸		合计/家
	家数/家	比例/%	家数/家	比例/%	
兰村	321	94.2	19	5.8	340
纸房村	23	52.27	21	47.73	44
赤桥村	49	38.6	78	61.4	127

由表5-2观之，三村制纸业的发展，好像是与河南人成正比例而增减。这种关系，无疑地表现为河南人因为资本缺乏，不能向农业方面发展，只好向不费资本而困苦的手工业方面发展。

表5-2 各村厂主籍贯的比较

村别	本地人		河南人		其他地区人		合计/家
	家数/家	比例/%	家数/家	比例/%	家数/家	比例/%	
兰村	7	34.9	9	49.4	3	15.7	19
纸房村	9	42.8	9	42.8	3	14.3	21
赤桥村	32	40.7	38	48.7	8	10.6	78

（2）规模之大小。规模之大小，可分数项来述。

1）用具。纸厂规模之大小，因各村各家之经济实力而不同，故其范围亦有差异。我们以情理推之，当然资本大的规模大，资本小的规模小。资本大的纸厂，有锅炉一，有碾子一，有池四五，其中工人也不下20人；而规模小的，仅有一两个池子，用三五个工人，并且这些工人差不多都不是雇工，而是自己的家人——老婆、孩子。今就外观所知，来比较三村纸厂的规模。

兰村因调查不明，难与相比。其余纸房、赤桥，由表5-3观之，纸房平均每家四个池，赤桥平均每家两个多池，锅、炉、碾，在纸房的平均数，要比赤桥多至半倍。

表 5-3　各村每家平均锅炉、碾、池的比较

村别	锅炉		碾		池	
	数量/个	造纸户均比例/%	数量/个	造纸户均比例/%	数量/个	造纸户均比例/%
纸房村	12	0.571	19	0.93	85	4.05
赤桥村	27	0.346	52	0.66	178	2.28

2）资本。说到资本一项，当然规模大的资本大，而规模小的就谈不到资本，他的房屋、器具是租赁的，他购买的原料，是以将来的熟货交换，他的工人是老婆、孩子。据调查所知，赤桥某家，其开设资本仅仅150 枚铜元，其余的我虽没一一访问，但就外表观察，也可知其梗概。兹分别来述：

甲、固定资本。其中包括锅炉之购置及建筑，与其制纸原料及器具。这种资本之额数，当然与规模成正比例。据调查结果，每建造一个锅炉，约费洋 20 元，碾约费洋 25 元，一池及池中之用具，约费洋 14～15 元。这种费用在纸房、赤桥，都也相差不远，以第三表作根据。而估计各村之资本，则纸房每家平均固定资本 75 元，赤桥平均每家 48 元，兰村虽无调查，但据外表观察，好像不如纸房。

乙、流通资本。此项资本，是专指购买原料及开付工资。前面说过，此项事业，在三村均系小规模之手工业副业；故以一般推算，是用不着很多的流通资本来经营。据调查所得，一个较大规模的纸厂，每年所出的纸量，约计三万余刀，所需的原料，计稻秸 2 万余斤、石灰 70 余斤、石炭5000 余斤。这些原料，除稻秸外，均不需一次购置。据村中人云："每家有 30 元流通资本，即可周转活动。"吾人即以最多数估计，恐怕也是过不了固定资本之半。这是纸房的情形，在其他二村，也差不了多少。

计统资本一项，以纸房平均数为资本最大，赤桥、兰村次之。但各村的资本，多数皆系他人投资，如纸房之资本半数均系晋祠商人、农人所投，兰村均系本村富户所投。近一年来，因金融停滞与利率过高之故，一般纸业大形衰颓，甚有欲罢不能者。

3）工人。三村雇工数目，以纸房为最多，兰村次之，赤桥最少。这些工人大部分均为河南人，本地及五台人次之。雇佣的方式，通常均系件雇，很少长期与作日工。件雇即以所作件数之多寡计算工资，与厂主雇工均两有意。通常打洗一围（作纸十刀），工资约一分五，抄纸一刀，工资约计四厘，晒一刀约计四厘，每人每日可打洗 20 余围，抄 100 刀，晒 40刀。打洗的均属壮年工人，晒纸的均为老弱、童工及女工。

（四）制纸原料、时期及方法

（1）制纸之原料。制草纸之原料，不外稻秸与麦秸。二者之中，又稻

秸制纸最宜。因其纤维较长，易于抄碾，但其品质粗而不美。麦秆却与此相反，所以制草纸常是掺合来用，其掺合之比例，约为 4∶1。

二种原料之来源，一部分是产自本村，一部分是来自邻村。如纸房、赤桥所用之原料，大部来自晋祠与邻近之村庄。兰村一部分为本村所产，而一部分则来自河西呼延、西留等村。

二种原料之价格，因其皆为农业副产物，故其价颇廉。据调查所知，本村稻秸每亩——约 300 斤——售价三四角，邻村则仅售二三角。麦秸则各处相同，而每斤售价仅二厘有奇。大部分购买原料者，多行直接交换，其交换价值，以每 20 刀换稻秸一亩。

（2）制作时期。制作时期，在三村均可归纳为长期与农闲两种。在各村长期制作者，多属无田产的河南人或本村以此为正业的。三村从事长期制作的，在纸房则不到 1/3，赤桥约有 2/5，兰村无。其详细情况，举表以明（表5-4）。

表 5-4　三村制作时期之比较

村名 ＼ 类别	长期制纸家数	农闲制纸家数
兰　村	无	19家
纸房村	6家	15家
赤桥村	25家	53家

（3）制纸之方法。三村制纸的方法，都是用流传下来的传统老法子，仍然保持着手工业的状态，甚至各村各家的制纸方法都是处处相同、样样一般，而不知利用科学稍加改良。这种土法的制作，大约可分五步，兹分述如下：

1）蒸。将原料先置于石灰水的池里，再三搅拌，务使湿遍。捞出稍干之，蒸于锅炉。其锅炉十分简单，即就地掘炉置锅。蒸时将原料放于锅上及附近地上，蒸至稻秸变为金黄色则已。通常需时 20 余天。蒸成后在清水内洗去石灰质，联成小团，是为第一次。

2）碾。该碾粗于碾米之碾，而其形式相同。碾时将小团稍湿置之碾上，徐徐加水，碾成糊状。但不过分地碾，以防纤维质之破坏。

3）打洗。这步工作俗语叫做"打驮"，就是二次洗原料上的石灰。把碾成的糊状装入纱布袋内，在清流中打洗，务将石灰质洗净为止。

4）抄。将洗净之原料，置于家中水池之内；搅匀后，用细密的帘子，其形如三张草纸横置之状，两手握着，入池前后一再摇摆。然两手务须保持平均，否则所出的草纸，不是不正，便是厚薄不匀。提出后，将帘反置于身边之台上，徐徐取帘，纸便放在台上。如是再抄再垒，垒成厚层。然后以木板压去水分，则草纸便成。这是全部最重要的工作，所谓池上的大师傅，就全凭抄时竹帘入池能否保持平均。

5）晒。把抄好的草纸，一张一张地揭在墙上。这揭纸的墙，有的就利用房屋的墙，有的特意于小丘之阳作专揭纸的墙。这种墙，多半均为中空，以备冬季揭纸时生火。晒干后即行整刀，以便出售。

（五）草纸之用途及出售之概况

草纸之最大的用途，则为建筑时石灰中掺合，盖利用其纤维之长与坚，而加强石灰之接合力；其次如包货之包纸，家庭中常用之手纸等途。其出售之单位，均以刀计，每刀售价2分。出售地太原市，最近因有晋西汽路之故，其出售区域又扩张至碛口镇及陕西各县。兰村因有汾河之运行，其大批则运销于汾河上游各县，又因距太原市不远，并汽路便运，故一部分亦推销于太原市。推销至外县各地者，多用于建筑及包货。推销至太原者，多用于包货及手纸。最近太原市包货改用洋纸及黑麻纸，故其销售较前减少。

（六）草纸在三村之收益

草纸在三村之收益，因各村造纸厂所多寡不一，与其规模大小之差异，故其收益实有悬殊。又因各村原料成本不同，雇工工资有异，故其绝对收益，亦难相同。兹分述如下：

（1）纸房。全村共有纸厂21家，大规模长期制作的6家。每年出品，最多者约3万余刀，最少者约1万余刀，平均每家年出2万余刀。若每刀售价2分，则每家年得400余元之谱，全村年得8400余元之谱。此8000余元，大部分为本村人所获；盖因其原料、人工多出自本村之故也。今除去原料成本外，雇工之费用，以究其绝对利益，则2万余刀之原料共需稻秸1.5万余斤，石灰4200余斤，炭3700余斤，稻秸每斤价约1厘，石灰约2.4厘，炭约2厘，共需成本3～5元；雇工费用，据各家访问结果，平均不过40元。如此则其绝对利益，则为320余元，全村则为6720余元。

（2）赤桥。全村共有纸厂78家，大规模长期制作的有25家。每年出品，最多者约2.5万余刀，最少者约1.2万余刀，平均每家年出1.61万余刀。每刀售价2分，则每家年得322元之谱，全村年得25 116元之谱。其成本工资每家平均60余元，故其绝对利益每家平均260余元，全村共得2万余元。

（3）兰村。全村共有纸厂19家，均为短期农闲制作者。因调查不明，未知每家年出之品量，故对其收入，实难有确切之计算。但据该村所作"村建设十年计划"之估计，平均每家年益120元，全村年益2280元。

总之，草纸业对三村收入，以纸房为最多，赤桥次之，兰村最少。

（七）结论

综上所述，则草纸为三村之副业，并且是不费大量资本而易发展的副业。然而近来因为受了农村破产、一般的购买力减低及质料之不良的影

响，销路并不广。因之草纸之售价较往昔大为跌落，又因农村经济停滞，利率过高，故一般制造者皆受莫大之打击，甚有欲罢不能之势。

图 5-13　制草纸

资料来源：王小亭摄：《亟待改良之民间工艺》，《良友》画报，1930 年第 43 期。

图 5-14　桑枝制纸试验（1935 年）

资料来源：黄剑豪摄：《桑枝制纸之试验》，《良友》画报，1935 年第 104 期。

图 5-15　赤桥村石碾

图 5-16　民国时期太原附近肩挑纸张者

资料来源：罗伯特·克拉克镜头里的山西（1908 年摄）。

《太原晚报》，2010 年 10 月 23 日 15 版。

前言各村之收益，皆为成万整千，在表面上，似乎是对于农家有莫大的帮助。然而要知道，各村制纸的大多都是河南人和贫农，他们因无田产而从事长期制作的，除了全家五六口的生活费用，以及村中的一切摊派而外——赤桥村的演戏费，每次每一个池摊派 2 元。其余二村虽无调查，但村款是一定要摊派的。每年收支均属不副，故各家债务累累，又困于欲罢不能之境。即短期制作者，亦因年来粮价低落，各种税捐未减，其维持家庭生活的端赖此项收入，故其每年亦无余可盈言。然其能维持现状，不至于流离失所者，唯一的原因即是连年丰收，食料有所解决，然大多数的家户，其支付税款，一部分则赖此项收入，一部分仍为高利借债。兹据查情况，略陈改良之管见：

（1）设立贩卖合作社。在各村因无此种组织，故其出卖产品成为无序的、各家大竞卖的情况。这种情势，依经济学的原理，其必然的结果，则售卖市价必不能提高。反过来再说买原料的时候，因为大竞买的缘故，其市价也是不能公平，而常为卖者所决定。这样两路吃亏，实非小本制作者所能负担。所以最好由各村制造者自行组织贩卖合作社，以广销路，而获较大的利益。

（2）设立贷款存款机关。在各村制造者，大多数都受高利贷的剥削。其对于各制造者的损失，虽无确实调查统计，但据情理推来，实非浅鲜。故应设立贷款存款机关，用低微的利息贷给制造者。同时亦可兼营本村制造者及农民蓄款之事。这种蓄款，一可补助该机关之资本，一可出较放款略大之利息，鼓励人民储蓄之良习。

（3）合伙制作。这是现代生产最经济的方法。在农业生产基础上，苏联的集体农场就是先例；在欧美的产业组合，也是一例。其组织应由制作

者自行组织，并立定合伙制作法与仲裁所。

赤桥古村的造纸生计[①]

　　赤桥村所在的晋祠地区，晋水恩泽，边山丘陵，广种小麦，有很多麦秆；平川地区，千顷稻田，稻草丰富，历史上就是晋地珍稀的米粮川。赤桥村有着制造草纸得天独厚的地理条件：第一，智伯河引晋水，从南到北，浩浩荡荡，穿村而过，昼夜不舍，四季常流；第二，水温常年保持在17℃，当地民谣"热赤桥，冷硬底，冻死人的小站营"，说的是晋水流到赤桥村还是热的，流到硬底村就变冷了，再流到小站营就结冰了；第三，智伯河流经的村庄，只有赤桥村和纸房村是常流水，而且水温高，是可以造纸的。而在其他村庄，水不常流，水温又低，就不具备造纸条件了。

　　造纸业供奉东汉的蔡伦为行业祖师。赤桥村北的兰若寺供奉着蔡伦神像，每逢初一、十五，村民焚香祭拜，特别是每年三月十六的蔡伦诞辰日，村中更是杀猪、宰羊、演戏酬神，这个风俗一直延续到20世纪60年代。

　　根据《晋水志·河册》规定，每年春季清明前三日到谷雨前三日绝水15天，秋季霜降前三日到立冬前三日又绝水15天，春秋两季绝水（停水）共计30天。绝水原因就是挑河，即疏通河道，挖掘淤泥。村内无水，便不能洗纸。赤桥几百家造纸专业户，不能造纸，就没有生活来源。赤桥人无奈，就只好到晋祠庙内难老泉源头洗纸浆。历年久远，形成惯例，毫无异词。可是到了清道光廿四年（1844），晋祠等村为报圣母恩泽，集资修缮晋祠庙宇，将难老泉两岸堤堰加高，同时砌筑石栏，以防游人坠河。次年二月春季绝水后，赤桥人按照惯例，到晋祠庙内难老泉边分水堰下洗纸浆。由于堤堰加高无法下河，就在北岸拆了一道口子。当即被河甲刘粕、张畋等人阻拦，双方发生争执，河甲多次凌辱洗纸人，造成流血事件。赤桥村任宝

　　① 辑自郭华：《赤桥传统造纸》，见王海主编：《古村赤桥》，太原：山西人民出版社，2005年，179～188页。

成、赵玉璧、郝英、刘三台等人为了本村劳苦大众的利益，出面上诉公堂。官司从县衙打到府衙，两级衙门一致认为，拆开河堤下河洗纸，是赤桥人之过。赤桥人败诉后，多次上访省辖。省辖指派阳曲、寿阳等数位知县实地考察，最后确认：晋祠之水，各村所有，灌溉田地，旋转水磨，淘洗纸料，所用不同。赤桥人洗纸，生活所系，应予支持。并判定："拆掉堤堰，赤桥负责修成石梯；绝水半月，改为三日。"赤桥人高高兴兴地把拆除的河堤修成了石梯，打了三年的官司从此了结，双方握手言和。

道光廿七年（1847），赤桥人王文旭、赵燕昌、赵玉堂、郭生寿、王春礼等人，将这一事情的前因后果刻成石碑两块，名"洗纸公文碑"，一块存放在晋祠唐叔虞祠内，另一块存放在赤桥村兰若寺内。后来，赤桥人以恩报恩，各造纸专业户志愿捐款，在晋祠难老泉石梯上旋洞，洞上修亭，名"真趣亭"。亭名还有个说法：修亭时赤桥人与河甲同时认为，同是晋祠人，同饮晋祠水，双方无仇恨，何必打官司。双方大笑真有趣，因而得名。真趣亭修好后，成为晋祠庙内又一新景观，至今保存完好。洞内石碑镌刻着当地乡绅、史学家刘大鹏撰写的"赤桥村重修石梯口记"。

赤桥人世代以造纸为生，一年四季不分严寒酷暑，日夜操劳，很是辛苦。白天青壮年蒸草洗纸，中老年人碾草捞纸，妇女们肩扛纸块，到村外山坡的墙壕晒纸，晚上各家都有整纸和捞纸声。而河中仍有木杵击水的洗纸声。全村人不论男女老少，都有活干，谱写出手工造纸业辛勤劳作的图景。

赤桥人很早就有唱秧歌的爱好。他们把造纸的甘苦编成秧歌剧。一出秧歌剧，描绘了一对青年夫妇造纸的艰辛生活，也道出了赤桥人的心声：

家住山西晋源城，东街路北有家人。
奴家名叫崔秀英，苦命命的那个人。
自幼许配赤桥村，丈夫名叫刘它生。
奴丈夫，七成五，没明没黑会受苦。
鸡叫下河洗纸料，小腿冻成碗来粗。
就这还得去碾草，点上油灯把纸捞。
自从嫁到刘家后，每日鸡叫把纸晒。

天黑回家锅台转，成上油灯补衣裳。

三九四九也出手，鸡叫三遍墙壕走。

晒的纸少公婆骂，坏心小姑下面抓。

有心上吊死了吧，扔不下三岁的小冤家……

造纸虽苦，但能易钱，所以赤桥村中饱暖之家很多，村民的生活比邻村人要富裕一些。村人出入相友，互帮互助，颇有陶唐氏的遗风。就连读书做官之人也不尚纷华，以笃实纯朴为主，邻村、外乡之人多迁来赤桥定居。如今赤桥村成为拥有8个省籍、46个县籍800多个姓氏的大村。赤桥村造纸的锅板，发展到72面，捞纸池160多个，村西到卧虎山麓全部都是晒纸的墙壕，从业人员近千人。赤桥村不论本地人或外来人，都生产有经、经商有道。所产的草纸，除本地批发外，村人还结伴成群，披星戴月，用手推车推到太原、太谷、榆次等州县销售。

第十六节　太原盘纸①

中国国产制造卷烟用的盘纸，是1936年首创于太原的。由于这是阎锡山控制的官僚资本——西北实业公司所属上兰村制纸厂的一项秘密产品，专供该公司所属晋华卷烟厂制造卷烟使用，不对省内、国内市场或厂家销售，也不列入该厂向南京国民政府登记备案的产品系列，且不作报纸宣传，因之鲜为国人所知，迄至前几年还有杂志报道说，我国在抗日战争以前还不能生产卷烟纸。为了保存历史的真实情况和说明兰村西北制纸厂秘密制造盘纸的历史原因，就当年工作于西北实业公司期间，曾先后分驻于兰村制纸厂和晋华卷烟厂时闻悉的内幕情况写出此文，供史学界参考。

(一) 制造盘纸的设备和技术力量

西北制纸厂是1934年筹建的。制造盘纸的专用机器是：长纲多缸纸机、复卷裁条机各一台；另外，设有切布机（也叫粉碎机，是切碎制纸原料如破布、废麻绳等使用）、球形蒸锅、荷兰打浆机、锥形精浆机、筛浆

① 本节辑自高树帜：《太原首创国产盘纸秘闻》，见太原市政协文史资料委员会编：《太原文史资料》第17辑，内部发行，1992年，89～91页。

机等多台，以及白水回收设备与比较完整的理化试验设备各一套，这是供制造盘纸和白报纸、道林纸、模造纸、公文纸、包装纸等共用的。这些机器设备和理化试验设备，基本上都是自日本进口。其中，专供制造盘纸的长纲多缸机、复卷裁条机，是日本的旧机器。理化试验设备是日本日立公司的产品，当时在我国只有太原西北制纸厂有此一套。

该厂的技术力量，厂长徐建邦，字晓峰；机械师孙文藻，字采南；化工师周绍彬，均是留日学有专长的高级技术人才。另外，还聘用日籍打浆技师片岗、抄纸技师铃木各一人。理化试验人员有刘锡功、马桂馥（女）等清华大学等校毕业生数人。机器操作工人是建厂后自行培训的。全厂员工约计 340 余人。以上机器设备总值 17 万元，厂房建筑总支付 14 万元，另外新建发电厂一座，实支机电、基建费用 13 万元（均系以当时银本位的山西省钞计算）。

（二）开始制造时间和产量

盘纸试车制造开始于 1935 年 8 月，正式投产是 1936 年 4 月。当时 27 天的产量，基本上可供晋华卷烟厂一年制造卷烟的需要量。所以如此，主要是为了供应晋华卷烟厂扩建后扩大产量需要的。因当时晋华卷烟厂续有新产品，如"云岗"、"禹门"、"大丰包"等牌香烟出厂，而所产"云岗"牌和"双喜"牌等高级香烟，均是由印度高工资聘来的配料技师顾某配制的香烟丝卷制。据说，"云岗"、"双喜"牌香烟的质量可与英美烟等公司制造的"炮台"牌和"金洋钱"牌（俗名"大粉包"）质量媲美；"禹门"牌香烟的质量可与英美烟公司制造的同等级香烟媲美。这便是高工资聘用顾技师的直接目的。而这些新牌香烟出厂后，在本省和陕、甘、察、绥等省市场均受欢迎，颇具竞争力。为了扩大产量，此时晋华卷烟厂正在修建烤烟厂，准备自行烤烟。西北制纸厂盘纸的产量大于当时晋华卷烟厂需量的原因，也在这里。可惜正式投产后仅一年多时间，日军侵占太原，该厂即陷入日军之手。

（三）制盘纸秘而不宣的原因

其一，阎锡山的算盘。当时国产卷烟用的盘纸，都靠进口，由财政部监销。国民政府的卷烟税是按进口盘纸的用量稽征的，各省征收后均须上缴南京。西北制纸厂秘密生产的盘纸，直接供应晋华卷烟厂，税务局无从核对。这样，晋华卷烟厂就省付一大笔税款，加大利润。

其二，阎锡山拥兵割据，有恃无恐。当时阎锡山虽任国民党政权的太原绥靖主任，但与蒋介石貌合神离，对南京政府的许多政令都是阳奉阴违。此时侵占东北四省后的日军，又已侵入山海关，进逼冀、察，阎锡山拥有的晋绥军已接近国防前沿。对这种为逃税而秘制盘纸之举，可以说是视为区区小事，不虞伺察的。南京政府即使察知此中情弊（事实上也可能是察知的，因当时晋华卷烟厂已驻有税务局稽征员一人），也是奈何不得的。

其三，迫于与殖民主义的倾轧、南京政府的刁难，以牙还牙，维护晋华卷烟厂的生产。当时，南京政府财政部监销盘纸，要求由卷烟厂提交申请，然后审批，才能购买。英美资本垄断烟草事业的托拉斯组织——英美烟草公司，图霸中国市场，即贿通南京财政部，对晋华卷烟厂购买盘纸的申请常常是恣意拖延、搁置，迟迟不批。在这种情况的逼迫下，阎锡山才让西北制纸厂设计自制盘纸，秘而不宣。

第十七节　高平永录纸①

造纸业是古代泽州府的传统产业，府属各县均有造纸作坊，其中以高平造纸为最多最佳，高平县造纸又以永录纸为最，工艺古老。清初，高平县手工造纸已经达到很高的水平，清乾隆三十九年版《高平县志》记载了雍正、乾隆年间高平县纳贡呈文纸的情况："高平县原办呈文纸一千一百七十张，每张价银三厘，每百张脚价一分二厘，在地丁银内动给。雍正十二年，奉文添解呈文纸二千三百四十张，乾隆三年将添解停止，仍照原额办解。乾隆三十四年，奉文添解呈文纸三千五百一十张。"抗日战争时期，永录纸作为抗日根据地发行的纸币用纸，为根据地的建设做出了特殊贡献。

高平造纸主要集中于今永录乡的永录、扶市、东庄、上扶、庙儿沟、圈门、堡头等村，以家庭手工作坊生产为主，其中永录村最盛，几乎家家生产，人人会造纸，因此高平纸又称"永录纸"。清同治十年（1861）《扶市村仓颉庙济公会碑记》载："吾扶市村地狭田稀，其人多椎鲁，其俗尚粗疏，至又习理蔡伦侯事之业者甚众，仅堪糊口。"据永录村村民李海珠（1932年生）老人讲，永录炎帝庙内原有蔡伦塑像。以上说明，永录一带造纸业既悠久又普遍，是村民重要的经济来源。清末至民国年间，永录一带造纸业兴盛，"日产纸2500多张……仅永录村就有造纸池120个，从业人员350多名"②。

---

① 本节辑自阎爱英主编：《晋商史料全览·晋城卷》，太原：山西人民出版社，2006年，207～210页。

② 李纪元主编：《高平县志》，北京：中国地图出版社，1992年，168页。

日军占领高平后，实行经济封锁，中国共产党高平县、陵高县政府和国民党姬镇魁县政府均纸张缺乏。1942年春，姬镇魁县政府在高平东区水源比较充足的北诗午、西瑶村筹办造纸厂，从永录请来技术人员指导。5月，西瑶纸厂建成投产。10月，北诗午造纸厂建成投产。8月，姬镇魁县政府又在西区的杨村、李家庄等有水的地方筹办了2处造纸厂。这些新建纸厂生产的纸，质量逊于永录所产的白纸，但在当时确实解决了一些问题。当时的纸，很大一部分用来印刷学生课本。同年，国民党中国文化服务社高平分社曾用这些纸印刷高小课本1800册、初小课本3000册。八路军太岳军区在沁水小柿庄西边三尖掌创办的造纸厂，技术人员也是永录人。

1946年，晋冀鲁豫边区在永录村南岱主庙创办造纸厂，有工人130多名，造纸池24个，产品主要供《新华日报》华北版、长治新华书店和冀南钞票的印刷使用。同年，高平县政府在扶市村开办纸厂，职工80余名。太原解放后，晋冀鲁豫边区纸厂和高平纸厂迁往他处。

1937年前后至1949年，永录私人造纸也很兴盛。据李海珠老人讲，这个时候是永录造纸最挣钱的时候。印报纸的纸和冀南票纸，全是纯桑皮纸，用量很大，可以说供不应求。印刷冀南票的纸质量最高，只有永录造，其他地方的纸不能用。陵川李家河的纸只能用作报纸。印冀南票的纸一般是两层，在漂纸时，还要加一种红色丝类东西，用以防伪。新中国成立后，永录不再生产印报纸和印钞票的纸。1956年公私合营后，私人造纸停办。"1957年，扶市乡在原高平纸厂的基础上开办纸厂，不久该厂迁往沁水县端氏。1958年，县手管局在永录后沟开办纸厂，1961年停办。1969年，晋东南地区红旗造纸厂在凤和村东北建成投产。"[①]

1981年后，永录一带私人造纸又重新兴起，先后有250多人从事个体造纸生产，共有造纸池50多个。1990年后，随着糊窗纸的用量减少，个体造纸逐渐减少。到2000年，只剩1～2户，现已无人再做。1989年后，高平红旗造纸厂因出口受阻，生产渐次衰退，2000年左右停产关闭。

永录纸是永录村村民利用传统技术造的一种桑皮纸，又称棉纸。主要品种有毛笔书写纸（亦称书写纸）、糊窗纸、包装纸（烧纸）。原料主要是桑皮，还有绳头、废纸、橡子皮、枸树皮等。新中国成立后，国营或集体纸厂用的原料主要是麦秸。枸树皮做的纸质量很好，因当地原料有限，只是在年关，为少数名门大户做点糊窗纸。绳头、废纸等只是掺杂使用，掺杂的越多，纸质越差。上好的纸必须是纯桑皮原料，但纯桑皮纸成本太高。

永录纸的生产工艺几十道，主要的有河水浸泡、捡杂物、石灰浸燥（100斤桑

---

①　李纪元主编：《高平县志》，北京：中国地图出版社，1992年，169页。

皮、30 斤干石灰)、蒸馏（放 20 余担水的大铁锅蒸 7～8 天)、晾干、碾碎（去桑皮外面粗皮)、再浸泡（河中泡 7～8 天)、再干、再碾（石碾上碾)、碱水再浸（100 斤桑皮加土碱 20 斤)、再蒸（3～4 天)、再水洗（只剩内瓤)、捣片、刀切（切成 0.5 厘米长)、水中捣成绒、放大布包里洗、放入漂纸池中、加辅料莞汁（一种植物，有的专门种植）或柏叶汁、捞纸压水、烘烤干（俗称上墙)、过数、成品。一次一锅蒸 1 万斤桑皮，常常几户合蒸一锅，一般农户一年可做 5000 斤纸。100 斤粗桑皮可出 70～80 斤瓤。

永录纸的原料主要用纸兑换，一张纸兑换一斤粗桑皮。原料的质量对出纸的数量有很大关系。据李海珠老人讲，阳城桑皮杂枝大，100 斤粗桑皮可出净瓤 70 斤；高平本地桑皮和沁水、陵川的桑皮杂枝少，100 斤粗桑皮出净瓤可达 80 斤。纸的种类有糊窗纸、平常纸、写字纸、做账纸、鞋样纸、包装纸、烧纸等。糊窗纸宽 1.6 尺，长 1.8 尺；平常纸宽 1.5 尺，长 1.7 尺；写字纸长 1.2 尺，宽 0.8～0.9 尺；订账纸对方；妇女做鞋用的打褙纸两三张合成，比较厚。100 张为一刀，一刀 2 斤多重。纸的用途广，除写仿、订账、糊窗、印契约、打褙、做戏剧头盔外，民国年间还用来印课本、印报纸、印冀南钞票。销路除本省外，畅销豫北和冀南等地。

永录纸质量高，至今，当地人民保存的用永录纸写的明代契约还完好无损，同样适用于装裱字画。北王庄祖上三代用永录纸做头盔的一位许姓匠人说，永录纸的质量很好，可惜现在不做了，只好改用其他地方的纸。由于这些地方的纸质量不太好，结果做出的头盔质量也受到影响。

永录造纸业崇祀的神，一是蔡伦，一是河神。此外，这一带崇祀仓颉的庙宇有好几处，扶市村和东庄村都有。

永录造纸的部分技法还传入周边地区。与高平县相邻的陵川县西河底镇吕家河、寺河、吴水等村，有手工造纸的传统，多属季节性生产，设备很简单，仅有纸池、臼碓、捞纸帘、捞纸架、晒纸刷、切纸刀等土制简易工具。造纸原料使用桑皮，纸质粗糙，大部分只做烧纸、小白纸等。当时这三个村的农家差不多都会造纸。1931 年，高平县永录纸场用火墙焙纸的方法传入陵川县，过去单纯依靠日光晒纸的办法得到改变，还学会制造二八、对方、七九、连丝等多种麻纸。

1937 年后，吕家河村在抗日民主政府的扶持下，成立了造纸厂，有 25 名工人经营着两个纸池，日产二七纸约 16 刀。1943 年，日军侵占陵川，该厂停办。1947 年，吕家河建起规模较大的人民纸厂，专为边区出版的《人民日报》造纸。这个厂共有房屋 150 间，日产大纸 130 刀（每刀 100 张)。直至 1949 年天津解放，人民纸厂才迁走，大部分外地工人随厂而去，所有厂房全部作价卖给私人，造纸工具也就地变卖。

第十八节　民国山西度量衡器制造①

一、沿革

山西省近代度量衡器制造业，发轫于北洋政府时代农商部度量衡制造所，在该省传习大批制造工人，故现在内地各县制造度量衡器者，大半均曾受传习所之训练。当时各地度量衡器温无标准，殊不统一，商人奉令改用新制，故营度量衡制造业者，一时颇形发达，迄乎晚近，该省旧有制度虽未尽除，而新制推行尚称努力，营斯业者，须受当地政府之检定，故较其他各业为严格。

二、现状

全省度量衡器制造，据 1936 年实业调查所得，计有 30 家，分配于清源、平遥、晋城、洪洞、汾城、临晋、虞乡、荣河、猗氏、解县、芮城、新绛、闻喜等 13 县，其中以晋城、新绛、平遥较为发达，其他各县各有一二家不等。

营度量衡器制造者，规模均极微小，全系独资组织，各家资本额最高者，亦不过 150 元。据调查所得之 30 家制造者，其总资本额仅为 1828 元，平均每家尚不足 61 元。

职员与工人无严格分别，有职员兼制造者，亦有工人兼理事务者，但每家职工混合数亦仅二三人，至多亦不过四人。

度量衡器之制造，有一家出品包含数种者，有专制一种或二种者，如清源县之度量衡修制所，系包含有秤、尺、斗三种之制造，平遥之阎春馨等三家，均为专门制造秤及其附件，临晋县之杨增星则出品秤、尺两种。

三、生产

制造衡器所用原料，普通习见者，以杏木、梨木、柳木、苏木等为较多。平遥一般制秤所用之榆木、杏木、六道木等材料，均系当地所产；其他如花梨木、檀

---

① 本节辑自实业部国际贸易局编：《山西实业志，山西省》第六编，上海：商务印书馆，1936 年，页五五三—五五九（己）。

木、乌木等，因其产地均在南方，故多向天津方面购用，平均每斤大洋二角；晋城方面所用柳、杏、榆各木料，其产地在阳城县，每料粗者二角，细者一角二分；猗氏县制秤所用梨木、杏木均为当地所产，芮城县本有杨柳等木材出产，故采购非常便利，是项木材每丈约售 6 元，梨木价较高，每丈约售 12 元。除木材以外，尚有其他零星用料，如铜丝、铜盘、铁丝、铁箍等，均系就地采购。

各地制作度量衡用具方法，大致相同，属于小规模作场（坊）工业的一种，劳动技术限于一般熟练工人。普通制造度器，先将木板锯成厚七八分、宽约寸许之木条，然后用铇铇光，将铜丝依标准尺距离，分寸钉星即成。制造量器，先将楸木锯为薄板，依斗升斛大小劈成短块，用三道铁箍箍紧，同时留一块板片半截于外，用火烘干刨净即成。至于制造衡器，先将木杆镟净，上粗下细，将铜丝依分寸度之，钉以星，再将铜丝或柳条穿绳，系于杆之上端，并以螺丝纽钉为号，穿入秤杆一端，加以铁链为砣即成。

山西内地制造度量衡器具，系全年开工，唯冬季工作较忙，春夏季则较为清闲。各县出产度量衡器如下。

清源县度量衡制造所：出品有盘秤、钩秤、刀秤、直尺、方斗等。

平遥阎春馨等三家：出品只有秤类。

晋城出品，较他县为复杂，衡器方面，有三斤及五斤盘秤各为 700 杆，十斤钩秤 700 杆，20 斤钩秤 600 杆，50 斤（刀）秤 170 杆，100 斤刀秤 70 杆，150 斤刀秤 60 杆。单直尺 900 杆，斗 820 只，升 800 个，秤、尺、斗、升合计 5520 件，总值 1246 元。

洪洞县年产度器 1700 杆，量器 800 只，衡器 2000 杆，共 4500 件。

汾城秤工厂出品：秤、戥、尺三种，全年共出 800 件，其中秤合计约 500 件。

临晋之杨增星出品只限于秤、尺二种，秤产 250 件，尺 370 件。

虞乡之李林河出品秤、尺两种，陈继魁所出只有斗一种，秤 70 杆。

荣河之李堂，年产秤 200 杆，斗 20 只，尺 50 支。

猗氏之自立合及韩金樑二家出品，只为秤一种，年产 350 件。

解县之集成合及月盛成出品亦限于秤类，有钩秤、盘秤之分，年产 850 件。

芮城之怀盛德及德盛永，年产秤 120 杆，戥子 50 杆，尺 80 支，斗 100 只，升 150 只，共为 500 件。

新绛县王德兴等五家，全年计产秤约为 510 件。

闻喜之崔春旺，年产秤 1400 件。

综合以上 13 县 30 家度量衡制造业，全年产品共计 16 168 件，总值 6305 元。其中属于衡器方面（包含大小盘钩称及戥子等），计为 9930 件，度器方面 3452 件，量器方面计为 2716～2816 件。

四、销路

各县所出度量衡器，大概以随地销售居多，现款交易。当民国八年（1919）初次改用度量衡器时，一般制造者，往往以求过于供，莫不利市三倍；如今新制各器逐渐推行，采用者自较往昔为多，营斯业者稍感不振，近年价格亦渐低落。

至于捐税担负，除按章缴纳营业税及地方摊款而外，凡大秤百斤以上，例须纳税一角五分，二百斤以上纳一角，小秤一斤以上纳四分，十斤以上纳五分，二十斤以上纳六分，戥秤每支纳税二角，由县收纳解省。此为平遥一地之情形，他县相若。

第十九节　定襄制秤[①]

秤，是测定物体重量的器具，使用极其广泛，尤其是农村，一大半农家有秤。杆秤是秤的一种，由秤杆、秤盘（或秤钩）、秤砣（秤锤）三部分组成。使用时，将物品置于秤盘之内（或挂在秤钩之上），移动秤砣，秤杆平衡之后，从秤星上便可知道物体的重量。

杆秤分小秤、大秤两种，小秤也叫盘子秤，大秤叫钩子秤。如果再细分，盘子秤又分为大盘秤和小盘秤，钩子秤又分为小大称和大称。大盘秤最大为 20 斤，小盘秤最大 15 斤或 10 斤。小大秤最大 100 斤或 150 斤，大秤最大 200 斤或 300 斤。

定襄县制秤业（俗称"钉秤的"）比较分散，从业人数不多，跟其他手工行业，如打铁业、木工行等比较，其"势力"要小得多。县内制秤业最兴盛的年代为民国一二十年间（1921～1931）和新中国成立初期（凭现在人的记忆而讲，再往前推，就不大了解了）。那些年代，县内除去几位专业制秤者外，钉盘碗的匠人一般都兼带钉秤。其实二者的工艺流程并不相同，一匠兼二业，可能是基本功（手头技巧）和主要工具相近（或相同）。钉秤较之钉盘碗要复杂许多，一人一天钉好一杆秤就算了不起的快手。钉秤需要从师，但出师都无定期，有的三月两月即可学成，有的一年二年也未能独立操作。

制秤匠人经常使用的手头工具主要有锯子、小锤、括刀（刀形似菜刀，但尺寸小，宽寸余，长 5～7 寸，刃部有细碎锯齿）、小铁砧（有圆柱形、方形，上面有两

---

①　本节辑自郑协文：《几经变革的制秤业》，见定襄县政协文史资料研究会编：《定襄文史资料》第 7 辑定襄工商百业，内部发行，1996 年，183～187 页。

三个粗细不等的小窟窿）、大小钻子、大小钳子、刨子、剪子（剪铁皮）等几种。另外还需备有砂纸、铜丝、红汞粉等材料。

早期制秤（本文以介绍制盘秤为主）分两大过程：备件和组装。备件阶段主要是做秤盘（打秤钩）刮秤杆，秤盘多为铁皮所制，也有铜制的，后来又出现搪瓷、铝制秤盘，但这些秤盘大都是主顾要求配制的，制秤匠人只做铁皮秤盘。铁皮又有黑铁皮和白铁皮两种，20世纪70年代之后，多用0.75毫米的镀锌白铁皮（当地称"花铁皮"）制作，进入90年代，多为0.5毫米的花铁皮。制秤匠人所做的秤盘呈簸箕状，有的四周还包有一根铁丝，以增加稳固性。制作秤杆需用特定的木料（90年代中期出现铝制、铜制秤杆，不需加工），本地主要是陆道子、林毕子这两种山木材，木料取直后不再弯扭变形，购进的原料常是长短不齐也不直，而且带有粗皮。制作时首先将其取直，用火烤熏弯处，发热变软后放直，要求直如绷线，不得有丝毫弯曲。而后用刨子刨光刨圆，而且一头要粗点，一头稍细些，然后用锯子切成1.9尺长（指盘子秤）。最后在秤杆上"放线"（打上墨迹）。20世纪60年代之后，出现了"刀子秤"，有的还要打制"秤刀"，而大多数是从外地购买现成货。"秤刀"是半寸长的一截三棱柱钢，横截面为等腰三角形，底边稍短为1分左右，两腰稍长1分出头。杆秤的另一主要部件是秤砣（秤锤），生铁铸成（也有极少数代用品，如一串制钱，一块或几块铁块或铁环，后来基本绝迹），也是购买。备好配件后，便是组装。

关键是"装"秤杆。首先是确定"前毫"一面"秤星"的最末梢（最大）位置，一般指5斤位或3斤位。方法是在秤杆粗头系上标准砝码（5斤或3斤），细的一头挂上秤砣（秤锤），在靠近砝码的一端用一尖锐物件架起（匠人们一般用刮刀），等秤杆平衡后，将秤砣所在的位置标好记号，那么，支撑物所在之处便是"秤毫"的位置，秤砣所停之处便是"前毫"的最大斤数。什么叫"前毫"？就是秤杆前面的"秤毫"（距秤盘较远的毫系）。什么又是"秤毫"？就是指秤杆上的手提部分（绳子之类做成）。提起前毫，斤两读数较小，多以两或5钱为单位，最大读数为5斤或3斤。"后毫"位置，待装好秤盘之后确定。确定了"前毫"位置，便打眼作毫系。打眼用大钻，眼内穿系麻绳或皮条，便于手提。"刀子秤"出现之后，便在此处钉"秤刀"。

钉秤用的"大钻"，其钻头为宝剑形，固定在一根1.8尺长的木柄上，木柄上端横插一截直径寸许、长3寸多的圆木棒，木棒下有一孔，穿一根皮绳，皮绳两端系在木柄下部的一条横梁上。横梁是一条长尺余、宽5分的木条，中部穿孔，松松地套在木柄上，从整体上看，状如"本"字，开钻时，手握下部横梁，上下运动，钻子便不断转动。

"前毫"拴好，便可系秤盘，秤盘系好，便要确定"定盘星"，方法是：手提秤毫，移动秤砣，待秤杆平衡后，秤砣所在位置便是"定盘星"的位置。"定盘星"靠近秤盘。在定盘星与末梢最大读数的记号之间，平均分成若干小段（5 斤的秤分 5 段，3 斤的秤分 3 段），便是"斤"的读数，在小段之间再平均分成 10 个小段（20 世纪 50 年代之前要分为 16 个小段），便是"两"的读数，再将这更小的"两"段一分二，便是"5 钱"。分段的工具叫"工尺"，形如现在的圆规，由两根细铁棍组成，既能收窄也能放宽，"工尺"有大、小两个规格。这样便确定了杆秤的一面，即"前毫"面（小斤两面），在秤盘上放置 5 斤重的标准砝码，便可确定"后毫"的位置。如果，"前毫"最大为 5 斤，那么，"后毫"最小为 5 斤，最大为 20 斤（1980 年代后期，废市斤秤，改公斤秤）。用同样的方法，也将斤两"读数"标出。

下一道工序便是钉"秤星"。所谓"秤星"，是标志杆秤斤两读数的星点，通常由细铜丝钉制。钉"秤星"时，首先用小钻子（构造与大钻同，只是钻头为圆针形），在工尺所分出的标志上钻孔。插入细铜丝，再用刮刀切断，最后用砂纸打磨，抹上一层红色涂料。为了方便使用，将"秤星"钉为不同的颗数，而代表不同的读数。1 颗星标示 1 两，两颗星标示 2 两，3 颗星标示半斤（1950 年代前为 8 两，之后为 5 两），多颗星组成双箭头形标示 1 斤。如果是"前毫"一面，一颗星标示 2 两，两颗星标示 4 两，三颗星标示 1 斤，10 多颗星组成双箭头形，标示 5 斤和 10 斤、20 斤。钉了"秤星"，抹了涂料的秤杆，则为成品。

"刀子秤"出现之后，秤杆的制作稍有复杂，其四处包有铁皮（秤杆的两头、"前毫""后毫"处），装"刀"时，先用小锯将包了铁皮的秤杆锯一条缝，将"刀子"装进去。"秤刀"由刀子、卡子、钉子、刀花、吊纽五部分组成。钉子打入秤杆之内，起固定作用，"刀子"连着钉子横切入秤杆内，卡子呈拱形，套在"刀子"上，刀花贴在"刀子"上面，阻挡刀卡不得来回串动，吊纽在卡子上端，系绳子（或皮条），便于手提。

"大秤"的制作方法与盘子秤相同，只是秤杆既粗且长，而且秤盘换成了秤钩。

"杆秤"随着社会的发展，经历了三大演变过程。民国之前（包括民国初年），13 两为 1 斤；民国中后期直至新中国成立初期，16 两为 1 斤，而且都是"麻毫秤"，即"秤毫"直接系在钻有孔的秤杆上。20 世纪 60 年代之后，10 两为 1 斤，而且开始出现"刀子秤"。80 年代后期，公斤秤逐步取代市斤秤。90 年代，宣布取消市斤秤。只是在乡下，特别是偏远山区，还有人继续使用市斤秤。90 年代中期，秤杆增加了三种，出现了铝秤杆、铜秤杆，而且都由河南、山东等地购入。买进成品秤杆，钉秤匠人就省了许多麻烦，铝、铜秤杆比较灵活，而且外观漂亮，但价格较高。改革开放以来，制秤个体户出现，但数量极少，而且多在县城租房做活，买卖还挺红火。

第二十节　新绛秤丝[1]

清末民国初年，新绛县宋温庄人利用农闲之余"裁秤"。1919年，北洋政府统一度量衡，在省内设传习所培训工人，再回到各地制造度量衡器。1934年，新绛县城内制秤者有5家——张源尔、王宁汉、王德兴、芦考元、王福祥，均系个人经营，资本微少。制秤原料为铜丝、铁丝、铜盘、铁箍、山木、梨木等，先将木杆旋净，上粗下细，将铜丝依分寸钉以星，再将铜丝穿绳，系于杆之上端，并以螺丝钮钉为号，穿入杆秤一端，加以铁锤一端为砣，即成。1937年3月停业。

秤丝，是新绛县传统名牌产品。采用熟杂铜、炮壳铜为原料，经过选料熔化，冷锤拔丝而成。每次按批量生产，每批36斤下料。将熟杂铜、炮壳铜熔化铸条10根，观察铜岔的成色，如发现岔色发黑、发黄者不能使用，重新回锅，加锌另行铸条，以铜色发灰或粉红色为宜。铸条时要避风避冻，槽温保持在50～60℃为宜，槽内油擦到，槽上木渣，这样既保持温度，又防止铜条起泡。铸好铜条后，再经火冷锤，先锤铜条上面，用锤大面锤三遍，再用小面锤四遍，然后将铜条翻身锤背面，用小面锤锤四遍，用铲子将上面杂质铲掉，再用小面锤，锤上面八遍，底面两遍，打成一寸宽、一分厚、七尺长，剪成八条，打成方形，再打成圆条，火烧后通过丝板进行拔丝。用六号丝眼拔14遍，分别拔成18♯、20♯、22♯、24♯四种规格。其特点是刀割利、不歪星、抓得牢，色若赤金，光亮美观，畅销于华北地区及甘肃、青海、内蒙古等地。

第二十一节　定襄钉瓷活儿[2]

20世纪50年代前，宁静的村野常被一种特殊的吆喝声划破："地——攀——窝儿来"，特殊的音调，高亢嘹亮，如不是听得多了，是听不出他们喊叫的内容的。一些胆小的孩子，隔了门缝怯生生地去瞅。大人们知道，这是"钉盘碗"的手艺人

---

① 本节辑自新绛县二轻工业局《新绛县二轻（手）工业志》编委会编：《新绛县二轻（手）工业志》，内部发行，1988年，100～101页。

② 本节辑自郑协文：《话说钉盘碗》，见定襄县政协文史资料研究会编：《定襄文史资料》第7辑定襄工商百业，内部发行，1996年，235～239页。

又来到了门口，他们吆喝的几个字，实际是"钉盘儿碗儿来"。

钉盘碗这种手工艺，据说是从晋南一带传到定襄县内的，到民国年间，县境内不少村庄有人操此行业，像平东社、镇安寨、南西力、河边、芳兰、牛台等村，耍此手艺者不在个别。他们的足迹不仅踏遍县内村村寨寨，还常常进入外地。

"没有金刚钻，敢揽瓷器活儿？"这句俗话至今仍广泛流传。"钉盘碗"的匠人，就是手捏金刚钻，专揽瓷器活儿的。

过去的老百姓，挣钱困难，生活节俭，破碗破盘破盔子，都是不忍心扔掉的。把打碎的破片保存下来，等待"钉圪巴"。有的盔碗盘甚至不止钉过一次。当时，搪瓷品极少，塑料制品还未出现，不仅普通者百姓，就连饭店的盘碗，买卖铺子的茶碗，也常有钉了巴的。

钉盘碗是一种巧活儿细活儿，稍不留意就会"赔了夫人又折兵"，人家原先一道裂缝，你给人家又敲开一道，岂不费了功夫又赔钱？没有一套真功夫，是吃不了这碗饭的。揽到手中的瓷器，真叫"五花八门"：酒盅、小碟儿、细茶碗、古瓷盘；平底敞口的大盔子，一人来高的"八石瓮"，卷了边的"海碗"，细脖颈的"花瓶"，而且全是带了裂的，破了片的，有的还是东家的"祖传宝贝"、"心爱之物"。最棘手的还数钉眼镜腿子，当年眼镜没有镜框镜架，在镜片上打眼，将镜腿钉在上面，镜片有玻璃的，有石头的，而且两个小孔距离又近，常常是钉一副眼镜，出一身汗，真是："买卖揽到手，愁云布心头。"钉盘碗的甜酸苦辣，是外行人所难以体会的。

钉盘碗的手艺人，多半是挑了担子出外做活（图 5-17）。人们常看到一小捆可怜的

图 5-17　晚清补碗匠（采自 S. Wells Williams，*The Middle Kingdom*，1848）

资料来源：转引自彭泽益编：《中国近代手工业史资料（1840—1949）》，第一卷，北京：中华书局，1962 年，图版第 3 页。

铺盖卷挑在担头，哪里黑了睡哪里。一般地，他们一个时期找到一处固定的住地，然后在附近转村子，也有的住在县城、大集镇，专揽饭店、店铺的营生，一旦出门便很少回家，短则一月两月，长则半年一年。当地有句俗话说："瑶池家生娃娃——一乍子。"形象地说明了钉盘碗手艺人比较集中的瑶池村，人们的生活规律。男人们过罢年出外钉盘碗，年底才回家，村里新生儿几乎集中在一个短时期出生。

钉盘碗的人，那副担子比较特殊，两头挑两只木箱，一只窄，一只宽，窄箱仅

5寸，宽箱有2尺多，高都在2尺左右，窄箱上有几层抽屉，里面放了工具，宽箱内多是原料、备件，窄箱上部竖有一个特制的架子，上面挂有钻子、小锯之类"长型"工具，宽箱上部捆有一卷铺盖。

钉盘碗的主要工具有钻子（金刚钻）、手锤、棱形小铁挫、小切锯、小铁砧、打巴砧、剪铁剪、卡丝钳、蟹形钳，还有几根粗细不等的"捆线"。"捆线"用多股棉线织成，粗的如豆，细的如米，长度在2～3丈。

钉盘碗有一句口头禅："钉巴容易捆碗难。"钉碗的第一关便是捆碗。一只破碗，几块破片，合在一起，恢复原型，用"捆线"来固定，极不容易，捆松了，破片活动，不能加钻；捆得太紧，又常常挤"炸"。这"捆线"的一头系一小钩，捆绑时将钩先挂住碗边，然后，摒着劲儿，上下缠几遭，最后碗底打结。捆绑好的破碗是很稳固的，随便扔在地上都不会开。

开钻时，双腿夹碗，双手执钻。钉碗的钻子即金刚钻。从整体看，钻子呈扁"十"字形。竖的是一根细木棍，长6～7寸，上下两端都用铜皮或铁皮包裹，两头的顶部分别裁着3分长的小钉，一只小钉上有细缝用来装嵌金刚石，一只小钉呈尖锥状，用来作顶。金刚石有大小两种，大的如米粒，小的不到一粒米的五分之一。在竖杆的中部横架一条弓，弓长约2尺5寸，一端装着"八"字形黄羊角，作为手柄。弓上面拴一根粗线，粗线也由几股棉线织成，而且在竖杆上缠几匝。开钻时，左手掌内径一酒盅，扣紧钻杆上端的小钉，右手拉动弓体，这样钻子来回转动，金刚石就将坚硬的瓷器釉面穿破。开钻打眼，说来容易做时难，开始要"短弓轻拉"，持钻头定稳，发出嚓嚓之声后，方可放手拉弓。当然，这全靠长久形成的一种"品劲儿"。开钻后，一边不断拉弓，一边不断在钻头处加唾沫，所以人们又把钉盘碗的手艺人戏称为"唾沫的"。孔眼要有一定的倾斜度，外宽内窄，钉后牢固。巴钉的两"腿"插入孔眼后，用小锤轻击，使巴钉按着碗的弧度贴紧，而后用"小切锯"把露在外面的"长腿"锯掉，这时使开始"耍锤"。"耍手锤"既是钉碗的关口，又是手艺人卖弄手艺的关节。小小手锤不歪不斜正好击中巴钉的小"点"（锯掉"腿"后留下的巴点），"当咔咔，当咔咔"仿佛敲在一块硕大的金属之上，发出悦耳的声音，那样"随意"地敲，那样"用劲"地打，那么轻薄的瓷器却就是敲不碎。在他们的锤下，什么酒盅、茶碗、碟子、盘儿，都变成了一块坚硬的钢，任由他们敲打。直引得围观者咋舌叫绝。一阵工夫，破碗钉好，再擦一层油灰，便是滴水不漏，丝水不渗，而且巴不划手，缝不错位。

有的瓷器，不单是破裂，而且还有短缺，形成"豁口"，这就不仅需要钉，还需要补。在"豁口"处补一块铁皮。补"豁口"所用的工具是剪刀（剪铁皮）、手锤、小铁锉（锉铁皮的毛边，不能有划手的感觉）、小铁砧（加工铁皮，形状如普通铁砧，比拳头略大）。钉盘碗所用的巴钉（当地叫"坛巴"），无论大小都由匠人自己打制。原料是粗细不等的铁丝和铜丝。制作时所用工具有手锤、打巴砧、平头钳、卡丝钳。"打巴砧"是铁柱之上焊有一块比拳头略小的凸形铁块，这很铁柱有一尺多高，呈扁方体，使用时插在地上。打巴砧的作用是将切好的铁丝（或铜丝）短截，放在上面打扁。平头钳的钳头，既宽又长（宽1寸余，长3寸），合回来的时候，平而无缝（其缝如头发），打扁的巴钉坯子，用平头钳夹好，制出两条"腿"来。巴钉常分为小巴、中巴、大巴三种，小巴1分左右长，又细又短，用来钉酒盅、茶碗、碟子等小件；中巴2～4分长，用来钉普通的碗、盘、花瓶之类；大巴用粗铁丝打制，长5分到1寸不等，用来钉大盆子、瓮子等大件。铜丝制成的铜巴钉，常用来钉"细货"，像景德镇瓷器、祖传的"宝贝"等，这些东西几乎是半透明体，钉了金黄色的铜巴钉，显得好看些，而且也耐腐蚀。

　　会钉盘的匠人都会钉秤，同样的工具，同样的手段，钉盘碗这种手工艺，在定襄县兴盛于民国初期，衰落在20世纪50年代后期，近年县内几近绝迹。它的衰退，标志着社会的进步。随着人们生活的不断富裕，审美观的变化，钉了圪巴的破盘破碗，实在看不惯了。而且，随着搪瓷制品的不断涌现，花样翻新，许多方面已将瓷器取而代之。近年内，一些"保健型"的陶瓷制品和精致的景德镇瓷器走俏市场，人们使用极小心，破损率很小，一旦破了碎了，也便扔了，不再光顾钉盘碗的钉圪巴了。但无论怎样，"钉盘婉"作为组成历史的一项内容，我们不应当把它也摔了扔了。

第二十二节　定襄银器[①]

　　银匠铺，是以个体为单位，生产经营的小手工业；是专门从事银器业加工生产的铺子。定襄银匠铺一般有一个师傅、一个徒弟，统称银匠行。

　　定襄县银匠行历史源远流长，在清朝很盛行。据耄耋老银匠讲：那时节，银器业流行很广。我国少数民族，傣族尤为盛行，女子出嫁时满头满身珠光宝气，而银制装饰品约占90％以上。作为重要装饰品的银器，成了一种典型的民俗文化，不仅能够体现当时的社会风貌，兴盛与衰败，而且能反映出时代的特点和民俗特征。

　　新中国成立前，定襄县城有三家银匠铺，即梨市三角地闫家，城内杜家、张家。后来仅保留下一家，就是原三眼井旁"张记银匠铺"，延续到1947年。

　　① 本节辑自张泽良：《巧夺天工的银匠铺》，见定襄县政协文史资料研究会编：《定襄文史资料》第7辑定襄工商百业，内部发行，1996年，147～152页。

银是一种有色金属，它质地纯白，是热和电的良导体。我国宋代以后，作为货币流通使用。而在宋以前则用来制造贵重的的高级器皿、中级器皿和装饰品。银的特点是质软、纯白、光滑、细腻，是制作女性装饰品的极好原料，能加工成手镯、发卡、项链、戒指以及器皿等。这些东西有的又是工艺品，具有一定的收藏价值。

银匠必须能够识别银子的真伪，才能有效地驾驭它。顾客来料加工，必须首先审定"银子"的成色，这是银匠第一步要做到的。鉴别银原料的真假成色，主要凭实践经验，不外乎"五要"：一要看（观颜色）；二要听（听声音）；三要牙咬（区分软硬）；四要磨（鞋底踩，有铜即露馅）；五要取料化验（最准确）。

一、银器加工的主要工具和原料

工具有熔银炉、风匣、手锤、手钳、多功能成套錾切工具、工作台案、虎钳、喷枪、焊枪、喷灯、坩埚。量具有戥子、钢卷尺、角尺等。此外还有各种用途的浇铸铜模、多功能锉刀、大小铁皮剪、圆规、角度尺、长柄丝状紫铜刷、平头砧子等。

主要原辅材料有废旧银制品、银面、紫铜、焊锅、胶土、焦炭、硼砂、皂角、石灰、白矾、锯木面、坏水、干子土等。

二、银器加工工艺

第一步，将大银料砸碎，入银坩埚，移银炉熔化。当鼓风到炉火呈白热化程度，即火焰白闪闪、亮泽泽为佳。这时炉温即在1000℃左右。坩埚内碎银开始熔化（银熔点在930℃），其表层有厚厚的浮游物在浮动，这叫银渣。可以剔掉存放起来，下次开炉再用。待银熔液呈白色晶亮、闪闪发光时，即是浇铸的极好时候，匠人用长柄钳夹住坩埚壁轻轻移位于浇铸点，速将类乳汁熔液倒入备好的钢模。这时，一股刺鼻的油烟味扑面而来，烧铸的人们哪顾得了这些，抓紧时间，用钳柄或微型震击器（自制的内装干电池）敲击模板，将钢模中未曾全部凝固的银熔液震平，使之不易出现银坯体的砂眼、气孔、空洞等现象。这样浇铸工作便告完成。

第二步，将开模托出的滚烫铸件，趁其未变冷时，迅速开始锻打，直到发现银胚开始变硬为止。这时将毛坯二次入炉，加温后，抬出来再锻，直至匠人视坯体理想成型为止。在锻打过程中，如果温度掌握不准，坯体易出现裂纹和断失现象。这样，毛坯就要报废。

毛坯锻打成型后，下一步是弯曲。弯曲分热弯、冷弯两部分。大料如手镯等需要热弯；小一点的如戒指等冷弯也可以。

第三步经过锉、錾、磨等精加工，然后粉刷。扔于锯木面中吸水，工件就是成品了。

三、银器的种类与延续

银器装饰品和银器、工具器皿的品种很多。而且，各地区、各民族风俗习惯不同，花色式样差异较大。定襄银器的主要花样品种如下。

器皿类：古色古香的细脖长嘴银壶、錾花马奶嘴吸壶、镶边套花银碗、银色皮木碗、长柄银杯、精致龙凤银盘、银碟等。

工具类：分花押宝盆、镶鼎银筷、雕刻华丽的成套如意钩等。

以上银制产品，都是为当时上层人物服务的，一般庶民百姓根本用不起。

装饰类有以下一些。

银锁：光体元宝锁、祺祥锁、麒麟送子锁、石锁等。

手镯：元棍龙头镯、元棍镯、半圆半扁镯、纯圆龙卷镯、龙凤朝阳镯等。

发卡类：圆棒卡、扁头卡、半圆半扁卡、镣盘卡、三棍卡、单凤朝阳卡、龙凤朝阳卡、带穗卡等。

定襄银器的主要销售渠道有三：坐等顾客来定襄城赶集时，上门订货索取；二道贩子让利批发；到定襄各村镇赶古庙会兜售，如留晖的七月初一、神山的七月七等。老银匠张明昇的手艺和为人最为当地人所称道。

由于金、银是国家重点统购统销物资，新中国成立后，银匠行自动停业了。银匠张明昇在家还偷偷干了一段时间，初级社成立时彻底停业。改革开放以来，银加工业重新兴起，经营者多为南方人，而且年轻人居多。他们用担子挑着工具箱，走街串巷，打制耳环、戒指，但多数为铜制品，也有用硬币和银洋的。当地也有一些人重操旧业，接过父辈们的银匠手艺。他们骑车持兜，跑乡村，蹓城市，做手工营生，这也算银匠业的传承吧。

第二十三节　晋北风匣[①]

风匣，又名鞴（音拜），用作金属冶炼制器、炊事家用中的鼓风设备。山西各地乡村，特别是忻州以北地区，气候寒冷，以柴草作为主要燃料，无论家庭还是手

[①]　本节辑自王尚才：《王进风匣》，见定襄县政协文史资料研究会编：《定襄文史资料》第7辑定襄工商百业，内部发行，1996年，49～53页；《平地泉风匣》，见范堆相主编：《忻州名优特产集》，太原：山西经济出版社，1992年，361～362页。据王洪廷先生在2013年3月介绍，山西临县胡公村制作的风匣曾畅销晋南、陕北等地，亟待做抢救性调查。

工业作坊，凡用火之处，都离不开风匣鼓风，以提高燃料的热效率。长期以来，晋北制作风匣形成四家名产，即定襄王进村风匣、原平半坡街风匣、忻州十里后风匣、大同风匣。四家各具特色，竞相争市。1937年前，晋南新绛县有4家10人制作风匣，以购自河南的桐木为原料，年产2400个，销于晋南各地①。

风匣，实为中国古代活塞式风箱之一种，晋北风匣是具有浓厚山西地方特色的古代风箱，其制作工艺符合活塞式风箱工作原理，通过人工推拉"辅拐子"（风箱拉杆），实现风箱内空气的压缩与输入，从而形成一个密闭的、往复循环的单程气缸。晋北风匣中，用于金属冶炼的铁匠风匣，通常属于连续式双作用活塞风箱；用于家庭的庄户风匣，属于间歇式单作用活塞风箱。

《中国科学技术史·机械卷》指出，中国的活塞式风箱发明于宋代（还有汉代起源、明代起源之说），此前相当长时期相继为皮囊鼓风、木扇鼓风。随着冶铸业的发展，靠扇板启闭运动产生风量的木扇式风箱，由于容易漏气、回程不能扇风、鼓风效率低等缺陷，逐渐被淘汰，活塞式风箱随之产生。关于风箱制作，最早的文字记载见于明代成书的《鲁班经》（卷二）：

> 风箱式样，长三尺，阔八寸，板片八分厚；内开风板，六寸四分大，九寸四分长。抽风扩仔，八分大，四分厚，扯手七寸四分长，方圆一寸大。出风眼要取方圆一寸八分大，平中为主。两头吸风眼每头一个，阔一寸八分，长二寸二分，四边板片都用上行为准。

宋应星在《天工开物》中绘制风箱图20多幅（图5-18）。据此，《中国科学技术史·机械卷》将风箱分为两种基本类型。

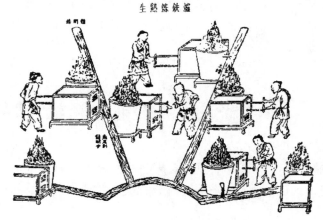

图 5-18　《天工开物》中铸鼎工场炼铁炉与风箱

---

① 新绛县二轻工业局《新绛县二轻（手）工业志》编委会编：《新绛县二轻（手）工业志》，内部发行，1988年，149页。

　　一类是双作用活塞风箱。如《冶铸》篇的"铸千斤钟与仙佛像"图。这类风箱的结构特点是在拉杆面与拉杆对面都有进风口，有的两边各有两个，有的两边各有一个。从风箱的断面来看，风箱的底层与活塞分开，底层中间用木板隔开，在箱侧两个排气管道连接处，有一个双向活门，活塞用羽毛填密。当活塞向左移动时，右端活门开启，吸入空气，左端活门则关闭，空气排入底层，迫使底层的双向活门摆向右方，盖住右方的出气口，左侧空气经排气口排出。仅仅当活塞向右移动时，空气从左端进气口吸入，活塞右侧的空气经下端活门排出，实现连续供气的目的。

　　另一类是单作用活塞风箱，如《锤锻》篇的"锤砧与镯"图。这类风箱的结构特点是只有在拉杆的对面有一个进风口。风箱在工作时，拉杆的推与拉只能实现一次进气，一次排气，是一种间歇式排气风箱。

　　实践证明，凡是用人力推动的风箱，在劳动强度大的推拉中，间歇式风箱最为适宜。因为所谓"间歇"，不仅是指风箱的鼓风是间歇的，而且由于进气时使用的拉力比排气时的推力要小，使人的体力在风箱进气时，得到一次缓慢的"间歇"恢复，才能再次推动风箱，以保证风箱的连续工作。正因为如此，间歇式风箱在民间一直沿用至今。①

　　《中国科学技术史·机械卷》进一步揭示，关于双作用活塞风箱，清代徐珂著《清稗类钞》中，对其结构及工作原理作过详细的描述：

　　木箱以木为之，中设鞲鞴，箱旁附一空柜，前后各有孔与箱通，孔设活门，仅能向一面开放，使空气由箱入柜。柜旁有风口，藉以喷出空气。同时，抽鞲鞴之柄使前进，则鞲鞴后之空气稀薄，箱外空气自箱后之活门入箱。鞲鞴前之空气由箱入柜，自风口出。再推鞲鞴之柄使后退，则空气由箱后之活门入箱，鞲鞴后之空气自风口出，于是箱中空气喷出不绝，遂能使炉火盛燃。

　　中国古代这种双作用活塞风箱的独特结构，是在两个排气管道的连接处有一个双向作用的活门，使活塞在前进和后退的冲程中都能吸入和排出空气，以形成连续鼓风。构思巧妙，设计合理，鼓风效率明显提高。这是中国古代劳动人民在机械工程方面的一项重要成果，深得西方学者的钦佩。李约瑟认为，中国双作用活塞风箱"是压出和吸入交互作用的空气泵"，并引用霍梅尔的话说："它在鼓风效果上，超过现代机器出现前所创造的任何空气泵。"②

---

① 陆敬严，华觉明主编：《中国科学技术史·机械卷》，北京：科学出版社，2000年，132～133页。
② 陆敬严，华觉明主编：《中国科学技术史·机械卷》，北京：科学出版社，2000年，134页。

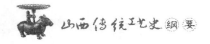
图 5-19 为双作用活塞风箱剖面图。

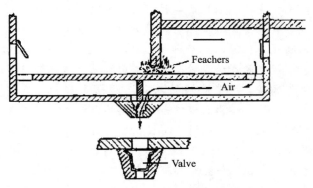

图 5-19　双作用活塞风箱剖面图

资料来源：李约瑟：《中华科学文明史》第 4 卷，柯林·罗南改编，

梁耀添译，上海：上海人民出版社，2003 年，93 页。

一、王进风匣

（一）用料、构造及工艺

据老者讲，清末，定襄王进村制作的风匣已小有名气。制作风匣，又叫"打辅"，需选用上好的柳木、楸木（梧桐木）、松木、杨木等，架腿子要用榆木，还需用水胶、黄蜡、鸡毛等。

风匣分庄户风匣（民用）和铁匠风匣（打铁）两种。根据风匣嵌筒子的方式不同，又分活堵头子风匣和筻梳齿风匣。两边一面一个风嘴的风匣，称"双嘴风匣"（即双作用活塞风箱），只有一根拜杆的风匣，叫"独龙拜"（即单作用活塞风箱）。

庄户风匣的规格一般长 2.65 尺，宽 0.85 尺（连架子 1.1 尺），高 1.2 尺（连架子 1.9 尺）。风匣由帮子、堵头子、底子、盖子、风筒、鸡脯子、兔护子、拜门、小舌子、毛头、拜杆、拜拐、耐磨子、压条、架腿子、风嘴等 16 个零部件组成。

铁匠风匣构造与庄户风匣略有不同，尺寸比庄户风匣大，没有架腿子，风嘴由元宝嘴和接嘴组成，盖子是活动的，可抽拉，铁匠风匣质量要求更高。定襄出了"一斗芝麻"的铁匠，曾带动风匣加工业有过一段鼎盛时期。

制作风匣的过程大体是：①选好圆木，解成 7 分厚的木板，架腿子 1.2 寸厚；②在熏窑上把木板熏干；③按照风匣各部件的尺寸打切配料；④把打切好的木料在炉子上用柴火烤正烤平；⑤帮子、堵头、底、盖、毛头板等不够宽度的，进行对缝，用水胶粘合；⑥刨平、刨光；⑦豁牙子、嵌筒子；⑧捅万字；⑨做拜门兔护子，并黏结；⑩砍钉子（整个做风匣所用钉子全是木制的）；⑪钉底子；⑫做风筒、鸡脯；⑬钉风筒，风匣内壁上蜡并烤化；⑭见铣帮子面；⑮钉盖子；⑯凿架眼，上架腿子；⑰见铣堵头面；⑱钉耐磨子，压条；⑲做毛头板；⑳圆拜杆，凿拜拐子、拜杆上蜡并栽好；㉑捅拜眼孔；㉒安小舌子；㉓勒毛头；㉔凿风嘴；㉕试风、调小舌、钉风嘴。做一支风匣一般需 5～7 天时间。

（二）销售

由于王进村的风匣有"诀窍"，风大、音脆、质优良，经久耐用，信誉度高，因而走俏四方。清末民初享誉四乡，新中国成立初期誉满"二州五县"，20 世纪 70 年代远销内蒙古、河北等地，就目前而言，虽销量不大，但销路尚好。销售的方式，一是用户交订金预订，到期取货；二是用户上门采购；三是邮购；四是签订加工合同，只负责加工生产，按时交货，由甲方负责销售；五是外出推销。销售价格一般随行就市，以质论价，灵活议价，目前每支庄户风匣的售价在 130 元左右，铁匠风匣的价格要高一些。

（三）定襄风匣加工业的发展

清末民初，风匣加工业一般是一家一户的手工作坊，当时主要有杜有清等人，为保证质量，讲求信誉，所做的风匣都烙有一个"杜"字。

合作化时期，村里一些匠人进城做风匣，在定襄南关梨市街成立了风匣铺，从业人员七八人，主要有王来根、李三等人。风匣铺后来跟修车铺、镶牙铺合并成综合公司，后又并入变压器厂。在村的一些匠人，有的外出修风匣，走村串巷，上门服务，也有的出远门，到外地做风匣。在娄烦县，从新中国成立初期到 20 世纪 70 年代，就有王进村匠人组建风匣作坊，主要有王隆宏等人。还有的不外出，凭自己精湛的手艺招来客户，这主要是王元。王元的风匣代表着王进村的风匣，王进村的风匣不用挑，买风匣就数王元的好。可以说，从 20 世纪 30 年代到 60 年代，王进村的风匣就是以王元为代表的一代匠人辛勤劳作的结果。

60 年代，村里两个生产队组成了木业组，从业人员各五六人，自行加工和外出修理风匣。70 年代，大队成立了木业组风匣铺，从业人员 30 余人，主要有王元的徒弟王全亮等人，时下各地副业队纷纷成立，铁业加工蒸蒸日上，王全亮和他的匠人们除为四乡八邻加工修理风匣外，还与农产公司签订供货合同，使王进村的风匣远销内蒙古、河北等地。80 年代，农村实行联产承包责任制，木业组风匣铺解体，铺址拍卖。随着现代化进程的推进，吹风机大量使用，无论是铁业加工还是民间所用风匣都大大减少，从业人员也逐渐减少。目前只有王全亮、王贵子、刘二苟、王富亮、李忙等匠人仍从事风匣加工，一方面由于他们做工精细，工艺精湛，所加工风匣

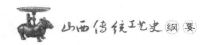

可以"传辈数",另一方面农村用电没有保障,经常做饭时停电,吹风机也派不上用场,有吹风机也免不了配备风匣,预计风匣加工业还将持续一段时期。

(四)风匣匠人

风匣匠比别的普通木匠在做工上更加认真细致,每一道工序不能有丝毫马虎,因为其他木匠,比如盖房、做家具,只要做得坚固耐用、式样美观就基本可以,而风匣匠人不仅必须做到这一点,还需要做得严密无缝,不能有丝毫走风漏气之处,所以说做风匣的木匠更辛苦,更需要一种敬业精神。

风匣匠一般供奉鲁班爷。逢年过节,外出做工,出门回家,都要在鲁班爷神灵前烧香、敬纸、祈祷,以求得鲁班爷保佑平安、点化手艺、指定财源。

二、平地泉风匣

原平、代县、繁峙、大同、内蒙古等地用户对原平半坡街风匣更为了解和信赖。半坡街,即今天的平地泉,距原平城南4公里,历史上一直是大同通往省府官道的必经之地,街内店铺林立,商贸繁荣。清嘉庆元年(1796),北郭下木工艺人霍文选准此交通要道,迁来制作车棚、扇车,兼修风匣。霍文之后,霍家弟兄们又开设"大顺恒"、"万顺恒"两个木作店,专做风匣、扇车。到霍家第四代霍普旭时,木作店规模渐大,工艺日精,半坡街风匣便响名在外了。原平用户纷纷前来定做,产品远销大同、绥远、包头、丰镇。到民国初年,霍家第五代霍拴玉等迫于竞争,对传统风匣作了较大改革,将拉杆由方改圆,同时创制了圆推刨;在轮道内增设了"鸡脯",从而使半坡街风匣更加省力、耐磨,基本定型。

从风力上讲,风匣有两种,一是急风,专供家庭用;二是缓风,专供铁匠炉用。从毛路上讲,有活毛、死毛之分,区别在于里边的鸡毛用不用蜡打。从制作上讲,有架子式和梳子式,架子式多用于家庭,梳子式便于挑担搬动。制作风匣用料,楸木最好,常用的是柳、椴、黄菠萝木、红松,椿木也可,总之木质坚硬、不变形为上乘原料。

与定襄王进村风匣相比,原平半坡街风匣风力不同,王进多做缓风匣,半坡街多做急风匣,宜于家庭使用。同忻州十里后风匣相比,制作不同。半坡街讲究纹理,对缝不用扎床,产品永不变形。同大同风匣相比,毛路不同,大同为活毛,一般两年即需加毛或换毛,半坡街为死毛,寿命可达30年。半坡街风匣寿命长,不变形,制作上更讲究规格。

更可贵的是,半坡街风匣匠人十分注重信誉。霍文至今已传七代,制作风匣200余人,目前从业者20多人,年产300支风匣。霍家后代有的走西山轩岗、长梁沟一带,有的走河东、同川片，有的走城北茹岳、大芳等地，有的走阳武河畔西水地。父子相传，东家固定，所以他们干活分外卖力、用心。所制风匣风力均匀，推拉火焰不跳动；所修风匣，一次不好用，二回修时就要减免费用。不少村庄都有一种不成文的乡约，平地泉风匣匠人进村认识不认识，能讲出老一辈名字，就信得过，有活没活，保证有饭。

第二十四节　原平辛章升斗[①]

辛章升斗业为原平县独家行业，与别地升斗相比，它的特点是：木质坚耐、做工精细，牙咬精密、盛水不漏，洁光平滑，准确无差。过去绥远的"东西赵斗铺"，在我国北方很有名气，就是辛章赵家设在那里的买卖。辛章每年要做上千只升斗，远定丰镇、集宁、呼和浩特、包头，近销邻县、本地，用户争购，供不应求。

升斗作为量器使用，在我国有悠久的历史。《周礼·考工记》有"栗氏为量……其耳三寸，其实一升"的记载。《汉书·律历志》有"十龠为合，十合为升"、"十升为斗。……斗者，聚升之量也"、"梧斗折衡，而民不争"的记载。春秋战国时期，已有升斗量器的规定和应用。辛章升斗的制作始期已难考查，从现存清同治年间制作的辛章升斗判断，辛章升斗业有百余年历史了。

辛章是个杨柳茂盛，浓荫覆盖，绿水青山，风景秀丽的村庄，素有"青山绿水是辛章"之称。它位于中阳乡，离县城 17 公里。该村历史悠久，相传古为芦关城，建于周末。其更名时间和村名含义无可查考，但元大德七年（1303）碑记云："北兵南下，逃兵于峙之辛章。"这说明那时就已叫"辛章"是无疑的。20 世纪 90 年代前后全村有 605 户，2900 人。过去升斗以家庭为业，父做子学，相传于后，至今全村能操此业者不下几百人。集体化后，村里组织了木业社，升斗为一作坊。80 年代以来七人承包，有老师傅，也有青年学徒，规模不大，产量却很可观。不断提高升斗的质量，是他们追求的目标。

制作一只升斗，工序十分复杂。首先要把柳木解成三分厚的板子，熏干后，依准板画图下料，推平，一斗四板相叠一起锯牙，接着将四块木板码好上胶，然后平斗底、上斗底、下八角、上斗梁、钉箕，即为一只完整的斗。

制作升子的工序也同样复杂。有几道工序很重要，技艺难度较大。首先说解板子。解一般制家具的板子，总要上线，依线下锯，有的还锯得拐东歪西；而锯斗板，那是不能画线的，这么薄的板子，稍微锯得偏一些，板子就不能用了。第二，

①　本节辑自范堆相主编：《忻州名优特产集》，太原：山西经济出版社，1992 年，362～364 页。

锯斗牙也很见功力，每只斗的四块斗板，锯成各有 55 个一般宽长、间隔相等的牙子，这是不容易的。要做到盛水不漏，全在于锯牙子的技术。第三，斗板为梯形状，上口 39.5 厘米，下口 19.5 厘米，高 25 厘米，四块斗板码好后，要把各块斗板刨成扇形，就得"下八角"，这是没有样板可依的，全凭眼力。八角下得多，斗就小了；下得少，斗就大了。而斗的准确性不得超过一烧酒盅容量的差错，没有一定的功夫是难以做到的。看起来如此简单的升斗，做起来竟这般不易。要求每道工序做得精细无误，升斗才能合格。老师傅说，他们做了一辈子升斗，但做起来也还得加倍小心，因此，对年轻学艺者要求也就特别严格。

升斗以柳木为原料。辛章的柳树之多，质量之好，过去是首屈一指的。家家有树，就地取材，因谋生计，所以始而制作升斗。如今辛章的成柳已不足为用，要从上封、孙家庄购料，成本提高了。因柳树成材时间较长，种植杨树比柳树经济效益大，所以杨树种植面积较大，而柳树种植日渐减少。重视柳树是升斗业的前提。这是辛章村应该关注的问题。

第二十五节　五台山木碗

五台山木碗久负盛名，尤其为僧侣及蒙藏同胞所喜爱。特点是盛开水而不裂纹，跌落在地而不易破裂，盛热饭不烫手，冬季盛冷水而不冰手，入笼蒸食而无馏水，便于携带，经久耐用，尤其适用于盛放酥油、糌粑、油、肉类食品。

俗话说："木碗最好桦根瘤，不能成材十有九。"桦树的根瘤为制作木碗的主要原料，来源于管涔山、关帝山、太行山、吕梁山、五台山等林区，选材需要适宜的木质、形状、大小、老嫩等。制作木碗要经过选料、制坯、粗旋、细磨、彩绘、描金、上油、蒸烤等八道工序，制成的木碗有红、褐、棕、黄等多种颜色，分为大、中、小、扣等型号，有的木碗要镶上金边、银边，还要彩绘出各种图案，木碗在实用之外，更是精致美观的工艺品。

新中国成立前，五台山木碗多由手工艺人家庭生产与经营。1956 年公私合营，成立了五台山木碗生产合作社，后更名五台山木碗厂，现在由五台山风景区工艺美术厂生产，引入车床等机械加工设备，年产木碗 5 万～7 万只，衍生产品有木念珠、木茶盘、木筷筒、木碟等木质手工艺品，产品远销内蒙古、青海、新疆、西藏、甘肃、宁夏等地。[①]

---

① 吕日周：《三晋百宝》，太原：山西科学教育出版社，1985 年，98 页。

第二十六节　新绛蜡烛[①]

新绛县制造蜡烛，大约起于唐高宗开耀年间（681～682），唐玄宗开元年间（713～741）为贡品之一。《九域志》云："绛郡贡蜡烛一百条。"王朝中在《〈新唐书·地理志〉河东道部分考异》一文中也提到绛州绛郡土贡：白谷、粱米、梨、墨、蜡烛、防风。娄庄是制作蜡烛的故乡。清光绪六年（1881），新绛城内遇顺正杂货铺开始制作蜡烛，有资本 1000 元，制烛工 1 人，销路不畅。1921 年左右，新绛城内制烛者有 4 家，1928 年最为兴盛，产品丰富多样。其中一种俗名"花烛"，形状比一般蜡烛为大，蜡烛周围有各种花鸟造型，几乎与真者无异，是富人家常用的佳品，在山西省最著名。1934 年起制烛业减少，仅城内遇顺正继续制烛。据《中国实业志》载，每年从新绛输出蜡烛 4200 斤，价值 1000 元，销往山西省各地。

制作蜡烛的原料为羊油、麻油、白蜡、竹子、盖烛红、棉花。白蜡、竹芯购自河南，盖烛红系进口，由京津购回。蜡烛制作方法如下：用铁锅将羊油溶化成液体，再将竹芯缠棉花三寸余，蘸以所溶化之油三次，待凉透时，依照预定尺寸用刀斫断，是名烛头；再用羊油 1 斤，白蜡 2 两，合并溶化为液体，稍冷，用铁勺舀油倒灌于竹烛头上，然后挂皮，倒置于缸内，便成为白蜡烛。如果制作红蜡烛，另加色三分，此为盖烛红。

制造蜡烛 40 斤，需羊油 26 斤，麻油 11 斤，竹芯 2.5 斤，棉花 12 两，白蜡 2两，盖烛红 1 钱。所产品种有 8 支头、12 支头、16 支头三种。每年腊月至正月为蜡烛产销旺季。1938 年 3 月，日军占领新绛县城，蜡烛制造被迫停业。恢复后，改用自制蜡烛机生产。

第二十七节　曲沃克昌银粉[②]

用铅如法制作，可以成粉，色白，名为铅粉，亦称银粉。从前妇女饰面、戏剧

---

① 本节辑自新绛县二轻工业局《新绛县二轻（手）工业志》编委会编：《新绛县二轻（手）工业志》，内部发行，1988 年，182 页。

② 本节辑自王晋太，王琦：《曲沃克昌银粉局》，见曲沃县政协文史研究馆编：《曲沃文史》第 1 辑，内部发行，1985 年，41～42 页。

演员化妆、画像、塑造神像、油漆打底子、壁画、雕梁画栋等，银粉都是必需之物，还可用于制药、熬膏药，用途颇广。随着现代工业的发展，银粉仅少量地应用于制药。

新中国成立前的银粉局，主要有河南周家口、山东东昌府、四川、广东等处，山西有曲沃县克昌银粉局。克昌银粉局设在曲沃县城大东门内道北，创建于明代。原名尧昌银粉局，东家为河底村文姓，历七世，至清同治十二年（1873），因人衰力乏，无力支持，转由刘仙椿经管，字号改为"克昌"。刘仙椿，曲沃县城小水巷古庵胡同人，系尧昌银粉局铺长。接管东家后，入资纹银一万两，重新整顿，力图振作，克昌银粉局兴盛起来。原尧昌银粉局招牌仍悬挂在克昌银粉局柜上，每年并付给文家纹银20两，民国后改为银币20元，凭折领取。

一、人员规模

克昌银粉局内设铺长、副铺长、司账员、帮账员各一人，营业员、采购员、制粉工、包粉工、做醋工等共计50余人，另外还有固定的乡村临时工10余人，有房屋百余间，作为宿室、门市部、制粉房、包粉房、库房、醋房、木炭房等用。

二、克昌银粉局规则条例

清同治十二年（1873），克昌银粉局定立经营管理规则，原文如下：

（1）现在人情不古，时俗习风，恐有不轨之徒混进号内，偷盗密接歹人，隐瞒私分，察觉立即送县惩处不贷。

（2）号内每年总账一次，中途东君得自由阅账一次或两次，铺长不得干涉，三年大结账一次。

（3）每逢大结账一次，伙友进退好坏、增减身金多寡，皆由铺长一人主持，有开除停留之权，各人务宜谨遵。

（4）铺长由合号人等尊敬之，别人不得紊乱，如有不轨之徒，任意行为者，立即开除。

（5）伙友不准私锅造饭，如有父母亲及亲族看望时，立刻通知铺长或管事人负责人，得允许安排吃饭。

（6）伙友在号不准私做买卖，私人有钱予早声明，或放号内，或记水牌，以免猜疑。

（7）伙友每年回家一次，定期一个月，超假者扣除工资。

（8）伙友回家所带包裹得由其他伙友或负责人相互检查，上下一律公开无私。

（9）伙友如有婚丧大事，银粉局开支干礼一份"纹银二两"，茶庄开支赠送布幛一悬。

（10）铺长伙友不得长支、借用、挪用公款。

（11）合号人不得出外闲游，如逛会游山玩景等。

（12）尧昌银粉局继承已三百多年，合号人等必须持续保护不得犹豫。

（13）逢年过节（端阳、中秋）均按一般人情风俗习惯实行之，局内另有老君节（炼丹、烧粉都过此节）亦作定规。

三、需用材料

（1）烧粉炉 37 个，每炉每次用醋 25 斤，全年需 2 万余斤。

（2）烧粉用生木炭，每炉每次 75 斤，全年共需 67 800 斤。

（3）烤粉用熟木炭，每个炕每天 20 斤，八个炕每年需 57 600 斤。

（4）粉内需配食盐、蜂蜜，每年各需 670 斤。

（5）铅条为制粉主要原料，购自上海、汉口。法国的每条重 140 余斤，英国的每条重 150 余斤，美国的每条重 180 余斤。全年选购 300～400 条。

四、制作过程

（1）炸铅：将铅条放于熔铅炉，加高热熔为液态，用特制的铜锨扬成铅页。

（2）烧粉：将铅页放入制粉炉，每炉装 700 斤，以生木炭烧之，中间灌醋一次 25 斤，10 天后即烧成粉渣。

（3）泡粉过箩：将粉渣放入瓮内，置水泡一年，然后把粉水搅拌过箩，筛出杂质（铅渣送入东关车巷黄丹局，可铸成铅条），即成"淀粉"。

（4）烤粉：烤粉有热炕，炕底铺细白纸数层。每千斤"淀粉"配成合蜂蜜 7 斤、食盐 7 斤，熬好后加入粉内拌匀，然后舀入炕内，用熟木炭烧红放火门内烤 30～40 天，即成银粉。

（5）包粉：银粉过秤后，转入包粉房间，用纸包装，加盖"克昌"字印，即可出售。包装分别为一两、五钱、四钱三种。

五、销路与劳资关系

太原、榆次、太谷一带每年约销售 5000 斤，祁县、平遥、介休、灵石、霍县、孝义等县销售 2000 余斤；洪洞、临汾、襄汾约销售 1000～2000 斤；翼城销售 1000 余斤；晋东南一带 7000～8000 斤；新绛、闻喜、稷山、河津一带销售 3000 余斤；绛县、夏县、平陆、芮城销售 500 余斤；解县设有批发站，每年在开春后、4 月、7 月三次批发，到期先由曲沃运往解县，然后分销陕、甘、宁各省，每年约 15 000 余斤。总计全年产销 35 000～40 000 斤，除工本外，可获得利润 3000 余元（按银币值）。银粉价格以铅条价及税务运费等为准，或涨或落，半年一定。1933 年门市部每斤售价九角六分。

克昌银粉局伙友不顶股份，以银六人四定成，所有盈余东家分六成，伙友薪金由余下四成开支。

六、中兴茶庄

克昌银粉局内附设中兴茶庄，营业分二、伙东一家。茶庄资金纹银 3000 两，伙友能顶股份，也是银六人四定成。如有盈余，除东家六成外，余下四成按人股均分，并抽出一部分作为伙友奖金。号内规定对伙友每年每人赠送银粉半斤，茶叶一斤，超拿者按价计算。茶庄采购员每年到湖南一带采购各种地道名茶，不惜工本，廉价出售。粉局和茶庄柜台上书有"言不二价，童叟无欺"八个大字，名驰邻近各县，顾客络绎不绝。

第二十八节　曲 沃 旱 烟[①]

曲沃县具有适宜烟草生长的自然条件，是山西境内最早引种烟叶的地区，在烤烟、晒烟、晾烟三种烟草基本类型中，曲沃晒烟由于独到的栽培管理与调制方法而久负盛名。

一、烟草的起源与发展

烟草原产于美洲，1492 年哥伦布在古巴东部登陆，随行人员深入古巴内地发现当地居民习惯吸一种植物叶子的烟，土著人称"科依瓦"，但后来将吸烟工具的名称"达巴科"误传为烟草的名称。1560 年烟草东传欧洲后，又迅速传到世界各

---

① 本节辑自杜锡霖、董岩《曲沃烟草生产的光荣历史与发展方向》，杜锡霖《几种名牌曲沃旱烟简介》，见曲沃县政协文史研究馆编：《曲沃文史》第 2 辑，内部发行，1986 年，67～73 页。

地（烟草大约是 16 世纪下半叶至 17 世纪初传入我国）。

曲沃是山西种植烟草较早的县域，明万历末年由福建传入，随后传入太原、汾阳、孝义、雁门、长治等地区。据《曲沃县志》记载："烟旧无此种，乡民张时英自闽中携种植之。……晋人种烟，汾代仿于曲沃。"清代是曲沃烟草种植的鼎盛时期，光绪年间全县烟草年产量达 1000 万斤以上。清末至抗日战争爆发前，全县烟草种植面积保持在 5 万余亩，年产量达 800 万斤左右，1948 年产量下降至 30 万斤上下。

曲沃的自然气候、土壤等条件适于烟草的生长、发育与成熟，烟农根据历史经验总结了烟草生长发育的规律，着重把烟草成熟期安排在光照好、气候较干燥、利于物质积累的秋季，使曲沃晒制的烟叶成为具有独特品质和风味的产品。其特点是叶片肥厚，油分足，弹性强，气味浓郁，劲头适中，无杂气，白灰，燃烧性好，这是曲沃烟草加工制造业能够兴旺发展、烟草制品能够畅销的根本原因。据文献记载，明朝末年，曲沃有八家商行加工制造烟丝，到 1920 年有 70 多家商行加工制造烟丝。曲沃旱烟销路极广，除销往山西、河北、内蒙古及西北等地外，还远销蒙古国、苏联和东欧地区，是山西省主要的出口物资。

1932 年，山西省政府发布《曲沃县试种烟叶办法》，利用曲沃县种植烟叶的传统，责成曲沃县政府代晋华卷烟制造厂，在曲沃县城附近三个村庄租地 120 亩试种烟叶。办法规定：

> 自 1932 年起，本年租借按半年给付；由县政府督同村长，将所租之地招佃分种，佃原地主有优先承佃权；所产烟叶按旱烟叶时价加给二成，由晋华收买；烟价扣除土地肥料与烤烟煤价外，晋华、佃户各为一半；承重佃户须接受晋华厂派去工匠的指导工作；佃户承种烟地，不得懒惰荒芜致减产量；明年应种烟叶由曲沃县政府代晋华租用，全年专种烟叶，以免烤烟延期而增产量；人民自种自烤之烟叶，如可应用，准由晋华按土产烟叶时价加二成收买，以资提倡。[①]

曲沃县烤烟栽培历史较晚，1931～1933 年试种成功，由于土壤、气候等自然条件适宜发展烟草生产，因而很快形成了一个烤晒混种区。1938 年，卷烟业兴起，随着市场需求变化，旱烟生产逐渐让位于卷烟。

二、曲沃县自然条件与烟草栽培技术

曲沃县位于东经 111°9′，北纬 35°35′，海拔 472.6 米，属于温带大陆性气候，

---

① 《曲沃试种烟叶办法》，《山西公报》，1932 年第 2 期，43～44 页。

年均气温 12.7℃，7～9 月平均气温 23.9℃，无霜期 171～191 天，初霜在 10 月中下旬，晚霜在翌年 4 月 20 日左右结束，常年降水量 482 毫米左右，多集中在 7、8 月份，占年降水量的 45％。全年日照时间为 2368 小时。从影响烟草生长发育的无霜期、温度、日照、雨量及烟草成熟期间的温度差等气候因素分析，烟农根据历史经验总结烟草生长的规律对气候的适应性，及烟草成熟期间要求温差大的特点，把晒烟大田生长期安排在 6、7 月间，有充足的热量、较多的雨量来满足烟草生长发育的要求；把成熟期安排在 8、9 月间，日照充足，气候干燥，昼夜温差大，利于物质积累。

曲沃晒烟主要产区在滏河两岸的丘陵、高原地带。滏河南岸出名的有南常、听城，河北以毛张、北赵等村所产的烟叶最佳，滏河槽次之，这一带东西 20 余里、南北 15 里左右，为曲沃晒烟的主产区，土壤多为绵土，土层深厚，结构良好，保肥保水性强，含有机质多。土壤成分，总体上缺氧、少磷、钾有余，氮磷钾比例悬殊，一般含氮 5.4％～18％，含磷 3％，含钾达 15％。

曲沃晒烟属于黄晒烟类型。历史上种植晒烟有大明、二明（山东烟）、笨烟三种；烤烟有抵字 101、400 号等少叶型品种。这些品种曾因产量低被淘汰，而用山东金星 6007 等多叶型高产品种代替，这是烟叶质量下降的内因。为了恢复和发展曲沃历史传统晒烟生产，提高曲沃晒烟质量，曲沃卷烟厂于 1981 年从吉林延边烟草研究所引进红晒烟八大香、五十叶、青湖等三个品种，从浙江省引进香料烟沙姆逊品种，经在西常乡河上村、下裴庄乡薛庄村试种，田间表现良好，适宜在当地发展种植。经初步主级及化学分析结果认为，可作混合型卷烟的原料。所谓混合型，是用烤烟、晾烟、晒烟叶混合参配而成，有些晾晒烟叶的焦油含量低，是当今世界上比较畅销的产品。

曲沃农民在晒烟育苗、蹲苗、大田管理、晾晒等方面，有丰富的经验。

（1）育苗。苗床地要选择地势较高、背风向阳，利于排灌，大田附近的生茬地作苗床地。重茬地，树荫下及播种过茄科作物的土地，过于肥沃的菜园地或地下根茎、杂草丛生及盐碱土地，不能作苗床地。苗床地在头年要进行秋深耕，来年开春浅耕、施肥、整畦。一般施腐熟圈粪 5000～8000 斤，畦宽 1 米，畦长 4～5 米。清明前后催芽，4 月中旬播种。催芽方法是将种子精选洗种后，放入瓦盆内，洒上少量的水，使种子均匀地粘贴在盆内周围。在室内地面或炉火边铺一条麻袋，麻袋上面再放上盛满开水的一个小盆，然后将盛种子的瓦盆倒扣其上。每天换开水 3～4 次，这样经过 3～5 天种子即可发芽。采用这种方法简便易行，温度好掌握。

（2）播种方法。播种前先将苗畦浇一次水，再把催好芽的种子与筛过的温细沙土或炉渣相混合，然后均匀撒在畦内。播后覆盖一层半分厚的细沙或过筛的圈粪，以便保温防风。浇水是苗床管理中最主要的一项工作，因此浇水必须适量，过多过少对幼苗生长都不利。苗床追肥一般要进行三次。烟苗2～4片真叶时进行间苗，间苗一般要进行两次。为了适应曲沃地区气候干旱、雨量较少的特点，烟农采用镰刀剔叶的方法蹲苗。烟苗叶片长到2～3寸时，用镰刀把大叶尖端割掉三分之一或二分之一，以不伤顶芽为准。剔叶一般要进行2～3次，好处是限大苗，促小苗，使茎秆坚硬老化，移栽后抗日晒，成活率高。

（3）大田管理。烟苗在苗床一般要经过60天左右，茎秆高2寸左右，即6月上中旬移栽，8月中下旬打顶，打顶后采收脚叶，10月中下旬，早霜来临之前采叶晾晒，大田生育期120天左右。当地习惯采用三年或五年轮作制，即烟草—小麦—小麦—玉米。移栽前烟田要经过浅耕细耙，施肥整地。行距80～90厘米，株距50～60厘米，每亩栽烟1200～1600株，追肥一般施并肥60～80斤，中耕除草三次，栽后40～50天，用芽钳去掉豆粒大的顶芽，烟农称作"掐闷烟"。面叶8～9片，烟农称作"八九不离十"。打顶后腋芽生长很快，每隔5～7天要抹一次杈，要求达到无花无芽。打顶抹芽的好处是防止烟株的养分无意消耗，增加烟叶的营养积累，提高烟叶的内在质量，达到稳产优质目的。晒烟亩产一般为250斤左右，最高不超过300斤。实践证明，产量和质量在一定范围内，产量增加，质量也在提高，若超过一定范围，则产量增加，质量下降，收益减少。

（4）晾晒：曲沃县9、10月间，雨量少，气候干燥，光照充足，温差大，利于干物质积累。烟农习惯采用这个黄金时代，使烟叶充分成熟，叶面呈现黄斑或起黄泡，待早霜将来临之前才进行采叶。烟叶采收回来后，用麻编串，挂在屋檐下或通风流畅的房子里晾晒干。待烟筋干后，趁阴天烟叶回潮后，卸串放在屋内木板上，串与串成鱼鳞式，一层一层堆放起，堆放高度最高不超过1米，堆好后再盖上麻袋，压上木板，经过短时间的自然发酵，而后摘串出售。此种晾晒方法简单，晾晒的烟叶适用于加工旱烟叶。但对于作为卷烟原料的晾晒烟叶，还有待研究摸索改进。晾晒烟叶的目的是将收获后的鲜叶加工成工业使用的干叶。由于加工产品的变换，所以晾晒方法也必须适应卷烟质量标准的需要，保证晾晒后的干烟叶色泽红黄不青。

曲沃晒烟在历史上就是当地农民的主要经济作物之一。烟叶的经济价值比较高，小麦与烟叶的收入比是1∶3，产量比是1.5∶1，因此有"一亩烟二亩粮"之说。历史上，哪个村有烟坊，哪里的农民生活就相对富裕，工商业气象繁荣。

三、旱烟加工

曲沃旱烟分生烟、皮烟（潮烟）、香料烟（杂拌烟）三类。生烟，烟丝粗、口劲大、香气浓、辣味足；皮烟，烟丝细、口劲小、软绵适口；香料烟，芳香可口。

配料时分一般烟和香料烟。一般烟丝用菜子油或大榨香油；香料烟除拌香油外，还分别拌入十几种中药材，加入少量河南烟叶调剂味道，并以姜黄、榆叶面等原料进行润色。当年烟叶要待来年过暑发酵，芳香溢出，然后加工。其工艺程序是：抽梗、配料、扎捆、切丝、揉丝、包装等。包装分内、外两次，内包装后，晾干水分，然后外包装上市。

烟叶加工的主要工具叫"榨"，有大、小之别，曲沃多用大榨，是利用杠杆原理，将抽去酽的烟叶压成一个适于推刨的粘连结合体，工人称为"捆"。将捆刨成烟丝，配料，包装，入囤。小榨日产 4 囤（每囤 270 包，重约 56 公斤），大榨日产40 囤。

旱烟制法是将烟叶去筋，晒干，用食用油拌湿，加入姜黄、冰糖等配料，用绳捆扎，以榨压实，刨成细丝，再加适量香料即成。水烟分红丝、黄丝两种，有二黄、三黄、提黄、红牛等品类。制法是将烟叶老筋抽去，晒干，复用水浸透，以木板夹紧，削成细丝，加姜黄、大黄、石膏等药材，喷麻油，压成薄块，用纸包装即成。[①]

曲沃县烟坊每年工期为农历十一月至来年二月，共四个月。需工人 2000～3000人，工人食宿由烟坊供给。1938 年，人均月薪折小麦 75 公斤，4 个月烟坊付工人薪金折小麦 600～900 吨。同时，还需大量抽烟筋的女工和童工，每年需工 21 万～23 万个，每人日薪以白面 1 公斤计，约需白面 200 吨。

旱烟从生产到销售，还要很多行业来配合。一般年份需油 500 吨、芦席 25 万张、麻绳 50 吨、麻纸 10 万区（每区 192 张）。这些物资均来自县内外。同蒲铁路未通车前，旱烟的外运靠骆驼、驮骡或大车，每峰骆驼可驮 120 公斤，每辆大车可载 700～800 公斤。

四、名牌曲沃旱烟

曲沃旱烟的鼎盛时代虽已过去，随着社会的进步，人民生活水平的提高，消费习惯的转变，旱烟已由卷烟取代。但曲沃旱烟在山西、内蒙古等地，以及蒙古国享有一定的声誉。曲沃旱烟是对曲沃所产旱烟的统称，实际在曲沃生产的旱烟，各家自有其特点、风味，各有销售市场、销售对象。东生烟、郑世宽烟、魁泰拔翠皮烟、月生定烟、王梦龙烟、长盛杂烟，是几种享有盛名的曲沃旱烟。

（一）东生烟

色泽黑绿，无杂色，烟香醇芳，入喉和顺，略有劲，纯净不滞舌，无杂气。

---

① 衡翼汤编：《山西轻工业志》（上册），山西省地方志编纂委员会办公室印行，1984 年，161 页。

配料：精选曲沃上等晒烟为主，加配河南省襄城、邓县片叶、清化兰花烟。辅料加菜籽油或芝麻油、姜黄、榆叶面。

包装：每包旧秤 10 两（相当于 373 克），包内衬白果纸，用白麻纸包装，两面盖有汉文和蒙文"晋沃东生烟"商标。包内烟丝下粗（1 毫米）上细（0.5 毫米），上加柏树叶一片，印有梅花鹿口含灵芝草的内票一张，黄绿色烟丝，苍绿的柏叶，米黄色衬纸，雪白的麻纸，使消费者一看就有一种美的感受。外包装为双层草席，内衬桐油麻纸，每件装 180 包。新中国成立后改为纸箱，每件装 60 包。

销售地区主要是蒙古国、苏联的西伯利亚和中国的内蒙古及西北少数民族地区，对象主要是牧民。苏联出口蒙古国的斗烟丝，也仿效我国叫"东生烟"，可见东生烟在国外的崇高声誉。

生产厂家是东凝村东谦亨烟坊，股东和经理都为榆次人，东谦亨倒闭后，东生烟便成为曲沃所有烟坊的共有商标，但为了占领市场，相互竞争，都尚能保持原有特点与风格。

东生烟出口换汇率很高，新中国成立后，据外贸部门统计，出口一吨东生烟，可换回钢材 19.6 吨，或化肥 20 吨。1956 年全行业实行公私合营后，曲沃烟厂根据外贸需要，仍继续生产东生烟，但数量逐年减少，直至停产。

（二）郑世宽烟

色泽黄棕，无黑色烟丝，突出中药香气，但谐调，入喉和顺。一人吸烟，满屋皆香。

配料：全部为中等曲沃晒烟，但要新陈搭配生产。香料为中药材麝香、冰片、川芎、当归、苍术、白芷、甘草、薄荷、陈皮、桂皮、大茴、洋草、石花、青元、兰花米等，辅料加菜籽油或棉籽油、姜黄、白酒。

包装：每包旧秤 3.33 两（相当于 199 克），一般称"斤三包"（一斤三包），原用双层麻纸用面粉、白土裱成较厚、较硬的纸包装。新中国成立后，改用 300 克白板纸包装，正面印"晋沃郑世宽烟"商标，侧面印"永兴"二字。外包装原用双层苇席，每件装 270 包，后改用纸箱，每箱装 100 包。

销售地区为长治、长子、屯留等县，深受当地人民喜爱，简称"宽烟"。在卷烟没有兴盛前，办红白事，酒席再好，没有"宽烟"不能说待客丰厚。

生产厂家是下坞永兴和烟坊，股东是本村郑家，创始人郑世宽。1956 年全行业实行公私合营，改组合并成曲沃烟厂，继续生产郑世宽烟。

（三）魁泰拔翠皮烟

色泽翠绿无杂色，烟气清香，入喉绵软，无刺激。

配料：全部挑选曲沃中下等翠绿新晒烟，不要陈烟，辅料加菜籽油或棉籽油、姜黄、榆叶面。

包装：每包旧秤 3.339 两（相当于 199 克），一般叫"斤三包烟"。包装纸同"郑世宽烟"用纸一样，正面印"晋沃拔翠皮烟"，侧面印"魁泰"二字。包内烟丝内粗（0.3 毫米）外细（0.1 毫米），而且外面烟丝要求纯净，翠绿无杂色，无白点，包内衬红染连纸，显得烟丝更加翠绿，使人醒目入神。外包装原用双层苇席，每件装 270 包，后改用纸箱，每件装 100 包。

销售地区为平遥、介休、汾阳等县。平遥设有门市部，批发带零售。为方便用户，可将一包烟切成四块类。卷烟未兴盛前，当地人修房盖屋，办红白事，给帮忙的人都要每天每人发"曲沃旱烟"四分之一包，当地人称"一路路烟"。

生产厂家为高显魁泰和烟坊，股东以襄汾蒙亨村（现改称前进村）毛家为主，还有平遥邓家、万荣赵家、张家。1956 年全行业实行公私合营，改组合并成曲沃烟厂。

（四）月生定烟

色泽黄绿无杂色，烟香醇厚，入喉和顺纯净，不滞舌，无杂气。

配料：精选曲沃中上等晒烟，新陈烟叶搭配生产，辅料加芝麻油、菜籽油、姜黄、榆叶面。

包装：每包旧秤一两（相当于 37.3 克），原用湖南、江西南毛边纸、日本大阪纸，后改用 40 克白有光纸包装，正面用稿红印"月生定"，侧面用黑墨印"晋沃永发和造"，外包装用双层苇席，每件装 2000 包，后改用纸箱，每件装 500 包。

销售地区为河北张家口，内蒙古商都、化德等市县，特别是在商都一带，更受群众欢迎，有"人吃月生，牛吃麻参"的说法。这一是说明月生烟是人民生活中少不了的消费品，二是月生、麻参都是人畜的上等食品。

生产厂家是东凝村永发和烟坊，股东、经理大部分是榆次人。总号设在河北省张家口市，曲沃只是一个生产厂。1956 年全行业实行公私合营后，曲沃部分合并改组到曲沃烟厂，继续生产"月生定"烟。

（五）王梦龙烟

色泽金黄，气味清香，入喉和顺绵软，无刺激，不滞舌。

配料：每包旧秤 0.8 两（相当于 29.84 克），人们习惯叫"小包皮烟"，用湖南、江西南毛边纸、日本大阪纸包装。正面用毛绿"晋沃王梦龙烟"，侧面用稿红印"兴隆昌造"商标。外包装为木箱，每件 1800 包。

销售地区为汾阳、离石、柳林，以及陕北绥德、米脂等县。

生产厂家为北白集村兴隆昌烟坊，股东是本村王家，创始人王梦龙。

（六）长盛杂烟

色泽红黄，香气突出中药香，入喉平淡，无恶味。

配料：全部选用曲沃中下等红黄褐色晒烟。香料为中药材麝香（后用人造麝香）、檀香木、甘松、排草、洋草、兰花米、陈皮、桂枝、薄荷、甘草、青元、辛乙、白芷、石花等，辅料加棉籽油、姜黄、红土。

包装：原用双层苇席，后改用麻袋散装，到销售门市部分装一半，半斤纸袋，或根据消费者的需要分别包装。

销售地区为祁县、文水、交城、清徐、武乡、沁县等地，主要对象是农民。特点是物美价廉，在曲沃旱烟中价格最低。生产厂家为高显镇长盛原烟坊。总号在祁县，曲沃是生产厂，是以祁县乔家堡乔家为主的集股企业，其他股东也大都在祁县，经理与从业人员亦大部分为祁县人。1956年全行业实行公私合营时，包括祁县总号全部合并改组到曲沃烟厂，继续生产长盛杂烟。

第六章

民艺之美

焦勇夫打过一个比喻："云冈石窟那些（伟大的文物），同我国民间艺术比起来，它们不过是丛山峻岭的几处峰巅。要真正地认识那些峰巅，不能不认识作为它的基础的木石细部。"[①]

传统手工技艺撑起乡土乡民衣食住行的生存空间，民艺之美，则是镶嵌在乡土技艺织成朴素图景中的亮色。从晋地自北而南的手工造纸，到金元时期执北方经籍刻印业牛耳的平阳雕版印刷，以及澄泥砚、河边砚、新绛毛笔、上党松烟墨等文房用具，形成农耕时代民间文化交流与传承的完整的物质载体，点燃民众的智慧之光；诸如剪纸、皮影、纱阁戏人、面塑之类的民间工艺，作为酬神娱人的信仰寄托和美化生活的情趣表达，透射着古往今来人们向善向美的心灵；推光漆器、云雕、螺钿、堆锦，由这些象征富足、寄意玩赏的精美工艺品，可以想见民艺带给民众生活赏心悦目、陶冶性情的那份雅致。

民艺之美，出于实用，而它异于专供玩赏之美，因其实用，美少雕琢，自然率意之中又不乏巧妙灵动之美；更因其美寓于自然，实用之中，贵在无形要素的表达与传承，知识、信仰、情感、美意，尽在致用之中。当物尽其用之时，内在的民艺之美积淀而出，进入人类文明超越时空的共有空间。

---

① 王秦安：《绛州年画记略》，新绛县政协文史资料委员会：《新绛文史资料》，内部资料，390 页。

第一节　平水印与山西南北的雕版印刷

一、史料所见辽金元时期山西雕版印刷业

继隋、唐、五代之后，北方少数民族建立的辽、金政权，将统治中心移向北方，山西再度回到军事、政治的重心，成为经济、社会、文化发展的中心地区，雕版印刷业随之兴盛起来，执12世纪中国北方印刷业之牛耳。

据李红英在《宋辽金元坊刻家刻本》一文中介绍，契丹族建立的辽政权，确立佛教为国教，大量刻印佛经，同时积极吸收中原文化，印制儒家经典、各类史书、诗文集及工具书。在燕京、范阳以及河北、山西北部一带，辽代印刷业最为发达。保存至今的辽代刻本极其稀少，以山西应县佛宫寺释迦塔中发现、应县木塔文物管理所保存的《契丹藏》、《蒙求》等为稀世珍品。[1]

《中国科学技术史》"纸和印刷"分册记载，金（1114～1234）击败契丹、北宋，占领宋都开封后，统治了中国北方。原存开封国子监的所有书籍和印版都被北运，金天会八年（1130），金朝官办的刻印中心在平阳成立，金明昌五年（1194）成立弘文院。各类官署和私人书坊刻了许多经、史、子、文集和科学书籍。[2]

宋人徐梦莘在《三朝北盟会编·靖康中帙五十二》中详细记录了建炎元年（1127）金人第二次攻陷汴梁时不断向宋朝"求索诸色人"的情景：其中有"御前祇候方脉医人、教坊乐人、内侍官四十五人、露台祇候妓女千人。又要打造金银、系笔和墨、雕刻图画工匠三百余人。……杂剧、说话、弄影戏、小说、嘌唱、弄傀儡、打筋斗、弹筝、琵琶、吹笙等艺人一百五十余家，令开封府押送军前。""来索什物仪仗"记载了宋馆书录、经版被金人攘夺的情形："又取书録及所藏古器。……鸿胪卿康执权、少卿元当可、寺丞邓肃押道释经印板，校书郎刘才、邵傅宿，国子监主簿叶将，博士熊彦诗、上官悟等五人，押书印板并馆中图籍在营中交割。""又取图籍文书与其镂板"，"下鸿胪寺取经板一千七百片"，令鸿胪寺丞赵子

---

[1] 李红英：《宋辽金元坊刻家刻本》，国家图书馆古籍馆、国家古籍保护中心办公室《文津流觞》电子版，2008年第2期，33～35页。

[2] 金朝国子监刻印了30多种汉文和15种以上的女真文著作，私家和坊刻的有11种。见叶德辉：《书林清话》卷四，北京：中华书局，1957年，89～90页。吴光清：《明代的印刷与印匠》，《哈佛亚洲研究学报》1943年，第7卷3期，454页；张秀民：《辽金西夏刻书简史》，《文物》，1959年第3期，12～15页。

砥管押随行。① 洪迈在《容斋三笔》中记录，开封城陷时，金人抢宋室王孙贵族到北方为奴，"唯喜有手艺者，如医生、绣工……"，其中精于印刷的艺匠被押往平阳，为平阳雕版印刷业的发展提供了技术与人力的基础。②

元朝建立之初，蒙古人继承了宋代刻印的遗风和精美技艺，并加以发扬创新。除国子监外，还专门成立了许多官署来编校刻印书籍，包括大都的编修所，平阳的经籍所、兴文署和秘书监。到至元十年（1273），掌雕印文书的头文署，交属秘书监，秘书监已拥有 106 名工匠编制，其中包括 40 名雕字匠、1 名作头、39 名一般工匠、16 名印匠。③ 元代实行地方各路儒学合作刻印的办法，也促进了元代印刷业的持续发展，南方以宋代以来的浙江、福建为刻印中心。④

二、元代平水印⑤

平阳府即今天的山西临汾，因地处平水之阳，倚郭之县名为平水，故金、元时期这里刻印的书版又称"平水印"。平阳府治向来是山西地区的政治、经济与文化中心，当地许多乡村从事手工制造麻纸，优质麻纸表面光洁，质地坚韧。金代以来，平阳便已书坊萃集，刻书事业发达，是北方地区雕版印刷的主要中心。

在征服与统治中原汉地的过程中，元统治者在耶律楚材等人的倡导和影响下，逐渐认识到"天下虽得之马上，不可以马上治"的深刻道理，开始采取尊经崇儒、兴学立教的治理措施。元太宗八年（1236）六月，耶律楚材请立编修所于燕京，立经籍所于平阳，编集经史，以开文治特召儒士梁陟充任长官，王万庆、赵著副之，"以开文治"。至元三年（1266）十月，平阳经籍所迁至京师。⑥ 平阳经籍所成为主管出版经史书籍的专门机关，其设置对平阳雕版印刷事业的恢复发展产生了很大影响。

---

① （宋）徐梦莘：《三朝北盟会编》卷七十七·靖康中帙五十二，上册，上海：上海古籍出版社，1987 年，页五八三下，页五八五上。

② 张秉伦、方晓阳、樊嘉禄：《中国传统工艺全集·造纸与印刷》，郑州：大象出版社，2005 年，373 页。

③ 元代史料丛刊：《秘书监志》卷七，杭州：浙江古籍出版社，1992 年，第 17 页。

④ 〔美〕钱存训：《中国科学技术史·纸和印刷分册》，北京：科学出版社，上海：上海古籍出版社，1990 年，151～152 页。

⑤ 第二小节辑自瞿大风：《元朝时期的山西地区文化·教育宗教篇》，沈阳：辽宁民族出版社，2006 年，107～116 页。注释为编者核订并统一格式。

⑥ （明）宋濂：《元史》，卷二《太宗本纪》；卷六《世祖本纪三》，北京：中华书局，1976 年，29 页，105 页。（元）苏天爵编：《元文类》（下册），卷五七《中书令耶律公神道碑》北京：商务印书馆，1958 年，883 页。

在元朝统治山西地区期间，特别在平阳设立经籍所以后，平阳雕版印刷的图书种类逐渐增多，印制质量有所改善，刻坊数量不断增加。平阳刻书的种类主要包括医药、字书、韵书、诗文集以及佛经、道藏等多种书籍。对于平阳刊本的质量，清代藏书校勘家叶德辉在评价平阳府梁宅所刻《论语注疏》时，认为"胜于宋十行本"，而平水曹氏进德斋所刻箱巾本《尔雅》，"胜于明吴元恭所从出之宋本"。此外，叶德辉还称道"元时书坊所刻之书，较之宋本尤夥"。①《中国刻版图录》提到，《重修政和经史证类备用本草》"纸墨精洁，可称平水本之上乘"，又谓《增节标目音注精议资治通鉴》一书"纸墨精莹，可称平水本之上乘"。

平阳府的刻书分为官刻与私刻两类，私刻为主，官刻次之，私刻又分坊刻、家刻两种。由于没有官刻刊本与史料记载流传于世，所以平阳府的官刻情况难以考证。不过，根据经籍所设在平阳府治一事分析，当时平阳府作为主管出版经史书籍的专门机关，官刻书籍肯定不少。

金元之际，平阳府的坊刻很多，最著名的是平阳府张宅之晦明轩、平阳姬家、平水中和轩王宅。晦明轩张宅的主人为张存惠，字魏卿，平阳人，"精于星历之学，州里以好事见称"②。张存惠与刘祁、麻革等人时有往来，因而受到文人儒士的较大影响。金代以降，晦明轩刻书甚多，种类不一，仍用金代年号纪年。在雕版印书中，张存惠不仅注重文字功夫，而且讲究印刷的艺术形式，所刻之书多有螭首、龟座、琴、钟等各种造型的精美牌记，加上刀法遒劲，字体秀丽，纸墨明洁，刻印极精，历来备受世人美称，成为平阳雕版印刷，乃至北方地区雕版印刷的代表作。晦明轩出版的各种书籍，至今尚存如下善本：

> 《重修政和经史证类备用本草》30 卷，宋唐慎微撰。该书前有元定宗四年（1249）名儒麻革所撰序言，云："自神农氏而下，名本草者非一家，又有所谓唐本、蜀本者。"迄于宋代政和年间，"鸿儒名医铨定诸家之说，为之图绘，……行于中州者，有解人庞氏本。"不过，由于"兵烟荡析之余，所存无几，故人罕得恣窥"。因此，张存惠"惜其浸遂湮坠，乃命工刻梓。实因庞氏本仍附以寇氏衍义，比旧本益备而加察焉"。③ 书后则有刘祁题跋。④ 这部医药名著对于"别本中方论多者，悉为祁人。又有本经、

---

① （清）叶德辉：《书林清话》，卷七《元刻书之胜于宋本》，（卷四）《元时书坊刻书之盛》，北京：中华书局，1957 年，172，103 页。

② 姚奠中主编：《元好问全集》（下册），卷三六，《集诸家通鉴节要序》，太原：山西古籍出版社，2004年，27 页。

③ （清）张金吾编纂：《金文最》（下册），卷四五，麻革：《重修证类本草序》，北京：中华书局，1990年，645 页。

④ （金）刘祁：《归潜志》，卷十三《书证类本草后》，北京：中华书局，1983 年，154 页。

别录、先附分条之类，其数旧多差互，今亦考证"。经过补充考证以后，还对各种药物的异名、俗称专门加注，"其间致力极意诸所营制，不敢一毫苟简"①，且又刻有精致图样，以便读者辨认识别。此外，卷首记有"泰和甲子下己酉冬日"字样；目录后有"平阳府张宅印"琴形牌记和"晦明轩记"钟形牌记；跋后另有"泰和甲子下己酉岁小寒初辛卯刊毕"一行。刻工记有：古一、何川、张一、杨三、邓恩。这些记载说明该本是由晦明轩于金泰和甲子（1204）开刻至己酉（1249）雕刻而成的元朝定鼎以前有实物流传的较早刻本。明清以渐，该版著作多次得到翻刻影印，后来流传日本。建国以后，人民卫生出版社再次影印出版，社会影响很大。目前，北京国家图书馆藏有该本。

《滏水集》20卷，金赵秉文撰。《丹渊集》40卷，宋文同撰，拾遗二卷，年谱一卷，附录二卷。这两部文集均为元定宗时平阳张氏晦明轩刻本。

《通鉴节要》120卷，金戈唐佐编。司马光《资治通鉴》问世后，颇受社会重视，但因"卷帙浩繁，传写不易辨，寒乡之士有愿见而不可得者"。戈唐佐通过"精玩旨意，随疑订正，部居条流，截然不乱"。该部著作详而不繁，严而有要，"减完书纸墨之半"，遂使"见得之易则留布必广"，元好问称其著为"百代不刊之典"。经过张存惠"锓木以传"，自金泰和甲子（1204）开刻至癸丑（1253）刊印而成。②

《增节标目音注精议资治通鉴》120卷，宋吕祖谦编。张存惠将吕祖谦缩写的标目音注本去误补缺，又于每卷之末增加《考异》随事、诸儒精议。序有"泰和甲子下癸丑岁平阳张宅晦明轩"刻书牌记；目录后有"平阳府张宅印"琴形牌记和"晦明轩记"钟形牌记；卷末则有"泰和甲子下乙卯岁季秋工毕，尧都张宅晦明轩谨记"，"增节标目音注精议资治通鉴"三行。该著亦是晦明轩自金泰和甲子（1204）开刻至乙卯（1255）之秋雕刻印刷而成的刊本。

平阳姬家是自金代以来的有名刻坊，雕印过各种招贴画。现存金代刻印的"随朝窈窕呈倾国之芳容"大型木版画（俗称"四美图"）。

平水中和轩王宅则是金元两代百余年的老字号刻坊，元初刻印《论语注疏》；大德十年（1306）刻印《新刊礼部韵略》5卷；元统二年（1334）刻印《滏水文

---

① （清）张全吾编纂：《金文最》（下册），卷四七，佚名：《晦明轩刊重修证类本草跋》，北京：中华书局，1990年，682页。

② 姚奠中主编：《元好问全集》（下册），卷三六《集诸家通鉴节要序》，太原：山西古籍出版社，2004年，27页。

集》20 卷。

作为平阳府的直辖县份，汾西县的庞家经坊亦是金代已有的陈年老铺，因而一贯自称"祖代经坊"。该铺主人庞和刻印书籍，常常使用墨笔标明"汾西县庞家造"，或者盖有"汾西县祖代经坊庞家造"的木戳印记。[1]

有元一代，平阳府还有一批新建刻坊陆续开设，大都属于私人家塾刻书，其中包括平阳司家姬真堂、平阳府梁宅、平水许宅[2]、平水曹氏进德斋、平水高昂霄尊贤堂。平阳司家姬真堂于至元三十年（1293）刻印《新刊御药院方》11 卷，山西地区的文士大夫高鸣曾经作序，后又发现朝鲜刻本[3]。平阳府梁宅于元贞二年（1296）刻印《论语注疏》20 卷。平水许宅于大德十年（1306）刊印《铜人腧穴针灸图经》，又印《重修政和经史类证补用本草》30 卷，目录 1 卷。平水曹氏进德斋于大德年间刻印箱巾本《尔雅》三卷，该本曾由郭璞做过注音，刻印工整，字体秀丽，牌记则称"精加订正，殆无毫发讹舛，用授诸梓，与四方学者共之"。曹氏进德斋还刻印过元好问的《翰苑英华中州集》（中州集）。曹氏进德斋无疑亦属私刻。平水高昂霄尊贤堂于皇庆二年（1313）刻印《河汾诸老诗集》8 卷[4]。当时，山西地区的不少著作都是出自这些刻坊。

大蒙古国时期，全真道在山西地区迅猛扩张的过程中，开始利用在山西雕版印刷的优越条件，展开编纂道家经典的盛大活动。其间，全真道士宋德方以平阳玄都观作为编刻中心，出版印刷一大批道家经典，其中包括以下几种：

《玄都金藏》7800 余卷。该本是大蒙古国时期宋德方遵照长春真人丘处机的未竟遗志，于元太宗九年（1237）倡议雕版印刷道藏，且据管州所存金藏付刻，开局于平阳玄都观，直至乃马真后三年（1244）印刷告成。元定宗时，平阳永乐镇纯阳万寿宫建成以后，即收藏经版于宫内。元初之际，僧道交恶，势不两立，至元十八年（1281），元廷下令焚毁道家经典，全部经版遂被焚毁。

《云笈七签》122 卷，宋张君房撰。元太宗九年至乃马真后三年（1237～1244），平阳玄都观刻印道藏本。此书当为幸存下来的《玄都金藏》中的一种。

《大清风露经》1 卷，无住真人撰。元太宗九年至乃马真后三年（1237～1244）平阳玄都观刻印道藏本。此书同属幸存下来的《玄都金藏》

---

① 以上参见张秀民：《中国印刷史》，上海：上海人民出版社，1989 年，224～287、743 页。

② （清）叶德辉：《书林清话》，卷四《元私宅家塾刻书》，北京：中华书局，1957 年，97～98 页。

③ 张秉伦、方晓阳、樊嘉禄：《中国传统工艺全集·造纸与印刷》，郑州：大象出版社，2005 年，373 页。其中为"平水徐家"。

④ （清）叶德辉：《书林清话》，卷四《元私宅家塾刻书》，北京：中华书局，1957 年，98～100 页。

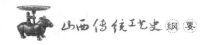

中的一种。

这一时期刻印的书籍中，还有一些重要书籍难以辨别究竟属于官刻，还是私刻。其中流传至今有物可见的原始刻本主要包括以下几种。

《湛然居士文集》14 卷，耶律楚材撰。该本由中书省都事宗仲亨收录耶律楚材遗稿，增补杂文，举其全帙，付之于门下之士真冲霄、李邦瑞协力编修，而后命工刊行。该集刻本现已失传，但因元刊本的转抄本尚存，方使后人得以了解当时的刊刻情况。万松老人行秀、王郇、孟攀鳞曾为此集撰写序言。王郇自题籍贯平水，孟攀鳞是云内人，"壬辰（1232）北归居平阳"。孟攀鳞在序中说，省丞相胡公喜君之文，命工刊行于世。这个"丞相胡公"当是大蒙古国时期的平阳行省丞相胡天禄。因此，这部文集可以定为平阳刻本。行秀作序于甲午之年（1234）仲冬，此集刻成约在1235 年，似为官刻。

《孔氏祖庭广记》12 卷，金孔元措撰。大蒙古国时期乃马真后元年（1242），孔氏刻本。刻工有张一等人。北京国家图书馆有藏本。

《毛诗注疏》20 卷，汉毛苌撰，汉郑玄注，唐孔颖达疏、陆德明音义，大蒙古国时期平水刻本。现存尚有《毛诗注疏》残页。

《尚书注疏》20 卷，汉孔安国传，唐孔颖达疏、陆明德释文，新雕尚书纂图一卷，凡十九图，地理图题平水刘敏仲编校，大蒙古国时期平水刻本。刻工记有：张一、何川、邓恩、袁一、杨三。刘氏刻本的一些刻工与其他私刻的刻工同姓同名，张一、何川、杨三、邓恩等人均是。刘敏仲为藏书家翰林刘祖谦之子，刘祖谦曾与元好问、刘祁等人结友交游，后于金末被兵所杀。刘敏仲出身藏书之家，且又参与编书刻书。依此推测，刘氏很有可能属于招募刻工的私人家刻。该本现存北京国家图书馆。

《春秋集传纂例》10 卷，唐陆淳撰，元代平阳刻本。

《史记》130 卷，汉司马迁撰，南朝宋裴骃集解，唐司马贞索引。中统二年（1261）平阳道人段子成招募刻工雕印而成。[①]

除了平阳雕印图书以外，山西其他地方亦有官私刻坊。鉴于有关史料缺乏，尚难详述有关情况。但是，根据大蒙古国时期的全真道士宋德方利用山西雕版印刷的优越条件，主持重刊《道藏》的情形来看，这项重刊工程浩大，不仅需要一批熟悉道经之士搜集校编，而且需要相当数量的雕印工匠。因此，宋德方在中阳、晋、绛设立 4 局，又在太原设立 7 局，潞、泽设立 2 局开展活动，还据编纂工程的实际需要，相继在河东以外设立 14 局。全部工程共设立 27 个经局，又设立 6 局"以为印

---

① 潘国允、赵坤娟编著：《蒙元版刻综录》，呼和浩特：内蒙古大学出版社，1996 年。

造之所"，"役工者无虑三千人"（一说五百有奇），整个工程规模颇大。① 这部《道藏》印成后称作《玄都宝藏》，总共刊出 7800 余卷，由此不难看出所刻《道藏》的部头之大。其中，山西地区的雕版印刷显然占有主要部分，设局所在的绛州、太原、潞州、泽州等地，可能均有雕版印刷之处所（图 6-1、图 6-2）。

图 6-1 明万历年间刻印王通《中说》的书版
（现存山西万荣县通化村王通祠，贾全贵拍摄）

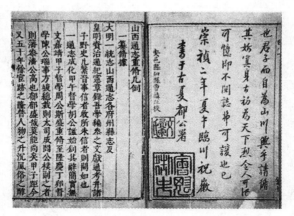

图 6-2 明崇祯二年印《山西通志》
（黄竹纸，纵 31.5 厘米，横 20.5 厘米，山西省博物馆藏）

综上所述，这一时期山西地区雕印事业的突出成就，对于我国古代的文化发展产生了较为深远的影响。其中平阳府作为北方地区的刻印中心，进入新的发展阶

① 陈垣编纂：《道家金石略》，北京：文物出版社，1988 年，第 547 页《玄都至道披云真人宋天师祠堂碑铭并引》，613 页《玄都至道崇文明化真人道行之碑》。

段，且在促进北方地区社会文化交流传播的同时，对于保存我国古代文化遗产和推动科学技术进步，发挥了承前启后的重要作用。

三、赵城金藏

金元时期，以平阳为中心的雕版刻印业的繁荣，与此时利用佛教巩固统治、安定民心的国策，在民间普遍崇信佛法的山西南部和东南部地区，逐渐唤起民间发心致力刊刻一部佛教《大藏经》的弘法事业。以晋南为中心，以村民布施为主体，历时 30 余载成就的《赵城金藏》，实质源自佛教信仰与雕版工艺双重力量的契合。

雕印一部佛教《大藏经》，是山西潞州长子县平民崔进之女崔法珍崇信佛法的虔诚心愿，从金皇统九年到大定十三年（1149～1173）前后 30 余年间，她发心断臂，凭一己苦行之力，在晋南乡野遍走上千里募缘刻经之路。据蒋唯心考证，信女崔法珍的劝募途径始自河津，渡黄河入陕西至白水、毗沙镇、蒲城，又折回晋南太平、解州、夏县、安邑诸地。金正隆年间（1156～1161）以后，崔法珍完全以解州为中心，足迹遍及解州所属安邑、夏县、芮城、平陆和邻近的潞州长子、翼城、临汾、万泉、荣河、猗氏。① 所到之处的乡民没有辜负化缘信女的苦心，贫者富者无不倾力认捐，有资产者一人输财数千贯（解州夏县如古乡赵村王德并妻李氏施钱2000 余贯），可以刻经数十卷；无余蓄者甚至不吝仅有的家财与破产之虞，普贤像、梨树、生骡一头、布匹，皆以相施。

接下来的雕印事业全凭民力劝募所得进行，为此组织"开雕大藏经版会"总成雕印事业。由于解州北接当时的刻印中心平水，交通便利刻工往来，开雕大藏经版会设在解州城西 20 里的唐宋名刹"静林山天宁寺"，在附近施主持续善缘的资助下，一般刻工与寺院僧徒开始专心刻经。从经跋中可见监造雕经僧、调版僧、管经僧、雕字教首等雕印分工②。

解州天宁寺刻印的《大藏经》，大半使用白桑皮纸印制。作卷子装，黄表赤轴，长短大小略有差异。依《千字文》编帙，共 682 帙，每帙 10 卷，每卷由多块版组合，计 168 113 版。卷内版式分为两类：其一为翻译之经律论赞，版心高约 22 厘米，宽约 47 厘米，每版刻 23 行，每行 14 字。版首小字刊刻经名简称、卷次、版片号、千字文号。每卷经首加装《释迦说法图》一幅，右上端刊"赵城县广胜寺"六字，表示藏经供养之所，间有"住持人霍山老人"题刊（图 6-3 山西省博物馆藏《赵城经藏》）。其二为入藏著述，版心高宽增大，每版刻 22～30 行，每行 15～27

---

① 蒋唯心：《金藏雕印始末考》，南京：支那内学院，1935 年，8 页。

② 蒋唯心：《金藏雕印始末考》，南京：支那内学院，1935 年，9、11 页。

字，以与译籍区别，间有便于折叠的梵册式，或作书本式。版式袭北宋官版藏经之原式①。这些原版刻经保存了北宋开宝年间官方主持刻印第一部汉文大藏经《开宝藏》（仅残存几卷）的基本面貌，晋城青莲寺、高平均有宋版刻经旧藏可为对照。

图 6-3　山西省博物馆藏《赵城金藏》

（金，纵 23 厘米，横 29.5 厘米）

大定十八年（1178），崔法珍将由解州天宁寺刻印完成的《大藏经》敬献皇朝，金世宗在燕京大圣安寺（皇统初赐名"大延圣寺"）设坛为法珍受比丘尼戒，大定廿三年（1183）赐"紫衣宏教大师"，并将其事铭诸金石。

元朝建立之初，耶律楚材请立编修所于燕京，立经籍所于平阳，编集经史，因兵火劫难毁坏的佛经随之着手补雕。与当年法珍私力劝募刻经不同，这次补雕经版数量约占金刻《大藏经》全部的四分之一，发起中书省所属十余路僧人，各地方长官特别提倡并积极募资，多方召集名刹雕字僧人和地方雕印名家补雕。北京路、燕京路、宣德路、真定路、河间路、东平路、益都路、济南路诸僧，补刊金刻《大藏经》前半各帙，后半则由晋地诸路补刊，如太原惠明塔寺、文水寿宁寺、汾州治平寺、西河宝峰寺、潞州某寺、潞城洪济院、浍水某寺皆参与补雕金藏。

广胜寺藏《大藏经》于元初中统三年（1262）所补刻佛像与裱背，出自金代已经成名的"汾西县祖代经坊庞家造"，如其雕印题刻自称，这是赵城县十七代祖孙传承的雕印装裱名家汾西县"庞待诏"②，技艺精湛与刻经之神圣互为表里。元至元九年（1272），筠溪长老在广胜上寺舍利塔前转读教藏，可见至迟在此时，金代民间原雕、元初官民补刻的《大藏经》已赐供于山西霍山名刹赵城县（今属洪洞县）广胜上寺弥陀殿，此后故名《赵城金藏》，简称"赵城藏"。

①　蒋唯心：《金藏雕印始末考》，南京：支那内学院，1935 年，6 页。

②　蒋唯心：《金藏雕印始末考》，南京：支那内学院，1935 年，17 页。

《赵城金藏》包括一些元代修补的经版和明代补抄的经卷，合计 6980 卷。抗日战争中，《赵城金藏》的命运几经辗转而最终得以保全。1965 年，经北京琉璃厂书画装裱技师历时 17 年的精心修复，入藏国家图书馆。在流传至今的历代佛教刻经中，《赵城金藏》是时代最早、版本与内容最完备的"善本"《大藏经》，与《敦煌遗书》、《永乐大典》、《四库全书》并称中国国家图书馆镇馆之宝。

第二节　晋南木版年画

宋元之际，特别是辽、金时期，平阳既是北方经籍刻印业的中心，集中了多家官、私刻坊；同时随着商品流通与城市生活的兴起，装点生活的年画，成为岁时节令城乡居民的一种普遍需求，年画刻印籍私家刻坊发展起来，木版年画进入技术普及期，从构图到雕版、印刷技术走向成熟，细致繁复的工艺，使作品更加精美。《中国古代印刷史》称平阳木版年画为"年画的始祖"，《中国版画史》有"版画之头，平阳启之"的记载。山西南部的平阳，及与其相邻的襄汾、新绛，北部的应县（辽）、大同（辽金），是历史上山西和北方木版年画的刻印中心，与两宋时期的汴梁、杭州，明清时期北方的北京、天津，东南的南京、徽州、杭州、建阳，遥相呼应。

一、平阳木版年画

前述平阳的私家刻坊多制印木版年画，其中仅有两件标准作品传世，且有刻印家题款，平阳姬家、平水徐家分别以作品《随朝窈窕呈倾国之芳容》（图 6-4）《义勇武安王像》（图 6-5），成为金元时期平阳乃至中国木版年画确切可考的佳作。

《随朝窈窕呈倾国之芳容》，俗称"四美图"，长方形立幅，绘汉代、后晋四位倾国倾城的女性立像，画面中部左右分别为赵飞燕、王昭君，两侧左右分别为班婕妤、绿珠。四位女性芳容圆满，若有所思，凤冠霞帔，华丽雍容，线刻裙摆向画面左方自然飞动，画面整体布局丰满，重心均衡，又不失动势，构图与雕刻手法处理得宜。由于四位女性皆深得皇帝宠信，以雕栏玉砌的画面背景映照朱颜，为皇家苑囿的典型景致。画幅通高 82.5 厘米，宽 49.5 厘米，阳刻，用墨版印在麻纸上，纸色因年久泛深黄。画面的背景中央横题画名"随朝窈窕呈倾国之芳容"，纵题刻印者"平阳姬家书铺"。这幅木版画原用作私宅装饰，此为对幅中之一幅，显示了当时的木刻技法与装饰风格，具有极高的艺术价值。

图 6-4 　《随朝窈窕呈倾国之芳容》　　　图 6-5 　《义勇武安王像》

　　1909 年，俄国柯基洛夫率领的探险队在甘肃黑水城（今内蒙古额济纳旗）西夏古塔中发现了《四美图》，1916 年 7 月首刊于东京《艺文》杂志第 2 期 119 页。[①]与《四美图》同时被发现的，还有平水徐家刻印的《义勇武安王像》木版画，为关羽王者坐像，根据表现内容，刀法遒劲，风格高古肃穆。两幅版画代表了两种截然不同的内容与画风，可见金元时期平阳版画艺术构思与表现技术之高超。这两幅画现藏于俄罗斯圣彼得堡埃尔米塔什博物馆。

　　木版年画源起佛教、道教内容的宗教画，通常附在宗教经籍之前。后来取材逐渐走向民间，内容趋于多样。在平阳木版年画之外，还有中堂、条屏、拂尘纸、灶君、门神、天地神画，以及窗花、灯花等画。拂尘纸画，俗称"扑楞纸"，是张贴于炕柜、墙窑、碗架、桌边的画，既防尘，又起装饰作用，形式都是横方型。还有纸灯画，是专供自制灯笼的张贴画。

　　明清时期，木版年画无论在印刷的品种还是在生产规模方面都达到了顶峰，仅临汾城内，就有益顺画店、德隆画店、兴昌画店等，洪洞县城的瑞兰斋、天泰成画

---

　　① 〔美〕钱存训：《中国科学技术史》，第五卷纸和印刷分册，北京：科学出版社，上海：上海古籍出版社，1990 年，230 页。

图 6-6　平阳木版年画制作工具
（山西非物质文化遗产网）

局，曲沃县的同成纸局常年雇佣工人印刷木版年画。据统计，明清时期临汾及周边地区有大小作坊百余户，每年印刷发行木版年画近 1 亿张（图 6-6）。

1938 年日寇侵占临汾后，木版画的制作受到严重影响，襄汾、新绛一带木版年画作坊多被烧毁，几乎绝迹。新中国成立后，山西省老一代美术家苏光、力群诸先生为木版画的恢复做过大量工作，晋南美术工作者赵大勇等人在广泛收集旧存木版年画的基础上，于 20 世纪 50 年代酝酿筹资恢复平阳木版画的生产，并一直从事研究、整理和创新木版画的工作。2002 年 12 月，山西省文物局批准赵大勇个人举办临汾市平阳木版年画博物馆。①

2008 年，平阳木版年画，入选第二批国家级非物质文化遗产名录（编号 841 Ⅶ—65）。平阳木版年画博物馆设在临汾市。

二、襄汾木版年画②

1954 年，襄汾县由襄陵、汾城两县合并而成，境内有距今 2600 多年的春秋时期晋襄公陵墓，有丁村旧石器时代文化遗址。这里地处汾河下游，土地肥沃，物产丰富，经济繁荣，文化发达。木版年画，旧称"雕版画"，是植根民间、广受喜爱的文化遗产。

1956 年、1964 年、1979～1984 年，襄汾县进行过六次较为深入的民间艺术普查工作。襄陵和汾城都有绘制、刻印、销售木版年画的画局、作坊和画店，分布在汾城镇单家庄村、南贾镇大张村、丰盈乡南王村、城关镇丁村、贾罕乡东王村、古城镇杜村、大邓乡赤邓村、襄陵镇庄头村、中兴街等。

单家庄村较有名的作坊是南庄画局。1980 年 3 月，据当地的老人谢连升（90 岁）和印刷过木版年画的张志玉（77 岁）回忆，单家庄有木版年画的印版三套，最早的一套是曹家的，从他们记事起，此版就没有再印过，原因是画版图样久经印刷，已磨损得模糊不清，实在不能再印了。按他们的推算，此版大约系清嘉庆末、道光初年（1815～1825）制版。另一套是贾家印版，大约是清道光中期的雕版。此

---

① 牛晓珉：《平阳民间木版画》，《太原日报》，2008 年 4 月 10 日。

② 贾福葵：《襄汾民间木版年画调查记》，见襄汾县政协文史资料工作委员会编：《襄汾文史资料》第 4 辑，内部发行，1988 年，85～88 页。

版先转让给朱家，后又转卖给狄家，可惜，这套版在"文化大革命"中尽毁。第三套属于口述者张志玉家版，是其父张明德一手经营，画版约为光绪初年（1875～1880）的产物。张家每年进入腊月开始印刷年画，腊月廿三左右停业，平时以务农为主。印制的年画主要销售于西山各乡与临汾、襄陵、新绛及本县各镇店的杂货铺。印售品种有门头、门画、桌裙、花云、拂尘纸、春牛、公鸡（窗门画）等。

大张村作坊主张森文（1898～1978），善画工刻，从贩卖单家庄画局成品并临摹、翻刻做起，到自家成立画局，自画、自刻、自印、自销，每年进入农历十月就开始印制年画，销售地区以西山各县为主。

杜村和东王村有两家合营的画局，杜村家负责刻版，东王村家负责绘画和印刷。另一处是东王村张家画坊。1964年我们在东王村农民张延龄家发现一批戏曲灯画之类的雕版。据张延龄记忆，他的曾祖父能刻会画，年画作坊就是曾祖父开设的。因此，这些小型而精湛的艺术作品，可能出自其曾祖父之手。另外，我们在复印中发现，雕版背面还有未刻的人物、道具的墨线面稿清晰可辨。可以设想，若请别人刻版，是绝不会有这类情况的。不幸的是，张家这批珍贵的年画原版，绝大部分都毁于"文化大革命"初期。张家现存雕版时代还待进一步研究。1979年，我们在东王村收集到28块雕版，版作者是杜村人，可能是杜村和东王村二家合营年画作坊的产物。其中有一块残缺字版，上面有"清康熙年月"字样，字版另一面刻着"摇钱树"，技法与风格类似张延龄家戏曲人物灯画雕版。

襄陵本是县城的政治、经济、文化中心。受近邻府治平阳盛产木版年画并可获得经济利益的影响，年画制作和销售成为当地与附近农户农闲时和春节前后几个月间的副业。每年十一月以后，庄头村的男女多参加年画的制作，不会雕绘的，就担任染色、印刷和销售的任务。

襄汾木版年画的取材非常广泛，有戏曲故事、吉祥寓意、花鸟走兽、博古和天仙神祇等几大类。其体裁和格式，也是根据这一带群众的欣赏习惯的需要和民间住房格式的要求而分门别类的。除了各年画产地普遍有的"灶君"、"财神"和各种天仙神祇，以及为了"避邪"而张贴在门背后墙壁上的"钟馗"、"镇宅神虎"外，还有别具一格、具有浓郁本地乡土气息的，如室内张贴在碗窑、被褥窑架板上的"拂尘纸"，贴在水缸、米面缸、粮食囤及各种盛物器皿上的"财神"，元宵佳节分巷赛灯时供印刷纱类用的"灯画"，以及"门头"、"窗门画"、"桌裙"等。襄汾民间年画中的一些优秀作品，如灯画，在艺术技法上主要采用中国传统工笔画技法，线条工细劲健，笔法流利畅达，造型准确生动，构图严谨，刻工十分精致。

色彩，是年画的重要组成部分。晋南各地木版年画产品，一般多用"套色版"套印设色（如临汾、新绛等地），可是，目前我们所发现和收集到的襄汾县木版年画，无论是雕版还是印刷品，却多为"单色墨线版"，而未发现"彩色套版"。因

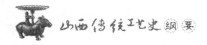

之，襄汾年画在赋色方法上，可能是以"人工填彩"、"随类赋色"为主要手段了。

三、绛州木版年画①

北宋画师邓椿在《画继》卷七·小景杂画中记载："杨威，绛州人，工画村田乐。每有贩其画者，威必问所在。若至都下，则告之曰：汝往画院前易也。如其言，院中人争出取之，获价必倍。"② 绛州民间艺人杨威的画作，以村田乐趣为主题，鲜活工丽，虽在绛州作画，却很能吸引外地画贩前来购买，然后再转到各地行销；杨威的画作不仅为画贩看好，更是长期深得汴梁人士喜爱，以致他可以十分自信地指引画贩："到都城汴梁的画院前去售卖我的画作吧！"每当画贩按其所引地到来，果然，画院中人争相出门购买，以飨画院难得的民间画趣。绛州民间画艺的高超水平和深得人心的喜爱程度，北宋时期已可见一斑。

新绛古为绛州，隶属于平阳路，两地只有百里之隔。绛州是这一带手工业最发达的水旱码头，有"七十二行城"之称。就印刷而言，一是造纸原料充足，有造纸业，尤其所辖县的稷山竹纸可以源源提供；二是新绛、稷山两地枣木极多，枣木是雕版的最佳材料，故宋人称金书籍为"枣本"。这里有出土的金代"贞祐宝券"铜质钞版，根据《佛说北三斗七星经》所载，宋金时期，这里已有雕版书发行。这为绛州雕版年画的生产创造了条件。

清道光、咸丰年间（1821～1861），绛州年画发展进入鼎盛期，城关镇有作坊"三大家七小家"之说。清初开业的益盛成（原名茂盛成）画店，每年印制木版年画 10 万份，行销西北诸省。1937 年日本全面侵华战争爆发，新绛县城南关益盛成有三间房子的年画雕版，绝大部分被日军纵火焚毁。此后，新绛县城仍有 12 家裱对铺，专营木版年画，还有一些书局、纸店兼营，农村更有不少半农半艺作坊，如天福成、景记、光前堂、杜坞刘、德峰昌、同裕兴。

民间美术既是一种文化现象，又是一种民俗现象，是巫术文化的遗俗传承。因此，它与民间时令节日有关，又与人的生婚寿丧有直接联系，绛州年画也不例外，如财神、门神、灶王爷等民俗内容。人物年画出现较晚，各地收藏的绛州年画，大部分是清末民国初年的作品。还有为数不少的戏曲人物年画，景记《二十四孝》年画和《三国演义》连环画颇具特色，仅关公人物画，新绛县文化馆就收藏有三种：《关公》、《山西夫子》、《关公观春秋》。

绛州年画与古来绛州"人性刚悍多勇敢"的风气相承，粗犷豪放，浑厚质朴。

---

① 部分辑录王秦安：《新绛年画记略》，见新绛县政协文史资料委员会编：《新绛文史资料》，第 6 期，内部发行，388～390 页。

② （南宋）邓椿：《画继》卷七，北京：人民美术出版社，1964 年，96 页。

它以线版为主，用刀极见功夫。套色水印，有七色者，一般都是五色，多为大红、桃红、中黄、青莲、普蓝和绿几种品色，加上少量粉面调配，整个画面以恰到好处的大片颜色形成主调，又以小块黑白增强对比，看后顿觉一股梆子腔的韵味。其他地方木版年画一般不用蓝色，更不多用紫色，而"天福成"印制的《馗头》，则采用了紫色，使之显得更加威武森严。绛州年画历代不乏代表作，如《春牛图》、《馗头》、《老鼠娶亲》。

我们不是要把所有民间艺术原封不动地永久保留下去，民间年画终究要被现代年画取代。目前，唯"天福成"后人仍在春节前后印制一些民俗年画在市场上出售，购者多为年长之人，主要用作祭祀。日后它将很有可能成为博物馆收藏品。焦勇夫打过一个比喻，他说云冈石窟"那些同我国民间艺术比起来，它们不过是丛山峻岭的几处峰巅。要真正地认识那些峰巅，不能不认识作为它的基础的木石细部"。所以我们必须认识民间美术，加以综合研究，要全面地继承发展，而使其中优秀文化得以弘扬。

第三节　新绛澄泥砚

新绛县古为绛州，地处山西省西南部，汾河自东向西从县境中部穿过，形成汾河高低阶梯构成的冲积平原区，基本处于汾河下游地堑中，相对高差1056.4米。对于穿越山岭沟壑奔流600余公里而来的汾河，这样的地形为含有丰富矿物质的汾河泥沙在新绛集聚、沉积形成澄泥，创造了得天独厚的自然条件。在多种澄泥砚中，自唐代以来，新绛澄泥砚就以坚润精美的品质为文士所钟爱，与广东端砚、安徽歙砚、甘肃洮河砚，并称中国传统"四大名砚"。故宫博物院现存绛州贡品虎符澄泥砚一方。

澄泥砚是利用河流长期积淀的细质泥沙，经过滤除去杂质，形成极细腻的泥，再加入适量的添加剂，经过雕刻艺术加工，高温炼烧而成的一种陶质砚台，即"澄结细泥，烧炼成砚"。经过高温烧制的陶泥，其硬度堪比石质。隋唐时期，制砚材料、砚台的造型艺术较前代有较大发展，在陶砚、瓷砚、漆砚、石砚之外，出现了三彩砚、澄泥砚，澄泥砚尤其为善于品鉴的唐代文士所喜好，正如《砚谱》所谓："虢州澄泥，唐人品砚为第一。"（虢州指河南灵宝，亦说山西绛州）唐代书法大家柳公权在《论砚》中评价："蓄砚以青州为第一，绛州次之，后始重端、歙、临洮。青州只产红丝石砚，不产澄泥砚。陶砚，仍以澄泥砚推首。"宋人唐彦猷在《砚录》中指出："红丝，石之灵者，非它石可与较，故列于首云。"可见，澄泥砚在唐宋时期确实最受钟爱。绛州地处唐代文化、经济与政治中心的河东腹地，唐宋时期河东地区文人辈出，绛州澄泥砚更多了一分适宜发展与交流的社会文化环境。北宋欧阳修说："（绛州）产澄泥砚，砚水不干。"米芾赞叹："澄泥砚中有馨香。"砚固良材，欧阳修与米芾的感受中亦不免二人对河东风物的情有独钟。宋代，澄泥砚工艺日趋复杂，山西绛州，河南虢州、相州，山东柘沟镇，河北与山西北部的滹沱河流域，皆有优质的澄泥砚出产。据《新绛旧志》记载，明清之际，由于各地采石制砚，价廉易得，澄泥砚逐渐衰落，制作工艺失传，仅在《贾氏谭录》、《天禄识余》、《珍珠船》、《古玩指南》等著述中有片断记载。

澄泥主要有朱砂红、虾头红、鳝鱼黄、绿豆青、蟹壳青、玫瑰紫、鱼肚白等多种色彩，经过高温发生"窑变"，更增加了澄泥原色与纹理的丰富变幻。《古玩指南》记载："澄泥的颜色，以鳝鱼黄为最上，绿豆青者次之，玫瑰紫者又次之，其砚上见斑者，谓之砂斑点，大者名豆瓣砂，小者名绿豆砂，若有二砂者尤善。……后人虽有仿之者，终以佳泥之难得，火度之低微，率多麂糙，损笔均不堪用，颜色庞杂，浮浅干枯。"《天禄识余》记载："绛州人，善制澄泥，置绢袋于汾水中，逾年而取之，则泥沙之细者已入袋矣。陶为砚，水不涸焉。"绛州澄泥砚主要呈鳝鱼黄、乌漆、茶砖绿等三种色彩，有箕、龟、履、蝉、圆形等多种造型。

在澄泥砚之前，汉代以来一直使用瓦砚，瓦砚多砂砾，质地疏松易碎，易损笔毫。澄泥砚取材便利，通常有河流处即有澄泥，优劣程度不同而已。优质澄泥砚含津益墨，养毫易书。绛州的汾河澄泥质细，其中富含铁、铜、钾、镁、铝等几十种矿物元素，添加铅化合物黄丹作为固化剂，经过焙烧的澄泥砚，具有发墨快、质坚细腻、细而不滑、坚而不燥、储水不固、历寒不冰的特点。抚如润玉，叩若金鸣，研之发油，观如墨玉，呵气可润，隔宿可研，冬不结冰，夏不干涸。《西清砚谱》描绘乾隆皇帝把玩宋代绛州澄泥砚十数方并题铭："澄泥砚罕见于世，泥坚如石，润如玉"，"抚如石，呵生津，黄其色"。

新绛澄泥砚的传统制作方法，北宋苏易简（957/958～995/997）在《文房四谱·砚谱》中记述较详：

> 作澄泥砚法，以墐泥令入于水中，挼之，贮于瓮器内，然后别以一瓮贮清水，以夹布囊盛其泥而摆之。俟其至细，去清水，令其干，入黄丹团和溲如面。作一模如造茶者，以物击之，令至坚。以竹刀刻作砚之状，大小随意，微荫干，然后以刺刀子刻削如法，曝过，闲空埋于地，厚以稻糠并黄牛粪搅之，而烧一伏时。然后入墨蜡贮米醋而蒸之，五七度含津益墨，亦足亚于石者。①

---

① （宋）苏易简：《文房四谱》，北京：中华书局，1985年，39页。

基本步骤是：①澄泥，置绢袋于河中，愈年后取之，以泥令入其内；②揉泥，将泥置于瓮中，用手揉之；③捏泥，以物击之，使其质密；④制坯，以竹刀切成砚状；⑤干燥，阴干；⑥烧结，窑炉。

20 世纪 80 年代试制的澄泥砚制作新方法，借助机械手段辅助传统工艺对部分工序做出如下尝试：①澄泥，砌混凝土泥池，用水泵将河水抽入池内，待泥沉淀后，将上层清水排出，往复数次，取得澄泥；②揉泥，采用搅拌机将澄泥加水搅拌，使其密度适中、均匀、结合紧、粒度细；③捏泥，采用筒式液压机将按好的半固体状澄泥加在模内，压缩成一定比例的块状；④制坯，将压缩成饼状的块料用冲压设备以模具制成各种不同的坯胎；⑤干燥，阴房晾干，或用远红外炉循序加温烘干；⑥雕刻，砂磨；⑦入窑烧制，或采用反射炉进行烧结，达到恒温、炉冷的目的；⑧出窑后水磨成品。[①]

1980 年，梁恒得在新绛县工艺厂试制澄泥砚，烧出几窑，但不及前代制作理想。时任山西省博物馆馆长、书法家徐文达先生挖掘试制数年，又经新绛县博物馆蔺永茂、蔺涛父子多年潜心研究，试制成功，并研制出"石品花纹"，创制出注水澄泥砚、钢化澄泥砚，发墨率很高，克服了古代澄泥砚追求石质而损减发墨率的缺点，古老的绛州澄泥砚技艺得以重焕生机，并影响到太原、五台等地澄泥砚的制作。1983 年，故宫博物院鉴定专家郑珉中评价复原的绛州澄泥砚说："质地坚实，颜色典雅，试以光绪御制墨，觉腻而利，初研即清水尽黑，再研则更泛油光，的确可步古澄泥砚之后，而登文房佳品之林了。"[②]

现在新绛澄泥砚采用传统手工艺制作，用原煤烧制，成品率受季节、风力、窑温、窑变等因素影响较大，经过烧制的每方砚台，即使雕刻造型完全相同，纹理、色泽已然经过窑内化学反应而各具特色，无一雷同，这也成为澄泥砚的独特性与低成品率的原因所在。澄泥砚工艺精湛，主题意韵高远，有云海腾蛟、草堂松风、舜吟南风、难老泉声、八仙过海、麟吐玉书等多种主题。

2008 年，新绛澄泥砚制作技艺，入选第二批国家级非物质文化遗产名录（编号 916Ⅷ—133），代表性传承人蔺永茂、蔺涛。

宋代绛州还出产一种角石砚，亦为贡品、名砚。欧阳修在《砚谱》中说："绛州角石者，其色如白牛角，其纹有花浪，与牛角无异。"在米芾眼中，"绛州石出水中，其质坚，矿色稍白，纹花多浪。"由于角石滑而不发墨，人们多用来研磨丹药。元、明时期失传。据当代学者考证，角石产于新绛县九原山下的白云质灰岩溶水裂

---

①　新绛县二轻工业局《新绛县二轻（手）工业志》编委会编：《新绛县二轻（手）工业志》，内部发行，1988 年，159 页。

②　山西教育出版社编：《山西风物志》，太原：山西教育出版社，1985 年，353 页。

隙岩层中。①

第四节　河边石砚②

　　河边砚，又名五台山砚，椴砚，也有凤砚、嶂砚之称。定襄县河边镇以东的段亩山，又名文山，位于"华北屋脊"五台山的西麓，以"山中产砚石"而闻名。这里常年气候严寒，北风凛冽，砚石常被冰雪覆盖，形成质密、润泽、硬朗的石质。邻近的定襄河边村、五台建安村常以采石制砚作为一项副业。据《定襄县志》记载："河边镇自古多制砚艺人。其砚取镇东文山之石精雕而成……河边石砚俗称椴砚，又因河边地处五台山附近，故亦称台砚。"《五台县志》载："段亩山又名文山，产砚石有青、紫、蓝三色，凡附近各省市井蒙馆用之粗砚及大砚，皆此山之石也。"与光绪版《山西通志》各地方物记载相同。可见，最迟在清光绪年之前（1875），段亩山砚石已供应山西北部周边各省的市井学童所用，所制多为一般用途的粗砚、大砚。

　　砚石开采是一项极艰苦、极细致的工作。旧时，河边村民就把上山开采砚石喻作"踏天割紫云"。因为砚石多为紫色（亦有红、黑、绿色），加上所采之石多是云片状，所以把砚台视为紫云，"踏天"意指道路之险如上青天。

　　河边砚石以斜纹状蕴藏于山石之间，《定襄县志》记载，其"倾向北西，倾斜四十至五十度，层厚五十三米，长七百至一千米"。这样的分布地貌决定了开采的艰难。为了不使砚石受损，开采时既不能放炮轰击，又不能重锤敲打，必须像剥笋一样，细细剥去表层，而后"惟靠斧凿刀割"，一片一片往出撬割。采出的石料还要经过精选，只要有一丝沙纹，也不能使用，所以在开采时要慎之又慎。采得的砚石由人工背下山。

　　河边砚具有坚实细腻、润笔益毫、研磨发墨快、斟汁不易干等特点。全过程手工制作，主要包括下料、制坯、雕刻、上蜡四道基本工序，使用工具有刀、锯、锤、铲、錾、铁笔、水沙等，每种工具分为不同的大小、尖圆、宽狭和标号。③河边砚绝大多数为仿古砚，每方砚台从选料、制坯到成品，从花纹、颜色到点、渣、线，从规格尺寸到大小、高低、长短，从形状到图案，都须符合古砚章法。制砚艺

　　① 新绛县政协文史资料委员会编：《新绛文史工业专辑》，内部发行，2005年，9页。
　　② 本节辑自薄圣亮：《河边砚台》，见定襄县政协文史资料委员会编：《定襄文史资料》，第7辑定襄民间百业，内部发行，1996年，65～69页。
　　③ 吕日周：《山西名特产》，北京：农业出版社，1982年，227页。

人或用刀削，或用铲磨，或用錾刻，或用笔琢，运用浮雕、深雕、圆雕等雕刻工艺，制成造型美观、富有民族特色的仿古砚。河边砚的砚面有方、圆、长方、椭圆等规则造型和不规则的特殊造型，其上可以雕刻山水花卉、亭榭楼阁、鸟兽虫鱼、神话故事、古今人物、诗文等各种图案，形色典雅，动静相宜，栩栩如生。仿古作品如贞观御砚、兰亭序砚、石鼓砚，以及自主设计生产的纪念毛泽东砚、五龙喷水砚、台山白塔砚等，都是河边砚台的佳作。

1973 年，河边镇将民间制砚艺人组织起来，建立了河边石刻工艺厂，从事制砚的村民逾千人，年产各种砚台 10 万多方，品种由单一的学生砚、办公砚发展到 200 余种仿古砚、工艺砚，产品不仅畅销国内，还远销日本、东南亚等地。同时，在制作石砚的基础上，1983 年研制恢复了澄泥砚，开辟了河边砚台的新领域。

第五节　新绛毛笔

山西并非毛笔产地，仅以日常用品所需，有少数几县经营毛笔制造。据《山西实业志》20 世纪 30 年代实地调查记载，当时汾城县有恒义庄笔庄一家，安邑县河东市路家巷有积成庄一家，忻县东街有同文斋、郝常瑞、公义堂三家，各家均为独资经营，作坊工业规模很小。

山西制毛笔种类分为羊毫、狼毫、条笔等数种，原料有羊毛、黄狼毛、笔杆等物，原料大多以邮寄方式购自汉口。据《山西实业志》记载："毛笔的制造手续，尚称简单：首将毛类刷理清楚，然后与竹杆凑合，用松香粘塞，杆上刻就字号即成。制造季节，以正月为淡月，五六月为忙月，各县笔销，大概系在当地或邻县。售出时用包扎成，每包笔枝数，普通殆为十枝。"[①]

贡院街中城巷曾为新绛县城著名的"笔墨一条街"，民国时期集中着秀元堂、一品斋、文成堂、俊德堂、积金斋、同益生、晋祥斋、义成斋、翰兴斋等九家作坊，原料羊毛来自京津，黄狼尾来自西北山区，竹管来自杭州，皮胶采用青岛骨胶。其中以翰兴斋制羊毫笔著名。当时，每年仅一品斋即有 30 万支毛笔远销京、津、甘、陕、豫等地。这里至今仍零星保存着手工制作毛笔技艺，张永福为最年长的手工制笔匠师（图 6-7）。

---

① 实业部国际贸易局编：《中国实业志·山西》，第六编工业，上海：商务印书馆，1936 年，五六一一五六三（己）页。

图 6-7　张永福老人在制作毛笔

资料来源：燕雁：《传统制笔工艺：在寂寞中坚守》，新华网山西频道，http://www.sx.xinhuanet.com/ztjn/2011-01/05/content_21793939.htm [2011-01-05]。

　　张永福，又名张永安，男，1918 年 5 月出生，河南济源人，现居山西省运城市。著名民间艺人。1931 年张永福因家贫经舅父介绍从河南济源来到山西，在河津"翰文斋"制笔名师"翰吉贡"门下拜师学艺，1935 年出师，与邓开千（已故）集资购进羊毛半斤，于 1936 年开设"积文斋"作坊制作毛笔。1949 年，积文斋又在天津注册，1956 年实行公私合营，积文斋加入"新笔墨社"，后更名"新绛县工艺美术厂"。张永福退休后，凭 70 多年的毛笔制作技艺，重振积文斋笔墨庄。现在其女儿张喜婷继承父业，经营着"积文斋"制笔作坊。

　　积文斋制作毛笔选料精良，制作精湛，需经过水活、干活两类工种，还包括选料、下料、沤料、梳料、齐毛、混合配料、剪视、圆笔、焊头、拉杆、挖口等 51 道繁复细致的工序。[①] 所制毛笔具有尖、圆、齐、健、不开叉等特点，笔杆通顺，笔尖均匀，毛锋整齐，笔体美观大方，适用于书法、绘画。现在，积文斋制作的毛笔有套笔、抓笔（特号、1 号、2 号、3 号）、斗笔（1 号、2 号、3 号）、碗笔、长锋、紫兰毫、青山桂雪、七紫三羊、大红毛、狼毫、仪文、臣忠第一、祥云捧日、鸡狼毫等几十个品种，并适时开发出婴儿胎毛与羊毫兼毫笔。产品销往晋南地区及太原、北京、西安、上海、兰州等地，部分出口日本、东南亚等国家和地区。[②]

　　2009 年，新绛毛笔制作技艺，被列入第二批山西省级非物质文化遗产名录（编号：99 Ⅷ—17），代表性传承人为新绛县于良英笔庄、新绛县积文斋笔墨庄。

第六节　山　西　制　墨

　　上党松烟墨、绛州翰兴斋香墨为山西历史上的古老贡墨。松烟墨出现时代较早，因以松树枝为主要原料而得名。太行山深处自古生长着优质古松，为潞州出产

---

　　① 新绛县二轻工业局《新绛县二轻（手）工业志》编委会编：《新绛县二轻（手）工业志》，内部发行，1988 年，156 页。

　　② 燕雁：《传统制笔工艺：在寂寞中坚守》，新华网山西频道，http://www.sx.xinhuanet.com/ztjn/2011-01-/05/content_21793939.htm [2011-01-05]。

松烟墨提供了原料，唐代松烟墨已是潞州土贡，与"绛州墨、绛州砚、上党松心、云中（大同）鹿胶"皆为名品，名重一时。[①]

《新唐书》记载："潞州上党郡大都督府土贡贲、布、人参、石蜜、墨。"《通志·略》记载："潞州贡墨、人参、花蜜、菟丝子。"《文献通考》也有"上党郡贡人参二百小两、墨三梃"的记载。上党松烟墨在唐代最为兴盛，时名"碧松烟"，属墨中上品，颇为文人好尚。北宋苏易简在《文房四谱·墨谱》中记述，唐代书法家欧阳洵之子欧阳通，每次书写用墨必备"古松之烟，末以麝香，方可下笔"。李白获赠碧松烟墨，特意作诗《酬张司马赠墨》酬谢，表达对"精光堪掇"的松烟墨的珍爱之情：

> 上党碧松烟，夷陵丹砂末。
> 兰麝凝珍墨，精光乃堪掇。
> 黄头奴子双鸦鬟，锦囊养之怀袖间。
> 今日赠予兰亭去，兴来洒笔会稽山。

制作松烟墨须选取优质松树枝，点燃，控制好火力，以保持松枝的不完全燃烧状态，从而产生大量的松木烟尘，从中取得"松烟"；再经过网目细密的箩的澄筛，除去杂质，即为松烟精料。将松烟精料配以牛皮胶或鹿胶、麝香等香料，加工成松烟墨。

对唐代潞州松烟墨的价值，宋人晁贯之在其所撰的《墨经》中述，它继汉代扶风终南山、晋庐山之松烟墨，显贵于唐代。"唐则易州、潞州之松，上党松心尤先见贵。"宋代潞州太行山、辽州辽阳山皆产松烟墨。[②]《墨史》著录的墨工中，有"李清，上党人，以墨著名"的记载。清顺治版《潞安府志》记载："上党昔产墨，今绝。"可见，至迟在明代后期，上党松烟墨已经绝迹。

绛州出产的香墨是唐代的重要贡品，《通典·食货志》有"绛郡贡墨一千四百七十梃"的记载。翰兴斋香墨自明代开始生产，龙门香墨为清末贡品。民国时期，翰兴斋从河南与安徽招聘制墨、制笔技工，所制徽墨"龙门"二两、"朱子家训"一两、"太华秋"五钱，精工加料，很受欢迎。绛州墨多属油烟墨，较松烟墨出现晚，用桐油、麻油、茶油等植物油所燃之烟，配以胶、香料制作而成。

绛州香墨的制作方法，据《新绛县二轻（手）工业志》记载："这两种墨均采用皮胶、进口油烟、麝香、冰片等原料配制。经过皮胶浸水泡软，煮成浆汁，和油烟混和，搅匀，捣碎，做成墨坯；将墨坯放在铁镇上，加放冰片、麝香，用双锤锤

---

① 转引自田小杭主编：《中国传统工艺全集·民间手工艺》，郑州：大象出版社，2007年，407页。

② （宋）晁贯之：《墨经》，周履靖校正，北京：中国书店，1991年，1～2页。

打三百余锤，然后装进墨模内压制成墨锭；后又将墨锭上涂以金色，使墨牌字体鲜艳，包装既成。据俊德堂主回忆，龙门墨每斤 20 锭，太华秋每斤 40 锭，洛神每斤 80 锭，龙飞凤舞每斤 4 锭。"[1] 凡用绛州香墨写字绘画，细腻利笔，黑泽光亮，放之百年而不减色变样，写在木板上，则入木三分；同时味香扑鼻，夏天在房内研墨，蚊蝇闻味而不入，因此各地书画爱好者对其颇为赞扬。

历年来，此墨不仅畅销全省各地，还销往西安、兰州、洛阳、河北、青海等地，有的还销往日本、东南亚等国家和地区。[2] 现在以新绛县积文斋笔墨庄制作的龙门香墨最为正宗，产品有大条、中条、小条、圆条、长方条等类型。研墨写字乌黑铮亮，时间愈久愈亮，书写不浸不运，泼墨绘画，气味清香。龙门陈墨还可以治病，端午节以去掉内脏的蛤蟆装入陈墨，数日后可治腮腺炎、毒疮等症。2009 年，绛墨制作技艺，入选第二批山西省级非物质文化遗产名录（编号 98 Ⅷ—16），代表性传承人为新绛县积文斋笔墨庄。

此外，位于运城市内东大街的五福堂，是民国时期开设的制墨作坊，产品供应晋南地区销售。据《中国实业志·山西省》实地调查记载，该作坊于 1931 年独立投资 200 元创立，工人由河南济源招来。制墨所用原料为烟、胶，每年需用量烟 150 斤，胶 180 斤，自上海采购，年产香墨 528 斤。[3]

第七节 平遥推光漆器

木质、竹质及其他各种材质的家具和器物，经过利用天然生漆进行彩绘髹饰，即成为漆器。漆树的生长以及掌握利用生漆的方法，决定了古代漆器的出现。先民首先发现了漆树，能够利用漆液做基本的刻画记录，在战国时代青铜文化的尾声，漆器以其轻便、实用而不失华贵的特点趋向流行，从湖南长沙马王堆出土文物看，汉代的漆器彩绘工艺已经达到相当高的水平。1965 年，在山西大同市石家寨司马金龙墓出土的北魏"烈女传图"朱红木板漆画屏风，代表了山西早期历史上技艺纯熟的漆器艺术作品（图 6-8）。明代中后期随着晋商的崛起，商业财富迅速积累的一些地区，由生活富足到追求奢华，大到家具、陈设，小到首饰盒、食盒及玩赏之物的漆器制品，为民间实用、审美或身份意象表达的需求提供了新的选择。山西平

---

① 阎爱英主编：《晋商史料全览·运城卷》，太原：山西人民出版社，2006 年，279 页。

② 新绛县二轻工业局《新绛县二轻（手）工业志》编委会编：《新绛县二轻（手）工业志》，内部发行，1988 年，156～158 页。

③ 实业部国际贸易局编：《中国实业志》第六编，上海：商务印书馆，1936 年，页五六三（己）。

遥、新绛、稷山、代县等地制作和使用漆器的传统，基本是在这种条件下形成并有所发展的，直至影响到现代人关于山西漆器的传统印象，尽管也不能排除它们具有更早渊源且与"唐宗宋祖"漆器相衔接的可能。[①]

图 6-8　大同司马金龙墓漆画屏风两扇
（北魏，长 82 厘米，宽 40 厘米，山西省博物馆藏）

山西的天然漆树资源分布在吕梁山和太行山区，从永和、大宁、蒲县向东到汾河谷地的霍州、平遥、沁源、左权一带，都有漆树生长。漆树是一种高大的落叶乔木，性喜光，生长快。从漆树皮下割取的树脂汁液，经过氧化变成棕红色，即为生漆原料，经提纯加工成为一种天然优质涂料。生漆性能优异，能够防腐、防潮、绝缘、耐酸碱、耐高温，还有良好的防辐射效果，被誉为"涂料之王"。1978 年山西省种植漆树 20.3 万余株，1980 年发展到 43 万余株，具有提炼生漆的良好自然资源。

"平遥古城三件宝，漆器牛肉长山药"，推光漆器居平遥古城的特产与特种工艺之首，它与北京金漆、福建脱胎漆、扬州点螺、川式漆器齐名。

平遥推光漆器分为实用器物和陈设饰物，前者如柜、箱、案、几、盒，后者如屏风、漆画等，广泛适用于宫廷、庙宇、殿堂、文房、家庭陈设。根据加工工艺的不同，推光漆器有推光彩画、堆鼓罩漆之分；根据色面的不同，有黑漆胎、紫漆胎之分。平遥推光漆工艺以手掌推光、描金彩绘为核心技术，生产过程分为木胎、灰胎、漆工、画工、镶嵌等五道工序。据《平遥推光漆器厂史志辑要初稿》记载，制作工艺主要如下。

---

① 参见乔十光主编：《中国传统工艺全集·漆艺》，郑州：大象出版社，2004 年，217 页。

（1）木胎工艺：漆器历来选用椴木，椴木的最大特点是易塑性好，不变形，纹理顺，可雕。板材需经烤窑烘干，一般需要三周时间，含水率达到6％～8％时方可使用。

（2）灰胎工艺：木胎做好后转入灰胎工艺。经裱布、裱纸（高丽纸）、上灰（一般需4～5道，上一道，打磨一道，直到平整为止），上灰工艺决定着漆艺品漆层的牢固度及平整度。

（3）漆工工艺：古代称上漆为"髹"，即"髹漆"。漆器历来使用"大漆"，也称生漆、国漆或土漆，是漆树上经人工割出来的淡米黄色漆液，经过提炼，才可使用。生漆或熟漆在未干时，大部分人对其有皮肤过敏现象，常见的是皮肤燥痒难耐，但经过几次"中漆"，一般就可抵御。生漆或熟漆需在相对温度和湿度适宜的窨房内阴干，如果温度和湿度相对失调，就永不会干。所以，漆工除"髹漆"技巧外，还应经常调整窨房的温湿度。现在常用的原料除少数大漆外，一般都选用合成大漆，合成大漆性能略差于大漆，但是对生产环境的要求不高，易施工，成本低，光泽度好于大漆，且不老化。

"髹漆"是漆器制作最关键的工序，每件产品一般髹漆5～8道，每上完一道漆干后需打磨，再上漆，再打磨，直至最后打磨出光。出好光是每件产品质量优劣的关键。需用细砖灰（用水将砖灰反复过滤），在漆面擦麻油，并用手掌反复推磨到发热，推磨次数愈多，出光愈亮。推的平整与否，取决于磨的技法。

木胎车间使用松木做出各种家具的木胎后，灰胎车间就用白麻缠裹木胎，抹上一层用猪血调成的砖灰泥，这叫做"披麻挂灰"。漆工车间的工序非常细致复杂。在灰胎上每刷一道漆，都要先用水砂纸蘸水擦拭，擦拭毕，再用手反复推擦，直到手感光滑，再进行刷漆，多则刷七遍，少则刷六遍，其后的推擦就更细致了。先用粗水砂纸推，再用细水砂纸推，用棉布推，丝绢推，卷起一缕人发推，手蘸麻油推，手蘸豆油推，掌心反复推。凭眼力，凭心细，凭感觉，凭次数，推得漆面生辉，光洁照人。

（4）画工工艺：底漆多以墨黑、霞红、杏黄、绿紫为主，上面绘以古典小说、戏曲人物、神话传说等喜闻乐见的连环画，描金彩绘包括平金开黑、堆鼓罩漆、勾金、罩金、蛋壳镶嵌等传统技法。因此画工和镶嵌车间，对技术的要求更高，画工必须学习绘画四年以上，掌握了绘画的基本技巧，才允许在漆面上勾红点翠，独立操作。刻绘工人的刀锋，要求像笔锋一样，粗细相间，深浅适度，起落自如。

（5）镶嵌工艺：镶嵌原件的制作台上，团团烟光紫气，叮叮有声，工人们把河蚌壳、螺钿、象牙以及彩色石头加工成各种原件，根据图案的要求，由镶嵌工人巧妙地镶妥粘牢。

清代以前，推光漆器为素底描金，清初开始以金漆为主，并以红、紫、绿、蓝、黄等色入漆内，初步形成平遥漆器描金彩绘的风格。清中叶，艺人们不断改进，创新出增厚漆层、用木炭磨光漆面与描金彩画的精巧工艺，即堆鼓罩漆工艺。据《中国传统工艺全集·漆艺》记载："堆鼓是平遥漆器业对堆漆的特殊称谓。用漆灰略略堆出山石的高低阴阳，因花纹鼓起，故名。堆鼓描金罩漆在堆纹干透以后，薄罩一遍金胶漆，待金胶漆表干，贴金箔或用丝绵球裹金银箔粉，上于金胶漆上。干透后，其上或金勾，或黑漆绘出纹理，彩漆点苔点夹叶。青绿山水则用绿透明漆染绘。描绘全部完成并干透后，罩以透明漆。"[①]（图6-9）

清乾隆年间，平遥日昇昌票号处于中国汇兑中心地位之时，鸿锦信作坊的平遥推光漆器也走上外销之路。晚清时，平遥城内漆器加工店铺多达14家，是历史上平遥推光漆器加工生产的极盛

图6-9　平遥推光漆屏风两扇
（清，纵94.5厘米，横26厘米，
山西省博物馆藏）

时期，先后涌现出王春、阎道康、赵学林、马永富、乔泉玉、任茂林（1911～1988）等一批名老艺人。出生于光绪年间的乔泉玉（1889～1967），平遥乔家山人，因家境贫寒，14岁进城学艺。他在推光漆器上不断创新，减少了擦色，增加了入漆颜料及色彩，并吸收了南方玻璃画的工艺，吸取了唐宋工艺熏彩的精华，发展了推光漆绘画艺术，形成了别具一格的"乔派"风格。

1958年，平遥推光漆器厂成立，广采各地漆艺及山西古代绘画、雕塑艺术之精髓，"推光漆家具上，勾、刻、戗、画、填、嵌，均有所能，而以堆鼓描金罩漆的金碧山水或青绿山水屏风家具，全国盖莫能匹。产品销往欧、美、东南亚等28个国家和地区"[②]。

平遥推光漆器髹饰技艺的当代传承人薛生金（1937～），为中国工艺美术大师，得乔泉玉、任艺林先辈之亲授，他不仅继承了传统的乔派风格，而且广采唐宋画家之众长，在人物造型、图案设计、绘画色泽和产品样式等方面又有创新。薛生金的传人为耿保国、贾兴林等。图6-10为今制平遥推光漆器。由于受现代

①　乔十光主编：《中国传统工艺全集·漆艺》，郑州：大象出版社，2004年，217页。
②　乔十光主编：《中国传统工艺全集·漆艺》，郑州：大象出版社，2004年，217页。

图 6-10　今制平遥推光漆器
（张国田拍摄）

化学漆和腰果漆的冲击，以天然漆为原料的推光漆技艺日益萎缩，导致艺人改行或流失，平遥推光漆器的传统技法、产品质量、工艺传承处于濒危状态。

2006 年，平遥推光漆器髹饰技艺，入选第一批国家级非物质文化遗产名录（编号 401 Ⅷ—51），代表性传承人薛生金。2008 年，薛生金工作室成立，是平遥推光漆器髹饰技艺的传习所。

第八节　新绛漆器

一、云雕漆器①

明嘉靖年间，绛州漆工张凡娃钻研元代云雕技艺，加以创新，研制出绛州云雕漆器，从此代代相传。20 世纪 20 年代，云雕老艺人王恩恭、赵普元、薛仙基经营油漆铺，在破旧云雕漆器的修理过程中，进一步研究其刀法、漆层厚度和图案结构，制作出一些仿旧产品。赵普元开办雕漆店，收薛根焕为徒，专门制作云雕、螺钿漆器；又收王小虎为徒，制作云雕、描金漆器。薛仙基连家制作云雕、描金漆器，制品质朴有力，自产自销，收郭来福为徒。至 30 年代初，绛州已有云雕漆器店 12 家。1927 年，王小虎开设同泰源雕漆店。抗日战争和解放战争中，云雕生产停顿。50 年代初，同泰源雕漆店恢复生产。1957 年，云雕艺人王小虎赴北京参加全国工艺美术艺人代表大会，云雕遂成为新绛特色工艺。清代以来，绛州还以螺钿漆器见长。稷山软螺钿兴起以后，新绛螺钿遂为其盛名所掩。

云雕称剔犀，是雕漆工艺的一种。在漆胎上，以两种（一般为朱、黑两色）或三种色漆有规律地交替髹涂，待积累至一定厚度，干后，用刀剔刻云纹或如意纹、绦环纹，刀口断面可见交替往复的色漆层，区别于横面取色的剔彩。因为剔犀以云纹或云纹的变化形式剔满全器，故又名"云雕"，日本称为"屈轮"。

---

① 张燕：《山西漆器》，见乔十光主编：《中国传统工艺全集·漆艺》，郑州：大象出版社，2004 年，220～221 页。

新绛云雕在做罢漆灰的胎骨上，以朱、黑两种漆交替髹涂，一般以5层黑漆间5层朱漆，约髹漆80层左右，漆层累积达5毫米，刀口上宽下狭，呈V状，进刀深峻，棱面分明，为"剔法有仰瓦（刀口呈U形）、有峻深（刀口呈V形）"的峻深派——北派云雕，区别于进刀浅如仰瓦、棱面浑圆的南派云雕（今已失传）。制作云雕漆器，与制作其他雕漆漆器一样，髹涂用漆内必须对明油，以降低漆层脆硬度，便于进刀。新绛云雕较剔红对油少，表层漆色黝黑，不对油，耐打磨推光。因此，新绛云雕漆光莹亮照人，刚劲醇厚。

新绛雕刻厂于1958年成立，后更名新绛工艺美术厂，生产云雕盘盒和云雕桌、几、箱、柜和刻灰屏风、骨石镶嵌屏风，屏风框架上常用云雕装饰。产品主销日本和东南亚。1980年，新绛云雕桌被评为全国轻工业优质产品，在1981年、1990年全国工艺美术百花奖评比中分别获银杯、金杯奖（图6-11）。1996年，新绛工艺美术厂破产，曾任厂长17年之久的王步光和技术人员何俊明办起了新绛县黄河云雕家具厂，生产大型系列成套云雕家具，现在主要生产腰果漆云雕漆器。山西新绛特种漆艺厂为山西省政

图6-11　新绛云雕漆桌
（清，高27厘米，宽63.5厘米，
山西省博物馆藏）

府"重点保护企业"，精制纯天然大漆制品，为2008年北京奥运会制作了一对云雕"风雨球"，直径达2.17米，陈列于国家游泳馆"水立方"序厅中。

2006年，新绛云雕制作技艺，入选第一批山西省级非物质文化遗产名录（编号74Ⅷ—6）。新绛县陈勤立云雕艺术工作室（图6-12），得到政府扶持，加工、制作并传习新绛云雕技艺。

图6-12　陈勤立云雕艺术工作室制作的生漆家具

二、雕填刻灰围屏[①]

雕填是漆器制作的主要技法之一，在创制新绛云雕的过程中，漆艺匠人王恩恭、赵普元、薛仙基在清末共同发展了雕填漆器。1915 年，王恩恭开设天成公雕漆店，1918 年收王小虎、柴遍儿、高甫洪、马牛里为徒，专做推光业；1920 年，王小虎到普源永雕漆店，拜赵普元为师，学做镶嵌、雕填。此后有丁月子、丁秀成、魏少山、李玉良、汾城县段金龙等承继此业，成为各设店铺的雕填名匠。

1927 年王小虎开设的同泰源雕漆店，于 1957 年生产雕填挂屏 5 件，1963 年生产出口雕填漆器围屏 4 副、镶嵌柜 7 件，70 年代起刻灰围屏的生产逐年上升，专为外销生产雕填刻灰绣墩。

雕填漆器、刻灰围屏，用炼制后的天然生漆髹饰木器而成，即在木胎上做好表布（或麻、纸）后，饰 2 毫米厚的灰层，干后上漆，绘出图案，用利刀雕刻出花纹或细线纹组成的图案，最后上彩，或在凹处填金色或其他明丽色彩。新绛县工艺美术厂生产的雕填刻灰围屏，用烘干桐木作木胎，不翘角，不裂缝，不变形。披麻上灰均匀适度，木胎两面拉张力平衡，面平无凸凹，上漆推光，漆面黑亮，莹光照人，无砂纸磨痕和斑点划道。刻灰底灰为优质石粉，细腻纯净，刻工刀法圆润，无板、刻、结、滞等线条出现，清底光平，深浅一般。进刀处阳线与灰底平面呈 90°～95°，显出丰富流畅的线条。

新绛刻灰屏风图，画面具有满、散、鲜的特点。满，即屏风每扇布点，但忌均匀等距，须虚实相生，疏密有致；散，即布局开朗，主题突出，切忌拥塞，主次不分；鲜，即赋彩明亮不失柔和，屏风上色不脏、不灰、不暗。人物线刻仿照传统的"高古游丝描"画法，使线条匀称，挺拔有力。花鸟山水线刻则视内容而变化。自 1961 年起试制刻灰漆器，先后制成百美图、花鸟图、祝寿图、杨门女将、耕织图、百子图、大观园、仙乐图、甘露寺、汉宫求月、庭图戏趣、圣母出巡图等 5 种规格、70 多个主题的产品。产品畅销日本、澳大利亚、新加坡、法国、美国，以及中国港澳地区。

---

① 新绛县二轻工业局《新绛县二轻（手）工业志》编委会：《新绛县二轻（手）工业志》，内部发行，1988 年，45～46 页。

第九节　稷山软螺钿漆器[①]

螺钿漆器，通常指阴纹螺钿，指用螺蚌壳片沙嵌于漆胎，再刻纹、填漆，然后将螺钿花纹磨显而出、文质齐平的漆器，即《髹饰录》所说的"陷蚌"、"坎螺"、"螺填"。

螺、钿本是两类不同的材料。"螺"，泛指江河湖海中的螺蚌壳；"钿"，指镶嵌用的金银宝石。《髹饰录》以"钿螺"合用，《利用第一》"霞锦"条中，黄成说："钿螺、老蚌、车螯、玉珧之类，有片，有沙。天机织贝，冰蚕失文。"意思是说，钿螺、老蚌、车螯、玉珧等各种介壳，其天然光泽好似云霞锦绣，裁切成片，或研磨成粉，饰于漆器，连传说中的冰蚕锦也失去了光彩。

关于螺钿漆器的制作方法，《髹饰录》"填嵌"门记载，一种是螺钿片按界郭拼合，"界郭、理、皴皆以划文"，指硬螺钿漆器。另一种将螺蚌薄片切割成"点、抹、钩、条"等各式基本形，拼合成各种图案，方法是"分截壳色、随彩而施缀"，要求"精细密致"，螺壳的颜色有青、黄、红、白，指薄螺钿漆器。将薄螺片浸入白醋或萝卜汁内数小时，弱酸性使薄螺片变得柔软可以弯曲，易于嵌贴于圆形漆胎，且不易破裂。因此，薄螺钿漆器又称作"软螺钿漆器"。

根据螺钿壳体的厚薄，元代以前多为硬螺钿漆器，由于螺钿"壳片古者厚而今者渐薄"（《髹饰录》），元明清三代，软螺钿漆器超过了硬螺钿漆器流行起来。山西新绛、稷山的软螺钿漆器制作兴起于这一时期（图6-13）。清末，软螺钿工艺失传，由于漆艺家具外销格局的形成，硬螺钿工艺再度兴起，江苏扬州为重要产地之一。现今，江苏扬州、山西稷山能够制作软螺钿漆器，韩国同类制品则更称精绝。

图6-13　吉庆有余螺钿食盒
（清，直径39厘米，高8.5厘米，
山西省博物馆藏）

1964年，新绛县工艺美术厂王小虎、薛根焕、柴秀岗等漆器艺人，试制成功软花螺钿嵌制品鼻烟壶，此后又掌握了贝壳分解术，制成螺钿片，为制作螺钿镶嵌制品创造了条件。1972年，稷山县工艺美术厂创办，从向新绛县工艺美术厂学习软螺钿镶嵌鼻烟壶技艺做起，两年内掌握了嵌贴软螺钿的基本技艺。1974年，根

① 本节辑自长北：《螺钿漆器制作工艺》，《中国生漆》，2007年第2期，66～68页；张燕：《山西漆器》，见乔十光主编：《中国传统工艺全集·漆艺》，郑州：大象出版社，2004年，219～220页。

据外贸需要，产品转向"桌上几"，有葵花式几、长方几、正方几、平头案、卷书几和大小首饰柜、小围屏等。1977 年，转向仿古动物造型器，如兽形炉、鸟尊、鹿尊、羊尊、麒麟驮瓶、牛驮瓶、象驮瓶等。产品不断升级换代，对造型、图案渊源、螺钿裁贴技术等提出越来越高的要求，终于形成稷山软螺钿漆器以仿古立体陈设为主的产品特色。20 世纪 80 年代，稷山县工艺美术厂以嵌螺钿仿制故宫博物院所藏玉器、匏器、珐琅器等，外销受到欢迎。

稷山软螺钿漆器螺片小如黍米，灿若群星，嵌贴出均匀密集的图案锦。图案构成直多于曲，有质朴饱满的装饰情味，偶作小块开光，开光内亦仅嵌朵花片叶、一角山水。稷山用分层剥离法取软螺片，片脆而小，宜于组嵌锦地图案；扬州用手工磨制软螺片，螺片韧而大，可以组嵌画面。

稷山软螺钿漆器的风格在试制阶段便露出端倪。鼻烟壶满贴细密的锦地，圆形、海棠形开光内，嵌以简单的花卉、山水。生产桌上几、首饰盒的阶段，几面嵌明清器物流行的古钱纹、回纹、万字图案，较鼻烟壶锦地图案更为复杂，开光内嵌八宝、暗八仙、博古等，有意仿效明清软螺钿漆器风格，甚至有的产品嵌上明末清初扬州螺钿名工"千里"款识。首饰柜柜顶银皮包角，柜上合页、铰链、拉手等，全以银制，錾以花纹，银光锃亮，见民间气息。小围屏边框嵌以铜钱大小的圆形图案，一、二、三个为一单元，向四方连续展开。这种图案被北京古董行称为"小皮球"，每扇 50 个"小皮球"，每个圆球内图案各异，有团花、瓜果、虫鱼、古钱、棋子等。仿青铜器则造型不加变动，力求准确；图案或精简或充实，嵌饕餮纹、夔龙纹、蝉纹、重环纹、窃曲纹等。

稷山软螺钿制作的高峰期在 20 世纪 70 年代末至 80 年代。1978 年全国工艺美术展览，稷山工艺美术厂以 19 件软螺钿漆器参展；同年 9 月，《人民画报》刊登了稷山展品《麒麟驮瓶》、《摘头异兽》彩色照片。1979 年，稷山软螺钿漆器被评为山西省优质产品，螺钿女工张成枝被命名为山西省"质量信得过个人"。1980 年，稷山县工艺美术厂受北京工艺品分公司委托，仿制文物"僧帽壶"。壶嘴、壶口、腰箍、底圈皆蒙镶鎏金錾花银片，壶链银制，壶体脱胎漆制。在高 70 厘米、直径 16 厘米的壶体上，用软螺钿嵌出大小人物 71 个、远近树木 53 棵、桥 13 座、船 22 只、楼台亭塔 27 座、驴马 8 匹，还有山石、凤凰、牡丹等。稷山软螺钿漆器上第一次出现了大片软螺嵌成的山石，也出现了细如发丝的柳条、水纹。通过这次仿制，稷山县工艺美术厂大大提高了嵌螺钿技艺，又成功地制作了四面嵌山水人物的扇形首饰漆提盒、四扇柜门嵌"四美图"的漆柜，逐步掌握了大片螺钿的裁贴技巧。1983 年，在中国国际旅游会议上，稷山县工艺美术厂软螺钿镶嵌兽驮瓶获表扬奖。图 6-14 为稷山软螺钿的制作材料及成品。

2009 年，稷山螺钿漆器制作技艺，入选第二批山西省级非物质文化遗产名录

（编号97Ⅷ—15），代表性传承人李爱珍，稷山太阳海珠工艺美术厂、稷山仿古旅游工艺厂为螺钿漆器专门生产厂。

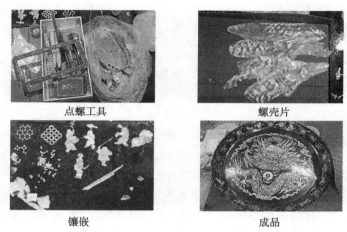

点螺工具　　　　　　　　　　　螺壳片

镶嵌　　　　　　　　　　　　成品

图6-14　稷山软螺钿的制作材料及成品（雷志华拍摄）

第十节　上党堆锦

上党堆锦，俗称"长治堆花"，是一种流行于上党地区（今长治市）用丝绸、锦缎等特种布料，经过绘画、雕塑等多种艺术手段，制成具有软浮雕效果的精美传统手工艺品，有"立体国画"的美誉。

上党地区有植桑养蚕、织绸刺绣的传统，但是上党堆锦产生的确切年代至今尚难稽考。唐景龙元年（707），李隆基（712年登基为唐玄宗）以临淄王别驾潞州，相传随之带来了宫廷工艺品"堆绢"，由此传入上党民间成为"堆锦"。民间惯以此传说附会堆锦的起源，但显然不足为据。

芮城县博物馆藏明代"郭子仪寿诞图"八条屏，是存留至今时代最早的上党堆锦作品，原为芮城县中瑶乡下瑶村赵家祠堂供物。整幅作品塑造各阶层人物62位，栩栩如生，场面恢宏。清光绪年间，出现了谱系可考的上党堆锦艺人李模（1867～1933），弟李楷，子李时忠（1890～1967）、李时庸，李家世居长治市炉坊巷。1915年，"巴拿马-太平洋万国博览会"在美国旧金山举行，李氏父子历时三个月完成的堆锦作品"春桃、夏荷、秋菊、冬梅"四条屏，与汾酒一起，代表山西省参展，获得二等银质奖章，上党堆锦逐渐蜚声海内外，炉坊巷内"自胜李"堆锦商号时常门庭若市。李模的堆锦作品以花卉和传统题材居多，如《八仙》、《福禄寿三星》、《群仙集庆祝寿图》、《知足图》、《教子图》等。民国年间，特为冯玉祥、阎锡山、吴佩孚等军政要人制作堆锦肖像，上党堆锦一度成为达官显贵竞相追逐的时尚。祁县乔家大院、灵石王家大院、榆次常家庄园现存数十幅上党堆锦作品，均出自晚清民国时期长治堆锦艺人之手。

新中国成立后的1953年，李氏后人李时忠、李时杰响应国家"公私合营"政策，在长治市油漆裱糊生产合作社组成堆锦小组，将祖传技艺扩大为小规模生产，作品中有李密苦学、张骞寻源、木叶照书、刻舟求剑等传统题材，以及歌唱和平、英雄常在等现实题材，这些作品作为国礼馈赠苏联、朝鲜的贵宾，并批量出口加拿大、美国、英国和东南亚地区。

堆锦技艺与陶瓷装饰中的堆花工艺同源。陶瓷堆花主要利用拇指能够实现的搭、搓、撕、揿、行等基本技法，用各色泥坯在陶器或瓷器表面做出装饰。出于实用与美观目的，汉代陶器普遍增加了"铺首"（即耳把），是较早出现的一种堆塑形式，综合运用了浅刻、刮制、浅雕、堆塑、捏制、印戳、粘接等技法。晋代青瓷集捏塑、堆贴、刻划、印戳、浅雕、浮雕、粘接等装饰技法，更加突出浮雕立体效果。明末清初，以宜兴陶瓷为代表的堆花工艺应用多种技巧，善于表现从佛教文化到民间文化、自然景物的多样主题与装饰风格，堆饰技法趋于娴熟。上党堆锦发展了堆花大写意与工笔绘画、平堆与半堆、浮堆相结合的艺术手法，兼收传统堆花的随意性与堆锦主题鲜明之长，融会对锦缎材料与雕塑中堆饰技法的理解，才有可能高超地利用锦缎及各种辅助工艺，创造出独具特色的软体浮雕作品。

制作堆锦的主要工序如下：①构思画题，绘于纸上；②将画稿图案复制在硬质薄纸板上；③根据图案的形状、线条，按顺序剪裁为大小不同的纸板单元；④将这些纸板单元铺以柔软材料，通过贴飞边、压纸捻、絮棉花等工艺，用与图案色彩、质感相匹配的绸缎或丝织品蒙附包裹并黏结；⑤根据图案细节，经过"拨硬折"、"捏软褶"、"彩绘"、"贴金银线"等工艺，进行色彩渲染和进一步描绘，以增加立体感与层次感，点睛之处用金、银烘托，人物的头发、胡须用假发或真发制作，用电吹风造型、发胶固型；⑥将各部分形体单元进行组合，黏结成较大的形体，人物面部和其他细致的地方，用国画颜料绘制；⑦在五合板上裱糊纸或绢，绘制背景，然后将组合的主体人物和山树布景，用乳胶固定在上面，形成形象生动、色彩绚丽的完整画幅；⑧根据画幅规模和厚度，制成相应的壁挂、中堂、条屏、座屏、屏风等，即为堆锦成品。① 上党堆锦长于表现人物、花鸟、吉庆、佛事场景等主题，人

① 暴爱国：《长治堆锦——濒临失传的民间传统工艺长治堆锦亟待抢救》，见长治市地方志办公室编：《长治年鉴》（2003），太原：山西古籍出版社，2004年，583～584页。

物身高一般在 15～25 厘米，面部、佩饰、道具制作最求精细，直径仅 2 毫米的手指，须内填棉花，外包锦缎。

1997 年，涂必成（1948～　）创建长治市堆锦研究所，他自 1968 年投身堆锦事业，得李氏后人李时杰技师的亲传，数十年探索新时代堆锦艺术的传承与发展。他将上党堆锦艺术与佛教文化紧密结合，并拓宽主题，成功地运用堆锦艺术表现了西方油画内容，文艺复兴时期画家法布里亚诺的油画《三圣贤朝拜》的风貌得到真实而完美的呈现。他适度运用现代手段，对堆锦技法、工艺流程中不合理的成分进行改进，特别是选用新型锦缎，研制防腐型黏合剂，从根本上改变了自古以来锦缎易腐、易受虫蛀的问题。如何增进堆锦的立体感与表现力，则是涂必成艺术之路上的永恒主题。目前他能够制作以佛教题材为主、数十个品种的堆锦作品。

涂必成的堆锦艺术代表作有：《西方极乐世界图》，长 7.36 米，宽 2.88 米，由 12 个单元构成，现供奉于北京广化寺东院北大殿。以清代皇家画师丁观鹏作《佛法源流图》为蓝本制作的同名堆锦作品，总长 68.8 米，高 1.208 米，厚 0.036 米，由 98 组独立单元的画面巧妙地构成。640 余位佛教人物，50 余种动物，山石云树、亭台楼阁、花卉草木穿插其间，画面浑然一体，营造出富丽堂皇、恢宏博大的庄严气象。现由山西五台山宝华寺供奉收藏。图 6-15、图 6-16 为涂必成及其作品。2002 年，上党堆锦《文殊师利菩萨》获首届中国工艺美术学会最高学术奖——华艺杯银奖。

图 6-15　涂必成及其堆锦作品《佛堂全像图》（157cm×105cm×3.5cm）

2008 年，上党堆锦入选第二批国家级非物质文化遗产名录（传统美术类，编号 847 Ⅶ—71），代表性传承人涂必成（长治市堆锦研究所）、弓春香（长治市群众艺术馆）。现在上党堆锦艺术博物馆、长治市堆锦研究所、长治市黄河工艺美术学校，为堆锦文化普及传承与技艺传习的主要机构。

图 6-16　堆锦作品《国色天香》（350cm×150cm×4.5cm）

第十一节　黎　侯　虎

1997 年，邮电部向全国征集"虎"年生肖邮票方案，山西黎城县手工布艺虎脱颖而出，以黎侯虎为原型创作的"虎虎生机"、"气贯长虹"一套两枚虎年生肖邮票，1998 年初在全国发行。黎侯虎的文化内涵和历史价值随之开始得到外界更多的关注。

山西黎城，古为黎侯国。黎侯虎相传源于古黎国对于"虎"的图腾崇拜。从黎城西关村西周墓出土的虎形器看，虎形器在当时的祭祀、军事征伐以及民众日常生活中占有重要地位。流传于黎城民间的虎形器形态多样，有玉器、草编、剪纸、刺绣等多种材质，其中以布艺黎侯虎最具代表性。布艺黎侯虎的制作源于黎城县黎侯镇赵家山谷驼村，后发展到黄崖洞、东阳关、停河铺等地，逐渐演化为当地的民俗文化，融入黎城人的日常生活，寄托着百姓祈福避邪、安康永寿的美好心愿。

黎侯虎为手工布艺制品，运用缝纫、剪贴、刺绣等技法，塑造了各具情态、虎虎生威又生动可爱的布艺虎形象。黎侯虎肢体造型粗、短、胖，表现了敦厚、健壮的形态；四足微微外撇，呈扎地生根状；黎侯虎无尖角、硬刺，突出了团块美，符合民间玩具的基本造型法则，体现了一种简约、质朴之美。黎侯虎的制作工艺，主要分为六个步骤：

（1）选择代表喜庆吉祥的红色、黄色棉布，用黄色棉布作底色，腹、额配以红布，符合虎的自然色彩；

（2）裁剪组成虎身的两块较大布料和虎身花纹的布料备用；

（3）将组成虎身的两块较大的布料，缝合为虎的身躯；

（4）以清洁的内容物（原为锯木屑）填充虎体，压密填实，虎体成形；

（5）将黎侯虎的眼、眉、耳等部位绣制好，用蓝缎缝制眉目，代表虎的怒点；

（6）最后将事先裁剪好的花纹粘贴于虎身，再将事先绣制好的眼、眉、耳等缝于虎体的相应部位。构成躯体、四肢、胡须、花纹的布料，必须色彩、层次分明，以表现虎威武的神态。眼睛由红、白、黑三种颜色叠加而成，明亮传神；虎体前后饰两朵旋风状花纹，足端饰篆书"心"字，取平安顺绥之意；由整块布料剪成一阴一阳、阴阳相合的波纹状，分别贴于虎脊，以别雄雌，同时寄托阴阳化生、生生不息的生命繁衍希望。因此，婴儿满月时，当地有赠送黎侯虎的"望满月"习俗，以虎护佑孩子健康成长。

黎侯虎艺人现在能够制作十余种不同规格的布艺虎，还开发出虎头、虎肚兜、虎鞋、虎鞋垫、虎帽等多种"布老虎"系列产品，深得国内外客户与民间手工艺人士的喜爱。

2008 年，黎城县布老虎制作技艺（黎侯虎），入选第二批国家级非物质文化遗产名录（编号 871 Ⅶ—95），代表性传承人高秋英（黎城县黎侯镇谷驼村）（图 6-17）。

图 6-17　高秋英和她制作的黎侯虎

第十二节　皮影雕刻技艺

皮影，又名影戏、驴皮影，是用兽皮或纸板做成的人物剪影来表演故事的一种戏曲形式，在民间流行很广。皮影艺术以"借灯亮影"为特点，首先要制作成各样人物剪影，表演时，用灯光把剪影照射在幕布上，艺人在幕后一边操纵剪影，一边演唱，并配以音乐。皮影综合了道具雕刻制作技艺与舞台戏曲表演艺术，虽为"小戏"，其中却蕴涵着古老手工技艺与酬神、愉悦，以及民间聚议、公共事务评判等大文章。

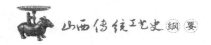

一、皮影沿革

作为一种表演艺术形式，影戏的雏形通常追溯到《汉书·外戚传》中关于慰藉汉武帝思念早逝的李夫人的记载，方士们为此巧设帷帐，夜张灯烛，烘托出李夫人的美貌幻影，汉武帝另居他帐观看，亦真亦幻，为之动容。据杜佑著《通典》记载，唐代的影戏属散乐杂戏之中，唐玄宗以散乐非正声，其中多幻术，将教坊置于禁中管理。北宋城市生活繁华，在东京汴梁的瓦肆、戏棚中，影戏之盛寻常可观，还出现了董十五、赵七、曹保义等知名影戏艺人，在《东京梦华录》等多种著作中均有记载。

顾颉刚通过对中国影戏的考证，在《中国影戏略史及其现状》中指出："中国影戏之发源地为陕西，自春秋两汉以至隋唐皆以此地为最盛。宋以后方兴于河南，自后其最盛之地即随帝都而转移。"循此脉络，中国古代影戏沿着自西部向东部传播的路径，山西、河北地处连通西部与东部的津梁，明清以来帝都北京，河南、山西、河北随之成为西部影戏向帝都转移的必经之路，北京皮影的两派之一西城派，即自甘肃兰州经山西晋中、河北保定、涿州而传入。看来，山西皮影在明清时期不能排除西部影戏途经传入的内容。此前，古老的山西皮影承继了北宋汴京影戏的遗泽，即如顾颉刚的判断："至今影戏尚可区分为数大区域。如川、滇、鄂为从陕西直接传入者；河南及河北西部、山西所有，为汴京之遗；江苏、浙江、福建所有，为南宋之遗。"山西皮影以地处晋中的孝义为中心，形成南路、北路之分别，南路以新绛、侯马、曲沃、临汾、运城为代表，因地域之便，得陕西东路流派皮影影响，形体小巧，刻工精细，色彩明快，装饰性强；北路以广灵、灵丘、浑源、代县为代表，受北京西派影响，形体偏大，色彩艳丽，刻工亦精。①

二、孝义皮影雕刻技艺②

（一）制作程序

山西皮影多用牛皮制作（河北等地多用驴皮），且三四岁牛的皮最好，厚薄均匀，色泽一致，韧性适中，因此制作的影件平展、透明，效果极佳。具体制作工序如下（图6-18）。

---

① 山西教育出版社编：《山西风物志》，太原：山西教育出版社，1985年，327页。
② 侯丕烈编著：《中国孝义皮影》，太原：山西教育出版社，2009年，204～206页。

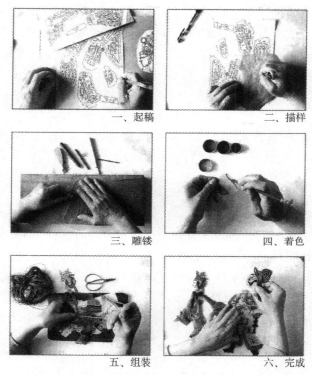

一、起稿　　　二、描样
三、雕镂　　　四、着色
五、组装　　　六、完成

图 6-18　孝义皮影制作程序

（1）起稿。按设计稿分片绘出图稿，图稿设计要根据短线镂空的原则，分稿不宜过大，以防牛皮潮湿变形。

（2）描样。先将牛皮打磨，用湿布擦净，再用铁笔或很细的水性笔将图复制至牛皮上，然后将牛皮用润湿的塑料袋包起来，压半小时左右，醒皮后即可雕镂。

（3）雕镂。雕镂有两种技法，一种是"推皮法"，山西、陕西多用此法；一种是"推刀法"，河北、南方多用此法，但"凿雕"方法类同。

推皮法，将醒好的皮稿放置枣木板上，左手拿刀顶在皮稿雕线上，刀尖要扎住枣木板不动，右手顺着雕线推皮雕之。

推刀法，将皮稿放在蜡板上，左手按住皮稿、蜡板，右手拿刀按稿线推刀雕之。雕时左手配合推板转动，使刀口流畅。此法易学，可雕较厚的皮。

（4）着色。先将雕好的影件用砂布打磨，用湿布蘸少许洗衣粉擦净，之后用透明度高的品色双面渲染，颜料里要调配一定量的胶水，使影件有一定的光泽度。初干后，用电熨斗熨平脱水，再压起来，散热后即可组装。

（5）组装。找准骨眼，锥子扎眼，用粗线缝起来，两头打结，使其转动自如。骨眼要准，前腿靠前，后腿靠后，但合起来摆动自如方好，脖子要另加一层皮，缝

上插换头的卡口。

（6）完成。身段组合结构好后，将头插入卡口，一件影人即完成。如演出用，装配三根竹竿，通常在两手、肩部打眼，位置要使影人重心不偏，竹竿装细铁丝，能使影人自由转身即可。

（二）制作工具

（1）冲子。很多图案用月牙点、弧线组合而成，以往需用特制冲子完成，现在多用大小不同的皮带冲或兽用针头磨制，还可用木刻刀的直刀，半圆刀亦可代用。

（2）刻刀。备几把大小斜刀、直刀。斜刀片可用手术刀片，也可用小美术刀片、钢锯条改制。木把最好用紫檀木，8～9厘米长，1厘米厚，制成圆锥形，用时顶在手托上适宜为准，前端开口夹刀片，铁管箍好即可。

（3）衬板。推刀法雕皮下面需衬蜡板，才不损坏刀。用约20厘米见方的五合板，边沿装订1厘米见方的木条，用蜂蜡加配二成烧成的锯木细灰，熬成稀稠状倒入盘中刮平即可。特点是不易损坏刀，易掌握，较厚、较硬的皮都可制作。河北、南方多用此法，山西也有引进。

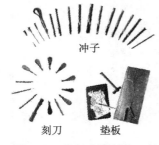

冲子

刻刀　　垫板

图 6-19　孝义皮影制作工具

（4）垫板。垫板通常用枣木板，以30厘米长、20厘米宽、2厘米厚为宜。枣木板不易损坏冲刀，而且硬度适宜，较硬的厚塑胶板也可代替。推皮法用之垫牛皮。

（5）其他。粗细油石、细磨石、剪刀、三角板、方形板、圆规等为常用工具，在制作中必不可少。部分制作工具如图 6-19 所示。

（三）色彩应用

皮影人物用色单纯洗练，一般仅用红、黑、绿、橘黄这几种纯色、透明度较高的品色渲染，充分利用牛皮本身半透明的土黄固有色谐调镶接，显得柔和明快，简练而不单调，艳丽而不火爆，创造了皮影艺术特有的装饰美。

先将刻制好的影件用砂布打磨平展、干净，用湿毛巾擦去影件上的杂物，即可开始着色。牛皮影人的着色，如同中国画工笔重彩的着色程序，根据需要一层层着色，可把牛皮当作熟宣，描绘出艳丽、沉厚、清新的作品。牛皮影人的着色很重视色彩构成，用几种简单色彩，通过组合、排列，表现皮影千姿百态的艺术形象。中国古代画论讲究用色不在取色，而在取气，"华褒灿烂非只色之功，朱黛粉陈举一朱为主"，"随类赋彩"，这些同样是制作皮影的用色原则（图6-20）。

牛皮是半透明的，有其固有色，充分利用固有色的特点，可使作品独具神采。皮影由于半透明，需要正、反两面上色，这样作品才沉稳厚重，显示出与其他艺术形式不同的视觉效果。

制成以人物为主的皮影道具，即皮影戏的主角。投射皮影的屏幕，用大幅麻纸粘接而成，长2米，高1.2米，或用质地细密的纱绷在相应尺寸的框架上。内置灯光，根据剧情变幻明暗，把牛皮雕镂成的

图6-20　孝义皮影女将、武将

资料来源：侯丕烈编著：《中国孝义皮影》，太原：山西教育出版社，2009年。

影戏人物装配木杆或竹竿，由艺人操作表演，灯光将雕镂的皮道具投影在屏幕上，生动的影像配以乐曲伴奏与说唱，即为故事情节紧凑、人们喜闻乐见的皮影戏（图6-21）。①

图6-21　孝义皮影西厢记

2006年，孝义皮影戏，入选第一批国家级非物质文化遗产名录（传统戏曲类，编号235 Ⅳ—91）。孝义皮影戏传习所，设在山西省孝义市皮影木偶开发中心。孝义皮影道具的制作，作为皮影戏曲生存与发展的物质载体，作为一门独立的传统手工技艺，亟待从艺术创意与制作技艺传承方面加强专项保护（图6-22）。

---

①　政协孝义市委员会编：《孝义非物质文化遗产专辑》，北京：中国文史出版社，2008年。

皮腔纸窗影人物主要雕刻艺人师承世系

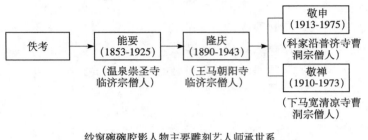

纱窗碗碗腔影人物主要雕刻艺人师承世系

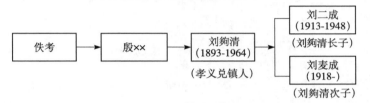

图 6-22　孝义皮影雕刻艺人师承世系

三、侯马皮影雕刻技艺①

　　晋南皮影艺术，借所处区位之利，得陕西皮影东传的影响，集中分布在交通便利、商贸繁荣的新绛、侯马（曲沃）两地。清末，侯马虒祁村西城李武昌家、南上官村杨茂盛家，都开设了皮影雕刻作坊，还有流散于影班售卖皮影雕者。在他们的影响下，雕刻制影一时遍及周边绛县、闻喜、夏县等地。从陕西归来的皮影艺人高凤鸣，在新绛县城南大街开张皮影雕刻小铺，经过几十年艺术探索，成为南路皮影的代表。1973 年，侯马皮影业余实验剧团成立皮影研制组，从新绛聘请高凤鸣为指导，创作了《杜鹃山》、《管猪》、《看瓜》等现代戏曲皮影人物 100 多件。

　　古老的皮影图谱原稿多已散失，当代皮影艺人运用细麻纸，平铺在传统雕刻的皮影上，用胳膊肘底处揉压出凹凸影像来，然后用束好的头发团，醮上食油，再从柴锅底刮下的细灰里研磨，拂擦于纸面影像上，即成阴样图谱，色样长久不褪。运用这种方法，侯马皮影研制组走遍陕西、山西、河南等地，收集拓摹千余件影谱，为皮影雕刻艺术研究提供了丰富的资料。

　　刀具的磨造和运用，是皮影雕刻的主要手段。侯马皮影艺人向陕西皮影老艺人学得雕刻工具技艺后，自己设计样图，请铁匠打制草模，然后根据设计需要锉磨整

---

　　① 廉振华：《侯马皮影雕刻艺术今昔》，见侯马政协文史资料研究委员会编：《侯马文史资料》第 2 辑，内部发行，1986 年，107～112 页。

形,煎火而成的。模口刀整形配套时,用蜡版试形锉磨,大小花模式样配合适宜。刀具由此产生。一般雕刻刀具,多者二三十把,少者十余把。平刀、斜刀多用于雕刻形体轮廓线,模口刀多用于锉打花边图案。

用色,采用仿古代壁画用色艺术,红、黄、绿色均用银朱、紫铜等矿物质制成,敷于皮面永不剥蚀。涂染法是用酒精灯,烘杯水欲沸,先后放入色素、皮胶,化成糊状,进行渲染。

制作精胶,是把雕刻皮影余下的皮屑,用油炸过(亦可不炸),然后投入清水煮熬。用筷子挑成粉丝状时,盛入盆中,晾成坨状。倒出,用一根马尾拉切成片块,置于阴凉处晾干备用。

制皮,凡牛皮即可用,以三岁牛皮色最白为佳,用清水浸泡,每天换水一次,过五六天拔毛即脱时,开始刮制。

刮制,在3尺长、碗口粗的柳木桩上,桩一端上面戗成大凸圆面,下面支人字架,放置呈70度斜坡,浸好的皮子置于其上,触刀刮制,每面两遍,到平净为止。刮刀为两头出柄的平口锄刀式,刮皮时手握两柄,刀口稍平而后倾,用力推之,切忌刀锋向前,易于铲损皮面。刮完的皮料,用小刀四边隔尺穿空,用绳子串缠在框架上,在阴凉处晾干,根据晾干程度,随时放松绷绳,以免被皮皱不展或拉白。

雕刻之前先须上样,上样之前,先把刮好的牛皮用水蘸湿,用湿布包裹,到皮韧柔相宜时,用敲板(打锉刀用的板)推磨,使皮质更加平展、光泽,晾干后即可上样。

上样,先把整好的皮料放在皮影图谱上,用画针(以缝纫针按在竹管上而成)以单线刻画。用来雕锉叶,还需把已上样皮料再压于湿布中使其柔软,以便雕刻。

雕刻时,运用"推皮触刀法"。用右手执平斜刀,使刃于线侧,左手按皮向前推进,皮触刀刃而刻除。摸口刀是用敲板,按花纹、图案的排列敲打雕锉。艺人的手臂功力与经验决定了影子的线条流利与花纹的严整变幻。

雕刻、敷色完成的影子,即进行"出水"。用碎发混黄泥土特制的土坯,用软柴火加热,到欲焦不燃程度时,铺垫纸,中间放雕好的皮影,秒时即启取出,不可有失,时间过则焦灼,时间不到则不平,这种绝技叫做"心数",全凭常年积累的经验。经"出水"烙烫的皮影,质坚而不变形,板平而挺拔,即可装订。

装订重在选用"骨眼"。骨眼的选定,是皮影的生命,影人形象或神采奕奕,或伛偻萎靡,全在于此。在留有"骨缝"(金钱眼)处选定骨眼,用画针轻扎挑起,观其平衡动向,精神姿态全在其中,从每个部件可会意于整体皮影的神貌。选定骨眼既要艺人的高超技巧,还需具备一定的艺术创造力。

骨眼选定打空后,先行"虚订",以观察骨眼的选定是否准确。确定骨眼准确后,装订用皮料割制的细皮线两面挽结而成,使影子活动关节永不脱落。

2006 年，侯马皮影戏，入选第一批山西省非物质文化遗产名录（传统戏曲类，编号 44 Ⅳ—11）；2008 年，侯马皮影，入选第二批山西省非物质文化遗产名录（传统美术类，编号 78 Ⅶ—5）。2008 年，绛州皮影戏，入选第二批山西省非物质文化遗产名录（传统戏曲类，编号 11 Ⅳ—11）。

第十三节　平遥纱阁戏人

纸的发明，不仅为人类创造了纪录历史的工具，也为艺术的表现提供了新的载体。平遥纱阁戏人就是一种用纸做成的艺术道具，它本身也是极具创意的精美工艺品。

清光绪年间，熟悉戏曲的纸扎艺人许立廷（人称"许老三"）始创平遥纱阁戏人。在"世界文化遗产"平遥古城内，有一座始建于唐代的道教宫观——清虚观，观内收藏着一组工艺精美、造型生动的纱阁戏人。据纱阁内壁题记，这组纱阁戏人制作于清光绪三十二年（1906），制作者为"古陶六合斋"和"五云轩"，"古陶"指平遥（王莽曾改中都县为平陶县，北魏后改作平遥）；"六合斋"为当时城内一家纸扎铺的字号，许立廷为掌柜；"五云轩"是一家木器行的字号，当是制作纱阁戏人的作坊。这组纱阁戏人原有 36 阁，现存 28 阁。在木阁内摆设以稻泥宣纸扎制的戏人，因其衣饰华丽犹如薄纱，民间遂称为"纱阁戏人"。以阁为单位，每阁表现一个戏曲剧目。

纱阁戏人的文化渊源，与宋代以后民间丧葬礼仪中的纸扎明器有关，与元代杂剧的空前兴盛有关，也与明清时期民间祈子风俗有关，更与平遥晋商大都会的商贸习俗有关。明清时，平遥是商贾云集之地，当地的纸扎业因丧葬习俗中的攀比之风而兴盛，加上晋商与戏曲票友的推波助澜，光绪年间山西各路梆子特别活跃，进入大发展时期。平遥地处晋中，所流行的中路梆子，就是在蒲州梆子北移的背景下兴起的。人们大都喜欢看戏，商家供养戏班成为风尚，这给许立廷熟悉戏曲、制作纱阁戏人，提供了良好的外部环境，纱阁戏人逐渐成为当地的一道文化景观。①

一、纱阁戏人的构成

（一）木阁

木制阁子大小均等，露明处一律涂以黑色。每阁通高 77 厘米，宽 83 厘米，深

---

① 见中国非物质文化遗产名录数据库系统，http：//fy.folkw.com/View.asp? Id＝2634。

44 厘米。除去木板厚度，其内部空间实高 64.5 厘米，宽 74 厘米，深 36.5 厘米。木阁前额之下施以雕刻华美的雀替，使其正面呈戏台模样。阁的顶部和底部模板前方刻有凹槽，顶部中间还设有巧妙的机关，不展出时即可以插板锁闭。

（二）隔断

隔断是戏台前后台的分界，而此则紧贴于纱阁后壁，三折七屏，中三侧二，省略上下场门，实用空间狭窄而紧凑，有利于突出人物形象。

隔断的上部裱以对联和绘画，多数为三画四联相间排列，个别则五画居中二联靠边（如《大进宫》）。中间一扇的上方，挂着长方形匾额，额上题写着剧名。所绘山石林木花鸟，内容不尽相同。四副对联中，两联为绝大多数阁子共有：

要有道心莫作道貌，宜去世怒勿忽世情。

暗室亏心神目如电，人间私语天闻若霜。

劝善警世之意昭昭然。另有两个条幅，表达读书、耕田闲适生活的雅趣。

（三）题壁

纱阁左右内壁都留有题记，内容多是人生感悟和处世格言。语言或偶或散，也有诗歌，末尾写上店铺名，或添加年月。如"文人妙来无过熟，书以疑处更须参。过后方知前世错，老来才觉少年非。古陶六合斋，光绪丙午"。还有"当失意时真长进，应非常事贵和平。于丙午，古陶六合斋"，"有退步时须退步，得饶人处且饶人，六合斋"，"事能知足心常惬，人到无求品自高。六合斋"。根据这些题记，纱阁戏人的作者和创作年代方可查考。

（四）戏人

戏人，用草秸泥、麻纸、宣纸等材料扎制而成，生、旦、净、末、丑，行当俱全，脸谱多样。男角身高约 50 厘米，女角身高约 48 厘米。戏装裁制得体，"三寸金莲"的做工也极其讲究。人物表情鲜活，给人以和谐律动之感，清末晋中民间戏班的诱人风采，高超演技，于此可见一斑。由于阁子内部空间的限制，不能排列五人以上的较大场面，作者只是截取某一场景中三四人做戏的精彩瞬间予以造型。图6-23 为平遥纱阁戏人内部场景。

（五）道具

道具种类繁多，有枪、剑、锤、戟、鞭等兵器，也有折扇、团扇、雨伞、船桨等用具，还有桌、椅、床、帐之类的日常陈设及泥捏婴孩等，这些道具在营造环境、表现剧情、刻画人物等方面至关重要。

图 6-23　平遥纱阁戏人

资料来源：http：//www. pyonline. net/sannong/info. asp？ id＝3057.

二、纱阁戏人的制作

纱阁戏人的用料常见而普通，价格低廉，主要是木板、洒金宣纸、生丝、胶泥、稻草、高粱秆、细圆木杆、草纸、颜料、铁丝、硬纸板、银箔纸、棉花等。生丝是专门用来制作胡须和英雄球的。硬纸板制作头盔，头盔表面再上色、贴金。银箔纸可作头盔顶、镜子和枪头。铁丝用于肢体的连接部位，在它周围糊上画了羽毛的纸，可以做成翎子。胶泥须把麻纸弄碎，和在其中，用以雕塑头、脚（靴）和手，避免干裂。棉花用于填充撑起草扎戏人的身体，增强立体感。制作工具主要是剪刀、钳子、钻子、毛笔和常用的雕塑工具。戏人为整座纱阁的灵魂，是艺人精心制作、尽力表现的核心内容。纱阁戏人的制作，分为五个步骤。

（一）人形支架

人形支架，用高粱秆、稻草扎成。根据人物不同的性别、年龄、胖瘦和姿势，确定比例、重心，扎成人形。一般站立者需要两杆，坐者用一杆，胳膊在高粱秆上裹稻草，再用钢丝扎紧，其粗细、长短、屈伸姿势各不相同，然后插进骨架的肩膀里扎牢，将人形骨架固定在木阁底板上。

（二）泥塑头、手、靴

头、靴（脚）都有模子，手是直接用泥捏成的。泥塑出模或捏成后，阴干至少36 小时，才可打泥、上色，头要根据人物表情略作修改再上色，并安装于支架上。

（三）戏人裹纸

裹纸是一道重要工序，戏人形体是否美观，在于稻草人外裹纸是否得当。廉价的草纸柔韧挺阔，不易破碎，是包裹稻草人的最佳选择。不同姿势的形体，全靠草纸裹紧以后，予以初步展现。裹好后，先将胶水晾干，再在外蒙裹上一层洒金宣纸，将前后心用胶粘住。至此，戏人的制作就完成了。

（四）装饰戏人

戏人的装饰包括脸谱、头饰、服饰三项，按照由内向外的顺序，主要工作是上色和贴花。脸谱直接画在脸上。贴花是先在宣纸上画出各种图案，然后剪下，贴到需要的地方。花纹有福寿裙边、富贵不断头袖边、海水朝阳下襬等，还有衣、袍、裙、襗上的多种图形，如团龙、云朵、蝴蝶、莲花、浪花、石榴、带叶桃、盔、额子之类，再裹宣纸，然后根据帽、盔和大小额子的式样，或据女性发型所需，再做上色、贴花、簪花或插英雄球。

（五）制作隔断和道具

隔断是直接用宣纸画成屏风的式样，整体黏贴在木阁后壁，每扇的上部都题写诗文或绘画。道具则以高粱秆作为骨架，然后用纸扎成、上色。待把戏人和道具都固定在阁底板上，一并装进阁子之时，纱阁戏人的制作工艺才算全部结束。

三、纱阁戏人的表现内容

纱阁戏人题材多以传统戏曲为主，是山西中路梆子流行剧目的精美再现，为19世纪末到20世纪初从蒲州梆子分化出中路梆子的这段历史，留下了形象的佐证。

许立廷等人当年制作的36阁戏人，至今有28阁保存完好，即《八义图》、《赶龙船》、《五岳图》、《百花记》、《祥麟镜》、《借伞》、《佘塘关》、《困潼台》、《斩黄袍》、《鸿门宴》、《飞虎山》、《春秋笔》、《碧玉环》、《司马庄胭脂计》、《满床笏》、《大进宫》、《战洛阳》、《反棠邑》、《铁钉床》、《画春园》、《恶虎村》、《金台镜》、《溪黄庄》、《岳飞北征》、《狐狸缘》、《金马门》、《南阳关》、《邓家堡》。

四、纱阁戏人的收藏与展出习俗

明清时期，平遥是商贾云集之地，标志性建筑市楼的底层回廊平台，是过去展出纱阁戏人的地方。只有每年的元宵节和某些人家办丧事的时候，才能看到。纱阁

戏人现在平遥县城清虚观内展出，常年向游人开放。

元宵节期间，纱阁戏人在市楼地下展出时，每阁的前面都要点燃两支蜡烛，这些阁子在忽明忽暗随风摇曳的烛光下，好像是一座微型的神庙，新婚夫妇虔诚地来此跪地许愿、还愿，逐渐形成习俗。许愿者求子时，可以偷走一支蜡烛，得子后，来年再还一支，亲手置放，点燃于纱阁之前。节日过后，纱阁就放在市楼里。纱阁戏人还用作丧葬灵棚前供奉的陈设，初衷类似金代墓葬中的戏台模型和戏俑。

五、工艺传承

许立廷制作的纱阁戏人用料虽然简易，制作流程和手法却非常讲究，它要求制作者必须具备一定的文化修养、艺术素质和丰富的制作经验，要有绘画、雕塑、书法、剪纸等多方面技艺的天赋和基本功。此外，制作者须熟悉戏曲，大到剧目、主要人物、情节和场次，小到服饰和道具之类细节，必须了如指掌。

泥塑纸扎艺人冀云丽、雷显元等人，是平遥纱阁戏人制作技艺的传承人。他们在继承祖传手艺的同时，还接受过高等学校雕塑与绘画专业训练，对于戏人的塑造和制作技艺更为准确。不足的是，当代年轻艺人多数不精通戏曲，缺少对戏人角色和戏曲情境的深入理解，只能仿制旧作，独立创作尚需时日。[①]

2011 年，平遥纱阁戏人入选第三批国家级非物质文化遗产名录（传统美术类，编号 1158 Ⅶ—101）。

第十四节 山西剪纸

一、剪纸沿革

剪纸是中国流行最广的一种民间传统装饰艺术，根据考古资料，新疆阿斯塔纳发现的南北朝时期剪纸，为现存时代最早的剪纸实物。剪纸的出现，离不开镂刻技法、艺术构思、纸这三个条件的齐备与完美结合。从镂雕技法看，新石器时代晚期镂雕技艺已经成熟，在玉石、骨器、皮革、金属等材料加工中广为运用。汉代立春之日，有"剪彩为幡"祭祀青苗神的风俗，各种颜色的丝织品被剪刻成招展的彩幡，佩戴于头上或相互赠送。这种"幡形剪彩"虽为丝织物，其制作工艺与剪纸无

---

① 冯俊杰、王志峰：《平遥纱阁戏人》，太原：山西古籍出版社，2005 年。

异。随着东汉时期纸张的诞生，镂雕技艺用于剪纸也就成为可能。现存南北朝时期剪纸有菊花、忍冬、八对猴、八对矫马等六种图案，从中可见剪纸已具备很强的表现力。

唐代流行"镂金作胜"的风俗，用纸剪出人物用作招魂的"人胜"，杜甫在《彭衙行》中，留下朋友为他剪纸招魂消除惊吓的诗句："暖汤濯我足，剪纸招我魂。"敦煌发现的用剪纸制成的贴花（现存大英博物馆），用作精美的室内装饰。镂雕技艺用于剪纸，在唐代已达到非常精细与准确的水平。现存日本正仓院的"人胜"，就是用镂雕金箔的办法创造出主要纹样，然后再局部衬托彩色的丝织品，有浅碧罗、紫红色的绢，与现在的衬料剪纸、套色剪纸等技法无异。

北宋时期，剪纸已成为繁华城市生活中的一个角色，有专门从事剪纸的知名艺人，有沿街售卖剪纸的小贩，《志雅堂杂抄》、《东京梦华录》中都有关于剪纸的记载，如"旧都天街，有俞敬之，擅剪花样的"，出现了中国第一位见诸史册的剪纸艺人——俞敬之，他的剪纸用作刺绣的花样，可见其技艺之精细。元代剪纸更多地用作窗花和"走马灯"的表面装饰。明清时期剪纸在民间十分普及，婚寿贺庆等各种礼物、玩具之上，均需饰以剪纸花。剪纸这项民间艺术在清代进入了宫廷，北京故宫交泰殿东走廊天花板上保留着"双喜团花龙凤呈祥"剪纸。[①]

剪纸的出现从用于宗教仪式、时令祭典、招魂抚慰，具有敬神祈灵的神秘色彩，逐渐发展为世俗生活中贺礼、实物与美化环境的一项装饰艺术。剪纸艺术从皮影、雕刻中汲取了技法与内容的灵感，它也为刺绣、漆艺创作提供了图案模板。

山西剪纸分布于全省各地，是乡村妇女在闲暇时习惯操作的创意手工。山西剪纸多为单色剪纸，用单色纸剪成，也称黑白剪纸；在由多种颜色构成的彩色剪纸各种类型（分色、拼色、套色、衬色、点色、填色、勾绘、木印）中[②]，有少量的分色、拼色、套色、点色剪纸。山西剪纸具有鲜明的地域特色，构思奇巧，不落窠臼。晋北的广灵、灵丘剪纸，擅用彩色点染，色彩艳丽，粗犷洒脱，以表现实用或吉祥寓意的动植物为主，也剪一些戏曲人物；吕梁地区的剪纸，融合了当地汉代画像石雕刻古绌、劲健与雄浑的气质；晋中剪纸以吉祥花鸟为主，也有传统吉祥图案，构图丰满，技法纤巧精细；晋南地处中国古代戏曲摇篮，剪纸以表现戏曲人物、戏曲情节为主，有古朴遒劲之风。

尽管多数剪纸由传承固定的图样而来，但最有价值的剪纸，则是艺人心灵深处对于自然与生活的独到感受，经过大脑的提炼、组织与抽象化构思，将无形的图案化思路诉诸纸与剪刀，最终实现的最精微的形象化表达。剪纸的一端源自心与手的

---

① 王连海：《中国民间剪纸赏析》，清华大学美术学院，超星学术讲座，2011年12月。

② 田小杭主编：《中国传统工艺全集·民间手工艺》，郑州：大象出版社，2007年，348～350页。

创意，另一端剪出生活的多彩与民俗的好尚。

二、中阳剪纸[①]

中阳县地处黄河中游西北，黄土高原东缘，曾有灿烂的古代文明，现已发现古文化遗址、春秋青铜器、战国古城遗址，以及汉、辽、金石刻等多处，中阳剪纸就根植于这片沃土。

中阳剪纸表现的内容大致可分为三类：其一，以人物、植物、动物、器物造型为内容，反映了中阳地区顽石人类的观念和信仰。以歌颂鱼、蛙、蛇、兔为主题的剪纸，表现了先民的图腾崇拜；抓鸡娃娃、坐莲娃娃、枣山娃娃等剪纸，表现了先民生命崇拜的意识；凤踏牡丹、佛手开花、碗扣双钱、金牛驮元宝等象征吉祥的剪纸，以对圣物的崇拜，表达了劳动人民追求平安、富裕、幸福生活的愿望。其二，以农民生产、生活为内容，表现不同节令和人生礼仪中的活动情景，如火秧歌、烤枣山、十二月民俗图、拜天地、合龙口等剪纸，形象地反映了当地的生产生活习俗。其三，表现古老的神话传说，如张屠户升仙记、猪八戒吃西瓜、老鼠嫁女等剪纸，反映了劳动人民朴素的道德观念、纯真的生活情趣和幽默感。

中阳剪纸的民俗性体现在：其一，按节令习俗剪纸。如春节、元宵节、二月二、清明节、端午节、中秋节、九月九等节令，都应时剪纸，表现吉祥如意、玉兔含莲、蛇盘兔等内容（图6-24）。其二，逢婚丧大事的礼仪剪纸。如小儿满月、婚嫁、老人庆寿、丧葬、乔迁新居、新窑合龙等，剪纸内容为龙凤双喜花、孔雀戏牡丹、喜鹊登梅、二龙戏珠等。其三，根据不同的节令和庆典，有各种各样的服饰剪纸，如以儿童服饰为主题的剪纸有狮子登元宝、如意石榴、丹凤朝阳、佛手娃娃、黄金万两、富贵花、牡丹花、白菜娃、长命锁、头饰纹样等40余种。婚嫁服饰、寿丧服饰剪纸也十分丰富，如双凤朝阳、双喜如意、刘海戏金蟾、福寿双全、双猴献寿等。其四，巫俗信仰的民俗剪纸。剪纸被视为巫术信仰的一种媒介物，是能沟通阴阳二界、沟通人与鬼神的信物。农历二月二、三月三，农家都要在门窗上剪贴锥子、剪子组成的纹样剪纸，认为"锥剪定安宁，百害不进门"。

中阳民俗剪纸覆盖面广，久盛不衰，主要原因是其扎根于劳动人民的日常生活中，并且根据剪纸内容编撰了许多代表百姓心愿的民俗谚语，如"三个童子抱石榴，四世同堂住金楼"，"翻手娃娃头顶鸡，两膝登梅报来喜"，"金蚪银蛙，拖儿抱娃"，"石榴结籽，早生贵子"，"喜蛛碰石榴，富贵不断头"等，广为流传。

---

① 施国祥、武一生、刘茂生：《中阳民俗剪纸与剪纸状元李爱萍》，见山西省政协文史资料委员会编：《山西文史资料》总第120辑，太原：山西人民出版社，1998年，174～176页。

图 6-24　中阳剪纸《家乡的除夕夜》（庞家会村康翠娥作品）

1986 年，中阳县庞家会村被命名为"中国剪纸艺术之乡"；1992 年，中阳县被命名为"中国民间艺术之乡"。2006 年，中阳剪纸入选第一批国家级非物质文化遗产名录（编号 315 Ⅶ—16），代表性传承人王计汝（1946～　）。

2008 年，广灵染色剪纸，入选第二批国家级非物质文化遗产名录（编号 315 Ⅶ—16），代表性传承人张咏堂、张多堂。重点建成广灵剪纸文化产业园区，包括广灵剪纸艺术博物馆、广灵剪纸职业培训学校、广灵剪纸文化艺术研究中心、广灵剪纸文化艺术发展有限公司，使广灵剪纸的技艺传习与文化产业发展步入互为促进的良性轨道。

2008 年，孝义、浮山、隰县、新绛、高平、静乐剪纸，入选第二批山西省非物质文化遗产名录（编号 16 Ⅶ—1）。

三、襄汾人物剪纸的风格与表现手法①

从襄汾剪纸世家南梁村候永河古屋梁脊板题记看，清嘉庆年（1796）之前，襄汾剪纸就已盛行。襄汾剪纸早年叫"窗人"，民间流传的襄汾剪纸多以人物为主，后来增加了花、鸟、鱼、动物等内容，也出现了"窗花"的称呼。襄汾"窗人"剪纸集中在古城镇西街、襄陵镇小城曲和大邓乡范村，范村从事剪纸的农户最多，有"剪纸村"之誉。② 襄汾人物剪纸吸取了皮影人物刻画之特长，借鉴刺绣、木版年

① 贾福葵：《浅谈襄汾人物剪纸的风格与艺术特色》，见襄汾县政协文史资料委员会编：《襄汾文史资料》第 6 辑，内部发行，1990 年，109～114 页。

② 贾福葵：《襄汾剪纸源流探》，见襄汾县政协文史资料委员会编：《襄汾文史资料》第 4 辑，内部发行，1988 年，79～84 页。

画、国画等艺术手段，形成独有的艺术风格，也被称为"皮影剪纸"。

襄汾人物剪纸多表现戏曲人物，本着夸张与求实、写意与装饰原则进行创作，构图丰满，线条流畅，人物造型生动俊逸，具体手法有：

其一，运用"阳剪"与"阴剪"相结合的剪纸技巧，人物面部用阳剪，强调面部造型，线面对比，以面衬托线，使形态更为鲜明。

其二，在人物面部与服饰的刻画上，面部大都以全侧面（五分侧面）单眉、单眼来表现人物的性别与表情。首先把眉眼连接在颧部，起到剪纸人物造型的效果。男女之分别，是在男人眉间向上弯出小半圆弧形，女人眉从额沿一弯延至鬓发之下，形成一个大半圆，眼睛后角从眉下端穿行而过，隐没于鬓发之间。男人头顶均有各种帽、巾、盔、冠装戴，很少免冠之首。女性发髻分上下两组，上发髻在头顶偏后，下发髻在后脑顶和项上之间。

其三，人物服饰包括男女老少与戏曲人物，主要以四瓣或五瓣梅花图案装点服饰。运用中多以半瓣梅朵装饰。对于衣、裙、袄、裤、戏曲人物动作的变化，以及人与道具物的结合，人与人的相倚、重叠等，均采用半朵梅花点缀于衔接处加以区分，看上去繁而不乱，层次分明。

在装饰挥笔中，剪纸惯用锯齿纹和半月牙纹，作品中也抹有几笔，并有圆点、椭圆点、正方点、长方点、三角、十字等几何形纹样。这是剪纸创作中为了富于变化、点缀而采用的画龙点睛之笔。通过运用道具或景物衬托、适度夸张变形、寓意式构图等手法，襄汾人物剪纸形成构图严谨、虚实相宜，人物细腻丰满、形神兼备的艺术特色。

第十五节　晋南纸扎①

一、纸扎的用途

纸扎在民间应用广泛，多见于元宵节彩灯及丧葬礼仪的各种纸明器，此外，供奉神灵的花瓶、民间建房立木上梁时挂的绣球等，都属于纸扎。生活习俗是促进纸扎艺术发展的社会因素，同时又形成了丰富的纸扎内容和不同的纸扎花样。

元宵节以花灯为主线，十二生肖灯、花篮灯、走马灯、谜灯、莲花灯，千姿百态，皆由纸扎而成。花灯融绘画、书法、剪纸、雕刻艺术于一体，将戏曲人物、吉祥图案、

---

① 本节辑自廉明珠：《晋南民间纸扎艺术》，见陶富海主编：《平阳民俗丛谭》，太原：山西古籍出版社，1995年，244～250页。

八仙祝寿、山光水色、谜语、漫画等绘制其上,增强了纸扎艺术的观赏性和娱乐性。

民间举办丧事时,出殡前都要制作大量的纸明器,一来烘托丧葬的肃穆气氛,二来寄予对亡灵的哀思。这个习俗从古代殉葬礼制延续而来,明纸器内容丰富,出殡之日有引路菩萨、打路鬼、金童玉女、仙鹤、香幡、钱幡、纸幡、元宝幡、金斗银斗、金山银山、聚宝盆、摇钱树、花篮、拉轿车等。丧葬之后 50 天和 100 天时,再补制房屋庭院一座,家具一套。

二、纸扎的制作

民间纸扎的制作材料,都是因地制宜,就简取材,以铁丝、高粱秆、麻秆、木材、稻草、麦秸、谷秆、竹篾制作骨架。

彩灯的制作,应物象形,然后粘裱纸、布、纱、绸、玻璃等材料,随类赋彩,点染取意,饰以丝穗流苏、八幡绣球,并使用各种艺术手法点缀山光水色、人物百戏、诗词舞蹈等,使其各具姿彩。造型上举凡蔬菜瓜果、典故传说、英雄人物、花瓶陶器、青莲芙蓉、宫灯古玩,应有尽有,运用夸张、仿实虚构多种手法来表现。

纸明器的骨架材料与彩灯相同,但其造型有一定模式。使用骨架材料将各种造型扎得层次分明,有光纸、皱纹纸、蜡纸为主要的粘裹、装裱材料。装饰美化多采用剪纸技法,利用色纸的强烈对比搭配,将纸多层折叠剪出百卉花瓣、花边拐沿、锯齿边、蝴蝶等装饰花样,吊挂八幡绣球、流苏纸穗。在技巧运用上,以平衡、对称、参差、正斜、拉皱、推纹、不齐的线条,有法又无法。经点染的纸扎,色彩明快,对比强烈,既有模式可循,又不失自由创意。

香幡,是以香为主要材料,取长 90 厘米、宽 0.5 厘米的竹篾四根,扎绑成四个圆圈;将麻纸割成 2 厘米宽的纸条,涂上糨糊或胶水,缠在竹篾圈上,把各色有光纸割成长 15 厘米、宽 3 厘米的纸条,卷成纸筒,内穿线绳或纸绳,圈与圈之间各系四条,吊挂起来,可明显分为四层。把香逐根粘贴在同圈周长相同的 3 厘米的麻纸条上,待干后,裱于圈内。外表装饰,割四条不同颜色的纸,与外圈周长相同,宽 3 厘米。横叠多层,剪成锯齿形,花边拐沿均可,裱在四个圈的外面,做些小纸花粘贴在四个圈周围;最后再做四朵不同色彩、直径为 8 厘米的大花,花与花之间用纸筒相隔,用线穿吊起来,最下面剪一条长约 12 厘米的纸穗粘贴在四朵花的底部,吊于幡心。

元宝幡与钱幡。元宝幡以元宝纸制品为主要装饰材料,骨架的扎制方法与香幡相同。元宝采用金纸、锌纸剪成底样,用糨糊粘成型,四块一串,块之间用麦秸染色或用纸卷筒相隔,下端粘贴 4 厘米的各色纸穗;方孔钱采用硬纸片作板材,剪成直径为 5 厘米的圆片,同时将金纸、锌纸也剪成 5 厘米的圆片,裱糊在板材上,裱糊的同时把钱绳也裱在里面,钱与钱相间 3 厘米左右,每串四枚。下端同样粘吊 4

厘米长的各色纸穗，用黑色有光纸剪成 1 厘米的正方形，贴在各枚钱的圆心；元宝共分四层，每层系吊八串，外表装饰与香幡大致相同。元宝幡心吊四块大元宝，钱幡心吊四枚多铜钱。底端用 10 厘米长的纸穗装饰，幡顶端装饰用色纸折叠三折成三角形，错刀剪开，形若拉网，敷盖其上。

纸幡，骨架材料仍为竹篾扎绑，分四层，底大顶小，形似圆柱。主要装饰以白蜡纸为主，将两开纸宽割为 20 厘米的条幅，错剪四刀，提挂密穿顶圈，垂吊叠压之处缠糊 2 厘米宽的色纸条或金纸条。花幡只是心吊和外表均以纸制花卉装点星布。

金山银山，一般以高粱秆和竹篾作骨架，绑扎成山状轮廓，主峰侧峰分明，先将麻纸裱糊一层，然后把金纸、锌纸用不规则形硬物放于纸背面，适度用力挤压，呈现出自然的山峰、峡谷、叠岩之势，裱糊上去，修边整形，再用纸扎一身高 8 厘米左右的守护神，插于侧峰峦上。

金斗银斗，用高粱秆或麻秆作骨架，截成上底长 30 厘米、下底长 25 厘米、高 20 厘米的段子，绑扎成斗状后，割麻纸为 3 厘米宽的条，涂糨糊，缠在秸秆表层。先用麻纸将斗裱糊一层，再裱糊金纸、锌纸，边沿装饰用 4 厘米左右的色纸条（一般用黑色）。竖折一缝剪成形如鼓钉状，金斗用金纸做些元宝，银斗用锌纸做些元宝，摆在斗的上底。

摇钱树，择一造型优美的自然树枝，剪 2 厘米宽的绿纸条，涂糨糊，缠绕枝的表层，用金纸锌纸做金银元宝，不规律地粘贴在树枝上。底座用高粱秆或麻秆扎一花盆，用色纸裱糊。边沿装饰同样剪 4 厘米宽的纸条，配以花边，再用黄纸一张折多层剪出圆钱状，吊挂在树干上。花盆大面上剪贴四块剪纸花，口面上散以元宝、铜钱。

仙鹤，一般以谷秆、稻草和麦秸为骨架材料，绑扎成鹤状，腿用高粱秆插绑，先用麻纸裱糊一层，把白有光纸剪成羽毛状，竖折一缝，放于手帕上，手帕折回一层，紧贴纸的上下层，左手适度用力按压的同时，右手适度用力内拉，揭开手帕便成自然的羽毛状。然后逐个敷粘体上，再用黑有光纸剪成尾毛形，贴于尾部，最后装饰头部和颈部。

金童玉女，身高 30～40 厘米，制作头部一般用棉花揉成小团，以白布包裹，针线缝合，笔墨点画五官（也有用泥模子倒拓的）。身体用硬纸片剪成，或用草扎成，配以彩色纸剪古装，金童手擎紫药，玉女手捧青莲。

马拉轿车。马高 25 厘米左右，驾于车辕。用稻草绑扎成轮廓，裱以枣红色纸，鬃尾用麻染黑扎系。轿车长约 30 厘米，宽约 15 厘米，高约 20 厘米。高粱秆、麻秆或木板绑扎车身，竹篾握拱形绑扎成轿状，安放车厢中央，用铁丝或竹篾绑扎成车轮，高粱秆作通轴。用对比强烈的色纸缠裱、点缀各个部位。车夫身高 30 厘米，着古装，腰系长带，手扬鞭，安坐车辕，同人物扎制法。

晋南民间纸扎，特别是彩灯艺术，以其广泛的表现内容，精湛的制作技巧和大众化的审美趣味，长期在民间流传，构成民俗文化的重要内容。

第十六节　山西面塑

　　面塑，俗称"面花"，作为仪礼、岁时等民俗节日中祭祀、馈赠、喜庆、装饰的信物或标志，是一种由风俗习惯久而积淀成的极有代表性的地方文化。面塑是山西面食的重要组成部分，全省城乡百姓均擅长制作。这种经过装饰的花馍，可为供品、礼品，也可家常食用，在百姓生活中常见而普通，历史上既少记载，也无作品传世。

　　山西面塑是自然崇拜、宗教思想、心理意识与造型语言的综合凝聚物。一般外形整洁、概括，内蕴饱满丰富，既有几何造型，又有如意、万字等传统纹样，还有具象的人物、动物、植物形象。将各种造型语言融合一体，形成特殊的民间艺术形式，构成独特的民俗内容。定襄"面羊"，大至每个需用三五斤面粉，小至三五寸之间，饱满挺秀；霍州面塑称为"羊羔儿馍"，有佛手、满堂红、巧公巧母等面塑制品；新绛面塑有 60 余种造型，注重彩色点染，花色绚丽，表现力强，以"走兽花馍"最为出色；高平市野川镇则是面塑农户的集中分布地。

　　2008 年，阳城焙面面塑、闻喜花馍（图 6-25）、定襄面塑、新绛面塑，入选第二批国家级非物质文化遗产名录（编号 829 Ⅶ—53）。代表传承人分别为璩鸿琪、张红霞（阳城）；支健康、刘红菊（闻喜）；张秀婵、闫来时、续爱花（定襄）；支藕叶、王文华、张青民（新绛）。

图 6-25　闻喜河底村花馍与老艺人（刘中青拍摄）

资料来源：《山西日报》2009 年 4 月 21 日 B2 版。

一、山西面塑与民俗

（一）春节

春节山西面塑的主要功能是对天、地、神的祭祀和祈祷，表达对丰衣足食、万事如意理想的向往，面塑在造型上多取象征意义。供奉天地的叫枣山，祭供灶神的叫饭山、花糕，形制较大，寓意米面成山。晋南面塑传说是为纪念大禹治水而作，祖灵前一只面羊为牲祭之俗，以示虔敬。长辈送晚辈"钱龙"，意在招财进宝。各种点彩花馍是酬宾待客的讲究的礼物。

晋北人家用枣山祭神，枣山被视作人神沟通的圣物，制作用心。制作时把发好的面擀成大三角形，上面铺一层红枣，再用面做成盘云、盘龙、盘兔、如意纹样，间或点缀以连理、元宝、下山虎、上山鹿、瓜果之类，以五谷杂粮点睛镶鼻。蒸出锅来，绵颖憨实，洁白的面与深红的枣、五彩的粮豆，整体上形成鲜明的色彩对比。晋南面花还有"五子登科"、"巧公巧母"、"万事如意"等造型。

（二）清明与寒燕

清明节祭祀先祖故人。孔之曰："生，事之以礼；死，葬之以礼，祭之以礼。"因此极讲究"事死如事生"。祭扫时敬奉面供，晋南制作"蛇盘盘"，造型简洁，极少雕饰，分单头蛇与双头蛇，祭祖前绕坟一周，晚辈吃掉蛇头，表示灭毒头、免灾祸。

按山西的气候特征，春燕凌空正是万物新生的季节，山西寒食节制作百样寒燕面食，也名"子推燕"。代县制作的寒燕面塑精巧别致，方不盈寸。所塑动物如虎、狮、马、牛、猫、龙、猴、羊等，夸大头部比例，增强尾部动感，刻画四肢的灵活，使人感到神似而形美。飞禽类如鸡、鸭、孔雀、凤凰、喜鹊及各种小鸟，则夸张表现尾羽的动感，夸大嘴部、眼部，使其具有拟人的效果，与观者在感情上产生共鸣。所塑人物造型都大于动植物，有各种戏剧人物，爬娃、抱鸡娃、莲花娃娃等。植物类有各种瓜果、蔬菜、花卉以及吉祥图案纹样。蒸出后用品色点染开脸，设色浓艳、对比鲜明。清明时节互相馈赠，做成花架系插，悬挂于室内墙壁，生机益然。究其根源，可能是这些花色食品是为寒食节禁火时准备的干粮，后禁火俗废，面塑食品作为一种艺术随风俗保留了下来。

（三）七月十五与送面羊

农历七月十五为"盂兰盆会"（鬼节），有家家户户蒸制面羊、祭祖上坟的民俗，也有"告祖秋成之意"，祈望丰收。名为"面羊"，实为各式动物形象，还有十二生肖组合、二子戏桃等。晋南的走兽花馍，造型玲珑精巧，神态狞厉，设色鲜明。

（四）人生仪礼风俗与面塑

每逢人生起始转折的重要阶段，从出生满月、周岁、婚礼、寿礼，到葬礼、祭祀，都有仪式纪念，面塑是其中不可或缺的角色。如满月时，霍州外婆送给孩子直径尺余的十二属相"囫囵"面塑，取免灾之意。晋北新人在婚礼日早晨各吃一对"欢鱼吉兔"，象征金玉良缘；忻州、定襄、原平、代县一带制作"宫食"，一般用三五斤白面做一对，造型为玉兔驮仙桃、金鱼背石榴，上面精塑十二生肖造型，细加点缀，情趣悦人。为长辈祝寿时，蒸制大寿桃。为祭祀逝者，葬礼中主供面塑，视亲近程度不同，有"大供"，"小供"之分，直系的儿孙辈做"大供"，又叫馒头，圆形上面饰以明快简洁的花瓣，插上枣花，其他亲朋则敬奉类似蛇盘盘的小供。定襄宏道一带要塑出上百个面塑人物，有戏剧人物、天神、地官等，再以彩纸作装点打扮。

总之，面塑作为一种民间生命力极强的造型艺术，生长和扎根于民众生活，成为民俗风情的一种表现方式。面塑被赋予文化和宗教的意味，使其具有实用与信仰的复合价值，成为研究民间文化的资料。

二、阳城焙面面塑

阳城县地处太行、太岳和中条山之间，山高谷深，交通闭塞，民俗文化孕育在特殊的地理环境中。阳城焙面娃娃就是其中的优秀民间艺术作品，即每年农历七月十五，娘家为闺女送"十五"时带的礼馍。阳城传统面塑分布很广，根据制作方法不同，可分为生面塑、炸面塑、蒸面塑和焙面面塑。焙面面塑即焙面娃娃，是阳城面塑中的佼佼者，主要分布在阳城县城关镇，少数分布在乡村，具有鲜明的地方特色（图6-26）。

图6-26　阳城焙面娃娃

焙面娃娃表现内容丰富，有传说故事、戏曲人物，还有动物飞禽、花蝶鱼虫。焙面娃娃的制作不同于一般面塑的笼蒸，也不用鏊子直接烤制，而是用一种当地特制的砂土套锅烤成，为阳城县独有。制作工具有案板、擀面杖、菜刀、筷子、剪子、梳子等。主料为上好的麦粉，辅料是杏仁水、糖稀搭色水、黑豆、花椒子等。经焙烤出的食品，形状美、闻着香、吃着脆，是阳城最有特色的面食品。制作方法可分为八个步骤：①用杏仁水和好面；②按构图用料将面切成小块，用擀面杖将面块按需要的形状擀薄；③接着用刀或剪刀按所要塑造的物形裁剪出大体基础即底料；④先捏制头、手、人物的身姿动态；⑤然后根据立体装饰与平面装饰对底料进行装饰，立体装饰的需先捏出具体的形状，如花朵可用细面条缠绕出花形，也可剪出几片花瓣形的薄面泥，其上用梳子压纹道，然后用镊子从一边向另一边轻轻推挤，自然地形成弯曲卷边的花瓣，然后单瓣或复瓣组合，再蘸少许水粘在装饰部位；⑥平面装饰用八角（即大料）压纹为花，半圆的竹筒用力裁透底料面泥，继而提升竹筒时将裁透的半圆面泥带起，轻轻向面泥连接的一侧压一压，就呈凸起状，此法可以组合排列出各种花形、图案；⑦接着进行上色，除面部、手脚或某朵花该露白部分外，用熬制好的糖稀搭色水反复均匀地涂在制品上；⑧最后将制品放置在加热后的套锅中烤焙，烤焙时不能翻动，必须掌握好火候，一次成型。

焙制套锅的独特工具产生了焙面塑与蒸面塑的截然不同，由于焙烤工具是在铁锅内壁用砂土抹过一层泥浆的套锅，分上下两口锅，焙时两口锅预先烧热，一个锅扣在火口上，锅底（此套锅为平底）上置鏊子，将捏好的面娃娃放在鏊子上，再将另一口锅扣在鏊子上，面娃娃通过上、下锅散发的热能烤熟。焙制的特殊性决定了焙面娃娃只能取浅浮雕式，底料厚度仅有 0.5 厘米，然后在其上"组装头部"，手执道具、装饰凸起的花朵等，若捏汉钟离祖胸露乳的乳之高度，常用半个杏核扣在底料上，再用薄面泥裹包住杏核，一保持高度，二容易熟透。

20 世纪 50 年代农村成立合作社，取消了套锅馆，人们捏制出的面娃娃无处焙制，这项艺术从此萧条。1994 年，焙面娃娃参加山西省文化厅举办的"山西民间艺术一绝"大展，选送 30 余件作品，同获金奖。此后参加文化部"中国民间艺术一绝"大展，选送 18 件作品，获集体金奖。然而时隔十余年，大部分老艺人相继去世，焙面娃娃已面临失传的危机。如今阳城县内只有一家既蒸面又用套锅焙面的专业户，虽然生意不算兴隆，但在传统节日，或有人家办喜事时，依然繁忙。①

---

① 见中国非物质文化遗产名录数据库，http：//fy. folkw. com/view. asp？id＝2512。

第十七节　炕　围　画

炕围画，顾名思义，是在以炕为中心的周围墙壁上绘制的图画。土炕是炕围画形成的前提，土炕通常与房屋内三面墙壁交接，即一面山墙、前檐墙与后檐墙的各一部分，或一间檐墙、一面山墙与内隔断墙。在这三面墙上绘画，多为连环画形式，以坐在炕上的成人的视觉舒适度为基准，画幅宽约 0.8 米，围绕炕的中心空间，表现画的主要内容与精彩画面，与炕首相接的灶台墙壁，通常为一组炕围画的起点。

山西气候寒冷，由北至南的乡村都有使用土炕取暖烧饭的习俗。晋北、晋中地区盘设土炕的范围最广，一年中使用时间最长，部分城镇家庭也用。从居室装修来看，炕围画是涂饰墙围的发展，通过油饰壁面，可以免去室内蒸气、炕边活动对墙围清洁以及墙壁寿命的影响，人身亦免壁土之污。炕围从简单油饰到绘画其上，不能排除来自寺观壁画与建筑梁枋彩绘的启示，不断增加的民间画师，在建筑行当内与油漆匠人的美术技艺相互沟通，更多画师、油漆匠师转向民间需求旺盛的"家庭壁画"——炕围画的绘制上来。

对于一个普通农家，严寒季节的家庭起居保持温暖至关重要，宽大的土炕所整合的炊饮、取暖、会客、休息睡眠等多种功能，使其成为家庭生活的中央空间。不同于这些实用的功能，炕围画在此中央空间担当了一种柔性角色，兼具装饰美化居室与审美教化子弟的功能。炕围画以色彩艳丽、故事性强、形象直观的特点，成为体现一户农家情趣的艺术长廊与精神园地。

炕围画有一套固定的平面结构程式。根据画幅整体规格，以上下两边确定画幅的纵向尺度，按照画幅长度等距均分，形成绘制每幅画题的"画空"。对称均衡的画幅划分，有利于表现画面内容的主从顺序与简繁对比。紧贴炕的三面墙是炕围画的主体，锅台画、灶头画、看墙画构成炕围画的外延部分。[①]

山西炕围画的种类多样，主题突出，色调明快艳丽，绘画内容选取戏曲情节、忠孝节义故事、山水风光、传统吉祥图案等常见的题材，画面多以景物为主，人物为辅，注重构图均衡而忌拥塞。受地理环境和各地民俗风尚的影响，炕围画色调因地而异。晋西北喜欢热烈的暖色调，多用红色、棕色打底；忻州、原平一带喜欢宁静的中性偏冷色调，多用粉绿色；晋中喜用蓝绿色；晋东南则多用偏深的绿色。各

---

① 李玉明主编：《山西民间艺术》，太原：山西人民出版社，1991 年。

地的新婚居室炕围更加考究，兼用各色，绘出富丽堂皇的艺术效果（图6-27）。山西以忻州、原平、代县、襄垣等地的炕围画与当地民俗融合最深，工艺特色鲜明，新中国成立后，忻州炕围画曾代表山西省参加全国的年画版画展。

图6-27　平遥炕围画（邵衡拍摄）

资料来源：邵衡摄影：《世界文化遗产·平遥古城》，北京：中国旅游出版社，2001年。

一、原平炕围画①

原平旧式炕围，分为土炕围、着色炕围两种。干土炕围，画匠称龙色，属国画中的简淡画风；着色炕围，称楷色，属于工笔重彩画。一般人既不爱龙色的轻描淡写，也不喜欢楷色的大红大绿，更欢迎素净淡雅风格，因而形成一种以龙色为主的小楷炕围画。无论哪种炕围画，都是以打底坚实、花边细致、画空象征性强为特色。一组炕围画，主要由打底、画花边、画空、锅台画、灶画等部分组成。

打底。在作画前，先将墙壁泥平、磨光，这是基础工作。一般用水泥或细黄土加清漆和糨糊调好涂底子，然后用有光纸裱糊，再用胶矾水刷过。目的是既令墙壁光而平，上油漆不渗；又要使墙壁结实，起到使炕围鲜艳明亮经久的作用。

画花边。花边是炕围画的一道重要工序。"花边一半功"，好画匠常常把主要精力用在花边设计上。花边的形式很多，有三色边、五色边、万字边、工字边、万字不断勾连边、夔龙捲书边、夔龙套幅边、花儿边、蛇皮带边、大小福寿字边、狮子滚绣球边、二龙戏珠边等。花边图案过去和现在没多大变化，只是现在更细、更复杂了一些。

画空。画空也称"池子"，是炕围画内容与技法的精华所在。空子画有圆形、长方形、扇形、菱形等各种形状。旧式炕围大都以象征吉祥如意、忠孝为内容。历代老画匠常画的有二十四孝、四惜、四误（唐明皇误入月宫、张骞误入斗牛宫、苏

---

① 吕日周：《三晋百宝》，太原：山西科技教育出版社，1985年，160～162页。

东坡误入佛游寺、李进误入重地)、四爱(杜甫爱春、陶渊明爱菊、周敦颐爱莲、孟浩然爱梅)。新式炕围空子画的内容大体分人物、风景、花鸟等几类,往往各样并存,以戏曲人物为主,如《西厢记》、《打金枝》、民间小戏、二人台及现代戏等,也有胖娃娃、电影明星等。风景画多以亭台楼阁、桥梁、山水、现代建筑为主。

锅台画,是炕围的主空子。因为它处于紧贴锅台的位置,画面大,很显眼,一般画匠们对它画得非常认真细致。花边单独设计,自成一体,夔龙、捲书、花儿边常用在这里。内容象征性强,如莲花、鱼,象征连年有余;西瓜、月饼、葡萄,象征丰衣足食;牡丹、孔雀、凤凰,象征富贵;胖娃娃、鲤鱼、莲花,象征连生贵子。

灶画,因位于过去供奉灶君的位置而得名。多表现鸡鸣富贵、五福捧寿、山水花鸟等内容。

新中国成立后,炕围画丰富了表现时代的新内容。革新画师李官义,第一个将革命家史、模范人物故事绘入炕围,他的作品于 1965 年春在北京展出。原平炕围画匠多为祖孙世代经营,如老画匠弓祥忠一生绘制炕围 1000 多个,祖孙三代以画为业;下薛孤村的王前前培养徒弟十余人。

2008 年,原平炕围画,入选第二批山西省非物质文化遗产名录(编号 21 Ⅶ—6)。

二、襄垣炕围画

襄垣炕围画主要分布在襄垣县,并影响到沁县、沁源、武乡、屯留、长子、黎城、长治、潞城、壶关、平顺、晋城等周边地区。

襄垣炕围画以集诗、书、画、印于一体的组合式为特色,与窑洞、厅房等不同建筑形式构成相宜的组合。襄垣炕围画分三个等级,上等名夔龙架,也称硬架炕围,有"单层楼"、"楼上楼"之分,多用于青年结婚的新房,工艺考究。中等名汉纹景架,也称软架炕围,适用于中老年家庭。普通炕围画名三栏边,图案简洁大方。内容题材丰富,聚人物、风景、花鸟、瑞兽、书法、图案于一体,多取福瑞喜庆、如意吉祥纹样,寓意百姓驱邪纳祥、喜庆欢愉、道德教化等愿望。

襄垣炕围画的制作,包括选料、泥墙、裱糊、刷底、擂平打腻、托花拓样、绘制着色、刮矾、上漆等工序。材料有矿物颜料、植物颜料、油料、纸张。其中,矿物颜料有洋兰、毛绿、诸石、西丹等;植物颜料有品黄、大红、桃红,以及现代通用广告色;油料有桐油、土漆、清油;纸张有白麻纸、火绵纸、宣纸等。其他材料有白土、水胶、白矾等。制作工具包括草刷、擂石、栓(上土漆专用)、各种板笔、毛笔、粉线、曲尺、直尺、软尺、专用裁刀、香头、柳碳条等。

襄垣炕围画的传承，明末清初有画匠郝允中、苗滋荣、王锡聪；民国年间活跃着王之采、连巨先、连根、李一平等炕画艺人，对周边地区的炕围画风格与发展有较大影响。随着土炕、窑洞逐渐退出现代生活，襄垣炕围画日益衰落。近年成立了襄垣炕围画研究会，专门负责炕围画的抢救与保护工作。

2008 年，襄垣县炕围画（建筑彩绘），入选第二批国家级非物质文化遗产名录（传统美术类，编号 872 Ⅶ—96），代表性传承人郝彦明、杨兴龙。

三、汾阳：寄意傅山的炕围画传说

汾州在三晋自古以地富民醇、文风深厚著称，州治所在地汾阳县，民擅整洁居室、讲究室内陈设与装饰为普遍习尚，炕围画就是最显家户之殷实与好尚的传统装饰。炕围画的繁简与精疏，也因县域村镇的风俗繁简而各现差异。近县城的中部区域，及与中部相邻的东北、东南部村镇，"民风和蔼，习尚稍进侈靡"，炕围画在民间也较为普及，亦多精美之作。县域愈近西部与北部的吕梁山区，生活愈见俭朴，民风守旧[①]，炕围画在民间并不多见，若有则画风多呈简素。在习见炕围画的汾阳中部村镇，当地人更有余力，将画炕围这一精妙的心手技艺，寄意晋地名士傅山先生，"傅山画炕围"的传说随之流行于汾阳民间，这也赋予炕围画几分庄谐并重的民俗文化趣味。刘瑞祥先生是精通汾阳风俗与民间艺术的地方文史学者，他所搜集整理的"傅山画炕围"传说讲道：

> 傅山的小舅子订了门亲事，娶亲的黄道吉日也都选定了。家里的人里里外外地忙着筹备起来。他老丈人满面春风，想到这是家中的最后一桩喜事了，理应办得更讲究、更热闹些，便把傅山也请来帮忙。
>
> 傅山登门，老丈人十分高兴。抚着这位才子的肩头说："你内弟婚期已定，烦劳贤婿协助老夫办理一应事宜，抽空儿将洞房里的炕围子画好。"看看婚期已到，一切都已打点停当。老丈人见傅山每日操劳，忙里忙外，甚是高兴，连他自己也早把画炕围子的事搁在脑后了。待布置洞房的人禀告，炕围子还丝毫未画时，傅山的老丈人才如梦初醒，不禁顿足击手，连声嚷道："明日即要成亲，炕围子还未画就，这可如何是好？"
>
> 傅山闻讯前来，对急不可奈的老丈人说："岳父大人不必焦虑，小婿自有办法，管教明日新人入洞房时炕围子画成就是了。"老丈人哪里肯相信，只是一个劲儿地摇头叹息。
>
> 傅山吩咐丫鬟磨一盆墨汁，并将各色颜料各调上一海碗，待就绪后前

---

① 刘天成：《汾阳县乡土志》，1936 年，汾阳县署铅印本。

来唤他。听到这话，众人皆愕然。这炕围画是讲究人家的一桩脸面和欣赏品。卧室的四壁上，在大约有一人高的位置上，转圈儿在上沿的尺许之处，画上一幅又一幅的山水、人物、花鸟之类。每幅画里又都须有一定的故事，象"三娘教子"、"王祥卧冰"、"龙凤呈祥"等等。

丫鬟闹腾了半后晌，才把一应东西都备齐。傅山这时正忙罢别的事，用一把扫炕用的小笤帚打扫身上的尘土，闻讯，他顺手拿着小笤帚朝洞房走去。傅山进屋后，拿起小笤帚蘸上各种颜色和墨汁，在墙上乱抹起来。丫鬟等人见状，以为他忙昏了头，赶忙上前阻止。傅山哈哈一笑说："你们放心吧，待我画完后将房门关上，一个时辰后重开房门就知分晓了。"

傅山在洞房内墙壁上涂抹了一阵后离开。丫鬟等人站在门外窃窃私语。一个时辰后去打开房门，只见满屋里鸟语花香，那画上的人都在走动咧！①

---

① 刘瑞祥整理：画炕围子，见刘锡仁主编：《汾州采风集》第二集，内部发行，山西省汾阳县县志办公室印，1987年，33～34页。

主要参考文献

《中华传统食品大全》编委会山西分会.1993.山西传统食品.北京:中国轻工业出版社.

柴泽俊,柴玉梅.2008.山西古代彩塑.北京:文物出版社.

柴泽俊.1991.山西琉璃.北京:文物出版社.

柴泽俊.1997.柴泽俊文集.北京:文物出版社.

长子县志办公室.1998.长子县志.北京:海潮出版社.

大同市地方志编纂委员会.2000.大同市志(上).北京:中华书局.

范百胜.1985.山西晋城坩埚炼铁调查报告//中国科学院自然科学史研究所技术史研究室.科技史文集.第13
辑.上海:上海科学技术出版社.

范堆相.1992.忻州名优特产集.太原:山西经济出版社.

方心芳.1934.汾酒酿造情形报告.天津:黄海化学工业研究社印行.

费孝通,张子毅,张荦群,袁方.1946.人性和机器——中国手工业的前途.上海:生活书店.

冯俊杰,王志峰.2005.平遥纱阁戏人.太原:山西古籍出版社.

葛世民.1988.大同.北京:中国建筑工业出版社.

关廷访.1991.太原府志.太原:山西人民出版社.

杭间.1994.中国工艺美学思想史.太原:北岳文艺出版社.

郝树侯.1979.太原史话.太原:山西人民出版社.

衡翼汤.1984.山西轻工业志(上).山西省地方志编纂委员会办公室.

侯林辉.1986.平遥推光漆器厂史志辑要.初稿.

侯丕烈.2009.中国孝义皮影.太原:山西教育出版社.

蒋唯心.1935.金藏雕印始末考.南京:支那内学院.

瞿大风.2006.元朝时期的山西地区.沈阳:辽宁民族出版社.

雷蒙德·弗斯.2009.人文类型.费孝通译.北京:商务印书馆.

李华.1980.明清以来北京工商会馆碑刻选编.北京:文物出版社.

李纪元.1992.高平县志.北京:中国地图出版社.

李燧.1989.晋游日记.黄鉴晖校注.太原:山西人民出版社.

李永喜.1987.曲沃县二轻志.内部发行.

李玉明.1991.山西民间艺术.太原:山西人民出版社.

灵石县手工业志编写组.1986.灵石手工业志.内部发行.

凌业勤,等.1987.中国古代传统铸造技术.北京:科学技术文献出版社.

陵川县志编纂委员会.1999.陵川县志.北京:人民日报出版社.

刘伯伦.1994.阳城县志.北京:海潮出版社.

刘书友.1996.黎城旧志五种.北京:北京图书馆出版社.

502

刘纬毅.2004.山西历史地名辞典.太原：山西古籍出版社.

刘永生.2000.太原旧影.北京：人民美术出版社.

柳宗悦.2006.工艺文化.徐艺乙译.桂林：广西师范大学出版社.

卢西·史密斯.2006.世界工艺史——手工艺人在社会中的作用.朱淳译.杭州：中国美术学院出版社.

鲁道夫·P霍梅尔.2012.手艺中国：中国手工业调查图录（1921—1930）.戴吾三，等译.北京：北京理工大学出版社.

陆敬严，华觉明.2000.中国科学技术史（机械卷）.北京：科学出版社.

路甬祥.2004.中国传统工艺全集.郑州：大象出版社.

潞城市志编纂委员会.1999.潞城市志.北京：中华书局.

吕日周.1982.山西名特产.北京：农业出版社.

吕日周.1985.三晋百宝.太原：山西科技教育出版社.

马良.1992.应县志.太原：山西人民出版社.

农村教育改进社（太原）.1933～1936.新农村，（1～29）.

潘君祥.1998.近代中国国货运动研究.上海：上海社会科学院出版社.

彭南生.2007.半工业化：近代中国乡村手工业的发展与社会变迁.北京：中华书局.

彭泽益.1962.中国近代手工业史资料（1840—1949）（1—4卷）.北京：中华书局.

彭泽益.1997.清代工商行业碑文集粹·北京篇.郑州：中州古籍出版社.

钱存训.1990.中国科学技术史.第五卷纸和印刷分册.北京：科学出版社，上海：上海古籍出版社.

乔志强.1978.山西制铁史.太原：山西人民出版社.

乔志强.1997.山西通史.北京：中华书局.

芮城县二轻志编纂办公室.1987.芮城二轻志初稿.内部发行.

山西民社.1936.太原指南.北平：民社出版.

山西省长公署.1927～1936.山西公报.

山西省地方志编纂委员会.1984.山西外贸志.内部发行.

山西省农学会.1939～1940.山西农学会刊，（1～6）.

山西省农业区域委员会.1992.山西省农业自然资源丛书.北京：中国地图出版社.

山西省史志研究院.2001.山西通史.太原：山西人民出版社.

山西省史志研究院.2006.山西旧志二种.北京：中华书局.

山西省政协《晋商史料全览》编委会.2006.晋商史料全览（分地区九卷本）.太原：山西人民出版社.

山西省政协文史资料委员会.1982～2000山西文史资料.太原：山西人民出版社.

沈思孝.1936.晋录.上海：商务印书馆.

实业部国际贸易局.1936.中国实业志·山西省.第六编.上海：商务印书馆

宋晓奇.2009.大同市非物质文化遗产集锦.北京：中国戏剧出版社.

宋应星.1933.天工开物.上海：商务印书馆.

苏易简.1985.文房四谱.北京：中华书局.

孙辅智.2008.古都大同.太原：山西人民出版社.

太原市政协文史资料委员会.1984～1992太原文史资料.内部发行.

田长浒.1995.中国铸造技术史（古代卷）.北京：航空工业出版社.

童书业.2005.中国手工业商业发展史.北京：中华书局.

万辅彬，韦丹芳，孟振兴.2011.人类学视野下的传统工艺.北京：人民出版社.

万良适，吴伦熙.1957.汾酒酿造.北京：食品工业出版社.

万良适 . 1985. 山西风物志 . 太原：山西教育出版社 .

王金平，徐强，韩卫成 . 2010. 山西民居 . 北京：中国建筑工业出版社 .

王轩 . 1990. 山西通志 . 北京：中华书局 .

王智庆，李存华 . 2009. 晋东商业文化 . 北京：科学出版社 .

魏林泰 . 2000. 太谷百业纵观 . 太原：山西人民出版社 .

谢肇淛 . 1959. 五杂俎 . 北京：中华书局 .

新常富 . 1913. 晋矿 . 赵奇英，高时臻译，出版社不详 .

新绛县二轻工业局《新绛县二轻（手）工业志》编委会 . 1988. 新绛县二轻（手）工业志 . 内部发行 .

杨念先 . 1967. 阳城县乡土志 . 台北：成文出版社 .

杨炫之 . 2006. 洛阳伽蓝记 . 周振甫译注 . 南京：江苏教育出版社 .

叶德辉 . 1857. 书林清话 . 北京：中华书局 .

詹若兰，张春雷 . 2010. 广东省传统工艺美术保护与发展 . 广州：岭南美术出版社 .

张国宁 . 1999. 太原市志（二册）. 太原：山西古籍出版社 .

张瀚 . 1986. 松窗梦语 . 上海：上海古籍出版社 .

张明亮 . 2009. 山西省非物质文化遗产名录图典 . 太原：山西教育出版社 .

张明堂 . 2001. 平陆县烤烟志 . 南京：金陵书社出版公司 .

张培刚 . 1999. 农业与工业化 . 上下卷 . 武汉：华中科技大学出版社 .

张庆亨 . 1932. 晋祠指南 . 太原：范华制版印刷厂 .

张铁声 . 2003. 老字号名字号 . 太原：山西人民出版社 .

张伟 . 1993. 应县名特产品 . 太原：山西经济出版社 .

赵宝金 . 2007. 翼城县志 . 太原：山西人民出版社 .

赵顺太 . 2010. 中国木版年画集成·绛州卷 . 北京：中华书局 .

政协孝义市委员会 . 2008. 孝义非物质文化遗产专辑 . 北京：中国文史出版社 .

中国科学院自然科学史研究所 . 1993. 中国古代建筑技术史 . 台北：博远出版有限公司 .

庄伯和 . 2002. 台湾传统工艺之美 . 台北：晨星出版有限公司 .

禚洪涛 . 2009. 民艺物语 . 台北：台湾传统艺术总处筹备处 .

附　录

列入非物质文化遗产名录的山西传统手工技艺

附表　列入非物质文化遗产名录的山西传统手工技艺

项目名称	传承人	所在地	名录层级与类别
一、自然资源利用技艺			
阳城生铁冶铸技艺	吉抓住	阳城县	国一 传统技艺
泽州打铁花习俗		晋城市泽州县巴公镇来村	省三 民俗
长子响铜乐器制作技艺	阎改好	长子县	国二 传统技艺
大同铜器制作技艺	李安民	大同城区天艺昌工艺品厂	省二 传统技艺
新田青铜器制作技艺	段无名	侯马市	省二 传统技艺
繁峙银器制作技艺	戴文琮 戴志强	繁峙县星河银业有限公司	省三 传统技艺
稷山金银铜器制作技艺	王杰忠 马星媛	稷山县	省三 传统技艺
浑源铸钟技艺	牛晓	浑源县神溪铸钟厂	省三 传统技艺
平遥宝剑铸造技艺		平遥县文涛坊	省三 传统技艺
襄汾县北许锣鼓制造技艺	王跃进 张炎东	襄汾县	省二 传统技艺
二、传统建筑营造技艺			
琉璃烧制技艺	阳城/乔月亮 崔书林；河津/吕彦堂；太原/葛原生		国二 传统技艺
平陆窑洞（地窨院）营造技艺	李创业 王守贤 张和成	平陆县	国二 传统技艺
雁门民居营造技艺	杨贵廷 杨美恩	山西杨氏古建筑工程有限公司	国三 传统技艺
建筑彩绘：襄垣炕围画绘制技艺	郝彦明 杨兴龙	襄垣县	国二 传统美术
原平炕围画绘制技艺		原平市	省二 传统美术
沁源炕围画绘制技艺	任卫平	沁源县赤石桥乡涧崖底村	省三 传统美术
建筑彩绘：襄垣民居脊饰技艺	肖海昌 宋连福		省三 传统美术
清徐民居砖雕	杨宗新 杨永胜	太原市清徐县	国一扩 传统美术
三、衣饰技艺			
交城滩羊皮鞣制工艺	张晓春	交城县	国二 传统技艺
平顺传统棉纺织技艺	赵凤霞	平顺县石城镇白杨坡村	省三 传统技艺
襄汾丁村传统棉纺织技艺	王秋菊	丁村民俗文化开发有限公司	省三 传统技艺
晋南土布织造技艺		永和县阁底乡于家咀村	省二 传统技艺
高平民间绣活	程红梅 李慧珍	高平市	国二 传统技艺
上党堆锦技艺	涂必成 弓春香	长治市堆锦研究所 长治市群众艺术馆	国二 传统美术

505

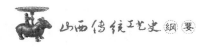

项目名称	传承人	所在地	名录层级与类别
黎侯虎制作技艺	高秋英	黎城县	国二 传统美术
布老虎（阳泉、侯马）制作技艺	张旭峰（阳泉） 王承志（侯马）		省三 传统美术
运城布扎（绛县、芮城）	马秋菊（绛县） 张雅婷（芮城）		省三 传统美术
运城绒绣制作技艺	李淑叶	运城市关圣绒绣研究中心	省二 传统美术
繁峙晋绣	贺志坚 张恩凤	繁峙晋绣坊文化产业发展中心	省三 传统美术
和顺刺绣（牵绣）	范素萍	和顺县	省三 传统美术
宝龙斋传统布鞋制作技艺、千层底手工拉花布鞋制作技艺		平遥宝龙制鞋厂 临汾市尧都区土圪垯手工布艺有限公司	省三 传统技艺
四、药食制作技艺			
杏花村汾酒酿制技艺	郭双威	山西汾阳杏花村汾酒集团	国一 传统技艺
汾阳王酒酿制技艺	王再武	汾阳王酒业有限责任公司	省二 传统技艺
竹叶青酒泡制技艺		山西汾阳杏花村汾酒集团	省二 传统医药
梨花春白酒（蒸馏酒）传统酿造技艺	秦文科 赵文忠	山西应县梨花春酿酒集团公司	国二 传统技艺
清徐葡萄酒酿制技艺		山西清徐葡萄酒有限公司	省三 传统技艺
代县黄酒酿造技艺		代县贵喜酒业有限公司	省二 传统技艺
隰县午城酒酿制工艺	李跃明	山西午城酿酒有限责任公司	省二 传统技艺
清徐老陈醋酿制技艺	郭俊陆	清徐县美和居老陈醋有限公司	国一 传统技艺
辛寨陈醋酿制技艺	辛世方	壶关县辛寨绿色醋业有限公司	省三 传统技艺
安泽熏醋酿制技艺	赵章生	安泽县府城镇义唐泽林醋业	省三 传统技艺
小米醋酿造技艺	王德才	山西襄汾三盛合酿造有限公司	省三 传统技艺
神池胡麻油压榨技艺	张志贵	神池县清泉岭榨油厂	省二 传统技艺
祁县小磨香油制作技艺		祁县顾椿香油厂	省二 传统技艺
垣曲菖蒲酒泡制技艺		垣曲县舜皇菖蒲酒业有限公司	省二 传统医药
龟龄集传统制作技艺	杨巨奎 宋应龙 柳惠武 柳子俊	山西广誉远国药有限公司	国一扩 传统医药
定坤丹制作技艺	柳慧武 李建春	山西广誉远国药有限公司	国三扩 传统医药
榆社阿胶制作技艺		山西榆社阿胶厂	省二 传统医药
梅花点舌丸、小儿七珍丸制作技艺		山西双人药业有限责任公司	省二 传统医药
颐圣堂醋制药材技艺		山西黄河中药有限公司	省三 传统医药
中医药膳八珍汤（头脑）	李春生	太原市	国二 传统医药
冠云平遥牛肉加工技艺	王天明	冠云平遥牛肉集团有限公司	国二 传统技艺
六味斋酱肉制作技艺	宋银如	太原六味斋实业有限公司	国二 传统技艺
上党腊驴肉制作技艺	宋天雷	长治世龙食品有限公司	省三 传统技艺

项目名称	传承人	所在地	名录层级与类别
德义园府酱制作技艺	相里冬霖	山西德义园味业有限公司	省三 传统技艺
临猗酱玉瓜制作技艺	王会元	临猗县临晋东晟酱园	省三 传统技艺
郭杜林晋式月饼制作技艺	程玉兰 赵光晋	太原市双合成食品有限公司	国二 传统技艺
神池月饼制作技艺	吕效忠	神池县自永和食品厂	省三 传统技艺
福同惠南式细点制作技艺	刘跃	运城福同惠食品有限公司	省三 传统技艺
闻喜煮饼制作技艺	陈红锁	闻喜县永祥和煮饼食品有限公司	省二 传统技艺
太谷饼制作工艺		太谷县	省一 传统技艺
孟封饼制作工艺	车四维	太原市昌发祥食品有限公司	省三 传统技艺
恒义诚老鼠窟元宵制作技艺	谭凯	太原市恒义诚甜食店	省二 传统技艺
传统面食/龙须拉面和刀削面制作技艺、抿尖面和猫耳朵制作技艺	韩林保 韩永旺（抿尖面和猫耳朵）	太原市全晋会馆太原市晋韵楼	国二 传统技艺
稷山传统面点制作技艺		稷山县	国三扩 传统技艺
稷山赵氏麻花制作技艺	王青艾	稷山县	省三 传统技艺
大阳馔面制作技艺	范锁喜	泽州县	省三 传统技艺
交里桥饸饹面制作技艺	李新安	曲沃县交里桥小胖饸饹面馆	省三 传统技艺
剪刀面制作技艺	刘宣萍	侯马市宴皇源餐饮有限公司	省三 传统技艺
襄垣手工挂面制作技艺		襄垣县	省二 传统技艺
夏县手工空心挂面制作技艺	张和家	夏县	省三 传统技艺
浑源凉粉制作技艺	李瑞	山西大瑞食品加工有限公司	省三 传统技艺
柳林碗团制作技艺	贾旭东	柳林县沟门前风味食品有限公司	省二 传统技艺
汾州八大碗制作技艺	孙淼	汾阳市丰泰苑酒店	省二 传统技艺
平定传统三八席制作技艺	赵永生	阳泉晋香源餐饮服务有限公司	省三 传统技艺
高平十大碗制作技艺	孙永胜	高平市	省三 传统技艺
高平白起豆腐制作技艺		高平市	省二 传统技艺
清徐豆腐干制作技艺		清徐县	省三 传统技艺
交城卫生馆五香调料面制作技艺	蔚林生	交城县调味品厂	省二 传统技艺
垣曲炒棋制作技艺		垣曲县解峪乡乐尧村	省二 传统技艺
阳城制糖技艺		阳城县	省二 传统技艺

五、日常器用制作技艺

平定砂货烧制工艺	张宏亮	阳泉市郊区南小西庄村、平定县文化馆	省二 传统技艺
翼城砂锅烧制技艺	张作奇	翼城县隆化镇尧都村	省三 传统技艺
高平黑陶烧制技艺	安全	高平市	省二 传统技艺
麻纸制作技艺（崞阳麻纸、蒋村麻纸）	温福田 刘隆千	原平市崞阳镇、定襄县蒋村	省二 传统技艺
贾得麻纸制作技艺		临汾市尧都区贾得乡贾得村	省三 传统技艺
阳城绵纸制作技艺		阳城县	省二 传统技艺

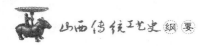

项目名称	传承人	所在地	名录层级与类别
桑皮纸制作技艺	冯宝山	柳林县孟门镇	省三 传统技艺
手工制香技艺		太原市小店区	省二 传统技艺
王吴猪胰子制作技艺	吴会平	太原市小店区	省二 传统技艺
交城琉璃咯嘣制作技艺		交城县	省一 传统技艺
六、民艺品制作技艺			
平遥推光漆器髹饰技艺	薛生金	平遥县	国一 传统技艺
稷山螺钿漆器制作技艺	李爱珍 马中发 马回茵	稷山太阳海珠工艺美术厂 稷山仿古旅游工艺厂	省二 传统技艺
新绛云雕（剔犀）制作技艺	陈勤立 何俊明	新绛县	国三扩 传统技艺
晋作家具制作技艺	曹运建 段鑫荣	唐人居古典文化有限公司 鑫荣木雕工艺有限公司	国三扩 传统技艺
平定黑釉刻花陶瓷制作工艺	张聪 张文亮	平定文亮刻花瓷砂器研究所	省一 传统美术
新绛刻瓷工艺		新绛县	省二 传统技艺
新绛澄泥砚制作技艺	蔺永茂 蔺涛	新绛县	国二 传统技艺
五台山石砚雕刻技艺	惠东存 惠志国	定襄县河边雅艺轩制砚厂	省三 传统美术
温氏空心澄泥砚	温松康	五台温氏澄泥砚制品有限公司	省三 传统技艺
绛墨制作技艺		新绛县积文斋笔墨庄	省二 传统技艺
绛州毛笔制作技艺	张永福	新绛县于良英笔庄 新绛县积文斋笔墨庄	省二 传统技艺
手工泥金笺制作技艺	黄自力	永济市	省三 传统美术
绛州木版年画	蔺永茂 吴百锁 郭全生	新绛县	省三 传统美术
平阳木版年画	赵国琦 赵国瑾	临汾市	国二 传统美术
侯马皮影制作技艺	廉振华 刘秀珍	侯马市皮影雕刻艺术研究会	省二 传统美术
柴森宫灯	柴青梅	夏县柴森宫灯厂	省三 传统美术
中阳剪纸	王汝计	中阳县	国一 传统美术
广灵染色剪纸	张多堂 张咏堂	广灵县	国一扩 传统美术
山西剪纸（左权、高平、隰县、浮山、右玉、孝义）	左权/杨宪江；高平/乔明娥；隰县/许晃；浮山/乔文阁 郑洪峨；右玉/蔡江萍；孝义/武玉莲 郭润芝		省三 传统美术
山西面花：阳城焙面面塑、闻喜花馍、定襄面塑、新绛面塑	闻喜/支健康 刘红菊；阳城/璩鸿琪 张红霞；定襄/张秀婵 闫来时 续爱花；新绛/支藕叶 王文华 张青民		国二 传统美术
山西面塑：高平、定襄、代县、万荣、临汾太平面塑	高平/魏慧兰 张淑珍；定襄/丁芳莲 梁志明；代县/张桂英 刘金毛；万荣/解云仙；临汾/梁秋叶		省三 传统美术
晋城泥塑	刘惠斌	晋城市	省二 传统美术
沁源石雕	史崇信	沁源县赤石桥乡涧崖底村	省三 传统美术
沁源木雕	史玉荣	沁源县赤石桥乡涧崖底村	省三 传统美术
木雕	刘晓晨	定襄晟龙木雕模型艺术有限公司	省三 传统美术
宁武根雕	张存海	宁武怀海根艺美术专业合作社	省三 传统美术
交口根雕	文玉贵 景文郁	交口县	省三 传统美术

项目名称	传承人	所在地	名录层级与类别
芮城永乐桃木雕刻技艺	李艳军	芮城县永乐理天桃木雕刻坊	省三 传统美术
平遥纱阁戏人制作技艺	雷显元	平遥县	国三 传统美术
永济扎麦草技艺	李新德 张亮亮	永济市文化馆	省二 传统美术
蒲县麦草画	亢秀奎	蒲县	省三 传统美术
襄垣苇编技艺		襄垣县	省三 传统技艺
曲沃花葫芦制作技艺	郑亚辉 郑月巴	曲沃县郑家民间美术社	省二 传统美术
侯马蝴蝶杯制作技艺	周尚明	侯马市	省二 传统技艺
绛州飞龙制作技艺	郭尔夫	绛县	省一 传统技艺
南庄无根架火制作技艺	赵志高	晋中市榆次区宏艺架火美术工艺厂	省二 传统美术
清徐彩门楼制作技艺	冯树东	清徐县	国三 传统美术

后　记

　　《山西传统工艺史纲要》的文案编研工作随着 2011 年岁末的临近而至掩卷搁笔，此时成型的研究思路与"纲要—史录"结合的编纂形式，在对山西传统工艺尝试重新分类认识的基础上，为来日真正探及工艺史意韵的研究预埋下选播种子的大致范畴，也多少勾勒出山西传统手工技艺涵盖问题的基本轮廓。关于山西传统手工技艺时代相继、门类贯通的历史研究，仍待进一步开启。

　　20 世纪 90 年代，高策教授满怀故土深情，特别是对山西历史地理资源科技史特色的敏察，身体力行地倡导山西地方科技史研究，组织山西大学科学技术哲学研究中心科学技术史专业同人与省内相关专业人士，于 2001 年出版专著《山西科技史》，该书汇入国内编纂地方科技史之风气。历经 10 年之期，今《山西传统工艺史纲要》书稿纂成，可以说，至此山西地方科技史的基本面轮廓初备。如果说 10 年前成书的《山西科技史》，荟萃了晋地历史上以科技思想、科技成就、典型人物为标志的科学技术史"精英"成分，那么传统手工技艺史录呈现的，则是三晋乡土累代草根用心手创造经验型技艺的生存智慧真容。在"重道轻艺"传统主宰的中国古代社会，民间技艺通常难入史册，一个地方的草根技艺更多是"有实而无名"，久经岁月淘洗与时代变迁，多少技艺的实在又化为虚无。深知于此，只有依然裹情史册之钩沉，更加亲近乡土这部活动的"大书"，为曾经的草根技艺"立传"可期而成。

　　由于民间传统手工技艺一直缺少连贯一体的系统研究，研究多显零散且待深化。本研究根据手工技艺属性的内在关联，将其划分为六个大类。为较完整地呈现山西传统手工技艺的历史面貌，尊重各类技艺的专门性与地方性，对各项手工技艺概况我们选择了素有积累的资料或研究成果，实录于此，以期启发新的研究视角和兴趣。在此对所征引文献的作者表示衷心感谢。

　　对于缺少文献记载的大部分传统技艺，在材料取舍标准上，我们坚持两个优先：一是优先选择时代较早的工艺调查或报道，如晚清或民国时期的手工业资料；二是优先选择来自手工技艺所在地的调研资料，以此更接近技艺形态之原貌。李约瑟开创的中国古代科技史研究，对地方工艺史编纂具有较高的参考价值，但是其中国科技史观存在一个广受质疑、颇显牵强的倾向——以"水排＋风箱＝蒸汽机"论断为代表，实为其在西方科技中心论意识下给予中国古代科技成就过度之同情与深描的研究思路。我们在编写中既无科学史师之才具，也有意避免蹈此辙痕，故而取径尊重传统手工技艺的本来面目，紧贴古代山西的社会历史条件据实而述，若某种手工技艺隐含着闪光的科技意识，则留给读者作进一步分析判断，亦免编者的先入之见。

手工技艺在漫长的历史时空中处于相对稳定的常态，分类梳理山西传统手工技艺的家底、展示其历史常态是本研究的基础。研究重点置于探究传统手工技艺之"变"，即明代后期、清中叶以后、晚清民国时期工业化与现代化蹒跚起步之时，手工技艺的境遇更能反映中国传统体制下各类官员、地方民意、观念习俗、手工业者对待技术的情态。其中有求变创新者，如明万历年间襄垣知县、山西巡抚吕坤，清康熙年间长子知县唐甄；有传统人文自然观主导下道德敦化与秩序井然的维护者，如明万历年间山西巡抚魏允贞，清康熙年间交城县令赵吉士；也有手工业者为求生存近在本地、远至京城而引发的纠纷、诉讼与辛苦劳作的奔竟挣扎，如太原晋水流域以制造草纸为生的农户，清代植根京城的潞州铜锡业行会。

古代社会晚期手工技艺之变如此，距今不过百余年的中国现代化早期传统手工技艺由萧条而探索重生的变迁之路，及其蕴涵的成败经验与历史理性，对于今天传统手工技艺的保护与利用具有鉴往知来的现实意义。本书着重对传统手工技艺由古而今的历程进行整体概观，而手工技艺真实的存在，既非划一的整体，亦非一个个独立的个体，而是几种相关技艺的往来或组合，构成一个社区、一个地方人与社会的生活场景，而这样的"传统技艺组"研究仅偶尔一见，仍有待深入细致的微观研究。

关于手工技艺的实地调查与改进利用，始终与民国历史相伴而行，尽管败局而终，但是这场由官方发动的自上而下的国货运动，使最高组织者经过 10 余年"苦闷进行"的无奈现实终于明白："手工技艺的改进是一个牵涉多方面的问题。"单在讲求技术一个方面下死工夫，即使做得十分充足，也是不会产生多大效果的。就当时而言，需要资本、组织、经营方式的配套跟进；放大来看，实为需要社会制度方面的均衡发展，才担得起推动手工技艺价值重生的力量。

相应的认识与感受，在我们的研究中也日渐强烈地浮出。仅仅立足于科技史，不可能看到传统手工技艺涵盖丰富内容的全景，更难透视传统手工技艺问题的实质，即传统农业国在实现工业化与现代化进程中如何处理与传统手工技艺等传统资源的关系，这个发展经济学中的基本问题，需要引入经济史、社会史等相关学科的视野与研究方法，方能利于观察剖析。山西地方科技史的基本面，实际提供了传统社会中技术要素变迁这一焦点，通过它来接近地方社会在古代演进、近代转型中产生的种种问题。而这些具有普遍意义的乡土问题，仍事关今天地方社会与经济发展

的质量与水平。从多学科视角切入的研究，将有助于透彻地揭示问题、准确定位，进而提供切实有效的解决方案。

2006 年以来开展的中国非物质文化遗产保护运动，为山西传统手工技艺的调查研究提供了契机，课题组部分成员参加了 2009 年春山西省非物质文化遗产普查调研工作，采集到大同、阳泉、吕梁、长治地区多种处境濒危的传统手工技艺和传承人信息。直接深入乡村搜集工艺史素材固然是一项颇有收效的工作，但是通过实地普查与我们的专项研究结合发现：仅就传统手工技艺普查而言，有必要深入史料建立各地手工技艺历史的基本框架，实地调查之前应掌握此框架，带着各地的工艺史概况奔赴各地，普查工艺的工作就扩展成，其一采择现存的传统工艺，其二探明见诸记载今已消失的传统工艺。手工技艺因地方风土而生成孕育，一个地方没有互不关联的手工技艺，消失的与现存的手工技艺，构成一个地方工艺面貌进而构成社会与生活面貌的整体，手工技艺一旦断裂，谱系成为目录式的孤立存在，仅存"一技"而已，手工技艺背后蕴含的前世今生之因果则无从谈起。晚清、民国、日本侵华前后乡土工艺先后被几度关注，为今天调查研究传统手工技艺提供了最贴近历史的前缘。

幸存至今的传统手工技艺，日渐成为丰富现代人的特色文化需求与情感寄托的珍宝。现代人对于传统手工技艺的态度，在私人的层面，是一种栖居人性深处的原乡情感；在公共文化层面，则是一种文化资源利用以求存续的方向，原乡情感托付于手工技艺存续的方向。传统手工技艺近现代历史的际遇说明，手工技艺的灵魂在于乡土，当手工技艺由古老的"营生"进入现代转向一种"文化存在"时，它的现代存续仍不能离弃乡土，它的现代意义首先在于复兴乡村、振作乡土精神——国民精神之根基。

对于绝大多数传统手工技艺的现代存续来说，"小的是美好的"，在 2010 年全球金融危机蔓延、小微企业纷纷陷入无以为继的困境时，日本京都百年老字号如线香、日式甜点等小微企业依然平稳运行，经营者讲述其长存之道的关键，是一向不用或极少使用银行贷款，从而避免了金融风险，背后则是尊重手工技艺规模小的本性，从未进行盲目扩张，严格的规模自律与质朴的手工技艺精神自觉，保持着手工技艺为人珍重的"手艺"精华。日本政府为扶持传统产业专门设立"金融公库"，政府全额出资，给予需扶持有潜力的传统型小微企业免担保的长期、固定低息贷款，通过政策融资方式支撑传统手工艺作坊走出困境、开拓新路、实现转型。

当前我国一些地方存在不惜投入重金兴建类似"非物质文化遗产园区"、"传统工艺文化园区"的现象，一些依赖乡土的手工技艺由土而洋地被移入"园区"或"非物质文化遗产展览馆"，传统手工技艺被高资本与大规模高架而起，现代产业规模化发展的思路时现其中。中国传统手工技艺的历史研究，传统手工技艺近代化过

512

程中的欧洲经验、日本经验，以及晚清民国为补工业进展迟滞而后起的重振手工业之探索，将有助于从认识上领会传统手工技艺在当代所需的适度发展与理性传承，避免违背传统手工技艺属性和发展规律而集中（或异地）建设的一时红火与过后的无限萧条。

一个国家工艺的民族性源于手工技艺的地方性，20 世纪初日本民艺学开创者柳宗悦（1889～1961）深刻地指出地方手工技艺独具而现代都市文化所缺失的意义："我们在追求民族性的器物时，必须回到地方工艺上来。我们应看重地方工艺的新鲜要素，都市中消亡了的许多珍贵的传统还保留着，对其材料、手法、技术、制作以及精神基础上的价值都不能视之等闲。……都市文化的缺陷应该由地方的民族性特色来补充、治疗和健全。"（徐艺乙译）当代中国城市化问题集聚、农民进城导致部分乡村"空壳化"趋势加剧的国情，使仅存的传统手工技艺即使被纳入某种保护体制内仍难脱艰危处境，民间手工技艺传统贯注的工艺精神，需要从现代人普遍的情感依恋上升到认识层面的知晓，才可能唤起行动上自觉有效的保护，传统手工技艺存续至今的遗泽才能补现代之缺失，真正为新时代所用。

关于山西传统手工技艺的历史研究，自 2009 年 3 月受命至今日脱稿，前后历时近三年。此前多年，课题组同人已从不同方向开始工作，吴文清副教授围绕此课题一直主持沟通相关行业、地域与历史文化的工作，探索传统工艺史研究与致用畅通彼此需求的途径，可见山西传统手工技艺的历史面目由杂乱模糊趋于体用清晰的过程中颇费踌躇的认识心路。2011 年 2 月，张菊花师傅特别为我回忆了阳城缫丝的工序和工艺要诀，讲述中，她不自觉地复演部分工艺操作时的举手投足，让我真正感受到手艺人的聪慧与勤恳，以及对于手艺的那份经久忠诚与自信。这与习于文墨者的手艺之正道无所不同。

山西大学科学技术哲学研究中心 2007 级科技史专业部分研究生参加了本课题前期调研工作，丁宏、雷志华、郑靖、刘婧、张俊恺等同学细心调研仔细编撰，其中郑靖、雷志华同学效力尤多。各章编写分工如下：绪论为姚雅欣；第一章为雷志华、姚雅欣（第七节至第十六节）；第二章为姚雅欣、郑靖（第四节、第五节）；第三章为姚雅欣；第四章为姚雅欣、郑靖（第十节、第十二节、第十三节）、丁宏（第一节）；第五章为姚雅欣；第六章为姚雅欣、刘婧（第十三节、第十六节）；参考文献、附录、后记，以及全书注释校订为姚雅欣。

此外，董兵为本书绘制了两幅重要的插图。科学出版社两位责任编辑樊飞先生和郭勇斌先生，对于本书的规范性与内容精进方面极尽心力，使文中多处粗疏在编辑与审读一次次的明查和指点下得到实质性的校改。

尽管这项课题初阶段研究已告一段落，作为一个内涵潜力的研究方向，关于山西传统手工技艺深入微观的研究刚刚破题起步，我们将继续深入其中，并期望来者

接踵开拓。无论传统手工技艺涵盖类目，还是就传统手工技艺问题的研究视角，均涉及多学科多专业，已非我们学力所能及。书中仍存欠妥善及疏漏误之处，诚请方家不吝批评指正。

姚雅欣

2011 年 12 月初稿

2013 年 1 月校补于山西大学